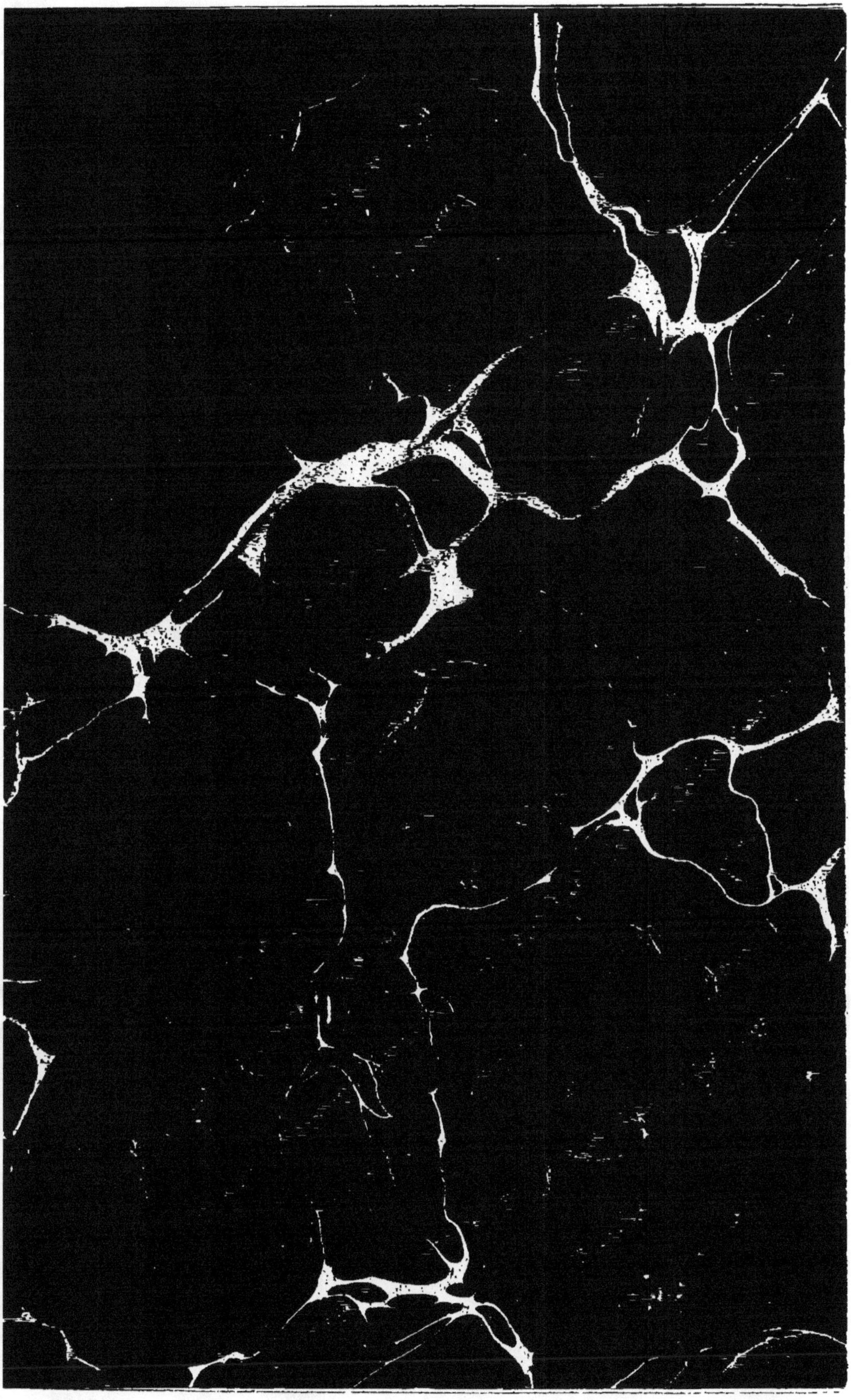

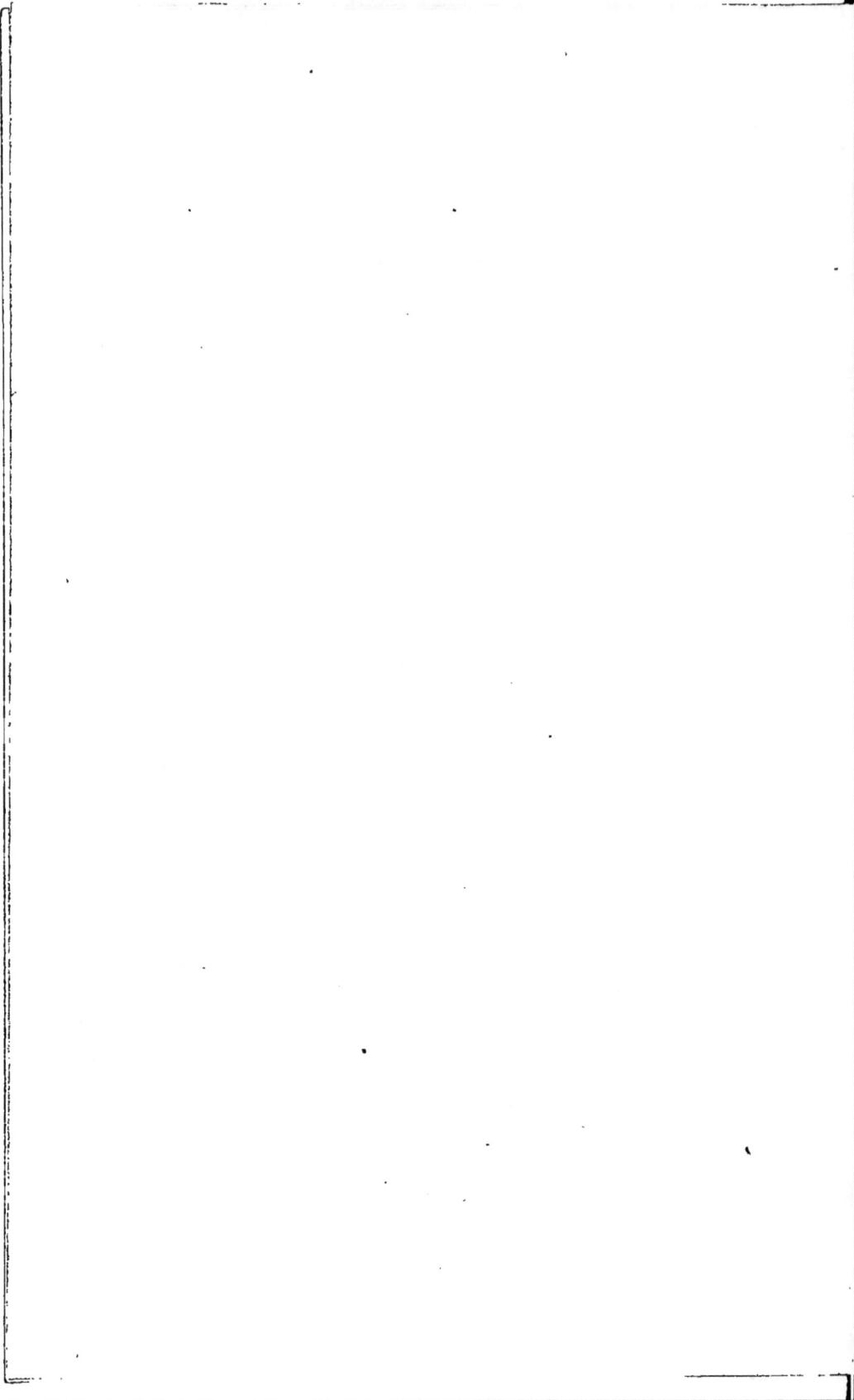

TRAITÉ

D'AGRICULTURE

TOME SECOND

CORBEIL. — TYP. ET STÉR. DE CRÉTÉ FILS.

TRAITÉ ÉLÉMENTAIRE

D'AGRICULTURE

PAR MM.

J. GIRARDIN

CORRESPONDANT DE L'INSTITUT, RECTEUR HONORAIRE
DIRECTEUR ET PROFESSEUR DE CHIMIE AGRICOLE ET INDUSTRIELLE
DE L'ÉCOLE SUPÉRIEURE DES SCIENCES DE ROUEN
CORRESPONDANT DE LA SOCIÉTÉ NATIONALE ET CENTRALE D'AGRICULTURE DE FRANCE
ETC., ETC.

ET

A. DU BREUIL

PROFESSEUR D'ARBORICULTURE ET DE VITICULTURE
DANS LES ÉCOLES D'AGRICULTURE DE L'ÉTAT
ET A L'ÉCOLE D'ARBORICULTURE DE LA VILLE DE PARIS, ETC., ETC.

TROISIÈME ÉDITION

AVEC 955 FIGURES INTERCALÉES DANS LE TEXTE

TOME SECOND

PARIS

GARNIER FRÈRES
RUE DES SAINTS-PÈRES, 6

G. MASSON
PLACE DE L'ÉCOLE-DE-MÉDECINE

1875

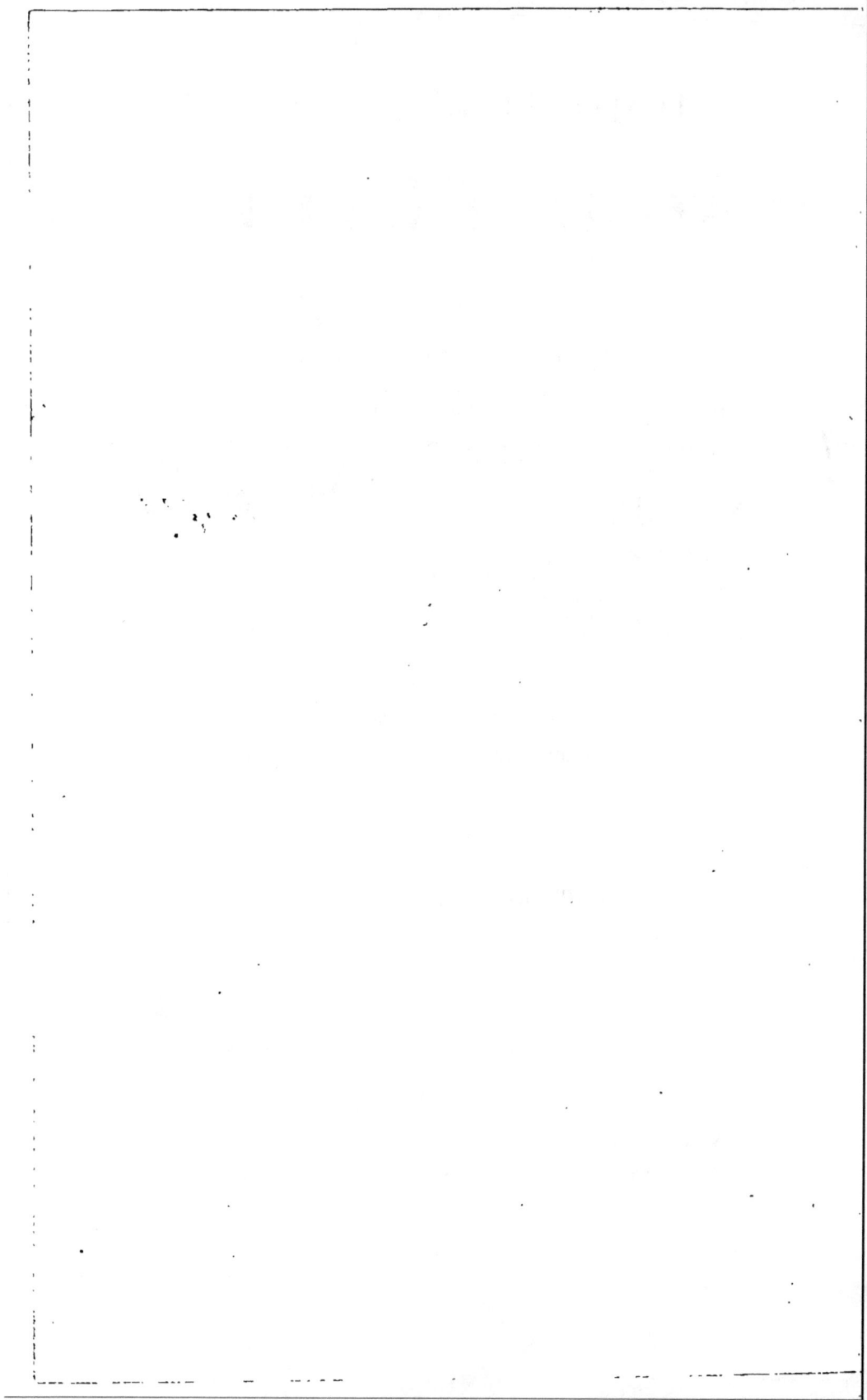

TRAITÉ ÉLÉMENTAIRE

D'AGRICULTURE

PLANTES FOURRAGÈRES.

Il fut une époque, heureusement déjà loin de nous, où l'agriculture ne comprenait que la culture des plantes céréales et de quelques plantes industrielles ; les fourrages ne comptaient pas encore au nombre des plantes agricoles. Privés d'une suffisante quantité de nourriture pour leurs bestiaux, les cultivateurs étaient obligés de restreindre tellement le nombre de ceux-ci, que, ne pouvant en obtenir l'engrais nécessaire pour fumer toutes leurs terres, ils laissaient le sol improductif une année sur trois. Durant cette année, ils amassaient les engrais, et purgeaient la terre des plantes nuisibles qui s'y étaient multipliées pendant les deux années consacrées à la culture des céréales. Telle est l'origine de la jachère.

Quand les besoins de la consommation s'accrurent avec la population, on sentit la nécessité de demander à la terre une plus grande quantité de produits; on reconnut la possibilité d'en obtenir une récolte chaque année, et d'en augmenter en même temps le rendement. Mais, pour atteindre ce but, il fallait fumer la terre plus abondamment, entretenir un plus grand nombre de bestiaux, et, partant, consacrer une certaine étendue du sol à la culture des plantes propres à leur nourriture. C'est de cette époque que date l'introduction des plantes fourragères dans l'agriculture. Depuis lors, on a pu nourrir plus de bestiaux, obtenir plus d'engrais, et l'on récolte maintenant vingt hectolitres de blé là où l'on n'en obtenait que huit.

Les fourrages ne concourent pas seulement à la nourriture de l'homme, en fournissant l'alimentation des animaux producteurs d'engrais, ils ont encore une autre destination non moins importante : ils sont transformés par les bestiaux en viande, en laitage, en laine, en cuir, en graisse, etc., et nous procurent ainsi d'autres objets également de première nécessité.

Les plantes fourragères peuvent être réparties en trois sections : 1° les plantes fourragères à racines alimentaires ; 2° les plantes propres aux prairies artificielles ; 3° les plantes propres aux prairies naturelles. C'est dans cet ordre que nous allons les étudier.

PREMIÈRE SECTION.

Plantes fourragères à racines alimentaires. — Les plantes fourragères à racines alimentaires partagent avec les fourrages proprement dits les avantages que nous venons d'énumérer ; mais elles ont, en outre, une utilité particulière que nous devons rappeler ici.

Il ne faut pas se dissimuler que la rotation des cultures, qui est résultée de l'adoption des prairies artificielles, présente de graves inconvénients. Le trèfle, que l'on fait reparaître sur le même sol tous les six ans, et quelquefois même tous les trois ans, effrite promptement la terre, c'est-à-dire qu'il prive le sol des matières salines dont cette plante a particulièrement besoin pour prospérer. D'un autre côté, le trèfle ne remplit qu'imparfaitement le but de la jachère qu'il a remplacée, car les nombreux labours que recevait la terre, pendant l'année d'improduction, détruisaient les plantes nuisibles, tandis que les fourrages annuels ou bisannuels ne font que retarder la germination des graines de ces mêmes plantes, et n'empêchent pas qu'elles ne deviennent, à la longue, tellement abondantes, qu'il y a de temps en temps nécessité de revenir à la jachère.

Ces inconvénients incontestables disparaîtront du moment où les cultivateurs, mieux éclairés, consacreront une étendue convenable de leurs terres à la culture en ligne des plantes fourragères à racines alimentaires. Le premier avantage de l'adjonction de ces plantes à la rotation sera de prolonger la durée de l'assolement ; ainsi, en admettant qu'on leur attribue un quart de l'étendue totale de l'exploitation, laissant le reste aux trois autres récoltes (deux céréales et un fourrage), chacune d'elles ne reparaîtra plus sur la même sole que tous les quatre ans ; et, comme la sole des fourrages pourra se composer par moitié de trèfle et de menus grains, le trèfle ne reviendra plus que tous les huit ans à la même place : on évitera ainsi le premier inconvénient que nous avons signalé tout à l'heure, l'effritement du sol.

D'un autre côté, les plantes à racines alimentaires exigent, pendant leur végétation, de nombreux binages et buttages. Ces opérations produisent sur les plantes nuisibles dont les graines sont répandues dans la terre le même effet que les labours d'été donnés à la jachère : elles les détruisent, et, comme elles reviennent tous les quatre ans sur la même sole, elles nettoient plus complétement le terrain que ne le fait la jachère intermittente employée dans l'assolement triennal avec fourrages.

La division des terres labourées en quatre soles, au lieu de trois, diminue nécessairement l'étendue livrée aux céréales, au profit des plantes alimentaires consacrées aux bestiaux. Mais on peut alors, avec la même surface, nourrir un plus grand nombre d'animaux, et, par suite, fumer plus abondamment. Or il en résulte que le rendement des récoltes augmente dans une proportion telle, que les céréales et les fourrages donnent des produits au moins aussi abondants, sur une surface d'un hectare et demi assolé de cette manière, que sur deux hectares soumis à l'assolement triennal avec fourrages. Le bénéfice équivaut donc au produit net en argent de la récolte des racines.

Il y a, par conséquent, un avantage direct et immédiat à cultiver des plantes fourragères à racines alimentaires. Si nous voulions envisager ce sujet d'un point de vue plus élevé, il nous serait facile de démontrer que cette culture intéresse la prospérité générale du pays, et peut influer sur l'augmentation et le bien-être de la population. En effet, d'une part, les racines provenant de ces récoltes étant placées sous terre, on a beaucoup moins à craindre les intempéries qui viennent si souvent détruire les céréales et les fourrages proprement dits. D'une autre part, ces racines pouvant servir, à la fois, à la nourriture de l'homme, à l'engraissement des bestiaux, à la fabrication de matières premières nécessaires à l'industrie, telles que sucre, fécule, alcool, etc., le cultivateur n'a pas à craindre une surabondance de produits, comme cela peut arriver pour les céréales et les fourrages proprement dits, et il trouve toujours à s'en défaire à un prix avantageux.

Enfin, ces plantes sont les plus aptes à prévenir les disettes. Fournissant une grande masse de substances propres à la nourriture de l'homme, elles peuvent remplacer momentanément les céréales, lorsque la production s'en trouve accidentellement diminuée, et cela, à l'instant même où l'on peut prévoir la rareté de ce dernier aliment, c'est-à-dire à la fin du printemps.

Les espèces de fourrages à racines alimentaires qui peuvent entrer utilement dans la grande culture de notre pays sont les suivantes :

Pomme de terre.	Panais.	Chou-navet.
Betterave.	Rave.	Topinambour.
Carotte.	Navet.	Patate.

POMME DE TERRE.

La *pomme de terre* (*solanum tuberosum*, L.) (fig. 436) est originaire des Andes de l'Amérique méridionale; les habitants la cultivent, depuis des siècles, sous le nom de *papas*. Elle fut appor-

Fig. 436. *Pomme de terre.*

tée en Europe par les Espagnols, peu après la conquête du Pérou, et propagée par eux en Italie, dans les Pays-Bas, la Franche-Comté et la Bourgogne, vers le milieu du seizième siècle. Sa culture se répandit en Allemagne, dès le temps de la domination de Charles-Quint ; et, à peu près à la même époque, un marchand d'esclaves, John Hawkins, l'introduisit en Irlande.

Lorsqu'en 1623 sir Walter Raleigh rapporta de la Virginie cette plante en Angleterre, elle était déjà bien connue en Espagne et en Italie, où on la nommait *tartufoli*, truffe de terre. Suivant de Humboldt, elle est cultivée en grand depuis 1684 dans le Lancashire, 1717 en Saxe, 1728 en Écosse, 1738 en Prusse.

Dès 1588, un habitant d'Arras appela pour la première fois, mais inutilement, sur cette plante, l'attention des cultivateurs français. Gaspard Bauhin la préconisa aussi en 1592, et détermina quelques fermiers des environs de Lyon et des montagnes des Vosges à en tenter la culture; ces essais eurent un plein succès, mais ils furent bientôt abandonnés, le bruit s'étant répandu que ces tubercules constituaient un aliment dangereux. Cependant, vers 1763, on commença à voir paraître ce produit sur quelques tables; ce ne fut, toutefois, que vingt ans plus tard que, grâce à la persévérante initiative d'un homme de cœur, l'illustre Parmentier, son usage se répandit dans toute la France. Dès 1793, on comptait déjà 35,000 hectares plantés en pomme de terre; en 1815, ce chiffre s'élevait à 558,965; aujourd'hui, il est de plus d'un million.

La pomme de terre est un des végétaux qui rendent le plus de services, soit comme plante alimentaire, soit comme plante industrielle. On l'introduit souvent dans le pain; sa fécule rivalise avec l'amidon des céréales; on la convertit en gomme, en sucre, en esprit-de-vin; on en fait des pâtes de toute espèce, des parements. Dès contrées entières, l'Irlande, l'Écosse, l'Allemagne, l'Alsace, la Lorraine, etc., ont fait de ce tubercule la base de leur alimentation, et, soit cuit, soit cru, il joue depuis cinquante ans un rôle important dans l'engraissement des bestiaux.

L'admission de la pomme de terre dans la grande culture est donc un des faits les plus considérables de l'agriculture moderne. Il n'a pas tardé à réagir favorablement sur le bien-être des populations, en empêchant le retour fréquent de ces famines qui affligeaient périodiquement l'Europe entière, quand les récoltes des céréales venaient à manquer. Malheureusement, dans certains pays, notamment en Irlande, on a donné à la culture du tubercule qui nous occupe une extension exagérée, en négligeant les autres plantes propres à la nourriture de l'homme; on a converti en récolte principale ce qui ne devait être qu'un accessoire ou un auxiliaire, et l'on en a fait l'aliment exclusif du peuple; aussi, quand la production est venue tout à coup à diminuer par suite de la terrible maladie qui, depuis 1845, a envahi les champs de la *solanée parmentière*, de grands désastres en sont résultés, et l'on s'est retrouvé dans la même situation qu'aux temps des famines occasionnées par la pénurie des céréales. La culture de la pomme de terre, comme celle des autres récoltes alimentaires, doit donc être maintenue dans une juste proportion.

La pomme de terre est loin d'être aussi nourrissante que le blé; cela tient à ce que la fécule n'y est associée qu'à une très-minime proportion d'albumine ou de principe azoté. Si l'on représente par 100 l'équivalent nutritif de la farine de froment de bonne qualité, et celui du froment entier par 107, celui de la farine de pomme de terre sera exprimé par 126, et celui de la pomme de terre entière par 613. Aussi la pomme de terre seule ne peut-elle suffire à une alimentation convenable; il faut lui adjoindre, de toute nécessité, des aliments très-azotés, du lait caillé ou du fromage, ainsi qu'on le pratique en Alsace et dans l'Amérique méridionale, ou de la viande, comme dans la Grande-Bretagne.

Voici, d'après M. Boussingault, la composition immédiate, en moyenne, du tubercule:

	Tubercule frais.	Tubercule séché à 110°.
Eau	75,9	
Albumine	2,3	9,6
Matières grasses	0,2	0,8
Ligneux et cellulose	0,4	1.7
Substances salines	1,0	4,1
Amidon et corps analogues	20,2	83,8
	100,0	100,0

L'analyse a donné, pour la composition élémentaire :

	Tubercule desséché à 110°.	Tubercule à l'état normal.
Carbone	44,0	10,60
Hydrogène	5,8	1,40
Oxygène	44,7	10,74
Azote	1,5	0,36
Matières salines	4,0	1,00
Eau	»	75,90
	100,0	100,00

Suivant Vogel, les cendres de pomme de terre renferment 15,7 pour 100 de matières insolubles dans l'eau, et 28,5 pour 100 de matières solubles. Les matières insolubles sont des phosphates et des carbonates de chaux et de magnésie, avec des traces de phosphates d'alumine et de peroxyde de fer. Les matières solubles consistent surtout en carbonates, sulfates et phosphates alcalins, mêlés de quelques traces de chlorures métalliques. La totalité de l'acide phosphorique est de 5,33 pour 100, et celle de l'acide sulfurique de 6,93 pour 100. Suivant le chimiste bavarois, il n'y aurait pas de silice, et la soude l'emporterait constamment sur la potasse de 1 pour 100. M. Boussingault a obtenu des résultats différents, car il indique dans ces cendres de la silice et une proportion très-forte de potasse, contre quelques traces seulement de soude. Les analyses de Vauquelin et de Payen signalent aussi des sels de potasse, de chaux et de magnésie, sans aucune mention de soude.

Variétés. — La pomme de terre a donné naissance à une grande quantité de variétés; le nombre s'en élève aujourd'hui à plus de deux cents. Pour aider les recherches au milieu de ce dédale, il était indispensable de créer une classification simple et qui permît aux cultivateurs des diverses localités de pouvoir se comprendre. Déjà quelques essais ont été tentés dans ce sens; Vilmorin a adopté, pour la collection de la Société impériale et centrale d'agriculture, une classification basée sur les qualités des tubercules; le professeur Philippart avait proposé de les grouper en prenant comme caractère essentiel leur couleur, et, subsidiairement, leur forme. Ces deux modes de division ne nous paraissant pas atteindre le but complétement, nous avons songé, en 1839[1], à proposer une nouvelle classification ainsi établie [2] :

PREMIÈRE CLASSE. — LES PATRAQUES OU RONDES.

Tubercules généralement arrondis, offrant des yeux nombreux et apparents, comme la *Patraque jaune* ou l'*Ox-noble* (fig. 437 [3]).

PREMIER GROUPE. — *Tubercules blancs.*

Patraque jaune premières façons...	Collection de Grignon. Pomme de terre envoyée d'Écosse; classée à Grignon dans les rondes jaunes.

[1] *Recueil des travaux de la Société centrale d'agriculture de la Seine-Inférieure*, années 1839 et 1841 ; Mémoires sur la pomme de terre, par MM. Girardin et Du Breuil.

[2] Nous avons imposé un nom particulier à chacune de nos classes, prenant pour chacune d'elles un type bien connu, et auquel il fût facile de rapporter toutes les variétés qui ont une certaine analogie dans les caractères extérieurs. De là les dénominations génériques de *patraques*, de *parmentières* et de *vitelottes*, qui rappellent très-bien une forme distincte de tubercules. Dans chaque classe nous créons plusieurs groupes d'après la couleur, et, pour distinguer chaque variété, nous lui conservons le nom qu'elle a principalement reçu lors de sa découverte ou de son introduction en France. Nous donnons ici le tableau de cette classification. Nous y avons réparti seulement les quelques variétés dont nous aurons à parler plus loin; mais il sera facile d'y faire rentrer toutes les variétés que l'on connaît aujourd'hui.

[3] Nous devons ces figures, ainsi que celles du plus grand nombre des racines

DEUXIÈME GROUPE. — *Tubercules jaunes.*

Patraque jaune première Wellington...	Collection de Grignon. Envoyée d'Écosse.
Patraque jaune premiers champions...	Collection de Grignon. Envoyée d'Écosse. Indiquée dans le catalogue de la Société impériale de 1840, sous le nom de *Champion hâtive.*
Patraque jaune d'août..............	Collection de la Société impériale. Venant de Jemmapes.
Patraque jaune ox-noble (fig. 437)....	Collection de la Société impériale. *Noble-bœuf* de Grignon, venant d'Écosse.

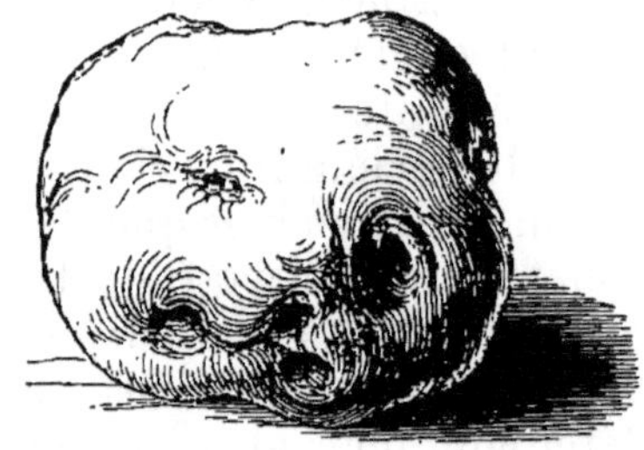

Fig. 437. *Patraque jaune ox-noble.*

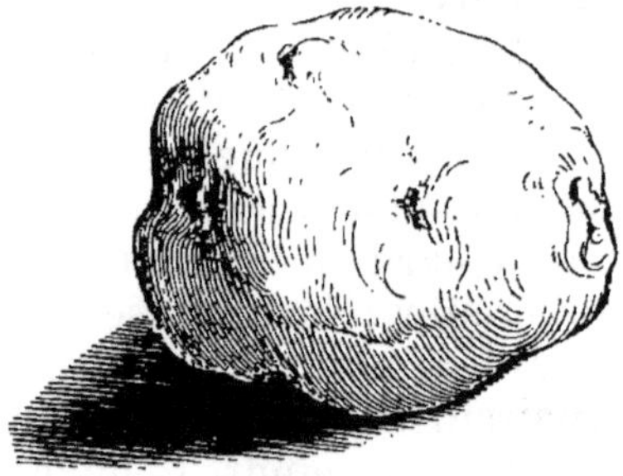

Fig. 438. *Patraque jaune fruit-pain.*

Patraque jaune première Hopson......	Collection de Grignon. Envoyée d'Écosse.
— — Sanderson...	Collection de Grignon. Envoyée d'Écosse.
— — Shaw...............	Collection de la Société impériale.
Patraque jaune mailloche...........	Collection de Grignon, où elle est classée dans les oblongues jaunes.
Patraque jaune fruit-pain (fig. 438)....	Collection de la Société impériale, 1840. Indiquée dans le catalogue de Grignon, sous le nom de *Fruit du pain.*
Patraque jaune américaine hâtive élevée.	Collection de la Société impériale, 1840. Connue à Grignon sous le nom de la *Grande hâtive américaine*, venant d'Écosse.
Patraque jaune œil violet ou reinette (fig. 439)......................	Collection de la Société impériale, 1840. Rangée dans les violettes rondes.

TROISIÈME GROUPE. — *Tubercules roses.*

Patraque rose Descroizilles (fig. 440)...	Collection de la Société impériale, 1840. Rangée dans les blanches rosées rondes.

---

fourragères qui vont suivre, à l'obligeance de Vilmorin fils, qui nous mit à même de les faire dessiner d'après nature, et qui a bien voulu aussi mettre à notre disposition la magnifique collection de dessins de plantes agricoles qu'il a fait exécuter.

Patraque rose divergente ou brugeoise.	Collection de la Société impériale, 1840. Rangée dans les blanches rosées rondes.

Fig. 439. *Patraque jaune œil violet ou reinette.*

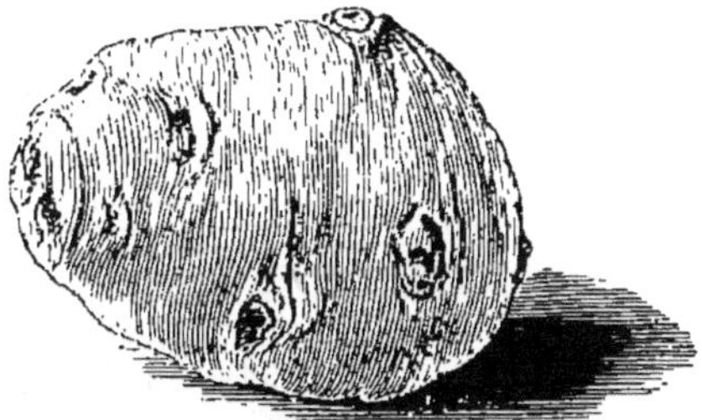

Fig. 440. *Patraque rose Descroizilles.*

Patraque rose de Rohan (fig. 441).....	Dans le catalogue de 1840 de la Société impériale, cette variété est confondue avec la *Sommelier*. Nos expériences nous ont prouvé qu'elles sont différentes.
Patraque rose de Rohan hâtive.......	Cette variété est cultivée à Rouen par M. Grainville, grainier.

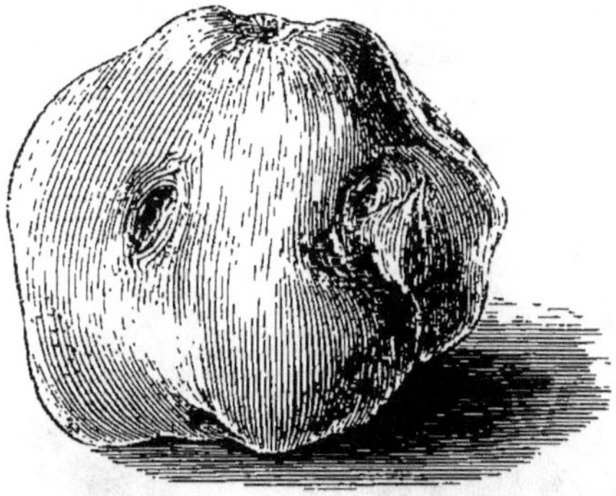

Fig. 441. *Patraque rose de Rohan.*

Patraque rose dite Patraque blanche..	Collection de la Société impériale. Nommée la *Grosse blanche commune*, dite *Patraque blanche* (halle de Paris). Rangée dans les blanches rosées rondes.
Patraque rose prime rouge............	Collection de la Société impériale, 1840. Rangée dans les rouges rondes.
Patraque rose jaune.................	Collection de la Société impériale, 1815. Désignée sous le nom de la *Rose jaune* venue de l'Escaut sous le nom de *Rouge hâtive*.

QUATRIÈME GROUPE. — *Tubercules rouges.*

Nous n'avons pas eu à nous occuper des variétés de ce groupe.

CINQUIÈME GROUPE. — *Tubercules violets.*

Patraque violette de Lankman ou de Chandernagor....................	Collection de la Société impériale, 1840.

DEUXIÈME CLASSE. — LES PARMENTIÈRES OU CYLINDRIQUES APLATIES.

Tubercules allongés, aplatis, munis d'yeux peu nombreux et peu apparents, comme la *Parmentière ordinaire* ou le *Cornichon français* (fig. 443).

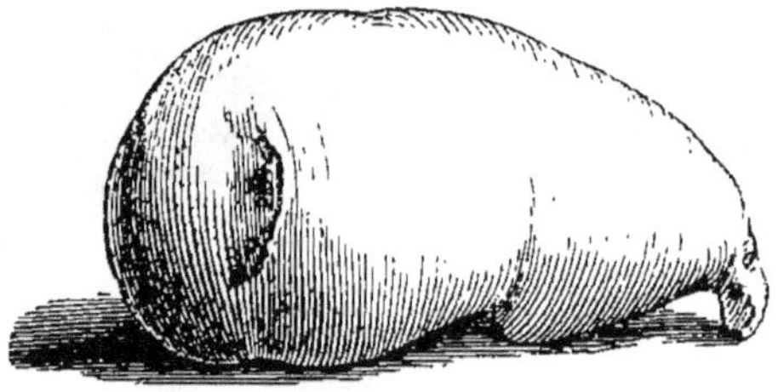

Fig. 442. *Parmentière jaune Kidney lisse hâtive ou Marjolin.*

PREMIER GROUPE. — *Tubercules blancs.*

Nous n'avons pas eu à nous occuper de ce groupe.

DEUXIÈME GROUPE. — *Tubercules jaunes.*

Parmentière jaune Kidney lisse hâtive ou Marjolin (fig. 442).............	Collection de la Société impériale, 1840. Rangée dans les jaunes longues lisses.

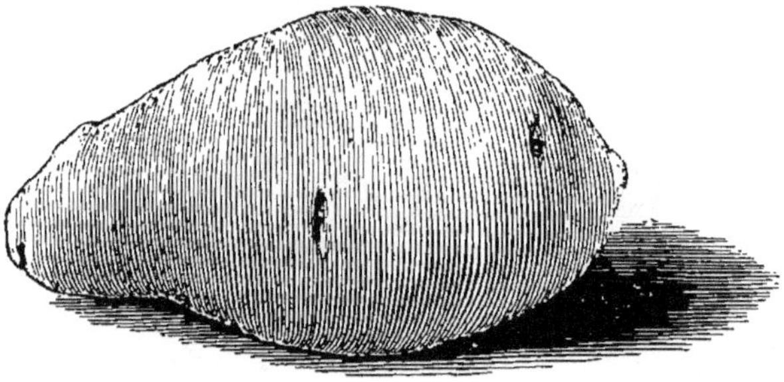

Fig. 443. *Parmentière rose cornichon français.*

TROISIÈME GROUPE. — *Tubercules roses.*

Parmentière rose cornichon français (fig. 443)........................	Collection de la Société impériale, 1840. Rangée dans les rouges longues lisses.

QUATRIÈME GROUPE. — *Tubercules rouges.*

Nous n'avons pas eu à nous occuper des variétés de ce groupe.

CINQUIÈME GROUPE. — *Tubercules violets.*

Parmentière violette dite précieuse rouge............................	Collection de Grignon.

TROISIÈME CLASSE. — LES VITELOTTES OU CYLINDRIQUES.

Tubercules allongés, cylindriques, offrant des yeux très-nombreux et très-apparents, enchâssés dans une cavité profonde, comme la *Vitelotte dégénérée* de la halle de Paris ou la *Jaune imbriquée* (fig. 444).

PREMIER GROUPE. — *Tubercules blancs.*

Nous n'avons pas eu à nous occuper des variétés de ce groupe.

DEUXIÈME GROUPE. — *Tubercules jaunes.*

Vitelotte jaune imbriquée (fig. 444)... Collection de la Société impériale, 1840. Placée dans les jaunes longues entaillées.

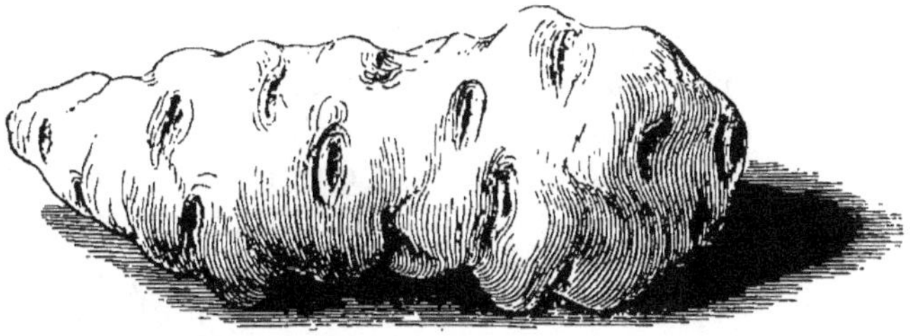

Fig. 444. *Vitelotte jaune imbriquée.*

Vitelotte jaune la Pigry............. Collection de la Société impériale, 1840. Placée dans les jaunes longues entaillées.

TROISIÈME GROUPE. — *Tubercules roses.*

Nous n'avons pas eu à nous occuper des variétés de ce groupe.

QUATRIÈME GROUPE. — *Tubercules rouges.*

Vitelotte rouge longue de l'Indre (fig. 445). Collection de la Société impériale, 1840. Rangée dans les rouges longues entaillées.

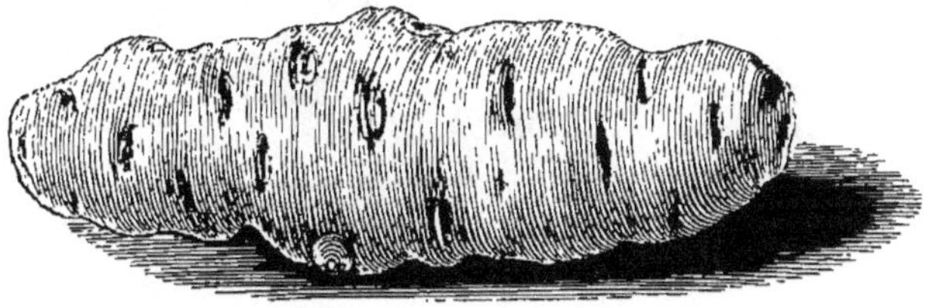

Fig. 445. *Vitelotte rouge longue de l'Indre.*

CINQUIÈME GROUPE. — *Tubercules violets.*

Nous n'avons pas eu à nous occuper des variétés de ce groupe.

Toutes les variétés de pommes de terre sont loin d'offrir les mêmes avantages, tant pour la culture de tous les sols que pour l'usage auquel on destine leurs produits; il est donc utile que le cultivateur soit éclairé à cet égard. Jusqu'ici, les travaux entrepris dans ce sens ont été incomplets; on s'est borné, presque toujours, à des essais de culture isolés, sans avoir égard à la constitution du terrain. Ceci nous a déterminés à tenter des expériences qui nous ont fourni des résultats plus étendus et plus certains, puisque nous avons pu ainsi connaître exactement quelles sont, pour chaque nature de sol, les variétés qu'il convient de préférer, soit qu'on veuille les appliquer à la nourriture des animaux, soit qu'on veuille en extraire la fécule pour les besoins de l'industrie.

Nous avons donc cultivé comparativement, en 1839 et 1840, cinquante-cinq variétés de pommes de terre dans les principales sortes de terre soumises habituellement à la grande culture [1]. Les sols différents sur lesquels nous avons opéré étaient au nombre de cinq; ils avaient été préparés sur une étendue convenable, au Jardin des Plantes de Rouen, au moyen de terres rapportées, sur une profondeur d'un mètre; homogènes dans toutes leurs parties, exposés aux mêmes influences atmosphériques, ils présentaient, après avoir été convenablement fumés, la composition chimique suivante, sur 100 parties en poids, et après une dessiccation préalable à 100°.

ÉLÉMENTS DU SOL		SOL sablo-calcairo-argileux.	SABLE pur d'alluvion	SABLE humifère ou tourbeux.	SOL argileux.	SOL calcaire.
Gros gravier		»	4,98	1,40	2,80	6,90
Sable moyen.	siliceux	8,25	9,54	6,80	1,60	5,90
	calcaire	3,63	5,46	0,60	1,65	
Sable fin	siliceux	37,65	70,90	66,60	23,39	14,99
	calcaire	7,55	3,40	4,90	7,28	
Débris organiques		9,29	0,92	0,40	0,66	0,03
Humus azoté		0,30	1,30	5,75	3,05	3,42
Argile pure		16,04	1,20	11,78	49,60	12,80
Carbonate de chaux		11,82	1,50	1,27	1,77	50,30
— de magnésie		traces	»	»	»	5,82
Oxyde de fer		5,07	traces	»	8,70	»
Sels solubles dans l'eau		0,40	0,80	0,50	0,50	0,44
		100,00	100,00	100,00	100,00	100,00

1 Cette collection avait été formée à l'aide de celles de Grignon et de la Société centrale d'agriculture de Paris, mises obligeamment à notre disposition par Philippart et Vilmorin.

Chacun de ces terrains reçut, au printemps, comme ensemencement, un tubercule de chacune des cinquante-cinq variétés; tous les tubercules furent choisis de même poids, placés à $0^m,10$ de profondeur, et en lignes distantes en tous sens de $0^m,50$. Les plantes reçurent, pendant leur végétation, deux binages et deux buttages; à savoir :

Un premier binage, lorsque les tiges commencèrent à paraître à la surface du sol;

Un premier buttage, lorsqu'elles eurent $0^m,16$ de hauteur;

Un second binage quinze jours après;

Enfin un second buttage quinze jours après le second binage.

La récolte eut lieu, pour chaque variété, lorsque les tiges commencèrent à jaunir. Le produit de chacune fut mis à part et pesé, et nous pûmes reconnaître le rendement proportionnel des cinquante-cinq variétés dans chaque espèce de sol. Nous donnons ci-après la liste des dix variétés qui se montrèrent les plus productives. (Voir cette liste page 14.)

De ce tableau il ressort évidemment que si certaines variétés, telles que la *Patraque jaune ox-noble,* la *Patraque rose de Rohan hâtive,* la *Vitelotte jaune la Pigry,* ont, à peu de chose près, le même pouvoir productif dans toutes les espèces de terres, la plupart des autres ont un rendement très-variable, suivant la nature du sol, et ne profitent pas également bien dans les différentes sortes de terres arables. C'est ainsi, par exemple, que la *Vitelotte rouge longue de l'Indre* est bien plus productive dans le sable pur d'alluvion que dans la terre argileuse, et, surtout, que dans le sable tourbeux; que la *Patraque blanche premières façons* se plaît moins dans le sable pur, et dans le sable humifère, que dans le sol calcaire et surtout dans la terre argileuse, que la *Patraque jaune œil violet* aime mieux les terres calcaires et sableuses que l'argile, et ainsi de suite.

Mais il ne fallait pas s'en tenir à cette première donnée pour apprécier le mérite respectif de chaque variété, car le pouvoir productif ne constitue pas seul la valeur intrinsèque d'une pomme de terre; cette valeur dépend encore de la richesse en principes nutritifs; d'où il résulte que c'est en suivant la raison composée du pouvoir productif et du pouvoir nutritif qu'on peut déterminer exactement la valeur comparative d'une pomme de terre.

Il était donc indispensable de recourir à l'analyse chimique, et c'est ce que nous avons fait en déterminant, dans chacune de nos cinquante-cinq variétés, non-seulement la proportion de fécule, mais encore les quantités relatives d'eau et de matière solide, attendu que l'albumine, la matière animale particulière, et

LISTE DES DIX VARIÉTÉS LES PLUS FERTILES DANS CHAQUE ESPÈCE DE SOL

RANGÉES D'APRÈS LEUR POUVOIR PRODUCTIF.

SOL SABLO-CALCAIRO-ARGILEUX.	PRODUIT EN POIDS.	SABLE PUR D'ALLUVION.	PRODUIT EN POIDS.	SABLE HUMIFÈRE OU TOURBEUX.	PRODUIT EN POIDS.	SOL ARGILEUX.	PRODUIT EN POIDS.	SOL CALCAIRE.	PRODUIT EN POIDS.
	kil.		kil.		kil.		kil.		kil.
Patraque rose de Rohan.......	10,244	Patraque jaune ox-noble.....	9,409	Patraque jaune ox-noble.....	10,375	Patraque jaune ox-noble......	6,125	Patraque rose de Rohan hâtive...	7,878
— rose de Rohan hâtive.......	8,230	Violette rouge longue de l'Indre.........	9,068	Vitelotte jaune la Pigry........	9,091	— rose de Rohan hâtive........	5,690	Vitelotte jaune la Pigry........	7,009
— rose jaune....	7,768	Patraque rose de Rohan hâtive.	8,640	Patraque rose de Rohan hâtive.	8,415	— blanche prem. façons........	5,206	Patraque jaune mailloche... .	6,871
— jaune prem. champions....	5,748	— jaune prem. Wellington...	7,450	— jaune œil violet..........	7,631	Vitelotte jaune la Pigry........	4,962	— jaune œil violet.	6,318
— jaune prem. Wellington...	5,332	— jaune mailloche.........	6,868	— jaune prem. Wellington...	7,421	Patraque jaune mailloche....	4,446	Vitelotte rouge longue de l'Indre........	5,875
— jaune ox-noble.....	5,274	— rose jaune....	6,459	— jaune fruit-pain.	6,088	— rose jaune ...	4,334	Patraque jaune ox-noble......	5,140
— jaune grande hâtive américaine........	5,210	Vitel. jaune la Pigry.........	6,318	Parment. violette dite précieuse rouge.......	5,915	— jaune fruit-pain.........	4,287	— jaune prem. Wellington ...	4,725
— rose dite patraque blanche...	5,048	Patraque jaune œil violet.....	6,010	— rose cornich. français......	5,028	Vitelotte jaune imbriquée....	4,187	— jaune prem. champions ...	4,571
— rose brugeoise.	5,000	— jaune fruit-pain........	5,995	Patraque rose Descroizilles..	4,975	— rouge longue de l'Indre.......	3,971	— blanche prem. façons.......	4,381
— jaune d'août...	5,000	— rose dite patraque blanche..	5,625	— jaune Sanderson..........	4,865	Patraque rose prime rouge..	3,834	— jaune fruit-pain.........	4,212
Total du rendement des dix variétés.......	52,854	Total du rendement des dix variétés......	71,842	Total du rendement des dix variétés.......	69,804	Total du rendement des dix variétés.......	47,042	Total du rendement des dix variétés.......	56,980

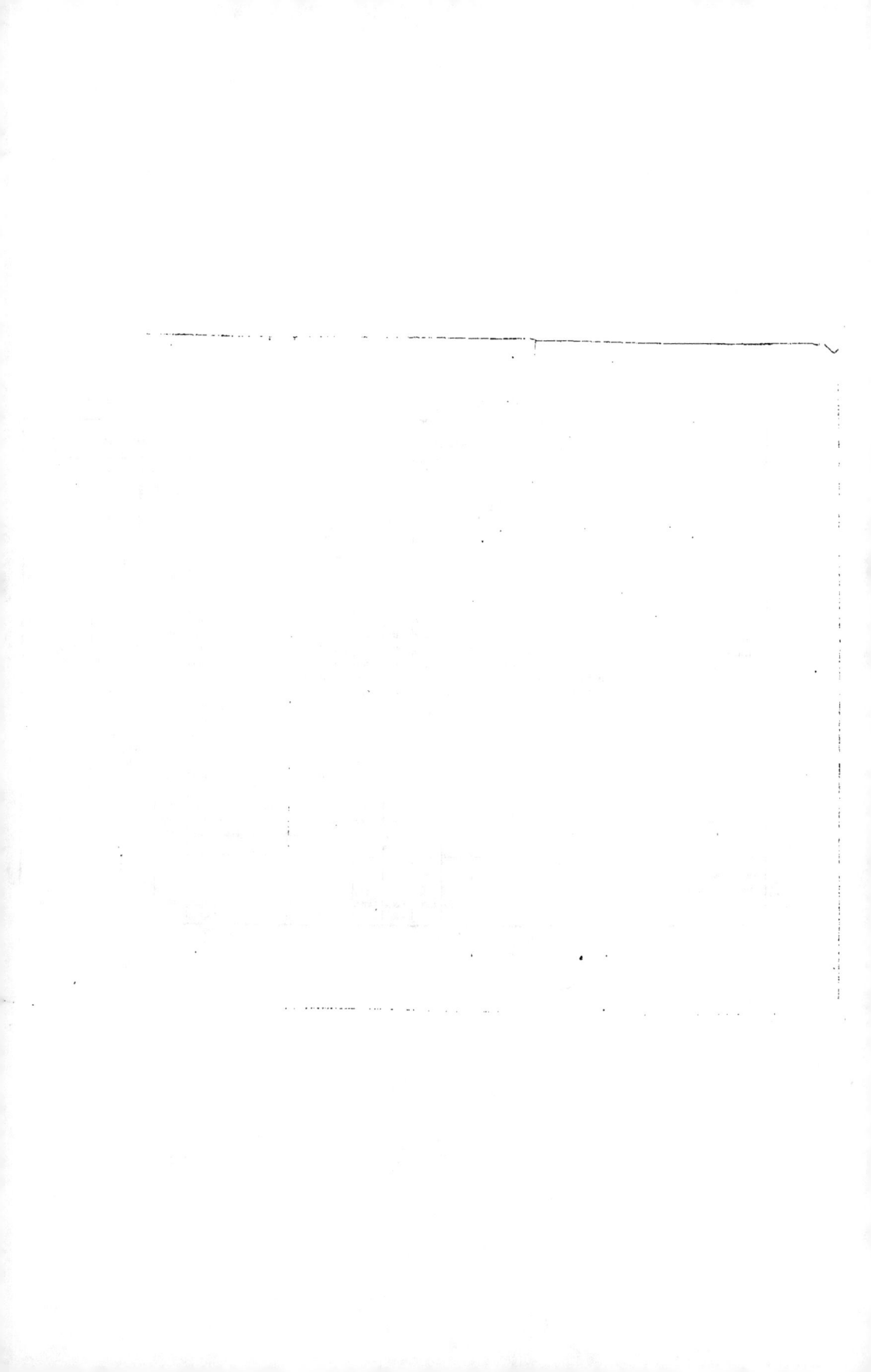

COMPOSITION DES POMMES DE TERRE CULTIVÉES DANS LES CINQ TERRAINS SUIVANTS POUR 100 GRAMMES :

NOMS DES VARIÉTÉS DE POMMES DE TERRE.	EAU.					MATIÈRE SÈCHE.					FÉCULE.					PARENCHYME ET MATIÈRES SOLUBLES.				
	SABLE CALCAIRO-ARGILEUX.	SABLE D'ALLUVION.	SABLE HUMIFÈRE.	ARGILE.	CALCAIRE.	SABLE CALCAIRO-ARGILEUX.	SABLE D'ALLUVION.	SABLE HUMIFÈRE.	ARGILE.	CALCAIRE.	SABLE CALCAIRO-ARGILEUX.	SABLE D'ALLUVION.	SABLE HUMIFÈRE.	ARGILE.	CALCAIRE.	SABLE CALCAIRO-ARGILEUX.	SABLE D'ALLUVION.	SABLE HUMIFÈRE.	ARGILE.	CALCAIRE.
Patraque jaune ox-noble	g. 71,5	g. 74,0	g. 74,8	g. 73,5	g. 74,9	g. 28,5	g. 26,0	g. 25,2	g. 26,5	g. 25,1	g. 18,44	g. 15,64	g. 11,15	g. 15,35	g. 9,07	g. 10,08	g. 10,36	g. 14,07	g. 10,95	g. 16,03
— jaune première Wellington	70,9	75,8	74,8	69,5	72,3	29,1	24,2	25,2	30,5	27,7	13,86	11,77	10,90	10,32	11,05	13,24	12,43	14,30	20,18	16,65
— jaune Mailloche	75,7	78,2	76,7	72,3	78,5	24,3	21,8	23,3	27,7	21,5	18,17	6,58	11,26	9,13	10,53	6,13	16,22	12,04	18,57	10,97
— jaune œil violet	manque	76,7	75,5	74,8	79,6	manque	23,3	24,5	25,2	20,4	manque	10,00	16,37	16,68	13,26	manque	13,30	8,13	8,58	7,14
— jaune fruit-pain	70,0	76,9	75,4	75,0	76,0	30,0	23,1	24,6	25,0	24,0	16,07	8,66	8,52	20,84	12,38	13,93	14,44	16,08	4,46	11,62
— jaune Sanderson	70,3	78,9	72,8	72,3	74,6	29,7	21,1	27,2	27,7	25,4	15,10	7,79	11,42	16,83	13,05	14,60	13,31	15,78	10,87	12,35
— jaune premiers Champions	72,7	74,5	78,0	70,0	74,8	27,3	25,5	22,0	30,0	25,2	13,33	8,39	8,24	16,65	10,60	13,97	17,11	13,76	17,35	10,70
— jaune première Hopson	70,1	75,5	80,0	75,0	77,0	29,9	24,5	20,0	25,0	23,0	16,52	10,68	8,95	18,21	11,58	13,38	13,82	11,05	6,79	11,42
— jaune d'août	71,5	72,4	75,7	73,0	69,2	28,5	27,6	24,3	27,0	30,8	17,63	13,37	8,52	14,26	10,95	10,57	14,03	13,78	12,74	19,85
— jaune grande hâtive améric.	76,5	76,5	75,9	77,3	75,9	23,5	23,5	24,1	22,7	24,1	15,46	10,68	10,78	14,80	8,80	8,04	12,82	13,32	7,87	15,21
— blanche premières façons	72,7	71,5	75,0	71,5	73,4	7,3	28,5	25,0	28,5	26,6	14,55	18,84	10,59	11,20	14,48	12,75	9,66	14,61	17,30	12,12
— rose de Rohan hâtive	73,1	76,8	76,8	75,5	74,5	26,9	23,2	23,2	24,5	25,5	10,42	13,82	14,06	10,28	15,13	16,48	10,38	9,14	14,22	10,37
— rose jaune	78,4	73,0	manque	80,9	77,5	21,6	27,0	manque	19,1	22,5	14,42	10,15	manque	8,68	9,71	7,18	16,86	manque	10,42	12,89
— rose Descroizilles	76,0	71,7	70,5	72,9	73,9	24,0	28,3	29,5	27,1	26,1	10,46	13,23	15,56	14,29	9,65	13,54	15,07	13,94	12,81	16,45
— rose brugeoise	78,7	77,9	72,6	72,8	74,5	21,3	22,1	27,4	27,2	23,5	16,15	9,64	13,55	14,44	14,13	5,15	12,46	13,85	12,76	11,37
Parmentière rose cornich. franç.	manque	77,5	69,1	74,0	73,5	manque	22,5	30,9	26,0	26,5	manque	15,38	12,90	8,39	14,60	manque	7,12	17,97	17,61	11,90
— violette dite précieuse rouge	79,5	73,8	76,5	75,0	75,3	20,5	26,2	23,5	25,0	24,7	15,94	12,65	8,40	14,21	12,81	4,56	13,55	15,10	10,79	11,89
Vitelotte jaune la Pigry	manque	71,6	74,0	71,2	74,6	manque	28,4	26,0	28,8	25,4	manque	15,02	16,49	14,77	14,91	manque	13,38	9,51	14,03	10,49
— jaune imbriquée	76,0	73,0	6,5	73,5	71,8	24,0	27,0	23,5	26,5	28,2	13,85	16,44	13,23	15,50	14,57	10,15	10,56	10,27	11,00	13,63
— rouge longue de l'Indre	68,0	70,4	78,5	69,5	77,0	32,0	29,6	21,5	30,5	23,0	13,33	14,41	15,09	14,83	6,82	18,67	13,19	6,41	15,67	16,18
Total des éléments constitutifs fournis par les 20 variétés ci-dessus, pour 2 k. de tubercules.	k. 1,251,6	k. 1,496,6	k. 1,429,1	k. 1,469,5	k. 1,496,8	k. 0,448,4	k. 0,503,4	k. 0,470,9	k. 0,530,5	k. 0,501,2	k. 0,255,70	k. 0,242,32	k. 0,225,99	k. 0,270,59	k. 0,238,07	k. 0,192,70	k. 0,302,07	k. 0,244,91	k. 0,254,90	k. 0,202,23

COMPOSITION DES POMMES DE

NOMS DES VARIÉTÉS DE POMMES DE TERRE.	EAU.				LES.
	SABLE CALCAIRO-ARGILEUX.	SABLE D'ALLUVION.	SABLE HUMIFÈRE.	ARGILE.	CALCAIRE.
	g.	g.	g.	g.	g.
Patraque jaune ox-noble........	71,5	74,0	74,8	73,5	16,03
— jaune première Wellington..	70,9	75,8	74,8	69,5	16,65
— jaune Mailloche............	75,7	78,2	76,7	72,3	10,97
— jaune œil violet............	manque	76,7	75,5	74,8	7,14
— jaune fruit-pain............	70,0	76,9	75,4	75,0	11,62
— jaune Sanderson	70,3	78,9	72,8	72,3	12,35
— jaune premiers Champions...	72,7	74,5	78,0	70,0	10,70
— jaune première Hopson.....	70,1	75,5	80,0	75,0	11,42
— jaune d'août...............	71,5	72,4	75,7	73,0	19,85
— jaune grande hâtive améric..	76,5	76,5	75,9	77,3	15,21
— blanche premières façons....	72,7	71,5	75,0	71,5	12,12
— rose de Rohan hâtive........	73,1	76,8	76,8	75,5	10,37
— rose jaune..................	78,4	73,0	manque	80,9	12,89
— rose Descroizilles..........	76,0	71,7	70,5	72,9	16,45
— rose brugeoise..............	78,7	77,9	72,6	72,8	11,37
Parmentière rose cornich. franç.	manque	77,5	69,1	74,0	11,90
— violette dite précieuse rouge.	79,5	73,8	76,5	75,0	11,89
Vitelotte jaune la Pigry........	manque	71,6	74,0	71,2	10,49
— jaune imbriquée	76,0	73,0	6,5	73,5	13,63
— rouge longue de l'Indre.....	68,0	70,4	78,5	69,5	16,18
Total des éléments constitutifs fournis par les 20 variétés ci-dessus, pour 2 k. de tubercules.	k. 1,251,6	k. 1,496,6	k. 1,429,1	k. 1,469,5	k. 0,202,23

la fibre ligneuse concourent aussi bien que la fécule à la nutrition des animaux. L'appréciation de la quantité de matière sèche peut d'autant mieux faire connaître le pouvoir nutritif d'une pomme de terre que la proportion des fibres ligneuses, qu'on pourrait, à la rigueur, regarder comme inassimilables, ne dépasse guère un centième et demi, ainsi que nous l'avons constaté, après Vauquelin, MM. Payen et Chevalier.

Le tableau ci-joint donne les résultats d'une partie de nos analyses, rapportés à 100 de pommes de terre en poids.

On peut voir, par ce tableau, que la constitution des tubercules offre des différences assez tranchées, suivant la nature du sol où ils ont été cultivés ; et que, de tous les principes immédiats, c'est la fécule qui subit le plus de variations dans ses quantités, tandis que la proportion de matière sèche est toujours à peu près la même ; c'est ainsi que la *Patraque jaune fruit-pain* renferme :

Dans le sable calcairo-argileux................	16,07 p. 100 de fécule et	30,0 p. 100 de matière sèche.
Dans le sable pur........	8,66	23,1
Dans le sable humifère....	8,52	24,6
Dans l'argile............	20,54	25,0
Dans le calcaire.........	12,38	24,0

Que la *Patraque jaune mailloche* contient :

Dans le sable calcairo-argileux................	18,17 p. 100 de fécule et	24,3 p. 100 de matière sèche.
Dans le sable pur........	5,58	21,8
Dans le sable humifère...	11,26	23,2
Dans l'argile............	9,13	27,7
Dans le calcaire.........	10,53	21,5

Et ainsi pour beaucoup d'autres.

Connaissant le *pouvoir productif* et le *pouvoir nutritif* de nos cinquante-cinq variétés de pommes de terre, il nous a été très-facile de les classer d'après leur valeur relative, tant sous le rapport de l'alimentation qu'au point de vue de l'extraction de la fécule, et de savoir celles dont la culture est le plus profitable dans chaque espèce de sol, suivant le parti qu'on veut en tirer. Il ne s'agissait plus, en effet, que de multiplier le produit en poids de chaque variété par la quantité de matière sèche ou de fécule qu'elle contenait, et de diviser le résultat par 100.

Voici, dans le tableau suivant, d'après ces données, les dix meilleures variétés, sous le rapport de l'alimentation, et pour chaque nature de sol. Elles sont classées dans l'ordre de leur pouvoir *nutritif*.

TABLEAU DES VALEURS RELATIVES DES MEILLEURES POMMES DE TERRE SOUS LE RAPPORT DE L'ALIMENTATION

POUR LES SOLS SUIVANTS :

POUR LE SABLE CALCAIRO-ARGILEUX.	NOMBRES exprimant les valeurs relatives.	POUR LE SABLE PUR.	NOMBRES exprimant les valeurs relatives.	POUR LE SABLE HUMIFÈRE.	NOMBRES exprimant les valeurs relatives.	POUR LE SOL ARGILEUX.	NOMBRES exprimant les valeurs relatives.	POUR LE SOL CALCAIRE.	NOMBRES exprimant les valeurs relatives.
Patraque rose de Rohan hâtive.	2213,870	Vitelotte rouge longue de l'Indre......	2684,128	Patraque jaune ox-noble.....	2614,500	Patraque jaune ox-noble.....	1623,125	Patraque rose de Rohan hâtive........	2008,890
— rose de Rohan.	2151,240	Patraque jaune ox-noble....	2446,340	Vitelotte jaune la Pigry.....	2363,660	— blanche pr. façons.......	1483,710	Vitelotte jaune la Pigry.....	1780,286
— rose jaune...	1681,888	— rose de Rohan hâtive......	2004,480	Patraque rose de Rohan hâtive.	1952,280	Vitelotte jaune la Pigry. ...	1429,056	Patraque jaune mailloche...	1477,265
— jaune prem. champions...	1559,204	— jaune prem. Wellington..	1802,900	— jaune prem. Wellington..	1870,092	Patraque jaune de Rohan hâtive.........	1394,050	Vitelotte rouge longue de l'Indre......	1351,250
— jaune prem. Wellington..	1551,612	Vitelotte jaune la Pigry.....	1794,312	— jaune œil violet..........	1869,595	— jaune mailloche.........	1231,542	Patraque jaune prem. Wellington......	1308,825
— jaune ox-noble.........	1503,090	Patraque rose jaune.......	1743,930	Parment. rose cornich. français........	1553,652	Vitelotte rouge longue de l'Indre......	1134,300	— jaune ox-noble.........	1290,140
— jaune prem. Hopson......	1441,778	— rose de Rohan.........	1618,778	Patraque jaune fruit-pain....	1497,648	Patraque jaune prem. champions.... ..	1129,415	— jaune œil violet.........	1283,872
— jaune d'août.	1425,000	— jaune mailloche....... .	1497,224	— rose Descroiz.	1467,625	— jaune prem. Wellington .	1109,555	— blanche pr. façons.......	1165,346
— jaune de Shaw.......	1240,320	— jaune œil violet.........	1400,330	Parmentière violette précieuse rouge.	1390,025	Vitelotte jaune imbriquée....	1071,750	— jaune prem. champions...	1151,892
— rose dite patraque blanche.........	1238,760	— jaune fruit-pain........	1384,845	Patraque jaune Sanderson...	1323,280	Patraque jaune fruit-pain....	996,830	— jaune fruit-pain.......	1010,880

Voici maintenant, d'après les mêmes principes, la liste des dix meilleures variétés, pour l'extraction de la fécule :

TABLEAU DES VALEURS RELATIVES DES MEILLEURES VARIÉTÉS DE POMMES DE TERRE

SOUS LE RAPPORT INDUSTRIEL, POUR LES SOLS SUIVANTS :

POUR LE SABLE CALCAIRO-ARGILEUX.	NOMBRES exprimant les valeurs relatives.	POUR LE SABLE PUR.	NOMBRES exprimant les valeurs relatives.	POUR LE SABLE HUMIFÈRE.	NOMBRES exprimant les valeurs relatives.	POUR LE SOL ARGILEUX.	NOMBRES exprimant les valeurs relatives.	POUR LE SOL CALCAIRE.	NOMBRES exprimant les valeurs relatives.
Patraque rose jaune.......	1120,1456	Patraque jaune ox-noble.....	1471,5676	Vitelotte jaune la Pigry.....	1499,1059	Patraque jaune ox-noble.....	953,4375	Patraque rose de Rohan hâtive.......	1191,0474
— jaune ox-noble.........	972,5256	Vitelotte rouge longue de l'Indre......	1306,6988	Patraque jaune œil violet...	1249,1947	— jaune fr.-pain.	880,5498	Vitelotte jaune la Pigry.....	1045,0419
— rose dite patraque blanche..... ...	912,6754	Patraque rose de Rohan hâtive.........	1194,0480	— rose de Rohan hâtive.......	1183,1490	Vitelotte jaune la Pigry.....	734,8874	Patraque jaune œil violet....	837,7668
— jaune d'août.	881,5000	Vitelotte jaune la Pigry.....	948,9636	— jaune ox-noble.........	1154,7375	— jaune imbriquée........	648,9850	— jaune mailloche..	723,5163
— rose de Rohan hâtive.... ..	857,5660	Patraque jaune prem. Well..	876,8650	— jaune prem. Wellington..	808,8890	Patraque jaune pr. Hopson .	627,9641	— blanche pr. façons.......	634,3688
— jaune prem. Wellington..	845,6552	— rose jaune...	654,9126	— rose Deseroiz.	774,1100	— jaune œil violet.........	617,6604	— rose de Rohan.	554,8408
— rose brugeoise.......	807,5000	— rose Descroizilles.	630,01[illegible]6	Parment. rose cornich. français.........	650,1204	Vitelotte rouge longue de l'Indre.......	588,8993	— jaune prem. Wellington. .	522,1125
— jaune américaine hâtive élevée..... .	805,4660	— rose de Rohan.	623,8480	Patraque rose brugeoise ...	649,4515	Patraque rose de Rohan hâtive.........	584,9320	— jaune fruit-pain	521,4456
— jaune prem. Champions. .	766,2804	Vitelotte jaune imbriquée...	605,6496	— jaune Sanderson.........	553,5830	— blanche pr. façons.......	583,0720	— violette de Lankmann...	513,3375
— violette de Lankman....	738,4560	Patraque jaune œil violet....	601,0000	Vitelotte rouge longue de l'Indre.......	545,0508	- rose dite prime rouge.	548,6454	Vitelotte jaune imbriquée...	499,8967

Il ressort évidemment de ce tableau qu'il n'est pas possible de conclure la valeur d'une pomme de terre destinée à l'alimentation, seulement par son pouvoir productif, mais qu'il faut aussi tenir compte de sa richesse en matière sèche. On voit, en effet, que la *Patraque rose jaune*, qui occupe le sixième rang dans la terre argileuse quand on ne considère que la production, ne se trouve plus dans les dix premières lorsqu'on vient à tenir compte du pouvoir nutritif. Par la même raison, on ne pourrait pas juger du mérite d'une pomme de terre seulement par sa richesse en matière sèche; ainsi la *Patraque rose Descroizilles*, très-riche en matière sèche, dans le sable humifère, puisqu'elle en renferme 29,5 pour 100, n'occupe que le huitième rang dans cette même terre si l'on calcule son rendement, parce qu'elle est peu productive. Il faut donc, nous le répétons, suivre la raison composée des pouvoirs productif et nutritif, pour connaître la valeur relative de chaque variété dans les différents sols.

On voit, par ce dernier tableau, que les variétés les plus convenables à l'alimentation ne sont pas toujours celles qu'il faut choisir pour l'extraction de la fécule; ainsi la *patraque blanche premières façons*, qui, pour l'alimentation, occupe le second rang dans la terre argileuse, ne se trouve que la neuvième sous le rapport industriel. Nous ferons également remarquer combien il importe aussi de tenir compte, à la fois, et du produit et de la richesse en fécule de chaque variété, pour assigner leur valeur industrielle; en effet, la *patraque jaune ox-noble*, qui occupe, pour son produit, le premier rang dans le sable humifère, n'est plus placée que la quatrième sous le rapport industriel; au contraire, la *patraque jaune fruit-pain*, qui, dans la terre argileuse, vient la seconde au point de vue industriel, n'est cependant placée que la septième dans la même terre, lorsqu'on ne considère que son produit.

Les deux tableaux qui précèdent montrent donc d'une manière évidente quelles sont, pour chaque espèce de terrain, les variétés de pommes de terre qui doivent être cultivées de préférence, tant sous le rapport de l'alimentation que sous celui de l'extraction de la fécule. On fera bien, toutefois, de ne pas faire à toutes les régions de l'Europe une application trop rigoureuse de nos expériences, car on ne peut méconnaître l'influence que la nature du sol exerce sur la production et la constitution chimique des pommes de terre, aussi bien que sur toutes les autres plantes. Il n'est pas douteux que les circonstances climatériques n'agissent pas moins sur elles, et les principes et les faits qui conviennent aux régions du Nord ne pourraient pas toujours être utilisés avec profit dans les régions du Sud, etc. Pour n'en citer qu'une preuve, prise dans notre propre sujet, en même temps que nous constations que la *Rohan* est, pour le climat de la Seine-Inférieure, une des meilleures variétés à proposer, le professeur Domenico Milano, de Turin, reconnaissait expérimentalement que c'est une des moins avantageuses à cultiver dans les terres du Piémont.

Nous pensons donc qu'il est indispensable d'entreprendre des expériences précises et directes dans les différents sols et sous les divers climats, si l'on veut connaître les variétés qui conviennent le mieux à chaque localité.

Climat et sol. — *Climat.* La végétation rapide de la pomme de terre a permis d'en pratiquer la culture partout où l'on récolte des céréales ; cette culture dépasse même cette limite, si l'on choisit les variétés hâtives qu'il suffit d'un été fort court pour amener à maturité. C'est ainsi qu'on cultive maintenant la pomme de terre en Islande, et à des hauteurs considérables sur les montagnes de l'Europe, là où les céréales ne peuvent plus réussir. Dans les pays chauds, au contraire, et surtout dans les localités exposées à la sécheresse, les tubercules se forment, s'organisent intérieurement, mais sans pouvoir grossir ; puis, s'il survient de l'humidité, de nouveaux et petits tubercules naissent, mais le grossissement des anciens n'a pas lieu ; aussi cette plante est-elle peu cultivée dans ces contrées, si ce n'est dans les terrains susceptibles de conserver naturellement ou artificiellement une dose d'humidité suffisante, ou encore, dans ceux qui sont situés à des hauteurs assez considérables pour ramener le climat aux conditions convenables de température, ainsi qu'on le voit dans les Andes équatoriales, où elle est cultivée, d'après de Humboldt, entre 3,000 et 4,000 mètres. Les produits de la pomme de terre seront donc d'autant plus abondants qu'on la cultivera dans un climat plus tempéré.

Sol. Quoique la pomme de terre puisse donner des produits passables dans presque tous les terrains, en admettant qu'on cultive, dans chacun d'eux, et pour chaque climat, la variété qui convient le mieux, on peut dire, en général, qu'elle préfère les sols légers ou de consistance et d'humidité moyennes, les sables d'alluvion un peu humides, les terres sablo-argileuses et calcairo-argileuses. Il faut, en un mot, que la terre, à $0^m,30$ de profondeur, conserve, pendant la durée de la végétation, seize centièmes de son poids d'eau ; cette proportion pourra, sans inconvénient, augmenter un peu dans les climats chauds et diminuer dans ceux qui sont naturellement humides.

Dans les sols très-argileux, et dans ceux qui offrent une très-forte dose d'humidité, outre que le produit sera peu abondant, les tubercules seront peu nutritifs, et tellement aqueux, qu'ils deviendront malsains pour les bestiaux. Dans les terrains secs et arides, le produit souffrira de l'absence d'humidité, mais les tubercules seront de bonne qualité. Ces données ressortent encore des expériences relatées précédemment. En effet, si nous prenons le rendement total fourni par nos dix variétés dans chaque sorte de terre (p. 14), nous voyons d'abord que :

Le sable pur d'alluvion donne	71kil,842	de tubercules.
Le sable humifère	69 804	
Le sol calcaire	56 980	
Le sol sablo-calcaire argileux	52 854	
Le sol argileux	47 042	

Mais nous venons de voir que la proportion des principes utiles contenus dans les tubercules varie notablement suivant la nature du sol ; ainsi, en prenant le total de la matière sèche ou de la fécule fournie par 2 kil. de nos vingt variétés (tableau d'analyse, p. 15), on obtient [1] :

	En matière sèche.	En fécule.
Dans la terre argileuse	0kil,5305	0kil,27959
Dans le sable d'alluvion	0 5034	0 24243
Dans la terre calcaire	0 5012	0 23807
Dans le sable humifere	0 4709	0 22599

On ne peut donc déterminer avec certitude la convenance relative de chacune de ces terres pour la culture de la pomme de terre qu'en multipliant le rendement total des dix variétés dans chaque sol par le produit en matière sèche que nous venons d'indiquer, et en divisant le résultat par 2,000. Voici la valeur relative de chacune de ces terres à cet égard, avec les nombres exprimant cette valeur :

Sable pur d'alluvion	1808,26
Sable humifère	1643,53
Sol calcaire	1427,91
Sol argileux	1224,36

Nos divers terrains occupent ici le même ordre que d'après leur pouvoir productif, bien que cet ordre diffère beaucoup de celui qui résulte de la richesse de leurs produits en principes utiles.

---

1 Nous ne rappelons pas ici le produit du sable calcairo-argileux, parce que, plusieurs variétés n'y étant pas comprises, le produit total de cette terre ne serait pas comparable avec celui des autres sols. Sans cette circonstance, cette terre occuperait vraisemblablement le quatrième rang.

Cela s'explique par les rendements plus considérables qui viennent compenser la moins grande richesse en principes utiles. Mais on voit aussi se confirmer ce que nous avons dit des sols qui conviennent le mieux à la pomme de terre.

Place dans la rotation. — La végétation active et vigoureuse de la pomme de terre lui permet de succéder, sans inconvénient, à toute espèce de récolte. Elle peut même se succéder à elle-même, pendant plusieurs années consécutives, sans que son produit paraisse en souffrir sensiblement. Schwerz cite plusieurs exemples de terrains qui ont été cultivés en pomme de terre pendant dix, vingt et même trente ans. Toutefois, comme cette plante aime les terrains profondément ameublis, il sera bon de la faire venir de préférence sur les sols nouvellement défoncés, sur les défrichements de luzerne. Ce sera surtout l'une des meilleurs plantes à choisir pour les terrains nouvellement écobués, là où les céréales poussent beaucoup en paille, mais donnent peu de grains.

S'il importe peu de faire succéder la pomme de terre à telle ou telle récolte, il n'en est pas de même pour celle qui doit la suivre ; car l'ameublissement profond du sol, que détermine sa culture, ne convient pas à toutes les plantes, et notamment aux céréales d'hiver, que déchausserait l'affaissement de la terre. En outre, sa récolte tardive s'oppose souvent à ce qu'on puisse préparer convenablement la terre à recevoir un ensemencement d'hiver. Aussi, est-ce presque toujours au début de la rotation des cultures qu'on la place, pour la faire suivre par une céréale de printemps.

On peut aussi la cultiver, comme récolte intercalaire, après l'enlèvement des récoltes précoces, telles que le colza, le lin, la navette, le seigle, le trèfle incarnat, la vesce d'hiver.

Culture. — *Préparation du sol.* La pomme de terre a besoin, pour prospérer, d'une grande masse de terre meuble, et aussi de terre neuve, dans laquelle elle puisse étendre ses racines et développer ses tubercules. Le sol doit donc recevoir des labours profonds, quel que soit son degré d'humidité ; s'il est très-humide, ces labours augmenteront sa perméabilité et la plante en souffrira moins ; s'il est très-sec, ils permettront à la pomme de terre d'y enfoncer ses racines plus profondément.

M. de Gasparin rapporte l'expérience suivante, faite à Saint-Didier, près Lyon, par M. de Chançay, et qui vient confirmer l'utilité des labours profonds.

Un hectare,	labouré à 0m,10 de profondeur, a produit	7252	kil. de tubercules.
—	bêché à 0m,20	8689	
—	défoncé à 0m,45	10905	

Toutes les fois donc que la nature du sol le permettra, on commencera par donner un labour de défoncement de 0m,32 à 0m,45 de profondeur. Ce travail devra être exécuté le plus tôt possible avant l'hiver, afin que la couche de terre ramenée du fond à la surface ait le temps de s'aérer avant la plantation. Dans les terres compactes, on applique un second labour ordinaire au printemps, aussitôt que l'état du sol le permet, puis un troisième en plantant les tubercules. Dans les sols légers et de consistance moyenne, on se contente, après le défoncement d'automne, de donner un labour ordinaire au moment de la plantation.

C'est ici le lieu de dire un mot du mode de préparation du sol adopté, pour cette culture, dans une grande partie de l'Irlande.

On divise d'abord le terrain par planches de 1m,66 à 2 m. de large, séparées par des intervalles de 0m,66 à 0m,82; puis, s'il a été cultivé l'année précédente, on laboure les planches en forme de billons. Ce labour est pratiqué avec la charrue, la houe ou la bêche, selon l'étendue de la surface et le nombre de bras dont on peut disposer. On brise ensuite les mottes sur ces sillons. Mais, si le sol est inculte, ou en nature d'herbage, on se contente de tracer sur le gazon la place de chaque planche. Dans les deux cas, après ces opérations préliminaires, on répand le fumier seulement sur les planches, et l'on place par-dessus les tubercules espacés à 0m,30 les uns des autres. Cela fait, on retourne les intervalles entre les billons, et, si c'est un herbage, on enlève le gazon très-mince, afin qu'il puisse se diviser plus facilement, puis on répand ce gazon, ou la terre enlevée dans les intervalles, sur les pommes de terre, de manière à les recouvrir d'une couche de 0m,05 d'épaisseur encore. Il n'est pas nécessaire de biner les pommes de terre qui commencent à lever sur les billons en herbages et qui n'ont pas été labourés, parce que le sol en est assez propre; mais il faut donner cette façon aux billons faits sur les terres déjà en culture, et qui ont été labourées.

Lorsque les plantes dépassent le sol de 0m,06 à 0m,07, on recouvre de nouveau les billons de 0m,03 à 0m,04 de terre prise dans les intervalles, et l'on recommence cette opération quand les plantes ont dépassé une troisième et une quatrième fois ces diverses couvertures; l'ensemble de ces opérations équivaut à une sorte de buttage. Quand on donne la dernière couverture, on coupe à la bêche les parois des fossés et l'on en approprie le fond avec soin. La coupe d'un champ ainsi cultivé présente à ce moment l'aspect de la figure 446. Lors de la récolte et des préparations suivantes, les fossés sont en partie comblés, mais le champ conserve encore la forme de billons assez élevés.

Quoique ce procédé paraisse faire perdre beaucoup d'espace, c'est celui qui donne les produits les plus abondants, surtout dans les sols très-humides. Aussi pensons-nous qu'on pourra

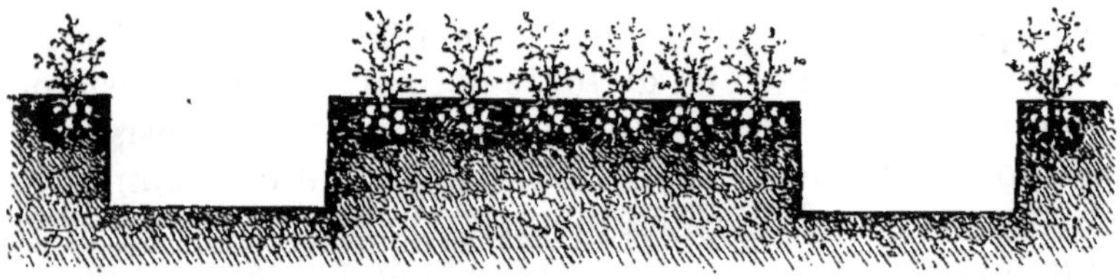

Fig. 446. *Mode de culture de la pomme de terre en Irlande.*

l'adopter avec avantage, mais seulement dans les localités où les bras seront nombreux et le prix du travail peu élevé, car il est d'une exécution lente et exige beaucoup de main-d'œuvre.

Amendements et engrais. — Pour obtenir d'abondants produits, il faudra amender convenablement : ainsi les terres fortes et argileuses seront copieusement chaulées ou marnées, celles qui sont trop humides seront mises en état par des saignées, des fossés ou des opérations de drainage, et l'on chargera de marne argileuse, de vase de rivières et d'étangs, de curures de fossés ou de mares, les terres légères ou trop arides.

Les engrais qui paraissent le plus favorables à la pomme de terre sont, sans contredit, les excréments des bêtes à cornes, convertis en fumier, parce qu'ils renferment tout à la fois des débris organiques azotés et des substances salines. Les engrais trop riches en principes organiques azotés, les engrais salins ou minéraux, sont moins propices au développement des tubercules.

D'après Schwerz, Woght et Thaër, les fumiers d'étable répondent, presque poids pour poids, à la consommation de la pomme de terre : l'azote s'y trouve, relativement aux matières carbonées et salines, dans le rapport de 100 à 49, et, dans la pomme de terre, l'azote est à ces dernières matières comme 100 à 47. D'où il résulte que le rendement moyen de la pomme de terre étant, par hectare, de 21,600 kil. de tubercules, et, d'après M. Boussingault, de 4,968 kil. de fanes vertes, ou en tout de 26,568 kil., cette récolte aura puisé dans la terre l'équivalent de 21,600 kil. de fumier ou environ 81 kil. pour 100 kil. de tubercules et de tiges produits.

Les résultats suivants démontrent bien que cette plante, peu avide d'engrais azotés, exige surtout, dans le sol, la présence de substances d'une décomposition facile, riches en alcali, et qui soient une source abondante d'acide carbonique.

1.	Mélange fumier, bedoue d'étang et mousse.......	228 kil.	superbes.
2.	Débris de savonnerie	215	très-belles.
3.	Fumier et chaux..............................	266	médiocres.
4.	Mélanges de cendres et fumier d'écurie..... ...	192	très-belles.
5.	Fumier d'écurie seul..........................	176	id.
6.	Sciure des bois..............................	171	id.
7.	Fumier et débris de savonnerie................	166	id.
8.	Suie, terre végétale et cendres...............	151	id.
9.	Fumier de volaille et cendres.................	132	assez belles.
10.	Débris de joncs décomposés et chaux..........	116	très-belles.
11.	Mélange de fumier, chaux et compost..........	114	médiocres.
12.	Sel marin et terre végétale...................	112	id.
13.	Sciure de bois et chaux......................	110	très-petites.
14.	Chaux et cendres.............................	107	médiocres.
15.	Sciure de bois et cendres....................	106	petites.
16.	Chaux seule..................................	104	médiocres.
17.	Débris de tannerie et fumier..................	81	assez belles.
18.	Sans aucun engrais........	75	très-petites.
19.	Débris de tannerie et chaux..................	42	id.
20.	Débris de tannerie seule.....................	19	mauvaises.

Il manque malheureusement à ces expériences une donnée bien importante, la dose de chaque engrais employé; toutefois les résultats précédents indiquent suffisamment la tendance des effets produits.

La pomme de terre doit être fumée abondamment; il lui faut, autant que possible, de 40,000 à 60,000 kil. de bon fumier par hectare. Toutefois, comme les fumiers d'étable, frais et peu décomposés, appliqués en grande quantité au moment de la plantation, sans avoir été suffisamment mélangés avec le sol, soit sur le tubercule même, soit en couverture après le premier ou le second binage, ont nécessairement pour effet de concentrer une plus grande quantité d'humidité au pied des plantes, et peuvent même y favoriser une fermentation putride, on réserve cette méthode pour les terres parfaitement saines, où la sécheresse est beaucoup plus à craindre que l'humidité. Dans les terres fortes, au contraire, on fume le plus tôt possible, en fumiers également et suffisamment fermentés, afin d'amalgamer ceux-ci avec le sol par deux ou trois labours successifs.

Dans tous les cas, on s'attachera à fumer, d'abord, les terres les plus humides, et l'on réservera les plus légères et les plus inclinées pour les fumures de printemps ou d'été.

En Flandre et dans le Palatinat du Rhin, il est d'usage d'arroser de purin les pommes de terre, en juin, immédiatement avant le buttage ; on y emploie, par hectare, de 25 à 50 tonneaux de purin de 6 hectolitres chacun, et on les répand sur la surface du terrain, de même qu'on le fait sur les prairies. Le buttage, qui a lieu ensuite, accumule au pied des plantes la terre imprégnée de purin, et accroît prodigieusement leur végétation ; on réalise ainsi des récoltes considérables.

On obtient également de très-abondantes récoltes lorsqu'on plante la pomme de terre sur des prés rompus, ou sur des terrains écobués. On n'a pas besoin de fumer pendant les premières années. Un cultivateur de Saint-Saens (Seine-Inférieure) a constaté que le fumier confectionné avec des litières de fougère donne un produit plus abondant et exempt de toute altération. L'abondance du produit peut parfaitement s'expliquer par la grande quantité de potasse qui existe dans la fougère, potasse essentielle à la végétation de la pomme de terre.

Modes de reproduction et de multiplication. — Contrairement à ce qui a lieu pour le plus grand nombre des autres récoltes, on peut employer, pour la propagation de la pomme de terre, quatre moyens différents : les semences, les boutures, les yeux détachés des tubercules, et les tubercules eux-mêmes.

Semis. Il y a longtemps déjà que la culture par semis a été proposée ; mais c'est seulement depuis que ce procédé a été conseillé pour combattre la maladie qui sévit contre cette plante que des essais ont été faits en assez grand nombre pour qu'on ait pu en apprécier la valeur. Voici les soins que réclame cette opération, et les résultats qu'elle a donnés.

En automne, avant les premières gelées, on recueille les baies de pommes de terre les plus mûres ; on les conserve dans un endroit sec, à l'abri du froid, jusqu'au commencement de février, afin de leur faire acquérir un dernier degré de maturité ; on les écrase alors dans un vase où on les laisse pendant six ou huit jours. Dans le Midi, où les baies mûrissent plus facilement, on pourra les écraser aussitôt après leur récolte. Lorsque la pulpe commence à se putréfier, on en sépare la semence par des lavages successifs à l'eau, et, quand elle est convenablement épurée, on la sèche dans un endroit chaud, pour la conserver jusqu'au moment de la semaille. Le point essentiel est d'avoir des fruits bien mûrs ; sans cela, on n'obtiendra que des plantes chétives, qui ne donneront des tubercules bien constitués que la seconde ou la troisième année.

Aussitôt que les gelées tardives ne sont plus à craindre, on sème cette graine sur une couche réchauffée avec du fumier de cheval. Pour que les graines soient assez espacées, on les mêle avec deux fois autant de sable fin ; on sème à la volée, et, lorsqu'elles commencent à se développer, on les recouvre, pendant la nuit, de châssis vitrés ou de nattes.

Lorsque les plantes ont atteint 0m,10 d'élévation, et surtout avant que les jeunes tubercules soient formés, on procède au repiquage. Les sujets sont placés dans un sol léger, bien ameubli, suffisamment fumé, à la distance à laquelle on plante ordinairement les pommes de terre. Pour opérer ce repiquage, on met, dans un panier garni d'un linge mouillé, la quantité de jeunes plantes suffisante pour le travail d'une demi-journée; un ouvrier ouvre un trou avec la houe ou la bêche, un autre le suit et dépose deux ou trois plantes couchées horizontalement, de manière que les jeunes tiges soient enterrées plus profondément de 0m,05 ou 0m,08 qu'elles ne l'étaient sur la couche; chaque trou est ensuite rempli de terre bien meuble et légèrement tassée avec la main. Il convient de ne faire cette opération que par un temps couvert; on donne ensuite à cette plantation les mêmes soins d'entretien que pour les plantations de tubercules.

Les semis de pomme de terre, effectués de bonne heure et avec des graines bien mûres, ont généralement donné un produit moyen de 5 décilitres par pied, pour la première année; les plus gros tubercules pesaient de 300 à 360 grammes. La seconde année, ces mêmes tubercules ont donné un produit bien plus abondant, et cette augmentation s'est encore fait sentir la troisième année, époque où chaque tubercule a atteint son dernier degré de perfection.

Quant à l'utilité, pour la grande culture, de ce mode de multiplication, il faut reconnaître qu'il n'a pas donné le résultat principal qu'on en attendait, c'est-à-dire qu'il n'a pas empêché les plantes d'être atteintes par la maladie à laquelle on croyait les soustraire. Mais ces essais ont permis de constater un autre fait important, à savoir, qu'on peut, au moyen des graines, obtenir des produits tout aussi abondants qu'à l'aide d'une plantation de tubercules; toutefois les détails minutieux de cette opération augmentent notablement les frais de culture, et il n'y aura d'avantage à en user que dans les années où l'on manquera de tubercules pour planter.

Multiplication au moyen des boutures et des yeux détachés des tubercules. Si, d'après M. de Gasparin, l'on sème de bonne heure, dans un terrain bien fumé, des tubercules très-rapprochés, chacun d'eux ne tardera pas à reproduire de sept à huit tiges. Dès que ces tiges ont acquis 0m,08 à 0m,10 de longueur, on les coupe ras du sol, on les plante comme des boutures, et, quelques semaines plus tard, on obtient, du premier semis, une seconde récolte de boutures plus nombreuses que la première fois. Comme ces boutures ne produisent qu'un petit nombre de gros tubercules, on ne laisse que peu de distance entre chaque plante, 0m,25 environ.

D'après le même auteur, 360 mètres carrés, plantés avec des tubercules placés à 0m,16 les uns des autres, peuvent fournir un nombre de boutures suffisant pour couvrir un hectare. On obtient donc un produit aussi abondant qu'en plantant des tubercules; mais, les frais de main-d'œuvre étant plus élevés, on ne doit préférer cette méthode que dans les années où la rareté des tubercules en augmente sensiblement le prix. On peut également employer les tiges étiolées qui se développent au printemps sur les pommes de terre conservées dans les caves et les celliers.

On a essayé de remplacer les tubercules par les yeux qu'on en détachait; l'on conservait ainsi, pour l'alimentation, tout le corps de la pomme de terre ; mais il est résulté de nombreuses expériences, faites notamment en France et en Angleterre par MM. Villeroy et Campbell, que les yeux, plantés à la même distance que leurs tubercules, ont donné un rendement d'un tiers à un quart inférieur à celui des gros tubercules.

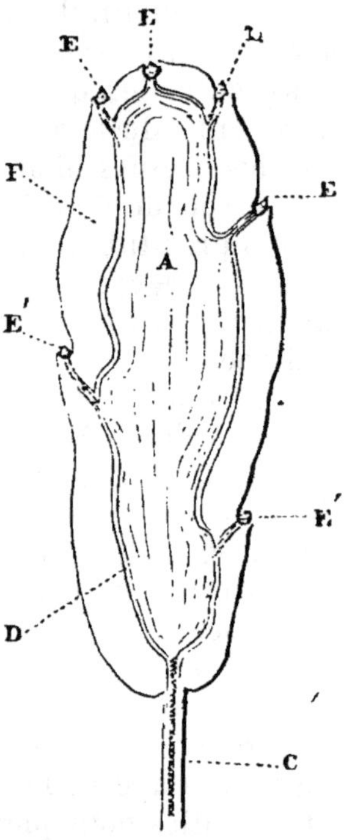

Fig. 447. *Coupe longitudinale d'une pomme de terre vitelotte.*

Multiplication au moyen de tubercules. Les tubercules de la pomme de terre ne sont autre chose que des bourgeons très-renflés, portant, à leur surface, un certain nombre de boutons ou yeux, et qui naissent à l'extrémité des tiges souterraines. Ces bourgeons présentent une organisation à peu près semblable à celle des bourgeons qui se développent sur les tiges aériennes. Ainsi toute la partie centrale (A, fig. 447) se compose d'une masse de tissu cellulaire, analogue à la moelle des bourgeons aériens. Cette masse celluleuse n'est que l'expansion du canal médullaire de la tige souterraine (C), qui porte le tubercule ; au delà, on observe une couche très-mince de tissu vasculaire (D), qui n'est elle-même que le prolongement des vaisseaux qui forment l'étui médullaire de la tige souterraine. Au-dessus de ces vaisseaux, et jusqu'à la surface, on trouve une autre couche très-épaisse (F), uniquement composée aussi de tissu cellulaire, mais plus serré, plus dense que celui du centre. Ce tissu occupe la place du tissu sous-épidermoïde des bourgeons aériens. Enfin, on remarque à la surface un certain nombre de boutons (E, E') plus ou moins profondément enchâssés, et qui doivent naissance à une petite déviation latérale de la masse cellulaire centrale et des vaisseaux qui la recouvrent. Un fait digne de remarque, c'est que ces boutons présentent le même phénomène que ceux qui naissent sur les bourgeons proprement dits, à savoir que les mieux conformés, les plus vigoureux, ceux qui se développent quinze jours ou trois semaines avant les autres, sont les plus récemment formés (E), c'est-à-dire les plus éloignés du point d'attache du tubercule.

Les tubercules de la pomme de terre ne diffèrent donc des bourgeons proprement dits que par l'absence de feuilles ; et les boutons qu'ils portent peuvent, comme les boutons aériens, donner lieu à de nouveaux individus, lorsqu'ils sont placés dans les circonstances favorables à leur développement. Aussi est-ce le moyen de propagation le plus prompt, le plus facile, et, à cause de cela, le plus généralement employé.

Mais ce mode oblige à réserver une certaine quantité de la récolte pour l'ensemencement de l'année suivante, et, comme à ce moment ces tubercules ont souvent un prix très-élevé, on a cherché à diminuer cette dépense en ne conservant que les plus petits tubercules, ou bien en coupant les gros par morceaux pourvus d'yeux ; d'autres cultivateurs ont persisté, au contraire, à choisir de gros tubercules, ou ceux de grosseur moyenne. A laquelle de ces pratiques convient-il de donner la préférence ?

Il est bien certain que les tiges qui naissent des tubercules sont presque exclusivement alimentées par la substance même de ces derniers, jusqu'au moment où, leurs racines venant à se développer, elles empruntent à la terre les éléments nécessaires à leur végétation ; les jeunes plantes doivent donc avoir une première croissance, d'autant plus prompte et plus vigoureuse que la pomme de terre mère leur fournit une plus grande quantité de substances nutritives. Une grosse pomme de terre doit donner des produits plus forts et plus nombreux qu'une pomme de terre moyenne, et, à plus forte raison, qu'une petite. De nombreuses expériences ne laissent aucun doute à cet égard. Nous citerons les trois suivantes :

Anderson planta, le 5 mai 1776, dans un pré de mauvaise qualité nouvellement défriché et non fumé, un certain nombre de tubercules espacés à 0m,26 en tous sens ; les lignes étaient composées ainsi qu'il suit :

COMPOSITION DE CHAQUE LIGNE.	POIDS de la semence de chaque ligne.	POIDS du produit de la ligne.	POIDS NET en retranchant le poids de la semence.
Petites pommes de terre entières.....	0kil155	3kil318	3kil163
Petites pommes de terre partagées en deux........................	0 109	2 700	2 691
Grosses pommes de terre entières.....	0 501	9 343	5 842

Le produit fut d'autant plus grand que le poids des tubercules plantés était plus considérable.

Le 8 avril 1797, M. Bergier, de Ressens, près Lausanne, planta, sans engrais, douze lignes de pommes de terre jaunes au nombre de seize plantes par lignes.

COMPOSITION DE CHAQUE LIGNE.	POIDS de la semence plantée.	POIDS du produit brut.	POIDS NET déduction faite de la semence.
Trois lignes de gros tubercules......	9kil390	105kil572	96kil182
Trois lignes de tubercules moyens...	4 190	82 520	78 330
Trois lignes de petits tubercules.....	2 320	78 840	76 520
Trois lignes de morceaux ayant deux à trois yeux....................	11 00	65 640	64 520

Le résultat fut donc le même que celui d'Anderson. Voici des expériences plus récentes, faites par M. Félix Villeroy.

COMPOSITION DES LIGNES.	POIDS de la semence de chaque ligne.	POIDS BRUT de la recolte.	POIDS NET deduction faite de la semence.
Trente pommes de terre entières......	1kil296	7kil072	5kil776
Trente moitiés de grosses pommes de terre........................	0 640	6 080	5 432
Trente pommes de terre moyennes...	0 576	5 812	5 236
Trente moitiés de pommes de terre moyennes.......................	0 288	5 004	4 716
Trente petites pommes de terre......	0 272	5 244	4 972

Quant à la convenance de couper les tubercules, nous voyons par ces deux dernières expériences que cela influe défavorablement sur le produit ; mais, cependant, que la diminution est loin d'être en rapport avec la faible quantité de semence, comparée au poids des tubercules entiers. Toutefois, comme, à tort ou à raison, on attribue à ce fractionnement des tubercules une certaine action déterminante sur les maladies qui, depuis quelques années, attaquent cette récolte, nous pensons qu'il vaudra mieux ne planter que des tubercules entiers, à moins que leur rareté au printemps ne force à les diviser.

Mais il peut arriver que l'on n'ait à sa disposition que des tubercules de moyenne grosseur, ou même très-petits; il suffit alors, pour obtenir un rendement aussi fort qu'avec de gros tubercules, de les rapprocher davantage.

Lorsqu'on opère sur des sols très-calcaires, très-sableux ou très-argileux, il est nécessaire de changer de temps en temps la semence. Dans les deux premiers sols, les tubercules deviennent trop secs, trop farineux, diminuent de grosseur, et il faut les remplacer par d'autres provenant d'un terrain compacte, humide. Dans le sol argileux, au contraire, les tubercules deviennent trop aqueux, et il convient de leur substituer des tubercules récoltés dans un terrain sec et léger.

Ainsi donc, posons en principe : 1° qu'on devra, généralement, choisir les plus gros tubercules; 2° qu'en cas de cherté de la semence, on pourra diviser les gros tubercules, mais seulement pour un sol bien égoutté ; 3° que les petits tubercules et ceux de moyenne grosseur peuvent être avantageusement employés, mais à la condition d'être plantés plus rapprochés que les gros; 4° qu'il y a nécessité de changer de semence de temps en temps, lorsque le sol où l'on cultive est ou très-sec ou très-humide.

Époque de la plantation. — Les jeunes tiges de pommes de terre sont très-sensibles aux gelées ; aussi ne doit-on commencer la plantation des tubercules que lorsqu'on n'a plus à craindre les froids tardifs du printemps. L'époque la plus favorable est, pour le Nord et le Centre de la France, du 15 avril aux premiers jours de mai; on choisira la première époque pour les terrains légers ou exposés à la sécheresse. Dans le Midi, on pourra hâter de quinze jours ou trois semaines le moment de l'ensemencement, afin que la plante ait acquis le plus grand développement possible avant les chaleurs brûlantes qui dessèchent la terre.

Ces époques sont celles qui sont le plus généralement préférées; il y a, cependant, des circonstances où l'ensemencement peut être fait beaucoup plus tard. Ainsi, dans les terrains légers et de consistance moyenne du Centre et du Nord de la France, on peut encore planter vers le milieu du mois de juin, après l'enlèvement des récoltes précoces, telles que le colza, le lin, la navette, le seigle, le trèfle incarnat, la vesce d'hiver. A la vérité, les produits seront moins abondants, parce que les premières gelées de l'automne surprendront les plantes dans un état de végétation moins avancé ; mais, en choisissant des variétés précoces, on pourra encore obtenir des produits satisfaisants.

Dans le Midi, on fait aussi des plantations d'été ; mais seule-dans les terrains naturellement humides, ou qui peuvent être arrosés. Si l'on peut disposer de l'irrigation, on inonde le champ après avoir enlevé la récolte précédente, on le laisse ensuite dessécher jusqu'au point convenable pour y pratiquer un bon labour, puis on procède à la plantation. Cette récolte d'été donne souvent des produits plus abondants que celle de printemps, qui est fréquemment atteinte par la sécheresse avant d'avoir complété son développement; celle d'été, au contraire, est placée sous l'influence d'une humidité qui, commençant peu de temps après la plantation, va toujours en augmentant jusqu'au moment de la récolte.

Mais ces plantations d'été sont faites avec des tubercules récoltés l'année précédente, et c'est là un inconvénient; car il est difficile de les conserver, sans altération, jusqu'à cette époque de l'année. Dans les contrées où, comme dans le Midi, on peut récolter en été les tubercules plantés de bonne heure, au printemps, on a utilisé le produit de cette récolte pour les plantations d'été. On a remarqué, il est vrai, que leur développement se faisait longtemps attendre ; mais, en les laissant exposés à la lumière pendant quelques jours, ils deviennent très-propres à une reproduction immédiate.

Depuis l'invasion de la maladie dont nous parlerons plus loin, et pour essayer d'y soustraire les pommes de terre, on a tenté aussi de les planter à la fin de l'automne, pour les récolter au commencement de l'été suivant. Nous ferons connaître, en parlant de cette affection, les causes d'insuccès de ce procédé.

Plantation des tubercules. — Examinons maintenant l'espacement des plantes, la profondeur à laquelle on enterre les tubercules, les divers modes de plantation.

Espacement des plantes. On doit, à cet égard, s'efforcer de remplir les deux conditions suivantes : 1° faire que les plantes soient assez rapprochées pour qu'il n'y ait pas perte de terrain, et, cependant, qu'elles se développent sans se nuire mutuellement; 2° combiner l'espacement de manière que les façons d'entretien soient données le plus économiquement possible, mais sans qu'il en résulte une diminution de produit.

Quant à la première condition, la pratique suivie dans les pays où cette culture est le plus avancée, comme en Irlande et en Savoie, montre que les plantes doivent être placées à 0m,30 ou 0m,33 les unes des autres, en tous sens. Mais le prix de la main-d'œuvre et la facilité plus ou moins grande que l'on a à se procurer des bras modifient cette pratique, car elle exige que toutes les cultures d'entretien soient données à bras d'homme.

Dans les contrées où les bras sont rares ou chers, il y a nécessité d'exécuter les façons d'entretien au moyen de machines mues par les animaux, et il faut alors réserver le passage aux instruments et aux animaux de travail, c'est-à-dire porter l'espace entre les plantes de 0m,30 à 0m,60. Il suffit, il est vrai, que les instruments puissent passer sur les deux côtés opposés; on peut alors disposer les lignes à 0m,60, mais ne conserver qu'une distance de 0m,30 entre les plantes sur les lignes. On déposera, de cette manière, environ 2,000 kilogrammes de tubercules, ou, en volume, 23 hectolitres, en admettant qu'on écarte de la semence les tubercules de grosseur moyenne et les petits.

Toutefois la distance que nous venons d'indiquer pour les lignes n'est qu'une moyenne, qui variera suivant que la grosseur des tubercules permettra aux sujets de prendre plus ou moins de développement, suivant que telle ou telle variété occupera plus ou moins d'espace, suivant, enfin, que les plantes plus ou moins exposées à la sécheresse, auront besoin de couvrir plus tôt le sol de leur ombrage, afin qu'il perde moins vite son humidité. D'après Schwerz, cette distance pourra varier, en raison de ces diverses circonstances, entre 0m,16 et 0m,50.

Profondeur à laquelle on doit enterrer les tubercules. Le degré de profondeur moyenne auquel il convient d'enterrer les tubercules est 0m,10. On porte cette profondeur à 0m,14 dans les terrains secs, et on la réduit à 0m,06 dans les sols humides.

Fig. 448. *Bêche.*

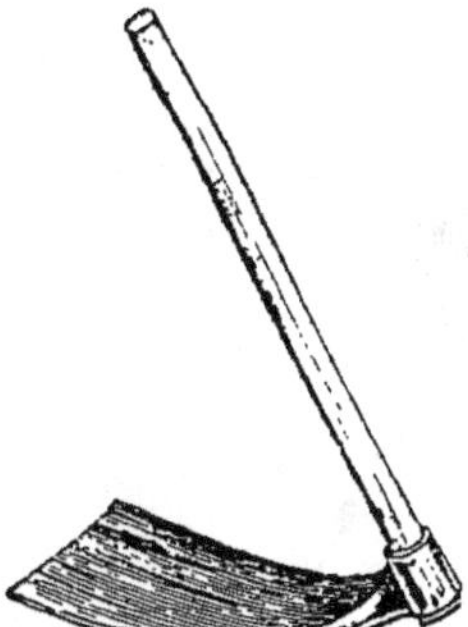

Fig. 449. *Houe.*

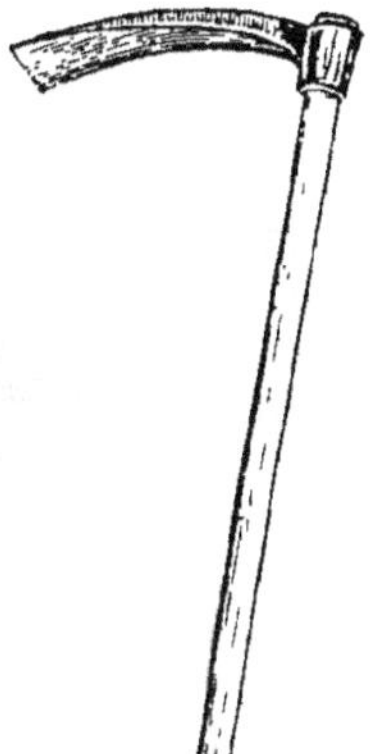

Fig. 450. *Pioche.*

Modes de plantation. On plante les pommes de terre soit à l'aide d'instruments à main, soit au moyen de la charrue.

Parmi les instruments à main, on se sert, suivant les localités et la nature du sol, de la bêche, de la houe, de la pioche, et même d'une sorte de plantoir en forme de coin (fig. 448 à 450). Quand le dernier labour est donné, on ne herse pas, afin que la trace des raies de labour guide celui qui fait les trous destinés à recevoir les tubercules. Ainsi un ouvrier suit la première raie et ouvre une série de petites fosses creusées à la distance et à la profondeur déterminées à l'avance ; une femme ou un enfant suit cet ouvrier et dépose un tubercule dans chaque fosse. Arrivé à l'extrémité de la ligne, il ouvre une nouvelle série de trous à côté, et à une distance convenable de la première ; la terre qu'il en extrait sert à combler les trous de la ligne précédemment suivie, et ainsi de suite. Ce mode de plantation ne laisse rien à désirer quant à la perfection, mais il est très-lent ; aussi n'est-il généralement employé que dans la petite culture, ou dans les localités où les bras sont peu coûteux.

La plantation à la charrue est beaucoup plus prompte, tout aussi parfaite et plus économique. Lors du dernier labour, on ouvre une première raie d'une profondeur convenable, dans laquelle des ouvriers déposent les tubercules en les espaçant également. Ces tubercules sont recouverts par la tranche de terre renversée par le sillon suivant. On ouvre ensuite deux, trois ou quatre sillons, sans y mettre de semence, selon l'intervalle qui doit exister entre chaque ligne.

Cultures d'entretien. — *Binages.* Aussitôt que les jeunes

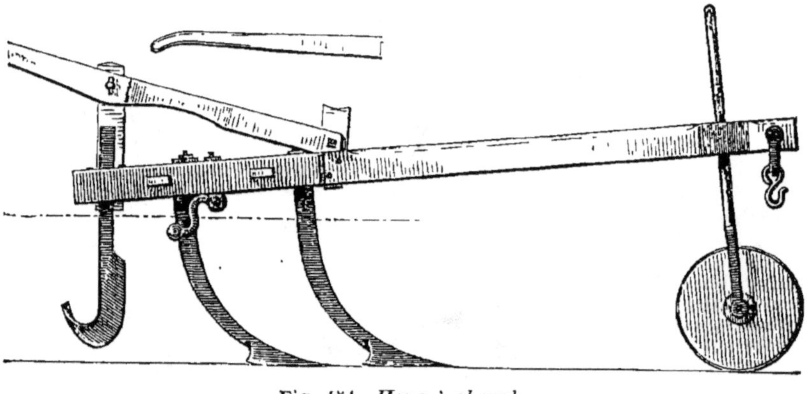

Fig. 451. *Houe à cheval.*

pousses commencent à se montrer, on donne un binage énergique pour détruire les plantes nuisibles, niveler le sol et rendre plus faciles les opérations subséquentes. Il en résulte aussi qu'on force les bourgeons, qui croissent par groupes, à se diviser et à prendre leur nourriture sur une plus grande surface. Ce premier binage est donné à l'aide d'une herse que l'on fait passer deux fois sur le terrain et en travers des raies du labour. Dès que la verdure des tiges commence à dessiner les lignes, on donne un second binage avec la houe à cheval (fig. 451). Cette opération est répétée aussi souvent que l'état du sol et la croissance des plantes nuisibles la rendent nécessaire.

Buttage. Dans ces derniers temps, on a mis en doute l'efficacité du buttage. Ainsi Mathieu de Dombasle a conclu de ses expériences que le produit des pommes de terre buttées était inférieur d'environ 17 pour 100 à celui des pommes de terre non buttées. Roberston, au contraire, a trouvé que le produit des pommes de terre non buttées était inférieur d'environ 10 pour 100 à celui des pommes de terre buttées. Pour nous former une opinion à cet égard, nous avons tenté nous-mêmes une expérience qui nous a donné une différence de 6 pour 100 au profit des pommes de terre non buttées. Nous ne pensons pas, toutefois, que ce résultat soit de nature à faire abandonner la pratique du buttage. En effet, la proportion du rendement n'est pas la seule considération à laquelle on doive s'arrêter ; il faut aussi rechercher l'économie de main-d'œuvre. Or les pommes de terre non buttées ne peuvent être récoltées au moyen de la charrue, parce qu'on ne peut faire piquer cet instrument à une profondeur convenable pour extraire du sol tous les tubercules; on est donc obligé de faire cette opération à bras d'homme. Les pommes de terre buttées, au contraire, développant leurs tubercules dans un point situé au-dessus de la surface du sol, peuvent être facilement récoltées avec la charrue. Cependant cela ne prouverait encore rien en faveur du buttage, si la perte éprouvée dans le produit n'était pas compensé par cette économie de main-d'œuvre. Or l'expérience a plusieurs fois démontré que cette économie, jointe à l'avantage que procure ce mode d'arrachage, lequel équivaut à un labour et simplifie les frais de préparation du sol pour l'ensemencement des céréales, compense et au delà la perte que l'on éprouve dans le rendement.

Ce qui précède nous porte donc à conclure que le buttage des pommes de terre sera toujours une opération avantageuse, au moins dans les grandes exploitations où l'on opère sur de larges surfaces.

Pour que cette opération soit aussi efficace que possible, on doit la pratiquer à deux reprises différentes : on donne une première façon après le premier binage à la houe à cheval ; la seconde, plus énergique, est appliquée après le deuxième binage, et de telle sorte, que ces deux buttages soient terminés avant que les tiges aient atteint les deux tiers de leur développement.

Suppression des fleurs et des tiges. — Quelques agronomes ont pensé qu'en empêchant la fructification de la pomme de terre, c'est-à-dire en supprimant les fleurs dès leur apparition, on augmenterait la producfion des tubercules. Il est incontestable, en effet, que les fruits ne se forment qu'en absorbant une certaine quantité de fluides nourriciers, et qu'ils nuisent ainsi plus ou moins au développement des tubercules; toutefois l'augmentation du produit a été tellement insignifiante, qu'elle n'a pu compenser les frais du travail; on y a donc complétement renoncé.

D'autres ont voulu supprimer les feuilles et les tiges avant la maturité des tubercules, pour les faire consommer par les bestiaux. Il n'était pas difficile de prévoir le résultat de cette pratique, car, les tiges étant les organes générateurs des racines et des tubercules, ce retranchement devait nécessairement empêcher en grande partie la formation de ces derniers; c'est ce que démontre l'expérience suivante, due à Anderson; cet agronome a constaté que la diminution du produit a été :

Pour les pommes de terre effanées	le 2 août	de 77	p. 100.
—	— 10 —	67	—
—	— 17 —	55	—
—	— 22 —	32 50	
—	— 29 —	24 50	
—	— 5 septembre	11	

Mollerat a obtenu de semblables résultats. Le fourrage que l'on récolterait ainsi serait donc payé beaucoup trop cher, outre qu'il serait d'une très-mauvaise qualité.

Maladies. — La pomme de terre est sujette à plusieurs maladies distinctes : les unes attaquent uniquement les parties aériennes, telles sont la *rouille* et la *frisolée*; les autres envahissent les tubercules, telles sont la *gale*, la *pourriture sèche* et la *maladie* proprement dite qu'on pourrait appeler la *gangrène brune* ou *humide*.

La *rouille* et la *frisolée*, en détériorant les feuilles et les rendant inhabiles à remplir leurs fonctions, surtout au moment où la végétation devrait être la plus vigoureuse, s'opposent au développement des tubercules et diminuent singulièrement les produits de la récolte. Ces maladies sont le résultat de petites plantes parasites, de mucédinées qui se développent sous l'influence des brouillards de l'été. On ne connaît pas de préservatifs bien efficaces et de moyens de guérison. On a indiqué l'emploi des cendres et du sel, l'usage exclusif, pour semis, de gros tubercules provenant de plantes saines; mais il faut dire qu'on n'a aucun renseignement bien certain à cet égard. C'est surtout dans la Grande-Bretagne que se montre la *frisolée;* les Anglais la nomment le *curl.*

La *gale* (*Raude* ou *Kratz* des Allemands), observée surtout dans les terrains calcaires de la Thuringe, dans la Bavière supérieure et en Autriche, paraît due au développement d'un petit champignon d'une structure très-simple, du genre des *protomyées*. Ce cryptogame affecte surtout les parties situées sous l'épiderme; il empêche les tubercules de grossir et leur ôte toute saveur. Cette affection, toutefois, est peu redoutable et ne s'étend pas au loin.

Il n'en est pas de même de la *gangrène sèche*, qu'on nomme en Allemagne *trocken Faule*, *Stockfaule*, et qui, depuis 1830, se montre comme une véritable épidémie sur les bords du Rhin, en Bavière, en Saxe, dans le Mecklembourg, la Bohême et la Silésie. Dans la province bavaroise du Palatinat, cette maladie a causé de tels ravages en 1840, qu'en plusieurs cantons les récoltes ont été réduites au tiers.

D'après M. Martius, la gangrène sèche est due à un champignon microscopique, le *fusisporium solani*, qui s'attache à la pomme de terre, la pénètre, l'envahit jusqu'au centre, absorbe la plus grande partie de son eau de végétation, convertit la partie fibreuse en ulmine, la tue par conséquent, et la rend impropre à la production. La pomme de terre, alors, non-seulement ne peut plus produire, mais elle ne peut plus servir à la nourriture des hommes ni des animaux, car elle devient dure comme une pierre et résiste à toute espèce de cuisson, même à la vapeur des appareils distillatoires.

Dans le principe de la maladie, les pommes de terre n'offrent extérieurement aucun indice, si ce n'est que leur surface est tachetée d'une couleur plus foncée et réticulée, par l'effet de la dessiccation partielle de l'épiderme ; mais, plus tard, elles deviennent plus sèches, et présentent à l'intérieur plusieurs traces d'une couleur livide et noirâtre. On y découvre aussi des parties extrêmement minces, d'une couleur blanchâtre, qui ne sont autre chose que le réseau du champignon lui-même ; ce sont des agglomérations de petits filets organiques, tout à fait analogues à ce que les jardiniers appellent *blanc de champignon*, et dont ils lardent les couches destinées à produire le champignon de table. Arrivé à cette époque, le *fusisporium solani* ne tarde pas à prendre un accroissement très-rapide ; il pénètre l'épiderme et se présente à la surface sous la forme de petits coussinets filamenteux, blanchâtres, au sommet desquels se développe une quantité innombrable de graines ou spores, qui se dispersent très-facilement. En même temps, les pommes de terre deviennent de plus en plus sèches et acquièrent une telle dureté, qu'on ne peut plus les diviser sans employer une force très-considérable. L'intérieur ressemble alors à une *espèce de truffe* extrêmement compacte, dont la surface serait hérissée de petites protubérances, offrant la consistance de la marne crayeuse. Les tubercules présentent, en effet, l'apparence complète d'un morceau de craie.

Pour arrêter la propagation du champignon parasite et détruire ses graines et son blanc, M. Martius conseille de garantir les récoltes encore saines, en évitant tout contact avec les pommes de terre affectées ; de détruire complétement ces dernières, si elles sont tellement avancées dans leur maladie, qu'on ne puisse plus en tirer parti ; de laver à l'eau de chaux le local qui a contenu les tubercules gangrenés, et de laisser écouler plusieurs années avant d'y placer d'autres pommes de terre, car les germes malfaisants se conservent dans les caves ou dans la terre pendant un temps fort long ; enfin, de soumettre au chaulage les tubercules destinés à la reproduction, avant de les confier au sol.

La maladie a été observée surtout dans les cantons de l'Allemagne où l'on suit le système de ne mettre en terre que des portions de tubercules coupées en tranches, garnies de quelques yeux ; et dans d'autres lieux, où l'on a la funeste habitude de remplir complétement les caves de pommes de terre avant qu'elles soient assez desséchées, et sans les exposer au courant d'air nécessaire pour éloigner la fermentation. On range ces deux pratiques parmi les causes accessoires qui agissent le plus puissamment sur le développement de cette affection.

Mais la maladie qui exerce les ravages les plus étendus, c'est assurément celle que l'on désigne sous le nom de *gangrène brune* ou *humide*. Connue depuis longtemps déjà aux États-Unis, au Canada, c'est vers 1842 qu'elle a été observée en Belgique, et c'est surtout à partir de 1845 qu'elle a éclaté avec une rapidité inouïe sur mille points différents de l'Europe. La nature chimique et géologique des sols, l'exposition des terres, les modes de culture, rien n'a arrêté la marche de cette nouvelle carie, et, parmi les diverses variétés de pommes de terre cultivées, il serait difficile d'en signaler quelques-unes qui aient échappé au fléau. Il y a là un vice général, une véritable épidémie, qui a embrassé dans son parcours une grande partie des États du nord de l'Europe et de l'Amérique.

C'est généralement en juillet et août que cette singulière affection envahit les champs ; on s'en aperçoit immédiatement à l'aspect du feuillage, qui pâlit d'abord, jaunit ensuite, et se couvre de taches brunes ; ces taches s'étendent peu à peu sur divers points de la tige, s'agrandissent incessamment ; enfin, les feuilles et les tiges se dessèchent, et toute la plante offre une teinte noirâtre. Les tubercules des touffes avariées sont presque toujours attaqués eux-mêmes ; ils commencent à s'altérer dans la région voisine du point d'insertion (fig. 452) ; on voit d'abord quelques points rougeâtres sous l'épiderme ; la quantité de ces points aug-

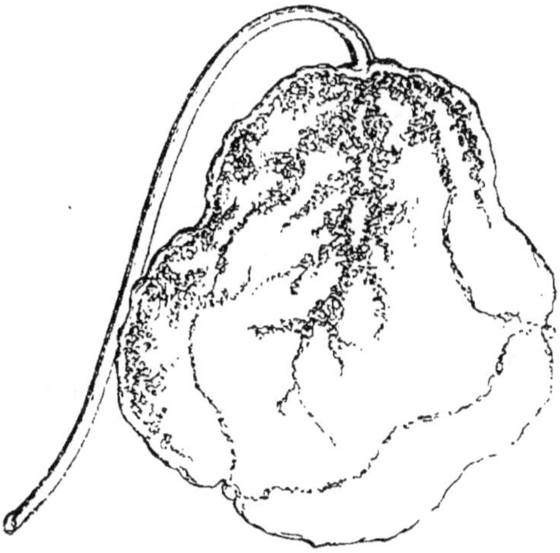

Fig. 452. *Coupe d'un tubercule de patraque offrant les traces de la maladie à son début.*

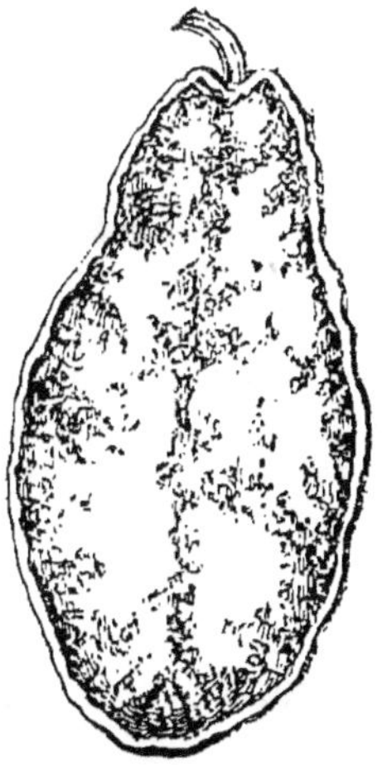

Fig. 453. *Coupe d'un tubercule de parmentière complétement envahi par la maladie.*

mente rapidement, et bientôt toute la périphérie des tubercules est colorée en brun jusqu'à une profondeur de plusieurs millimètres sous l'épiderme ; cette coloration se propage insensiblement vers le centre (fig. 453). Plus rarement, l'altération débute dans quelque région profonde en marchant vers la périphérie (fig. 454).

Quand les tubercules envahis sont arrachés du sol, ils éprouvent, peu de jours après, deux modes de décomposition. Dans les uns, la région envahie devient très-dure et acquiert une coloration brune très-foncée, tandis que les parties voisines se conservent à l'état sain ; les portions colorées ont une telle cohérence, qu'elles ne peuvent plus se ramollir dans l'eau bouillante. Dans les autres, les parties gâtées, d'indurées qu'elles étaient, se ramollissent spontanément, puis tout le parenchyme des tubercules se transforme en une matière pultacée analogue à la bouillie, en exhalant une odeur putride et nauséabonde, et dégageant de l'ammoniaque et de l'hydrogène sulfuré. Dans cette dernière période de décompo-

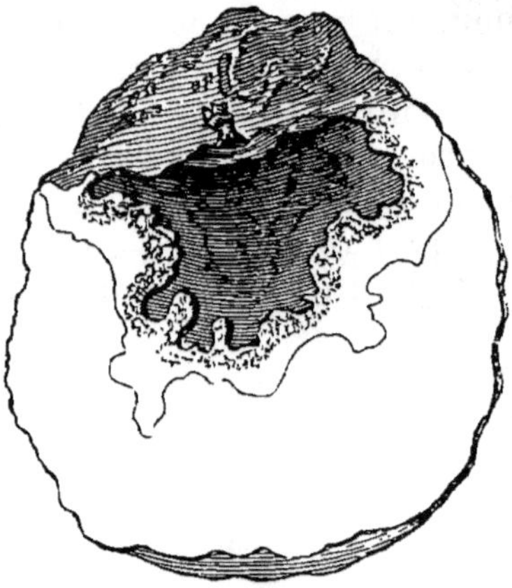

Fig. 454. *Coupe d'un tubercule de patraque montrant la marche de la maladie du centre à la périphérie.*

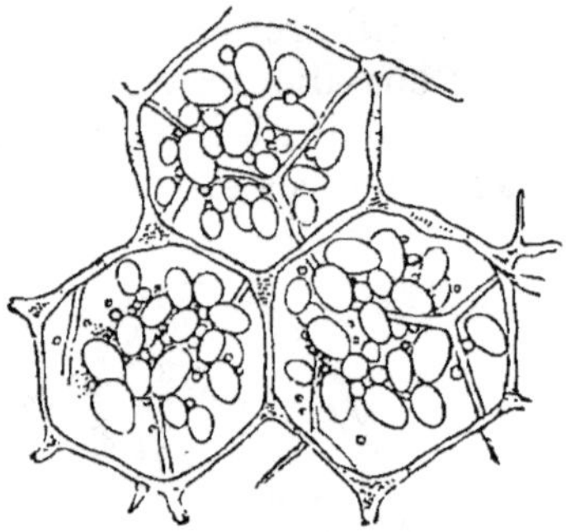

Fig. 455. *Tissu cellulaire de la pomme de terre au début de la maladie.*

sition apparaissent des végétations microscopiques, des infusoires, accompagnement obligé de toute putréfaction organique.

En suivant, sous le microscope, avec M. Pouchet, les diverses phases de cette altération des tubercules, on voit que le tissu cellulaire, d'abord peu coloré, offre des granules très-petits d'un

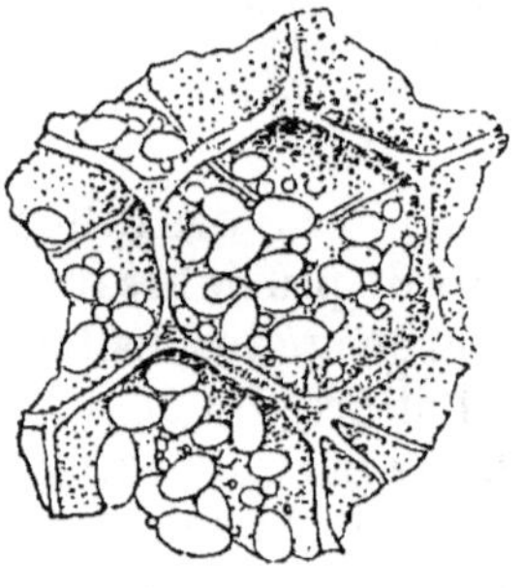

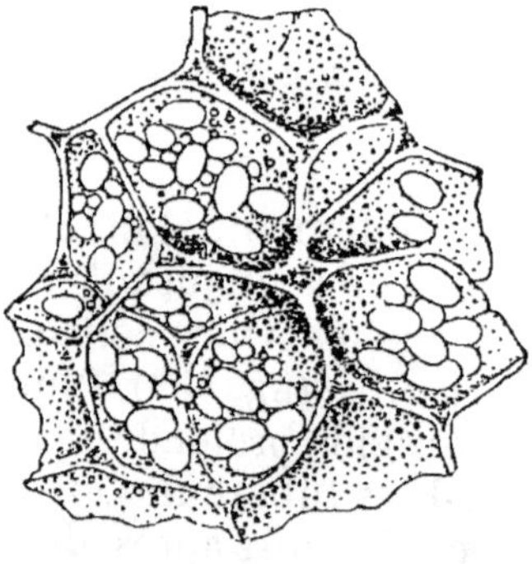

Fig. 456 et 457. *Tissu cellulaire de la pomme de terre présentant le deuxième degré de la maladie.*

brun clair, très-apparents surtout dans les espaces intercellulaires (fig. 455). Un peu plus tard, ces granules se mulplient à la surface des cellules, se serrent, se colorent de plus en plus, et envahissent des régions plus ou moins considérables des parois des cellules (fig. 456 et 457) ; la fécule est dans l'état normal. A une époque encore plus avancée, les endroits affectés acquièrent une teinte brune plus intense ; les parois cellulaires se déchirent de place en place, puis se réduisent en lambeaux que l'on aperçoit épars de côté et d'autre, mêlés à la fécule restée intacte (fig. 458 et 459). Enfin, au dernier terme de la maladie, le tissu

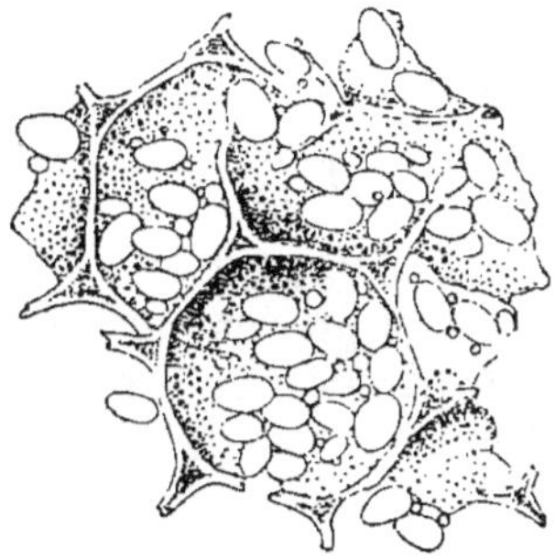

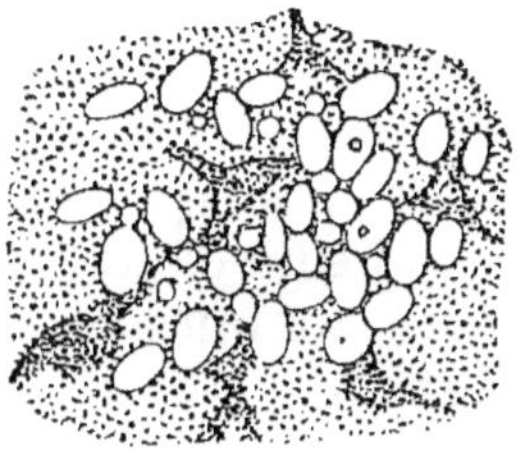

Fig. 458 et 459. *Tissu cellulaire offrant le troisième degré d'altération.*

est mou et noirâtre ; les membranes cellulaires sont tout à fait détruites et réduites en granulations brunes très-fines (fig. 460) ; au milieu de ce putrilage nagent les grains de fécule dans toute leur intégrité.

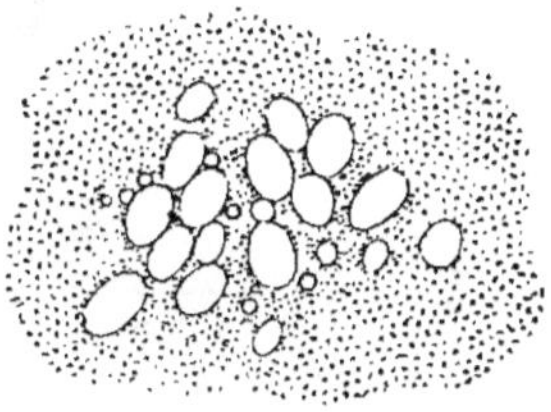

Fig. 460. *Quatrième degré d'altération du tissu de la pomme de terre.*

Suivant MM. Morren, Payen, Montagne, la gangrène humide aurait pour cause première un champignon microscopique, le *botrytis infestans*, dont les sporules ou semences agiraient de la même manière que l'*uredo caries* sur le blé. Ce champignon, dont le développement serait favorisé par la chaleur et l'humidité, naîtrait dans les stomates des feuilles, répandrait rapidement ses émanations dans les canaux séveux des tiges, et descendrait ainsi dans les tubercules, dont il détruirait peu à peu le tissu cellulaire.

Malgré l'autorité des savants respectables que nous venons de nommer, nous ne pouvons admettre cette théorie. Les observations de MM. Decaisne, Gaudichaud, Pouchet, Leveillé, Duchartre, Ad. Brongniart, Desmazières, Philippart, Grelley, et les nôtres, s'accordent pour démontrer que les champignons et autres mucédinées sont complétement étrangers à l'altération dont il s'agit. Le *botrytis infestans* se développe bien sur les parties aériennes de la plante, mais il ne se montre jamais sur les tubercules ; son action est toute locale, et d'ailleurs, dans l'immense majorité des cas, les tiges des champs ravagés sont détruites, sans qu'on puisse y découvrir la moindre trace de ce champignon.

En réalité, la gangrène humide consiste dans une altération des liquides du végétal et surtout des liquides albumineux, provoquée sans aucun doute par une basse température et un excès d'humidité. Cette altération amène la désorganisation du tissu cellulaire, ainsi que cela se produit dans le blossissement des fruits charnus ; c'est, en un mot, une simple fermentation qui rentre dans le cadre des fermentations ordinaires, et qui est suivie, comme dans toute pourriture de matières organiques, de la production de cryptogames, infusoires et autres êtres microscopiques, qui sont effet et non cause des phénomènes observés.

Dans les pommes de terre les plus altérées, la fécule se conserve intacte, et la quantité est, à très-peu de chose près, la même que dans les tubercules sains, ainsi que MM. Decaisne et Pouchet l'ont reconnu par l'observation au microscope, et que MM. Girardin et Bidard l'ont constaté par l'analyse chimique. Ces deux derniers chimistes ont obtenu les résultats suivants de deux variétés dont chacune a été prise à l'état sain et en voie d'altération :

	VARIÉTÉ RONDE JAUNE.		VARIÉTÉ LONGUE JAUNE.	
	Saine.	Malade.	Saine.	Malade.
Matière sèche..........	25,7	23,6	23,73	22,7
Eau...................	74,3	76,4	76,27	77,3
	100,0	100.0	100,00	100,0
Fécule sur 100.........	16,0	1,55	15,00	14,0

On peut donc tirer encore parti des tubercules malades pour la nourriture de l'homme et des animaux. Nous empruntons les renseignements suivants à une excellente notice publiée par notre ami M. Bidard, secrétaire de correspondance de la Société centrale d'agriculture de Rouen.

« Pour la consommation des bestiaux, les tubercules faiblement altérés sont d'un bon usage ; mais, autant que possible, il faut s'abstenir de les faire consommer crus. La coction à la vapeur, à l'eau, au four, sera d'un bon emploi toutes les fois qu'on agira sur des produits altérés ou en voie d'altération. Il sera bon de mélanger la pulpe avec une certaine quantité de sel, soit environ 500 grammes à 1 kil. par quintal métrique de pommes de terre. M. Boussingault a indiqué un mode opératoire qui est très-commode. Il consiste à faire cuire les tubercules à la vapeur, et, pendant qu'ils sont chauds encore, à les tasser très-fortement et par couches peu épaisses dans un tonneau ouvert. Quand le tonneau est plein, on le démonte, et on obtient une masse cylindrique, qui, bien qu'exposée à l'air, mais à l'abri de la pluie, se conserve pendant plusieurs mois sans altération.

« Pour arrêter l'altération peu avancée des pommes de terre, on peut faire usage de la méthode employée en Suisse, en 1816 et 1817, sur la recommandation de l'habile agronome Pictet, méthode qui consiste à dessécher au four les tubercules préalablement cuits. Cette sorte de pulpe se conserve indéfiniment. On peut aussi, comme M. Liebig l'a indiqué, faire macérer les tubercules, coupés en rouelles, dans de l'eau contenant un centième de son poids d'acide sulfurique du commerce. Après vingt-quatre heures de contact, on procède à des lavages jusqu'à ce que l'eau employée ne soit plus acide ; puis on sèche à l'air ou au four. On obtient ainsi 25 pour 100 du poids des pommes de terre employées, en morceaux d'une apparence crayeuse qui, passés au moulin, donnent une farine blanche.

« Pour tirer parti, comme nourriture, des pommes de terre pourries, on commence par réduire les tubercules en bouillie, que l'on soumet, dans des cuviers, à trois ou quatre lavages à grande eau, pour la débarrasser complétement de son odeur infecte. On la laisse égoutter, on la soumet à une forte pression dans des sacs de toile, et on fait sécher les gâteaux dans le four, après la cuisson du pain. On recueille ainsi une matière tout à fait inodore, facile à conserver et à transporter, qui peut très-bien servir à la nourriture des bestiaux, et s'employer à la manière des tourteaux de colza. C'est là, en définitive, ce qui nous a le mieux réussi, à M. Girardin et à moi. Le baron d'Haussez, de Saint-Saens, et M. le comte Gustave de Robillard, de Saint-Maurice (Orne), qui ont adopté ce mode de préparation pour les tubercules gâtés, en ont été très-satisfaits, et ils ont conservé une énorme quantité de matière alimentaire pour la nourriture de leurs bestiaux pendant l'hiver de 1846. »

L'extraction de la fécule des pommes de terre gâtées, et surtout de celles arrivées à l'état de putrilage, n'est pas aussi profitable que leur conversion en pulpe sèche ; car on ne peut en obtenir qu'une fécule grise : les lavages les plus nombreux et le tamisage le plus fin ne peuvent en séparer une portion notable du parenchyme brun altéré. M. Grelley, toutefois, est parvenu à se débarrasser de ce tissu cellulaire, en agitant la fécule grise dans une eau faiblement ammoniacale, qui gonfle ce tissu et le retient en suspension beaucoup plus longtemps que les grains de fécule, qui se déposent en une couche blanche que l'on peut isoler.

Suivant certains agronomes, la contagion se propage dans les silos et les magasins; suivant d'autres, les tubercules arrachés et mis en cave ne s'altèrent qu'autant qu'ils renferment en eux le germe de la maladie, et celle-ci n'est pas contagieuse. Il est certain que des tubercules parfaitement sains, conservés au milieu des tubercules gâtés, sont restés exempts de l'altération; d'un autre côté, des tubercules sains en apparence au moment de la récolte, et séparés de ceux qui avaient la moindre trace d'altération, ont été atteints de la maladie après plusieurs mois de conservation, bien qu'on les eût maintenus dans un lieu sec et à l'abri de la gelée.

Quoi qu'il en soit, il y a aura toujours avantage, au moment de la récolte, à séparer les tubercules qui présentent quelques traces d'altération, puis à placer les tubercules sains, en couches peu épaisses, dans des caves ou celliers aussi secs que possible et bien aérés. M. Morren conseille de saupoudrer les racines de chaux fusée bien sèche, au moment de les emmagasiner; le docteur Jænger préfère le plâtre cuit, qu'il emploie dans la proportion de 2 à 5 litres par hectolitre de pommes de terre. Les tubercules non arrivés à maturité complète et par conséquent gorgés d'eau, les tubercules malades même, enroulés dans le plâtre cuit, se conservent très-bien, par la raison que cette substance absorbe l'excès d'eau, dessèche les parties malades, condense le tissu cellulaire, et prévient ainsi la pourriture.

S'il est important de savoir conserver et utiliser les pommes de terre attaquées de la gangrène humide, il le serait encore plus de pouvoir les préserver de cette désastreuse maladie; mais nous sommes moins avancés, il faut bien le reconnaître, sur cette seconde question que sur la première. Ce n'est pas la faute des agronomes et des praticiens, car, depuis 1845, les observations et les expériences n'ont pas manqué. Voici les seuls faits qui nous paraissent définitivement acquis à la science :

1° Il est préférable de restreindre le plus possible la superficie consacrée aux espèces tardives, et de s'attacher plus spécialement à la culture des variétés précoces. Au nombre des espèces les plus recommandables, nous signalerons les suivantes, parmi celles dont nous avons précédemment donné la liste :

Patraque blanche premières façons.
— jaune premiers champions.
— — première Hopson.

Patraque jaune grande hâtive américaine.
— — première Wellington.
— — Mailloche.
— rose dite patraque blanche.
— — prime rouge.

Les variétés les plus hâtives sont moins accessibles que les autres à l'affection, parce qu'elles ont à peu près achevé leur maturation à l'époque où la maladie commence à sévir avec quelque violence. Nous pensons, toutefois, qu'au lieu de ne cultiver que des variétés mûrissant toutes à la même époque, il sera plus prudent de les choisir mûrissant à trois époques différentes : de cette manière, quand viendront à éclater des influences atmosphériques nuisibles, on aura plus de chances de voir une partie notable de la récolte y échapper. Nous indiquer plus loin, en traitant de la récolte, l'époque de maturité des meilleures variétés.

2° Quelles que soient les variétés cultivées en plein champ, il faut toujours préférer, pour la semence, les plus gros tubercules parmi ceux qui ne présentent aucune trace d'altération. On devra planter ces tubercules entiers, contrairement à l'usage établi trop généralement de les couper en quartiers, ou même de n'en planter que les yeux seulement, ou de n'employer que de petits tubercules. Ces usages sont d'autant plus vicieux que des expériences positives ont établi que le rendement a toujours été proportionnel au volume des semences employées. En Allemagne, où diverses altérations attaquent les récoltes de pommes de terre, presque tous les savants les attribuent, surtout, à l'usage de planter des fractions de tubercules.

3° La pomme de terre affectionne, par nature, les terrains sablonneux, profonds, parfaitement meubles et perméables, frais sans être humides. Aussi est-ce dans ces sortes de sols que la gangrène humide sévit avec le moins d'intensité.

Dans les terres fortes et humides, les tubercules qui se trouvent à une certaine profondeur sont tous altérés, tandis que ceux qui sont plus près de la superficie sont rarement atteints ; plus la terre est argileuse et humide, plus il faut craindre, à l'ensemencement, de recouvrir les tubercules d'une trop forte épaisseur de terre.

4° La culture automnale, qui a été tant préconisée par M. Morren et les Anglais, comme procurant des récoltes plus hâtives que les plantations faites en mars et avril, est entachée de deux défauts qui, chacun séparément, peuvent détruire toute espérance de récolte. Ou l'on plante trop profondément, et le tubercule pourrit; ou l'on plante trop superficiellement, et le tubercule peut geler, à moins que l'on ne couvre la terre de paille ou de feuilles, ce qui devient peu praticable en grande culture. Il faudrait, pour qu'une semblable méthode eût quelque chance de réussite, planter à 20 centimètres de profondeur, et avoir un hiver peu rigoureux; ce serait alors le hasard qui déciderait du succès. On a constaté d'ailleurs que la maladie a sévi avec autant de force sur les plantations automnales que sur celles du printemps.

On a conseillé aussi de soumettre les tubercules destinés à la plantation à différents procédés de préservation. M. Morren recommande de les chauler, en les plongeant pendant une demi-heure dans un mélange de 125 litres d'eau, 25 kilogrammes de chaux, 3 kilogrammes de sel et 125 grammes de sulfate de cuivre. Cette dose suffit pour 2 hectolitres à 2 hectolitres et demi de tubercules. Ce procédé est suivi en Irlande, en Écosse et en Angleterre.

M. de Romand, d'Indre-et-Loire, affirme avoir préservé trois ans de suite des pommes de terre de toute altération en les plantant entre deux couches de poussier de charbon de bois. Un enfant, muni d'un sac contenant de cette poussière, en dépose, dans le sillon ouvert par la charrue, une petite poignée à la place où doit être placé le tubercule reproducteur. La seule précaution qu'il ait à prendre est de comprimer légèrement le sol avec le dos de la main. Les femmes qui sont ordinairement employées à la plantation déposent le tubercule à l'endroit indiqué par le petit tas de charbon. Un autre enfant, marchant à leur suite, place une autre poignée de charbon sur le tubercule. La charrue n'a plus alors qu'à tracer un nouveau sillon pour recouvrir le tout de la terre qui doit assurer la végétation.

Enfin, MM. Masson et Brunet disent avoir obtenu des résultats certains en faisant macérer les tubercules de semence pendant deux heures dans de l'eau acidulée d'acide sulfurique (500 grammes d'acide pour 100 kilogrammes d'eau), les roulant ensuite dans de la chaux vive en poudre, et ajoutant de plus à chaque tubercule, lors du plantage, une légère pincée du même caustique. Pendant trois années consécutives, ce procédé a donné une récolte supérieure d'un tiers en beaux tubercules sans aucun germe de maladie, et contenant proportionnellement plus de matière sèche que les tubercules de culture ordinaire.

Bien d'autres moyens de préservation ont été indiqués depuis 1845, mais nous n'avons cité que les trois précédents, parce qu'ils nous ont paru les plus simples, les plus économiques et les plus rationnels.

Nous n'abandonnerons pas ce sujet sans dire quelques mots du parti que l'on peut tirer des tubercules gelés. Tous les ans, le froid plus ou moins rigoureux de l'hiver occasionne la perte d'une grande quantité de substance alimentaire, car on jette au fumier les tubercules gelés, par suite de cette déplorable croyance qu'ils ne valent plus rien. On va voir que lorsqu'ils sont durs comme du bois, aussi bien que lorsqu'ils sont dégelés et pourris, on peut encore les utiliser.

M. J. Girardin a analysé les pommes de terre dans ces deux états, et voici ce qu'il a trouvé :

	Tubercules sains, non gelés.	Tubercules gelés et durs.	Tubercules dégelés et pourris.
Matière sèche	27,87	27,87	38,4
Eau	72,13	72,13	61,6
	100,00	100,00	100,0

En d'autres termes :

Fécule	16,66	16,66	22,4
Parenchyme, albumine, sels	11,21	11,21	16,0
Eau	72,13	72,13	61,6
	100,00	100,00	100,0

Les pommes de terre gelées ont donc absolument la même composition que les tubercules sains ; il n'y a que l'organisation végétale qui soit altérée ; les principes constitutifs ne subissent aucun changement dans leur nature, seulement ils changent de position à l'égard les uns des autres, et cela suffit bien pour rendre compte des différences de goût, de saveur qu'on trouve dans les tubercules avant et après leur congélation. Si, après le dégel et lorsqu'ils sont pourris, ils fournissent comparativement plus de matière sèche et par suite de fécule, sous le même poids, cela tient à ce que le tissu cellulaire étant entièrement disloqué par l'effet du gel et du dégel, l'eau s'est écoulée en grande partie, et que les cellules rompues abandonnent plus facilement la fécule, de sorte que le parenchyme resté sur les tamis, après les lavages, en retient beaucoup moins emprisonnée entre ses mailles.

Pour tirer parti de ces tubercules gelés, on les met tremper dans l'eau froide pendant six à dix jours, en renouvelant l'eau de temps en temps jusqu'à ce que l'épiderme commence à se réduire en bouillie ; on les soumet à la presse dans des sacs de grosse toile, puis on les fait sécher au four, après la cuisson du pain, et on les réduit en farine dans un moulin ordinaire. Cette farine est très-bonne pour l'alimentation. On peut extraire aussi la fécule, après avoir râpé les tubercules ramollis par l'eau. Dans le premier cas, on réalisera au moins de 22 à 25 pour 100 de bonne farine ; dans le second, de 12 à 15 pour 100 de fécule, qui se vend ordinairement de 30 à 40 francs le quintal métrique.

Quant aux pommes de terre dégelées et pourries, comme elles fournissent toujours une fécule grisâtre, acide et d'odeur de moisi, le mieux, c'est, après les avoir réduites en pulpe, de laver celle-ci dans des baquets avec de l'eau, à plusieurs reprises, et de les traiter comme les pommes de terre malades, ainsi qu'il a été dit plus haut. Le marc, cuit, écrasé, mis en baril, après addition entre chaque couche de 30 centimètres d'une forte pincée de sel et de deux à trois poignées de son, fermente en moins de vingt-quatre heures, et peut être alors donné aux cochons et aux volailles, qui s'en montrent aussi friands que des pommes de terre saines. M. Auguste Baudouin, président du Comice agricole de Rouen, a mis en pratique ce procédé, conseillé dès 1837 par M. Girardin, et l'a recommandé à tous les cultivateurs.

Récolte. — *Époque de maturité.* Vers l'automne, les tiges et les feuilles de la pomme de terre, épuisées par la production, jaunissent et se flétrissent. Les feuilles ne pouvant plus élaborer aucun suc nourricier, tout accroissement cesse ; les tubercules ont alors reçu leur organisation complète ; ce que l'on reconnaît à l'épaississement de l'écorce (F, fig. 447), au durcissement de la masse celluleuse centrale (A) qui, jusque-là, était restée aqueuse et en bouillie, et enfin, à ce qu'ils ne renferment plus que 70 à 75 pour 100 d'eau. C'est le moment de les récolter.

La mort des tiges de la pomme de terre n'est pas toujours déterminée par leur épuisement ; elle est quelquefois accidentelle. Ainsi, dans les terres compactes, humides, où la végétation, plus tardive, se prolonge longtemps, il arrive souvent que ces tiges, encore pleines de vie, sont surprises par les premières gelées, qui les désorganisent et les flétrissent. Dans ce cas, les tubercules n'ont pas, il est vrai, complété leur maturité ; mais on pourra néanmoins les récolter, car ils pourront parfaire leur organisation intérieure dans les caves ou les silos.

On peut donc dire, en thèse générale, que les pommes de terre devront être récoltées lorsque leurs tiges seront flétries, soit par épuisement, soit par toute autre cause. Si l'on devançait ce moment, on perdrait sur la quantité, puisque les tubercules n'auraient pas pris tout leur développement, et sur la qualité, puisqu'ils seraient moins riches en principes utiles. Si, au contraire, on retardait trop cette récolte, on exposerait le produit à l'influence fâcheuse des gelées, car il suffit d'un abaissement de température d'un degré au-dessous de zéro pour désorganiser complétement les pommes de terre et rendre leur conservation impossible.

Les indices de maturité que nous venons d'indiquer ne se produisent pas à la même époque pour toutes les variétés. Jusqu'à présent, l'époque de maturité de chacune d'elles n'a été observée que pour un petit nombre de variétés, et pour une seule espèce de sol. Il importe cependant beaucoup au cultivateur d'être éclairé à cet égard, afin de pouvoir faire un choix convenable parmi les diverses variétés, suivant l'époque à laquelle il est obligé de planter et les plantes qui peuvent les remplacer. Ainsi nous avons vu que, dans le Nord et le Centre de la France, la pomme de terre peut succéder utilement à certaines récoltes précoces, telles que le seigle, le trèfle incarnat, etc. Mais, comme la plantation ne peut en être faite avant le milieu de juin, on est obligé d'employer des variétés très-précoces, afin qu'elles puissent mûrir avant les premières gelées. Si, d'un autre côté, il devient nécessaire de faire succéder aux pommes de terre une céréale d'hiver, il faut encore ici choisir des variétés précoces pour que leur récolte soit faite de bonne heure et qu'on ait le temps de préparer le sol pour l'ensemencement de cette céréale.

Ces considérations nous ont engagés à noter avec soin l'époque de maturité de chacune des cinquante-cinq variétés que nous avons soumises à des expériences.

On conçoit que, pour chaque variété, l'époque de maturité varie de quelques jours, en raison du moment de la plantation, des circonstances météoriques qui distinguent chaque année, de la nature du sol, etc. Il serait donc difficile de donner le moment précis de cette maturité; mais, comme le cultivateur a plutôt besoin de connaître l'époque relative que le terme absolu de cette maturité, nous croyons que les indications que nous allons fournir seront suffisantes pour la pratique.

Voici, à partir du 16 avril, jour où nous avons effectué la plantation, le laps de temps que chaque variété a exigé pour mûrir dans les cinq sortes de terre sur lesquelles nous avons opéré. Nous ne donnons ici que les variétés indiquées précédemment comme les meilleures pour chaque sorte de terrain :

NOMS DES VARIÉTÉS.	ÉPOQUES DE MATURITÉ.
Patraque blanche premières façons	du 1er au 15 août.
— jaune premiers Champions	*id.*
— jaune première Hopson	*id.*
— jaune grande hâtive américaine	*id.*
jaune première Wellington	du 15 au 31 août.
— jaune Shaw	*id.*
— jaune Mailloche	*id.*

Patraque	rose dite patraque blanche	du 15 au 31 août.
—	rose prime-rouge	*id.*
—	violette de Lankmann	*id.*
—	jaune d'août	du 1er au 15 septembre.
—	jaune Sanderson	*id.*
—	jaune œil violet ou reinette	*id.*
—	rose de Rohan hâtive	*id.*
—	jaune ox-noble	du 15 au 30 septembre.
—	rose Descroizilles	*id.*
—	rose brugeoise	*id.*
—	rose de Rohan	*id.*
—	rose jaune	*id.*
Parmentière	rose cornichon français	*id.*
—	violette précieuse rouge	*id.*
Vitelotte	jaune imbriquée	*id.*
—	jaune la Pigry	*id.*
—	rouge longue de l'Indre	*id.*

Au nombre des causes qui peuvent faire varier l'époque de maturité pour la même variété, nous avons placé la nature du sol. Nos observations nous ont convaincus de la réalité de cette influence. Ainsi nous avons constamment remarqué, pour toutes les variétés, une différence de 8 à 15 jours dans l'époque de leur maturité, en raison de la nature du sol. Les cinq sortes de terres sur lesquelles nous avons opéré peuvent être classées dans l'ordre suivant, eu égard à leur degré de précocité :

Le sable humifère ;
Le sol sablo-calcairo-argileux ;
Le sable pur d'alluvion;
Le sol argileux ;
Le sol calcaire.

Les faits suivants confirment ce que nous avançons. Au 25 août, nous avons trouvé :

Dans la terre	sablo-humifère	26	variétés mûres.
—	sablo-calcairo-argileuse	24	—
—	sableuse d'alluvion	20	—
—	argileuse	19	—
—	calcaire	16	—

Il est facile de s'expliquer ces différences dans l'époque de maturité des mêmes variétés, suivant la nature du sol, par la faculté qu'a celui-ci de retenir une plus ou moins grande dose d'humidité pendant l'été et de permettre ainsi à la végétation de se prolonger plus ou moins. Il faut aussi se rappeler combien la faculté d'absorber et de retenir la chaleur solaire est influencée par la couleur de la surface du sol. On sait, en effet, que les surfaces noires absorbent une plus grande somme de rayons calorifiques, et s'échauffent bien plus rapidement que les surfaces blanches; car celles-ci réfléchissent presque tous les rayons solaires qu'elles reçoivent. Il n'est donc pas étonnant que la maturité des tubercules ait été plus prompte dans le sable humifère, qui se dessèche très-rapidement et dont la surface est très-colorée, que dans la terre calcaire, dont la surface est presque blanche, ou dans la terre argileuse, qui conserve une plus grande dose d'humidité.

Des faits précédents il résulte cet enseignement pour la pratique, qu'il faut choisir des variétés de pommes de terre d'autant plus précoces et les planter d'autant plus tôt que le sol qui doit les recevoir retient plus d'humidité et présente une surface moins colorée.

Arrachage. Quel que soit le moyen qu'on choisisse pour arracher les pommes de terre, on profitera du moment où le sol est le moins humide possible; autrement, les tubercules seraient terreux et d'un emploi plus dispendieux.

La récolte s'effectue de deux manières : soit avec des instruments à main, soit à l'aide d'instruments attelés. La première méthode est la plus parfaite, car elle permet de n'oublier que peu de tubercules dans le sol; mais elle offre le grave inconvénient d'être lente et très-coûteuse. Un seul homme ne peut récolter, en moyenne, que 9 hectol. 61 par jour, y compris le ramassage, etc. ; ce mode devra donc être réservé pour les petites exploitations, ou pour les localités où les bras sont nombreux et le prix de la main-d'œuvre peu élevé.

Fig. 462. *Plan du crochet allemand.*

Fig. 461. *Crochet allemand pour l'arrachage des pommes de terre.*

Les instruments dont on se sert, dans ce cas, sont la bêche, pour les sols légers, et la fourche pour les terrains compactes ou caillouteux. Thaër recommande l'emploi d'une sorte de crochet ou *meigle* (fig. 461 et 462) qui donne un résultat plus prompt que les autres instruments à main. La longueur des dents est proportionnée à la profondeur à laquelle les tubercules sont enterrés. On enfonce ce crochet dans le sol et l'on renverse chaque pied de pomme de terre d'un seul coup.

En général, toutes les fois qu'on arrachera les pommes de terre avec les instruments à main, on tâchera de faire cette récolte un peu avant que les tiges de la plante soient complétement flétries, parce que les tubercules y sont encore attachés et qu'il est plus facile de les amener à la surface du sol.

L'arrachage au moyen d'instruments attelés est plus prompt; il donne environ 15 hectol. de tubercules par jour et par homme; mais il est moins parfait et laisse dans le sol une plus grande quantité de tubercules. Toutefois, lorsqu'il est fait avec soin, la perte est plus que compensée par l'économie de main-d'œuvre, et par l'état du sol, pour lequel ce mode équivaut à un labour qui profite d'autant à la récolte suivante.

L'instrument le plus convenable pour cette opération est la charrue à double versoir, ou buttoir (fig. 463). Voici comment on

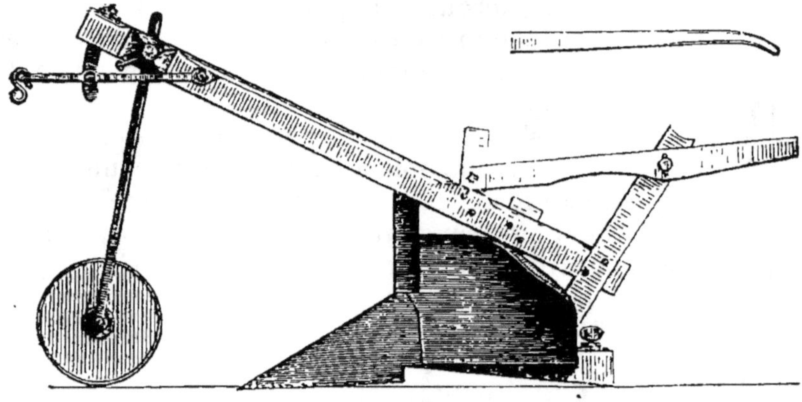

Fig. 463. *Buttoir de Désert.*

le manœuvre. Et d'abord, les pommes de terre auront dû être buttées énergiquement, de manière que le développement des tubercules se soit effectué dans un plan situé au-dessus du fond des raies (fig. 464). S'ils sont ainsi placés, on conçoit qu'il suffit de renverser chaque ados dans les raies latérales, pour qu'ils soient facilement mis à nu; si, au contraire, le buttage a été négligé, la charrue devra piquer à une grande profondeur, et ne produira qu'un travail défectueux.

Mais admettons que cette condition ait été remplie; on doit encore, immédiatement avant l'arrachage, faire couper, avec la faux ou la faucille, toutes les fanes ou tiges, afin qu'elles n'embarrassent pas l'instrument. Puis on règle l'entrure de la charrue de façon qu'elle pénètre un peu au-dessous des tubercules les plus profonds. On fait ensuite piquer l'instrument au milieu de l'ados, qu'il sépare en deux, en renversant la terre et les pommes de terre de chaque côté. Quand la première ligne est terminée, on passe, non pas à la seconde, mais à la troisième (fig. 464), et

Fig. 464. *Pommes de terre buttées.*

ainsi de suite, en laissant toujours alternativement une ligne non arrachée.

A mesure que la charrue chemine, on fait ramasser les tubercules, sans quoi ils seraient recouverts, lorsque la charrue entame les lignes que l'on a abandonnées au premier tour.

Malgré tout le soin que l'on apporte à ce travail, il ne suffit pas pour déterrer tous les tubercules ; aussi faut-il le faire suivre d'un hersage en travers, suffisamment énergique, qui ramène à la surface une grande partie des pommes de terre que la première opération n'a pas atteintes.

Rentrée des tubercules. A mesure que les pommes de terre sont mises à nu on les ramasse pour les transporter à la ferme. On les laisse le moins longtemps possible exposées à la lumière, car elles verdiraient promptement et acquerraient une saveur âcre qui les rend impropres à l'alimentation. Cet effet se produit surtout très-promptement lorsqu'elles sont exposées à la pluie.

Rendement. — La proportion de semence employée ayant, ainsi que nous l'avons vu, une influence très-marquée sur le rendement, et cette proportion n'étant pas la même dans toutes les localités, on n'obtient pas partout un produit égal. Les divers procédés de culture, la nature du sol, etc., viennent encore faire varier le résultat. Voici, d'après Schwerz, les rendements moyens obtenus dans un certain nombre de contrées sur une surface d'un hectare.

En Angleterre	311	hectolitres.
A Contigh (Brabant)	362	—
Flandre occidentale	295	—
Pays de Waes (Belgique)	319	—
Pays de Tongres (Belgique)	205	—
Chez Thaër (Prusse)	181	—
En Palatinat	164	—
En Alsace	290	—

Le rendement moyen obtenu par Mathieu de Dombasle était de 299 hectol. On peut donc porter à 270 hectol. par hectare le produit moyen de la pomme de terre, ou, en poids, à 21,600 kil., l'hectolitre pesant environ 80 kilog.

COMPTE DE CULTURE D'UN HECTARE DE POMMES DE TERRE PLACÉES AU COMMENCEMENT DE LA ROTATION DES RÉCOLTES.

DÉPENSE.

	fr.	c.
Un labour de défoncement avant l'hiver, à $0^m,30$ de profondeur	80	»
Un labour ordinaire, pour planter les tubercules	22	»
Tubercules pour la plantation, 23 hectolitres, à 2 fr. l'hectolitre	46	»
Deux hersages, à 2 fr. 60 c. l'un	5	20
Un binage à la houe à cheval	5	»
Un buttage avec le buttoir	5	»
Un binage à la houe à cheval	5	»
Arrachage des tubercules	60	»
Transport à la ferme et emmagasinage	20	»
40,000 kil. de fumier, à 10 fr. les 1,000 kil., y compris les frais de transport et d'épandage, 400 fr. ; la moitié de cette dépense à la charge des pommes de terre	200	»
Intérêt pendant un an, à 5 p. 100, du prix de la fumure non absorbée	10	»
Loyer de la terre	70	»
Frais généraux d'exploitation	20	»
Intérêt pendant un an, à 5 pour 100, des frais ci-dessus	14	55
Total	562	75

PRODUIT.

21,600 kil. de tubercules équivalent à 8,100 kil. de foin sec, à 71 fr. 50 c. les 1000 kil.	580	»

BALANCE.

Produit	580	»
Dépense	562	75
Bénéfice net	18	25

3 pour 100 du capital employé.

Ce résultat montre qu'il y a, généralement, peu de profit à cultiver la pomme de terre exclusivement pour la nourriture des bestiaux.

BETTERAVE.

La *betterave* (*beta vulgaris*, fig. 465 et 466) paraît originaire du midi de l'Europe et notamment des côtes de l'Espagne et du Portugal. Olivier de Serres nous apprend que ce n'est qu'à la fin du seizième siècle que la betterave rouge fut importée d'Italie en France. Longtemps confinée dans les jardins pour la nourriture de l'homme, ce n'est que depuis soixante-dix ans environ que cette plante a été soumise à la culture en plein champ pour alimenter le bétail. Cette récolte fut d'abord peu appréciée par les agriculteurs; mais les rigueurs du système continental firent songer à ses propriétés saccharines, indiquées par Marggraf en 1747. On fit alors de nouvelles recherches sur ses propriétés nutri-

Fig. 465. *Betterave commune.*

Fig. 466. *Fruit de la betterave.*

tives, sur sa culture, et elle prit enfin dans nos champs le rang qui lui appartient.

Considérée comme racine alimentaire, la betterave ne le cède en rien aux autres espèces employées à cet usage. Sous le rapport de sa culture, elle offre, sur elles, plusieurs avantages. Elle convient à un plus grand nombre de terrains; les soins qu'elle réclame sont simples, peu dispendieux et ses produits sont moins exposés aux influences nuisibles qui viennent souvent diminuer ceux des autres végétaux. Sa racine est aussi d'une conservation plus facile que celle de la plupart des autres plantes alimentaires.

Comme plante industrielle, la betterave a acquis une grande importance. On sait le parti qu'on en a pu tirer pour la fabrication du sucre; et, si l'on songe que la consommation de cet aliment de première nécessité n'est, en France, que de 3 kil. 5, par individu, tandis qu'elle est, en Angleterre et en Écosse, de 10 kil., et qu'en outre une partie notable de notre approvisionnement nous vient du dehors, on conçoit que cette nouvelle industrie est appelée à prendre chez nous un grand développement, si elle n'est pas arrêtée par les droits trop onéreux.

La culture de la betterave comme racine saccharifère a fait faire, dans nos départements du Nord, un pas énorme à l'agriculture; c'est un des meilleurs assolements; elle permet au petit comme au grand agriculteur de faire des frais d'engrais que ne pourrait compenser aucune autre récolte. La terre s'améliore pour les années suivantes, le sol est bonifié, et le cultivateur engrange plus d'une moisson que le sucre a payée. De plus, cette culture a jeté dans les campagnes une foule d'hommes instruits qui ont appliqué leurs lumières et leur intelligence au développement des nouvelles méthodes profitables; des instruments plus perfectionnés ont été sagement introduits, sans avoir fait abandonner ceux qu'une longue expérience avait sanctionnés; il y a eu progrès, et progrès rapide et salutaire.

Toutefois, comme plante industrielle, la culture de la betterave ne sera jamais qu'une exception, car il suffirait de l'étendue d'un département pour fournir toutes les betteraves nécessaires à la consommation actuelle du sucre en France, en admettant même qu'on ne fît reparaître cette récolte que tous les quatre ans sur le même sol. La culture de la betterave, comme racine fourragère, est, au contraire, générale.

Variétés. — La *betterave commune* a donné lieu à un certain nombre de variétés parmi lesquelles on distingue surtout les suivantes :

Betterave longue rose, disette, betterave champêtre (fig. 467). Racine de longueur moyenne ; peau d'un rouge clair ; chair variant du blanc au rose ; elle sort presque entièrement de terre. C'est une de celles qui acquièrent le plus de volume.

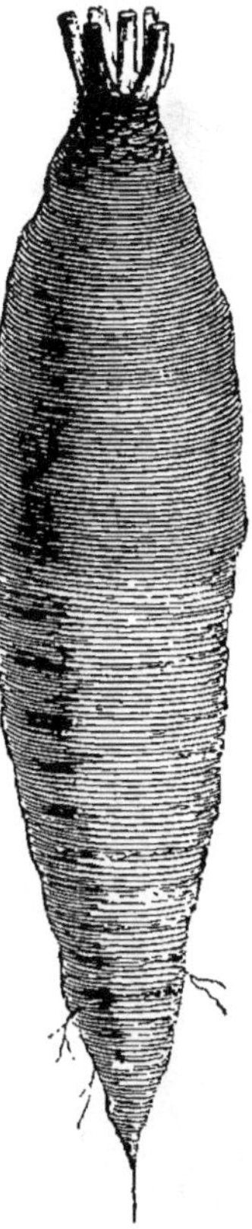

Fig. 467. *Betterave champêtre.*

Betterave longue rouge. Sous-variété de la première, à racine plus allongée, un peu moins grosse ; chair offrant des zones blanches et rouges. Cette variété nous est venue d'Angleterre.

Betterave longue violette ou rouge de Castelnaudary. Racine allongée, peau et chair violettes.

Betterave globe rouge (fig. 468). Cette variété, que nous avons également reçue d'Angleterre, offre une racine presque sphérique, à peau rouge clair et à chair blanche ; elle se développe à la surface du sol.

Betterave de Bassano (fig. 469). Racine aplatie comme celle d'une rave, peau rouge.

Betterave jaune de Castelnaudary. Racine allongée ; peau jaune clair ; chair blanche ; elle pousse hors de terre.

Betterave jaune à chair blanche. Racine allongée, peau d'un jaune clair, chair blanche ; diffère peu de la précédente.

Betterave jaune d'Allemagne. Racine peu allongée, peau d'un jaune foncé, chair jaune ; elle croît en terre.

Betterave globe jaune (fig. 470). Cette variété, d'origine anglaise, présente presque la même forme que la globe rouge, et, comme elle, elle sort presque complétement de terre ; mais plusieurs essais semblent démontrer qu'elle lui est très-supérieure, quant à sa richesse en principes utiles.

Betterave blanche de Silésie (fig. 471). Racine peu allongée, complétement enterrée ; peau et chair blanches, collet verdâtre ou rose.

Betterave blanche à collet vert. M. Chenu, cultivateur à la Charité, a récemment obtenu cette variété, qui paraît avoir été produite par la précédente ; elle en diffère cependant par son

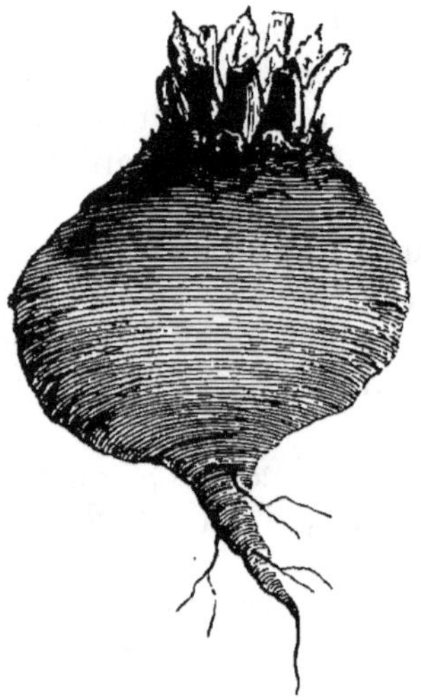

Fig. 468. *Betterave globe rouge.*

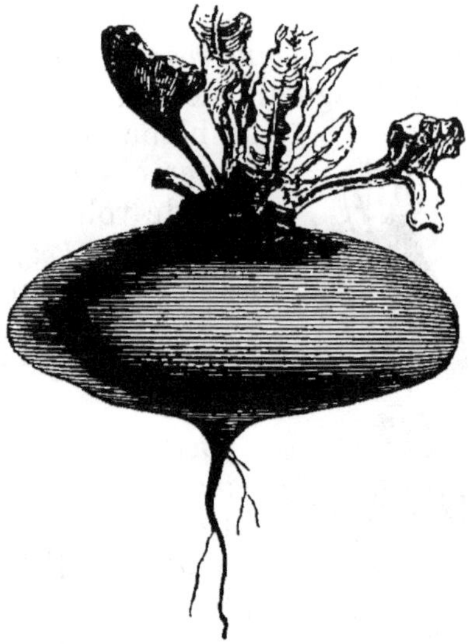

Fig. 469. *Betterave de Bassano.*

Fig. 470. *Betterave globe jaune.*

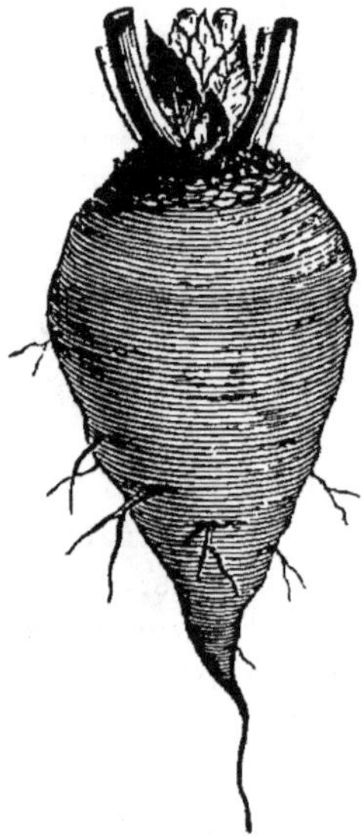

Fig. 471. *Betterave blanche de Silésie*

volume plus considérable, par sa forme plus allongée, et par la faculté qu'elle a de développer la moitié de sa racine au-dessus du sol. Elle passe aussi pour être riche en principes utiles.

Il n'est pas indifférent de choisir l'une ou l'autre de ces variétés pour la culture; car non-seulement elles ne contiennent pas toutes, à poids égal, la même proportion de principes utiles, mais encore elles ne donnent pas la même quantité de racines dans les différents sols, et la proportion de leurs principes utiles diffère, pour la même variété, suivant la nature du terrain. Jusqu'à présent, aucun essai comparatif n'avait été tenté sous ce rapport; aussi avons-nous dû songer à soumettre cette plante à la série d'expériences que nous avions entreprises pour la pomme de terre. Nous avons donc cultivé comparativement la plupart des variétés dont nous venons de parler, dans les divers terrains qui nous avaient servi pour les pommes de terre. Voici le résultat que nous avons obtenu [1].

Nous avons pesé exactement les racines de chaque variété pour chaque sorte de terre et nous avons déterminé leur rendement dans ces diverses terres. Le tableau suivant montre l'ordre dans lequel elles doivent être rangées, quant à leur pouvoir productif, et sans tenir compte de leur rendement en feuilles; car celles-ci seraient, en général, plus convenablement enterrées comme engrais qu'employées comme fourrages.

On verra, par le même tableau, que la nature du sol influe beaucoup sur le rendement de chaque varité. La betterave *globe rouge*, par exemple, occupe la troisième place dans le sable d'alluvion; elle est à la cinquième dans la terre tourbeuse, à la sixième dans la terre argileuse, puis elle revient à la deuxième dans la terre calcaire. Il en est de même pour toutes les autres, à l'exception de la *blanche de Silésie* qui occupe la première place dans toutes les terres.

---

[1] Girardin et Du Breuil. Mémoires sur les plantes sarclées à racines alimentaires. *Travaux de la Société centrale d'agriculture de la Seine-Inférieure*; trimestre de janvier 1843.

TABLEAUX.

LISTE DES PRINCIPALES VARIÉTÉS DE BETTERAVES RANGÉES D'APRÈS LEUR POUVOIR PRODUCTIF POUR LES SOLS SUIVANTS :

SABLE PUR D'ALLUVION.	PRODUIT en racines.	PRODUIT en feuilles.	SABLE HUMIFÈRE OU TOURBEUX.	PRODUIT en racines.	PRODUIT en feuilles.
	k.	k.		k.	k.
Betterave blanche de Silésie.......	59,200	16,560	Betterave blanche de Silésie.......	45,780	12,080
— jaune d'Allemagne............	41,280	6,020	— jaune d'Allemagne............	32,620	6,600
— globe rouge.....	37,200	6,000	— longue rouge....	29,376	4,800
— longue rose ou disette..........	34,744	10,320	— jaune à chair blanche........	28,000	9,208
— jaune de Castelnaudary........	34,000	11,480	— globe rouge.....	26,600	4,400
— jaune à chair blanche........	33,020	12,800	— longue violette..	26,400	9,560
— longue violette..	24,000	8,280	— jaune de Castelnaudary........	22,400	8,120
— longue rouge....	22,788	6,160	— longue rose ou disette..........	21,556	3,480
Total du rendement des huit variétés.	286,232	77,620	Total du rendement des huit variétés.	232,732	58,248

SOL ARGILEUX.	PRODUIT en racines.	PRODUIT en feuilles.	SOL CALCAIRE.	PRODUIT en racines.	PRODUIT en feuilles.
	k.	k.		k.	k.
Betterave blanche de Silésie.......	48,024	12,160	Betterave blanche de Silésie.......	33,960	11,840
— jaune d'Allemagne............	35,620	6,100	— globe rouge.....	22,880	6,090
— longue rose ou disette..........	31,316	3,800	— jaune d'Allemagne............	21,840	5,000
— jaune à chair blanche........	24,160	8,620	— longue rose ou disette..........	19,176	6,500
— longue violette..	23,464	4,280	— jaune à chair blanche........	18,320	4,400
— globe rouge.....	19,800	6,800	— jaune de Castelnaudary........	17,080	8,800
— jaune de Castelnaudary........	15,200	5,720	— longue rouge....	14,328	4,480
— longue rouge....	12,588	3,000	— longue violette..	11,880	2,280
Total du rendement des huit variétés.	210,172	50,480	Total du rendement des huit variétés.	159,464	49,390

Mais, ainsi que nous l'avons fait remarquer pour la pomme de terre, le pouvoir productif est insuffisant pour indiquer seul la valeur réelle de chaque variété de betterave ; il faut aussi se rendre compte de leur richesse en principes utiles. A cet effet, nous avons soumis nos huit variétés à l'analyse, pour chaque sorte de terre ; en voici le résultat :

ANALYSE CHIMIQUE DES PRINCIPALES VARIÉTÉS DE BETTERAVES CULTIVÉES DANS LES SOLS SUIVANTS SUR 100 GRAMMES :

NOM DES VARIÉTÉS.	SABLE PUR D'ALLUVION.				SABLE HUMIFÈRE OU TOURBEUX.			
	RACINES.		FEUILLES.		RACINES.		FEUILLES.	
	Eau.	Matière sèche.	Eau.	Matière sèche.	Eau.	Matière sèche.	Eau.	Matière sèche.
	g.	g.	g.	g.	g.	g.	g.	g.
Betterave longue rose ou disette........	86,40	13,60	86,62	13,88	85,75	14,25	85,78	14,22
— longue rouge.....	85,20	14,80	85,40	14,60	85,25	14,75	87,09	12,91
— longue violette...	83,75	16,25	86,00	14,00	86,00	14,00	87,10	12,90
— globe rouge	87,50	12,50	87,39	12,61	86,40	13,60	87,50	12,50
— jaune de Castelnaudary.........	87,50	12,50	83,88	16,12	83,25	16,75	83,55	16,45
— jaune d'Allemagne......... ...	86,12	13,88	87,27	12,73	85,50	14,50	86,36	13,64
— jaune à chair blanche............	85,15	14,85	82,88	17,12	83,90	16,10	87,86	12,14
— blanche de Silésie..............	86,15	13,85	86,93	13,07	84,75	15,25	86,26	13,74
Total des éléments constitutifs fournis par les huit variétés ci-dessus pour 800 gr. de racines et 800 gr. de feuilles............	687,77	110,23	686,37	113,63	680,80	119,20	691,50	108,58

NOM DES VARIÉTÉS.	SOL ARGILEUX.				SOL CALCAIRE.			
	RACINES.		FEUILLES.		RACINES.		FEUILLES.	
	Eau.	Matière sèche.	Eau.	Matière sèche.	Eau.	Matière sèche.	Eau.	Matière sèche.
	g.	g.	g.	g.	g.	g.	g.	g.
Betterave longue rose ou disette........	84,75	12,25	86,96	13,04	86,90	13,10	86,23	13,76
— longue rouge.....	84,50	15,50	90,71	9,29	81,40	18,60	86,54	13,47
— longue violette...	86,25	13,75	86,12	13,88	86,95	13,05	87,10	12,90
— globe rouge......	87,25	12,75	87,90	11,20	86,40	13,60	84,62	15,38
— jaune de Castelnaudary.........	86,00	14,00	85,11	14,89	82,75	17,25	85,21	14,79
— jaune d'Allemagne............	85,67	14,33	84,80	15,20	85,83	14,17	87,48	12,52
— jaune à chair blanche............	82,75	17,25	90,22	9,78	85,40	14,60	86,77	13,23
— blanche de Silésie.............	83,75	16,25	86,20	13,80	85,80	14,20	86,58	13,42
Total des éléments constitutifs fournis par les huit variétés ci-dessus pour 800 gr. de racines et 800 gr. de feuilles............	680,29	116,08	698,02	101,98	681,43	118,57	690,53	109,47

Ce travail montre d'une manière évidente : 1° que les racines des diverses variétés, cultivées dans le même sol, ne sont pas également riches en principes utiles; 2° que la proportion de ces principes utiles change dans la même variété suivant la nature du sol.

Au moyen des deux tablaux précédents, il est facile de trouver la valeur relative de chacune des espèces que nous avons cultivées. Il suffit de multiplier le produit en poids de chaque variété par la quantité de matière sèche qu'elle contient, et de diviser le résultat par 100. Le tableau suivant indique dans quel ordre nos huit variétés de betteraves doivent être classées sous ce rapport, pour les différents sols sur lesquels nous avons opéré.

TABLEAU DES VALEURS RELATIVES DES PRINCIPALES VARIÉTÉS DE BETTERAVES SOUS LE RAPPORT DE L'ALIMENTATION, POUR LES SOLS SUIVANTS :

POUR LE SABLE PUR D'ALLUVION.	NOMBRES exprimant les valeurs relatives.	POUR LE SABLE HUMIFÈRE.	NOMBRES exprimant les valeurs relatives.
Betterave blanche de Silésie................	8199,2000	Betterave blanche de Silésie................	6980,4500
— jaune d'Allemagne....	5723,6000	— jaune d'Allemagne....	4754,3700
— jaune à chair blanche.	4903,4700	— jaune à chair blanche.	4508,0000
— longue rose ou disette.	4725,1840	— longue rouge.........	4332,9600
— globe rouge..........	4650,0000	— jaune de Castelnaudary................	3742,0000
— jaune de Castelnaudary................	4250,0000	— longue violette........	3696,0000
— longue violette........	3900,0000	— globe rouge..........	3617,6000
— longue rouge.........	3372,6240	— longue rose ou disette.	3071,7300
POUR LE SOL ARGILEUX.	**NOMBRES exprimant les valeurs relatives.**	**POUR LE SOL CALCAIRE.**	**NOMBRES exprimant les valeurs relatives.**
Betterave blanche de Silésie................	7803,9000	Betterave blanche de Silésie................	4822,3200
— jaune d'Allemagne....	5082,0300	— globe rouge....... ..	3111,6800
— longue rose ou disette.	4775,6900	— jaune de Castelnaudary................	2946,3000
— jaune à chair blanche.	4167,6000	— jaune d'Allemagne....	2775,8700
— longue violette........	3226,3000	— jaune à chair blanche.	2674,7200
— globe rouge..........	2524,5000	— longue rouge.........	2664,9880
— jaune de Castelnaudary................	212,80000	— longue rose ou disette.	2512,0560
— longue rouge.........	1945,6400	— longue violette.......	1550,3400

Comme on le voit, la même variété ne doit pas être indifféremment cultivée dans tous les terrains. Ainsi la *longue rose ou disette*, qui donne des produits passables dans la terre argileuse, n'occupe plus que le quatrième rang dans le sable pur d'alluvion ; le septième dans la terre calcaire, et le huitième dans le sable humifère, tandis que la *blanche de Silésie* occupe le premier rang dans tous les sols.

Remarquons, toutefois, que les racines de la plupart des variétés de betteraves sont essentiellement pivotantes et qu'elles demandent par conséquent à s'enterrer profondément ; elles ont donc besoin d'un sol offrant une couche perméable de $0^{m},50$ de profondeur. Leur produit sera d'autant moins abondant que la couche superficielle sera plus mince, et cela, quelle que soit sa composition élémentaire. Or il est certaines variétés qui sont moins exigeantes sous ce rapport, parce qu'elles ont une tendance à développer une grande partie de leurs racines au-dessus du sol. Telles sont la *longue rose ou disette*, la *jaune de Castelnaudary*, la *globe jaune*, la *globe rouge* et la *blanche à collet vert*. On les préférera donc pour les terrains peu profonds, quelle que soit d'ailleurs leur nature.

Le climat exerce aussi une certaine influence sur la végétation et les produits de cette plante ; or, comme nos expériences ont été faites sous celui de Paris, il nous paraît évident que nos indications n'auraient plus une précision aussi rigoureuse pour les contrées qui sont dans d'autres conditions météoriques.

De toutes les variétés connues, celle qui renferme proportionnellement le plus de sucre est la *betterave blanche de Silésie à collet rose*. C'est elle qui, presque partout, est spécialement cultivée pour les besoins des sucreries.

Composition chimique. Structure anatomique. — La composition de la betterave est très-complexe, ainsi qu'il résulte des analyses de MM. Braconnot, Péligot, Boussingault, Payen. Voici, d'après ce dernier chimiste, toutes les substances immédiates qui s'y trouvent réunies :

Eau	83,5
Sucre	10,5
Ligneux ou cellulose	0,8
Albumine, caséine et autres matières neutres azotées	1,5
Principes organiques en faible quantité, tels que : acide malique, substance gommeuse, matières grasses, aromatiques et colorantes, huile essentielle, chlorophylle, asparagine *Sels organiques :* pectates, pectinates et oxalates de chaux, de potasse et de soude *Sels minéraux :* phosphates de chaux et de magnésie ; sel ammoniac, silicate, azotate et sulfate de potasse, chlorure de potassium et de sodium, soufre, silice, oxyde de fer	3,7
	100,0

M. Péligot a constaté que, pendant tout le temps qui précède la maturité de la betterave, le développement de ses parties constituantes est simultané ; de sorte que, sous le même poids, la même racine contient les mêmes proportions d'eau, de sucre, de ligneux, de sels, etc. Cette proportionnalité entre les substances qui constituent la betterave ne se maintient pas à toutes les époques de son existence ; après la maturité, ou du moins lorsque la betterave cesse d'augmenter de poids et de volume, il y a diminution dans la proportion de l'eau, et, par conséquent, augmentation dans le poids de la matière sucrée. Ainsi les betteraves qui fournissent de 10 à 12 pour 100 de principes solides, pendant leur croissance, en donnent de 12 à 15 quand celle-ci est accomplie ; sur ce dernier poids de principes solides, il y a de 10 à 12 pour 100 de sucre cristallisable. M. Péligot a même analysé des betteraves mûres qui laissaient 18 et 19, 50 pour 100 de matières sèches, et desquelles il a pu extraire de 13 à 14 pour 100 de sucre pur à l'état cristallisé. Leur jus marquait de 8, 12 à 9° à l'aréomètre de Baumé.

De son côté, M. Decaisne a constaté les faits suivants :

1° Une betterave mûre peut se diviser, à partir du collet, en deux régions, dont l'inférieure, constituant la racine proprement dite, se compose de zones concentriques vasculaires, séparées par des couches plus ou moins épaisses d'utricules ;

2° Les tubes vasculaires ne renferment pas de matière sucrée ; les utricules en contiennent plus ou moins à l'état liquide ; celles qui environnent les vaisseaux sont plus petites, plus serrées et possèdent le liquide le plus sucré ; elles sont toutes d'une transparence parfaite et il n'y a ni fécule ni sels cristallisés ;

3° Les parties herbacées ou celles qui s'élèvent au-dessus du sol, à partir du collet, présentent, au contraire, dans quelque variété que ce soit, des utricules remplies de sels cristallisés qui diffèrent des cristaux d'oxalate de chaux, dont les agglomérations sont si communes dans les plantes de la famille des chénopodés, et qui semblent manquer entièrement dans la betterave.

Les analyses de M. Boussingault, faites surtout au point de vue agricole, nous apprennent que, dans 100 kil. de racines et de feuilles de la betterave champêtre, desséchées à 110°, il y a :

	RACINES.	FEUILLES.
Carbone	42,75	38,1
Hydrogène	5,77	5,1
Oxygène	43,58	30,8
Azote	1,66	4,5
Cendres ou sels minéraux	6,24	21,5
	100,00	100,0

En 1839, un hectare lui a donné 14,921 kilogr. de racines et 10,472 de feuilles ; c'est à très-peu près, une demi-récolte, puisqu'en moyenne il obtient 26,000 kilogr. de racines. En adoptant ce dernier nombre, qui correspond à 3,172 de racines sèches, le produit en feuilles fraîches est de 18,247 kilogr. et en feuilles sèches de 2,033. Ces 3,172 kilogr. de racines prélèvent sur le sol 53 kilogr. d'azote et 199 kilogr. 800 gr. de sels minéraux. Ces substances minérales enlevées au sol par hectare sont ainsi constituées :

Acide phosphorique	12,0
— sulfurique	3,2
Chlore	10,4
Chaux	14,4
Magnésie	8,8
Potasse et soude	89,6
Silice	16,0
Oxyde de fer, alumine, etc.	5,0

Mais, comme les feuilles de betteraves sont habituellement laissées sur le terrain pour servir d'engrais, elles lui rendent 91 kilogr. 48 d'azote et 437 kil. de sols minéraux, c'est-à-dire beaucoup plus que les racines n'en ont enlevé. Il semblerait, d'après cela, que la culture de la betterave est véritablement améliorante pour les céréales qui la suivent. Cependant l'expérience démontre que, malgré la forte proportion des résidus qu'elle laisse, cette plante affaiblit considérablement le produit du froment que l'on récolte après elle.

Climat et sol. — *Climat.* Bien que la chaleur et l'humidité paraissent être les deux agents les plus favorables à la végétation de la betterave, elle donne de très-beaux produits sous des climats très-variés : on la voit prospérer également en Allemagne, en Belgique, en Russie, dans le nord de la France; elle supporte très-bien la sécheresse du Midi, et c'est même la seule racine qui, en Provence, puisse, jusqu'à présent, remplacer avantageusement les prairies artificielles si souvent anéanties par la sécheresse.

Sol. Les expériences dont nous avons rendu compte montrent que la betterave peut être cultivée avec succès dans presque tous les sols. On reconnaît néanmoins que c'est dans les terrains légers et profonds qu'elle fournit les plus beaux produits.

Si nous considérons le total du produit en racines de nos huit variétés de betteraves (p. 58) dans les quatre sortes de terre où nous avons opéré, nous voyons que :

Le sable pur d'alluvion a donné	286 kil.	232	de racines.
Le sable humifère	232	732	—
Le sol argileux	210	172	—
Le sol calcaire	159	464	—

Mais cette donnée n'est pas suffisante pour faire apprécier la convenance de chaque terrain pour cette culture ; car, ainsi que nous l'avons vu, la proportion des principes utiles varie suivant la nature du sol. Notre tableau d'analyse (p. 59) nous montre, en effet, que pour 800 gr. de racines nos huit variétés de betteraves ont donné :

Dans le sable humifère	119 gr.	20	de matière sèche.
Dans le sol calcaire	118	57	—
Dans le sol argileux	116	08	—
Dans le sable pur d'alluvion	110	23	—

C'est donc en multipliant le rendement total de chaque sol par son produit en matière sèche, et en divisant le résultat par 800, que l'on peut déterminer rigoureusement la valeur relative de chacun de ces terrains. Voici l'ordre dans lequel ils se trouvent placés à cet égard, avec les nombres qui expriment leur valeur relative :

Sable pur d'alluvion	3945,707
Sable humifère	3467,706
Sol argileux	2907,725
Sol calcaire	2363,455

On voit que leur degré d'aptitude pour la culture de la betterave est en raison directe de leur pouvoir productif, et cela, quoique la richesse de leur produit en principes utiles soit souvent en raison inverse de leur abondance; cela tient à ce qu'un rendement plus considérable vient faire disparaître la différence qui existe à cet égard entre ces divers sols. On reconnaît également que les terrains légers, perméables et assez humides, sont les plus propres à cette récolte.

M. Marchand, de Fécamp, a constaté, dans ces dernières années, un fait fort important pour les cultivateurs qui font des betteraves en vue de la fabrication du sucre ou de l'alcool, fait d'ailleurs en harmonie avec nos propres expériences : à savoir que la proportion du sucre paraît diminuer rapidement dans ces racines quand le sol qui les produit est pauvre en argile et riche en calcaire. C'est ce que démontre bien le tableau suivant :

PRINCIPES CONSTITUANTS SUR 1000 PARTIES.	COMPOSITION CHIMIQUE DU SOL CHEZ MM.					
	Marchand.	Dulot.	Daussy.	Dargent.	Duparc.	St-Requier.
Carbonate de chaux (avec un peu de magnésie)......	118,7	22,6	11.3	5,2	8,7	7,3
Eau................	1,9	2,7	1,8	1,5	2,1	2,4
Matières organiques ou humus............	57,1	36,7	32,6	32,6	39,3	36,1
Oxyde de fer.........	25,5	16,9	17.6	15,4	20,1	17,9
Argile..............	20,3	68,9	71.4	7[illegible],5	77,1	117,8
Sable siliceux........	776,5	852,2	865,3	871,8	852,7	818,5
	1000,0	1009,0	1000,0	1000.0	1000,0	1000,0
Sucre dans 100 de racines...............	7,05	9,54	11,13	11,68	13,55	15,04
Dates des ensemencements.............	8-15 mai.	11 mai.	12 mai.	10 mai.	12 mai.	10 mai.

Ainsi, à mesure que la proportion du calcaire s'accroît dans un sol, celle du sucre diminue, et diminue rapidement même, puisqu'elle s'abaisse de 15,0 à 9,5 et même à 7,0 pour 100 de betteraves, lorsque la quantité de carbonate de chaux s'accroît, dans 1,000 parties de terre arable, de 5,2 à 22,6, puis à 118,7.

Nous devons dire que les faits constatés par M. Marchand sont en opposition avec l'opinion généralement reçue et avec les conclusions d'un Mémoire récemment publié par M. Leplay. Nous croyons néanmoins que M. Marchand est dans le vrai. La question mérite d'ailleurs qu'on l'étudie à nouveau.

Place dans la rotation des récoltes. — La betterave peut succéder, sans inconvénient, à toutes les récoltes, pourvu que le sol soit profondément ameubli et bien fumé. Néanmoins, comme elle exige de nombreuses façons pendant sa végétation, façons qui concourent à purger le sol des plantes nuisibles, on devra, dans l'assolement triennal, lui faire occuper la place de la jachère, et lui appliquer la plus grande partie de la fémure qui doit fertiliser le sol pendant toute la rotation. Il en sera de même pour l'assolement quadriennal.

Quant aux plantes qui devront lui succéder, ce seront, autant que possible, des récoltes de printemps, parce que, l'enlèvement de la betterave se faisant assez tard à l'automne, on ensemencerait difficilement, en temps convenable, des récoltes d'hiver. Les récoltes qui succéderont à la betterave seront aussi choisies parmi celles qui aiment un sol profondément ameubli, comme 'avoine, le lin, etc.

Culture. — *Préparation du sol.* Dans le département du Nord, où la betterave est cultivée sur de vastes surfaces et avec beaucoup de succès, on prépare le sol de la manière suivante :

A la fin de l'été, aussitôt que la récolte précédente est enlevée, on retourne le sol par un labour superficiel, donné avec l'extirpateur (fig. 472). Les racines des plantes nuisibles, exposées alors

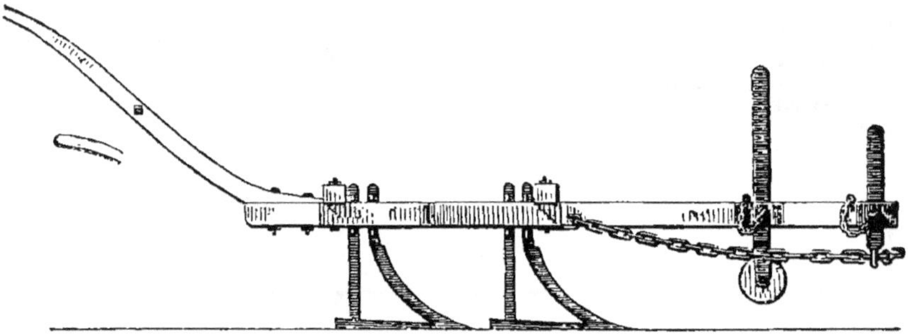

Fig. 472. *Extirpateur de Valcourt.*

au soleil, se dessèchent ; il suffit d'un hersage, donné quelques jours plus tard, pour les détruire entièrement. Mais, bientôt après, comme la température est encore assez élevée, les graines des mauvaises herbes répandues dans le sol germent à la surface, et il faut recommencer l'opération. Enfin, avant l'hiver, on donne un labour de défoncement, profond de $0^m,30$ à $0^m,40$, et on laisse la terre dans cet état jusqu'au printemps. A cette époque, on pratique un labour ordinaire, suivi de hersages et de roulages, afin de bien pulvériser la couche superficielle.

Pour les sols légers, on se contente, avant l'hiver, de faire agir l'extirpateur et la herse, pour détruire les plantes nuisibles, et l'on ne donne qu'un labour profond, au printemps.

Engrais et amendements. — Les engrais les plus convenables à la betterave sont ceux qui sont riches en potasse, et cela est facile à comprendre d'après la nature des cendres indiquée plus haut. Les fumiers de cour sont très-convenables ; ils doivent être transportés, autant que possible, avant l'hiver et distribués entre deux labours, ou avant le labour quand on n'en donne qu'un, afin qu'ils soient bien enfouis et retournés dans le sol. Les fumiers consommés sont préférables aux fumiers longs ; d'abord parce qu'ils ont une action plus rapide, et ensuite parce que les fumiers trop pailleux, lorsqu'on en met, comme cela doit être, une grande quantité, rendent le terrain par trop meuble. Mais, si l'on ne peut disposer que de ces fumiers longs, on y mêle d'autres engrais pulvérulents et plus riches, tels que les tourteaux, le noir des raffineries, le noir animalisé, les écumes et produits de défécation du jus de betterave provenant des sucreries. Il faut aussi se servir des débris de terre, des collets et des radicules qu'on enlève aux racines qu'on va ensiloter ou râper.

Nous avons dit précédemment qu'il y a plus d'avantage à laisser sur le sol les feuilles de betteraves qu'à les donner comme nourriture aux animaux ; elles sont, en effet, un aliment trop débilitant, tandis qu'elles forment un excellent engrais qui rend au sol de nombreux sels minéraux ; on les considère généralement comme faisant office d'un quart de fumure.

Dans le Nord, on fait un grand usage de l'engrais flamand ; on l'administre presque toujours à l'époque des semailles. Il exerce une action remarquable sur la végétation de la betterave ; il la rend très-active, en conservant de l'humidité au terrain ; les racines grossissent beaucoup, et sont toujours plus aqueuses ; les feuilles prennent une couleur verte plus foncée, et sont plus abondantes et plus larges.

Les urines employées en arrosement, à plusieurs reprises pendant le cours de la végétation, produisent les mêmes effets. L'un de nos amis, M. Daniel Fauquet, de Déville (Seine-Inférieure), obtient jusqu'à 87,200 kil. de racines par hectare, en faisant usage des urines des fabriques. M. Villeroy cite un chaudronnier de Deux-Ponts qui a des récoltes de 250,000 kil. en betteraves rouges longues sur des terres qui reçoivent les urines des étables voisines ; ces betteraves pèsent moyennement de 8 à 9 kil. En Belgique, on amène par le même moyen au poids énorme de 20 kil. des betteraves destinées à figurer dans les expositions des produits horticoles. Mais ces engrais animaux, d'une action si prompte et si énergique, retardent très-manifestement la maturation de la racine, car les feuilles se dessèchent et tombent beaucoup plus tard ; il serait donc convenable de ne porter ces engrais que sur des graines semées et germées de bonne heure.

Les engrais animaux ont souvent été signalés comme redoutables pour la betterave ; mais, lorsqu'on les applique avec connaissance de cause et discernement, ils ne peuvent être que très-utiles. Il en est de même du parcage des moutons. Cependant lorsque la betterave est cultivée pour l'extraction du sucre, il faut éviter, autant que possible, les engrais qui contiennent trop de sels solubles, car les jus sont bien plus difficiles à traiter et ils sont moins riches en sucre.

Lorsque l'on ne peut pas disposer d'une suffisante quantité d'engrais pour fumer convenablement toute une surface, ou bien encore lorsqu'on veut augmenter artificiellement la profondeur insuffisante du sol arable, on dispose le fumier comme nous l'avons indiqué pour le maïs (t. I, p. 645). Toutefois Schwerz s'élève contre cette pratique, qui a pour résultat, dit-il, de faire ramifier beaucoup de racines, d'en rendre l'emploi plus difficile et d'en diminuer la valeur.

D'après de Crud, la betterave absorbe une quantité d'engrais égale à la moitié du poids des racines récoltées. Ainsi, le rendement d'un hectare pouvant être porté en moyenne à 40,000 kil. de racines et à 10,000 kil. de feuilles, il en résulte que cette récolte aura absorbé dans la terre l'équivalent de 20,000 kil. de bon fumier, ou 40 pour 100 des racines et des feuilles récoltées.

Deux procédés différents sont suivis pour la culture de la betterave : on sème les graines à demeure, ou bien on sème en pépinière, pour repiquer ensuite les jeunes plantes. Examinons séparément ces deux modes d'opérer.

Culture au moyen du semis à demeure. — *Préparation de la semence.* La difficulté de se procurer de la graine bien pure, et appartenant surtout à une même variété, doit engager les cultivateurs à récolter eux-mêmes leur semence. A cet effet, on conserve, lors de la récolte, un certain nombre de racines, les mieux conformées et offrant au plus haut degré les caractères de la variété que l'on veut cultiver. On tranche les feuilles, mais sans toucher au collet, puis on les ensable, en les dressant verticalement, dans un cellier ou une cave sèche et fraîche. Au printemps, après la gelée, on les plante dans le sol d'un jardin anciennement fumé, à la distance de 1 mètre en tous sens. Quand les tiges commencent à se ramifier, on les soutient à l'aide de quelques échalas. La graine mûrit en septembre. On choisit les fruits les plus gros, les plus mûrs, et l'on néglige les autres. Chaque plante peut donner environ 200 grammes de fruits secs. Les graines germent encore convenablement au bout de trois ans, et, même, d'après Schwerz, au bout de six ans.

Si l'on veut récolter la graine de plusieurs variétés, on doit éviter de laisser fleurir les porte-graines des diverses variétés l'un près de l'autre ; car ces plantes s'entre-fécondent très-facilement et l'on n'obtient alors que des produits dégénérés.

Comme les fruits de la betterave (fig. 473) contiennent plusieurs semences, et que, généralement, ces fruits sont semés entiers, il en résulte que deux, trois et même quatre petites plantes se développent au même point, et qu'il faut opérer un sarclage pour les éclaircir ; or ces suppressions ne se font pas toujours sans danger pour les pieds réservés ; c'est pour éviter ces inconvénients que quelques cultivateurs ont adopté l'usage de piler les fruits dans une sébile de bois, et de les cribler ensuite pour en extraire les graines.

Schwerz recommande, pour hâter la germination des graines, de les faire macérer pendant quelques jours dans de l'eau tiède. Cette méthode a, en outre, l'avantage de séparer la bonne graine de la mauvaise, car celle-ci surnage après cette opération ; on enterre la graine tout humide, et, pour la manier plus facilement, on la saupoudre de plâtre, de cendre ou de chaux bien pulvérisée.

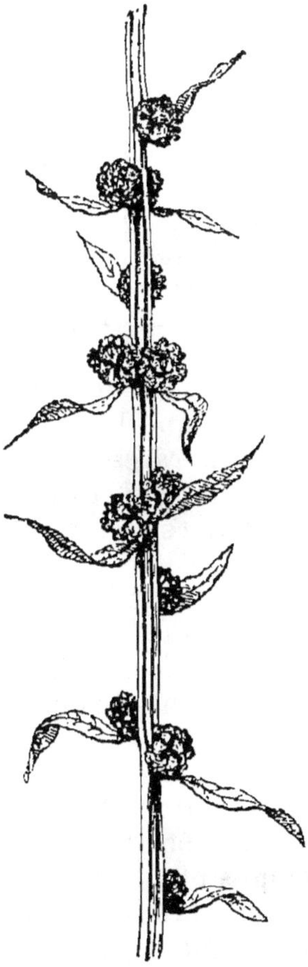

Fig. 473.
Fruit de la betterave.

Quantité de semence. Si l'on sème les fruits entiers, il en faut environ 8 kil. par hectare. Si les graines sont débarrassées de leur enveloppe, il ne faut plus que 5 kil. Il y a donc avantage à user de ce dernier procédé, puisqu'on y trouve à la fois une économie de semence et une diminution dans les frais de sarclage.

Époque des semailles. Comme les gelées tardives peuvent détruire les jeunes plants de betterave, alors qu'ils commencent à sortir de terre, on attend pour semer qu'on n'ait plus à redouter les froids. Il ne faut pas cependant retarder l'ensemencement sans motif sérieux, car une perte de 20 ou 25 jours pourrait avoir pour résultat de diminuer de moitié la récolte, en empêchant les jeunes plants de prendre un développement suffisant avant les premières sécheresses de l'été. Le moment le plus convenable est ordinairement vers le milieu de mars, dans le Midi, et dans le Nord, au commencement d'avril. Cette époque sera un peu avancée pour les sols légers, et reculée, au contraire, pour les terrains compactes et humides.

M. Marchand, de Fécamp, a publié tout récemment le résultat de ses nombreuses observations sur l'influence considérable qu'exerce sur le rendement agricole et sur la richesse en sucre de la betterave l'ensemencement précoce. Le tableau suivant, qui résume ses expériences, fait ressortir clairement cette influence :

DATES DES ENSEMENCEMENTS.	RACINES PAR HECTARE.	SUCRE PAR 100 DE RACINES.	SUCRE PRODUIT PAR HECTARE.	PERTE PAR HECTARE SUR LE PREMIER ENSEMENCEMENT	
				racines.	sucre.
	kil.		kil.	kil.	kil.
Avril 24..........	41,960	8.36	3508	»	»
Mai 1..........	39,900	8.20	3272	2060	236
— 8..........	37,660	7.56	2847	4300	661
— 15..........	30,370	6.54	1986	11590	1522
— 22..........	27,335	6.07	1659	14625	1849
— 29..........	22,140	5 72	1266	19820	2242
Juin 5..........	20,950	5.37	1125	21010	2383

M. Marchand conclut de toutes ses expériences, répétées pendant plusieurs années que, la constitution chimique du sol restant la même, la production agricole des betteraves est plus assurée par des ensemencements précoces que par des ensemencements tardifs, et que la richesse saccharine s'accroît dans ces racines avec l'ancienneté des plantations.

Ces conclusions sont confirmées par les résultats pratiques constatés dans le nord de la France et en Belgique.

Modes de semailles. Les graines peuvent être répandues à la volée ou en lignes ; mais, le premier mode n'étant plus usité à cause des inconvénients nombreux qu'il présente, nous ne parlerons que du second.

La distance à réserver entre les lignes doit être telle, que la plus grande partie des façons d'entretien puisse être donnée par les instruments attelés ; mais, tout en remplissant cette condition, cette distance peut encore varier dans de certaines limites. Le développement plus ou moins complet des plants, suivant la richesse du sol en engrais et la dose d'humidité qu'il peut retenir pendant l'été, influent beaucoup sur cette distance, de même que sur celle qu'il faut maintenir entre les plantes sur les lignes. Dans les conditions les meilleures, on réserve $0^m,60$ entre chaque ligne ; tandis que, dans les cas les moins favorables, la distance n'est que de $0^m,50$. Les mêmes circonstances font varier de $0^m,50$ à $0^m,30$ l'espace à conserver entre les plants sur les lignes.

Quant à la profondeur à laquelle on enterrera les graines, elle varie entre $0^m,02$ et $0^m,03$, suivant la plus ou moins grande consistance du sol.

Pour répandre la semence, on s'était d'abord contenté de tracer sur le sol, à l'aide d'un rayonneur (fig. 474), des sillons suffisam-

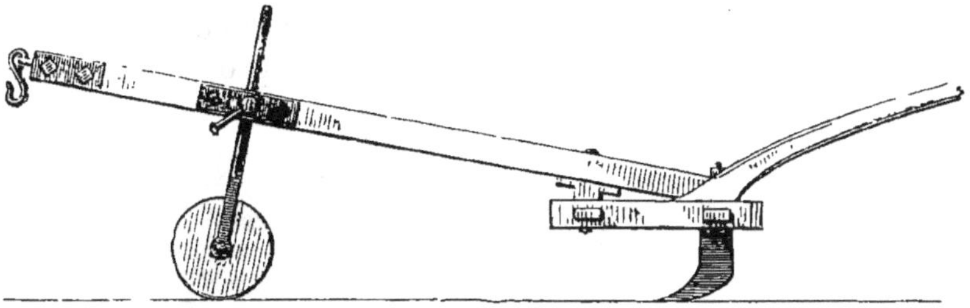

Fig. 474. *Rayonneur vu de profil.*

ment espacés, puis de recouvrir la graine avec la herse, mais on a bientôt reconnu qu'on procéderait avec beaucoup plus de promptitude, d'économie et de régularité en employant le semoir. Le semoir Hugues (t. I, p. 608) serait assurément préférable à tout autre; toutefois il en est d'autres dont les effets, bien que moins complets, sont encore assez satisfaisants pour que leur prix peu élevé les fasse choisir dans les petites exploitations. De ce nombre est le semoir à brouette de Mathieu de Dombasle, dont nous avons également donné la description (t. I, p. 648); mais, comme il n'ouvre pas les sillons qui doivent recevoir les graines, il faudra les tracer à l'avance avec le rayonneur. Le semoir devra être ajusté de manière à déposer une graine tous les $0^m,08$, sauf à enlever ensuite les jeunes plants trop rapprochés.

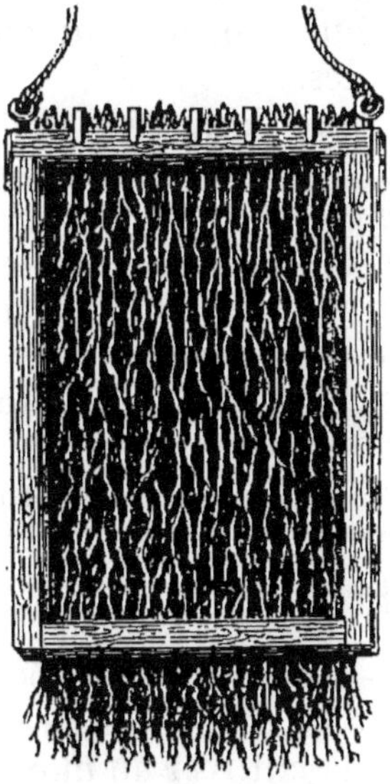

Fig. 475. *Herse formée de branches d'épines.*

Après le semis, on remplit les sillons, et l'on recouvre les graines au moyen d'une herse composée d'un châssis en bois sur lequel on a fixé des branches d'épines (fig. 475). La herse ordinaire enterrerait trop profondément les graines ou les déplacerait.

Enfin, on termine l'opération en plombant le sol à l'aide d'un roulage plus ou moins énergique, suivant le degré de compacité ou d'humidité de la terre. Dans les sols très-humides, on soustrait, en partie, la betterave à l'excès d'humidité, en pratiquant l'ensemencement au sommet de petits billons formés avec le buttoir.

Soins d'entretien. Le succès de la culture de la betterave exige de nombreux sarclages et binages. Le premier sarclage doit être pratiqué lorsque les feuilles ont atteint une longueur de 0m,04 environ ; la binette Lecouteux (fig. 476) est très-propre à cet usage.

Fig. 476. *Binette Lecouteux.*

Trois semaines après, on en effectue un second, mais avec la houe à cheval, excepté sur la ligne, où ce travail est toujours fait à la main. C'est après ce second sarclage que l'on supprime les plants trop rapprochés. A cet effet, on n'arrache pas les plants que l'on veut détruire, mais on les coupe au-dessous du collet ; autrement on ébranlerait les jeunes plants conservés. A partir de ce moment, jusqu'à celui où les feuilles couvrent complétement la surface du sol, on donne un ou deux binages, suivant que l'exige la croissance des plantes nuisibles.

On ignorait, il y a peu de temps encore, que l'influence de la lumière sur la racine de la betterave pût nuire à sa qualité pour la fabrication du sucre. Mais, M. Decaisne ayant démontré que les parties de la racine soumises à l'action de cet agent renferment une proportion notable de principes nuisibles à l'extraction du sucre, on a reconnu la nécessité de recourir au buttage. Lors donc que les racines sont destinées aux sucreries, on pratique deux buttages; ils sont suffisants pour couvrir convenablement le sommet des racines ; le premier est appliqué dès que les racines ont atteint 0m,06 de circonférence, et le second un mois après. Ces buttages sont exécutés avec le buttoir de Désert (page 51, fig. 463).

Culture au moyen du repiquage. — Dans quelques localités, surtout en Allemagne, on a profité de ce que la betterave peut être très-facilement transplantée pour la cultiver au moyen du repiquage ; ce procédé a parfaitement réussi, et il se répand chaque jour de plus en plus. Quelques cultivateurs ont, il est vrai, tenté de discréditer cette méthode. Ils se fondent sur ce que les betteraves qu'ils ont repiquées dans les lignes de semis à demeure, pour y remplir les lacunes accidentelles, ne donnent jamais que des racines beaucoup moins développées que celles des plants semés à demeure. Mais Mathieu de Dombasle a très-bien fait remarquer que les plants repiqués dans un semis à demeure sont loin d'être placés dans des conditions aussi favorables que ceux qui sont repiqués en plein. En effet, les premiers sont placés dans une terre déjà tassée qui rend leur végétation longtemps languissante ; ils restent soumis, pendant tout le temps de leur reprise, à la domination des plants voisins qui ont pris possession du sol, et qui, exerçant leur succion sur un rayon plus étendu que ne semble l'indiquer la longueur de leur racine, épuisent le sol qui entoure les plants repiqués. Au contraire, les plants repiqués en plein trouvent une terre fraîchement préparée, et, comme ils sont tous placés dans des conditions égales, ils n'exercent aucune influence fâcheuse les uns sur les autres.

Pépinière. Si l'on adopte le repiquage, le sol de la pépinière doit être riche et bien préparé ; un hectare de pépinière peut fournir du plant pour 10 hectares de terre. La semence y est répandue à la même époque que pour le semis à demeure ; on la place en lignes distantes de 0^m,30 les unes des autres, mais on sème beaucoup plus dru. Il est important d'éclaircir de bonne heure les plants et de leur appliquer les binages convenables ; ces opérations hâtent leur développement et le moment où l'on pourra les repiquer ; or, moins cette époque est reculée, plus le produit est abondant.

Repiquage. On ne peut commencer le repiquage qu'au moment où les plants présentent 0^m,015 de diamètre ; jusque-là ils n'offrent pas assez de rusticité, et sont exposés à être détruits par la sécheresse. Ce n'est guère que vers le commencement de mai, dans le Midi, et du 15 au 20 dans le Nord, qu'on peut espérer d'avoir des plants assez forts.

Quand le moment est venu, on choisit un temps sombre, humide, puis on déplante d'abord une ligne sur deux ; de sorte que les lignes restées intactes sont placées à 0^m,60 les unes des autres. On éclaircit ensuite les plants sur ces dernières lignes de façon qu'ils soient à distance de 0^m,30 les uns des autres ; la pépinière, ainsi éclaircie, reçoit ensuite la même culture que le semis à demeure et donne de très-beaux produits.

A mesure que les jeunes plants sont enlevés de la pépinière, on coupe les feuilles à 0^m,10 environ au-dessus du collet pour diminuer les effets de l'évaporation ; on coupe également l'extrémité de la racine lorsqu'elle est trop longue pour se loger dans la terre sans se replier, et l'on repique.

Le repiquage est pratiqué soit à la charrue, soit au plantoir. Dans l'un et l'autre cas, le sol est préparé comme pour le semis à demeure. Lorsqu'on se sert de la charrue, on dépose les jeunes plants contre la bande de terre renversée, on les y enterre légèrement, en ayant soin de les espacer convenablement, et le trait de la charrue vient les recouvrir ; il n'y a plus alors qu'à presser la terre avec le pied contre la racine. On garnit ainsi une raie sur trois ou quatre, selon la largeur des raies et la distance qu'on veut réserver entre chaque ligne.

Pour le repiquage au plantoir, on trace sur le sol, avec le rayonneur, des sillons régulièrement espacés. Des femmes, munies d'un plantoir dont la longueur leur sert à mesurer la distance à réserver entre chaque betterave, et portant les plants dans leur tablier, suivent chacun de ces sillons. Tandis que, de la main droite, elles enfoncent le plantoir, de la gauche elles introduisent le plant jusqu'au-dessus du collet; enfonçant ensuite le plantoir un peu obliquement à $0^{m},03$ ou $0^{m},05$ du plant, elles tassent d'abord la terre contre l'extrémité inférieure de la racine; puis, ramenant promptement la portion supérieure du plantoir du côté de cette dernière, elles pressent la terre contre la racine jusqu'au collet. En avançant le pied pour passer à la betterave suivante, elles appuient le talon de manière à remplir de terre le dernier trou du plantoir. Le succès de ce repiquage dépend beaucoup du soin que l'on apporte à comprimer la terre contre la racine.

On peut aussi se servir du plantoir à branche double (fig. 477), en usage en Flandre. Un ouvrier saisit cet instrument, le plonge en terre en appuyant sur la traverse horizontale; puis, faisant un pas à reculons, il ouvre deux trous en ligne droite avec les premiers; des femmes, qui le suivent, y déposent deux plants et ferment les ouvertures, comme nous venons de l'indiquer, en se servant d'un plantoir simple. Le plantoir à branche double est construit de manière que l'intervalle qui sépare les deux branches égale l'espace à réserver entre les plants sur la ligne.

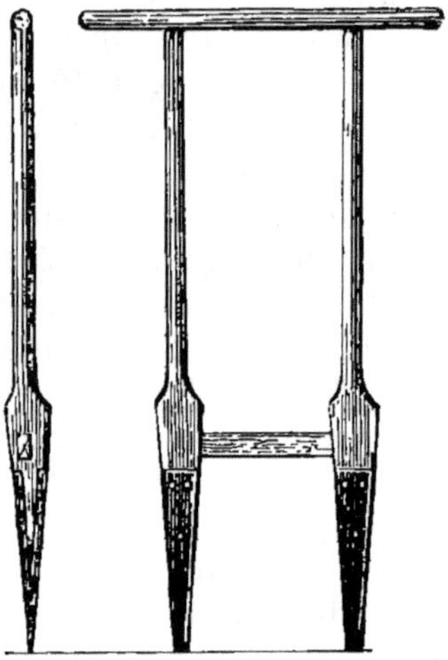

Fig. 477.
Plantoir à branche double.

Si le temps humide se faisait trop attendre, et qu'on fût obligé de pratiquer le repiquage en temps de sécheresse, il faudrait arroser les jeunes plants, immédiatement après le repiquage, avec de l'eau douce, ou mieux encore avec du purin.

L'entretien que réclament les plants se borne à trois binages : le premier, lorsqu'ils ont développé deux ou trois nouvelles feuilles ; le second, une quinzaine de jours après, et le troisième, avant que les feuilles couvrent entièrement le terrain. Ces trois façons sont données avec la houe à cheval.

M. Demesmay, à Templeuve (Nord), fait usage de l'instrument suivant (fig. 478 et 479) pour biner et butter les betteraves.

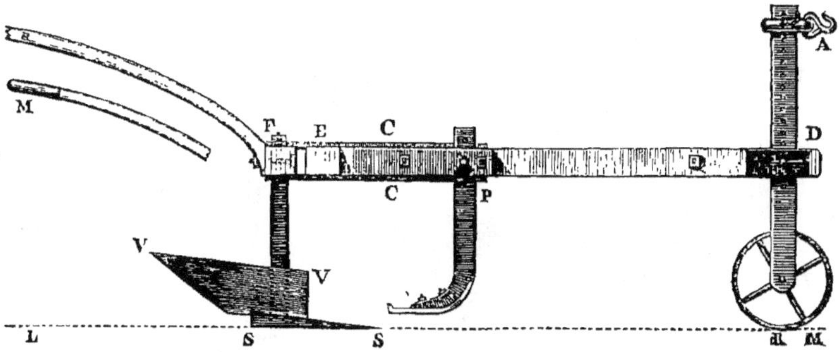

Fig. 478. *Houe à biner et à butter les betteraves, de M. Demesmay.*

D E F, cadre porté par la roue R et les deux patins P et P'. Sa position au-dessus du sol est variable en raison de la position de la roue qui y fait corps au moyen d'une clavette, et aussi de la position des patins qui y sont fixés par une vis de pression. Ces patins se relèvent plus ou moins en raison de la profondeur à laquelle les socs doivent pénétrer.

La tige portant la roue est percée de trous dans toute sa longueur. C'est au plus élevé de ces trous qu'est fixée la pièce d'attelage A ; le point D s'y rapproche quand on est en marche pour aller au champ ; on le met au point le plus bas pour faire fonctionner l'instrument.

Les socs sont adaptés à une traverse F F qui ne fait pas corps avec le châssis D E F, mais qui y est attachée au moyen de tiges parallèles C C C'C' qui permettent d'imprimer à la traverse et aux socs un mouvement à droite ou à gauche, à l'aide des mancherons M M, que le conducteur tient dans ses mains. De cette manière, on se rend indépendant de la marche irrégulière du cheval, et les socs sont toujours maintenus au milieu des lignes de betteraves.

Pour le binage, les socs S S sont plats; pour le buttage, on les surmonte de deux versoirs V V qui portent la terre contre les betteraves.

L'homme qui conduit la houe a assez de besogne à régulariser la marche des socs ; il doit être accompagné d'un aide qui dirige le cheval à l'aide d'un cordeau.

Dès l'origine, on adaptait les socs et les mancherons à la traverse E E, et l'on coupait fréquemment des lignes de betteraves.

L'outil modifié permettrait de biner le blé, dont les lignes ne sont distantes que de 0m,20 à 0m,25 ; mais autour de Lille on ne l'emploie que pour la betterave, dont les lignes sont écartées de 0m,45.

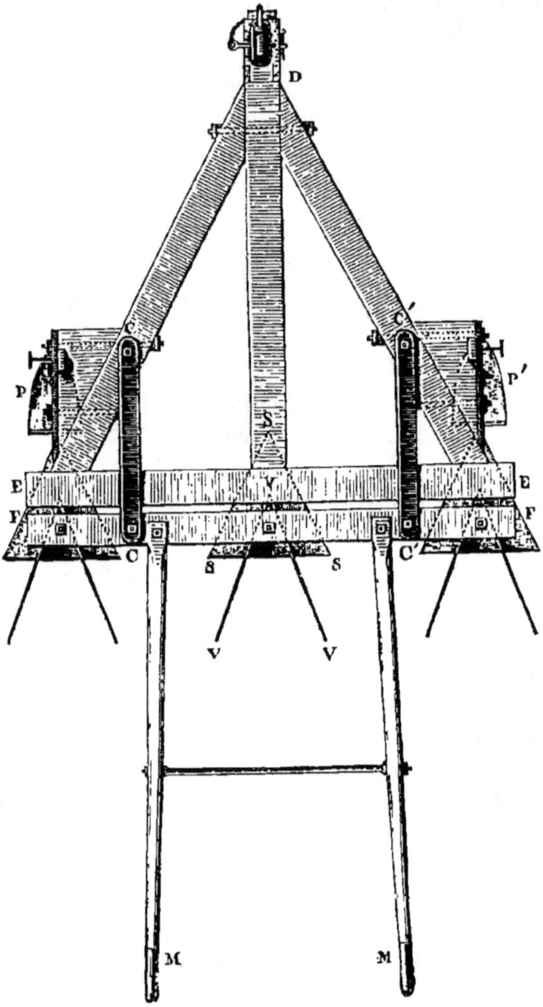

Fig. 479. *Plan de la houe de M. Demesmay.*

Avantages et inconvénients de ce mode de culture. La culture de la betterave au moyen du repiquage présente les avantages suivants : d'abord, elle permet de nettoyer, par des labours et hersages multipliées, les terres salies par une grande quantité de plantes nuisibles ; ensuite, ce repiquage réussit parfaitement dans les sols compactes et humides, tandis que les semis à demeure y viennent mal, parce que ces terres se durcissent beaucoup à leur surface sous l'influence de la pluie et de la sécheresse. D'un autre côté, comme ces terres s'égouttent et s'échauffent plus lentement que les autres, elles ne peuvent être ensemencées que fort tard au printemps, et les jeunes plants y sont surpris par la sécheresse avant d'avoir acquis assez de force pour s'en défendre ; en outre, la récolte y est plus tardive. Enfin et surtout, ce mode de culture donne un bénéfice net plus élevé que le semis à demeure.

Mais à ces avantages il faut opposer cet inconvénient bien grave, que, le repiquage ne pouvant être fait avant le commencement de mai dans le Midi, et le 15, dans le Nord, les jeunes plants sont souvent surpris par la sécheresse avant d'avoir pris possession du sol ; s'ils surmontent assez facilement cette difficulté dans les sols un peu frais du Nord, ils réussissent rarement dans les terrains légers du Nord et dans tous ceux du Midi.

Repiquage par le procédé Kœchlin. La betterave est une plante bisannuelle qui, pendant sa première année, grossit en proportion du temps pendant lequel elle jouit, à la fois, de la chaleur et de l'humidité. Semée en mars et en avril, elle n'a donc que six mois de végétation active ; encore convient-il de retrancher, pour tout le Midi et pour les sols légers du Nord, environ deux mois de sécheresse pendant lesquels elle languit. Si l'on pouvait hâter de 50 à 60 jours, au printemps, sa mise en culture, il est évident qu'on doterait la plante d'une prolongation de vie bien précieuse, et que l'on augmenterait son produit. C'est là le problème que M. Kœchlin s'est efforcé de résoudre en semant sur couche, dès le mois de janvier, pour repiquer vers le 15 avril.

Aidé de cette chaleur artificielle, et pratiqué sur une terre bien préparée, le semis pousse avec vigueur et peut être beaucoup plus serré que dans les pépinières en plein champ; aussi 50 mètres carrés de couche suffisent-ils pour repiquer un hectare.

M. Kœchlin déclare avoir obtenu un rendement de 340,000 kil. par hectare, et M. de Gasparin, qui a essayé cette méthode dans le Midi, a récolté 275,000 kilogrammes sur la même surface, là où, par la méthode des semis, il avait à peine un rendement de 20,000 kilog.

Nous croyons devoir donner ici un extrait de la note publiée à ce sujet par M. de Gasparin.

Pour arriver à un tel résultat il faut remplir huit conditions :

1° Défoncer rapidement le terrain. Cela permet à la racine un plus grand développement ;

2° Y accumuler une grande masse d'engrais. La quantité employée par M. de Gasparin a été par hectare de 200 mètres cubes de bon fumier, et de 1,500 kil. de tourteaux de colza ;

3° Resserrer les plants à $0^{m},33$ en tous sens. Faire le semis sur couche et sous vitrage au commencement de janvier ; planter en avril avec du plant qui a alors la grosseur du doigt ;

4° Arroser par immersion tous les quinze jours (dans le Midi), quand il ne pleut plus ;

5° Donner un binage après chaque irrigation, tant que cela est possible. Ordinairement cette opération devient inutile après le quatrième arrosage, le sol étant entièrement couvert par les feuilles ;

6° Châtrer toutes les plantes qui veulent monter en graine ;

7° S'abstenir de l'effeuillage ;

8° N'arracher qu'à la fin de novembre, quand tout l'acte de la végétation est accompli. Les racines ont alors neuf mois de végétation, au lieu de six si l'on eût semé à demeure en avril, et ces trois mois en plus suffisent pour doubler le volume des racines.

Ce sont là de magnifiques résultats qui, s'ils se généralisent, sont appelés non-seulement à introduire le repiquage de la betterave dans le Midi et dans les terrains légers du Nord, mais encore à le substituer partout à la culture par semis.

Effeuillement. — Beaucoup de cultivateurs contestent encore qu'il y ait avantage à enlever une partie des feuilles de la betterave, avant sa récolte, pour en nourrir les bestiaux. Il est bien positif que cette suppression diminue plus ou moins le développement, selon que la quantité de feuilles enlevées a été plus ou moins considérable ; il paraît également démontré que cette nourriture, donnée seule aux bestiaux, agit sur eux comme purgatif et qu'ils ne s'assimilent pas les principes azotés assez abondants qu'elle contient. Mais il est constant aussi que l'effeuillement, pratiqué de manière à enlever sur chaque plante seulement les deux feuilles de la base, ne nuit pas sensiblement au produit, et que ces feuilles, mêlées à d'autres fourrages, deviennent une assez bonne nourriture pour les bestiaux.

Là donc où la main-d'œuvre sera à très-bas prix et où l'on manquera de fourrage vert, on pourra recourir à l'effeuillement partiel des betteraves ; car la petite quantité de racines que l'on prélèvera ainsi indirectement sur la masse du produit aura, à ce moment, une bien plus grande valeur qu'au moment de la récolte.

Mais il ne faudra pratiquer cet effeuillement que très-tard, alors seulement que l'intensité du phénomène de vitalité commence à décroître ; opéré avant l'époque de la récolte, il ne doit porter que sur les feuilles qui s'altèrent dans leur constitution, ou sur celles dont les pédoncules commencent à jaunir ou à se flétrir.

Maladies et insectes nuisibles. — Les betteraves ne sont sujettes qu'à un bien petit nombre de maladies, et ne comptent que peu d'ennemis parmi les insectes.

Dans quelques parties de la France, elles sont atteintes d'une affection nommée *pied-chaud*, qui apparaît pendant le premier âge, et arrête complétement la croissance des plantes. On reconnaît cette affection aux racines, qui, sur tout ou partie de leur longueur, sont flétries, brunes et desséchées. Les plantes attaquées périssent souvent; mais souvent aussi, après 8 ou 15 jours de souffrance, quelques journées chaudes ou une pluie douce suffisent pour faire naître de nouvelles radicelles et déterminer une guérison rapide. Mathieu de Dombasle attribuait cette maladie aux froids qui surviennent pendant les premiers temps de la croissance, et aussi à la mauvaise qualité du sol.

En 1846, M. Payen a constaté dans les grandes exploitations de nos départements du Nord, et dans plusieurs provinces de la Belgique, une altération spéciale et nouvelle de la betterave, qui a la plus grande analogie avec la gangrène humide des pommes de terre. On aperçoit, autour des betteraves attaquées, et surtout aux points d'insertion des feuilles détruites, des taches fauves s'étendant sur le corps de la racine, formant des dépressions, ou même des cavité sinueuses, plus ou moins profondes. Si l'on coupe en deux la betterave par un plan passant dans l'axe, on voit que les parties tachées ont une épaisseur variable et se prolongent, avec leur coloration brune, en suivant les lignes des faisceaux vasculaires (fig. 480 et 481). Dans une zone plus ou moins pénétrante, le tissu se montre plus translucide que dans les portions correspondantes aux parties de la racine plus profondément situées en terre et non atteintes par la substance brune. Ces altérations font des progrès lents, lorsque les racines sont isolées; elles se propagent rapidement, au contraire, dans les betteraves accumulées en tas. Par la coction, les parties atteintes par la substance brune éprouvent une induration notable, tandis que le tissu normal devient mou et cède à la moindre pression. Les parties brunes ont subi une déperdition presque totale de matière sucrée; dans les tissus devenus plus translucides, la proportion de sucre cristallisable est amoindrie; une quantité notable de glucose s'est produite; le suc n'est plus sensiblement acide, il offre plutôt une légère réaction alcaline. Des hypothèses nombreuses ont été faites sur les causes déterminantes de la maladie, mais elles sont plus ou moins contredites par les faits.

Un insecte très-petit, désigné sous le nom de *ver gris*, attaque les betteraves cultivées dans les terres compactes et richement

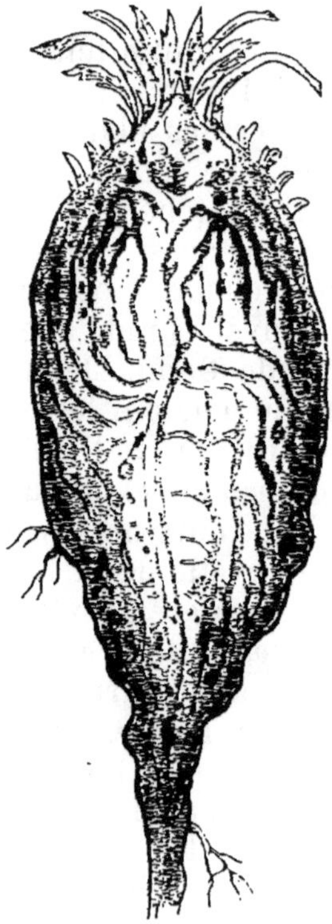

Fig. 480. *Coupe verticale d'une betterave attaquée de la maladie brune.*

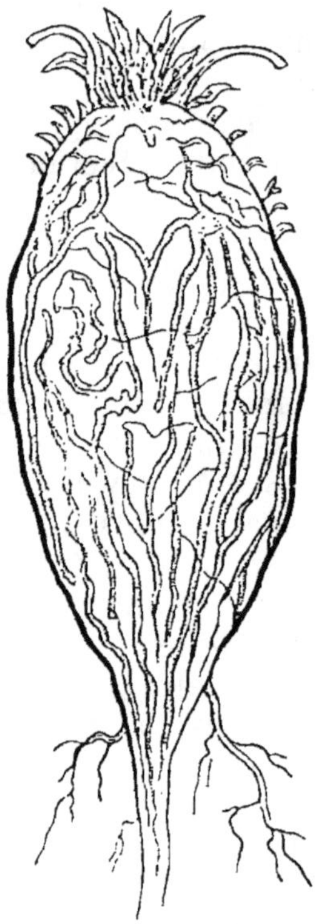

Fig. 481. *Coupe verticale d'une betterave saine.*

fumées. Les ravages commis dès le début de la végétation s'étendent en quelques jours sur toute la surface d'un champ. Le seul moyen de le détruire est l'emploi du *rouleau Croskyll*. Quelques cultivateurs du Nord ont obtenu un grand succès en le faisant passer sur le champ aussitôt l'apparition de cet insecte.

M. Bazin fils, du Ménil-Saint-Firmin, a observé une chenille, d'un vert intense dans le jeune âge, d'un gris légèrement verdâtre après qu'elle a changé de peau, et qui dévore les feuilles de la betterave du commencement de septembre à la fin d'octobre. A cette époque, elle se change en chrysalide rouge qui se cache en terre, autour des racines, à une petite profondeur.

Les deux chenilles précédentes font quelquefois des dégâts considérables dans les champs de betteraves, et c'est uniquement à des insectes semblables qu'on attribue l'impossibilité où l'on s'est trouvé, près de Marseille, de continuer cette culture.

L'ennemi le plus redoutable pour la betterave est la larve du hanneton. Celle-ci l'attaque lorsqu'elle a déjà pris un certain développement, et à une époque où les plants dévorés ne peuvent plus être remplacés ; les feuilles se flétrissent immédiatement. On ne doit pas hésiter à arracher la racine, pour détruire avec elle la larve, qui, sans cela, attaquerait successivement plusieurs plantes.

Récolte. — *Époque de maturité.* Pendant la première année de sa végétation, la betterave développe seulement des feuilles et une racine. Ces deux organes puisent dans l'atmosphère et dans le sol certains fluides qui, élaborés par les feuilles, concourent en partie à l'accroissement de la racine, et s'accumulent dans son tissu pour fournir, l'année suivante, un prompt et vigoureux développement de la tige et des fruits. C'est la présence de ces fluides dans les tissus de la racine qui donne à cet organe les propriétés qui le font rechercher, soit pour la nourriture des animaux, soit pour l'extraction du sucre.

Le moment le plus convenable pour la récolte serait donc celui où elle a acquis le plus de développement et où elle a accumulé dans ses tissus la plus grande quantité de ces fluides. Comme cet accroissement et cette accumulation se continuent même pendant l'hiver, quoique d'une manière peu sensible, on pourrait en conclure que l'arrachage ne devrait être fait qu'au printemps, c'est-à-dire au moment où les fluides réunis dans la racine vont concourir au développement de la tige. Mais, en la récoltant à cette époque, cette racine perdrait un de ses principaux avantages, celui de fournir, pendant l'hiver, une nourriture verte aux bestiaux; aussi ne l'enlève-t-on de terre que d'octobre en décembre.

Les circonstances suivantes déterminent le moment convenable. Si le sol est compacte, argileux, il faut récolter de bonne heure; car, en absorbant l'humidité, il devient collant, boueux; l'arrachage s'y opère difficilement et laisse le champ en très-mauvais état pour la récolte suivante. On doit également récolter de bonne heure, si l'on se propose de semer une céréale d'hiver, car il faut le temps de préparer le terrain.

Mais, à part ces deux circonstances, et surtout si les produits sont destinés aux sucreries, on récolte le plus tard possible, en décembre; on obtient ainsi une plus grande masse de racines;

elles se conservent plus facilement et sont plus propres à l'extraction du sucre.

Arrachage. L'arrachage de la betterave se fait ordinairement à bras d'homme. Lorsque les racines sont complétement enterrées, on emploie la bêche ou la fourche trident (fig. 482); mais, pour les variétés qui sortent de terre, il suffit de les tirer par les feuilles pour les détacher du sol.

Fig. 482. *Fourche-trident.*

L'arrachage à bras d'homme des racines enterrées est une opération longue et dispendieuse; on a donc cherché à la remplacer par un agent mécanique. Mathieu de Dombasle a imaginé une charrue qui paraît ne rien laisser à désirer. C'est un araire (fig. 483 et 484) dépourvu de coutre, et auquel on n'a conservé que la partie antérieure du versoir (*d*). Cette partie est en bois, et simule un coin dont la pointe et l'un des côtés se lient insensiblement avec le soc (*a*), et dont la base est appuyée sur l'étançon de devant.

On attelle à cette charrue deux ou quatre chevaux, selon la ténacité du sol, puis, prenant la ligne de betteraves un peu sur la gauche, on fait piquer le soc de l'instrument assez profondément pour pénétrer au-dessous des racines. Le soc passe ainsi sous toute la ligne en la soulevant un peu, mais sans rien re-

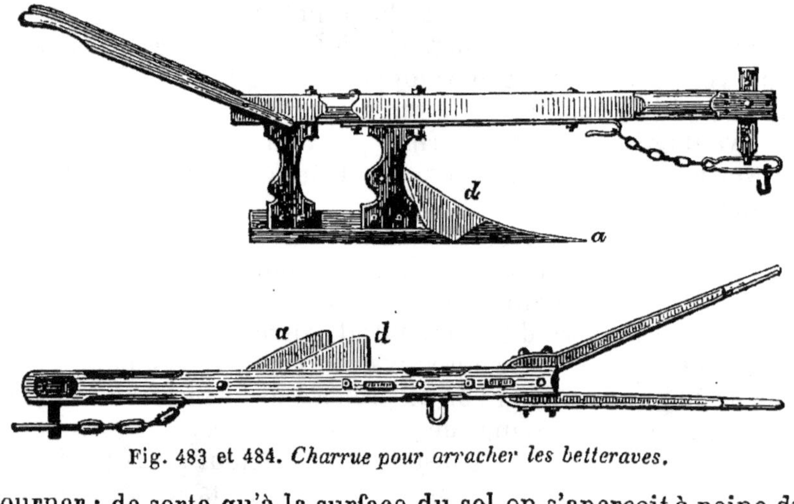

Fig. 483 et 484. *Charrue pour arracher les betteraves.*

tourner; de sorte qu'à la surface du sol on s'aperçoit à peine du travail de l'instrument. Néanmoins les racines sont tellement détachées de la terre, qu'il suffit de les saisir par les feuilles pour les enlever sans aucune résistance. On peut, à l'aide de cette charrue, et lorsque les lignes de betteraves sont distancées de $0^{m},60$, arracher jusqu'à deux hectares dans la journée, et remplacer ainsi le travail de 30 ouvriers.

Décolletage. Quelle que soit la méthode employée pour l'arrachage, dès que cette opération est terminée, on procède au décolletage des racines, c'est-à-dire qu'on coupe le collet. Cette suppression a pour but d'empêcher le développement de nouvelles feuilles lorsque les racines sont emmagasinées, développement qui se fait aux dépens des principes sucrés et nutritifs.

Lorsqu'on opère le décolletage, on enlève aussi l'extrémité des racines et toutes les petites ramifications qu'elles peuvent offrir. On les débarrasse également, aussi complétement que possible, de la terre qui les recouvre. Dans cette dernière opération, comme dans toutes celles où les ouvriers manipulent les racines, on doit veiller à ce qu'ils ne les heurtent pas les unes contre les autres, car il en résulterait des contusions qui les feraient toutes pourrir. Si l'on manque de fourrage vert, on pourra donner aux bestiaux le produit du décolletage; mais il est préférable de l'abandonner sur le sol, car si on l'enterre immédiatement il équivaut à un quart de fumure.

Rentrée des racines. Naguère encore l'opinion générale prescrivait de ne rentrer les betteraves que par un temps sec, et après qu'elles avaient été bien ressuyées, au contact de l'air; mais de nombreux accidents sont venus démontrer tout ce que cette méthode a de vicieux. En effet, ces racines sont destinées par la nature à conserver leur principe vital jusqu'au printemps suivant, afin de fournir à une nouvelle végétation. En les laissant exposées, pendant quelque temps, à la sécheresse de l'air et à l'ardeur du soleil, elles s'échauffent, se dessèchent, se rident, et perdent une grande partie de ce principe ; les fluides qu'elles contiennent fermentent, et un grand nombre d'entre elles pourrissent.

Dans quelques grandes exploitations du département du Nord, on emploie le procédé suivant, et l'on s'en est constamment bien trouvé. Aussitôt que les betteraves sont décolletées, on les réunit sur le sol en petits tas, assez distants les uns des autres pour que les voitures de transport puissent parcourir le champ sans les endommager; puis on couvre chaque tas avec les feuilles pour préserver les racines de la sécheresse. Elles restent dans cet état le plus longtemps possible, car on a remarqué que plus on tarde à les rentrer, mieux elles se conservent ensuite : cela tient sans doute à ce que, à cette raison de l'année, elles sont exposées à une température moyenne toujours moins élevée que celle des celliers ou des silos. Elles peuvent supporter ainsi, sans altérations, un abaissement de température de 6° cent. au-dessous de zéro. Enfin, on choisit, pour les rentrer, un temps froid et pas trop sec.

Rendement. — La betterave est, de toutes les racines fourragères, celle qui donne le produit le plus élevé, même en ne tenant pas compte du rendement extraordinaire qui paraît résulter de l'emploi du procédé Kœchlin. Thaër et Schwerz obtenaient naturellement un produit en racines de 30,000 kil, qui s'élevait quelquefois jusqu'à 60,000 kil. par hectare. Le rendement moyen annoncé par Mœllinger n'était que de 27,100 kil., celui de Mathieu de Dombasle ne dépassait pas 20,000 kil. Dans le département du Nord ce produit est, en moyenne, de 40,000 kil. Nous l'avons vu fréquemment arriver à 50,000 kil. dans la Seine-Inférieure. On peut donc porter le rendement moyen des racines à environ 40,000. Quant à celui des feuilles, nous voyons qu'en prenant la moyenne de celles produites dans le sable d'alluvion et dans la terre argileuse, pour les betteraves que nous avons cultivées (p. 58), il égale environ le quart du produit en poids des racines.

COMPTE DE CULTURE D'UN HECTARE DE BETTERAVES SEMÉES A DEMEURE AU DÉBUT DE LA ROTATION DES RÉCOLTES.

DÉPENSE.

	f.	c.
Un trait d'extirpateur à la fin de l'été	6	»
Un hersage	2	60
Un trait d'extirpateur	6	»
Un hersage	2	60
Un labour de défoncement, avant l'hiver, à 0m,30 de profondeur	80	»
Un labour ordinaire, au printemps	22	»
Un hersage	2	60
Un roulage	2	»
Un hersage	2	60
Semence, 8 kilogrammes, à 2 fr. 50 le kilogramme	20	»
Rayonner le terrain pour recevoir la semence	2	60
Répandre la semence au semoir à brouette	1	»
Un hersage pour recouvrir la semence	2	60
Un roulage	2	»
Un binage à la houe à main	14	»
Un binage à la houe à cheval	5	»
Un binage à la houe à main, sur les lignes et suppressions des plants trop rapprochés	14	»
A reporter	187	60

	f. c.
Report..........	187 60
Un binage à la houe à cheval....	5 »
Arrachage des racines à la charrue	10 »
Décolletage, nettoyage, mise en tas et couverture des racines.	70 »
Transport des racines à la ferme et emmagasinage...........	34 »
30,000 kil. de fumier, à 10 fr. les 1000 kil., y compris les frais de transport et d'épandage, 300 fr. Les deux tiers de cette somme à la charge des betteraves,......................	200 »
Intérêt pendant un an, à 5 p. 100, du prix de la fumure non absorbée..................................	5 »
Loyer de la terre..................................	70 »
Frais généraux d'exploitation..........	20 »
Intérêt pendant un an, à 5 pour 100, des frais ci-dessus.....	30 08
Total.......	631 68

PRODUIT.

40,000 kil. de racines équivalant à 10,000 kil. de foin sec à 71 fr. 50 c. les 1000 kil...........................	715 »
10,000 kil. de feuilles rendues à la terre et équivalant à un quart d'une fumure ordinaire de 30,000 kil..............	75 »
Total.........	790 »

BALANCE.

Produit	790 »
Dépense..................................	631 68
Bénéfice net......	158 32

25 pour 100 du capital employé.

COMPTE DE CULTURE D'UN HECTARE ET UN ARE DE BETTERAVES REPIQUÉES EN MAI.

DÉPENSE.

Un are de pépinière.

	f. c.	f. c.
Préparation du sol comme pour le semis à demeure, le dixième de la dépense....................	12 64	
Fumure d'un tiers plus abondante qu'à l'ordinaire, un dixième..............................	26 66	
Intérêt pendant un an, à 5 pour 100, du prix de la fumure absorbée	» 66	75 16
Semence, 8 kil., à 2 fr. 50 le kil................	20 »	
Répandre la semence au semoir à brouette........	1 »	
Éclaircir les plantes............................	10 »	
Trois binages à la houe à main, à 1 fr. 40 c. l'un...	4 20	

Plantation d'un hectare.

Préparation du sol comme pour le semis à demeure..........	126 40
Rayonner le terrain..................................	2 60
Repiquage au plantoir, y compris l'arrachage et l'habillage des plantes..	20 »
A reporter.......	224 16

	f.	c.
Report......	224	16
Trois binages à la houe à cheval, sur 1 hectare 1 are, à 5 fr. 50 c. l'un.	16	50
Récolte de 1 hectare 1 are	136	40
Fumure, comme pour le semis à demeure	205	»
Loyer de la terre, pour 1 hectare 1 are, à 70 fr. l'hectare	77	»
Frais généraux d'exploitation, pour 1 hectare 1 are	22	»
Intérêt pendant un an, à 5 pour 100, des frais ci-dessus	34	05
Total	715	11

PRODUIT.

50,000 kil. de racines équivalant à 12,250 kil. de foin sec, à 71 fr. 50 c. les 1000 kil	875	87
12,250 kil. de feuilles rendues à la terre, et équivalant à un quart d'une fumure ordinaire de 30,000 kil. à l'hectare	75	»
Total	950	87

BALANCE.

Produit	950	87
Dépense	715	11
Bénéfice net	235	76

33 pour 100 du capital employé.

On voit, ainsi que nous l'avions annoncé, que la culture de la betterave au moyen de repiquage donne une rente plus élevée que celle par semis à demeure.

CAROTTE.

La culture de la carotte (fig. 485 à 487), comme plante fourragère, est déjà fort ancienne. Billing en parle, dans un Mémoire adressé à la Société d'agriculture de Londres en 1761, comme étant cultivée de temps immémorial dans les terrains sablonneux du comté de Suffolk. Ce n'est, toutefois, que depuis la publication de ce Mémoire, et par les recommandations d'Arthur Young, que la carotte a été généralement admise dans la grande culture.

Il n'est pas de racine fourragère qui soit plus goûtée de tous les animaux et qui leur réussisse mieux. Le principe aromatique et excitant qu'elle contient lui assure la préférence sur la pomme de terre, les raves, les choux-navets et même la betterave. Elle contient, à poids égal, un peu moins de parties nutritives que la pomme de terre; mais son produit est plus considérable, et compense largement cette différence. Les chevaux en sont surtout très-avides, et elle peut, sans inconvénient, leur tenir lieu d'avoine. La carotte donne au lait et au beurre une qualité supérieure; elle est pour les brebis et les agneaux le meilleur fourrage. Enfin, si on la fait cuire à moitié, elle engraisse rapidement les porcs et donne au lard une excellente qualité. Les fanes, très-abondantes, sont aussi très-recherchées par les bestiaux.

Mais, à côté de ces avantages, la carotte présente quelques inconvénients. Son premier développement est extrêmement lent, de sorte qu'elle reste longtemps exposée à l'envahissement des plantes nuisibles, dont on ne peut la débarrasser qu'à l'aide de sarclages et de binages faits à la main, et, partant, très-coûteux. Elle est assez épuisante pour le sol, et demande un ameublissement très-profond. Elle exige donc plus de frais

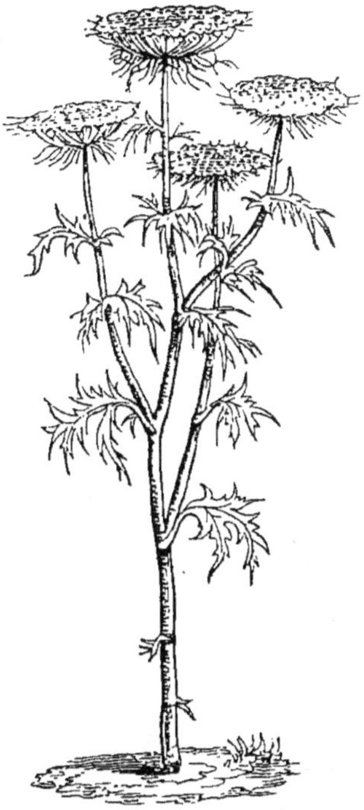

Fig. 485. *Carotte commune.*

Fig. 486. *Fleur de la carotte.*

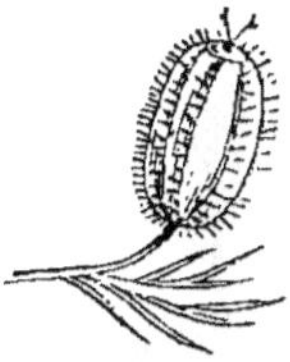

Fig. 487. *Fruit de la carotte.*

que la plupart des autres racines fourragères.

Variétés. — Les diverses sortes de carottes cultivées peuvent être toutes rapportées à une seule espèce, la *carotte commune* (*daucus carotta*). Les variétés les plus propres à la grande culture sont les suivantes :

Carotte blanche à collet vert (fig. 488). Racine très-allongée, blanche, sortant de terre sur une longueur de $0^m,10$ à $0^m,12$, collet vert.

Carotte rouge longue, à collet vert. Cette variété, signalée par Vilmorin, s'éloigne peu de la précédente par sa forme; elle sort de terre et paraît aussi productive.

Carotte rouge de Flandre. Racine d'un rouge pâle, d'une longueur moyenne, et très-grosse au sommet.

Carotte blanche de Breteuil (fig. 489). Racine courte, grosse, blanche.

Carotte blanche des Vosges. Racine courte, fusiforme, et, en général, très-régulière; d'un jaune très-pâle ou presque blanche à l'intérieur comme à l'extérieur; collet vert dans le centre; toujours un peu enfoncée dans le sol; feuilles courtes et peu nombreuses. — Mathieu de Dombasle regarde cette variété

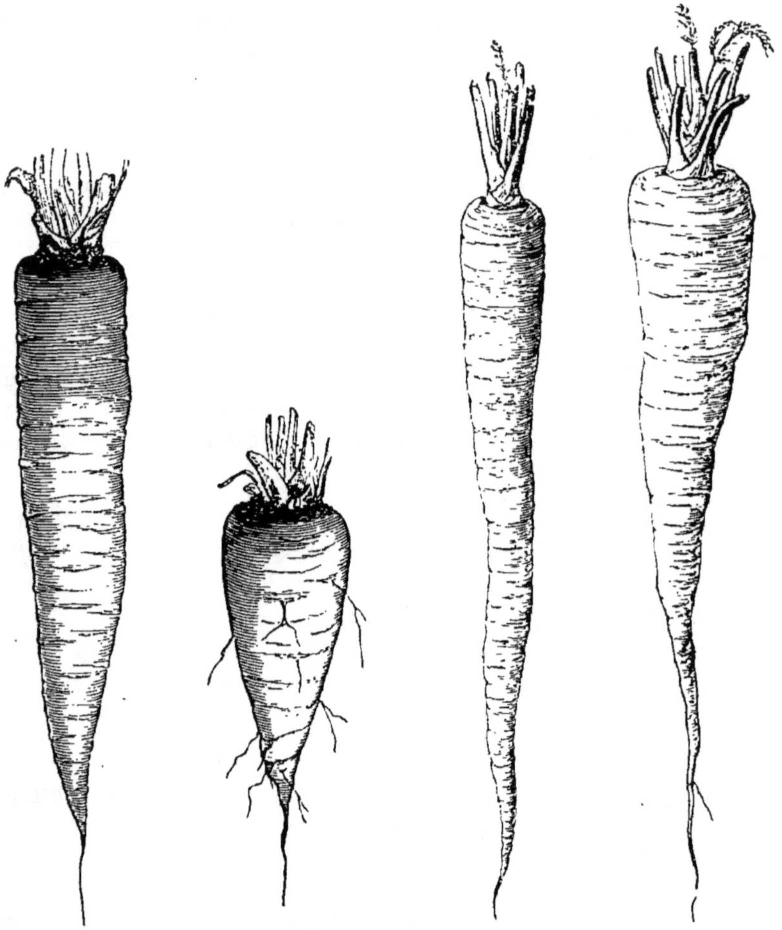

Fig. 488. *Carotte blanche à collet vert.* Fig. 489. *Carotte blanche de Breteuil.* Fig. 490. *Carotte jaune d'Achicourt.* Fig. 491. *Carotte rouge d'Altringham.*

comme préférable à toutes les autres, tant pour la quantité des produits, et surtout parce qu'elle s'accommode beaucoup mieux que toutes les autres de terrains peu fertiles.

Carotte sauvage, améliorée, de Vilmorin. Racine variant du blanc au rouge pâle, forme semblable à celle de la carotte de Breteuil.

Carotte rouge d'Achicourt. Racine allongée, peu volumineuse, d'un rouge foncé.

Carotte jaune d'Achicourt (fig. 490.) Racine volumineuse, allongée, ne sortant pas ou sortant très-peu de terre.

Carotte rouge d'Altringham (fig. 491). Racine cylindrique très-allongée, moins volumineuse que la *rouge de Flandre* ; excellente qualité, d'origine anglaise, répandue dans les fermes du Brabant.

Nous avons soumis la plupart de ces variétés aux expériences dont nous avons déjà parlé[1], afin de reconnaître celles qu'on doit préférer suivant la nature du sol. En voici le résultat. Cultivées comparativement dans les quatre sortes de terre dont nous avons donné l'analyse (p. 12), nous avons obtenu les rendements suivants en racines et en feuilles.

PRINCIPALES VARIÉTÉS DE CAROTTES RANGÉES D'APRÈS LEUR POUVOIR PRODUCTIF DANS LES SOLS SUIVANTS :

SABLE PUR D'ALLUVION.	PRODUIT en racines.	PRODUIT en feuilles.	SABLE HUMIFÈRE.	PRODUIT en racines.	PRODUIT en feuilles.
	k.	k.		k.	k.
Carotte blanche à collet vert........	26,940	6,400	Carotte rouge de Flandre..........	22,624	5,288
— rouge de Flandre.............	21,972	5,720	— blanche à collet vert.............	12,520	2,568
— blanche de Breteuil	14,868	2,548	— sauvage améliorée de Vilmorin.....	10,300	1,368
— sauvage améliorée de Vilmorin......	12,948	2,108	— blanche de Breteuil...........	9,068	1,520
— rouge d'Achicourt.	6,000	0,348	— rouge d'Achicourt.	6,380	0,672
Total du produit.....	82,728	17,124	Total du produit.....	60,892	11,416
SOL ARGILEUX.	**PRODUIT en racines.**	**PRODUIT en feuilles.**	**SOL CALCAIRE.**	**PRODUIT en racines.**	**PRODUIT en feuilles.**
	k.	k.		k.	k.
Carotte rouge de Flandre..........	25,268	9,868	Carotte rouge de Flandre..........	10,096	3,952
— blanche de Breteuil.............	13,692	3,640	— sauvage améliorée de Vilmorin......	9,160	2,260
— blanche à collet vert.............	14,500	2,360	— blanche de Breteuil.............	8,520	2,200
— sauvage améliorée de Vilmorin......	9,620	2,000	— blanche à collet vert.............	5,300	0,660
— rouge d'Achicourt.	5,420	0,684	— rouge d'Achicourt.	4,964	0,692
Total du produit.....	68,500	18,552	Total du produit.....	38,040	9,764

1 Girardin et Du Breuil. — Mémoire sur les plantes sarclées à racines alimentaires. *Recueil des travaux de la Société d'agriculture de la Seine-Inférieure*, janvier 1843, page 384.

Ce tableau montre que, pour cette racine comme pour la précédente, la nature du sol influe notablement sur le rendement des diverses variétés.

Voici maintenant la porportion de matière sèche contenue dans les racines et les feuilles de chaque variété, dans les mêmes terrains :

COMPOSITION DES RACINES ET DES FEUILLES DES PRINCIPALES VARIÉTÉS DE CAROTTES CULTIVÉES DANS LES SOLS SUIVANTS (POUR 100 GR.) :

NOM DES VARIÉTÉS.	SABLE D'ALLUVION.				SABLE HUMIFÈRE.			
	RACINES.		FEUILLES.		RACINES.		FEUILLES.	
	Eau.	Matière sèche.	Eau.	Matière sèche.	Eau.	Matière sèche.	Eau.	Matière sèche.
	g.	g.	g.	g.	g.	g.	g.	g.
Carotte blanche à collet vert.......	87,15	12,85	78.64	21,36	87.75	12,25	79,47	20,53
— rouge de Flandre.	87,50	12,50	78,31	21,69	89,10	10,90	82,91	17,09
— blanche de Breteuil	88,40	11,60	80,17	19.83	88,40	11,60	66,96	33,04
— sauvage améliorée de Vilmorin.....	87,25	12,75	78.16	21,87	87.00	13.00	79,25	20,75
— rouge d'Achicourt.	82,00	18,00	79,34	20,66	92,75	7,25	79,20	20,80
Total pour 500 g....	432,30	67,70	394,62	105,38	445,00	55,00	387,79	112,21

NOM DES VARIÉTÉS.	SOL ARGILEUX.				SOL CALCAIRE.			
	RACINES.		FEUILLES.		RACINES.		FEUILLES.	
	Eau.	Matière sèche.	Eau.	Matière sèche.	Eau.	Matière sèche.	Eau.	Matière sèche.
	g.	g.	g.	g.	g.	g.	g.	g.
Carotte blanche à collet vert.......	88,30	11,70	80,45	19,05	87,74	12,26	82.30	17,70
— rouge de Flandre.	85,60	14,40	80,77	19,23	84,85	15,15	79,83	20,17
— blanche de Breteuil	87,40	12,60	83,16	16,84	84,35	15,65	80,23	19,77
— sauvage améliorée de Vilmorin.....	82,00	18,00	manque	manque	87,25	12,75	80,46	19,54
— rouge d'Achicourt.	84,76	15,25	84,75	15,25	85,80	14,20	78,61	21,36
Total pour 500 g....	428,06	71,95	329,13	70,37	429.99	70,01	401,43	98,54

On voit que, dans la même variété, la proportion des principes alimentaires change suivant la nature du sol.

Ces deux tableaux nous donnant, l'un, le pouvoir productif, l'autre, le pouvoir nutritif de chaque variété, on peut facilement en déduire la valeur relative de ces variétés en multipliant le produit en poids de chacune d'elles dans chaque sol, par la quantité de matière sèche qu'elle renferme, et en divisant le résultat par 100. Le tableau suivant donne ces valeurs relatives pour chaque sorte de terre :

TABLEAU DES VALEURS RELATIVES DES PRINCIPALES SORTES DE CAROTTES POUR LES SOLS SUIVANTS :

POUR LE SABLE PUR D'ALLUVION.	NOMBRES exprimant les valeurs relatives.	POUR LE SABLE HUMIFÈRE.	NOMBRES exprimant les valeurs relatives.
Carotte blanche à collet vert	11405,6140	Carotte rouge de Flandre.	7823,5688
— rouge de Flandre.....	9467,8948	— blanche à collet vert...	4945,8464
— blanche de Breteuil...	5473,8488	— blanche de Breteuil...	4726,4832
— sauvage améliorée de Vilmorin	5207,8704	— sauvage améliorée de Vilmorin............	3937,9500
— rouge d'Achicourt... .	2454,1368	— rouge d'Achicourt.....	1978,0860
POUR LE SOL ARGILEUX.	**NOMBRES exprimant les valeurs relatives.**	**POUR LE SOL CALCAIRE.**	**NOMBRES exprimant les valeurs relatives.**
Carotte rouge de Flandre.	11816,2368	Carotte rouge de Flandre.	4961,7536
— blanche à collet vert...	5268,7500	— blanche de Breteuil....	3797,0240
— blanche de Breteuil...	5102,5408	— sauvage améliorée de Vilmorin............	3687,5180
— sauvage améliorée de Vilmorin............	2091,6000	— rouge d'Achicourt.....	2011,2736
— rouge d'Achicourt.....	1861,7200	— blanche à collet vert...	1785,6160

Après avoir étudié ce tableau, on sait quelles sont les variétés qui conviennent à la culture de chaque sol ; toutefois, comme la carotte exige une terre assez profonde pour l'allongement de sa racine, et que quelques variétés en développent une certaine étendue au-dessus du sol, on donnera la préférence à ces dernières pour les terrains peu profonds, quelle que soit leur nature particulière. Les variétés qui se recommandent surtout sous ce rapport sont la *blanche à collet vert* et la *rouge longue à collet vert*.

Climat et sol. — *Climat.* La carotte s'accommode de tous les climats de la France ; toutefois elle donne ses plus belles récoltes dans le Centre et le Nord ; elle supporte bien la sécheresse, mais sa végétation en reste suspendue, et l'on perd sur la quantité du produit.

Sol. Comme toutes les plantes à racines charnues, la carotte préfère les sols légers, susceptibles de retenir, en été, une suffisante quantité d'humidité. Dans les terrains compactes, très-argileux, sa racine y est ou pourrie par de l'humidité surabondante, ou, s'ils se dessèchent et se resserrent, elle y est étouffée. On évite aussi de la placer dans les terrains pierreux ou graveleux, parce qu'ils s'opposent au libre accroissement des racines et augmentent hors de toute proportion les dépenses de binage. Enfin, comme la racine de cette plante acquiert une longueur assez considérable, on la cultive de préférence dans les terrains un peu profonds.

Ce que nous venons de dire de la convenance des sols légers et de consistance moyenne pour la carotte est clairement démontré par les essais auxquels nous avons soumis cette plante. Si l'on compare, en effet, le produit total en racines et en feuilles de nos cinq variétés de carottes dans les divers terrains (p. 88), on voit que :

Le sable pur d'alluvion a donné.	82kil728	de racines et	17kil124	de feuilles.
Le sol argileux................	68 500	—	18 552	—
Le sable humifère....	60 892	—	11 216	—
Le sol calcaire................	38 040	—	9 764	—

Le rendement très-faible qu'a donné le sol calcaire s'explique par la nature graveleuse de ce terrain.

La carotte peut être cultivée de deux manières, soit comme récolte principale, c'est-à-dire occupant seule le terrain, soit comme récolte dérobée, c'est-à-dire sur un terrain déjà chargé d'une autre récolte. Examinons séparément ces deux modes de culture.

Carotte cultivée comme récolte principale.

Place dans la rotation. — L'ameublissement profond à donner au sol destiné à la recevoir, les façons nombreuses qu'il exige pendant la végétation de cette plante, la fumure abondante qu'il faut lui appliquer, tout, en un mot, indique que la carotte doit être placée, comme les espèces précédentes, au début de la rotation des cultures.

Si l'on opère sur un sol pour lequel on a adopté depuis quelque temps un assolement alterne bien entendu, cette place pourra être donnée à la carotte sans inconvénient, parce que cet assolement aura eu pour effet de nettoyer convenablement la terre de mauvaises herbes ; mais, s'il s'agit d'un assolement de trois ans, il y aura danger à la cultiver après les céréales ; car, sa première végétation étant très-lente, on serait exposé à la voir bientôt envahie par les plantes nuisibles, dont on ne pourrait la débarrasser qu'à l'aide de nombreux sarclages à la main.

Il ne faut donc, dans ce cas, faire succéder la carotte qu'à une récolte qui aura bien nettoyé le sol, ou que l'on aura pu enlever d'assez bonne heure pour permettre aux graines nuisibles de germer et d'être détruites par des hersages et des binages successifs.

Toutes les plantes, pourvu qu'elles ne soient pas d'automne, peuvent utilement succéder à la carotte, car la récolte de celle-ci se fait trop tard pour que l'on puisse faire les ensemencements d'hiver. On a également constaté qu'elle peut, sans inconvénient, se succéder à elle-même pendant plusieurs années.

Préparation du sol. — Il faut à la carotte un sol profondément ameubli, et surtout privé de plantes nuisibles. Pour remplir cette double condition, on donne à la terre un mode de préparation semblable à celui que nous avons recommandé pour la betterave ; avec cette différence que, les carottes s'enfonçant plus profondément, le labeur de défoncement pratiqué avant l'hiver doit pénétrer à environ $0^m,40$ de profondeur. Le labour ordinaire, donné au printemps, est suivi de hersages et de roulages destinés à diviser le plus complétement possible la surface du sol.

Engrais et amendements. — L'analyse de la carotte n'a pas encore été faite d'une manière complète. On sait seulement qu'elle contient du sucre, de l'albumine, un principe colorant rouge, de l'huile volatile, des matières grasses, de l'acide pectique, de la pectine, de l'amidon, de l'acide malique, des phosphates alcalins et terreux, des carbonates de chaux et de magnésie ; mais on ignore dans quelles proportions ces principes existent les uns par rapport aux autres, et surtout quel rapport se trouve entre les matières organiques et les sels minéraux. M. Boussingault a reconnu que la racine est moins riche en azote que les fanes ; ainsi il y a 0,30 d'azote dans la racine fraîche et 0,85 dans les feuilles, ou 2,40 pour 100 d'azote dans la racine sèche et 2,94 dans les feuilles sèches. Ce chimiste estime qu'il faut 400 kil. de carottes pour nourrir autant que 100 kil. de foin. Il porte à 0,17 pour 100 la quantité des matières grasses contenues dans cette racine. Sous tous les rapports, elles serait au moins aussi nutritive que la betterave.

Dans tous les cas, elle exige des engrais non moins abondants que celle-ci, mais, autant que possible, il est préférable de ne pas la mettre en contact direct avec des fumiers d'étable, qui fournissent toujours une masse de mauvaises plantes et communiquent aux racines une odeur désagréable. Le mieux, c'est de fumer abondamment la récolte qui la précède, ou d'employer des engrais pulvérulents, tourteaux, colombine, poudrette, noir animalisé, que l'on distribue uniquement dans les rayons où l'on répand la semence.

D'après de Crud, la carotte tient le milieu entre la pomme de terre et la betterave pour son absorption d'engrais dans le sol, c'est-à-dire qu'elle y puiserait l'équivalent de 75 kil. de fumier pour 100 de racines et fanes récoltées. Or, si l'on porte le rendement moyen d'un hectare à 37,000 kil. de racines et à 12,000 kil. de feuilles, ou en tout à 49,000 kil., il en résulte que cette récolte absorberait dans le sol 26,750 kil. de fumier, ou 56 pour 100 des racines et feuilles récoltées.

Semaille. — *Choix et préparation des semences.* Les cultivateurs doivent prendre pour les graines de la carotte les mêmes soins que pour celles de la betterave. Au moment de la récolte, on choisit les racines qui offrent au plus haut degré les caractères de la variété que l'on veut cultiver, et surtout qui ne présentent pas de bifurcations. On retranche les feuilles sans toucher au collet, puis on les conserve dans une cave sèche jusqu'au printemps, pour les repiquer à $0^{m},80$ de distance les unes des autres, dans un sol bien préparé. On peut aussi les repiquer avant l'hiver, pourvu qu'on les couvre de litière pour les garantir du froid. Ces plantes reçoivent plusieurs binages pendant l'été, et, vers le mois d'août, quand les ombelles de fruits sont mûres, on les coupe et on les suspend dans un endroit sec et abrité.

Les graines de carotte (page 88, fig. 487) sont munies de petites pointes recourbées en crochets, ce qui fait qu'elles s'attachent les unes aux autres; aussi est-il difficile de les répandre régulièrement dans les sillons. Pour éviter cet inconvénient, on expose les graines au soleil, puis on les frotte fortement entre les mains, afin d'en détacher les petites aspérités.

On ne doit employer que des graines récoltées l'année précédente : celles qui sont plus âgées ne germeraient pas. Il arrive parfois que les carottes développent une tige et fructifient, l'année même de leur ensemencement, au lieu de former une racine charnue. Comme ce vice de végétation est presque toujours héréditaire, on se gardera bien d'employer comme semence les graines venues sur ces plantes.

Époques des semailles. On peut semer la carotte dans le mois de février ; mais la germination est alors très-lente, irrégulière, et les jeunes plantes restent longtemps exposées à l'envahissement des herbes parasites ; en outre, on a moins de temps pour préparer le sol. Il est donc préférable de ne semer que dans la première quinzaine de mars.

Mode de semailles. Comme la carotte exige des soins d'entretien plus minutieux et plus multipliés que les autres racines fourragères, on doit tout faire pour rendre ces travaux le moins coûteux possible, et c'est dans ce but qu'on la sème invariablement en lignes.

Si l'on se sert du semoir à brouette, on trace d'abord sur le sol, à l'aide du rayonneur, des sillons très-peu profonds, et distants les uns des autres de $0^{m},55$. On y répand les graines de façon à laisser entre chacune d'elles un intervalle de $0^{m},03$ environ ; puis on donne un léger hersage en travers avec une herse formée de branches d'épines (page 72, fig. 475.) Il est utile d'enterrer très-peu cette semence, sans quoi on retarderait la germination. Après le hersage, on donne un roulage, si le sol est léger.

Il faut, par hectare, 2 kil. ½ de semence. Afin de hâter la germination et de faciliter son égale répartition, on pourra mêler la graine, un peu à l'avance, avec du sable légèrement humide, et la répandre avant que le germe ait commencé à paraître ; mais il faudra la recouvrir tout de suite pour l'empêcher de se dessécher.

Soins d'entretien. — La première façon à donner est un sarclage à la main, pratiqué lorsque les plantes nuisibles ont déjà atteint un certain développement ; l'expérience semble avoir démontré que ces dernières favorisent la première évolution des carottes : elles empêchent le sol de se dessécher, de se fendre, et la germination s'en fait plus facilement.

On sarcle d'abord sur les lignes. Armés d'un couteau à sarcler, les travailleurs se mettent à genoux, coupent les mauvaises herbes entre deux terres ; ils ont soin de marcher à reculons pour ne pas tasser la surface du sol, que cette opération ameublit. Quand, les lignes sont sarclées, on nettoie les intervalles au moyen de la binette Lecouteux (page 73, fig. 476), ou de la ratissoire de jardin.

Quelques semaines après, lorsque les plantes nuisibles ont reparu et que les carottes ont développé plusieurs feuilles, on pratique, avec la binette Lecouteux, un premier binage sur les lignes ; puis on bine l'intervalle de celles-ci, mais en se servant de la houe à cheval.

Bientôt après, les carottes prennent de la force et les lignes se dessinent bien. On exécute alors un deuxième binage, semblable au précédent, mais en supprimant les plantes qui, trop rapprochées sur les lignes, ne laissent pas entre elles un espace de $0^m,15$ à $0^m,20$.

Quelques cultivateurs ont mis en doute l'efficacité de ces suppressions; ils conviennent que les racines, venant à se toucher en grossissant, sont repoussées à droite ou à gauche de la ligne et que cela les empêche de prendre un développement aussi remarquable : mais ils font observer qu'on obtient, en compensation, un plus grand nombre de racines, que le poids total de la récolte est souvent plus considérable, et que l'on a, en outre, diminué les frais de culture.

Nous avons voulu expérimenter ce mode : nous avons laissé une ligne de carottes de 30 mètres de long, prise au milieu du champ, sans l'éclaircir, et, lors de la récolte, nous en avons obtenu 130 kilog. de racines, de grosseur moyenne. Ces racines s'étaient complétement tassées les unes contre les autres. Une ligne de même longueur, prise à côté, et qui avait été éclaircie comme nous l'indiquons, n'a donné que 127 kilog. Nous ne pensons pas que cette seule expérience soit parfaitement concluante, mais nous la signalons à l'attention des cultivateurs.

Indépendamment de ces soins, selon le développement des plantes et l'état de la surface du sol, on applique encore un ou deux binages à la houe à cheval. On enlève aussi avec soin les carottes qui montent en graines.

Il arrive parfois que des vides considérables se manifestent sur les lignes, soit parce que les graines n'ont pas germé, soit parce que les jeunes plantes ont été détruites; la carotte ne supportant pas le repiquage, il faudra alors labourer les espaces avec soin, puis y repiquer des betteraves. A cet effet, on établit à l'avance une petite pépinière qui fournit les plantes nécessaires.

Carotte cultivée en récolte dérobée.

La carotte pouvant effectuer sa première végétation au milieu d'autres plantes sans souffrir de leur voisinage, on la sème quelquefois dans d'autres récoltes très-richement fumées, et qui, enlevées de bonne heure, lui abandonnent ensuite complétement la terre.

Dans les sols secs et légers, on peut semer, avant l'hiver, sur une céréale d'hiver ou sur le colza, on recouvre la semence par un léger hersage. Mais l'époque d'ensemencement la plus générale est le printemps, depuis le 15 février jusqu'à la fin de mars.

On profite du moment où la terre est encore ameublie par la gelée, ou de celui où elle est couverte d'un peu de neige.

On peut semer ainsi dans les céréales d'hiver, dans le colza, ou même encore dans les récoltes de printemps, la navette, le pavot, le lin, etc.; dans ces dernières, la semence doit être répandue à la volée en même temps que celle de ces plantes.

Dans le Nord, on ne sème pas les carottes dans les céréales d'été à cause de leur maturité trop tardive; mais cet inconvénient ne se produit pas dans le Midi. Dans tous les cas, il faut, pour la culture dérobée, environ 4 kilog. de graines par hectare.

Aussitôt qu'on a enlevé la récolte dans laquelle on a semé la carotte, on donne à la terre deux hersages croisés pour détacher du sol les chaumes et les mauvaises herbes ; après quoi on réunit celles-ci et on les transporte hors du champ. On fait ensuite un troisième hersage énergique qui équivaut à un binage. Les carottes ne souffrent pas de ces opérations.

S'il s'agit d'un champ de colza, de navette ou de pavot, on arrache les tiges à la main, puis on donne les hersages dont nous venons de parler. Quelques jours après, on pratique un sarclage à la main et l'on éclaircit les plantes trop rapprochées. Comme elles sont destinées à prendre moins de développement que les carottes cultivées en récolte principale, on laisse entre elles un espace de $0^m,13$ à $0^m,15$ seulement. A ce moment, si l'on peut disposer d'une suffisante quantité d'engrais liquide, on en fera usage ; cela donne un excellent résultat. On termine par un ou deux binages à la main.

Récolte. — *Époque de maturité.* Les carottes cultivées comme récolte principale ont ordinairement atteint, dans le Nord, leur plus grand développement vers la fin de septembre. Mais, si l'été a été très-sec, il arrive souvent que l'accroissement des racines est resté suspendu ; si alors il survient en septembre des pluies abondantes, elles recommencent une nouvelle végétation, qui se continue jusqu'aux froids, et pendant laquelle elles acquièrent un volume d'un tiers à moitié plus considérable que celui qu'elles avaient auparavant.

Cette suspension et cette recrudescence de végétation, qui ne se manifestent qu'accidentellement dans les terres substantielles et un peu fraîches du Nord, sont habituelles dans les terrains secs et légers de cette région et dans tous ceux du Midi. Aussi y a-t-il, en général, avantage à retarder le plus possible la récolte; car on n'aura d'autre chance à courir que de gagner sur la quantité, sans avoir à redouter sérieusement l'action d'une première gelée, puisque les carottes la supportent jusqu'à un certain point sans en souffrir.

Quant aux carottes cultivées comme récolte dérobée, il y aura encore plus d'avantage à en retarder l'arrachage autant que possible, car leur végétation ayant été un peu entravée à son début, elle aura besoin de se prolonger plus longtemps. Dans l'un comme dans l'autre cas, les racines seront récoltées par un temps froid; l'expérience a démontré qu'elles se conservent mieux.

Arrachage. On emploie pour l'arrachage des carottes les mêmes procédés que pour la betterave. Mais la charrue dont nous avons conseillé l'emploi pour ces dernières est plus indispensable encore pour les carottes, car celles-ci s'enfoncent beaucoup plus profondément, et leur extraction est assez difficile. Malheureusement, on ne peut faire usage de la charrue que pour les carottes semées en lignes; pour celles qui sont semées à la volée, on emploie une fourche à dents longues et fortes.

Décolletage. Aussitôt après l'arrachage, on procède au décolletage ; cette opération consiste à enlever, à l'aide d'un instrument bien tranchant, 0m,005 environ du sommet de la racine. On empêche ainsi la plante de se développer dans les caves ou les silos où on la conserve. Le produit de ce décolletage est consommé par les bestiaux.

Rentrée des racines. Les carottes des terrains légers sont laissées exposées au soleil pendant quelques heures seulement après le décolletage, puis on les rentre. Celles qui sont venues dans les sols argileux et compactes doivent rester, au contraire, exposées sur la terre pendant plusieurs jours, afin que l'action de l'air et du soleil leur fasse acquérir un degré suffisant de siccité.

Rendement. — Le climat, la nature du sol, les soins de culture, font varier le produit. Il est, en moyenne, pour la carotte cultivée comme récolte principale dans un bon sol :

D'après	Burger de.........	330 hectol. de racines par hectare.	
—	Schwerz	629	—
—	Thaër	647	—
—	Schubarth	892	—
—	De Dombasle	925	—

Ce qui donne une moyenne de 685 hectol. par hectare, ou environ 57,000 kil., l'hectolitre pesant 54 kil.

Le rendement des carottes cultivées comme récolte dérobée est moins élevé. D'après Schubarth, il est de 581 hectolitres sur la navette, et de 453 seulement sur le lin; ou, en moyenne, 517 hectolitres, pesant environ 28,000 kil.

Le produit des feuilles, y compris celui du décolletage, égale environ le tiers du poids des racines.

COMPTE DE CULTURE D'UN HECTARE DE CAROTTES EN RÉCOLTE PRINCIPALE.

DÉPENSE.

	f.	c.
Deux traits d'extirpateur et deux hersages, donnés alternativement à la fin de l'été pour détruire les plantes nuisibles...	17	20
Un labour de défoncement avant l'hiver, à 0m,40 de profondeur.	100	»
Un labour ordinaire au printemps........................	22	»
Un hersage..	2	60
Un roulage..	2	»
Un hersage..	2	60
Rayonner le terrain pour répandre la semence..............	2	60
Semence, 2 kil. 500 g. à 4 fr. le kilog..................	10	»
Répandre la semence au semoir à brouette..................	1	»
Un hersage pour recouvrir la semence......................	2	60
Un roulage..	2	»
Un sarclage à la main, sur les lignes.....................	50	»
Un binage à la houe à main, entre les lignes..............	14	»
Un binage à la houe à main, sur les lignes................	14	»
Deux binages à la houe à cheval entre les lignes..........	10	»
Un binage à la houe à main sur les lignes, et éclaircir les plantes trop rapprochées..............................	20	»
Un binage à la houe à cheval..............................	5	»
Arrachage des racines à la charrue........................	20	»
Décolletage et mise en tas................................	10	»
Transport et emmagasinage.................................	20	»
40,000 kil. de fumier à 10 fr. les 1000 kil., y compris les frais de transport et d'épandage, 400 fr.; les sept dixièmes de cette somme à la charge des carottes..................	280	»
Intérêt pendant un an, à 5 pour 100, du prix de la fumure non absorbée..	6	»
Loyer de la terre...	70	»
Frais généraux d'exploitation.............................	20	»
Intérêt pendant un an, à 5 pour 100, des frais ci-dessus....	35	18
Total..........	738	78

PRODUIT.

37,000 kil. de racines, équivalant à 12,333 kil. de foin sec, à 71 fr. 50 c. les 1000 kil................................	881	83
12,333 kil. de feuilles, équivalant à 1233 kil. de foin sec, à 71 fr. 50 les 1000 kil..................................	88	18
Total..........	970	01

BALANCE.

Produit..	980	01
Dépense..	738	78
Bénéfice net.......	231	23

31 un quart pour 100 du capital employé.

COMPTE DE CULTURE D'UN HECTARE DE CAROTTES SEMÉES EN RÉCOLTE DÉROBÉE.

DÉPENSE.

Semence, 4 kil. à 8 fr. le kil	32	»
Répandre la semence à la volée	1	»
Un hersage	2	60
Un roulage	2	»
Deux hersages croisés pour détacher les chaumes	5	20
Réunir les chaumes avec le râteau et les enlever	14	»
Un hersage	2	60
Un sarclage à la main	50	»
Un binage à la houe à main	14	»
Arrachage à la fourche	70	»
Décolletage et mise en tas	10	»
Transport et emmagasinage	15	»
Engrais, 21,000 kil. de fumier, à 10 fr. les 1000 kil., y compris les frais de transport et de répartition	200	»
Frais généraux d'exploitation	20	»
Intérêt pendant un an, à 5 pour 100, des frais ci-dessus	22	42
Total	460	82

PRODUIT.

28,000 kil. de racines, équivalant à 9333 kil. de foin sec, à 71 fr. 50 c. les 1000 kil	667	33
9333 kil. de feuilles, équivalant à 933 kil. de foin sec, à 71 fr. 50 c. les 1000 kil	66	73
Total	734	06

BALANCE.

Produit	734	06
Dépense	470	82
Bénéfice net	263	24

55 pour 100 du capital employé.

On voit que cette récolte dérobée donne un bénéfice net beaucoup plus élevé que la récolte principale, et cela avec moins de dépense.

PANAIS.

Il est une autre plante qui, généralement cultivée comme légume dans les jardins, a été comprise, depuis longtemps, dans quelques parties de la Belgique et de Bretagne, au nombre des fourrages-racines : c'est le *panais* (fig. 492). Les exigences de cette espèce, comme climat et comme sol, paraissent devoir être un obstacle à ce qu'elle se généralise ; aussi ne nous arrêtons-nous qu'un instant à l'étude de sa culture.

Le panais paraît présenter les mêmes qualités que la carotte; il passe même pour être plus nourrissant; son feuillage est fort

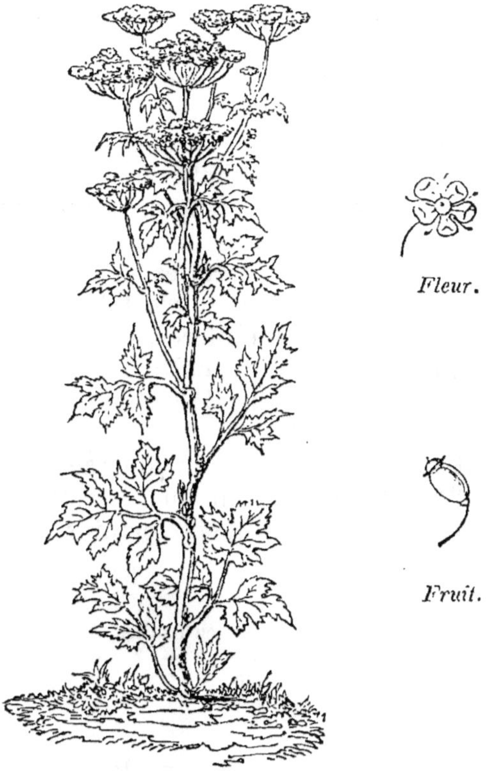

Fig. 492. *Panais cultivé.*

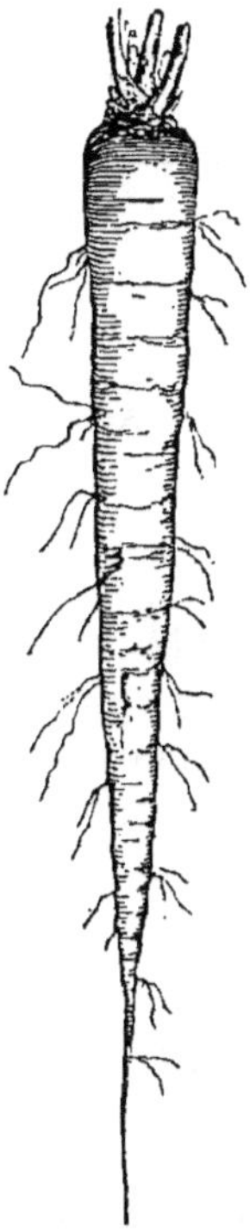

Fig. 493. *Panais long.*

Fig. 494. *Feuilles du panais long.*

recherché des bestiaux. Les Bretons font grand cas de sa racine pour la nourriture des chevaux, et lui attribuent la crème abondante du lait de leurs vaches. Suivant Mathieu de Dombasle, aucune racine ne serait plus profitable pour l'engrais des bêtes à cornes, des cochons, et pour la nourriture des vaches laitières. Ce qu'il y a de certain, c'est qu'elle est charnue, succulente, d'une odeur forte, et que la cuisson l'améliore, la rend savoureuse et très-substantielle; elle contient 12 pour 100 de sucre cristallisable; on n'en connaît pas d'analyse complète; elle serait pourtant bien utile à faire. Schwerz, qui considère cette racine comme très-propre à l'engraissement, lui attribue la propriété de donner au lait, particulièrement au printemps, une saveur amère. « Cet inconvénient disparaît, dit-il, lorsqu'on fait consommer le panais en mélange avec des carottes. »

Variétés. — Le panais cultivé (*Pastinaca sativa*, L.) appartient, comme la carotte, à la famille des ombellifères. On en connaît deux variétés principales : le *panais rond*, cultivé dans les jardins comme légume, et le *panais long* (fig. 493 et 494), objet de la grande culture.

Nous avons également soumis cette racine fourragère à nos expériences, dans les différentes terres; en voici le résultat. Et d'abord, quant à leur pouvoir productif, ces terrains doivent être rangés dans l'ordre suivant :

Le sol calcaire a donné en racines...	1kil156 ;	en feuilles,	0kil256
Le sol argileux....................	0 480	—	0 168
Le sable humifère..................	0 460	—	0 076
Le sable d'alluvion............. ..	0 328	—	0 148

Quant à l'influence de ces différentes terres sur le pouvoir nutritif de cette plante, nous avons consigné dans le tableau suivant les résultats de son analyse dans ces divers sols.

COMPOSITION DES RACINES ET DES FEUILLES DU PANAIS LONG, CULTIVÉ DANS LES SOLS SUIVANTS (SUR 100 GRAMMES) :

SOL CALCAIRE.				SOL ARGILEUX.			
RACINES.		FEUILLES.		RACINES.		FEUILLES.	
Eau.	Matière sèche.	Eau.	Matière sèche.	Eau.	Matière sèche.	Eau.	Matière sèche.
g. 72,50	g. 27,50	g. manque.	g. manque.	g. 73,05	g. 26,95	g. manque.	g. manque.

SABLE D'ALLUVION.				SABLE HUMIFÈRE.			
RACINES.		FEUILLES.		RACINES.		FEUILLES.	
Eau.	Matière sèche.	Eau.	Matière sèche.	Eau.	Matière sèche.	Eau.	Matière sèche.
g. 90,60	g. 9,40	g. 47,62	g. 52,38	g. 90,75	g. 9,52	g. 44,00	g. 56,60

Climat et sol. — Le panais exige un climat doux et humide. M. de Gasparin dit avoir vainement essayé sa culture dans le Midi. Un des avantages principaux de cette plante, c'est qu'elle supporte sans souffrir le froid de nos hivers, ce qui permet de ne récolter qu'à mesure des besoins.

Quant au sol qui lui convient le mieux, nous voyons qu'en suivant la raison composée du pouvoir productif et du pouvoir nutritif, dans les différents sols qui précèdent, ces terrains doivent être rangés dans l'ordre suivant :

	Nombres exprimant les valeurs relatives.
Sol calcaire	470,8000
Sable humifère	349,7400
Sable d'alluvion	294,0728
Sol argileux	174,6360

Le panais doit occuper, dans les assolements, la place que nous avons assignée à la carotte. En Bretagne, on l'associe aux fèves et aux choux. Schwerz, s'appuyant sur ce qu'il demande les mêmes soins que la carotte, recommande vivement de le cultiver en mélange avec cette dernière.

Culture. — Le panais, s'enfonçant profondément dans la terre, réclame une préparation du sol en tout semblable à celle que nous avons indiquée pour la carotte. Comme il paraît être plus épuisant, on devra fumer la terre plus copieusement encore. L'ensemencement est fait de la même manière ; seulement, comme les graines sont un peu plus grosses, on les répand dans la proportion de 5 à 6 kil. par hectare. Ces graines ne conservent pas leur faculté germinative au delà de l'année qui suit la récolte. Quant aux soins d'entretien et au mode de récolte, ils sont exactement les mêmes que pour la carotte.

Le produit du panais passe pour être plus abondant que celui de la carotte, dans les terrains et sous le climat qui lui conviennent le mieux. Quant au bénéfice que peut donner cette culture, il doit différer peu de celui de la carotte; car, s'il produit davantage, il absorbe aussi une plus grande quantité d'engrais.

RAVES.

La rave est une des plantes à racines alimentaires les plus anciennement cultivées; elle a précédé de beaucoup la pomme de terre dans la grande culture de l'Allemagne. Ce fut, d'après Loudon, sir Richard Weston qui l'introduisit vers le milieu du dix-septième siècle. Quoique la pomme de terre en ait un peu restreint l'usage dans quelques contrées, elle forme cependant encore la base de l'agriculture en Angleterre, en Alsace, dans les Pays-Bas. Dans la première de ces contrées, ses racines composent la nourriture principale des moutons, et elle y est considérée comme le meilleur aliment pour l'engraissement de tous les bestiaux.

Dans les Pays-Bas, les racines de raves sont très-estimées pour la nourriture des vaches laitières pendant l'hiver, et en Alsace on les regarde comme un fourrage très-sain pour les chevaux; ceux-ci, dans beaucoup de localités, ne consomment que cette racine, mélangée avec de la paille hachée. Les feuilles (fig. 495) sont aussi recherchées que les racines par les bestiaux.

La rave a l'avantage de pouvoir être semée très-tard, et de permettre de préparer convenablement la terre; on peut aussi la cultiver en récolte intercalaire. D'un autre côté, elle supporte sans souffrir les hivers peu rigoureux; de sorte qu'il est possible, soit de la faire consommer sur place, comme en Angleterre, soit de ne la récolter qu'au fur et à mesure des besoins. Mais, à côté de ces divers avantages, il faut reconnaître qu'elle est, à volume égal, beaucoup moins riche en principes utiles que les espèces dont nous avons parlé jusqu'à présent.

Fig. 495. *Feuilles de rave.*

Variétés. — La *rave*, *rabioule* ou *turneps* des Anglais (*brassica rapa*, D. C.), que l'on a le tort de confondre parfois avec le navet (*brassica napus*, D. C.), a produit deux races, différentes seulement par la forme aplatie ou oblongue de leurs racines. On distingue, en outre, dans ces deux races, un certain nombre de variétés que nous devons examiner.

Premier groupe. — *Raves aplaties.* Ces variétés, remarquables par la forme plus ou moins déprimée de leur racine, sont surtout les suivantes :

Rave aplatie globe vert, connue aussi sous les noms de *verte ronde, navet turneps*. Racine très-grosse, blanche, collet vert, chair blanche.

Rave aplatie, jaune à tête verte, jaune de Wood, jaune d'Écosse, navet jaune de Hollande, navet jaune de Malte (fig. 496). Racine

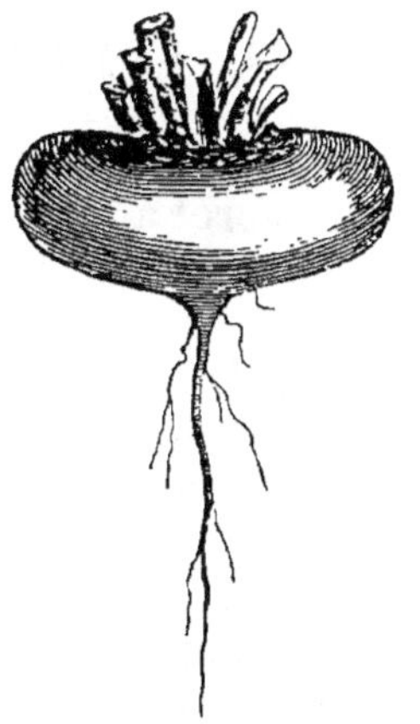

Fig. 496. *Rave aplatie jaune à tête verte.*

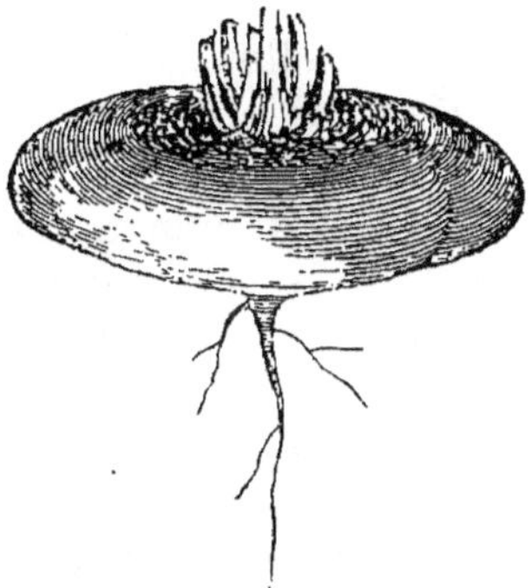

Fig. 497. *Rave aplatie globe rouge.*

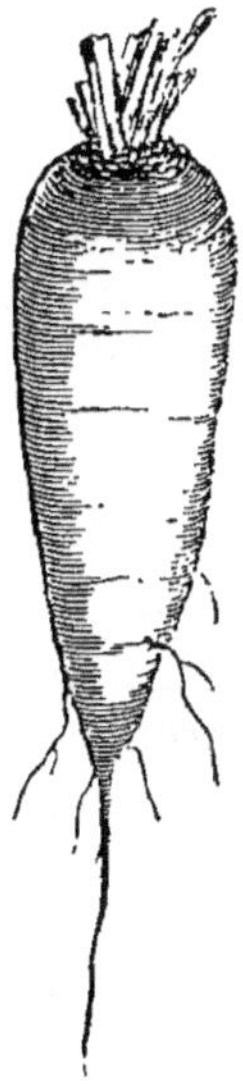

Fig. 498. *Rave oblongue à tête verte.*

d'une grosseur moyenne, jaune nankin, collet vert, chair jaune. Cette variété résiste très-bien au froid et s'accommode des semis précoces.

Rave aplatie globe blanc, blanche ronde, norfolk blanc. Racine assez grosse, blanche, souvent côtelée, chair blanche. Cette variété peut être aussi semée de bonne heure.

Rave aplatie de Skervings, navet de Suède jaune doré. Racine de grosseur moyenne, jaune, collet d'un violet verdâtre, chair jaune.

Rave aplatie globe rouge, rouge ronde, d'Auvergne à collet rouge, navet rouge plat hâtif (fig. 497). Racine très-grosse, d'un blanc violacé, collet violet, quelquefois côtelée, chair blanche. Cette variété est très-précoce.

Rave aplatie hybride de Scott, navet de Suède. Racine de grosseur moyenne, blanche, collet d'un vert violacé, chair blanche.

Rave aplatie jaune à tête pourpre. Racine de grosseur moyenne, jaune nankin, collet violet, chair jaune.

DEUXIÈME GROUPE. — *Raves oblongues.* Ce deuxième groupe, à racines plus ou moins allongées, comprend les variétés suivantes :

Rave oblongue rouge Taukard, navet rose du Palatinat. Racine volumineuse, partie supérieure violette, partie inférieure blanche.

Race oblongue à tête verte, navet gros long d'Alsace (fig. 498). Racine aussi grosse que la précédente, partie supérieure verte, partie inférieure blanche.

Rave oblongue blanche Taukard, navet des vertus. Racine presque aussi grosse au sommet qu'à la base.

Rave oblongue blanche. Racine d'une grosseur moyenne, blanche, peu allongée.

Ces diverses variétés, soumises aux expériences [1] que nous avons faites pour connaître celles qu'on doit consacrer à la culture des différents sols, nous ont donné les résultats suivants (pages 108 et 109).

Le premier tableau montre de nouveau combien la nature du sol exerce d'influence sur le rendement de la même variété. Ainsi le produit en racine de la *raveaplatie de Skervings* varie de 21 kil. 660 à 5 kil. 600 suivant la terre où on la cultive. Le tableau d'analyse qui suit fait voir, d'une part, que toutes les variétés de rave ne sont pas également riches en principes utiles, et, d'autre part, que la proportion de ces principes varie sensiblement suivant la nature du sol.

---

[1] Girardin et Du Breuil. — Mémoire sur les plantes sarclées à racines alimentaires. *Recueil des travaux de la Société centrale d'agriculture de la Seine-Inférieure,* janvier, 1843, p. 384.

TABLEAUX

PRINCIPALES VARIÉTÉS DE RAVES RANGÉES D'APRÈS LEUR POUVOIR PRODUCTIF DANS LES SOLS SUIVANTS :

SABLE PUR D'ALLUVION.	PRODUIT en racines.	PRODUIT en feuilles.
	k.	k.
Oblongue rouge Taukard...........	11,780	16,060
— à tête verte......	7,776	7,868
Aplatie globe rouge.	8,748	6,080
— globe vert.......	5,788	7,536
Oblongue blanche Taukard.........	10,880	1,840
— blanche..........	7,460	3,400
Aplatie de Skervings.	5,600	4,720
— jaune à tête pourpre.............	7,440	2,720
— globe blanc......	5,220	4,240
— jaune à tête verte............	5,957	3,408
— hybride de Scott..	4,800	3,304
Total du produit....	81,449	61,176

SABLE HUMIFÈRE.	PRODUIT en racines.	PRODUIT en feuilles.
	k.	k.
Oblongue à tête verte.	23,860	13,528
Aplatie globe vert...	11,708	10,540
Oblongue rouge Taukard...........	13,250	6,504
Aplatie globe rouge.	9,588	9,012
— de Skervings.....	10,960	5,420
Oblongue blanche Taukard.........	10,680	4,960
Aplatie jaune à tête verte...........	9,177	6,235
— globe blanc......	9,328	5,800
— jaune à tête pourpre.............	7,120	5,920
Oblongue blanche...	10,760	1,320
Aplatie hyb. de Scott.	8,464	3,164
Total du produit....	124,895	72,403

SOL ARGILEUX.	PRODUIT en racines.	PRODUIT en feuilles.
	k.	k.
Oblongue blanche...	16,920	5,180
Aplatie globe blanc.	13,164	6,932
Oblongue à tête verte.	9,588	6,444
Aplatie globe vert...	9,716	4,836
— de Skervings.....	11,260	2,820
— hybride de Scott..	11,604	1,924
Oblongue rouge Taukard......... ..	11,016	2,468
Aplatie jaune à tête verte............	7,182	2,887
— globe rouge......	5,628	4,080
— jaune à tête pourpre.............	5,260	3,140
Oblongue blanche Taukard.........	5,188	2,580
Total du produit ...	106,526	43,291

SOL CALCAIRE.	PRODUIT en racines.	PRODUIT en feuilles.
	k.	k.
Aplatie globe rouge.	19,420	9,588
— de Skervings. ...	21,660	6,680
Oblongue blanche...	17,244	7,408
Aplatie hyb. de Scott.	16,512	7,364
— globe blanc......	12,948	9,444
Oblongue blanche Taukard....	15,488	6.500
— à tête verte......	15,888	4,252
Aplatie jaune à tête pourpre..........	14,440	5,520
Oblongue rouge Taukard	12,600	5,316
Aplatie jaune à tête verte..........	9,492	5,756
— globe vert.......	3,428	2,000
Total du produit....	159,120	69,828

COMPOSITION DES RACINES ET DES FEUILLES DES PRINCIPALES VARIÉTÉS DE RAVES CULTIVÉES DANS LES SOLS SUIVANTS (POUR 100 GR.) :

NOM DES VARIÉTÉS.	SABLE PUR D'ALLUVION.				SABLE HUMIFÈRE.			
	RACINES.		FEUILLES.		RACINES.		FEUILLES.	
	Eau.	Matière sèche.	Eau.	Matière sèche.	Eau.	Matière sèche.	Eau.	Matière sèche.
	g.	g.	g.	g.	g.	g.	g.	g.
Rave oblongue rouge Taukard...........	92,55	7,45	82,91	17,09	91,40	8,60	81,58	18,42
— — à tète verte......	91,80	8,20	85,59	14,41	91,00	9,00	87,20	12,80
— — blanche Taukard.	91,95	8,05	89,24	10,76	93,95	6,05	91,00	9,00
— — blanche.........	91,50	8,50	82,73	17,27	90,25	9,75	96,59	13,41
— aplatie globe vert.....	90,85	9,15	82,12	17,88	91,15	8,85	86,46	13.54
— — jaune à tête verte.	90,55	9,45	88,73	11,27	90,90	9,10	87,50	12,50
— — globe blanc.....	92,00	8.00	93,96	06,04	93,95	6,05	87,15	12,85
— — de Skervings....	91,55	8,45	89,50	10,50	90,65	9,35	88,00	12,00
— — globe rouge.....	90,75	9,25	86,84	13,16	92,10	7,90	87,97	12,03
— — hybride de Scott.	92,40	7,60	84,65	15,35	92,85	7,15	87,50	12,50
— — jaune à tête pourpre	90,50	9,50	84,63	15,37	86,70	13,30	88,78	11,32
Total pour 1,100 gram...	1006,40	93,60	950,90	149,10	1004,90	95,10	959,73	140,37

NOM DES VARIÉTÉS.	SOL ARGILEUX.				SOL CALCAIRE.			
	RACINES.		FEUILLES.		RACINES.		FEUILLES.	
	Eau.	Matière seche.	Eau.	Matière sèche.	Eau.	Matière sèche.	Eau.	Matière sèche.
	g.	g.	g.	g.	g.	g.	g.	g.
Rave oblongue rouge Taukard...........	92,80	7,20	86,25	13,75	92,50	7,50	87,21	12,79
— — à tête verte......	91,40	8,60	89,44	10,56	91,75	8,25	86,81	13,19
— — blanche Taukard.	93,00	7,00	90,25	9,85	92,70	7,30	89,06	10,94
— — blanche.........	90,90	9,10	86,86	13,04	85,80	14,20	85,09	14.91
— aplatie globe vert.....	91,40	8,60	89,24	10,76	90,40	9,60	88,68	11,32
— — jaune à tête verte.	91,45	8,55	84,39	15,61	89,70	10,30	84,13	15,87
— — globe blanche...	90,70	9,30	86,78	13,22	91,00	9,00	87,70	12,30
— — de Skervings....	89,95	10,05	88,53	11,47	91,20	8,80	87,37	12,63
— — globe rouge.....	89,75	10,25	87,02	12,98	91,25	8,75	87,02	12,98
— — hybride de Scott.	92,35	7,65	90,74	9,26	91,55	8,45	87,50	12,50
— — jaune à tête pourpre	89,60	10,40	85,00	15,00	89,80	10,20	85,62	14,38
Total pour 1,100 gram...	1003,30	96,70	964,50	135,50	997,65	102,35	956,19	143,81

Si de ces deux tableaux nous voulons conclure la valeur relative de chaque variété pour chaque sorte de terre, nous multiplierons leur produit, dans chaque sol, par leur proportion de matière sèche, et nous diviserons le résultat par 100. Le troisième tableau indique l'ordre dans lequel ces variétés se rangent sous ce rapport.

PRINCIPALES VARIÉTÉS DE RAVES RANGÉES D'APRÈS LEUR VALEUR RELATIVE POUR LES SOLS SUIVANTS :

POUR LE SABLE PUR D'ALLUVION.	NOMBRES exprimant les valeurs relatives.	POUR LE SABLE HUMIFÈRE.	NOMBRES exprimant les valeurs relatives.
Rave oblongne rouge Taukard................	6831,9360	Rave oblongue à tête verte.	8150,5840
— aplatie globe vert.....	3601,4772	— — rouge Taukard.	5337,5308
— oblongue à tête verte..	3537,1084	— aplatie globe vert.....	4981,3272
— aplatie globe rouge....	3322,9548	— — globe rouge.....	3706,9800
— — jaune à tête pourpre	2526,7920	— — de Skervings.. .	3497,1300
— oblongue blanche Taukard...............	2392,6320	— — jaune à tête verte..........	3328,9920
— aplatie de Skervings...	1955,6400	— — jaune à tête pourpre...........	3197,4080
— — jaune à tête verte.	1940,4280	— — globe blanc......	2859,1920
— — hybride de Scott.	1859,8680	— oblongue blanche. ...	2797,7820
— oblongue blanche.....	1712,6220	— — blanche Taukard.	2353,8200
— aplatie globe blanc....	1328,1840	— aplatie hybride de Scott..............	2284,9020

POUR LE SOL ARGILEUX.	NOMBRES exprimant les valeurs relatives.	POUR LE SOL CALCAIRE.	NOMBRES exprimant les valeurs relatives.
Rave oblongue blanche...	4892.9400	Rave oblongue blanche...	7176,1972
— — à tête verte.....	3071,7312	— aplatie globe rouge ...	6303,4384
— aplatie de Skervings...	3030,0160	— — de Skervings....	6073,2620
— oblongue rouge Taukard...............	2824,8980	— — hybride de Scott.	5002,0220
— aplatie globe vert	2817,2672	— — jaune à tête pourpre...........	4906,1680
— — jaune à tête verte.	2432,6704	— — globe blanc......	4769,4960
— — globe blanc......	2325,6192	— oblongue à tête verte..	4318,0160
— — hybride de Scott.	2288,18[illegible]8	— — blanche Taukard.	4010,6122
— — globe rouge.....	2254,3604	— aplatie jaune à tête verte...............	3990,4016
— — jaune à tête pourpre............	2133,6000	— oblongue rouge Taukard...............	3635,1564
— oblongue jaune Taukard	1309,1180	— aplatie globe vert.....	1135,5376

Climat et sol. — *Climat.* L'espèce type qui a donné lieu aux diverses variétés de raves est originaire, comme la plupart des autres espèces de choux, des côtes maritimes du Nord et des parties tempérées de l'Europe. Aussi les raves demandent-elles un ciel brumeux et une atmosphère humide; c'est ce qui explique le grand succès de leur culture en Angleterre, en Alsace, dans les Pays-Bas et dans les contrées de la France dont le climat présente les mêmes caractères de température.

Sol. Mais, si cette plante aime l'humidité dans l'atmosphère, elle la redoute dans le sol; elle préfère les terrains légers ou de consistance moyenne, qui ne sont pas exposés à la sécheresse, et surtout ceux qui sont de nature calcaire; nos essais sont encore venus confirmer ce fait, établi d'ailleurs depuis longtemps par l'expérience. En effet, si l'on considère le produit total en racines et en feuilles de toutes les variétés dans chaque sol, on voit que ces derniers sont rangés dans l'ordre suivant, quant à l'abondance de leur rendement :

Le sol calcaire a produit.	159kil 120	de racines et	69kil 828	de feuilles.
Le sable humifère.......	124 895	—	72 403	—
Le sol argileux..........	106 526	—	43 291	—
Le sable d'alluvion......	82 449	—	61 176	—

Composition chimique. — On a vu, par nos analyses précédentes, que les raves sont excessivement aqueuses. Terme moyen, elles donnent en matière sèche :

8,52 pour 100........................	dans le sable d'alluvion.
8,64	dans le sable humifère.
8,79	dans le sol argileux.
9,30	dans le sol calcaire.

Elles sont donc moins substantielles que les pommes de terre, les carottes et les betteraves. Néanmoins, dans la matière solide, desséchée parfaitement, il y a autant d'azote que dans celle des racines précédentes. Drappier y a trouvé 9 pour 100 de sucre cristallisable. M. Boussingault assigne aux navets desséchés à l'étuve la composition élémentaire suivante :

Carbone	42,93
Hydrogène..	5,61
Oxygène..	42,20
Azote..	1,68
Cendres	7,58
	100,00

Les racines donnent 7,6 pour 100 de cendres, et les feuilles 9,39. Ces cendres sont ainsi composées :

	Racines.		Feuilles.
Potasse	33,7		29,529
Soude	4,1		2,107
Chaux	10,9		25,510
Magnésie	4,3		7,147
Acide sulfurique	10,9		4,003
— phosphorique	6,1	phosph. de fer	1,332
— carbonique	14,0		19,501
Silice	6,4		6,144
Chlore	2,9	chlorure de sodium	3,251
Oxyde de fer, alumine	1,2		»
Charbon, humidité, perte	5,5		»
	100,0		100,000

M. Liebig admet que dans 100 parties de cendres de navets il y a :

En sels de potasse	81,60
En sels de chaux et de magnésie	18,40
	100,00

Les raves peuvent être cultivées : soit comme récolte principale, soit comme récolte intercalaire après une récolte principale, soit enfin comme récolte dérobée. Examinons séparément ces trois modes de culture.

Raves cultivées comme récolte principale.

Place dans la rotation. — Dans les contrées où, comme en Angleterre, la culture des raves est la plus répandue comme récolte principale, on place celles-ci au début de la rotation, en leur appliquant la plus grande partie de la fumure destinée aux récoltes suivantes, puis on leur fait succéder une céréale de printemps.

Préparation du sol. — En automne, immédiatement après l'enlèvement de la récolte précédente, on donne à la terre un labour profond de 0m,30 à 0m,35. On laisse ensuite le champ dans cet état jusqu'au printemps suivant. Vers le milieu d'avril, lorsque la terre est bien égouttée, et par un temps sec, on pratique un labour ordinaire en travers du premier. Aussitôt après, et le même jour, s'il est possible, on herse et l'on roule pour pulvériser la terre. On opère ensuite un nouveau hersage, mais avec une herse en fer un peu pesante et à dents recourbées, afin de ramener à la surface du sol les racines traçantes des plantes vivaces, ainsi que les mottes de terre qui n'auraient pas été divisées. Quand ces racines sont réunies, on les porte hors du champ, ou on les brûle sur place pour en répandre les cendres à la surface. Un mois après, quand les graines des plantes nuisibles ont eu le temps de se développer, on donne une façon composée d'un trait de scarificateur, auquel on fait succéder le rouleau et la herse.

Amendements, engrais. — Les raves et les navets, comme nous l'avons vu plus haut, sont essentiellement des plantes à potasse et à chaux. Il faut donc que le terrain où on les cultive soit riche en sels alcalins et calcaires; c'est ce qui explique pourquoi ces plantes réussissent si bien sur les écobuages, sur les défrichements, sur les terres possédant du vieil engrais, et notamment aussi sur les sols calcaires. Le chaulage et le marnage, dans les sols non calcaires, sont indispensables; il en est de même des engrais riches en chaux et en alcalis, tels que les os, les noirs, les cendres, la poudrette. Les fumiers consommés conviennent mieux que les autres. Dans tous les cas, il y a grand avantage à fumer copieusement. En Angleterre, on préfère à tous les engrais la poussière d'os, qu'on remplace maintenant par le superphosphate; M. Thackeray affirme que les navets de Suède récoltés sur des terres préparées avec de l'engrais d'os valent quatre fois ceux venus sur une terre fumée par les procédés ordinaires.

D'après M. de Gasparin, 100 kilogrammes de racines de raves absorbent dans le sol l'équivalent de 60 kilogrammes de fumier. Si l'on porte le rendement moyen d'un hectare à 30,000 kilog. de racines et à 12,000 kilog. de feuilles, ou en tout à 42,000 kilog., il en résulterait que cette récolte enlèverait au sol 18,000 kilogrammes d'engrais, ou environ 43 kilogrammes pour 100 de racines et de feuilles récoltées.

Semaille. — *Choix des semences.* Les motifs qui nous ont fait conseiller aux cultivateurs de récolter eux-mêmes les graines de betterave et de carotte nous engagent à leur faire la même recommandation pour la rave. Mais, comme les variétés de cette plante dégénèrent plus facilement encore, on devra apporter à cette opération des soins tout particuliers. Voici comment s'y prennent les cultivateurs du Norfolk, qui ont poussé si loin la perfection de cette culture.

Une longue observation les a convaincus que les graines, recueillies pendant plusieurs années de suite sur des raves transplantées annuellement, donnent lieu à des racines dont le collet devient plus étroit, et dont la racine est plus tendre, mais moins épaisse. Si, au contraire, les graines sont successivement récoltées sur des raves non transplantées, d'autres modifications se produisent; le collet de la racine devient plus large, plus écailleux, l'épiderme plus rude, la chair est dure et fibreuse, le pivot se bifurque, la base de la racine pourrit facilement; en un mot, la plante tend à reprendre les caractères de son état sauvage. Pour échapper à ces deux inconvénients extrêmes, les cultivateurs du Norfolk font porter graine, tantôt à des raves transplantées, tantôt à des raves non transplantées, suivant que le produit des unes ou des autres menace de perdre les caractères qu'ils veulent conserver.

La transplantation des raves se fait en hiver; on choisit, non les racines les plus grosses, mais celles qui offrent, au plus haut degré, les caractères de la variété à laquelle elles appartiennent; on les plante dans un terrain fertile, en les plaçant en lignes distantes de 0m,65 environ, afin de pouvoir leur appliquer économiquement les façons d'entretien.

Quant aux porte-graines non transplantés, on les sème dans un terrain spécial, bien fumé, en lignes offrant entre elles le même espace, et de façon à ce qu'il existe une distance de 0m,30 entre chaque plante. On leur donne ensuite des soins d'entretien semblables à ceux que réclament les produits cultivés pour la consommation, et dont nous parlerons tout à l'heure.

Dans tous les cas, le terrain destiné à recevoir les porte-graines devra être le plus éloigné possible des champs où peuvent fleurir d'autres plantes du même genre, telles que colza, choux, navettes, etc.; car ces diverses plantes s'entre-fécondent très-facilement, même à d'assez grandes distances, et leurs graines donnent alors lieu à des produits complétement dégénérés.

Vers le temps de la maturité des graines, et jusqu'à leur récolte, il est indispensable de faire séjourner constamment un enfant autour du champ pour éloigner les oiseaux. Enfin, quand la maturité est complète, on récolte et l'on bat. Les semences peuvent se conserver, avec toutes leurs qualités, pendant un certain nombre d'années.

Époque des semailles. La rave ne doit pas être semée trop tôt, sans quoi elle développerait sa tige et fructifierait l'année même de son ensemencement, au lieu de former sa racine charnue. Dans le Nord, on la sème au commencement de juin; dans le Centre, en juillet. Il faut attendre un mois plus tard dans le Midi, mais alors elle ne peut plus être cultivée que comme récolte intercalaire.

Mode de semailles. Quand le sol a été préparé, et que le moment de semer est arrivé, on répand la fumure et on l'enterre par un labour ordinaire peu profond. On fait ensuite passer la herse, et l'on ensemence en lignes, à l'aide du rayonneur, pour ouvrir les sillons, et du semoir à brouette pour répandre la graine; puis on recouvre celle-ci en faisant passer une herse formée de branches d'épines, et l'on termine par un roulage, si le sol est léger. Lorsqu'on en peut faire la dépense, il est plus prompt et plus économique d'employer un semoir qui, comme le semoir Hugues, ouvre tout à la fois les petits sillons, y répand la semence et la recouvre. Dans tous les cas, les sillons devront être placés à 0m,50 les uns des autres.

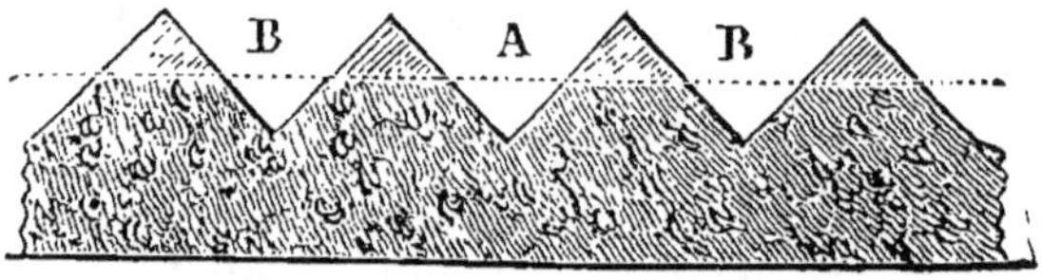

Fig. 499. *Première opération.*

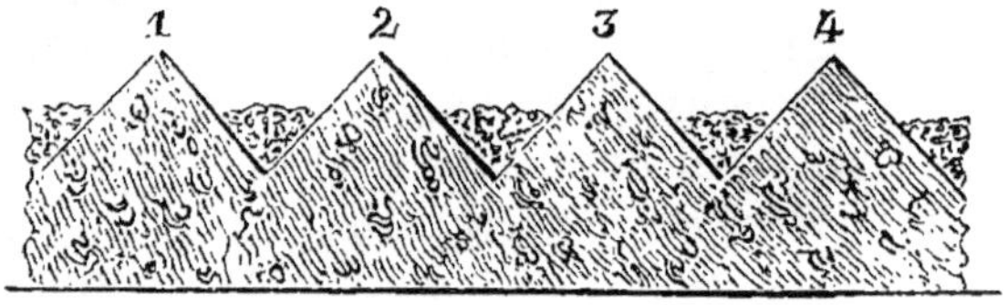

Fig. 500. *Deuxième opération.*

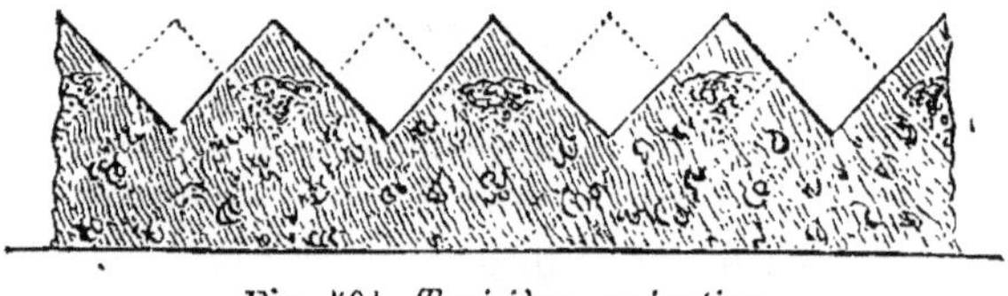
Fig. 501. *Troisième opération.*

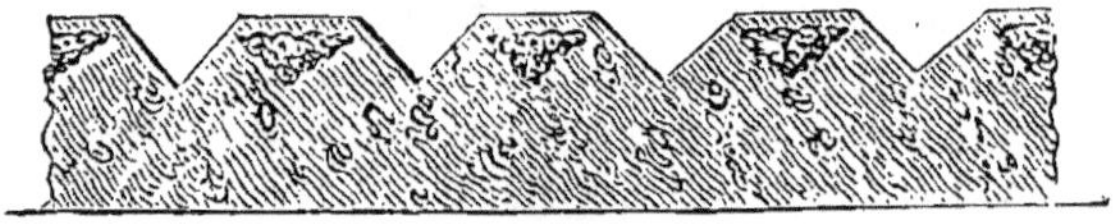
Fig. 502. *Quatrième opération.*

En Angleterre, on procède autrement. Profitant de l'avidité des raves pour les engrais et du peu d'extension latérale de leurs racines, les cultivateurs réunissent toute la fumure immédiatement au-dessous des lignes de plantes. Après la préparation du sol, et au moment même de l'ensemencement, ils font passer sur le champ une forte charrue à double versoir qui divise la surface en petits billons placés à 0m,64 les uns des autres (fig. 499). Lorsqu'une certaine étendue du terrain est ainsi préparée, une partie des attelages amène le fumier dans des chariots dont la voie est telle que les chevaux marchent dans le sillon A et les deux roues dans les sillons B. Tandis que le chariot chemine ainsi lentement, on fait tomber le fumier dans le sillon du milieu, puis une femme le distribue immédiatement dans les trois sillons parcourus par le chariot. Le terrain fumé représente alors la coupe suivante (fig. 500).

Pour recouvrir de terre les sillons remplis de fumier, les charrues à double versoir, recoupant par la moitié les premiers billons 1, 2, 3, 4, déversent la terre sur le fumier et donnent au terrain la coupe de la figure 501.

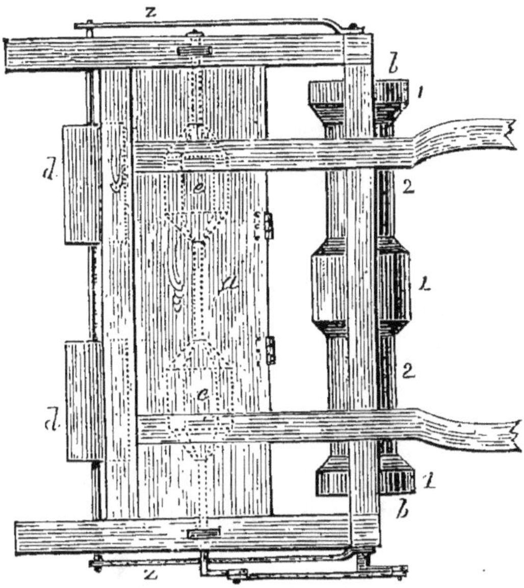

Fig. 503. *Plan du semoir pour les raves.*

Quand le sol est ainsi disposé, on fait passer un léger rouleau sur les billons, parallèlement à leur longueur. Ce rouleau a une longueur suffisante pour opérer à la fois sur quatre billons. Ces billons présentent alors l'aspect de la figure 502. C'est à leur sommet qu'on répand la graine à l'aide d'un semoir. On se sert pour cela, en Angleterre, d'un semoir spécial qui donne aux billons la forme de la figure 502,

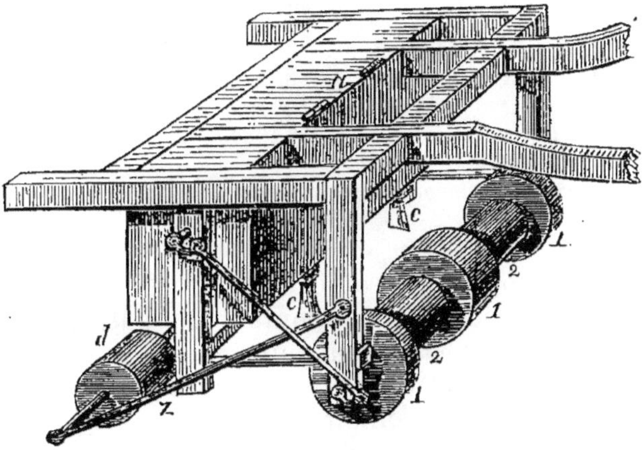

Fig. 504. *Vue en perspective du semoir.*

ouvre à la fois les petits sillons destinés à recevoir les graines, y répand celles-ci et les recouvre.

Ce semoir se compose 1° d'un bâtis en bois et de deux brancards (fig. 503 à 508) ; 2° d'un rouleau *b*, qui supporte la machine et qui marche le premier pour aplatir le sommet des billons. Les trois renflements 1, 1, 1, roulent dans les sillons. Le rouleau *b*, en tournant, communique son mouvement aux semoirs placés dans l'intérieur du coffre, au moyen de la bielle latérale ; 3° de deux socs creux en fer *c*, qui ouvrent les sillons où ils déposent la graine; 4° de deux rouleaux postérieurs *d*, qui marchent immédiatement derrière les socs et qui recouvrent de terre la graine qui a été déposée par les socs.

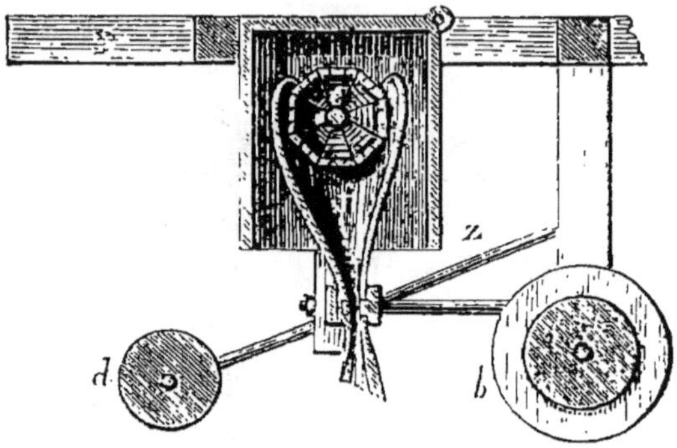

Fig. 505. *Coupe transversale du semoir.*

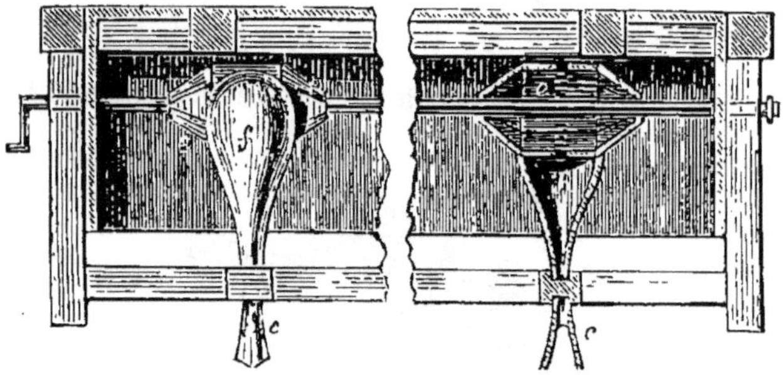

Fig. 506. *Coupe longitudinale du semoir.*

Fig. 507. *Un des cornets qui enveloppent les semoirs.*

L'axe en fer qui porte ces rouleaux est mobile, au moyen du bras *z* fixé à charnière sur le montant du bâtis, de sorte que cet axe s'élève ou s'abaisse suivant les inégalités du terrain ; 5° d'un coffre sans fond *a*, qui renferme des semoirs *e*, pour laisser échapper la graine, et des cornets *f*, pour la recevoir et la diriger dans les socs *c*, qui doivent la déposer en terre. Ce coffre ne sert qu'à préserver les semoirs de la pluie.

Fig. 508. *Semoir isolé.*

Les semoirs *e* sont en fer-blanc, à huit faces, percés d'un ou de deux trous sur chaque face, pour laisser échapper la graine. Ils s'ouvrent sur une des faces par une petite porte à coulisse, par laquelle on introduit la graine. La figure 506 montre un de ces semoirs emboîté dans son cornet. Les cornets (fig. 507) sont en fer-blanc comme les semoirs qu'ils emboîtent; leur base est engagée dans une pièce de bois percée et à laquelle s'adapte, de l'autre côté, le soc creux.

Quel que soit le mode d'ensemencement que l'on adoptera, on choisira, pour l'effectuer, le moment où la terre n'est pas trop sèche, ou bien celui qui précède la pluie, afin que la germination des graines se fasse promptement.

On emploie environ 2 kil. de semence par hectare.

Soins d'entretien. — Aussitôt que les jeunes plantes sont sorties de terre, et qu'elles offrent deux feuilles un peu larges, on pratique le premier binage avec la houe à cheval, pour ameublir la surface du sol et détruire les plantes nuisibles. Mais, comme cet instrument ne peut opérer sur les lignes mêmes, des femmes munies d'une petite houe à main dont le fer est large d'environ $0^m,16$, suivent chacune une ligne de plantes, et, d'un coup donné à travers la rangée, elles enlèvent tout ce qui est compris dans l'espace embrassé par la largeur de la houe. Entre chaque espace ainsi nettoyé il reste une petite touffe de raves; les femmes l'éclaircissent à la main, et ne laissent que le pied le plus vigoureux. Suivant que la variété cultivée prend plus ou moins de développement, l'espace que l'on réserve ainsi entre chaque plante varie entre $0^m,30$ et $0^m,40$.

Quelque temps après cette seconde façon, on en donne une troisième avec la houe à cheval; puis une quatrième, lorsque la croissance des plantes nuisibles ou la dureté de la surface du sol la rendent nécessaire. Dès que les feuilles couvrent presque entièrement le sol, les façons d'entretien ne sont plus nécessaires, et l'on abandonne ces plantes à elles-mêmes jusqu'au moment de la récolte.

Culture des raves comme récolte intercalaire.

C'est surtout comme récolte intercalaire entre deux récoltes principales que la culture des raves est répandue en France; elle donne ainsi un bénéfice net d'autant plus élevé qu'elle n'est pas chargée de certains frais que supportent les récoltes principales. Ces raves, ainsi cultivées, sont d'ailleurs de meilleure qualité que les autres; elles sont plus nourrissantes, et, comme elles sont plus robustes, elles se conservent mieux pendant l'hiver.

Place dans la rotation. — C'est après l'enlèvement des récoltes précoces, et particulièrement des céréales, qu'on place la culture intercalaire des raves.

Préparation du sol. Après avoir renversé le chaume des céréales par un premier labour, on donne un hersage énergique, puis on roule, et l'on herse de nouveau ; on ramasse ensuite le chaume et les racines des mauvaises herbes, on les brûle sur place et l'on en répand la cendre. Si le sol est un peu argileux, on laboure une seconde fois, et l'on herse.

Semaille. Quand le sol est préparé, on répand immédiatement la semence à la volée, on la recouvre légèrement à la herse, puis on roule si le sol est léger. Cet ensemencement peut être retardé jusqu'au milieu d'août, mais l'on choisit toujours un temps humide ou qui précède la pluie. On emploie environ trois kilogr. de semence par hectare.

Soins d'entretien. Si le sol a besoin d'être fumé, on répand des engrais liquides aussitôt que les jeunes plantes ont développé quatre à six feuilles. Si l'on ne pouvait disposer de cette sorte d'engrais, on les remplacerait par des fumiers qu'on apporterait, avant le premier labour si l'on n'en donne qu'un, ou avant le second si l'on en donne deux.

Lorsque les feuilles des raves ont atteint la longueur de la main, on herse le plus énergiquement possible, sans se préoccuper de déraciner plus ou moins quelques plantes. Cette opération détruit les herbes nuisibles, éclaircit les raves trop rapprochées et ameublit la surface du sol ; elle équivaut à un binage qu'il faudrait donner à la main et qui serait bien plus coûteux. Après huit ou dix jours, on herse de nouveau, aussi énergiquement que la première fois, mais dans le sens opposé, puis une troisième fois, huit jours après, et l'on abandonne la récolte à elle-même.

Cette sorte de binage au moyen de la herse est le procédé habituellement usité en Allemagne. Dans l'Alsace, on le remplace par un binage à la main, après lequel les raves, presque entièrement mises à nu, ne sont plus fixées au sol que par la base de leur racine au fond d'une petite cuvette où le vent les roule pendant les premiers jours. On détruit par la même opération les plantes nuisibles et les raves superflues, de manière à réserver un espace de $0^{m},35$ environ entre les plantes conservées. La terre qu'on extrait des cuvettes est réunie en petites buttes entre les plantes.

Culture dérobée. — Les raves peuvent aussi être cultivées comme récolte dérobée. Dans les départements de l'Ouest, où ce mode de culture est usité, on les sème avec le sarrasin; elles germent et font peu de progrès jusqu'à l'époque où le sarrasin leur cède la place; mais, à ce moment, on leur donne un binage à la main pour les éclaircir, et elles prennent bientôt leur développement habituel.

Insectes nuisibles. — La rave est exposée, pendant sa jeunesse, à plusieurs accidents déterminés par divers animaux; les limaces d'abord, les larves d'un petit papillon (le *piéride du chou*), puis celles d'une espèce de tenthrède, la dévorent entièrement; mais son ennemi le plus redoutable est incontestablement l'*altise bleue*, nommée vulgairement *tiquet* ou *puce de terre* (*altica oleracea*, Geof.), dont nous donnons ici une figure grossie (fig. 509.)

Fig. 509. *Altise bleue grossie.*

Les limaces, les larves de papillons et autres peuvent être détruites avec assez de succès en faisant passer sur le champ attaqué un rouleau très-pesant, *le rouleau Croskyll;* mais les divers moyens de destruction proposés jusqu'à présent pour l'altise n'ont donné que des résultats incomplets. Toutefois, comme il paraît démontré que cet insecte fixe ses œufs sur les graines mûres et qu'on le propage en semant ces graines, on a essayé de soumettre celles-ci à une sorte de chaulage avant leur ensemencement. En Belgique, on a employé une forte saumure qui a, dit-on, donné de très-bons résultats.

Récolte. — *Époque de maturité.* La consommation des raves semées en juin peut commencer en octobre; elles ont alors acquis leur dévelopement complet; celles semées en juillet et août ne doivent être récoltées qu'en novembre.

Trois procédés sont suivis pour récolter et utiliser les raves. Le premier consiste à les faire consommer sur place par les bestiaux pendant tout l'hiver; il est surtout usité en Angleterre, où le froid peu intense et la clôture des champs permettent de l'employer sans inconvénient. On commence par faire manger les feuilles, puis on arrache autant de rangées de raves qu'il est nécessaire pour la nourriture journalière des animaux : on entoure la place avec des claies, et l'on y enferme les bestiaux. Comme ceux-ci ne trouvent que la quantité suffisante pour leur consommation, tout est mangé, et il n'y a pas de perte. On recommence cette opération tous les jours, jusqu'à ce que la récolte du champ soit consommée. D'autres fois, les navets sont successivement arrachés et transportés sur d'autres champs que l'on désire fumer; on les y répartit également et l'on y parque les bestiaux; lorsqu'un champ est suffisamment engraissé, on passe à un autre, et ainsi de suite pendant tout l'hiver, tant qu'il reste des raves à consommer. On ne donne aux bestiaux engraissés par ce procédé qu'un peu de paille d'orge pour leur servir de litière pendant la nuit.

C'est là incontestablement la meilleure manière de tirer parti de cette nourriture, puisqu'on évite ainsi les frais d'emmagasinage et le transport des engrais; mais il faut pour cela le climat peu rigoureux de l'Angleterre.

Le deuxième mode est, en quelque sorte, un procédé mixte. Il consiste à enlever trois ou quatre rangées de raves que l'on porte à la ferme, et à laisser successivement le même nombre de lignes en terre, de manière que le champ tout entier, quoique dépourvu de navets sur la moitié de sa surface, puisse servir successivement de parc aux animaux, et profite également des engrais que ceux-ci y répandent. Cette pratique est également usitée en Angleterre.

Le troisième mode consiste à récolter la totalité des racines et à les emmagasiner pour les faire consommer au fur et à mesure du besoin; c'est le procédé le plus généralement appliqué dans les contrées où l'hiver est trop rigoureux pour qu'on abandonne les bestiaux en plein air. Lorsque cependant on manque de place pour emmagasiner toute la récolte, on en laisse une partie en terre; mais seulement dans le cas où les plantes ont été semées en lignes. A cet effet, on arrache trois lignes de racines et on en laisse alternativement trois non arrachées; puis, dès que la gelée commence, on couvre celles-ci de terre que l'on renverse à l'aide de la charrue. Ainsi recouvertes, les raves peuvent attendre sans souffrir jusqu'au printemps. Quant aux feuilles des raves que l'on enlève pour les conserver, elles sont un excellent fourrage que l'on fait consommer sur place avant ou après la déplantation.

Arrachage. Les raves cultivées en lignes sont très-facilement et très-promptement arrachées à la charrue; celles qui ont été semées à la volée exigent l'emploi de la fourche.

Rendement. — Le produit des raves varie suivant l'époque de leur ensemencement et le mode de culture. Pour les raves cultivées en lignes comme récolte principale, le rendement moyen peut s'élever, en France, à 30,000 kil. Il n'est que 15,000 kil. pour les raves cultivées comme récolte intercalaire.

D'après nos expériences, la reproduction des feuilles égale environ les deux cinquièmes du poids des racines, soit 40 pour 100.

COMPTE DE CULTURE D'UN HECTARE DE RAVES CULTIVÉES COMME RÉCOLTE PRINCIPALE AU DÉBUT DE LA ROTATION.

DÉPENSE.

Un labour de défoncement avant l'hiver, à $0^m,30$ de profondeur.	80f	»
Un labour ordinaire au printemps	22	»
Un hersage	2	60
Un roulage	2	»
Un hersage	2	60
Ramasser les racines traçantes avec le râteau	6	»
Un trait de scarificateur	6	»
Un roulage	2	60
Un hersage	2	»
Un labour pour enterrer le fumier	22	»
Un hersage	2	60
Semence, 2 kil. à 3 fr. le kil	6	»
Rayonner le terrain pour l'ensemencement	2	60
Répandre les graines au semoir à brouette	1	»
Un hersage pour recouvrir la semence	2	»
Un roulage	2	60
Un binage à la houe à cheval	5	»
Un binage à la houe à main pour éclaircir les plantes	14	»
Deux binages à la houe à cheval	10	»
Arrachage des racines à la charrue	10	»
Effeuillage	20	»
Transport et emmagasinage des racines	20	»
40,000 kil. de fumier, à 10 fr. les 1000 kil., y compris les frais de transport et d'épandage, 400 fr. La moitié de cette somme à la charge des raves	200	»
Intérêt pendant un an, à 5 pour 100 du prix de la fumure non absorbée	10	»
Loyer de la terre	70	»
Frais généraux d'exploitation	20	»
Intérêt pendant un an, à 5 pour 100, des frais ci-dessus	27	18
Total	570	78

PRODUIT.

42,000 kil. de racines et feuilles équivalant à 9240 kil. de foin sec, à 71 fr. 50 c. les 1000 kil	660	60

BALANCE.

Produit	660	60
Dépense	570	78
Bénéfice net	89	82

16 pour 100 du capital employé.

Ce résultat montre que la culture de la rave comme récolte principale n'est pas sans avantage lorsqu'elle échappe aux causes d'insuccès qui la ruinent souvent. Mais ce bénéfice serait bien plus élevé si le climat permettait, comme en Angleterre, de faire consommer le produit sur place; car cette récolte n'aurait à supporter aucun des frais d'effeuillage, de transport et d'emmagasinage des racines, de transport et d'épandage du fumier, etc.

COMPTE DE CULTURE D'UN HECTARE DE RAVES CULTIVÉES COMME RÉCOLTE INTERCALAIRE APRÈS UNE CÉRÉALE.

Un labour ordinaire	22f »
Un hersage	2 60
Un roulage	2 »
Un hersage	2 60
Ramasser les racines traçantes avec le râteau	6 »
Semence, 3 kil. à 3 fr. le kil	6 »
Répandre la semence à la volée	1 »
Un hersage pour recouvrir la semence	2 60
Un roulage	2 »
Trois hersages successifs pour biner les jeunes plantes	7 80
Arrachage des racines à la fourche	25 »
Effeuillage	12 »
Transport et emmagasinage des racines	12 »
30,000 kil. de fumier à 10 fr. les 1000 kil., y compris les frais de transport et d'épandage, 300 fr. Le tiers de cette somme à la charge des raves	100 »
Intérêt pendant un an, à 5 pour 100, du prix de la fumure non absorbée	10 »
Intérêt pendant six mois, à 5 pour 100, des frais ci-dessus	5 »
Total	222 01

PRODUIT.

21,000 kil. de racines et de feuilles équivalant à 4620 kil. de foin sec, à 71 fr. 50 c. les 1000 kil	330 30

BALANCE.

Produit	330 30
Dépense	222 01
Bénéfice net	108 29

49 pour 100 du capital employé.

On voit que les raves, cultivées comme récolte intercalaire, donnent une rente plus élevée que celles qui occupent la place de récolte principale. C'est aussi le mode de culture qu'on devra généralement préférer en France; le produit y est moins exposé aux ravages de la sécheresse, des limaces et surtout des altises.

CHOU-NAVET.

C'est encore l'Allemagne qui paraît avoir été le berceau du chou-navet. De là il fut porté en Angleterre, vers 1767, par un cultivateur du comté de Kent, Regnold. Ce fut en 1789 que Lastérie et Vilmorin père commencèrent à préconiser cette utile récolte en France.

Le chou-navet présente de telles qualités pour l'engraissement des bestiaux que la plupart des cultivateurs le préfèrent à toutes les autres racines fourragères. Il exerce aussi une influence très-favorable sur la production du lait. Si, dans les sols un peu légers et substantiels, la betterave donne une masse de nourriture plus abondante, l'inverse se produit dans les sols compactes, tenaces, humides, et surtout dans les défrichements de landes des contrées brumeuses et humides. Il supporte surtout beaucoup mieux la gelée que toutes les autres racines alimentaires, le topinambour excepté ; ses feuilles sont aussi une excellente nourriture.

Variétés. — Le *Chou-navet* (*brassica campestris*, variété *napo-*

Fig. 510. *Chou-navet.*

Fig. 511. *Fleur du chou-navet.*

Fig. 512. *Fruit du chou-navet.*

rassica, D. C., fig. 510 à 513), plus connu sous les noms de *navet de Suède*, de *rutabaga*, paraît n'être qu'une espèce hybride, résultant du croisement du chou commun avec la rave ou le navet. On le distingue à ses feuilles glauques et à sa racine charnue, un peu consistante, de forme arrondie, ovoïde, variant du jaune clair au violet. Cette espèce a aussi produit un certain nombre de variétés, parmi lesquelles on distingue surtout les suivantes :

Chou-navet commun de Laponie. Racine allongée, blanche, peu volumineuse ; collet vert, chair blanche.

Chou-navet hâtif. Racine blanchâtre, allongée, plus grosse que celle du précédent; collet violacé, chair blanche.

Chou-navet rouge. Ne diffère du précédent que par moins de précocité.

Chou-navet à tête veret, rutabaga ordinaire (fig. 514). Racine jaune, sphérique, collet vert, chair jaune, de grosseur moyenne.

Chou-navet à tête pourpre, de Laings, rutabaga à collet violet (fig. 515). Racine d'un jaune violacé, collet vert, chair jaune, grosseur moyenne.

Cultivées comparativement dans nos diverses sortes de terre, ces variétés nous ont donné les résultats suivants :

Voici d'abord leur rendement en racines et en feuilles :

Fig. 513. *Racines et feuilles radicales du chou-navet.*

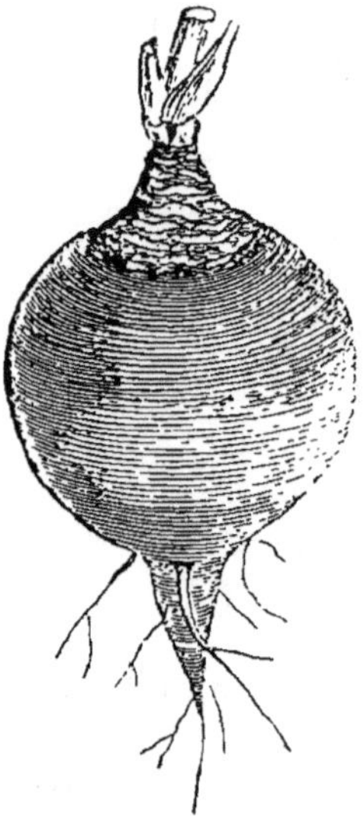

Fig. 514. *Chou-navet à tête verte.*

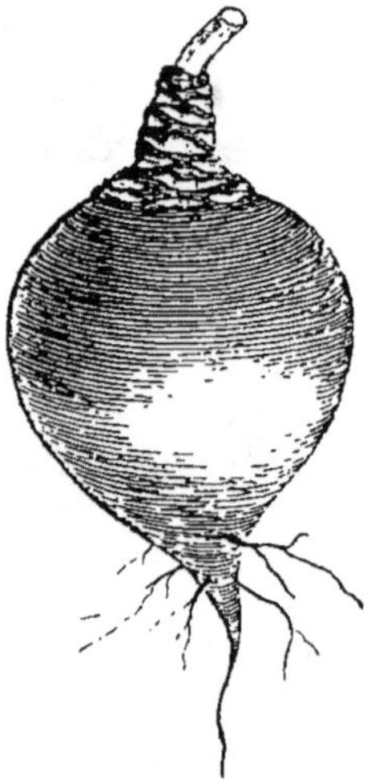

Fig. 515. *Chou-navet à tête pourpre.*

PRINCIPALES VARIÉTÉS DE CHOUX-NAVETS RANGÉES D'APRÈS LEUR POUVOIR PRODUCTIF DANS LES SOLS SUIVANTS [1] :

SABLE PUR D'ALLUVION.	PRODUIT en racines.	PRODUIT en feuilles.	SABLE HUMIFÈRE.	PRODUIT en racines.	PRODUIT en feuilles.
	k.	k.		k.	k.
Chou-navet rouge..	12,768	8,220	Chou-navet rouge..	12,524	4,191
— hâtif.	13,640	7,280	— à tête verte.....	10,560	2,760
— à tête pourpre ..	6,752	4,660	— à tête pourpre ..	9,028	3,308
— à tête verte.....	6,640	3,240	— hâtif.	7,760	4,184
— commun de Laponie	1,176	3,000	— commun de Laponie	1,540	3,340
Total du produit...	40,976	26,400	Total du produit...	41,412	17,783

SOL ARGILEUX.	PRODUIT en racines.	PRODUIT en feuilles.	SOL CALCAIRE.	PRODUIT en racines.	PRODUIT en feuilles.
	k.	k.		k.	k.
Chou-navet rouge..	11,348	3,340	Chou-navet rouge ..	12,352	4,060
— à tête pourpre...	11,360	3,976	— à tête pourpre...	10,148	3,860
— à tête verte.....	11,592	2,320	— hâtif.	10,188	3,040
— hâtif...........	7,520	3,208	— à tête verte.....	7,580	2,248
— commun de Laponie	2.440	3.200	— commun de Laponie	3,420	3,800
Total du produit...	44,260	16,044	Total du produit...	43,688	17,008

On voit que les diverses variétés de cette plante sont loin d'être également productives, et que, comme pour les espèces de racines précédentes, la nature du sol influe beaucoup sur le rendement relatif de chacune d'elles. Voici maintenant quel est le pouvoir nutritif de chaque variété dans ces différentes terres :

---

[1] Girardin et Du Breuil. — Mémoires sur les plantes sarclées à racines alimentaires. *Recueil des travaux de la Société centrale d'agriculture de la Seine-inférieure*, janvier 1843, p. 384.

COMPOSITION DES RACINES ET DES FEUILLES DES PRINCIPALES VARIÉTÉS DE CHOUX-NAVETS CULTIVÉES DANS LES SOLS SUIVANTS (POUR 100 GR.) :

NOM DES VARIÉTÉS.	SABLE PUR D'ALLUVION.				SABLE HUMIFÈRE.			
	RACINES.		FEUILLES.		RACINES.		FEUILLES.	
	Eau.	Matière sèche.	Eau.	Matière sèche.	Eau.	Matière sèche.	Eau.	Matière sèche.
	g.	g.	g.	g.	g.	g.	g.	g.
Chou-navet commun de Laponie.......	83,15	16,85	81,51	18,49	79,00	21,00	85,22	14,78
— hâtif	85,00	15,00	79,67	20,33	82,60	17,40	83,11	16,89
— rouge	83,75	16,25	80,59	19,41	85,25	14,75	82,40	17,60
— à tête verte.......	82,40	17,60	80,19	19,81	86,00	14,00	81,19	17,81
— à tête pourpre....	87,25	12,75	manque	manque	87,75	12,25	84,08	15,92
Total pour 500 g....	421,55	78,45	321,96	78,01	420,60	79,40	417,00	83,00

NOM DES VARIÉTÉS.	SOL ARGILEUX.				SOL CALCAIRE.			
	RACINES.		FEUILLES.		RACINES.		FEUILLES.	
	Eau.	Matière sèche.	Eau.	Matière sèche.	Eau.	Matière sèche.	Eau.	Matière sèche.
	g.	g.	g.	g.	g.	g.	g.	g.
Chou-navet commun de Laponie.......	82,25	17,75	81,69	18,31	73,30	26,70	80,50	19,50
— hâtif	85,40	14,60	84,28	15,72	84,50	15,50	89,38	10,62
— rouge	81,50	18,50	83,28	16,72	84,50	15,50	79,88	20,12
— à tête verte	85,25	14,75	82,31	17,69	89,30	10,70	81,54	18,46
— à tête pourpre....	87,75	12,25	83,16	16,84	89,00	11,00	83,75	16,25
Total pour 500 g....	422,15	77,85	414,72	85,28	420,60	79,40	415,05	84,95

Ce tableau d'analyse fait voir que les différentes variétés de choux-navets, cultivées dans le même sol, ne présentent pas la même richesse en principes utiles, et que la composition de la même variété varie d'une manière notable suivant la nature du sol. Si nous nous servons de ces deux données, ainsi que nous l'avons fait pour les espèces précédentes, afin d'en conclure la valeur relative de chaque variété pour chaque sorte de terre, nous obtenons les résultats consignés dans ce troisième tableau :

PRINCIPALES VARIÉTÉS DE CHOUX-NAVETS RANGÉES D'APRÈS LEUR VALEUR RELATIVE POUR LES SOLS SUIVANTS :

POUR LE SABLE PUR D'ALLUVION.	NOMBRES exprimant les valeurs relatives.	POUR LE SABLE HUMIFÈRE.	NOMBRES exprimant les valeurs relatives.
Chou-navet rouge........	8484,3208	Chou-navet rouge........	5406,6260
— hâtif..................	7391,0360	— à tête verte...........	4237,0920
— à tête verte...........	3696,1080	— hâtif..................	4095,5976
— commun de Laponie...	1475,7984	— à tête pourpre........	3176,0512
— à tête pourpre........	1455,0290	— commun de Laponie...	1924,9640
POUR LE SOL ARGILEUX.	**NOMBRES exprimant les valeurs relatives.**	**POUR LE SOL CALCAIRE.**	**NOMBRES exprimant les valeurs relatives.**
Chou-navet rouge........	5163,1136	Chou-navet rouge........	5845,9544
— à tête verte...........	4513,0528	— à tête pourpre........	3817,1800
— à tête pourpre........	4461,2424	— hâtif..................	3455,1536
— hâtif..................	3252,7296	— commun de Laponie...	3335,6400
— commun de Laponie...	2028,1440	— à tête verte...........	2865,8448

Climat et sol. — *Climat.* Le chou-navet aime, comme la rave, un climat humide, un ciel brumeux : c'est ce qui explique le succès de cette culture en Angleterre, dans certaines parties de l'Allemagne, dans les Pays-Bas et l'Ouest de la France, où M. Rieffel a su en tirer un si bon parti sur la ferme régionale de Grand-Jouan. Cette racine supporte sans souffrir le froid de nos hivers, ce qui permet d'économiser les frais d'emmagasinage.

Sol. Le chou-navet est de toutes les plantes à racine fourragère celle qui s'accommode le mieux des sols argileux, compactes, très-humides, imperméables ; mais il leur préfère les terrains de consistance moyennne. Il aime aussi, comme la plupart des espèces de la même famille, la présence d'une certaine proportion de matière calcaire; mais cet élément ne lui est pas indispensable. Il donne surtout de très-beaux produits sur les landes nouvellement défrichées, ainsi que le démontrent les succès de M. Rieffel sur les landes de la Bretagne. La supériorité des sols argilo-sableux ou argilo-calcaires pour cette plante est encore démontrée par nos essais. Si, en effet, l'on tient compte du rendement total en racines et en feuilles de nos cinq variétés dans nos différents sols, on voit que ces terrains doivent être rangés dans l'ordre suivant, quant à leur pouvoir productif :

Le sol argileux a produit en racines....	44kil260 ;	en feuilles	16kil044
Le sol calcaire........................	43 688	—	17 008
Le sable humifère....................	41 412	—	17 783
Le sable pur d'alluvion...............	40 976	—	26 400

L'aptitude de ces différentes terres paraît donc être en raison directe de la faculté qu'elles ont de retenir l'humidité.

Culture. — Le chou-navet peut être cultivé de deux manières : 1° semé en lignes et à demeure ; 2° semé en pépinière pour être repiqué ensuite. Le premier procédé ne donne presque partout que de chétifs résultats ; les racines ne prennent que peu de développement ; elles ont, comme le chou, besoin de la transplantation ; ou bien le nombre en est considérablement diminué par les ravages de l'altise, qu'il est plus difficile de combattre sur une grande surface que sur le petit espace consacré à la pépinière. Nous n'allons donc nous occuper que de la culture par repiquage.

Place dans la rotation. — Le chou-navet demande, comme les autres racines fourragères, un sol profondément ameubli, une fumure abondante, de nombreux binages et buttages ; c'est donc au début de la rotation des récoltes qu'on le cultivera. On devra également ne pas oublier que c'est le fourrage qui donne les produits les plus satisfaisants sur les landes nouvellement défrichées, pourvu que le sol conserve un peu d'humidité.

Préparation du sol. — Pour donner au sol le degré d'ameublissement que réclame cette plante, on lui appliquera les façons que nous avons indiquées pour la rave cultivée comme récolte principale.

Engrais et amendements. — On peut également appliquer au chou-navet tout ce qui a été dit des engrais pour les raves et les navets. C'est ordinairement avant le dernier labour, c'est-à-dire avant celui qui précède les plantations, qu'il faut fumer le champ. On enterre immédiatement le fumier après son épandage, et le lendemain on procède à la plantation. Il n'y a rien à craindre en fumant copieusement ; plus on met d'engrais, meilleure est la récolte, toutes autres circonstances égales d'ailleurs. Si l'on a à sa disposition assez d'engrais pour fumer deux fois au lieu d'une, on fera bien d'enterrer la première fumure par le premier labour ; on appliquera la seconde au dernier, et l'engrais se trouvera mêlé à toute la couche arable.

Suivant M. Boussingault, le rutabaga récolté en 1831 contenait

91 pour 100 d'eau et 0,17 d'azote, ce qui fait 1,83 d'azote pour 100 dans la racine complétement desséchée. Celle-ci est donc supérieure à la rave et à la betterave comme aliment. Ses feuilles fraîches contiennent 0,28 pour 100 d'azote.

M. de Gasparin pense que 100 kilog. de racines de chou-navet absorbent dans le sol l'équivalent de 67 kilog. de fumier. Le produit moyen de l'hectare étant de 50,000 kilog. de racines et de 16,000 kil. de feuilles, ou en tout de 66,000 kilog., cette récolte enlèverait au sol 33,500 kilog. de fumier, ou environ 50 pour 100 kil. de racines et de feuilles récoltées.

Pépinière. — *Choix de l'emplacement.* — *Préparation du sol.* Une pépinière de choux-navets exige le terrain le plus riche et le plus frais de l'exploitation ; elle doit y occuper environ le dixième de la surface sur laquelle on se propose de repiquer les jeunes plants. Quand le terrain est délimité, on le défonce à $0^m,60$ de profondeur. Ce travail ne doit pas être répété annuellement, mais seulement quand la végétation des plantes devient moins vigoureuse. Chaque année, après l'enlèvement du plant, on donne deux labours avec une bonne fumure ; le dernier, pratiqué avant l'hiver, doit avoir $0^m,25$ de profondeur ; puis on laisse le sol dans cet état jusque vers la fin de février. A cette époque, on profite du premier beau jour pour herser et pulvériser la surface du sol, puis on divise l'espace en planches, d'environ 1 mètre de largeur, séparées par de petits sentiers destinés à faciliter les soins d'entretien.

Choix des semences. Le chou-navet dégénère très-facilement ; il faut donc prendre beaucoup de soin pour se procurer de bonnes graines. Le meilleur moyen est assurément de planter des porte-graines. On les choisit régulièrement conformées et bien caractérisées, et on les plante, dès le mois de décembre, dans un terrain très-richement fumé et abrité au Nord par un mur ou une levée de fossé. Il est surtout important de les éloigner des autres crucifères qui pourraient fleurir dans le voisinage, et les faire dégénérer en les fécondant.

Semaille. Il y a avantage à faire le plus tôt possible l'ensemencement de la pépinière ; car, d'une part, le repiquage a lieu de bonne heure, et, d'autre part, la germination s'établissant sous une température peu élevée, les jeunes plantes souffrent moins des ravages de l'altise. Aussitôt donc que la sol a été préparé, vers la fin de février, si la température le permet, on procède à l'ensemencement. On sème la graine à la volée, on la recouvre au râteau et l'on répand sur le sol une petite couche de balles de céréales ou de poussière de sarrasin. Pendant deux mois environ, c'est-à-dire en mars et en avril, on sème, à divers intervalles, un certain nombre des planches de la pépinière, afin de diviser les travaux d'entretien, et surtout de multiplier les chances de succès. On emploie environ 60 grammes de graines pour un are de pépinière.

Soins d'entretien. Comme la rave, le chou-navet est exposé aux attaques de l'altise; celle-ci commence ses ravages aussitôt que les jeunes plantes montrent leurs feuilles séminales; il faut donc lutter sans relâche contre cet insecte, si l'on ne veut pas voir la pépinière entièrement détruite en quelques jours. Outre le moyen que nous avons indiqué pour la rave, on peut encore avoir recours à un procédé conseillé par M. Rieffel : chaque matin, au point du jour, au moment où les feuilles séminales sont couvertes de rosée, on les saupoudre de cendres non lessivées. Ces cendres restent attachées aux feuilles pendant un jour ou deux, et les altises, ne pouvant plus les attaquer, périssent faute de nourriture. Pour la complète réussite de ce procédé, il serait indispensable de répéter cette opération jusqu'au moment où la plante, ayant développé sa quatrième feuille, serait assez forte pour résister à son ennemi.

M. Rieffel, qui a étudié avec soin les conditions les plus favorables à la culture du chou-navet, repique les jeunes plants dans la pépinière même; lorsque ceux-ci ont atteint $0^m,06$ à $0^m,08$, on arrache les plus vigoureux, quelquefois les deux tiers de la masse, et on les repique à $0^m,10$ environ les uns des autres sur des planches réservées à cet effet. Par ce procédé, on obtient, en peu de temps, un grand nombre de beaux et bons plants, d'autant plus vigoureux qu'ils ont végété plus isolés les uns des autres. Cet agronome a remarqué, en outre, que les plants qui avaient subi le repiquage dans la pépinière présentaient plus de rusticité lorsqu'on venait à les transplanter à demeure.

Repiquage. — *État des plants.* Le moment du repiquage est déterminé par l'état de développement des choux-navets. Or, comme il faut que les plants aient environ la grosseur du petit doigt pour résister convenablement aux circonstances moins favorables dans lesquelles ils vont se trouver placés, il s'ensuit que le repiquage doit être fait successivement du 15 mai à la fin de juillet, suivant le moment où l'ensemencement des diverses planches a été pratiqué. On choisit autant que possible, pour repiquer, le moment qui précède la pluie.

Plantation. Quand la fumure a été répandue sur le sol, on donne un dernier labour suivi d'un hersage, et l'on procède immédiatement au repiquage de la même façon que pour la betterave.

Si l'on manquait de la quantité d'engrais nécessaire pour fumer toute la surface, on en placerait seulement sous les lignes de plantes, en disposant le sol comme nous l'avons indiqué pour les raves. Toutefois, on ne coupe pas les feuilles des jeunes plants, comme pour la betterave, on se borne à retrancher l'extrémité de la racine lorsqu'elle est trop longue pour être placée verticalement dans les trous. On réserve 0m,60 entre chaque ligne, et 0m,40 entre les plantes sur les lignes. M. Rieffel conseille aussi de répandre dans chaque trou, avant de le fermer, une pincée de noir animal. Malgré tous les soins que l'on apporte dans l'opération du repiquage, il est des années tellement défavorables que la reprise des plants est longtemps incertaine ; il faut alors faire un ou deux arrosages à chaque pied, le lendemain ou le surlendemain de la plantation. Si l'on peut disposer d'un engrais liquide quelconque, on le préféra à l'eau.

Soins d'entretien. — Aussitôt qu'on remarque que les plants commencent à reprendre, on donne un premier binage entre les lignes avec la houe du cheval, afin d'entretenir la surface dans un parfait état d'ameublissement. Trois semaines après, environ, l'apparition des plantes nuisibles oblige à faire un second binage, et l'on en applique même un troisième, si cela devient nécessaire. Pendant qu'on pratique ces opérations, des femmes, munies chacune d'une petite houe à main, parcourent les lignes et donnent, entre chaque plant, un binage qui ameublit le sol et détruit les mauvaises herbes qui n'ont pu être atteintes par la houe à cheval.

Lorsque les plantes commencent à couvrir le sol de leur feuillage, qu'elles ont atteint le tiers de leur développement, on leur applique un premier buttage assez énergique, et, trois semaines après, on le répète d'une manière plus complète. Le collet de la racine se trouve ainsi plus enterré et devient moins ligneux.

Récolte. — *Époque de maturité.* Les choux-navets peuvent, en général, rester en terre jusqu'en février ; ils s'y conservent bien et continuent à grossir. Ce n'est même que vers la fin de l'hiver qu'ils paraissent avoir acquis leur complet développement. Néanmoins, comme il serait à craindre qu'on ne fût privé de ce fourrage par la rigueur du froid, qui empêcherait de l'extraire du sol, on fait, en décembre, une récolte précoce, en choisissant les choux-navets les plus avancés, ceux qui ont été repiqués les premiers.

Arrachage. L'arrachage se pratique à l'aide de la charrue employée pour la récolte des betteraves, et l'on sépare immédiatement les feuilles des racines pour les faire consommer par les bestiaux.

Rendement. — Le rendement moyen des choux-navets s'élève, d'après Burger, à 55,000 kilog., et, suivant M. Rieffel, à 48,000 kil. On peut donc porter ce produit à environ 55,000 kil. de racines par hectare. Quant aux feuilles, leur rendement en poids égale environ les deux tiers de celui des racines. Mais on ne peut compter que sur celles des choux-navets arrachés avant l'hiver ; soit, environ 16,000 kilogr.

COMPTE DE CULTURE D'UN HECTARE DE CHOUX-NAVETS CULTIVÉS AU MOYEN DU REPIQUAGE.

DÉPENSE.

Préparation du sol, comme pour la rave cultivée comme récolte principale			150f 40
Un hectare de pépinière.	Un labour de 0m,60 de profondeur répété tous les cinq ans, 200 fr. ; le cinquième de cette dépense	40f »	
	Deux labours, à 25 fr. l'un	50 »	
	50,000 kil. de fumier, à 10 fr. les 1000 kil., y compris les frais de transport et de répartition, 500 fr. La moitié de cette somme à la charge du produit	250 »	
	Un hersage	2 60	
	Un roulage	2 »	
	Un hersage et formation des planches	6 »	
	Semence, 3 kil., à 3 fr. le kil	9 »	
	Répandre la semence à la volée	1 »	
	La recouvrir au râteau et la pailler	30 »	
	Répandre des cendres tous les deux jours pendant trois semaines	60 »	
	Repiquage d'une partie des jeunes plants sur la moitié de la surface de la pépinière	20 »	
	Loyer de la terre, six mois	35 »	
	Frais généraux d'exploitation	10 »	
	Total	515 60	
Le dixième de cette somme a la charge de l'hectare de choux-navets transplantés			51 56
Rayonnage du sol pour le repiquage			2 60
Repiquage au plantoir			11 »
Noir animal, 4 hectolitres, à 10 fr. l'un			40 »
Trois binages à la houe à cheval, à 5 fr. l'un			15 »
Deux binages à la houe à main sur les lignes, à 12 fr. l'un			24 »
Deux buttages avec le buttoir, à 5 fr. l'un			10 »
A reporter			154 16

Report............	154 16
Récolte des racines à la charrue........................	10 »
Effeuillage........................	20 »
Transport........................	25 »
50,000 kil. de fumier, à 10 fr. les 1000 kil., y compris les frais de transport et de répartition, 500 fr. Les deux tiers de cette somme à la charge des choux-navets........................	333 32
Intérêt pendant un an, à 5 pour 100, du prix de la fumure non absorbée........................	8 33
Loyer de la terre........................	70 »
Frais généraux d'exploitation........................	20 »
Intérêt pendant un an, à 5 pour 100, des frais ci-dessus...........	39 66
Total.............	680 47

PRODUIT.

66,000 kil. de racines et de feuilles équivalant à 22,000 kil. de foin sec, à 71 fr. 50 c. les 1000 kil........................	1573 »

BALANCE.

Produit........................	1573 »
Dépense........................	680 47
Bénéfice net..........	892 53

93 pour 100 du capital employé.

On voit que cette récolte est l'une des plus lucratives ; mais ce résultat ne se produit que dans les sols les plus favorables, et surtout lorsqu'on parvient à se défendre contre l'altise.

Fig. 516. *Chou-rave ou colrave.*

Chou-rave ou *colrave*. On confond à tort avec le chou-navet, dont il vient d'être question, une variété du chou potager, qui est désignée par les maraîchers sous le nom de *chou-rave* ou *colrave*. C'est le *Brassica oleracea caulorapa* des botanistes (fig. 516).

Dans cette variété de chou, la surabondance de nourriture se porte sur la souche ou fausse tige de la plante, et y produit un renflement remarquable, tubéreux, succulent et bon à manger. Ce renflement, d'un vert glauque, porte des feuilles aussi bien à la circonférence qu'au sommet.

Le chou-rave est rarement l'objet de la grande culture.

NAVET.

Les navets peuvent servir comme les raves et les choux-navets à l'alimentation des bestiaux; mais leur saveur plus prononcée et plus délicate, ainsi que leur rendement moins considérable, les a fait consacrer presque exclusivement à la nourriture de l'homme.

Variétés. — Les *navets* proprement dits, appelés également *navets secs*, pour les distinguer des *raves* auxquelles on donne aussi le nom de *navets tendres*, et avec lesquelles on les confond à tort, appartiennent à une autre espèce de chou, le *brassica napus*. Nous citerons seulement, parmi les diverses variétés, les trois suivantes, comme les meilleures à introduire dans la grande culture.

Navet de Freneuse (fig. 517). Racine assez longue, blanchâtre, de très-bonne qualité; on le cultive surtout dans les plaines sablonneuses de la commune de Freneuse, près Paris.

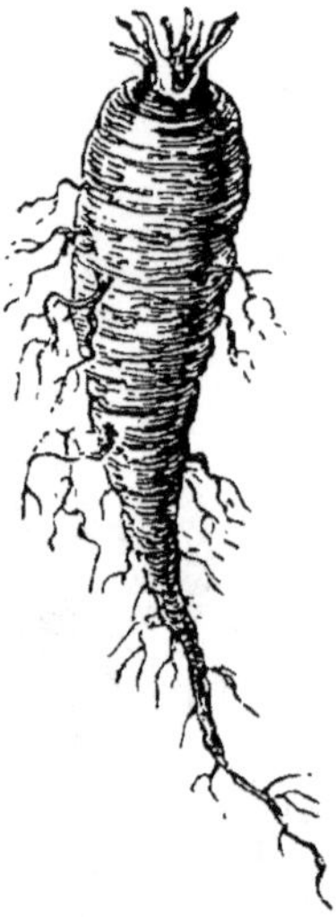

Fig. 517. *Navet de Freneuse.*

Fig. 518. *Navet de Martot.*

Navet de Martot (fig. 518). Racine peu volumineuse, courte, variant du blanc au noir. Chair d'excellente qualité, offrant une saveur piquante et sucrée très-prononcée. Cette variété est particulièrement cultivée dans les sables de la commune de Martot (Eure), et dans les plaines sablonneuses environnantes.

Navet des Sablons. Racine demi-ronde, de couleur blanche; chair de très-bonne qualité. Cultivé dans la plaine des Sablons, près Paris.

Voici les résultats que nous ont donnés ces trois variétés, cultivées comparativement dans les quatre sortes de terre dont nous avons déjà parlé. Leur rendement a été le suivant :

PRINCIPALES SORTES DE NAVETS RANGÉS D'APRÈS LEUR POUVOIR PRODUCTIF DANS LES SOLS SUIVANTS :

SABLE PUR D'ALLUVION.	PRODUIT en racines.	PRODUIT en feuilles.	SABLE HUMIFÈRE.	PRODUIT en racines.	PRODUIT en feuilles.
	k.	k.		k.	k.
Navet des Sablons.	4,420	2,440	Navet des Sablons.	5,240	3,060
— de Martot......	1,616	1,120	— de Martot......	1,952	1,780
— de Freneuse....	1,380	0,148	— de Freneuse....	1,640	0,428
Total du produit...	7,416	3,708	Total du produit...	8,832	5,268

SOL ARGILEUX.	PRODUIT en racines.	PRODUIT en feuilles.	SOL CALCAIRE.	PRODUIT en racines.	PRODUIT en feuilles.
	k.	k.		k.	k.
Navet des Sablons.	5,888	2,200	Navet des Sablons.	9,148	3,896
— de Martot......	3,640	1,448	— de Martot......	4,320	2,700
— de Freneuse....	2,520	0,140	— de Freneuse....	3,668	0,568
Total du produit...	12,048	3,788	Total du produit...	17,136	7,164

On voit que c'est le navet des Sablons qui a été le plus productif dans toutes les terres, et que nos trois variétés y sont constamment rangées dans le même ordre.

Le tableau suivant montre les résultats que nous a donnés l'analyse du produit de ces variétés dans ces diverses terres. On remarquera que c'est le navet de Freneuse qui, dans tous les sols, est le plus riche en principes utiles.

COMPOSITION DES RACINES ET DES FEUILLES DES PRINCIPALES VARIÉTÉS DE NAVETS CULTIVÉES DANS LES SOLS SUIVANTS (POUR 100 GR.) :

NOM DES VARIÉTÉS.	SABLE PUR D'ALLUVION.				SABLE HUMIFÈRE.			
	RACINES.		FEUILLES.		RACINES.		FEUILLES.	
	Eau.	Matière sèche.	Eau.	Matière sèche.	Eau.	Matière sèche.	Eau.	Matière sèche.
	g.	g.	g.	g.	g.	g.	g.	g.
Navet de Freneuse...	88,00	12,00	80,56	19,44	88,50	11,50	57,15	42,85
— de Martot........	88,25	11,75	83,29	16,71	85,35	14,65	82,00	18,00
— des Sablons......	90,25	9,75	84,56	15,44	88,75	11,25	81,21	18,79
Total pour 300 g....	266,50	33,50	248,41	51,59	262,60	37,40	220,36	79,64

NOM DES VARIÉTÉS.	SOL ARGILEUX.				SOL CALCAIRE.			
	RACINES.		FEUILLES.		RACINES.		FEUILLES.	
	Eau.	Matière sèche.	Eau.	Matière sèche.	Eau.	Matière sèche.	Eau.	Matière sèche.
	g.	g.	g.	g.	g.	g.	g.	g.
Navet de Freneuse...	86,60	13,40	57,15	42,85	84,53	15,47	68,18	31,82
— de Martot........	84,05	15,95	80,38	19,62	82,55	17,45	73,13	26,87
— des Sablons......	89,65	10,35	78,72	21,28	88,55	11,15	80,00	20,00
Total pour 300 g....	266,50	39,70	216,25	83,75	255,93	44,07	221,31	78,69

Si nous déduisons des tableaux ci-dessus la valeur relative de nos trois variétés de navets, nous voyons qu'elles doivent être placées, pour chaque sorte de terre, dans l'ordre indiqué par le tableau suivant, et qu'à la faveur de son rendement plus considérable, le navet des Sablons est partout au premier rang, quoique moins nourrissant que les deux autres.

PRINCIPALES VARIÉTÉS DE NAVETS RANGÉES D'APRÈS LEUR VALEUR RELATIVE POUR LES SOLS SUIVANTS :

POUR LE SABLE PUR D'ALLUVION.	NOMBRES exprimant les valeurs relatives.	POUR LE SABLE HUMIFÈRE.	NOMBRES exprimant les valeurs relatives.
Navet des Sablons........	1728,0340	Navet des Sablons........	2493,3200
— de Martot............	778,6650	— de Martot............	1218,4980
— de Freneuse..........	509,3280	— de Freneuse..........	1123,9580

POUR LE SOL ARGILEUX.	NOMBRES exprimant les valeurs relatives.	POUR LE SOL CALCAIRE.	NOMBRES exprimant les valeurs relatives.
Navet des Sablons........	2538,2344	Navet des Sablons........	4063,2060
— de Martot............	1810,8016	— de Martot............	3111,2640
— de Freneuse..........	1496,2500	— de Freneuse..........	2003,2044

Il résulte donc de tout ceci que c'est le *navet des Sablons* qu'on devrait préférer, puisque c'est lui qui a la valeur relative la plus élevée dans tous les terrains; mais le navet n'étant à peu près cultivé que pour la nourriture de l'homme, on doit tenir grand compte de la saveur particulière des diverses variétés, et, sous ce point de vue, le *navet de Martot* paraît l'emporter de beaucoup sur le premier.

Climat et sol. — Les navets demandent exactement le même climat que la rave.

Quant au sol, ceux dans lesquels ils donnent les produits les plus abondants sont les sols calcaires et les sols argileux perméables, ainsi que le démontrent nos expériences. On voit, en effet, qu'en tenant compte du total de racines fourni par chacune de nos quatre sortes de terre, elles se trouvent classées dans l'ordre suivant, quant à leur pouvoir productif :

Le sol calcaire qui a produit................	17kil136	de racines.
Le sol argileux..........................	12 048	—
Le sable humifère.......................	8 832	—
Le sable pur d'alluvion...................	7 416	—

Mais il est bon de remarquer que ces produits n'offrent pas tous la même qualité. Les plus estimés sont ceux des terres sablonneuses; ceux des terres calcaires viennent ensuite, et, en troisième rang, ceux des sols argileux ; dans ces derniers terrains les navets sont fibreux, véreux et de qualité médiocre ; il faut donc préférer les sols légers et perméables.

Les navets exigent les mêmes engrais et amendements que les raves. Ils épuisent le sol au même degré.

Culture. — C'est seulement comme récolte intercalaire, et quelquefois comme récolte dérobée, qu'on les cultive.

Semaille. Après l'enlèvement de la récolte qui précède, on répand le fumier, si le sol en a besoin ; on donne ensuite un seul labour suivi d'un hersage, puis, par un temps humide, on répand la graine à la volée, dans la proportion de 3 kilogrammes par hectare, et l'on recouvre à l'aide d'un hersage suivi d'un roulage. La graine doit être âgée de deux ou trois ans ; si elle était plus jeune, un grand nombre de plantes monteraient au lieu de développer leurs racines charnues, ou bien celles-ci ne prendraient pas leur développement ordinaire.

Cet ensemencement peut être pratiqué depuis le milieu de juin jusque vers la mi-août.

Soins d'entretien. Lorsque les plantes ont développé leurs premières feuilles, on donne un binage à la houe à main pour détruire les plantes nuisibles et éclaircir les navets qui sont à moins de 0m,20 les uns des autres.

Culture dérobée. Lorsqu'on cultive les navets comme récolte dérobée, c'est ordinairement avec le sarrasin qu'on les sème. Après la récolte de celui-ci, on applique aux navets le binage dont nous venons de parler.

Récolte et rendement. — C'est vers la fin de novembre qu'on récolte les navets. On les arrache avec un instrument à main, puis on tranche les feuilles et une petite partie du collet pour les empêcher de pousser jusqu'au moment où on les consomme.

Quant au rendement en racines, il ne dépasse guère 9 à 10,000 kilogrammes.

COMPTE DE CULTURE D'UN HECTARE DE NAVETS CULTIVÉS COMME RÉCOLTE INTERCALAIRE.

DÉPENSE.

Un labour ordinaire	22f »
Un hersage	2 60
Semence, 3 kil. à 3 fr. le kil	9 »
Répandre la semence à la volée	1 »
Un hersage	2 60
Un roulage	2 »
Un binage à la houe à main	30 »
Arrachage des racines à la fourche	25 »
Effeuillage	12 »
Transport	6 »
30,000 kil. de fumier, à 10 fr. les 1000 kil., y compris les frais de transport et de répartition, 300 fr. Le sixième de cette somme à la charge des navets	50 »
Intérêt pendant un an du prix de la fumure non absorbée	12 50
Intérêt pendant six mois, à 5 pour 100, des frais ci-dessus	4 71
Total	179 41

PRODUIT.

8000 kil. de navets, à 40 fr. les 1000 kil	320 »

BALANCE.

Produit	320 »
Dépense	179 41
Bénéfice net	140 59

Environ 80 pour 100 du capital employé.

TOPINAMBOUR.

Le *topinambour* ou *poire de terre* (*helianthus tuberosus*) (fig. 519), originaire des parties les plus septentrionales du Mexique, est connu en Europe depuis plus de deux siècles, et sa culture s'y est établie longtemps avant celle de la pomme de terre. Toutefois, malgré les efforts que firent successivement Arthur Young, en Angleterre, Yvart, en France, Schwerz et Kade, en Prusse, pour préconiser cette utile récolte, sa culture est restée confinée sur quelques points de la France, notamment en Alsace, où son introduction date de 1823. Mais la maladie qui n'a cessé d'attaquer la pomme de terre, depuis quelques années, a appelé de nouveau l'attention des agronomes sur le topinambour; il est devenu l'objet d'essais multipliés sur différents points de la France, et nous ne doutons pas que, cette plante étant mieux étudiée, et les services qu'elle peut rendre plus appréciés, elle ne fasse partie des récoltes habituelles de toutes les exploitations.

En effet, le topinambour donne des produits abondants même dans les sols médiocres; il n'épuise pas la terre; il se perpétue pendant un grand nombre d'années sur le même sol, n'exige que peu de frais; il ne craint pas la gelée, et l'on peut le laisser en terre et ne l'arracher qu'à mesure des besoins; il n'est attaqué par aucun insecte, n'est sujet à aucune maladie; enfin, il offre une nourriture à peu près aussi riche que celle de la pomme de terre.

Deux parties de la plante peuvent être utilisées : les *tubercules* et la *tige*.

Les *tubercules* sont considérés, en Alsace, comme une excellente nourriture pour les vaches laitières, auxquelles on les donne presque toujours associés avec les betteraves, les pommes de terre et des fourrages secs. On en nourrit également les chevaux, qui s'en trouvent très-bien; la ration journalière est de 10 litres joints à une certaine quantité de fourrage sec. Les moutons s'accommodent aussi de cette racine unie à la nourriture sèche; on peut la leur donner dans la proportion de 1 hectolitre par jour, pour 120 têtes. Toutefois, il est utile d'y ajouter une petite quantité de sel.

Les porcs refusent d'abord ces mêmes tubercules, mais ils finissent par s'y habituer et en deviennent si avides, qu'ils fouillent la terre pour les en extraire. Les topinambours seront d'autant plus sains pour les bestiaux, qu'on les aura plus récemment récoltés.

Fig. 519. *Topinambour.*

Les *tiges* présentent une utilité presque aussi grande, et c'est là un avantage que n'offre pas la pomme de terre. On les emploie vertes ou sèches. Quoique la récolte de ces tiges, faite au commencement de septembre, puisse diminuer d'un tiers la croissance des tubercules, le fourrage qu'on en obtient peut avoir, à cette époque où l'on commence à manquer de nourriture verte, une valeur telle, qu'elle compose largement la diminution de tubercules.

D'après les expériences de Schwerz, 100 kilogrammes de tiges vertes égalent, quant à la qualité nutritive, 31 kilog. 25 de foin sec. Dans tous les cas, elles sont données aux bestiaux en mélange avec d'autres herbes; elles augmentent ainsi en valeur, et rendent les herbes d'automne plus nourrissantes en leur fournissant plus de consistance. Thaër les conseille surtout pour les moutons.

Il est bien clair que lorsqu'on peut se dispenser de couper en vert les tiges du topinambour, il y a avantage à laisser prendre aux tubercules tout leur développement. On emploie alors les tiges *en sec*. Elles fournissent, dans cet état, un bon fourrage que tous les bestiaux mangent volontiers. Quoiqu'il semble plus approprié aux chevaux et aux moutons, il convient cependant aussi aux bêtes à cornes.

Il ne faut pas s'inquiéter de la couleur noire que prennent les feuilles en se desséchant; lorsque cette teinte n'est pas le résultat d'une dessiccation prématurée, elle ne nuit pas plus à leur qualité qu'une sorte d'efflorescence blanchâtre qui se montre à leur surface, et ressemble à une moisissure.

Enfin, les tiges de topinambour ont, *comme combustible*, une valeur que ne peuvent avoir celles d'aucun autre produit de la culture des champs. Quand on les destine à cet emploi, on les laisse sur pied jusqu'à ce que la dessiccation soit devenue complète. Pour les rentrer et s'en servir plus commodément, on les coupe par le milieu, et l'on en fait des fagots. Ce combustible est surtout très-convenable pour chauffer les fours.

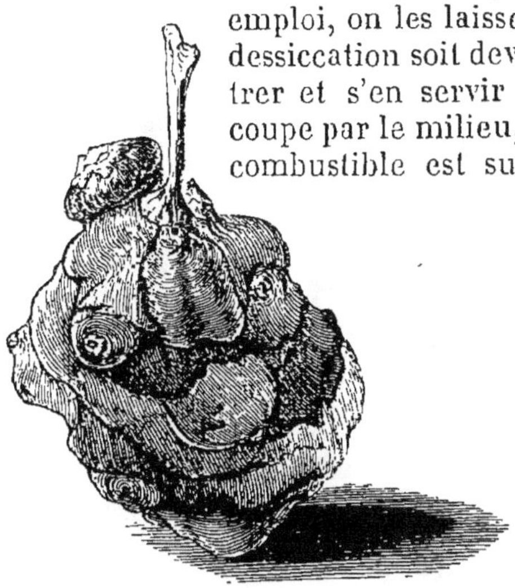

Fig. 520. *Topinambour à tubercules rouges.*

M. Boussingault a essayé de faire entrer les tiges sèches du topinambour dans la litière des porcs; la moelle, qui en forme la plus grande partie, absorbe une grande quantité de déjections liquides.

Espèces et variétés. — On ne cultive qu'une seule espèce de topinambour; la figure 520 en montre un tubercule détaché. Vilmorin fils a semé les graines de cette plante dans l'espoir d'en obtenir de nouvelles variétés préférables à l'ancienne, surtout au point de vue de la précocité. Ses essais lui ont donné une variété à tubercules jaunes

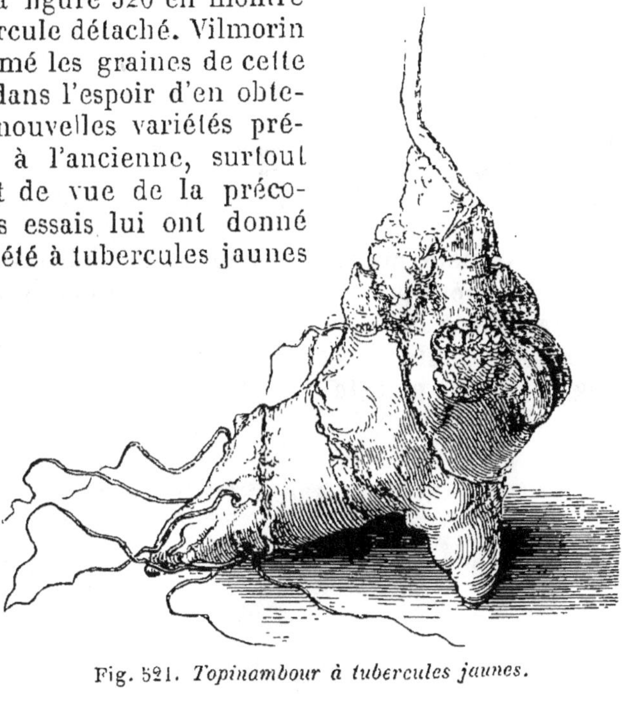

Fig. 521. *Topinambour à tubercules jaunes.*

(fig. 521), mais qui ne paraît pas différer, par ses qualités, de celle à tubercules rouges.

Composition chimique. — D'après les analyses de MM. Payen, Poinsot et Fery, les tubercules de topinambour contiennent, sur 100 parties, les substances suivantes :

Eau		76,40
Glucose et autres matières sucrées		14,70
Albumine et deux autres matières azotées		3,12
Cellulose		1,50
Inuline		1,86
Acide pectique		0,92
Pectine		0,37
Matières grasses et traces d'huile essentielle		0,20
Matière colorante violette sous l'épiderme		traces
Sels.	Phosphate de chaux, de magnésie, de potasse, sulfate de potasse, chlorure de potassium, citrate et malate de potasse, malate de chaux, traces de soude	1,29
		100,00

Les proportions d'eau et de matière sèche varient notablement suivant les climats et les sols, ainsi qu'on peut le voir par les chiffres suivants indiqués par divers auteurs :

		Matière sèche.	Eau.	
Topinambours des environs de Nancy		22,95	77,05	Braconnot.
— d'Alsace		20,70	79,30	Boussingault.
— de Normandie.	Sable d'alluvion	19,75	80,25	J. Girardin et Du Breuil.
	Sable tourbeux	19.50	80,50	*Id.*
	Argile	20,50	79,50	*Id.*
	Calcaire	18,70	81,30	*Id.*
— de Grenelle, près Paris		23,96	76,04	Payen, Poinsot et Fery.

Le terrain de Grenelle était sablonneux et de médiocre fertilité, il avait reçu du phosphate ammoniaco-magnésien, qui s'était montré très-favorable au développement des topinambours.

La matière sèche offre aussi des différences assez grandes : M. Boussingault donne pour la composition élémentaire des tubercules secs :

Carbone	43,02
Hydrogène	5,91
Oxygène	43,56
Azote	1,57
Cendres	5,97
	100,00

M. Payen a trouvé, de son côté, dans 100 parties de topinambour desséché, 2,16 d'azote; c'est plus du double de ce que l'on obtient de la pomme de terre desséchée, un peu plus que n'en contiennent les fruits des céréales, y compris le froment.

M. Boussingault a trouvé dans les tiges sèches de topinambour :

Carbone	45,66
Hydrogène	5,43
Oxygène	45,72
Azote	0,43
Cendres	2,76
	100,00

Climat et sol. — De toutes les plantes propres à l'alimentation, le topinambour est incontestablement l'une des moins exigeantes au point de vue du climat et de la nature du sol.

Quant au climat, il s'accommode également de celui des diverses régions de notre territoire. Il supporte, sous terre, un degré de froid auquel ne résiste aucune de nos plantes tuberculeuses, mais l'excès d'humidité le fait périr. Il lutte aussi avec facilité contre une sécheresse intense. On voit, à la vérité, ses feuilles se faner, mais elles résistent, et la nuit suffit pour les rafraîchir et les relever.

A l'exception des marais, toutes les stations et toutes les terres sont bonnes pour le topinambour, depuis les meilleures terres à blé, jusqu'au sable graveleux le plus aride, jusqu'au sol calcaire le plus stérile.

Les essais que nous avons faits sur le rendement comparé des diverses sortes de racines. dans les principales natures de terre, nous ont donné comme résultat pour le topinambour :

Sable d'alluvion	20kil868	de tubercules.
Sable tourbeux *très-sec*	26 768	—
Argile sableuse	22 568	—
Terre calcaire	18 908	—

Ces produits nous ont été fournis par 8 tubercules pesant chacun environ 60 grammes.

D'où il suit que ce sont les terrains secs et légers qui conviennent surtout à cette plante.

Place dans la rotation. — La difficulté que l'on éprouve à détruire complétement le topinambour, dans le sol où on l'a cultivé, a engagé le plus grand nombre des cultivateurs de l'Alsace à ne pas le faire entrer dans les assolements réguliers.

Ils lui consacrent, pour un certain nombre d'années, un terrain spécial, comme on le fait pour les prairies artificielles de longue durée (luzerne, sainfoin), avec lesquelles on pourrait le faire alterner.

Si, cependant, on voulait faire entrer cette récolte dans un assolement régulier, voici, d'après Yvart, la meilleure rotation : 1re *année* : topinambour, après labour et engrais; 2e *année* : céréale de printemps avec prairie artificielle. Dans les labours et hersages, on ramasse soigneusement les tubercules et racines de topinambour qui ont échappé ; plus tard, il est indispensable de détruire les nouvelles pousses à l'échardonnette ; 3e *année* : prairie artificielle ; 4e *année :* céréale d'hiver ; Schwerz préfère placer, après les topinambours, une récolte de vesce mélangée de trèfle.

Amendements et engrais. — Plus rustique et moins exigeant que les autres plantes à racines alimentaires, le topinambour s'accommode de tous les engrais, et, comme il a le grand avantage de puiser une partie de son azote dans l'air, on peut dire que c'est un des végétaux qui produisent le plus en consommant le moins d'engrais, et en nécessitant le moins de frais de culture. L'Alsacien Kade a vu le même terrain produire chaque année, pendant trente ans, une récolte passable de tiges et de tubercules de cette plante, bien que ce terrain n'eût reçu depuis longtemps ni soins ni engrais. Toutefois, si l'on veut en obtenir de bons produits, tant en feuilles et tiges qu'en tubercules, il est utile de fumer et de replanter tous les ans ou au moins tous les deux ans.

Lorsqu'on plante les tubercules à la main, comme en Alsace, en faisant une fosse pour chacun, on dépose la quantité de fumier destinée à chaque fosse, et on la recouvre, soit avec le pied, soit avec la houe. M. Dujonchay, propriétaire de l'Allier, qui cultive beaucoup le topinambour, emploie le fumier de ferme court, l'engrais et le terreau Jauffret, les chiffons de laine et le tourteau, dans tous les sols, et, dans les terrains argilo-siliceux, les cendres lessivées ou charrées. On met une forte poignée de fumier consommé, d'engrais ou de terreau Jauffret, ou de charrée sur chaque tubercule, mais pour les tourteaux et les chiffons, la proportion est bien différente. Un kilogramme de chiffons hachés fume très-convenablement vingt-quatre à trente plants : ce qui fait à peu près 40 grammes par tubercule. Le chiffon se place dessus, le tourteau se met à côté, au moyen d'une petite mesure en fer-blanc un peu plus grande qu'un éteignoir et ayant la même forme; elle contient de 24 à 25 grammes de tourteaux.

A Béchelbronn, chez M. Boussingault, on fume les topinambours tous les deux ans, avec vingt-cinq voitures de fumier par hectare, ou 44,450 kilogrammes. On voit, dans le tableau suivant, le rapport qui existe entre la quantité de matière organique enfouie dans le sol comme engrais, et la quantité de la même matière qui se retrouve dans les produits récoltés.

SUBSTANCES.	RÉCOLTES par hectare pour les 2 années.	RÉCOLTES SÈCHES.	CARBONE.	HYDROGÈNE	OXYGÈNE.	AZOTE.	SELS et TERRES.
	kil.	kil.	kil.	kil.	kil.	kil.	kil.
Tubercules......	52,880	11,000	4,763,0	638,0	4,763,0	176,0	660,0
Tiges ligneuses .	28,800	24,542	11,224,7	1,326,3	11,224,7	98,2	687,2
Somme.........	81,080	35,562	15,987,7	1,964,3	15,987,7	274,2	1,347,2
Engrais employé.	45,450	9,408	3,368,1	395,1	2,427,3	188,2	3,029,3
Différence.......	+35,630	+26,151	+12,619,6	+ 1,569,2	+13,560,4	+ 86,0	−1,682,1

La culture du topinambour présente donc, théoriquement, des avantages considérables, puisque la matière organique de la récolte excède de beaucoup la matière organique de l'engrais. Toutefois, il faut tenir compte, et même déduire la matière organique des tiges qu'on n'utilise pas toujours dans la pratique; on les laisse souvent sur le champ comme fumure. En suivant cette pratique, on peut obtenir 100 kilogrammes de tubercules par 50 kilogrammes à peu près de fumier d'étable.

Les expériences précédentes prouvent avec évidence que c'est surtout en substances minérales que le topinambour appauvrit le sol. Voici dans quels rapports les acides et les bases alcalines sont enlevés, par hectare, pendant les deux années de la culture.

Les 11,000 kil. de tubercules secs contiennent 660 kil. de cendres, dans lesquelles on trouve :

Acide phosphorique..............................	71,2
Acide sulfurique..............................	14,6
Chlore..............................	10,6
Chaux..............................	15,2
Magnésie..............................	11,8
Potasse..............................	293,6
Soude..............................	traces
Silice..............................	85,8
Fer et alumine..............................	34,4

Comme on le voit, les topinambours ont surtout la propriété de puiser avec énergie les phosphates et les sels de potasse dans le sol et les engrais, et ils peuvent, dans des circonstances déterminées, absorber ou retenir une très-grande quantité de ces sels. Il y a donc nécessité de leur donner des engrais riches en ces matières minérales, et l'on conçoit de suite très-bien que les tourteaux, les chiffons, les engrais animaux, les urines et le purin, puis les charrées, soient de tous les engrais ceux qui produisent les résultats les plus avantageux.

Culture. — *Préparation du sol.* On prépare le sol de la même manière que pour les pommes de terre.

Plantation. On peut commencer à planter les tubercules dès la fin de l'hiver, aussitôt que le temps et les travaux le permettent. Cette opération doit être terminée au plus tard à la mi-avril, si l'on ne veut que leur végétation, très-précoce, en souffre. Comme ils ne craignent pas la gelée, on peut aussi les mettre en terre avant ou pendant l'hiver. Ce procédé doit même être préféré dans les terrains où l'on n'a pas à redouter l'humidité. On diminue ainsi la somme des travaux toujours trop nombreux au printemps, et les plantes n'en sont que plus vigoureuses.

On plante, avec le même succès, des tubercules de toutes grosseurs. On peut même se servir de tubercules fanés, pourvu qu'on les fasse tremper dans l'eau deux jours avant de les planter. Les expériences de Kade démontrent que la mise en terre de morceaux de tubercules n'a pas le même succès que pour la pomme de terre.

Le mode de plantation des topinambours est semblable à celui de la pomme de terre; seulement on les place à une profondeur moins considérable d'un tiers. Si l'on emploie de petits tubercules, on en met deux ou trois à la même place. L'espace à réserver entre chaque tubercule doit être aussi plus considérable que pour la pomme de terre, parce que la plante prend plus d'espace. En Alsace, on réserve 1 mètre entre les lignes de plantes et $0^{m},60$ entre les plantes sur les lignes. On emploie pour ce mode de plantation environ 1200 kilogr. de tubercules.

Soins d'entretien. Comme toutes les plantes largement espacées, le topinambour demande certaines façons d'entretien, destinées à maintenir le sol en bon état et à favoriser la végétation. Un premier binage est donné aussitôt que la terre commence à se salir de mauvaises herbes, et l'on répète cette opération aussi souvent que l'état de la terre et les bras dont on dispose peuvent le permettre. Ces façons sont pratiquées avec la houe à cheval; mais c'est à la condition de replanter à neuf tous les ans. Lorsqu'au contraire on se contente, à chaque récolte, de laisser dans le sol un certain nombre de tubercules pour servir à la production de l'année suivante, la régularité de la plantation disparaît et l'on est alors obligé de donner ces binages à bras d'homme. Il faut, dans ce cas, supprimer en même temps les tiges trop rapprochées, afin que les plantes ne s'affament pas réciproquement. Un ou deux buttages sont aussi nécessaires pour favoriser la multiplication des tubercules.

Récolte. — La récolte des tiges et celle des tubercules n'ayant pas lieu au même moment, nous les étudierons séparément.

La *récolte des tiges*, destinées à servir de fourrage sec, se fait vers la seconde moitié de septembre; plus tôt, elle nuirait à la formation des tubercules, et les feuilles seraient moins nourrissantes; plus tard, l'humidité de la saison ne permettrait pas aux tiges de sécher convenablement. Pour couper les tiges, on se sert d'une faucille un peu plus forte que celle employée ordinairement, et on les tranche à 30 centimètres du sol. Sitôt les tiges coupées, on les lie en bottes de 25 à 30 centimètres de diamètre, sans trop les serrer, et on les pose debout, par faisceaux de sept. Après une huitaine de jours, et lorsque les feuilles sont bien sèches à l'extérieur des bottes, on défait les faisceaux, et on les réunit trois par trois, en tas de 21 bottes, dont 14 sont disposées en faisceaux; les sept autres, la coupe en haut et fortement liées vers cette coupe, sont placées par-dessus en forme de toit pointu. Ainsi disposés, les tas atteignent le plus grand degré possible de siccité sans craindre le temps le plus défavorable.

La *récolte des tubercules* peut être effectuée, sans inconvénient, de la fin d'octobre au milieu d'avril. Loin d'éprouver aucun dommage, les tubercules restés dans le sol jusqu'à la fin de l'hiver continuent de s'accroître, il y aurait par conséquent tout avantage à les y laisser si l'on ne craignait l'humidité qui les fait pourrir. Ces récoltes longtemps prolongées ne conviennent donc que dans les terrains secs.

Quant à la manière de déterrer les tubercules, elle est la même que celle employée pour la pomme de terre; seulement, il faut avoir soin de recueillir avec la plus grande attention tous les tubercules et les racines, car celles qu'on oublierait saliraient les récoltes des autres espèces qu'on ferait succéder à celle-ci, ou nuiraient à la régularité de la plantation suivante, si le sol était destiné à porter cette plante pendant plusieurs années consécutives. Il n'y a d'exception à cette règle que dans le cas où l'on ne tiendrait pas à conserver une disposition symétrique; les tubercules laissés dans la terre dispenseraient alors d'un nouvel ensemencement.

Rendement. — D'après Schwerz et Kade, le rendement du

topinambour s'élève, en moyenne, déduction faite de la partie non mangeable des tiges, à 7500 kil. de fanes sèches par hectare.

Quant aux tubercules, voici le rendement constaté en Alsace pour la même surface :

	Hectol.	Kilog.	Autorités.
Terres sablonneuses	128	10,240	Schwerz.
Sol de première qualité	319	35,520	Kade.
A Béchelbronn (moyenne)	330	26,400	Lebel et Boussingault.
A Béchelbronn (récolte de 1839-40)	441	35,272	*Id.*
Dans le département de l'Indre, en 1847	120	9,600	Briaune.
Dans les alluvions du Rhône	750	60,000	de Gasparin.

Ce qui donne en moyenne 348 hectol., ou en poids, 27,838 kil.

On voit que le produit en tubercules est généralement plus considérable pour le topinambour que pour la pomme de terre, puisque cette dernière ne fournit, en moyenne, que 270 hectol. par hectare, ou en poids, 21,600 kil.

COMPTE DE CULTURE D'UN HECTARE DE TOPINAMBOURS REPLANTÉS ANNUELLEMENT SUR LE MÊME TERRAIN.

DÉPENSE.

Préparation du sol et plantation comme pour les pommes de terre	102	
Tubercules pour la plantation de 1200 kil., à 2 fr. les 100 kil.	24	
Un hersage	2	
Deux binages à la houe à cheval, à 5 fr. l'un	10	»
Un buttage avec le buttoir	5	»
Coupe, bottelage, séchage et transport des tiges	30	»
Arrachage des tubercules et transport à la ferme	75	»
30,000 kil. de fumier, à 10 fr. les 1000 kil., y compris les frais de transport et de répartition, 300 fr.; les deux tiers de cette dépense à la charge des topinambours	200	»
Intérêt pendant un an, à 5 pour 100 du prix de la fumure non absorbée	5	»
Loyer de la terre	70	»
Frais généraux d'exploitation	20	»
Intérêt pendant un an, à 5 pour 100 des frais ci-dessus	27	18
Total	570	78

PRODUIT.

28,000 kil. de tubercules équivalant à 11,200 kil. de foin sec, à 71 fr. 50 les 1000 kil.	800	80
7500 kil. de fourrage sec équivalant à 1000 kil. de foin sec	71	50
Total	872	30

BALANCE.

Produit.	872 30
Dépense	570 78
Bénéfice net	301 52

Environ 55 pour 100 du capital employé.

PATATE.

La *patate* ou *batate (convolvulus batatas)* (fig. 522 et 523) est originaire des contrées tropicales; ses racines y servent depuis longtemps à la nourriture de l'homme.

Adoptée depuis environ trois siècles dans la partie méridionale de l'Espagne, elle y concourt à l'approvisionnement des marchés. C'est de ce point qu'elle fut introduite en France sous le règne de Louis XV, d'abord à Trianon, par Richard, puis à Choisy-le-Roi, par Gondoin. Mais la saveur sucrée de cette racine

Fig. 522. *Patate.*

Fig. 523. *Fleur grossie.*

empêcha, à cette époque, que sa culture ne prît de l'extension, et, après la mort de Louis XV, cette plante fut presque abandonnée. Sous l'Empire, elle fut recherchée de nouveau, surtout à Paris; mais lorsqu'elle perdit les encouragements que l'impératrice Joséphine lui avait donnés, elle fut encore une fois délaissée.

C'est en 1834 que la Société d'horticuulture de Paris rappela l'attention sur la plante, comme plante potagère. Depuis cette époque, beaucoup d'essais ont été tentés; de nombreux écrits ont été publiés sur sa culture, non-seulement dans le jardin potager, mais aussi et surtout au point de vue de l'alimentation des bestiaux.

Nous citerons particulièrement au nombre de ces derniers travaux, ceux de MM. Vallet de Villeneuve, Reynier, Robert, Ridolfi, de Gasparin, qui nous serviront de guide dans ce que nous avons à dire.

Les patates donnent d'abondantes racines féculentes, sucrées, d'une digestion plus facile que la pomme de terre, très-saines enfin pour la nourriture de l'homme. Malheureusement, cette saveur sucrée a été, jusqu'à présent, un obstacle à ce qu'elles soient généralement admises dans l'alimentation. On peut espérer que cette répugnance disparaîtra comme celle qui accueillit d'abord la pomme de terre; mais il ne faut pas oublier, en attendant, que ses racines sont une nourriture très-saine pour tous les animaux domestiques, qui les mangent avec avidité.

La patate donne des fanes abondantes douées d'une grande valeur nutritive; à l'état sec, ces fanes équivalent au triple de leur poids en foin ordinaire.

A ce seul point de vue, la culture de la patate présente donc déjà une importance réelle; et si l'on songe que, sous le climat du Midi, climat qui lui est nécessaire pour être mise en plein champ, elle tiendrait lieu des autres racines fourragères, racines qui y sont souvent anéanties par l'excès de la sécheresse, on comprendra combien il serait désirable de la voir se naturaliser dans nos départements du Sud.

Composition chimique. — M. Payen a analysé les patates cultivées aux environs de Paris, et il a trouvé les substances suivantes :

	Patate blanche dite igname.	Patate rouge.
Eau	76,6	71,25
Amidon	13,2	17,00
Sucre	2,6	3,20
Cellulose, albumine, matière azotée, matière grasse, substance aromatique, acide pectique et malique, sels, oxydes, etc.	7,6	8,55
	100,0	100,00

Les patates rouge et jaune de l'Amérique contiennent plus d'amidon et de sucre que les mêmes variétés cultivées dans notre climat.

Le poids des tubercules est à peu près égal à celui des tiges.

Voici les proportions d'azote que M. Payen a trouvées dans ces deux parties de la patate igname :

		A l'état frais.	Desséchés complétement.
Azote dans 100	de tubercules	0,199	0,71
—	de tiges	0,759	3,13

Les tubercules de la patate sont donc moins nourrissants que ceux de la pomme de terre, dans le rapport de 20 à 36; mais, comme ses tiges ont une grande valeur nutritive, elle pourrait devenir, sous ce rapport, l'une des meilleures plantes fourragères pour le Midi.

Variétés. — Dans les contrées tropicales, où la patate fleurit et fructifie abondamment, on en a obtenu un nombre de variétés presque aussi considérable que celui de nos pommes de terre. Nous ne cultivons encore, en France, que quelques-unes de ces variétés, au nombre desquelles nous citerons les suivantes :

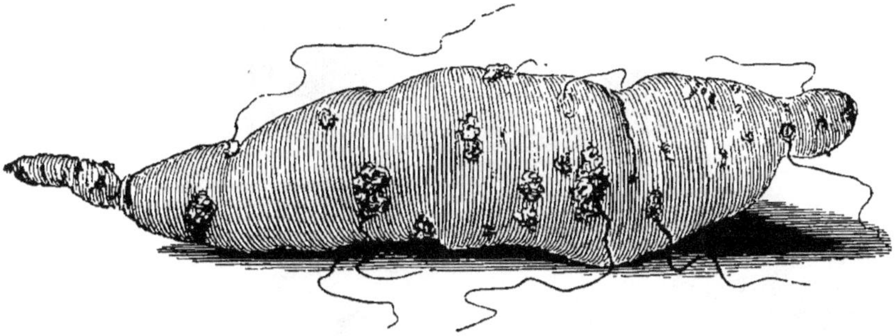

Fig. 524. *Patate rouge.*

Fig. 525. *Patate jaune longue.*

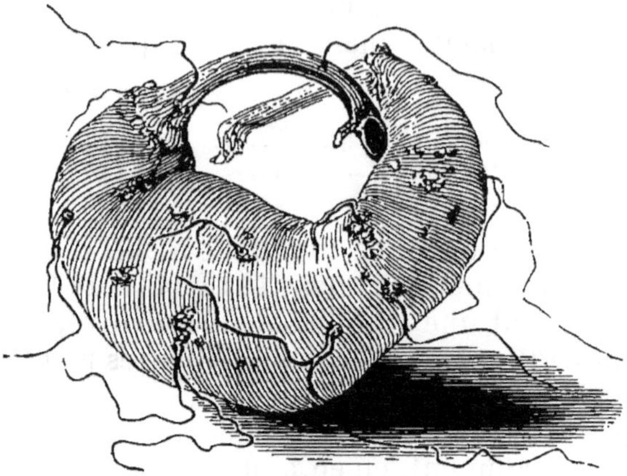

Fig. 526. *Patate rose de Malaya.*

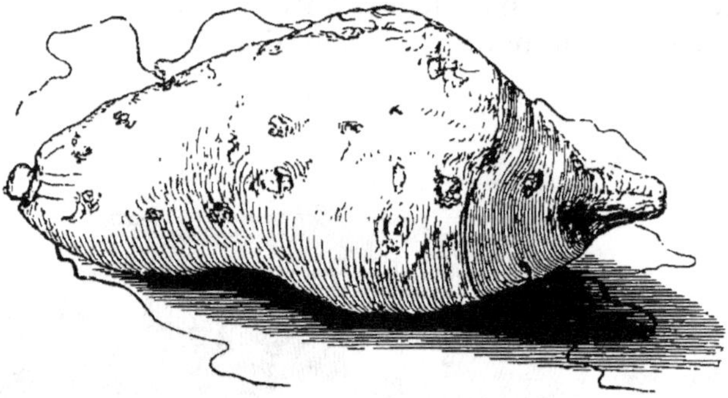

Fig. 527. *Patate blanche de l'Ile-de-France.*

Fig. 528. *Patate violette de la Nouvelle-Orléans.* (C'est une de celles qui se conservent le mieux.)

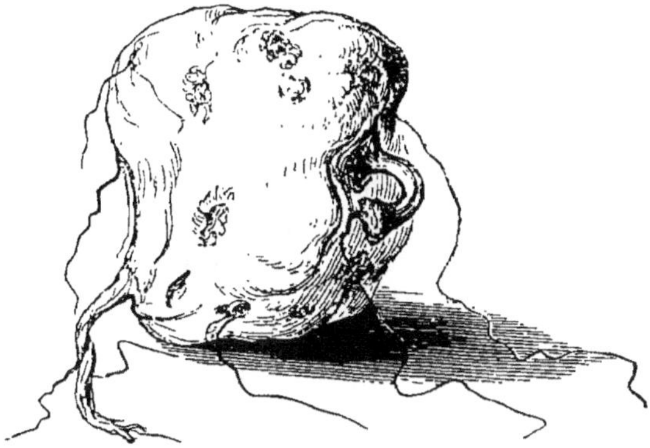

Fig. 529. *Patate igname.* (Ses tubercules blancs acquièrent le plus de grosseur, mais ils sont moins doux que les autres.)

Il est à désirer que de nombreux semis soient effectués en France, afin d'en obtenir de nouvelles variétés plus appropriées à notre climat. Déjà MM. Robert, Sageret et Vallet de Villeneuve en ont recueilli plusieurs qui paraissent avoir des qualités remarquables; telles sont la *patate blanche ovoïde* de M. Sageret, la *patate blanche mi-sphérique* de M. Vallet de Villeneuve et la *patate rose Robert.*

Lorsqu'on aura mis en lumière un certain nombre de variétés nouvelles, on pourra les cultiver comparativement, ainsi que nous l'avons fait pour les autres racines fourragères, et reconnaître celles qui sont préférables suivant les circonstances locales et la destination des produits.

Climat et sol. — Originaire des climats chauds, la patate ne peut venir en plein champ dans nos départements du Nord et même du Centre; la chaleur est insuffisante et trop peu prolongée pour lui permettre de parcourir toutes les phases de sa végétation. MM. Vilmorin et Poiteau pensent que le 46e degré de latitude est la limite que la grande culture de cette plante ne pourra dépasser vers le Nord.

Quant au choix du terrain, la patate est peu exigeante; elle donne des produits également beaux dans les terrains secs et légers et dans les sols compactes. Mais c'est dans les terrains profonds et de consistance moyenne, que la récolte est la plus abondante.

Place dans la rotation. — Les labours et la fumure que réclame la patate, les façons qu'on doit lui appliquer pendant la végétation, l'action de ces diverses opérations sur la destruction des plantes nuisibles qui salissent la terre, tout cela fait de la patate une véritable plante sarclée, et qui doit, par conséquent, être placée en tête de la rotation des cultures du Midi, comme on le fait, dans le Nord, pour la pomme de terre, la betterave, etc.

Engrais. — C'est une des plantes les moins exigeantes; elle se développe admirablement et parvient à des dimensions considérables dans le sable le plus dépourvu de principes végétaux; aussi, la cultive-t-on souvent sans engrais direct et par le seul bénéfice de l'état antérieur des terres. M. Vallet de Villeneuve ne prépare le sol qu'avec des engrais verts. M. Ridolfi, avec 11,000 kilogr. de fumier, obtient 625,600 kilogr. de patates. Les plus belles récoltes ont été réalisées sur des terres pourvues de terreau plutôt que d'engrais azotés, ce qui s'explique très-bien par la nature chimique de cette plante.

Culture. — *Préparation du sol.* M. Reynier et le marquis Ridolfi recommandent de donner au sol la même préparation que pour la pomme de terre, c'est-à-dire un labour profond avant l'hiver, puis un labour ordinaire au printemps pour enterrer le fumier, et un coup d'extirpateur au moment de la plantation. Cependant M. de Gasparin, s'appuyant sur le succès obtenu par son frère, M. A. de Gasparin, et par M. Escudier, du Var, recommande une pratique différente. Le premier s'est borné à creuser, dans un champ durci qui avait porté une récolte de seigle, des fosses de $0^m,35$ de côté sur $0^m,20$ de profondeur et à $0^m,60$ de distance les unes des autres. C'est dans ces fosses qu'il a fait sa plantation, et il en a recueilli une abondante récolte. M. Escudier, lui, ne fait qu'un labour léger; il voudrait, dit-il, que le fond de la terre fût pavé pour assurer le succès de cette culture. Or, comme d'autres faits viennent encore démontrer que l'ameublissement profond du sol ne fait que provoquer le développement des racines fibreuses au détriment des tubercules, nous pensons qu'on devra se contenter de suivre le procédé de M. Auguste de Gasparin.

A cet effet, on donnera au sol quelques coups d'extirpateur et de scarificateur, pour le maintenir net de mauvaises herbes jusqu'à l'époque de la plantation, qui aura lieu l'année suivante. A ce moment, on tracera sur le sol, à l'aide d'un rayonneur, et, du levant au couchant, des lignes qui serviront de guide pour creuser les fosses. Ces lignes seront distantes de $1^m,25$ environ les unes des autres; de sorte que les fosses étant espacées à $0^m,60$ sur les lignes, on pourra en placer 13,280 par hectare. On ouvrira ensuite sur ces lignes les fosses, en ayant soin de faire alterner celles d'une ligne avec celles de la ligne suivante. La terre y sera replacée après avoir été bien pulvérisée, et, si le sol n'est pas assez riche par lui-même, on jettera préalablement au fond de chacune d'elles une certaine quantité de fumier.

Mode de multiplication. — Sous notre climat, la patate ne donne que peu ou pas de graines; c'est donc seulement au moyen de ses tubercules que l'on peut la multiplier assez pour les besoins de la grande culture. D'ailleurs, l'expérience a démontré que les plantes que l'on obtient de semis sont peu productifs. On a aussi remarqué que les tubercules entiers ou les gros fragments de tubercules émettent une infinité de racines qui s'affament réciproquement, au préjudice du produit essentiel; on a donc eu recours aux bourgeons que l'on détache des tubercules, et que l'on plante isolément comme autant de boutures. Enfin, on a songé à hâter artificiellement le développement de ces bourgeons sur les tubercules, afin de pouvoir effectuer la plantation assez tôt pour que les plantes aient pris tout leur accroissement avant les premiers froids de l'automne. Divers procédés ont été successivement employés. Le suivant est le plus simple, le moins coûteux et le plus à la portée de la grande culture.

Un mois environ avant le moment où l'on peut, sans danger, planter les boutures en plein air, on dispose, au pied d'un mur exposé au midi, un lit de terreau de $0^{m},20$ d'épaisseur ; on y place les tubercules à une distance de $0^{m},05$ à $0^{m},08$ les uns des autres, et on les recouvre de $0^{m},05$ de terreau. Là, on les arrose et l'on protége la plantation par un châssis incliné, supporté par un coffre en bois et garni de calicot enduit d'huile de lin. Ce châssis est recouvert, en outre, de paillassons et tenu fermé pendant quarante-huit heures après la plantation. Au bout de ce temps, il est ouvert pendant les journées chaudes, et les plantes sont arrosées avec de l'eau tiédie au soleil. Bientôt de nombreux bourgeons se développent (fig. 530), et l'on obtient ainsi un grand nombre de jeunes tiges propres à devenir des boutures. Comme il en faut 13,280 pour la plantation d'un hectare, 160 kilogr. de tubercules de moyenne grosseur seront nécessaires pour fournir les boutures.

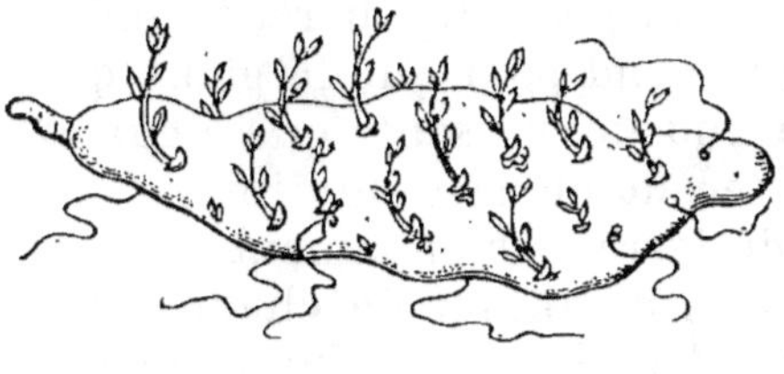

Fig. 530. *Tubercule en germination.*

Plantation. — *Époque convenable.* La patate est extrêmement sensible aux abaissements de température, et surtout au retour des gelées tardives. On ne doit donc l'exposer en plein air que lorsqu'on n'a plus à les craindre. Ce moment arrive, pour le Midi de la France, vers le milieu de mai.

Préparation des jeunes plants. Le matin même du jour de la plantation et lorsque les bourgeons ont atteint une longueur de $0^m,12$ à $0^m,20$, on retire les tubercules des coffres, et on les transporte sur le champ à garnir, dans des corbeilles tapissées de mousse très-humectée. Là, on détache les bourgeons et l'on en forme deux catégories :

La première comprend ceux que l'on peut, à l'aide d'un greffoir, détacher du tubercule avec un petit disque de chair de $0^m,02$ de diamètre et de $0^m,05$ d'épaisseur ; ce sont les boutures à talon ; elles sont les meilleures, et l'on doit s'efforcer d'en multiplier le nombre ;

La seconde catégorie comprend les boutures ordinaires, celles qu'on a été obligé de couper à la surface du tubercule.

Au fur et à mesure qu'on détache ces bourgeons, on coupe à $0^m,01$ environ de leur tige les pétioles des feuilles, moins les deux qui sont à l'extrémité, et l'on éborgne sur la partie de la tige qui doit être enterrée les petits bourgeons qui apparaissent souvent à l'aisselle des feuilles. La figure 531 montre une de ces boutures à talon ainsi préparée. Ces deux sortes de boutures sont placées à part dans des paniers garnis de mousse humide et abrités du soleil.

Fig. 531. *Germe détaché d'un tubercule de patate.*

Mise en terre. Après avoir préparé, dès la veille, le sol comme nous l'avons indiqué plus haut, un ouvrier, portant un panier rempli de jeunes plants et muni d'un plantoir, ouvre, au milieu de chaque fosse, un trou assez profond pour que le plant qu'il dépose à mesure dans chaque trou ne présente que deux ou trois feuilles hors de terre. Un second ouvrier suit immédiatement et remplit les trous avec du terreau bien ameubli et mélangé d'un peu de terre; puis il forme autour de chaque plant un petit auget, destiné à faciliter l'arrosement. Enfin, un troisième ouvrier termine l'opération en versant environ un demi-litre d'eau dans chaque auget, et le referme aussitôt que l'eau a été absorbée par le sol. On plante ainsi d'abord les boutures ordinaires, jusqu'à dix heures du matin; depuis ce moment jusqu'à quatre heures, on place les boutures à talon pour reprendre ensuite les boutures ordinaires. De cette manière, la plantation s'effectue sans interruption, quelque ardent que soit le soleil, et sans qu'il soit utile d'en garantir les jeunes plants.

Soins d'entretien. — Une dizaine de jours après la mise en terre, on pratique un léger binage pour enlever les mauvaises herbes ; en même temps, on butte les jeunes tiges. Un mois après, on donne un binage complet. Ces façons sont exécutées avec la houe à la main. Bientôt, la tige et les feuilles de la plante couvrent le terrain, étouffent les plantes adventices et entretiennent la fraîcheur du sol. Si cependant la terre devient trop sèche, on arrose, mais seulement entre le premier et le second binage. La patate supporte mieux que la plupart des autres récoltes l'action de la sécheresse ; des arrosements trop nombreux auraient pour effet de tasser le sol, de favoriser les herbes parasites et de nécessiter de nombreux binages ; d'un autre côté, l'expérience a démontré que l'irrigation nuit à la quantité du produit.

Maladies. — « On avait pu espérer, dit M. de Gasparin, que la patate serait exempte de la maladie qui attaque les pommes de terre, mais notre récolte de 1846, qui, en septembre, ne présentait aucune trace du mal, ayant été laissée en terre jusqu'en octobre pour donner aux tubercules plus de temps pour grossir, a été sérieusement compromise par l'invasion de la maladie. Une récolte plus précoce nous mettra-t-elle à l'abri de ce danger, ou faudra-t-il se résigner à subir les fâcheuses influences qui sévissent sur les pommes de terre ? C'est ce que l'avenir nous apprendra. »

Récolte. — La récolte des patates peut commencer dès le 15 septembre et être prolongée jusqu'au 10 octobre ; mais il y a quelque imprudence à attendre ce terme extrême, parce que les tubercules se dessèchent moins bien, et que, trop chargés alors de parties aqueuses par l'abondance des pluies, ils se conservent plus difficilement.

On coupe d'abord les tiges, qu'on donne en vert aux bestiaux, ou qu'on fait sécher pour les distribuer comme fourrage sec. On enlève ensuite les tubercules avec la bêche, on les secoue avec précaution pour en détacher la terre, et on les laisse sur place se ressuyer un jour au soleil ; après quoi on les transporte dans un local exposé au midi, où on les étend sur des claies. Ces opérations doivent être faites sans meurtrir les tubercules, car ils pourriraient immédiatement. Tant que la température de la pièce où l'on a déposé les tubercules est au moins de 5 degrés au-dessus de zéro, on ne les dérange pas ; mais quand elle est tombée au-dessous de ce point, on les transporte dans les vases de garde, après avoir enlevé ceux qui sont ramollis ou ridés, car ils se gâteraient bientôt.

La conservation des patates est la plus grande difficulté que présente la culture de cette plante. Nous traiterons plus loin de cette importante question.

Rendement. — M. Reynier a obtenu de ses patates un rendement moyen de 32,000 kilogr. de racines vendables, par hectare. M. de Gasparin porte le rendement à 30,000 kilogr. seulement; mais ces divers chiffres paraissent susceptibles d'être de beaucoup dépassés. Quant aux fanes, leur produit égale, à l'état frais, celui des tubercules.

COMPTE DE CULTURE D'UN HECTARE DE PATATES.

DÉPENSE.

Production des boutures pour un hectare.

160 kil. de tubercules à 60 c. le kil., pour payer leurs frais de conservation	96f	»
Terreau mélangé de terre fine pour une couche offrant environ 30 mètres carrés de surface sur 0m,20 d'épaisseur	10	»
Intérêt de la valeur des châssis à 10 pour 100	2	»
Plantation des tubercules, arrosements, préparation des boutures, etc	30	»
	138	»

Plantation et entretien pour un hectare.

Deux traits d'extirpateur et deux traits de scarificateur pour maintenir le sol net de mauvaises herbes jusqu'au moment de la plantation, à 6 fr. l'un	24	»
Formation de 13,280 fosses ayant les dimensions indiquées plus haut, à 2 fr. les 300	88	»
Plantation et arrosement	18	»
Deux binages et un buttage à la houe à main, à 25 fr. l'un	75	»
Récolte des racines et des fanes	130	»
Transport à 1 kilomètre	15	»
Valeur de l'engrais consommé, y compris les frais de transport et d'épandage	564	»
Loyer de la terre	70	»
Frais généraux d'exploitation	20	»
Intérêt pendant un an, à 5 pour 100 des frais qui précèdent	57	10
Total	1199	10

PRODUIT.

Tubercules, 30,000 kil. équivalant à environ 4300 kil. de foin sec, à 71 fr. 50 c. les 1000 kil	307	45
Fanes fraîches, 30,000 kil. équivalant à 14,000 kil. de foin sec, à 71 fr. 50 c. les 1000 kil	1001	»
Total	1308	45

BALANCE.

Produit	1308 45
Dépense	1199 10
Bénéfice net	109 35

9 pour 100 du capital employé.

La valeur que nous avons assignée aux produits de la patate n'est calculée que pour le cas où ils seraient livrés aux bestiaux; mais il est bien évident que, du jour où cette plante servirait à l'alimentation de l'homme, sa valeur subirait une augmentation notable et que le capital employé donnerait une rente beaucoup plus élevée. Il résulte néanmoins de nos calculs que, dans l'état actuel, la patate donne déjà plus de bénéfice que la pomme de terre, pour l'alimentation des bestiaux.

CONSERVATION DES RACINES.

Les racines alimentaires, dont nous venons de terminer l'étude, étant principalement destinées à la nourriture des bestiaux pendant l'hiver, il importe de les conserver à l'abri de toute altération jusqu'à ce que la luzerne verte, le trèfle incarnat, ou autres fourrages précoces, viennent les remplacer. La grande quantité d'eau de végétation que ces racines contiennent, la promptitude avec laquelle elles passent à la pourriture, lorsqu'elles ont été froissées ou meurtries, la nécessité de les entasser en grandes masses, et, par suite, le développement d'une forte chaleur dans l'intérieur de ces tas, sont autant de circonstances qui compliquent le problème de conservation et obligent à des soins et à une surveillance de tous les instants.

Les conditions qu'il faut rigoureusement observer pour maintenir parfaitement saines les différentes racines, pendant près de six mois de l'année, en les empêchant de pourrir ou de germer, sont : de les mettre à l'abri de la gelée, de les garantir de la chaleur et de l'humidité, de les préserver de la lumière. On satisfait à ces conditions de plusieurs manières, suivant l'espèce de racines et la plus ou moins grande quantité qu'on en récolte.

Dans les grandes exploitations, on emploie des fosses en terre ou *silos;* dans les petites, on se borne à des caves ou celliers; dans les fermes auxquelles sont annexées des sucreries, des distilleries de betteraves ou des féculeries, on fait souvent usage de magasins. Examinons successivement ces divers modes de conservation.

Conservation en fosses ou silos. C'est surtout lorsqu'on a de grandes masses de pommes de terre, de betteraves, de carottes, que l'insuffisance des bâtiments, caves ou celliers, force à enfouir dans le sol les récoltes qui ne peuvent courir les chances de rester à l'air libre.

Dans l'origine, on creusait, dans un sol sec, non sujet aux infiltrations, des fosses circulaires ou quadrangulaires, à une profondeur à l'abri de la gelée; on y empilait les racines après qu'elles s'étaient ressuyées autant que possible, puis, après les avoir recouvertes d'un lit de paille, on bouchait l'ouverture supérieure avec une couche de terre épaisse et bien tassée; mais on a renoncé à ces souterrains, à cause de la difficulté de surveiller l'état des racines. Lorsque celles-ci, par suite de la fermentation qui se développe après l'enfouissement, en raison de la forte proportion d'eau de végétation qu'elles contiennent, venaient à s'altérer, il fallait vider totalement les fosses pour isoler les parties gâtées, ce qui nécessitait beaucoup de temps, de main-d'œuvre et de dépenses.

Maintenant on établit les silos, partie en terre et partie sur le sol, et même souvent on les pratique au niveau du sol, sur le champ même où la récolte a été faite. Voici, d'après Mathieu de Dombasle, une bonne manière de les construire :

Dans un terrain bien sec, on creuse une fosse de $1^{m},62$ de largeur sur $0^{m},27$ à $0^{m},32$ de profondeur, et d'une longueur indéterminée (A, fig. 532), comme on le ferait pour établir une couche

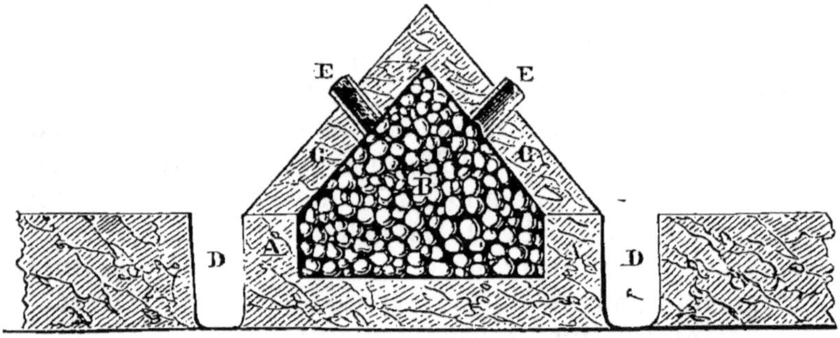

Fig. 532. *Silo à racines de Mathieu de Dombasle.*

de jardin. On remplit cette fosse de racines et on les amoncelle jusqu'à $0^{m},81$ au-dessus du niveau du sol, les deux côtés formant des pentes de 45 degrés, qui viennent se terminer au bord de la fosse; en sorte que le tout représente la toiture d'un bâtiment.

On jette sur les racines la terre C qu'on a tirée de la fosse, à une épaisseur égale sur tous les points, de manière qu'il en résulte une butte de terre prismatique, et l'on étend le tas en longueur autant qu'on le désire. Lorsque le silo est terminé, on creuse le long des deux côtés D un fossé de $0^{m},64$ de profondeur que l'on trace à $0^{m},48$ du bord de la fosse, et dont on rejette la terre en tout ou en partie sur les racines, de manière qu'il y en ait partout au moins $0^{m},32$ d'épaisseur; on bat fortement cette terre, de façon que l'eau des pluies coule facilement le long des deux pentes, et arrive dans les fossés. Il est fort important que ceux-ci soient plus profonds que la fosse, et qu'ils aient un écoulement à leur extrémité la plus basse, afin qu'il ne séjourne jamais d'eau dans le silo.

A mesure que l'on construit un silo, on ménage, de 4 mètres en 4 mètres, ou à des distances plus rapprochées si l'on est forcé de rentrer des racines humides, des soupiraux E que l'on construit avec des tuiles creuses placées debout l'une contre l'autre, et noyées dans la terre qui recouvre les racines; leur extrémité supérieure forme l'orifice d'un tuyau par lequel la masse des racines communique avec l'air extérieur. L'humidité de l'intérieur se dégage promptement ainsi par l'effet de la fermentation qui s'y manifeste; mais cette fermentation ne produit pas un haut degré de chaleur, parce que les gaz trouvent partout des issues faciles. A l'approche des fortes gelées, on bouche les soupiraux et l'on recouvre toute la surface du silo d'une couche de paille, de feuilles sèches ou de fumier long.

Beaucoup de personnes placent au fond du silo une couche de paille sur laquelle elles posent les racines, et une autre couche sur celles-ci avant de les recouvrir de terre. Mathieu de Dombasle regardait cette précaution comme superflue pour les betteraves, mais comme très-utile pour les pommes de terre; en effet, la couche de paille qui couvre les racines a pour principal but d'empêcher la terre de se mêler dans la masse, ce qui est indifférent pour les betteraves qu'il faudra toujours prendre à la main, une à une, lorsqu'on les retirera du silo.

Pour les betteraves roses de Silésie, on aura le soin de faire les silos plus étroits, moins élevés et d'y multiplier les soupiraux.

Les variétés de pommes de terre qui se conservent le mieux dans les silos sont les plus tardives, parce qu'elles sont de leur nature moins aqueuses et plus cassantes.

Lorsqu'on a une grande récolte, on ne peut éviter que quelques parties de racines aient été rentrées soit pendant la chaleur, soit humides, soit atteintes de la gelée; on dispose alors un silo spécial où on loge ces racines pour les livrer les premières à la consommation. De cette manière, on ne risque pas de voir tout le contenu d'un silo gâté par une ou deux voitures de racines mal rentrées.

Lorsque la surface d'une masse de pommes de terre a été attaquée par la gelée dans les silos, il faut en opérer de suite la séparation ; car, au moment où elles dégèlent par l'effet de la chaleur que leur communiquent l'intérieur du tas et le sol inférieur, l'eau qui s'en échappe en abondance, humecterait toute la masse et en compromettrait la conservation ultérieure. Ceci arrive longtemps avant que la couche de terre qui recouvre le silo soit dégelée dans toute son épaisseur. Il faut donc se hâter, aussitôt que la température s'adoucit, de briser cette couche, afin de visiter les pommes de terre. On recouvre alors le tas, soit avec la portion dégelée de la terre qu'on a d'abord enlevée, soit avec une couche de 0m,16 à 0m,21 de paille, de feuilles, de bruyère, de mousse, etc., car les gelées qui surviennent ne doivent plus avoir beaucoup d'intensité. Les pommes de terre peuvent rester ainsi jusqu'au moment de la plantation ou de la consommation.

Quand l'hiver est neigeux, la couche de terre qui recouvre les silos n'a pas besoin d'être aussi épaisse que lorsque la neige est rare ; 0m,16 de terre suffisent souvent dans le premier cas, tandis que, dans le second, il en faut au moins 0m,32, avec une deuxième couverture de feuilles ou de paille pour garantir les racines du froid. Par la même raison, on doit toujours placer les silos dans les sites exposés au nord, où la neige résiste le plus à l'action du soleil. Quant aux couvertures, l'expérience a prouvé que 0m,08 de mousse préservent mieux du froid que 0m,32 de paille ; mais il faut la poser comme on l'a trouvée, le pied contre terre et non en l'air ; c'est la couverture que la nature prodigue dans les climats froids.

Le haut prix qu'on peut obtenir, à certaines époques, de la vente des pommes de terre, permet de faire pour leur conservation des frais de construction ou de manipulation qui deviendraient trop élevés pour les autres racines. Voici un mode de conservation qui donne d'excellents résultats :

Dans une excavation creusée dans un sol sec et revêtu d'un mur de soutènement en briques, on place d'abord un lit de sable fin et parfaitement desséché, puis une couche de tubercules, une couche de sable et un lit de tubercules, en alternant jusqu'à ce qu'on soit arrivé au niveau du sol. On recouvre la dernière couche de paille et de terre. On a vu des pommes de terre, ainsi traitées, se conserver deux ans, sans perdre leur propriété germinative ni leur saveur première.

En Angleterre, on dispose les grands silos à pommes de terre au niveau du sol, sur un terrain léger, que l'on entoure d'un fossé latéral, ainsi qu'on le voit dans la figure 533. Les pommes

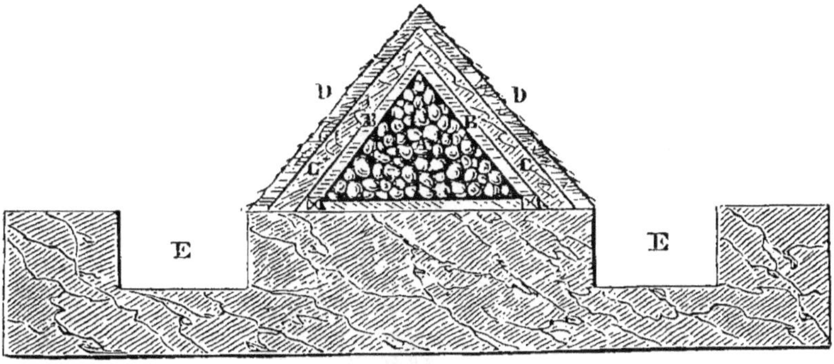

Fig. 533. *Silo anglais pour les pommes de terre.*

de terre, rangées sur ce terrain A, sont défendues contre l'influence atmosphérique et contre l'humidité des terrains adjacents par trois lits de substances différentes. Ces lits alternatifs sont 0^m,54 de paille, B, 0^m,32 de terre, CC, 0^m,08 de feuilles sèches, D. La masse de pommes de terre forme un prisme de 0^m,94 de base, et est élevée de manière que les tubercules s'y placent d'eux-mêmes à l'angle de 45 degrés, ce qui met le sommet du prisme à 0^m,97 au-dessus de la base. On fait ce prisme aussi long qu'il est nécessaire, et l'on termine chaque extrémité comme un toit en croupe, en leur donnant la pente pareille à celle des côtés, et en les couvrant de même en paille, terre et feuilles. Quand on a besoin de pommes de terre, on ouvre seulement la croupe d'une des extrémités, on prend sa provision de la semaine, et l'on reforme une nouvelle croupe avec les matériaux de l'ancienne. Pour éviter que les fossés d'entourage E ne restent trop longtemps remplis des eaux pluviales, ce qui pourrait donner de l'humidité au silo, on place celui-ci sur un terrain un peu en pente, et l'on procure aux fossés un écoulement constant.

Dans beaucoup de fermes de la Haute Normandie, on suit, depuis quinze ans, une méthode de conservation pour les betteraves, carottes, navets, qui évite les frais assez élevés des silos et qui est très-expéditive; elle est due à notre ami M. A. Baudouin, président du Comice agricole de Rouen. Lorsque le temps de la récolte des racines est venu, on les fait arracher à la fourche par des femmes; d'autres suivent derrière, nettoient les racines avec un grand couteau, coupent les fanes, et jettent les racines dans des fosses préparées à l'avance. Ces fosses sont rondes (fig. 534) ; elle sont $0^m,33$ de profondeur et $1^m,50$ de largeur.

La distance qui les sépare dépend de la quantité de la récolte. Lorsqu'elles se trouvent trop éloignées des ouvrières, celles-ci

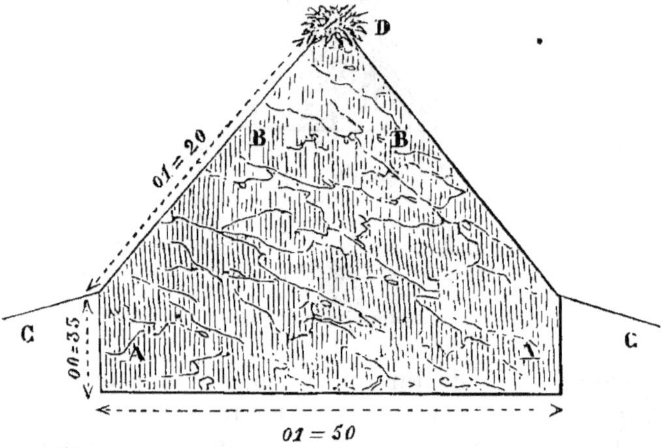

Fig. 534. *Fosses à racines de M. Baudouin.*

mettent les racines dans des corbeilles, puis les portent aux fosses qu'elles emplissent, et dont elles montent le sommet en forme de pain de sucre, B, jusqu'à $1^m,20$ environ, au-dessus du niveau du sol.

Les racines étant ainsi disposées, le terrassier qui a préparé les fosses couvre les tas coniques d'une couche de paille de $0^m,05$ à $0^m,07$ environ, et, par-dessus, il étale un recouvrement de terre fortement tassé à la bêche et épais de $0^m,30$ du côté du nord, et de $0^m,20$ du côté du midi ; puis il dispose en pente le terrain C qui environne la fosse à mesure qu'il s'en éloigne, afin que l'eau des pluies trouve de l'écoulement.

Quand la fosse est terminée, on ferme le haut avec un bouchon de paille D, qu'on peut enlever à volonté, afin qu'à la suite des grandes gelées on puisse laisser échapper, par cette ouverture, les vapeurs occasionnées par la fermentation. Ces tas contiennent ordinairement quinze hectolitres de racines. La main-d'œuvre et le prix de la paille (celle-ci comptée pour moitié de sa valeur, puisqu'on la retrouve en rentrant les racines) peuvent être évalués à dix centimes par hectolitre.

Si l'on n'a pas laissé geler les racines avant de les entasser, elles se gardent jusqu'à la fin de mars, et quelquefois même jusqu'en avril.

Chez M. Baudouin, on n'arrache chaque jour, la pomme de terre exceptée, que la quantité de racines indispensable pour fournir des fanes à la consommation ; de cette manière on a des fanes fraîches tous les matins. On les donne aux vaches dans des râteliers qu'on change souvent de place, afin de fumer les herbages le plus également possible. On fait ensuite passer les moutons dans le champ de récolte, pour qu'ils mangent les petites racines restées sur place, et les feuilles qui n'ont pas éte enlevées.

Le procédé de M. Baudouin convient pour toutes les racines, betteraves, carottes, navets, topinambours, pommes de terre. Ces dernières exigent seulement une couverture plus épaisse.

Les topinambours sont les racines les plus faciles à conserver dans les silos ou dans la terre. Alors même qu'ils sont gelés, ils ne s'altèrent pas comme les pommes de terre, pourvu qu'on les laisse se dégeler sous terre; ils s'amollissent facilement, mais restent mangeables, quoique pour peu de temps, et sont encore capables de reproduction.

Conservation en caves. Les caves destinées à conserver les racines doivent être creusées dans un terrain sec, et mises à l'abri des infiltrations par un bon revêtement en ciment hydraulique. Le plancher est bien battu, ou même carrelé, et, dans tous les cas, recouvert d'une couche épaisse de mousse, de feuilles sèches, de paille, ou, préférablement, de poussier de charbon de bois. La porte d'ouverture est établie au sud ; la partie supérieure est percée d'ouvertures placées dans les murs en regard ; ces ouvertures, susceptibles d'être fermées à volonté, sont destinées à établir une ventilation convenable, surtout lorsque les tas de racines s'échauffent et émettent beaucoup de vapeur aqueuse.

Plus les caves sont profondes, mieux elles sont à l'abri de la gelée. Pendant les grands froids, on tient toutes les ouvertures hermétiquement fermées, et on les calfeutre à l'extérieur avec des bottes de paille.

Les racines ne doivent être rentrées dans les caves qu'après s'être ressuyées pendant quelque temps sur le sol, et lorsque la température n'est pas trop élevée. Il suffit de quelques voitures de racines humides pour développer un foyer de fermentation qui altère toute la masse. Les racines qui ne sont pas dans un état satisfaisant de dessiccation sont placées dans les silos spéciaux dont nous avons parlé plus haut.

On entasse les racines dans les caves, les unes sur les autres, à la hauteur de 2^m à $2^m,65$, en réservant de distance en distance des allées qui vont jusqu'aux murs, en partant du centre où règne, dans toute la longueur, un espace suffisamment large pour le service; de sorte que, lorsque la cave est pleine, elle offre plusieurs tas ou monceaux distincts, accessibles sur trois côtés.

Il est utile, lorsque les tas de racines sont considérables, d'établir des courants d'air. A cet effet, avant d'apporter des racines dans la cave, on garnit le fond de fascines de $0^m,16$ d'épaisseur environ ; puis, de $2^m,50$ en $2^m,50$, on établit des piles de fagots de $0^m,32$ de diamètre environ ; et c'est dans ces intervalles qu'on groupe les racines. Chacune des piles de fascines fait ici fonction d'une cheminée qui facilite le renouvellement de l'air. Toutes les espèces de racines se conservent bien en cave ; toutefois, elles ne sont pas aussi bien préservées de la gelée que dans les silos.

Généralement, il ne faut pas trop nettoyer les racines destinées à être mises en caves ou en silos, parce qu'on leur fait des blessures, des contusions, des froissements dangereux ; tandis que la terre qui y reste adhérente n'a d'autre inconvénient que de coûter un peu de transport et de prendre un peu de place.

Les patates exigent des caves assez profondes pour que la température ne descende jamais au-dessous de + 9 à 10°. On stratifie ces racines dans du sable sec, ou mieux encore, dans de la sciure de bois ou du tan épuisé et bien sec.

Conservation en magasins. Dans les fermes où l'on a annexé une sucrerie ou une distillerie de betteraves, on conserve celles-ci, pendant toute la durée du traitement d'hiver, dans des magasins placés à proximité de la fabrique et qui offrent beaucoup plus de commodités que les autres modes de conservation. Les murailles de ces bâtiments ont assez d'épaisseur pour empêcher la gelée de pénétrer ; ils ne reçoivent de jour que par quelques lucarnes vitrées, suffisantes pour éclairer les ouvriers.

On y dispose les betteraves en couches de $3^m,88$ à $4^m,86$ de hauteur au maximum, parce que le poids d'une colonne plus pesante altérerait les couches inférieures. C'est surtout ici qu'il y a nécessité, pour éviter la trop grande chaleur dans des masses de racines aussi considérables, de favoriser la circulation de l'air par l'emploi des fascines dont nous avons parlé précédemment. On ménage aussi dans toute la longueur du magasin un couloir qui permette d'y entamer la masse au point où il se développerait une fermentation.

Voici, d'après M. Dubrunfaut, la capacité cubique nécessaire pour loger en magasin une quantité de betteraves connue. Un mètre cube de betteraves pèse ordinairement 800 kil. Soit 1,800,000 kilogr. de racines à emmagasiner. Pour trouver le nombre de mètres cubes nécessaires, il suffira de diviser 1,800,000 par 800, et l'on aura 2,250 qui représenteront la capacité cubique en mètres. Comme on ne peut guère donner à ce magasin plus de 7 mètres de largeur, et que, d'un autre côté, la hauteur occupée par les betteraves est de 4 à 5 mètres au plus, en multipliant 5 par 7, on aura 35 mètres carrés, qui représenteront la section large du magasin à établir. Pour trouver la longueur, il suffira de diviser les 2,250 mètres cubes par 35, ce qui donnera une longueur de 64 1/3.

Il résulte de ces calculs qu'un magasin devant loger 1,800,000 kil. de betteraves aura une largeur de 7 mètres, une hauteur de plus de 5 mètres, et une longueur de 64^{m},33. Mais, comme il faut prendre sur la longueur un couloir de 1 mètre, on ne comptera plus, pour largeur occupée par les racines, que 6 mètres, qui, multipliés par 5, donneront 30 mètres carrés de section; or, en divisant 2,250 par 30, on trouve pour la longueur utile 75 mètres.

Conservation dans les étables. En Belgique, les étables sont très-souvent disposées de manière à recevoir une partie de la récolte des racines. Il y a, sous le trottoir A (fig. 535) sur lequel

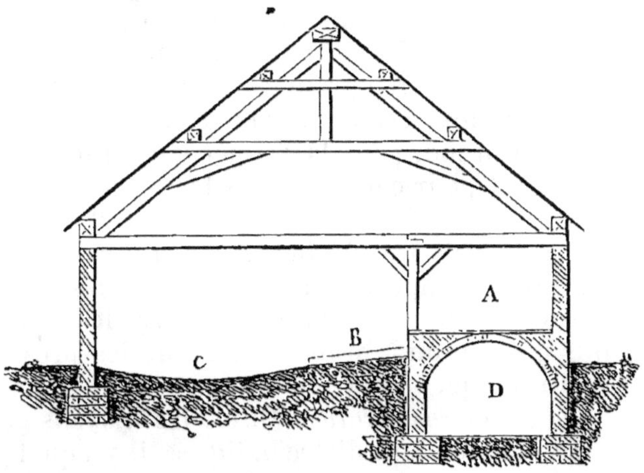

Fig. 535. *Coupe d'une étable belge avec galerie voûtée pour les racines.*

on place les aliments destinés aux bêtes, une galerie voûtée D où l'on dépose les racines pour les en retirer au fur et à mesure des besoins; des trappes ménagées dans le plancher du trottoir rendent ce service facile. Les racines ne gèlent jamais, car cette galerie est suffisamment échauffée par le voisinage des bêtes d'engrais et par le séjour du fumier.

Conservation en plein air. Parmi les racines alimentaires de grande culture, il en est quelques-unes qui, peu sensibles au froid et à la gelée, peuvent être gardées longtemps sans les soins dont nous avons parlé jusqu'à présent. Dans ce cas sont les raves, les navets, les choux-navets, les turneps, les rutabagas, autrement dit les racines charnues des crucifères. Immédiatement après l'arrachage, qui doit avoir lieu par un temps sec, on coupe les feuilles et on entasse les racines dans un endroit très-sec, dans un coin de la cour, sous un hangar, si cela est possible ; on en fait des tas de 1 mètre environ et on les recouvre d'une couche de paille, puis d'une bonne couche de terre, sur laquelle on établit un toit en paille. Les racines, ainsi disposées, se conservent très-bien pendant tout l'hiver.

Dans le Limousin, où l'on consomme une grande quantité de raves, on les rentre dans les granges, et on couvre la superficie des tas avec de la menue paille de sarrasin.

En Angleterre, en Belgique, on laisse ordinairement les navets dans les champs, et on ne les enlève qu'au fur et à mesure des besoins de la consommation. Lorsqu'il arrive un froid assez rigoureux pour rendre l'arrachage difficile ou impossible, on remplace les navets par un autre fourrage. Une partie des navets reste ainsi dans les champs jusqu'au printemps, et, à cette époque, on les donne aux vaches avec leurs fanes. Lorsque l'on craint que la gelée ou la trop grande humidité ne les altère ou les fasse pourrir, on les recouvre, avec la charrue, d'une couche de terre qu'on prend, pour la rangée du milieu, entre les rangées latérales, et pour celles-ci dans les intervalles déjà dégarnis de racines.

Il n'y a que les navets très-déchaussés et qui restent nus au-dessus du sol, qui ne supportent pas la gelée. On doit les arracher et les conserver en tas sur la paille, après les avoir décolletés; la seule précaution à prendre, c'est de les préserver de l'humidité et du contact trop vif de l'air.

Modes particuliers de conservation. Outre les moyens généraux de conservation qui viennent d'être indiqués, il y a quelques autres procédés qu'on emploie quelquefois pour certaines racines destinées à la nourriture de l'homme.

Ainsi, les pommes de terre, les navets, les carottes, les topinambours, qu'on réserve pour la table, sont placés dans un cellier, dans un magasin ou dans une cave bien sèche, par lits alternatifs avec du sable aussi sec que possible.

En Allemagne, on conserve souvent les pommes de terre en les mettant dans des tonneaux défoncés, placés debout au milieu des tas de foin ou de paille ; mais les tubercules y contractent parfois une odeur de foin peu agréable, qu'une exposition à l'air, quelque temps avant la consommation, ne dissipe qu'en partie.

Quant aux patates, qui sont d'une si difficile conservation, les uns, comme MM. Audibert, les mettent sous bâches, entre des lits de terreau sec; d'autres, comme M. Robert de Toulon, les stratifient, avec du sable lavé et séché au four, dans des jarres en terre cuite, qu'on place dans les coins de l'âtre d'une cheminée de cuisine : d'autres enfin, comme M. Reynier, les disposent sur les tablettes d'une chambre boisée, fermée par une porte en tôle et adossée à une cheminée journellement chauffée [1].

Des pommes de terre germées. Avant d'abandonner ce qui a trait à la conservation des racines, nous appellerons l'attention de nos lecteurs sur un fait très-important relatif aux pommes de terre germées. Quelque soin que l'on prenne des tubercules, il est presque impossible d'empêcher, surtout lorsqu'on les conserve en grande masse hors de terre, qu'un certain nombre ne germe au retour de la végétation. Eh bien ! les bourgeons qui se développent alors sont doués de propriétés narcotiques fort actives. A Brunswick, des bestiaux nourris avec des résidus provenant de la fabrication d'eau-de-vie de pommes de terre germées ont éprouvé tous les symptômes de l'empoisonnement par les narcotiques ; leurs extrémités postérieures furent paralysées. Le docteur Jules Otto a fait l'analyse des germes de ces tubercules, et a reconnu qu'ils renferment un alcali végétal, identique à celui qui existe dans les différents organes de la *morelle*, de la *douce-amère* et autres solanées. Cet alcali, nommé *solanine*, exerce, quand il est pur, une puissante action narcotique sur l'économie animale ; son effet paralysant les extrémités postérieures est fort remarquable. Il suffit même de donner aux bêtes à cornes les lavures provenant de pommes de terre germées, pour produire cette espèce de paralysie. Il n'y a donc pas de doute que les germes ne doivent leurs propriétés nuisibles à la solanine. Un autre chimiste, M. Baup, a confirmé l'existence de la solanine dans ces germes. Ce qu'il y a de plus singulier, c'est que les tubercules, avant la germination, n'en contiennent aucune trace.

On conclura, d'après ces faits, qu'il faut éviter de donner aux bestiaux des pommes de terre en état de germination, ou, qu'au moins, il ne faut les leur offrir qu'après en avoir séparé les germes. Il est prudent aussi de ne pas en faire usage pour la cuisine, puisqu'on a constaté, en Allemagne, et notamment à

[1] Voir, pour plus de détails sur la conservation de la patate, les années 1838 et 64 des *Mémoires de la Société impériale et centrale d'agriculture de Paris.*

Prague, en 1837, des empoisonnements occasionnés par de la bouillie faite avec des pommes de terre fanées et germées.

DEUXIÈME SECTION.

Plantes propres aux prairies artificielles. — Les prairies artificielles sont des surfaces couvertes de plantes destinées à être fauchées ou à être pâturées sur place ; on les forme au moyen de semis d'espèces particulières, cultivées soit isolément, soit plusieurs ensemble, et qui n'occupent le sol que pendant un petit nombre d'années, pour y être semées de nouveau après un intervalle de temps plus ou moins long.

Nous avons indiqué précédemment l'importance des récoltes fourragères en général pour accroître la masse des engrais. Disons ici un mot des avantages particuliers que présentent les prairies artificielles comparées aux racines fourragères et aux prairies naturelles.

Et d'abord, la plupart des espèces employées pour former les prairies artificielles, loin d'épuiser le sol comme les racines fourragères, augmentent sa fertilité par leur propriété de puiser dans l'atmosphère la plus grande partie de leurs éléments nutritifs, et par les nombreux débris qu'elles laissent dans la terre, lorsqu'on vient à rompre ces prairies. D'un autre côté, les frais de leur culture sont généralement moins élevés que ceux des racines fourragères ; leur produit, desséché, est bien plus facilement emmagasiné, et peut aussi se conserver beaucoup plus longtemps sans altération ; la manière de le faire consommer aux bestiaux offre également moins d'embarras. Enfin, les prairies artificielles sont un excellent précédent pour toutes les autres récoltes, ce qui n'a pas toujours lieu avec les fourrages-racines.

Ce n'est pas à dire, cependant, qu'on doive choisir les prairies artificielles à l'exclusion des racines fourragères. Nous avons vu qu'en adoptant seulement les premières, on crée une rotation de culture telle, que les plantes légumineuses, et notamment le trèfle, revenant trop souvent à la même place, le sol se trouve promptement effrité, et que, d'un autre côté, les plantes nuisibles, multipliées dans les céréales, n'étant que très-imparfaitement étouffées par la prairie artificielle, se propagent de façon à diminuer l'abondance des récoltes. Il s'ensuit que, pour créer une bonne succession de cultures, il faut associer ces deux sortes de récoltes dans des proportions convenables.

Comparées avec les prairies naturelles, les prairies artificielles offrent les avantages suivants. Elles donnent, sur la même étendue de terrain, une plus grande quantité de nourriture pour les bestiaux. On obtient immédiatement un maximum de produit que les prairies naturelles ne fournissent qu'après plusieurs années de création. L'excédant d'engrais prélevé par les fourrages dans l'atmosphère, et accumulé dans le sol, est utilisé au moyen de récoltes intercalaires, tandis que cette accumulation d'éléments de fertilité reste improductive sous le gazon des prairies naturelles. Pour les prairies artificielles, on choisit la plante dont on veut les composer, et l'on peut ainsi employer certaines espèces précoces qui fournissent aux bestiaux une nourriture verte, avant l'époque où les prairies naturelles pourraient en donner.

Faut-il donc abandonner les prairies naturelles? Non, assurément, car nous verrons plus loin qu'elles offrent, dans plusieurs cas, un avantage marqué sur les prairies artificielles, et qu'il convient au moins de les associer à celles-ci sur la même exploitation, ou même quelquefois de les substituer entièrement aux prairies artificielles.

En général, les prairies artificielles ne pourront être créées avec succès que dans les contrées où la sécheresse du printemps et de l'été ne sera pas un obstacle à leur développement. Ainsi, à partir de la limite Nord de la vigne et en allant vers le Sud, ces cultures ne donneront que de chétifs produits, à moins qu'on ne puisse les faire jouir des irrigations.

Les plantes propres à former des prairies artificielles peuvent être partagées en deux groupes : les espèces légumineuses et les espèces non légumineuses.

Premier groupe. — Plantes légumineuses.

Toutes les espèces appartenant à ce groupe présentent cet avantage incontestable de puiser dans l'atmosphère la plus grande partie de leurs éléments nutritifs, et d'abandonner dans le sol, après la récolte, de nombreuses racines et une notable quantité de débris de feuilles et de tiges ; il s'ensuit qu'elles laissent la terre plus riche qu'elle ne l'était auparavant. On donne, à cause de cela, le nom de *récoltes améliorantes* à cette série de plantes fourragères. Nous devons toutefois faire remarquer que cet effet sera d'autant plus marqué, que le produit aura été plus abondant et que la récolte aura été faite avant la maturité des graines. Ce premier groupe comprend surtout les espèces suivantes :

TRÈFLE ROUGE.

Le *trèfle rouge*, *trèfle commun*, *trèfle de Hollande* (*trifolium pratense*, L.) (fig. 536 à 539) est une plante vivace qui croît sponta-

Fig. 536. *Trèfle rouge.*

Fig. 537. *Fleur du trèfle rouge.*

Fig. 538. *Fruit du trèfle rouge.*

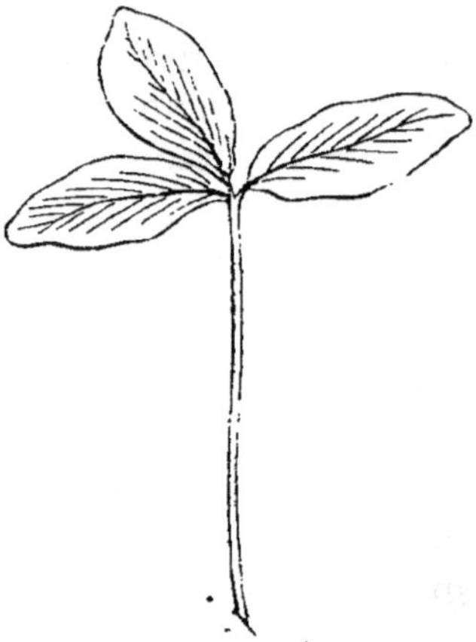

Fig. 539. *Feuilles radicales du trèfle rouge.*

nément dans la plupart de nos prairies. Ce fut d'abord dans les Pays-Bas que l'on commença à la cultiver seule, et d'une manière spéciale. C'est vers 1633, et par l'influence de sir Richard Weston, qui l'avait observé en Flandre, que ce trèfle fut introduit en Angleterre. Schwerz attribue à l'émigration des protestants de la Flandre la propagation du trèfle sur les bords du Rhin. Il nous apprend encore ce que fut Schrœder qui en apporta les premières graines en Alsace, en 1759, et que Mayer de Kupferzel contribua puissamment à son adoption dans cette contrée, en faisant connaître l'efficacité du plâtre sur sa végétation. Il est cependant un autre point de la France où l'introduction de cette plante avait précédé cette époque ; c'est le pays de Caux (Seine-Inférieure), où l'on commença à la cultiver vers 1700.

Aujourd'hui le trèfle rouge est devenu la base de l'agriculture des climats humides, et ce fourrage, soit vert, soit sec, est l'une des meilleures nourritures pour les bestiaux. On a toutefois constaté que, pour les bêtes de trait, le trèfle sec ne vaut pas le foin des prairies naturelles, mais il lui est préférable pour les bêtes laitières ou à l'engrais.

Variétés. — Le trèfle commun a produit une variété connue en Normandie sous le nom de *grand trèfle normand*, et qui ne nous paraît pas différer de celle décrite par Schwerz, sous le nom de *trèfle vert* ou *de Styrie*. Cette variété se distingue de l'espèce type par ses tiges plus élevées et plus grosses ; par sa floraison plus tardive de quinze jours et par son rendement considérable, mais que l'on obtient en une seule coupe.

Il résulte de son plus grand développement, qu'elle peut être plus longtemps consommée en vert, mais ses tiges, plus grosses, et rejetées par les bestiaux lorsqu'elles deviennent ligneuses, la rendent moins propre à servir de fourrage sec ; aussi convient-il d'employer de préférence cette variété de fourrage vert. Dans ce cas, on ne lui consacre que le tiers environ de la surface à ensemencer, et l'on ne commence à y mettre les bestiaux qu'au moment où le trèfle commun devient trop ligneux pour être consommé en vert. Elle paraît redouter les sols légers plus encore que ce dernier : elle est aussi moins fertile en graines.

Composition chimique. — D'après M. Boussingault, les fanes et les racines du trèfle, desséchées complétement à 110°, ont la composition élémentaire suivante :

	Fanes ou foin.	Racines.
Carbone	47,53	43,4
Hydrogène	4,69	5,3
Oxygène	37,96	36,9
Azote	2,06	1,8
Substances minérales	7,76	12,6
	100,00	100,0

Les substances minérales fixes propres au foin du trèfle sont :

	D'après M. Boussingault.		D'après M. Horsford.
Potasse	26,6	Potasse	12,164
Soude	0,5	Soude	30,757
Chaux	24,6	Chaux	16,556
A reporter	51,7	*A reporter*	59,477

Report	51,7	*Report*	59,477
Magnésie	6,3	Magnésie	6,262
Acide carbonique	25,0	Acide carbonique	22,930
— sulfurique	2,6	— sulfurique	0,801
— phosphorique	6,3	— phosphorique	2,957
Chlore	2,6	Chlorure de sodium	3,573
Silice	5,3	Silice	1,968
Oxyde de fer et alumine	0,3	Phosphate ferrique	9,506
		Charbon	1,244
	100,0		108,718

On voit que ce qui domine dans les fanes du trèfle, ce sont les alcalis, et notamment la potasse ou la soude, la chaux et la magnésie. Les chimistes ne sont pas d'accord sur celle de ces bases qui l'emporte sur les autres par sa quantité. Liebig range le trèfle au nombre des plantes calcaires. Wiegmann et Polstorf fixent ainsi qu'il suit les rapports des sels alcalins solubles et des sels calcaires dans les cendres de cette plante :

Sels de potasse et de soude	39,10
Sels de chaux et de magnésie	56,00
Silice	4,90
	100,00

Climat et sol. — *Climat.* Ainsi que nous l'avons dit, le trèfle est propre aux climats humides. La sécheresse nuit à sa première évolution au printemps, et empêche le développement vigoureux de ses tiges pendant l'été. Aussi est-ce seulement sur les terrains faciles à irriguer qu'on peut l'admettre dans les exploitations agricoles du Midi. Le trèfle craint peu le froid, tant qu'il n'est pas monté en tige; mais, plus tard, les gelées tardives lui font du tort.

Sol. Ce qui précède explique pourquoi le trèfle ne donne d'abondants produits que dans les terrains constitués de façon à ne pas redouter la sécheresse de l'été. C'est donc surtout dans les sols argileux et argilo-calcaires, profonds, qu'on voit prospérer cette plante. Elle donne aussi cependant des produits passables dans les terres sablo-argileuses et même sableuses, mais seulement dans les années humides ou dans les climats très-brumeux, ou encore lorsque ces sols sont assis sur un sous-sol argileux qui y entretient une humidité suffisante. Il ne faut pas toutefois que le sol arable soit placé sur une couche argileuse imperméable, car l'humidité stagnante retenue au-dessus de cette couche est funeste au trèfle dont elle fait pourrir les racines.

L'analyse que nous venons de donner de cette plante montre,

en outre, qu'elle puise dans le sol une quantité assez considérable de chaux et de potasse, et que la présence de ces deux éléments est nécessaire à son développement. C'est ce qui explique pourquoi certains terrains renfermant d'ailleurs la dose d'humidité convenable, mais dépourvus de calcaire, sont rebelles à la végétation du trèfle. Toutefois il reste petit, et se dégarnit peu à peu dans les terrains purement calcaires, et, en général, partout où le sainfoin se plaît, le trèfle vient difficilement. Mathieu de Dombasle a observé que souvent il réussit mal, pendant huit à dix ans et même davantage, après le défrichement des forêts et surtout des landes.

Ce sont donc les sols argileux, un peu compactes, profonds, bien ameublis, renfermant une certaine proportion de calcaire et à sous-sol perméable, qu'on devra choisir.

Place dans la rotation. — Le trèfle aime un sol complétement privé de mauvaises herbes, et surtout du chiendent. Si les plantes nuisibles se développent en même temps que lui, il est en partie étouffé, son produit est diminué, et la fertilité du sol, loin de s'accroître sous son influence, comme cela a lieu lorsqu'il est bien réussi, est, au contraire, amoindrie, et la terre infesté de mauvaises herbes pour plusieurs années. Il y a donc nécessité de faire succéder cette plante à une récolte sarclée, comme la pomme de terre, la betterave, etc., qui nettoient complétement la terre.

Un autre motif de cette rotation, c'est que les récoltes sarclées laissent ordinairement le sol profondément ameubli, ce que le trèfle exige précisément.

Quoique le trèfle puise dans l'atmosphère une grande partie de ses éléments nutritifs, il n'en demande pas moins un sol richement fumé pour prendre à son début un vigoureux développement. C'est un emprunt qu'il fait à la terre et qu'il lui restitue, et au delà, lorsqu'on vient à le rompre. Quand le trèfle se développe sur un sol riche, il étouffe les mauvaises herbes, tandis que, sur un sol maigre, il est étouffé par elles, et laisse le sol encore plus épuisé. Les plantes sarclées à racines fourragères, qui reçoivent ordinairement toute la fumure destinée à la rotation, remplissent encore très-bien cette condition.

Ainsi, quelles que soient les récoltes auxquelles on fera succéder le trèfle, elles auront dû laisser la terre parfaitement nette de mauvaises herbes, richement fumée et profondément ameublie.

A l'égard des récoltes qui peuvent lui succéder, le trèfle est la plante dont l'heureuse influence est la plus remarquable, et cette action se fait sentir au moins pendant deux années. Entre toutes les cultures, celles du blé, de l'avoine et des pommes de terre sont celles qui paraissent en tirer le plus grand avantage. Le seigle et l'orge semblent y être moins sensibles.

Un fait remarquable, c'est que l'action efficace que le trèfle exerce sur la plupart des récoltes qui lui succèdent, ne se fait pas sentir sur lui-même, lorsqu'on le fait reparaître sur le même sol à des intervalles de temps très-rapprochés. Il faut laisser s'écouler un certain nombre d'années entre chacune de ses récoltes sur le même terrain, sous peine de voir le produit diminuer progressivement. Il semblerait que cette plante épuise promptement le sol des matières salines particulières dont elle a besoin, et qu'il faille un temps suffisant pour qu'il s'en reforme de nouvelles sous l'influence des agents atmosphériques.

Quoi qu'il en soit, l'expérience a démontré qu'il faut un intervalle d'environ huit ans entre chaque récolte de trèfle. Ce laps de temps pourra être un peu diminué si l'on ne fait chaque fois qu'une seule coupe de fourrage, et si l'on enterre la coupe suivante; mais il faudra l'augmenter si le trèfle est conservé pendant trois ans. On peut également diminuer cet intervalle si l'on fait précéder cette culture par un labour très-profond.

Préparation du sol. — Le trèfle est toujours semé dans une autre récolte, ainsi que nous le verrons plus loin. Aussi n'est-ce pas directement pour lui qu'on prépare le sol, mais bien pour la récolte dans laquelle on le sème. Toutefois, comme il profite de cette préparation, on lui en fait supporter la moitié des frais.

Nous avons dit que le trèfle aime une terre profondément cultivée. Ce ne doit cependant pas être immédiatement à la récolte dans laquelle le trèfle est semé que cette culture profonde devra être appliquée, mais lors de la préparation pour la récolte précédente. Ce labour profond nuirait non-seulement à la céréale de printemps, dans laquelle on sème ordinairement le trèfle, mais encore à ce dernier lui-même, qui trouverait une terre trop creuse.

Engrais et amendements. — La terre destinée au trèfle ne doit pas avoir été tout récemment fumée, surtout si l'on emploie du fumier, car cet engrais infeste le sol d'une grande quantité de graines de plantes nuisibles qui, en se développant, salissent la récolte et diminuent le produit. C'est la récolte précédente qu'il faut fumer copieusement. Les graines de plantes nuisibles qui auront été apportées par cette fumure auront pu se développer et être détruites. Si cependant le sol se trouvait trop pauvre, il conviendrait d'y suppléer, au moyen d'engrais répandus en couverture sur les jeunes plantes, ou, ce qui vaudra mieux, d'engrais liquide.

Nous avons vu précédemment que le trèfle a besoin, pour son développement, d'une grande quantité de sels de potasse ou de soude, de chaux et de magnésie. S'il puise beaucoup de carbone et d'azote dans l'air, par ses parties aériennes, en revanche il enlève au sol une forte proportion de substances minérales, puisque M. Boussingault a constaté que la récolte de 1 hectare en trèfle, représentée par 4029 kil. de foin sec, contient 310 kil. 200 gr. de matières minérales fixes, dans lequelles il y a :

Potasse et soude	84kil 1
Chaux	76 3
Magnésie	19 5
Acide phosphorique	19 6
Silice	16 5
Chlore	8 1
Acide sulfurique	7 7
Alumine et oxyde de fer	0 9

Il est évident, d'après cela, que pour remédier à cet appauvrissement du sol en alcalis, en chaux, magnésie et acide phosphorique, il faut employer de préférence les engrais qui sont les plus riches en ces principes minéraux, et notamment : les cendres, la charrée, les cendres de tourbe, les cendres vitrioliques, le plâtre, le noir animal des raffineries, les os en poudre fine, les composts de sel marin et de marne ou de craie exposés depuis longtemps au contact de l'air, les soudes de varech, les urines des bestiaux et de l'homme, les matières fécales, la poudrette, etc., etc., ainsi que tous les autres liquides chargés de substances salines.

Tous ces engrais salins doivent être enfouis dans le sol avant la semaille du trèfle, ou répandus sur la plante déjà levée, soit à l'automne, soit au printemps.

Les terres argileuses doivent être fortement marnées pour produire de bonnes récoltes. Le chaulage convient aussi très-bien et produit plus vite ses effets avantageux. Les composts faits avec les débris organiques et la chaux, qu'on forme pendant l'été ou à l'automne, qu'on arrose de purin, et qu'on laisse mûrir pendant plusieurs mois, en les retournant de temps en temps, constituent le meilleur mode de chaulage et le plus efficace; on charrie ces composts pendant l'hiver, sur le champ de trèfle, on les décharge en petits tas qu'on éparpille bien également au printemps. Les écailles d'huîtres, les coquilles de moules, écrasées sous la meule, sont aussi excellentes; aux environs des grandes villes, ces débris coquilliers peuvent être recueillis facilement et en grande quantité; il ne faut pas négliger ce moyen économique d'approprier ses terres à la culture du trèfle.

Semaille. — *Choix des semences.* La graine de trèfle que l'on trouve dans le commerce est souvent altérée par un mauvais procédé de dessiccation, ou par la fermentation qui lui a enlevé sa faculté germinative. D'autres fois, elle est âgée de cinq à six ans et plus, et ne germe qu'imparfaitement ou pas du tout. On peut, jusqu'à un certain point, reconnaître la qualité de cette graine à son aspect; si, au lieu d'être d'un jaune clair mêlé de bleu, un peu brillante ou du moins luissante, elle est brune et terne, il faut se défier. En général, il ne faut jamais acheter de semence de trèfle sans s'assurer de sa qualité au moyen du procédé décrit t. I, p. 593.

Mais le plus sûr moyen d'avoir de bonnes graines de trèfle est de les produire soi-même. Nous indiquons à la fin de ce chapitre les soins particuliers que réclame la culture du trèfle au point de vue de la production des semences.

Plantes associées au trèfle. Il faut au trèfle, lorsqu'il commence à lever, un abri qui empêche le sol de se dessécher et de se durcir sous l'ardeur du soleil, ou qui garantisse les jeunes plantes des froids tardifs du printemps; or, c'est en le semant au milieu d'une récolte déjà venue ou d'une végétation plus rapide que la sienne, qu'on peut lui fournir cet abri. Cette pratique offre d'ailleurs cet autre avantage, que le produit du trèfle étant peu important pendant la première année, la récolte dans laquelle on le sème vient compenser cette année de non-production. Cette compensation devient encore plus évidente lorsque, par suite de circonstances accidentelles, l'ensemencement du trèfle ne réussit pas.

Les récoltes dans lesquelles on peut semer le trèfle sont toutes celles qui ne sont pas rampantes, qui n'exigent pas de binages pendant l'été, et dont la croissance n'est ni trop drue ni trop vigoureuse; de ce nombre sont les vesces consommées comme fourrage vert, l'orge, le froment, le seigle, le lin, l'avoine, le sarrasin, la navette d'été. Le choix à faire parmi ces diverses plantes dépendra des récoltes qui composeront la rotation, et de l'état du sol. Toutefois, on devra préférer les céréales de printemps à celles d'hiver, car, dans ces dernières, le trèfle trouve une terre dont la surface est durcie, dans laquelle il devient difficile de le couvrir, et où sa première végétation est souvent languissante. Parmi les récoltes de printemps qui peuvent recevoir le trèfle, le lin est incontestablement l'une des meilleures.

Époque des semailles, mode d'ensemencement. Quoique l'ensemencement du trèfle doive être fait le plus tôt possible, au commencement du printemps, le moment des semailles peut varier suivant le climat et l'espèce de récolte dans laquelle on répand la graine. Ainsi, quelquefois, on le sème à l'automne dans une céréale d'hiver ; mais, si c'est dans des terres sujettes à se soulever par les effets des gels et des dégels, et surtout si l'hiver se passe sans neige, il ne résiste pas à ces alternatives ; puis il est fréquemment détruit par les limaces. S'il survient un printemps humide et chaud, le trèfle nuit par sa vigueur à la céréale, et diminue son produit d'un tiers. Aussi n'est-ce que dans les climats où la sécheresse précoce de l'été s'oppose à son premier développement que l'on sème le trèfle en automne. Dans ce cas, quelques cultivateurs du Midi sèment très-clair avec le blé ; puis, vers la fin de février, ils répandent une nouvelle quantité de semence. On choisit aussi quelquefois l'automne dans le Nord, mais seulement pour les terrains légers qui perdent leur humidité dès la fin du printemps. C'est alors dans le seigle qu'on sème ces trèfles.

Mais, le plus souvent, c'est depuis le commencement de février jusqu'à la fin de mars qu'on sème le trèfle, soit dans les céréales d'hiver, soit dans les récoltes de printemps. On choisit, au commencement de février, un jour où le sol est couvert de neige pour semer dans les céréales d'hiver. On y trouve cet avantage, que la jeune plante a déjà pris possession du sol avant les premières sécheresses du printemps, et que l'on peut en obtenir une première coupe à l'automne suivant. Si les céréales sont fumées en couverture pendant l'hiver, on répand la semence du trèfle immédiatement après cette fumure. Dans tous les cas, il est utile d'appliquer un roulage en avril pour raffermir le sol soulevé par l'effet des gelées.

Quelquefois on attend le mois d'avril pour semer le trèfle dans les céréales d'hiver. On profite alors du binage qu'il est si utile de donner à ces céréales à ce moment. On obtient ainsi une petite couche de terre ameublie, sur laquelle on répand la semence, laquelle est recouverte au moyen d'un roulage ou d'un hersage très-léger.

Cependant, la difficulté que l'on éprouve souvent pour recouvrir convenablement la graine dans les céréales d'hiver fait généralement préférer les ensemencements pratiqués dans les récoltes de printemps. S'il s'agit de céréales, avoine ou orge, on peut répandre la semence immédiatement après que celle de la céréale a été enterrée et après avoir donné un roulage. On la recouvre ensuite au moyen d'un léger hersage, et l'on roule de nouveau lorsque la céréale a atteint quelques centimètres de hauteur.

Dans quelques contrées, la semaille n'est faite que huit à dix jours après celle de la céréale. On donne d'abord un fort hersage, on sème le trèfle, puis on herse de nouveau, mais légèrement. Enfin, dans les sols légers, on peut attendre que la céréale ait atteint trois ou quatre centimètres d'élévation. On recouvre la semence au moyen d'un roulage.

Si l'on veut semer le trèfle dans le lin, comme on le fait souvent en Flandre, on attend le moment où l'on applique à cette plante le premier sarclage, et la semence est suffisamment recouverte par le piétinement des sarcleuses. En le semant immédiatement après la semaille du lin, on serait exposé à ce qu'il nuisît à cette récolte par son développement vigoureux.

Il est important de recouvrir à peine les graines de trèfle. Leur levée est d'autant plus abondante qu'elles sont plus rapprochées de la surface du sol ; il en est de même pour la promptitude de la germination. Ainsi, sur cent graines de trèfle, il en lève :

0	sous	8 centimètres de couverture.		
27	—	6	—	en 13 jours.
93	—	3	—	en 9 —
97	—	1 1/2	—	en 6 —
7	sans couverture entre le 5ᵉ et le 8ᵉ jour.			

C'est donc à une profondeur qui varie de $0^{m},015$ à $0^{m},030$ que cette graine doit être enterrée pour se développer convenablement. On ira jusqu'à $0^{m},030$, si le sol est léger, si l'on sème tard au printemps, ou si la terre n'est pas couverte d'une autre récolte en végétation. On se contentera de $0^{m},015$ et même moins, si la terre est compacte, si l'on sème de très-bonne heure, ou si le sol est déjà couvert d'une récolte.

Quantité de semences. Le but que l'on se propose, en créant des prairies artificielles, diffère essentiellement de celui qu'on a en vue lorsqu'on cultive les plantes céréales et toutes récoltes à graines. Dans le premier cas, on veut obtenir, sur une surface donnée, la plus grande partie possible de fourrage de bonne qualité ; dans le second, on ne se préoccupe que de la production des semences ; et il est alors nécessaire de réserver, entre chaque graine, un espace suffisant pour que les plantes puissent prendre un développement vigoureux sans s'affamer mutuellement, et donnent ainsi une abondante récolte de semences. Si le trèfle et les autres plantes propres aux prairies artificielles étaient semés de cette façon, ils deviendraient plus grands, les tiges plus grosses, plus vigoureuses, on obtiendrait enfin plus de fourrage sur la même surface que si les semences étaient répandues très-dru ; mais ces produits seraient de mauvaise qualité. Les tiges seraient trop grosses, trop dures, elles opposeraient une grande résistance à l'action de la mastication des bestiaux. Semées dru, au contraire, les tiges sont moins élevées, mais plus nombreuses; elles sont déliées, tendres, et sont facilement mangées par les animaux ; elles sont aussi moins aqueuses et plus nourrissantes à poids égal. En outre, cet ensemencement serré étouffe, dès la première année, les plantes étrangères qui lui disputent le terrain, et maintient le sol abrité contre l'ardeur du soleil. Enfin, les tiges étant moins charnues, moins grosses, sont bien plus facilement transformées en fourrage sec. Il ne faudrait pas cependant tomber, en ce sens, dans un autre excès ; car les plantes, trop pressées les unes contre les autres, ne prendraient plus qu'un développement chétif, et l'on aurait une perte notable sur le produit et un accroissement de dépense occasionné par l'emploi d'une plus grande quantité de semences.

En résumé, la quantité de graine de trèfle nécessaire pour ensemencer un hectare ne peut être indiquée d'une manière précise. Elle doit varier suivant certaines circonstances. Il faut plus de graine dans les terres légères que dans les sols compactes, où les plantes tallent davantage et où elles sont moins exposées à la sécheresse. Il en faut plus aussi dans les terres salies par les mauvaises herbes que dans les terres nettes; plus dans les sols pauvres que dans ceux qui sont richement fumés; plus sous les céréales d'hiver que sous celles d'été; plus lorsqu'elles sont déjà levées que si on répand les deux semences au même moment. On conçoit que la quantité doit être aussi augmentée lorsque la semence est de médiocre qualité.

Les proportions les plus usitées sont, par hectare, pour les semences de bonne qualité, dépouillées de leur balle :

D'après Burger, sous les céréales d'été, sols argileux riches....	12 kil.
— sur sols sablonneux..........................	19
— sur les mêmes en temps sec..................	23
D'après Arthur Young, moyenne en Angleterre................	18
Dans les Pays-Bas, sols sablonneux.........................	20
— sols argileux fertiles................	9 à 12
En France on sème en général........................	14 à 16

La moyenne générale est donc d'environ 15 kilog. de semence par hectare.

M. Didieux n'emploie pas la même quantité de semence, selon qu'il destine son fourrage à être mangé en vert ou en sec. Dans le premier cas, il sème à raison de 12 kil. à l'hectare, et dans le second, à raison de 16 à 20. Cette grande différence sur la quantité de la semence repose sur les considérations suivantes :

1° Par 20 kil. de semence par hectare, on obtient un fourrage fin et dont les tiges ont le double mérite d'être beaucoup plus faciles à dessécher et d'être plus facilement soumises par les animaux à une mastication complète;

2° Le fourrage fin, à cause de cette facilité de dessiccation, se conserve beaucoup plus longtemps, et n'est pas aussi susceptible de moisir ou de se charger de poussière que s'il était composé des fortes tiges d'une récolte clair-semée.

Lorsque le trèfle est destiné à durer plus d'une année et à servir de pâturage la seconde année, il est avantageux d'y mêler un peu de *trèfle blanc* ou, suivant la méthode anglaise, quelques graminées, parmi lesquelles les plus convenables sont les *ray-grass* (voy. les prairies artificielles non légumineuses).

Dans les sols sablo-argileux, même lorsque le trèfle ne doit durer qu'une année, on mêle aussi du trèfle blanc au trèfle rouge, dans la proportion de 1 à 2 kil. du premier, parce que, lors de la première coupe, celui-ci échappe en partie à la faux et couvre ensuite les parties claires, qui seraient brûlées par le soleil, jusqu'à ce que la seconde crue du trèfle rouge ait le temps de les couvrir à son tour.

Soins d'entretien. — Lorsque le trèfle a été semé avec les soins que nous venons d'indiquer, il ne réclame ordinairement, jusqu'au moment où on le rompt, d'autre entretien que le plâtrage et l'application d'engrais, lorsque le sol n'en contient qu'une dose insuffisante.

Plâtrage. Cette opération, si utile pour toutes les plantes légumineuses, agit avec la plus grande efficacité sur la végétation du trèfle. Nous avons décrit cette pratique à la page 312-320 du premier volume.

Fumure complémentaire. Lorsque le sol n'aura pas été assez richement fumé, on y suppléera par une fumure répandue sur le trèfle après son développement. On peut employer les engrais suivants : fiente de pigeons, cendres de tourbe ou de bois, charrée, compost de chaux bien mûr, poudre d'os très-fine, plusieurs arrosages d'urine. Schwerz l'a dit avec raison, l'emploi de l'engrais liquide, combiné avec celui du plâtre, est le levier le plus puissant qu'on puisse appliquer à la culture du trèfle, et le seul inconvénient qu'on en puisse redouter est de produire un trèfle tellement gras, qu'on le voie verser comme les céréales.

Influences et animaux nuisibles. — Plantes parasites. — *Influences nuisibles*. Un été brûlant, agissant sur le trèfle déjà germé, peut devenir mortel pour cette jeune récolte. Ce cas arrivant, il est encore possible de semer du trèfle après la récolte des céréales, surtout si ce sont des céréales d'hiver. Aussitôt après leur enlèvement, on donne un léger labour et l'on herse de suite. Dès que le sol commence à se couvrir de mauvaises herbes, on laboure, on ameublit la surface et l'on sème le trèfle seul; lorsqu'il est un peu hors de terre, on plâtre. Il est bien entendu que cette opération ne peut être tentée que sur une terre richement fumée.

L'action successive des gelées et des dégels peut aussi déterminer la mort des jeunes trèfles, surtout dans les terres où les plantes se déchaussent facilement, et cela parce que le plus grand nombre des racines restent exposées à toutes les intempéries. On peut, jusqu'à un certain point, prévenir cet accident en faisant pâturer, à l'automne et même au commencement de l'hiver, les jeunes trèfles. Le piétinement des bestiaux aura pour effet de serrer et de raffermir la terre autour des racines. Mais, lorsque le mal est fait, lorsque les racines, détachées du sol par le froid, sont mises à nu, il n'y a d'autre remède que l'emploi du rouleau.

Il est évident que plus les trèfles sont forts, vigoureux et garnis, et mieux ils résistent aux gelées. Le moyen le plus assuré pour parvenir à ce résultat consiste à employer un demi-plâtrage aussitôt que la semence du trèfle est confiée à la terre. Cette précaution a l'immense avantage de donner aux plantes une première vigueur, qui les rend capables de résister aux sécheresses printanières, et de bien garnir la terre.

Pour mieux favoriser la germination et la levée du trèfle, M. Didieux enrobe les graines de plâtre avant de les semer. Voici comment il opère cette espèce de pralinage. Il mouille d'abord les graines, les étale ensuite sur un grand linge, et quand elles n'offrent plus qu'un certain degré d'humidité, il les saupoudre de plâtre très-fin et passé au tamis. Il les sème immédiatement après. Ce mode, aussi simple que facile à exécuter, assure une prompte végétation, et la dépense qu'il entraîne est tellement minime qu'il est impossible de l'évaluer.

Depuis que M. Didieux suit cette pratique, en semant ses trèfles sur blé ayant reçu du fumier plâtré, ainsi qu'il en a été question à la page 348 du premier volume de ce Traité, il a toujours eu d'abondantes récoltes, qui ont échappé aux inconvénients des sécheresses printanières et des gelées d'hiver.

Animaux nuisibles. L'ennemi le plus à craindre pour les jeunes trèfles est une espèce de petite limace grise. Ses dégâts sont surtout considérables pendant l'hiver qui suit l'ensemencement, dans les années humides, sur les sols bas, entourés de haies et d'arbres. Une petite araignée de terre fait aussi parfois des ravages étendus. Ces deux ennemis peuvent être détruits au moyen du rouleau Croskyll. On ne doit pourtant le faire fonctionner qu'avant ou après le coucher du soleil, parce que c'est alors seulement que ces petits animaux sortent de leurs retraites.

Plantes parasites. Un autre fléau non moins redoutable pour le trèfle est une plante parasite appartenant à la famille des con-

Fig. 540. *Cuscute d'Europe.*

Fig. 541. *Graine grossie de la cuscute.*

volvulacées, la *cuscute d'Europe* (*cuscuta europæa*, L.) (fig. 540), connue aussi des cultivateurs sous les noms de *rasque*, *teigne*, *tignasse*, *barbe-de-moine*, *cheveux-de-Vénus*, etc. Cette plante, qui paraît offrir en France plusieurs variétés, désignées par les botanistes sous des noms différents, vit aux dépens, non-seulement du trèfle, mais encore d'autres plantes agricoles.

La graine de la cuscute (fig. 541) est très-petite, d'une forme arrondie, ovoïde, et d'une couleur brune jaunâtre; pourvue d'une tunique épaisse et dure, elle peut se conserver longtemps dans la terre, jusqu'au moment où elle rencontre les circonstances favorables à son développement ; elle peut même traverser les organes digestifs des animaux sans perdre ses facultés germinatives.

Dès que l'une de ces graines commence à germer, la jeune plante développe, à l'extrémité d'une racine peu étendue, plusieurs mamelons qui lui tiennent lieu de radicules. Cette racine disparaît d'ailleurs aussitôt que la tige s'est attachée aux plantes voisines.

La tige est herbacée, grêle, déliée comme un fil, d'une couleur roussâtre, très-rameuse. D'abord simple, elle rampe sur le sol jusqu'à ce qu'elle ait trouvé à s'attacher sur une plante qui lui convienne. Alors elle s'enroule autour des tiges ou des feuilles, et à chacun de ses points de contact, sa tige développe de petits mamelons dont la pointe pénètre et s'insinue dans le tissu cortical de la plante et en absorbe les sucs nutritifs. De nouvelles tiges et filaments naissent en abondance des tiges primitives, s'enroulent et s'attachent sur toutes les parties de la plante, la font disparaître en quelque sorte au milieu de leurs innombrables réseaux et la font bientôt périr. Une chose remarquable, c'est que ces filaments, détachés par fragments de la plante qui les nourrit, peuvent vivre pendant plusieurs jours, et que, déposés sur d'autres plantes, ils s'y fixent immédiatement au moyen des petits suçoirs qui apparaissent sur les nouveaux prolongements.

Aussitôt que les premiers filaments de la cuscute ont pris un certain développement, on voit naître de place en place des groupes de petites fleurs (fig. 542 et 543) de couleur blanchâtre, réunies en bouquets globuleux au nombre de dix à quarante. Le fruit qui succède très-promptement à ces fleurs est une petite capsule sphérique ou ovoïde (fig. 544), à deux loges dont chacune contient deux graines.

Cette plante parasite paraît résister à nos hivers. A la vérité, tous ses filaments disparaissent, mais elle forme sur le sol, au pied de la plante qui l'a nourrie, de petits tubercules libres qui donnent lieu, au printemps, à de nouveaux individus. Elle est donc pourvue de trois modes de reproduction : les fragments de tige, les graines, et les petits tubercules dont nous venons de parler.

La végétation de la cuscute est si rapide, pendant la belle saison, qu'en trois mois de temps un seul pied peut faire périr toutes les plantes de trèfle qui l'environnent, jusqu'à une distance de trois mètres.

On voit par ce qui précède combien il est difficile de détruire cette plante, et cependant les ravages qu'elle exerce doivent engager à ne reculer devant aucun soin, quelque minutieux qu'il soit. Pour atteindre ce but, il faudra : 1° ne pas employer pour

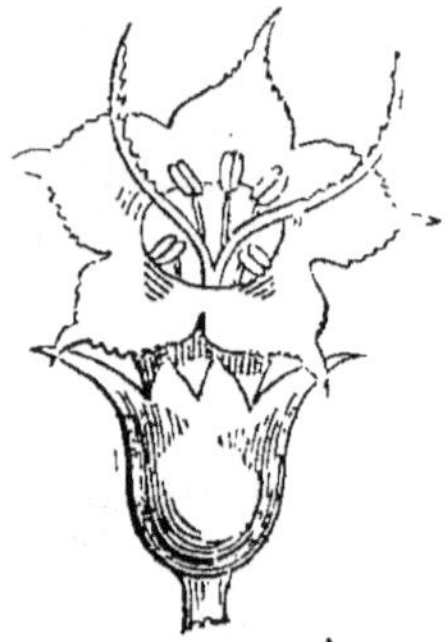

Fig. 542. *Fleur grossie de cuscute.*

Fig. 543. *Groupe de fleurs grossies.*

Fig. 544. *Fruit grossi de cuscute.*

fumer les prairies artificielles les litières des bestiaux nourris avec des fourrages infestés de cuscute ; 2° ne pas récolter de graine de trèfle dans les champs infestés, ou du moins faire cueillir cette graine à la main ; 3° ne pas semer cette graine ou celle qu'on aura achetée sans en avoir séparé avec le plus grand soin la graine de cuscute qui s'y trouve souvent mélangée.

Cette séparation peut être faite facilement, d'abord en froissant avec force la graine de trèfle entre deux grosses toiles, afin de rompre les capsules de la cuscute, puis en pratiquant un criblage à travers une toile métallique de laiton n° 9, de façon qu'elle retienne la graine de trèfle et qu'elle laisse passer facilement celle de cuscute, qui n'a guère qu'un demi-millimètre de diamètre.

Quant aux procédés essayés pour détruire cette plante sur un champ qui en est attaqué, ils sont assez nombreux ; mais bien peu d'entre eux méritent d'être préconisés. Le procédé du feu a donné jusqu'ici de bons résultats, partout où il a été bien exécuté ; voici comment on opère :

Dès qu'on s'aperçoit qu'un champ de trèfle est attaqué sur quelques-uns de ses points, on coupe les plantes le plus près possible de terre, un peu au delà de la surface attaquée ; on place dans un sac le produit de cette coupe ainsi que tous les fragments de cuscute que l'on aura soigneusement ramassés, et on va les brûler au loin. Puis, sur la place que l'on a ainsi coupée et bien nettoyée, on répand de la paille ou d'autres combustibles, et l'on y met le feu.

Les lignites pyriteux, l'acide sulfurique étendu d'eau, la dissolution de sulfate de fer faite dans les proportions de 100 kil. par mille litres d'eau, réussissent assez bien, ainsi que l'ont vu M. Lecoq, et plus récemment M. Ponsard. Ces substances activent en outre la végétation du trèfle, mais leur emploi n'est avantageux que dans les terres calcaires, car, dans les sols purement argileux, elles détruiraient le trèfle, si leur proportion dépassait une certaine limite.

Récolte. — Le produit du trèfle peut être utilisé de deux manières : soit comme nourriture verte, soit comme fourrage sec.

Emploi du trèfle en vert. Sa consommation comme fourrage vert présente surtout de l'avantage dans les contrées à climat humide, où le trèfle repousse facilement en été, et où il est souvent difficile de le transformer en fourrage sec. Dans les contrées plus sèches, si l'on commence à le couper lorsqu'il n'a atteint que la moitié de sa croissance, comme cela doit avoir lieu pour la nourriture verte, il est surpris par la sécheresse de l'été et ne repousse qu'à l'automne ; aussi est-il préférable de l'utiliser comme fourrage sec. On peut déjà obtenir une première récolte à l'automne qui suit l'ensemencement. Cette première coupe, qu'on fait presque toujours consommer en vert à cause de la difficulté que l'on éprouverait à la faire sécher à cette époque de l'année, ne laisse pas que d'être abondante, surtout si l'ensemencement a été fait à l'automne précédent, ou de bonne heure au printemps, ou si le commencement de l'été a été chaud et humide.

Pour recueillir cette première récolte, on fait couper la céréale associée au trèfle assez haut pour que sa rentrée ne soit pas retardée par la nécessité de sécher celui-ci que l'on aurait coupé avec les chaumes ; puis, on fait pâturer le trèfle sur place, ou on le fauche avec les chaumes de la céréale pour le faire consommer à l'étable.

Immédiatement après cette première coupe, le trèfle se développe de nouveau avant l'hiver. Il faut se garder de chercher à utiliser cette nouvelle pousse ; d'abord son produit vaut à peine les frais de la récolte, puis cela fatigue les jeunes plantes, qui souffrent pendant l'hiver et peuvent périr en grand nombre.

C'est pendant la seconde année de son ensemencement que le trèfle donne son principal produit. Lorsqu'il doit être employé en vert, on commence à le faire consommer au printemps, le plus tôt possible, c'est-à-dire lorsqu'il a atteint une hauteur de 0^m,15 à 0^m,20. Cette récolte précoce a pour résultat de donner une nourriture plus tendre, plus facilement assimilable par tous les bestiaux; si l'on attend plus tard, un grand nombre de tiges, devenues dures et ligneuses, sont délaissées par les animaux, et si l'étendue du champ est un peu considérable eu égard au nombre de bestiaux à nourrir, on est bientôt obligé de suspendre ce mode de consommation pour transformer le trèfle en fourrage sec.

Enfin on peut, en faisant consommer de bonne heure, obtenir trois récoltes successives, surtout dans les étés humides, tandis qu'autrement on n'en obtient que deux.

Deux méthodes se présentent pour l'emploi du trèfle vert : le faire consommer à l'étable, ou pâturer sur place. La consommation à l'étable n'a pas besoin d'être décrite. Quant au pâturage, comme il importe de ne pas laisser les bestiaux libres sur le champ, dans la crainte qu'ils ne gâtent autant de fourrage qu'ils en consommeraient, voici comment on procède dans plusieurs contrées de la Normandie, notamment dans le pays de Caux : chaque bête est attachée à un piquet par une corde de 3^m,30 de longueur (fig. 545). Cette corde est coupée en deux parties égales,

Fig. 545. *Corde pour faire pâturer les bestiaux au tiers ou au piquet.*

dont l'une est fixée au piquet, et l'autre aux cornes ou au licou de l'animal. Ces deux parties sont réunies par une planchette de 0^m,50 de longueur et de 0^m,08 de largeur, percée obliquement d'un trou à chaque extrémité. Les bouts de cordes entrent dans ces trous par les côtés opposés et sont retenus par un nœud. Le but de cette disposition est de permettre à la corde de tourner sans se tordre, condition sans laquelle elle s'entortille facilement autour des jambes et du cou de l'animal, et peut occasionner des accidents. Le piquet (fig. 546) a 0^m,40 à 0^m,50 de longueur; il est en fer ou en bois ferré au bout, et porte une frette en tête. On l'enfonce au niveau du sol.

Pour éviter que les animaux ne gâtent le fourrage, on les empêche de marcher sur celui qui est sur pied. A cet effet, lorsqu'on entame une pièce de trèfle (fig. 547), on a soin de faucher, au préalable, une lisière B de 2^m,50 environ de largeur. Les piquets sont alors placés sur le bord extérieur de cette lisière en

C, et les bêtes n'ont ainsi à leur disposition qu'un segment D de $0^m,50$ à $0^m,70$ de largeur de fourrage, sur lequel elles n'avancent qu'à mesure qu'elles mangent. Dès que cette surface est broutée, on porte le piquet à $0^m,50$ ou $0^m,60$, et l'on continue ainsi

Fig. 546. *Piquet.*

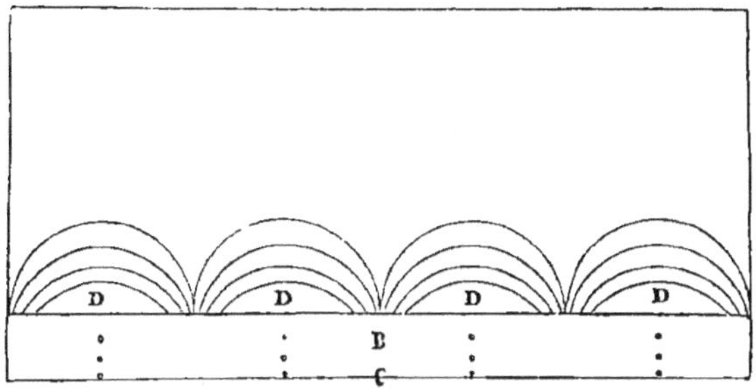

Fig. 547. *Pâturage au piquet ou au tiers.*

jusqu'au bout du champ de trèfle. On voit que, par cette disposition, les animaux, placés sur la même ligne à deux longueurs de corde les uns des autres, ne peuvent s'atteindre, et que cependant aucun espace ne reste entre eux sans avoir été pâturé.

Un jeune pâtre ou une vachère suffit pour vingt-cinq à trente bêtes. Pour les rentrer, les changer de lieu ou les mener boire, on commence par détacher la bête de droite, et on en attache la corde aux cornes de sa voisine. On en fait de même des autres jusqu'à la dernière bête de gauche, dont la corde est tenue par le vacher. Pour les mettre en place, on commence, au contraire, par la bête de gauche. On donne à ce mode de pâturage le nom de *pâturage au piquet* ou de *pâturage au tiers*, et cette seconde dénomination vient de ce que les animaux qui y sont soumis sont ordinairement changés de place trois fois par jour.

Les avantages qu'offre ce mode de faire consommer le trèfle en vert sont les suivants : On obtient des vaches une plus grande quantité de lait que de celles qui sont nourries à l'étable ; on peut entretenir un plus grand nombre de bestiaux avec la même surface de prairies artificielles ; on n'est pas obligé de faire faucher et transporter le fourrage dans les étables ; l'engrais étant répandu par les bestiaux mêmes sur le sol, il devient inutile de transporter cette fumure sur les terres, comme cela a lieu pour la nourriture à l'étable ; enfin, il n'est pas nécessaire d'avoir des étables ou des bergeries aussi vastes que lorsqu'on veut y faire séjourner les bestiaux pendant l'été.

Mais d'un autre côté, par la nourriture verte prise à l'étable, l'engraissement paraît se faire d'une manière plus prompte, et l'on recueille une plus grande quantité de fumier. Il est donc difficile de recommander l'un ou l'autre de ces deux procédés d'une manière exclusive ; c'est au cultivateur à examiner auxquels de ces divers avantages il devra donner la préférence. Disons, cependant, que s'il s'agit de recueillir la première coupe des jeunes trèfles à l'automne qui suit leur ensemencement, et que ces trèfles soient placés sur une terre compacte et humide, il vaudra mieux faire consommer ce produit à l'étable que de le faire pâturer sur place; car les bestiaux amenés sur ces champs enterrent ou déracinent, par leur piétinement, un certain nombre de jeunes plantes, et creusent des cavités qui s'emplissent d'eau et font périr pendant l'hiver les trèfles qui y sont engagés. Si, au contraire, le terrain est sec et léger, il vaudra mieux faire pâturer cette première coupe sur place, car le piétinement des animaux raffermira la terre autour des jeunes plantes, et empêchera celles-ci de se déchausser pendant l'hiver.

Quant aux accidents de météorisation que produit quelquefois le trèfle vert sur les bestiaux, on a observé qu'ils y sont d'autant plus exposés : 1° que cet aliment succède immédiatement à une nourriture sèche, et qu'ils le mangent avec plus d'avidité ; 2° que le trèfle est plus jeune et plus succulent ; 3° qu'il est mouillé par la rosée lorsqu'on le fait pâturer sur place ; 4° qu'on le fait consommer à l'étable après qu'il a été en partie flétri par le soleil, ou bien que, fauché au soleil, il s'est échauffé en tas ; 5° enfin, qu'on fait boire les animaux immédiatement après leur repas. Il est donc prudent de ne mettre les bestiaux dans les jeunes trèfles, au printemps, que pendant très-peu de temps à la fois, chaque jour, afin de les habituer progressivement à cette nourriture, et de choisir le moment où la rosée a été séchée par le soleil.

Pour le trèfle vert consommé à l'étable, il sera bon d'en donner d'abord peu à la fois et de le hacher avec une certaine quantité de paille ou de foin, un quart quand le trèfle est sec, un tiers et plus quand il est mouillé. Lorsqu'on manque de paille de blé ou de foin, on peut employer du trèfle sec des récoltes précédentes. Ces parties sèches, que l'on mélange ainsi au trèfle vert, absorbent une grande quantité de son eau, se ramollissent et contractent une saveur agréable ; les animaux mangent plus lentement ; leurs déjections sont moins molles, moins fibreuses ; malgré leurs efforts, ils ne peuvent faire un triage complet ; la nourriture est moins uniforme, et ce mélange évite tous les inconvénients de la légumineuse. Dans tous les cas, on devra faire faucher le trèfle chaque jour, le matin ou le soir, et l'étendre auprès de l'étable dans un lieu frais, à l'abri du soleil et de la pluie. Enfin, il faudra aussi faire boire les animaux une heure avant chacun de leurs repas, ou seulement une heure avant le repas du soir.

Conversion du trèfle en fourrage sec. Il est important pour cela de bien choisir le moment où le trèfle doit être coupé, ce qui peut avoir lieu à trois époques différentes : avant qu'il commence à fleurir, lorsqu'une certaine partie des fleurs sont ouvertes, enfin lorsqu'il est en pleine floraison.

Les deux dernières époques donnent une coupe plus abondante, mais de moins bonne qualité que celle produite par la première. En effet, la plupart des tiges sont devenues ligneuses et sont rejetées par les bestiaux ; un grand nombre de feuilles inférieures sont flétries et perdues pour le fourrage. Au contraire, la coupe précoce, si elle est un peu moins abondante, donne un foin d'excellente qualité ; elle a d'ailleurs un autre avantage, c'est que la plante étant privée de ses tiges quinze jours plus tôt, est moins épuisée des sucs nourriciers accumulés dans la souche et la racine, et qu'elle développe plus vigoureusement de nouvelles pousses. Ces pousses paraissant quinze jours plus tôt ont plus de temps pour se développer convenablement, et donnent lieu à une seconde coupe dont l'abondance peut égaler la première. Aux deux dernières époques de récolte, cette seconde coupe est presque toujours chétive et compromise par l'époque tardive à laquelle elle se développe. Il s'ensuit que la récolte précoce du trèfle a pour résultat de donner deux coupes qui, réunies, dépassent en quantité et en qualité celle obtenue plus tardivement.

Nous pensons donc qu'il sera préférable de faire la coupe un peu avant l'épanouissement des fleurs. Il est toutefois une circonstance où cette récolte précoce pourra présenter un inconvénient, c'est lorsque le climat ne permettra pas de compter sur une seconde coupe convenable. Dans ce cas, la qualité ne compenserait pas la perte réelle que l'on éprouverait sur la quantité, et il vaudra mieux choisir l'instant où la plus grande partie des fleurs sont épanouies. L'expérience a aussi démontré que si le fourrage sec est destiné spécialement aux chevaux, il est bon de retarder la coupe jusqu'au moment de l'épanouissement complet de toutes les fleurs. Ces animaux aiment un fourrage plus sec et plus fibreux que celui qui convient à l'espèce bovine.

Ce ne sont là cependant que des règles générales auxquelles

des circonstances particulières, indépendantes de la volonté du cultivateur, viennent apporter de fréquentes exceptions. Ainsi, tantôt un temps pluvieux obligera à différer le moment choisi, tantôt une chaleur brûlante fera redouter que la seconde coupe ne soit desséchée par les trop vives ardeurs du soleil.

La coupe du trèfle est presque exclusivement faite aujourd'hui à la faux. Cet instrument varie un peu de forme suivant les localités, et l'espèce de récolte. Nous avons indiqué à la page 672, t. I, la faux à employer pour les céréales ; voici celle qui est préférable pour les divers fourrages.

La direction de la faux, c'est-à-dire l'ouverture de l'angle que forme la lame *a* (fig. 548 et 549) avec la monture *h*, doit être

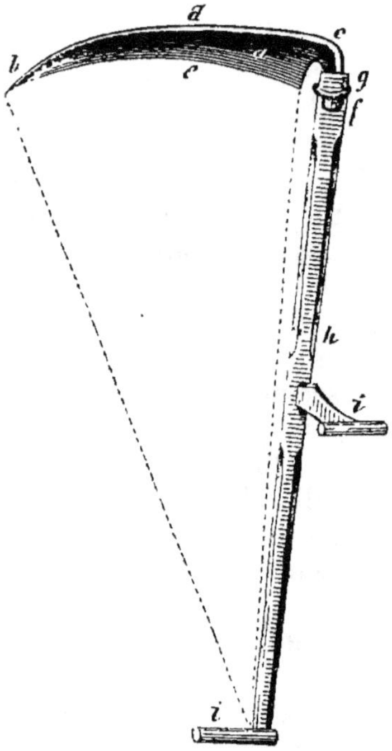

Fig. 548.
Faux du nord-est de la France.

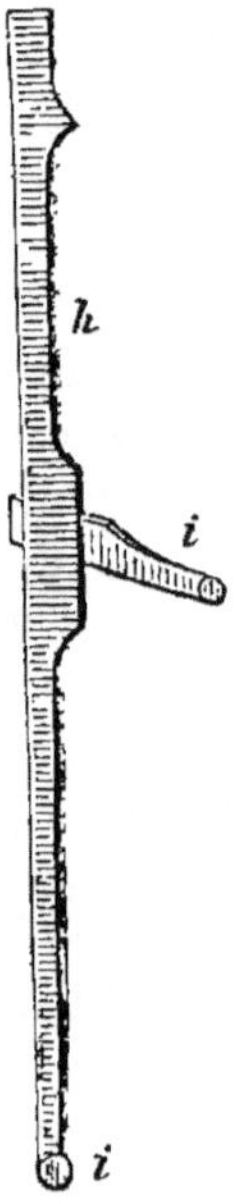

Fig. 549.
Profil de la monture de la figure 548.

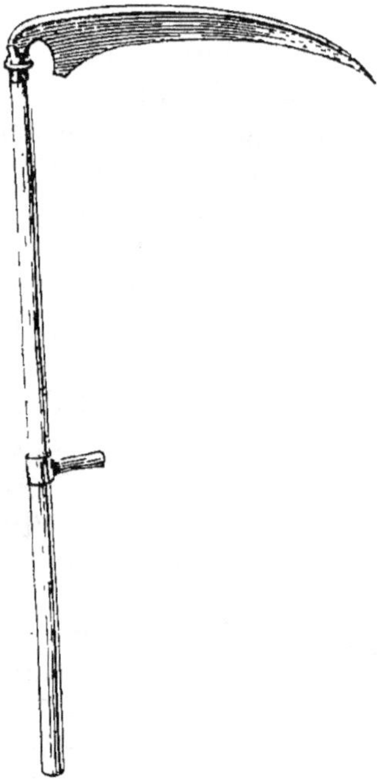

Fig. 550.
Faux champenoise.

telle, qu'en mesurant de l'extrémité inférieure de la monture, la pointe *b* de la faux soit d'environ $0^{m},05$ plus basse que l'extrémité opposée. La faux ainsi disposée se trouve dans une direction oblique avec l'herbe qu'elle doit couper, et agit par un mouvement analogue à celui d'une scie. Plus l'angle formé par la lame et la monture est ouvert, plus la direction du tranchant sur les tiges se rapproche de la perpendiculaire, et plus le fauchage exige de force. On obtiendra un résultat inverse en abaissant la pointe de la faux, mais aussi chaque coup de faux embrassera un espace moindre. C'est pourquoi, lorsque l'herbe est très-forte, on diminue l'ouverture de la faux.

Pour donner plus ou moins de largeur à l'angle formé par la lame et la monture, on fait le trou dans lequel entre la queue ou talon *c*, un peu plus grand qu'il n'est nécessaire, et, au moyen d'un petit morceau de cuir placé dans le trou, on règle l'inclinaison de la lame. On peut aussi faire varier cette inclinaison par une pièce de cuir glissée entre l'anneau *g* et la monture. On fauche beaucoup plus facilement avec une lame un peu convexe qu'avec une lame plate, et le tranchant *e* de la faux doit décrire une courbe telle que, cette lame étant placée verticalement sur une surface plane, cette courbe laisse un intervalle d'environ $0^{m},06$ entre elle et la ligne droite qui va de la pointe à la base de la lame. Enfin, à longueur égale, une faux légère est préférable à une faux lourde et épaisse.

Quant aux accessoires de la monture, ils varient suivant les contrées. Les figures 548 et 549 montrent la faux employée dans le Nord-Est de la France; on voit que la monture est pourvue de deux poignées *i*. La figure 550 donne la faux employée en Champagne et aux environs.

La faux la plus simple est celle qui est généralement répandue en Bretagne (fig. 551). La monture est plus longue qu'ailleurs, et terminée à sa base par un morceau de fer destiné à faire équilibre au poids de la faux, ce qui en rend le maniement plus facile. Enfin, en Picardie et dans plusieurs autres contrées, la faux destinée à couper les prairies artificielles est pourvue d'un crochet en bois A ou *javelier* (fig. 552) fixé vers le sommet de la monture. Ce crochet est destiné à rassembler sur une seule ligne, ou en *andains*, toute l'herbe coupée par chaque mouvement de la faux. Cette disposition est surtout nécessaire pour le trèfle. Nous avons décrit, tome Ier, page 675, les soins nécessaires pour bien entretenir le taillant de la faux.

La faux décrit un arc de cercle dont le faucheur est le centre. La pointe de la faux entre dans l'herbe vis-à-vis de son pied droit. En commençant plus à droite, il se donnerait une fatigue inutile ; moins loin, son coup de faux manquerait d'étendue. Le poids de la lame tend toujours à l'entraîner vers la terre ; le faucheur doit donc tenir la pointe un peu élevée et raser le sol seulement avec la partie inférieure de la lame.

On doit surtout, dans le mouvement de retour, laisser glisser légèrement la faux sur le sol, sans l'élever; autrement le coup suivant attaquerait l'herbe trop haut. En outre, l'action doit être énergiquement soutenue jusqu'à la fin du coup de faux, sans

Fig. 551. *Faux employée en Bretagne.*

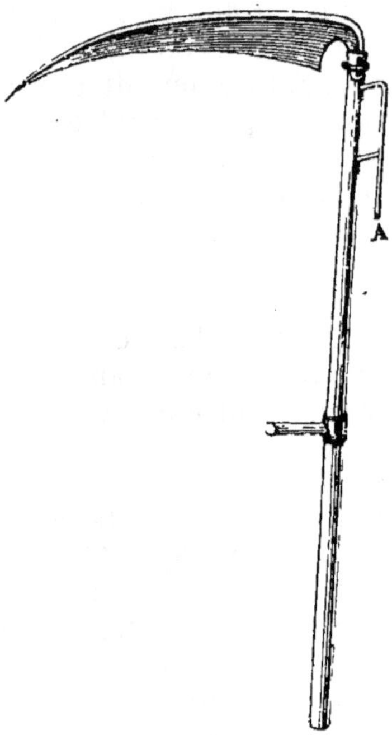

Fig. 552. *Faux picarde.*

quoi la pointe se relève, et l'herbe n'est pas coupée assez près de terre. Il faut enfin éviter de vouloir abattre une trop grande largeur à la fois, car le fauchage devient irrégulier.

Il importe de couper les fourrages le plus bas possible, car quelques centimètres de plus laissés au tronçon de la plante sur toute la surface de la prairie diminuent le rendement d'une manière très-sensible. D'ailleurs ces tronçons, en desséchant, deviennent durs, ligneux et obligent, lors de la récolte suivante, à couper au-dessus, et déterminent ainsi une perte plus grande encore que lors de la première coupe.

La coupe des fourrages s'exécute avec plus de perfection et moins de fatigue lorsque les plantes sont mouillées et couvertes de rosée ; aussi les faucheurs ont-ils l'habitude de commencer leur besogne dès la pointe du jour. Toutefois, il est certain que ces amas d'herbes mouillées s'échauffent promptement au soleil s'ils ne sont pas étendus immédiatement; les parties inférieures jaunissent et le fourrage perd de sa qualité. Il est donc convenable de faucher dès le matin les parties élevées et de garder pour le milieu du jour les bas-fonds, où la dessiccation est longue et difficile.

Nous avons parlé, dans le premier volume de cet ouvrage, de la substitution d'une machine à la faux pour la moisson des céréales. La même substitution est faite avec beaucoup davantage pour la coupe des prairies artificielles ; et c'est la même machine, la moissonneuse de Mac Cormick, qui peut également être employée pour ce travail. (Voir fig. 336, t. Ier, p. 676.) Le charretier et deux chevaux seulement sont nécessaires pour faire fonctionner cette machine comme faucheuse; dans ces conditions, elle fait au moins six fois plus de travail qu'un bon faucheur, et ce travail est parfaitement exécuté.

Aussitôt après que le trèfle est fauché, on procède au *fanage*. On agit de façon à obtenir la dessiccation la plus prompte, tout en conservant le plus de feuilles adhérentes aux tiges, et en exposant le moins possible le fourrage à l'action des pluies ou à l'ardeur du soleil.

Dans certaines contrées, aussitôt que le fourrage est coupé, on se hâte de répandre les andains sur toute la superficie ; c'est une faute, quelles que soient d'ailleurs les circonstances de position et de température. En effet, si la pluie menace, il faudra remettre le fourrage en petits tas, l'épandage aura été une opération inutile, et ces changements successifs de position auront eu pour résultat de détacher les feuilles des tiges. Si le temps reste au beau fixe, les feuilles des plantes, surprises par une chaleur intense, se crisperont, se dessécheront trop promptement, et tomberont à la moindre secousse. Si, enfin, la pluie et le soleil se succèdent alternativement, la pluie lavera toutes les tiges, occasionnera la chute des feuilles, et chaque partie de la récolte étant soumise alternativement à l'action dissolvante de l'humidité et à l'ardeur du soleil, les brins perdront leurs principes nutritifs, deviendront blancs et ne posséderont guère plus de mérite que la paille.

Voici les divers procédés qu'on emploie pour obtenir un fourrage convenable : celui qui est suivi en Picardie est l'un des meilleurs. Tout ce qui est fauché le matin est laissé en andains, tels que les a faits le fauchage. Vers midi ou une heure, on les retourne, sans les éparpiller, mais seulement afin de les ressuyer également des deux côtés. Ce qui est fauché le soir est laissé intact. Le lendemain matin, aussitôt que la chaleur du soleil a fait évaporer la rosée, on met en petits tas de 12 à 15 kilogrammes tout ce qui a été fauché la veille. On a soin de les soulever le plus possible afin que la chaleur et le vent les pénètrent dans tous les sens, puis on les retourne avec soin, pendant quelques jours, jusqu'à ce qu'ils soient bien secs.

En Flandre, on modifie ce procédé : les andains sont très-légers. On les laisse intacts pendant deux jours, puis on les rassemble deux à deux, en les relevant l'un contre l'autre, de manière que le côté de chacun d'eux qui était en dessous se trouve tourné en dehors, et on les abandonne dans cet état jusqu'à ce qu'ils soient complétement secs.

La dessiccation est d'une grande difficulté dans les contrées humides, car, souvent, un temps pluvieux succède au fauchage, ou l'humidité atmosphérique est habituellement si grande que le trèfle pourrit à la surface du sol avant d'acquérir un degré de siccité suffisant. Deux moyens se présentent pour surmonter ces difficultés.

Le premier, fréquemment usité dans plusieurs parties de l'Allemagne, consiste dans des bâtis sur lesquels on fait sécher le trèfle, et auxquels, suivant leur forme et les localités, on donne les noms d'*arbres*, de *chandeliers*, de *chevalets*, de *cavaliers*, etc.

Chaque arbre ou cavalier (fig. 553) est formé d'un pieu solide, de 3 à 4 mètres de hauteur, taillé en pointe à son extrémité inférieure et terminé par une frette A à son sommet ; ce pieu est percé d'un certain nombre de trous placés dans des directions divergentes, dans lesquels on enfonce de fortes chevilles B de $0^{m},60$ à $0^{m},70$ de longueur. On commence à faire ces trous à 1 mètre environ de la pointe du pieu, et l'on continue de $0^{m},50$ en $0^{m},50$.

On dispose ces arbres en lignes espacées de manière à laisser une libre circulation aux voitures, et voici comment on y place le trèfle.

Après que le trèfle a été fauché, on l'abandonne pendant vingt-quatre heures en andains, afin qu'il se flétrisse ; après quoi on le pose légèrement sur les chevilles, en commençant par celles du bas, en évitant d'opérer pendant la pluie et de laisser pendre jusqu'à terre le trèfle qui garnit les chevilles inférieures.

Pour que la dessiccation marche rapidement, on ne doit pas mettre plus de 100 kil. de trèfle sur un arbre ayant $2^{m},30$ de hauteur au-dessus du sol.

Dans les terres compactes ou caillouteuses, il est difficile d'enfoncer suffisamment les pieux ; quelquefois les chevilles se cassent lors du transport ; enfin l'air ne circule pas assez librement autour du fourrage qui est suspendu. Ces inconvénients ont conduit à adopter d'autres bâtis plus faciles à construire et

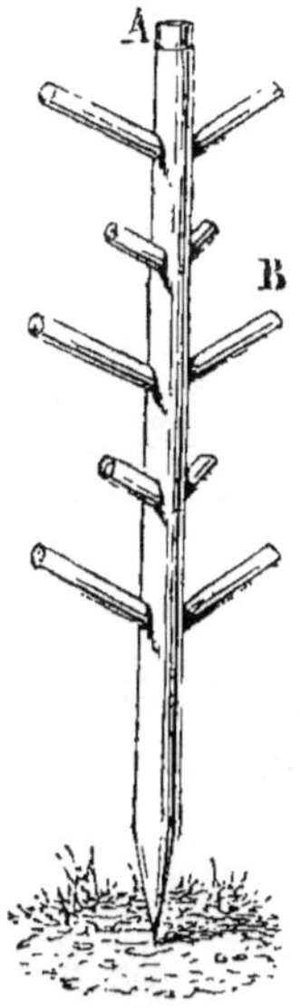

Fig. 553. *Arbre ou cavalier pour sécher les fourrages.*

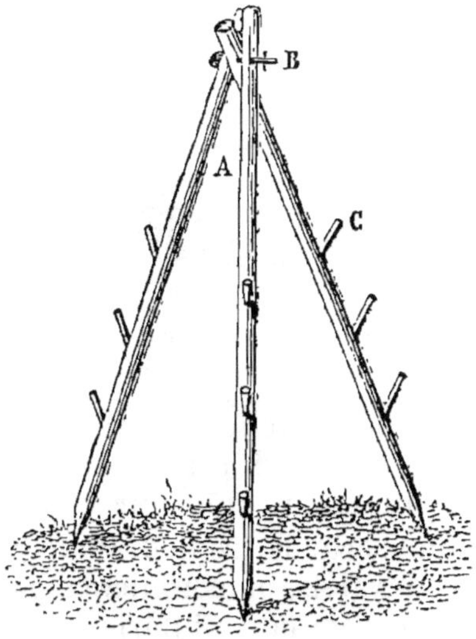

Fig. 554. *Chevalet pour sécher les fourrages.*

à monter, plus durables, et n'ayant pas besoin d'être enfoncés dans le sol. Ce sont des sortes de *chevalets*, dont voici la description.

Les uns (fig. 554) se composent de trois pièces de bois A, longues de 3 à 4 mètres, réunies à leur sommet par une cheville de fer B, et disposées en triangle. Chacune d'elles est munie, sur le côté extérieur, d'une ligne de chevilles C longues de $0^m,60$ environ, et distantes de $0^m,40$ seulement. C'est sur ces chevilles que le fourrage est disposé.

D'autres chevalets sont construits ainsi (fig. 555 et 556) : Deux pièces de bois A se croisent en B et forment les jambes d'un chevalet ; deux chevilles C sont fichées dans ces pièces de bois ; des perches E et F sont supportées par les chevilles et à l'intersection des jambes ; elles sont destinées à recevoir le trèfle. Trois chevalets et trois perches placées horizontalement forment ensemble un porteur. Lorsque les perches horizontales présentent une longueur insuffisante, elles sont mises bout à bout et reposent, en se croisant, sur le chevalet du milieu. Pour maintenir les chevalets dans leur position et les empêcher de verser d'un côté ou de l'autre, on soutient ceux des extrémités au

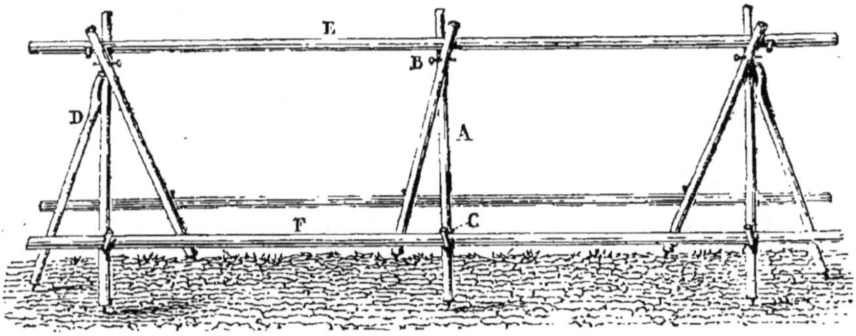

Fig. 555. *Chevalet pour sécher les fourrages.*

moyen d'une fourche D. Cet appui se pose assez incliné vers le chevalet, et celui-ci est lui-même un peu penché vers cette fourche, de façon que leur ensemble forme une sorte de trépied. Pour charger ces chevalets, on commence par les perches horizontales inférieures. Cet appareil, long de 8 mètres, peut porter environ 120 kilogrammes de fourrage.

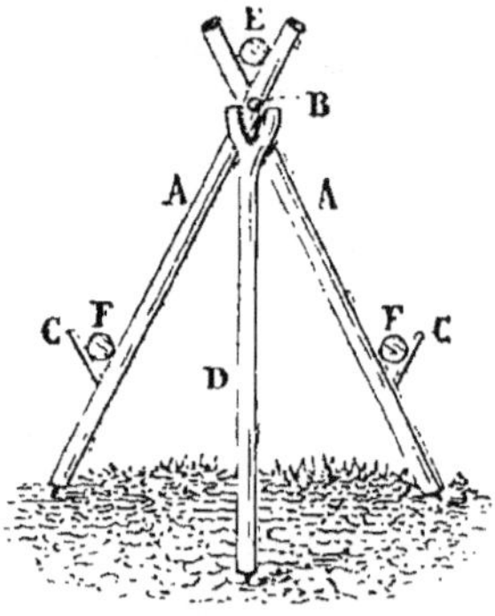

Fig. 556.
Profil de la figure 555.

Ce mode de dessiccation des fourrages est incontestablement plus coûteux que le fanage ordinaire. Aussi ne doit-on en conseiller l'emploi que pour les contrées à climat très-humide ou pour les années pluvieuses.

L'autre moyen, employé par quelques cultivateurs pour hâter la dessiccation du trèfle, est connu sous le nom de *Méthode de Klappmeyer*, parce que c'est l'agronome de ce nom qui l'a indiqué le premier. Cette méthode consiste à mettre l'herbe en très-grosses meules dès le lendemain du jour où elle a été fauchée, en la pressant et foulant fortement avec le plus de régularité possible dans toutes ses parties. Ordinairement la fermentation commence à s'y établir peu d'heures après que les tas ont été formés, et elle augmente rapidement. On doit en suivre les progrès avec soin, et lorsqu'elle est parvenue à ce point que la chaleur ne permet plus de tenir la main dans la meule, on démonte cette dernière promptement, et l'on étend le fourrage. Quelques heures de soleil ou même de vent suffisent pour dessécher complétement l'herbe qui a subi cette fermentation, et pour mettre le foin en état d'être rentré. Les feuilles et les fleurs, qui sont les parties les plus savoureuses, ne s'en détachent pas comme dans les foins qui ont été tourmentés par le mode ordinaire de fanage. A la vérité, le foin préparé par la méthode Klappmeyer acquiert une couleur brune, mais il est sucré, savoureux, il a une odeur miellée et plaît beaucoup aux animaux.

L'important, dans cette méthode, c'est de démonter les meules aussitôt que le trèfle est parvenu au degré de fermentation convenable. La pluie ne doit pas même faire retarder cette opération, sans laquelle tout se gâterait. Mais, dès que le fourrage est refroidi, on peut le remettre en meule ou le rentrer sans craindre qu'il ne s'échauffe de nouveau.

Ce procédé est surtout convenable dans les climats septentrionaux, où les pluies sont souvent très-abondantes au moment de la récolte des foins ; dans ces saisons pluvieuses, ceux-ci sont toujours mal récoltés, le plus souvent gâtés et pourris, après avoir toutefois coûté aux cultivateurs beaucoup de soins et de frais de main-d'œuvre, pour les faire tourner et retourner pendant plusieurs jours dans le champ, dans les intervalles des averses.

En Russie, on conserve aux foins leur verdure naturelle, en modifiant ainsi qu'il suit la méthode de Klappmeyer. Aussitôt que l'herbe est coupée, et sans la laisser aucunement faner, on la met en meule, mais au milieu de celle-ci on a placé d'avance une cheminée faite avec quatre planches brutes. Il paraît que la chaleur, développée par la fermentation, se dissipe par cette cheminée centrale, entraînant avec elle la presque totalité de l'eau de végétation, et que le foin conserve ainsi toutes ses feuilles, sa couleur et son goût primitifs.

Quel que soit le mode que l'on emploiera, il faudra, aussitôt que le trèfle sera sec, le mettre à l'abri de l'humidité. Le plus souvent on le réunit par bottes avant de l'emmagasiner. D'autres fois aussi on se contente de le tasser en une seule masse dans les greniers. Nous examinerons ces deux méthodes quand nous étudierons la conservation des fourrages.

Lorsque l'on fait usage du *bottelage*, il est bon de ne pas le pratiquer pendant la chaleur du jour, parce que les feuilles se brisent facilement, se détachent et sont perdues. Il en est de même pour le transport de ce fourrage lorsqu'il n'est pas bottelé.

Le bottelage s'effectue au moyen d'un seul lien de paille ; les bottes ne doivent peser que 6 à 7 kil. 1/2.

A mesure que le trèfle est bottelé, on le dispose en *dizeaux* de 25 à 30 bottes (fig. 557). Un ouvrier tient droite la botte A, pendant que les autres dressent contre celle-là les bottes B,C, etc., jusqu'à ce qu'il y en ait neuf dans chaque ligne. Lorsque les dix-huit bottes sont posées, en donnant un peu d'inclinaison aux dernières, on les recouvre avec sept autres bottes D placées en travers. S'il vient à pleuvoir avant qu'on ait pu rentrer le fourrage, il n'y a de mouillées que les bottes supérieures, que l'on peut faire sécher lorsque le temps le permet.

Fig. 557. *Bottes de trèfle réunies en dizeaux.*

Durée du trèfle. — Le trèfle rouge est une plante vivace, mais l'expérience a démontré que c'est ordinairement pendant la seconde année qui suit son ensemencement qu'il donne son produit le plus abondant. A partir de la troisième année, son rendement diminue très-sensiblement, et il est envahi progressivement par les plantes nuisibles, surtout par le chiendent qui l'étouffe et le fait bientôt disparaître complétement. Si l'on attendait ce moment pour le rompre, il en résulterait : 1° que le rendement serait bientôt si faible qu'il ne payerait plus le loyer de la terre ; 2° que l'accumulation de principes fertilisants qui résulte de la culture du trèfle bien venant aurait disparu, et que l'on serait obligé de fumer la terre pour la récolte qu'on ferait succéder au trèfle ; 3° que cette nouvelle récolte et plusieurs des suivantes seraient salies par les graines ou les racines traçantes des plantes nuisibles qui se seraient emparées du sol.

Aussi les cultivateurs instruits ne conservent-ils les trèfles que pendant deux ans, y compris l'année d'ensemencement. Pendant cette seconde année on peut obtenir deux coupes et quelquefois trois, mais il y a toujours plus de profit à enterrer cette dernière. Quelques cultivateurs se sont si bien trouvés de ce procédé, qu'ils n'hésitent même pas, lorsqu'ils sont d'ailleurs pourvus de fourrages, à ne prendre que la première coupe de la seconde année, et à enterrer la suivante lorsqu'elle est en fleur. Dans tous les cas, cette opération doit être faite assez tôt pour que le blé, qu'il convient de lui faire succéder, puisse être ensemencé en temps opportun.

Rendement. — Le rendement du trèfle bien réussi varie plus que celui de la plupart des autres récoltes; le degré d'humidité du sol et de l'atmosphère, la température, la nature du sol et sa richesse en engrais en sont les causes les plus influentes.

L'hectare de trèfle donne, en moyenne, pour les deux coupes de la seconde année, en fourrage sec :

A la ferme-école de Hohenheim	7012 kil.
Dans le nord de l'Allemagne	4400
Dans le Wurtemberg	6550
En Alsace	5400
Dans les environs de Paris	5766
Aux environs de Lille	9442
Dans le nord de l'Angleterre	8100
Dans les terres fraîches du midi de la France	6000
Sous le même climat dans les terres irriguées	9000
En Suisse	8400

Le rendement moyen serait donc d'environ 7,000 kilogrammes, auxquels il conviendrait d'ajouter le produit d'une première coupe, que l'on peut souvent obtenir à la fin de la première année. Quant à la coupe la plus abondante, c'est presque toujours la première de la seconde année ; elle est, en général, d'un tiers plus considérable que la seconde.

Le trèfle, transformé en foin, perd environ les deux tiers de son poids en se desséchant. Toutefois, cette proportion varie assez notablement, suivant que la végétation de la plante est plus ou moins humide.

Voici le résultat de quelques expériences faites à cet égard par M. Boussingault :

17 mai...	1re coupe, avant la floraison	1000 kil.	ont donné fané.	212 kil.
3 juin...	1re coupe, en fleur	1000	—	283
5 juin...	1re coupe, en fleur (autre localité)	1000	—	305
28 juillet.	2e coupe, en fleur	1000	—	290
août...	2e coupe, en fleur, très-avancé et très-ligneux	1000	—	360

Dans les étés très-secs, la seconde coupe manque ordinairement. La plante reste petite et rabougrie ; les diverses phases de la végétation s'accomplissent cependant, et l'on fait alors une récolte de graines. On peut obtenir ainsi plus d'un hectolitre de semences par hectare.

COMPTE DE CULTURE D'UN HECTARE DE TRÈFLE ROUGE SEMÉ DANS L'AVOINE DE PRINTEMPS SUCCÉDANT A UNE RÉCOLTE SARCLÉE ET FUMÉE.

DÉPENSE.

La moitié des frais de préparation du sol au compte de l'avoine (voy. t 1, p. 733)	25f 60
Un roulage	2 »
Semence, 15 kil., à 1 fr. 40 c. le kil	21 »
Répandre la semence	1 »
Un hersage pour la recouvrir	2 60
Un roulage	2 »
Plâtrage, 3 hectol. de plâtre cru, à 1 fr. 80 c. l'hectol	5 40
Répandre le plâtre	1 »
Fauchage, fanage et emmagasinage de deux coupes	30 »
Intérêt pendant un an, à 5 pour 100, du prix de 7,500 kil. de fumier non absorbé par les récoltes précédentes, à 10 fr. les 1,000 kil., y compris le transport et l'épandage	3 75
Loyer de la terre pendant un an	70 »
Frais généraux d'exploitation	10 »
Intérêt pendant un an, à 5 pour 100 des frais ci-dessus	9 22
Total	183 57

PRODUIT.

7,000 kil. de fourrage sec, à 63 fr. les 1,000 kil	441 »

BALANCE.

Produit	441 »
Dépense	193 57
Bénéfice net	247 43

128 pour 100 du capital employé.

Il conviendrait d'ajouter encore à ce bénéfice les principes fertilisants que le trèfle accumule dans le sol au profit des récoltes suivantes.

Culture du trèfle rouge pour la production des semences. — C'est surtout en Belgique et en Hollande qu'on cultive le trèfle pour ses semences ; mais il est peu de localités où l'on ne puisse récolter de très-bonne graine de trèfle si l'on donne à cette culture les soins particuliers qu'elle réclame.

Le sol le plus convenable pour la production de la graine de trèfle n'est pas celui que nous avons recommandé pour le fourrage. Dans ce dernier cas, on a besoin de déterminer une végétation extrêmement vigoureuse, afin d'obtenir la plus grande masse possible de tiges et de feuilles, mais cette végétation nuit à la production des fleurs et des graines qui sont beaucoup moins abondantes, généralement mal conformées et de médiocre qualité. Aussi doit-on récolter de préférence la graine de trèfle sur des sols plus légers et un peu moins humides que ceux que nous avons indiqués pour la production du fourrage. Ils devront également être bien fumés.

Le champ destiné à produire la graine devra être abrité, autant que possible, des vents froids et desséchants de l'est et du nord-est, car leur influence suffit pour faire avorter la fructification. Il faudra aussi, plus encore que pour le fourrage, choisir un sol parfaitement net de mauvaises herbes, sous peine de récolter des semences mélangées d'une grande quantité de graines étrangères.

Le changement de semences est parfois utile pour obtenir une abondante production de graines. Cette pratique devient surtout nécessaire dans les sols substantiels, riches et frais, où les trèfles se développent avec beaucoup de vigueur. Si la culture des porte-graines est continuée dans ces terrains, il en résulte, après un certain nombre de générations, une sorte de race nouvelle, à végétation très-vigoureuse, mais donnant à peine quelques graines fertiles. On évite cet inconvénient en remplaçant de temps en temps la semence par des graines obtenues sur des sols plus légers et moins riches.

L'ensemencement du trèfle destiné à porter graine ne doit pas être fait aussi dru que pour le fourrage ; car cet état serré des plantes, utile pour obtenir la plus grande quantité possible de tiges minces et élevées, nuit à la fructification en faisant avorter un grand nombre de fleurs. Les autres soins que réclame cette culture sont les mêmes que ceux indiqués pour le fourrage.

La récolte de la graine de trèfle ne doit pas porter sur le produit qu'on peut souvent obtenir à la fin de la première année d'ensemencement. A cette époque, les graines, surprises par les premiers froids de l'automne, mûrissent mal, et d'ailleurs l'humidité de la saison rend très-difficile leur dessiccation. On fait ordinairement pâturer cette première pousse du trèfle, et c'est sur la seconde coupe de la deuxième année qu'on récolte la graine. La plante a perdu alors son excès de vigueur, les fleurs sont plus nombreuses, les semences plus abondantes et mieux conformées ; mais il est utile, dans ce cas, d'enlever la première coupe de très-bonne heure, afin que la récolte des graines soit faite assez tôt pour qu'on puisse les sécher facilement à la fin de l'été ; pour cela on fait souvent pâturer cette coupe au printemps. Toutefois, lorsque le trèfle de la première coupe ne présente pas une très-grande vigueur, qu'il fleurit bien également et que la température est favorable, il est prudent d'en destiner une partie à porter graine, car on ne sait jamais quel sera le succès de la fructification de la seconde coupe. On attend, pour récolter la graine de trèfle, que les semences soient bien formées dans les fleurs les plus tardives ; la dessiccation des têtes se fait bien plus facilement, et l'égrenage est plus complet.

La graine de trèfle est récoltée de diverses manières : tantôt on fait couper les tiges avec la faux ou la faucille ; tantôt on fait détacher les têtes à la main par des enfants ; d'autres fois on se sert d'une sorte de peigne. Dans le premier cas, le trèfle, disposé en andains, est laissé étendu pendant deux jours, retourné avec précaution. Deux jours après, on réunit une certaine quantité de ces tiges que l'on dresse les unes contre les autres de façon à en former une sorte de cône que l'on assujettit en entourant son sommet de quelques brins de paille. Lorsque ces tiges, et surtout les têtes, sont parfaitement sèches, on les rentre pour en séparer les graines par le battage.

Ce mode de récolte est incontestablement le plus prompt ; mais il présente les inconvénients suivants : la récolte peut être endommagée par les pluies pendant le temps de sa dessiccation ; si le champ n'est pas parfaitement net de mauvaises herbes, les graines de celles-ci seront mêlées à celles du trèfle lors du battage ; enfin, les tiges de ce dernier, privées de leurs feuilles par cette opération, deviendront sans utilité comme fourrage.

La cueillette des têtes, faite à la main, ne présente pas ces inconvénients. Pratiquée par un temps sec, le séchage peut être complété dans un endroit abrité ; on obtient ainsi des semences parfaitement nettes, et les tiges fournissent encore un fourrage passable pour les chevaux. Malheureusement cette pratique est beaucoup plus coûteuse que la première.

Le troisième moyen, la récolte à l'aide des peignes, nous paraît devoir être généralement préféré : aussi satisfaisant dans ses résultats que la cueillette à la main, il est beaucoup plus prompt. Nous donnons ici la figure et la description de deux de ces sortes de peignes.

La première de ces machines (fig. 558), imaginée aux États-Unis, est portée, à sa partie postérieure, par un axe de 1^m à $1^m,33$ de long sur $0^m,10$ carrés, pourvu à ses extrémités de deux roues de $0^m,20$ de diamètre. Elle est composée d'un caisson dont les deux côtés parallèles ont une longueur de $0^m,66$, et se terminent en biseau à leurs extrémités antérieures. Le troisième côté est large de $1^m,16$ et haut de $0^m,45$; il est armé de deux manches qui servent à le guider. Une partie du fond est en planches, sur une longueur de $1^m,48$, et le reste est occupé par un peigne, dont les dents, au nombre de quarante-deux, sont longues de $0^m,24$, un peu pointues et relevées sur le devant. On met cet instrument en action au moyen d'un cheval attelé de deux cordes fixées aux extrémités de l'axe. Cette machine est celle qu'on devra préférer pour les grandes surfaces.

Fig. 558. *Peigne à roues pour récolter la graine de trèfle.*

La seconde (fig. 559 et 560) a été imaginée par M. Penn Hellouin, d'Aunay (Calvados); elle offre trois côtés. Les deux parallèles, longs de $0^m,50$ et hauts de $0^m,10$, se terminent en biseau à leur partie antérieure. Le troisième côté est long de $0^m,25$; le fond se compose d'une seule planche dépassant la boîte, en arrière, de $0^m,20$, et disposée, vers ce point, en forme de poignée B. Le fond de la boîte est partagé en un certain nombre de dents pointues, un peu relevées à leur extrémité, longues de $0^m,45$, larges de $0^m,15$ en dessus, coupées en carène en dessous, et séparées par un intervalle de $0^m,03$. Une pièce de bois A, fixée par un boulon à la partie postérieure, sert à tenir ce peigne avec les deux mains. La partie antérieure de ce manche offre une longueur de $0^m,40$, et s'élève, à son extrémité, de $0^m,15$ au-dessus des dents. L'ouvrier qui fait manœuvrer ce

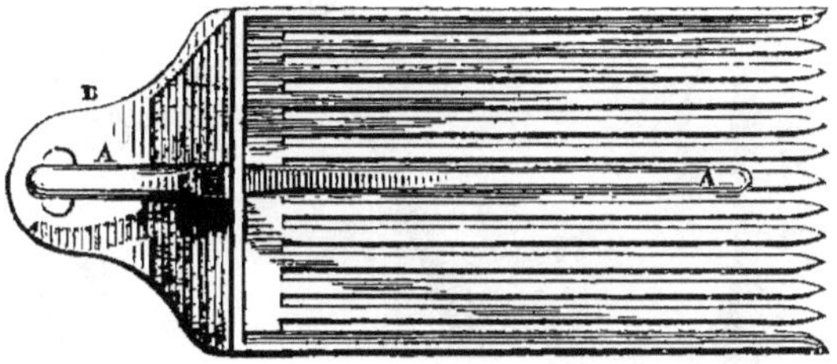

Fig. 559. *Peigne Hellouin pour récolter la graine de trèfle.*

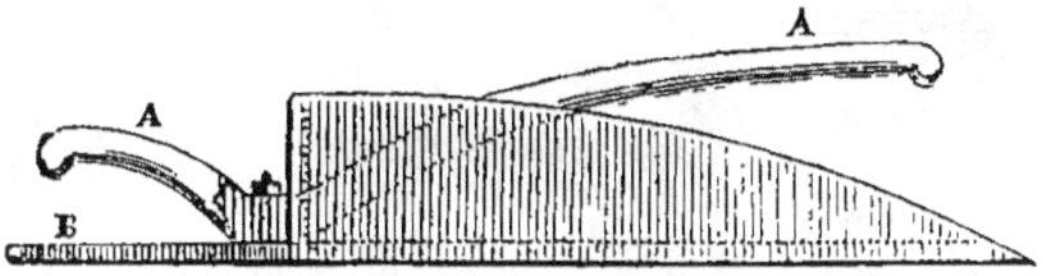

Fig. 560. *Profil du peigne Hellouin.*

peigne, le pousse vivement d'arrière en avant et de bas en haut, contre les tiges du trèfle, dont les têtes, engagées entre les dents, restent dans la boîte. Cette machine pourra suffire pour les petites exploitations.

Égrenage. Quel que soit le procédé de récolte choisi, il faut débarrasser la graine de son enveloppe.

Cette opération n'est pas sans difficultés ; il ne faut la pratiquer qu'au moment où les têtes sont parfaitement desséchées

Fig. 561. *Machine de Fellemberg pour séparer la graine de trèfle de son enveloppe.*

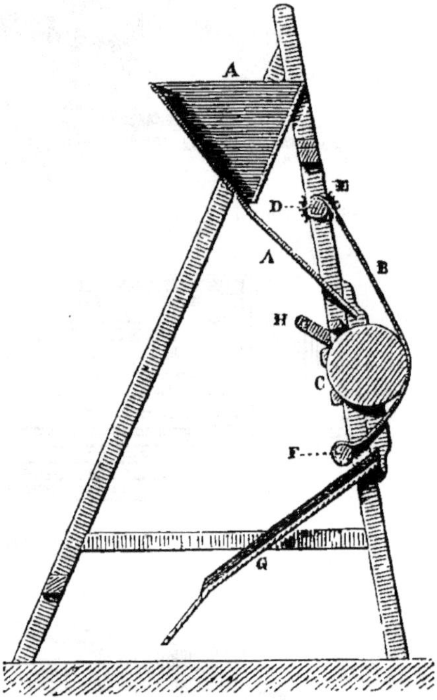

Fig. 562. *Profil de la figure* 561.

et par un temps bien sec. Le plus souvent, on soumet ces têtes à un battage énergique, puis on les fait passer successivement dans deux cribles en laiton ; le premier présente des mailles de $0^m,016$ carrés ; celles du second sont d'un tiers plus serrées. Ce qui reste sur ces deux cribles est de nouveau soumis au battage, puis criblé une seconde fois. Enfin, on fait passer la semence à travers un crible en crin.

Ce mode est long et dispendieux ; aussi a-t-on cherché à simplifier ce travail par l'emploi de machines. Parmi celles qui ont été imaginées, nous indiquerons seulement celle de Fellemberg (fig. 561 et 562). En voici la description :

Les têtes, bien sèches, après avoir été divisées par un premier battage, sont introduites dans une trémie A, placée librement sur un bâti en forme de chevalet, d'où elles tombent, en suivant un plan incliné, entre un cylindre en bois C, garni de toile, et une forte toile B, dont une des extrémités est fixée en F et l'autre tendue par un rouleau fixe D, muni de deux roues à rochet E. La graine, entraînée par le mouvement de rotation qu'on donne au cylindre au moyen de la manivelle H, est froissée en passant entre les deux étoffes, et est reçue par le plan incliné inférieur F, qui la conduit dans une caisse. L'écoulement des têtes de trèfle de la trémie supérieure A sur le plan incliné est déterminé par douze mentonnets, noyés dans le cylindre C, et fixés par des vis. Chacun de ces mentonnets, entraîné par le mouvement de rotation du cylindre, vient frapper successivement sur la traverse fixée au plan incliné de la trémie supérieure.

En sortant de cet appareil, la graine de trèfle n'a plus besoin que d'être criblée avec soin.

Rendement. — En Flandre, le rendement moyen de l'hectare s'élève à 350 kilog. qui, à 1 fr. 40 le kilog., donnent 490 fr., qu'on peut réduire à 400 fr. pour frais de récolte et de nettoyage. En y ajoutant 100 fr. pour le produit moyen de la première coupe, on a en tout, pour cette surface, 500 fr., tous frais déduits, non compris le pris du fourrage, qu'on peut encore utiliser après la récolte de la graine. Or, nous avons vu que le bénéfice net de cette surface, consacrée seulement à la production du fourrage, ne s'élève qu'à 247 fr. La récolte de la graine donne donc une augmentation de bénéfice de 153 fr. par hectare.

Mais quelques cultivateurs prétendent que le trèfle cultivé pour semence épuise la terre ; voyons si cela est vrai. Le moment où les plantes paraissent fatiguer le plus le sol étant celui de la fructification, il s'ensuivrait que le trèfle, récolté après maturité complète des semences, devrait l'épuiser davantage que si on le coupait avant cette époque. Mais il ne faut pas oublier que cette plante tire de l'atmosphère, et non de la terre, la plus grande quantité de ses éléments nutritifs, et qu'elle les accumule dans tous ses tissus, notamment vers le collet de la racine, pour les employer au développement de ses fleurs et de ses fruits. C'est donc cette partie de la plante qui est épuisée par la fructification, et non le sol qui l'environne,

Celui-ci, il est vrai, perd ces éléments dont il eût profité, puisque les racines et les fragments de tige qu'on abandonne à la terre lorsqu'on rompt la prairie sont épuisés par cette fructification. Cette production de semence ne fatigue donc pas le sol, elle rend seulement moins riches les débris que cette récolte laisse dans la terre. Encore cette perte est-elle compensée par les feuilles nombreuses qui se détachent de la tige jusqu'au moment où l'on recueille les semences. Il est certain que les récoltes de blé qu'on fait succéder aux trèfles pour semence ont toujours été aussi bonnes que si l'on n'avait récolté que le foin.

Dans tous les cas, pour prévenir cette diminution dans la fertilité de la terre, il suffirait, ou d'appliquer au trèfle une fumure en couverture, après la récolte des semences, afin de déterminer une nouvelle végétation avant de le rompre, ou de prendre les semences sur la première coupe, et non sur la seconde.

TRÈFLE BLANC.

Le *trèfle blanc*, *trèfle rampant*, *petit trèfle de Hollande*, *triolet*, *truyot*, *coucou blanc de Belgique* (*trifolium repens*, L.) (fig. 563 et

Fig. 563. *Trèfle blanc.*

Fig. 564. *Fleur du trèfle blanc.*

564) est vivace et croît spontanément dans presque toutes nos prairies. Il se distingue par ses fleurs blanches, portées sur de longs pédoncules; par ses feuilles arrondies supportées par un très-long pétiole ; par ses tiges rampantes s'enracinant de place en place. Son introduction dans la culture est beaucoup plus récente que celle du trèfle rouge, et c'est surtout dans le Nord que son usage s'est répandu.

Si la destination spéciale du trèfle rouge est d'être coupé pour être consommé à l'étable, soit vert, soit sec, celle du trèfle blanc est presque exclusivement d'être pâturé sur place, à cause de la disposition rampante de ses tiges et de la faculté qu'il a de repousser rapidement, malgré les blessures faites par la dent des bestiaux.

Cultivée surtout pour les vaches laitières et pour les moutons, cette espèce passe généralement pour être plus nourrissante encore et plus recherchée par les animaux que le trèfle rouge. Non-seulement elle forme une très-bonne prairie artificielle, mais elle peut très-utilement concourir à la formation des prairies naturelles destinées au pâturage. Nous étudierons ultérieurement son mode d'emploi dans cette circonstance.

On distingue plusieurs *variétés* de trèfle blanc; elles diffèrent les unes des autres par la disposition plus ou moins rampante des tiges, par leur degré de vigueur et la couleur des feuilles.

Climat et sol. — Le trèfle blanc est plus rustique que le trèfle rouge, et s'accommode mieux des terres sèches et légères, ainsi que des sols très-humides. Il donne ses plus beaux produits dans les terrains frais, légers et riches en élément calcaire.

Place dans la rotation. — La place du trèfle blanc dans la rotation des cultures est la même que celle du trèfle rouge. On peu le semer, comme celui-ci, en automne dans une céréale d'hiver, ou au printemps, dans une céréale d'hiver ou de printemps. Dès l'automnesuivant on le livre au pâturage, ce qui le fait taller davantage, puis on recommence au printemps, dès qu'il peut être saisi par la dent des animaux. On continue de le faire pâturer ainsi jusqu'à l'automne, époque à laquelle on le rompt pour lui faire succéder une céréale d'hiver, laquelle réussit cependant un peu moins bien qu'après le trèfle rouge.

Culture. — Ce que nous avons dit de la culture du trèfle rouge s'applique en grande partie au trèfle blanc, mais la graine de cette espèce étant plus fine, on doit l'enterrer moins encore. La quantité de semence à employer doit être aussi moins considérable. Elle est de 9 à 12 kil. par hectare. Une excellente pratique, c'est de répandre de la cendre au moment des semailles.

Récolte. — Le meilleur mode de pâturage du trèfle blanc est incontestablement le pâturage au piquet décrit pour le trèfle rouge. Le trèfle blanc peut aussi déterminer la météorisation, surtout lorsqu'on le fait manger à l'automne qui suit l'ensemencement. Il convient donc d'user également des soins préservatifs recommandés pour le trèfle rouge.

Quoique le trèfle blanc soit presque toujours cultivé pour le pâturage, on peut aussi le transformer en fourrage sec, surtout dans les terrains où il prend un grand développement ; on obtient alors de la première coupe un fourrage aussi abondant et meilleur que celui du trèfle rouge.

Production des semences. — Dans les localités où l'on s'occupe de la production des semences, on le fait pâturer jusqu'à la fin de juin au plus tard ; ou bien on convertit la première coupe en foin, et c'est sur les tiges qui se développent ensuite qu'on récolte les semences. Lorsque leur maturité est assez avancée, on procède à leur récolte et à leur égrenage comme pour le trèfle rouge. Elles se détachent plus facilement que celles de cette dernière plante. Un hectare peut en donner plus de 5 hectolitres.

Ces graines sont comparativement très-lourdes. M. Heuzé fixe, ainsi qu'il suit, le poids de l'hectolitre.

Graines de trèfle blanc	96 à 98 kil.
— de trèfle incarnat	82
— de trèfle rouge	80

Rendement et compte de culture. — Le rendement du trèfle blanc est un peu inférieur à celui du trèfle rouge, et son compte de culture donne un résultat un peu moins satisfaisant.

TRÈFLE INCARNAT.

Le *trèfle incarnat, farouche, fouche, trèfle du Roussillon (trifolium incarnatum*, Lin.), (fig. 565 à 567), est une plante annuelle, originaire du midi de l'Europe ; il se distingue des deux espèces précédentes par ses feuilles velues, et par ses fleurs disposées en longs épis d'un beau rouge. Sa culture, longtemps limitée à quelques départements du Midi, s'est étendue depuis à ceux du Nord. C'est vers 1800 qu'on commença à l'adopter dans la Seine-Inférieure, et seulement vingt ans plus tard qu'on l'introduisit dans l'Eure.

Cette espèce de trèfle ne donne qu'une coupe, et son fourrage sec est de beaucoup inférieur à celui des espèces dont nous venons de parler. Ses effets sur l'amélioration du sol sont à peine sensibles, mais il offre cet avantage de donner un fourrage vert de bonne qualité, recherché par tous les bestiaux, et surtout plus précoce que celui d'aucune autre espèce. Il est très-peu exigeant sous le rapport des soins de la culture ; il peut enfin entrer dans l'assolement comme récolte intercalaire.

Variétés. — Le trèfle incarnat a produit une variété tardive qui fleurit environ quinze jours après l'espèce principale. Cette variété est précieuse en ce qu'elle permet de prolonger la consommation de ce fourrage dans l'état où il convient le mieux aux bestiaux, c'est-à-dire en fleur. Il suffit pour cela de lui consacrer la moitié de l'espace destiné à la variété hâtive.

Climat et sol. — Le trèfle incarnat convient au climat du Midi parce qu'il parcourt toutes les phases de sa végétation depuis l'automne jusqu'à la fin du printemps et échappe ainsi aux chaleurs brûlantes de l'été. Il donne aussi de très-beaux produits dans le Nord; mais il souffre quelquefois des hivers rigoureux.

Cette espèce de trèfle demande des terres peu tenaces qui s'égouttent facilement. Il est souvent détruit pendant l'hiver, dans les sols compactes et dans les terres très-calcaires qui se gonflent par l'action des gelées. Mais ses produits sont très-satisfaisants dans les sables où les autres trèfles ne donnent que de chétives récoltes, et ce n'est pas là un de ses moindres avantages.

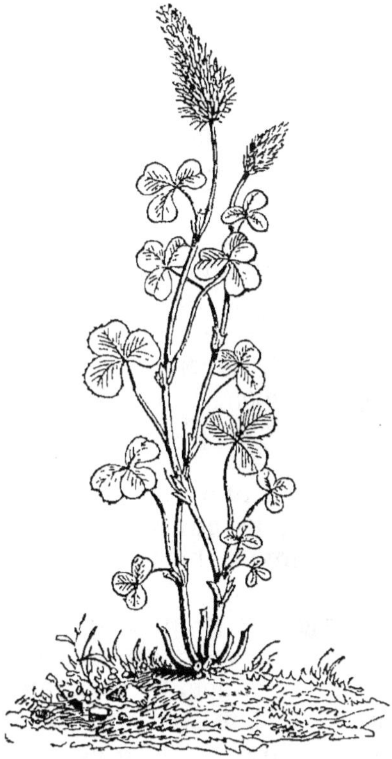

Fig. 565. *Trèfle incarnat.*

Fig. 566. *Fleur du trèfle incarnat.*

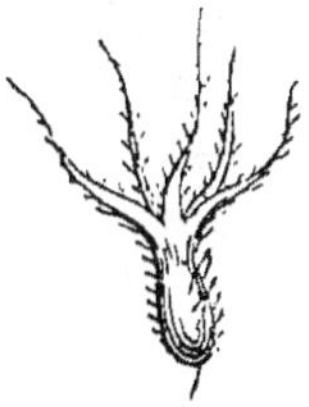

Fig. 567. *Fruit du trèfle incarnat.*

Place dans la rotation. — Sa place vient après les céréales, comme récolte intercalaire. Ainsi, semé à l'automne, après l'enlèvement de la céréale, il est récolté à la fin de mai: puis on lui fait succéder, comme récolte principale, des pommes de terre, des betteraves ou des choux repiqués, des navets, du sarrasin, du millet, du maïs pour fourrage. On peut aussi le faire suivre d'une jachère complète, si le sol en a besoin pour être préparé convenablement à recevoir une céréale d'hiver.

Un autre avantage du trèfle incarnat, c'est qu'il est possible de le semer à la fin de l'été, au moment où l'on peut apprécier l'état du semis de trèfle rouge fait au printemps précédent. Si ce dernier n'a pas réussi, on le remplace immédiatement par le premier, soit sur toute la surface du champ, soit seulement sur les points où la récolte a manqué.

Préparation du sol. — Ce trèfle redoute un ameublissement profond du sol. Aussi se contente-t-on de donner à la terre, après l'enlèvement de la céréale, un labour superficiel pour retourner les chaumes, puis un hersage ; souvent même cette dernière opération est suffisante lorsque la surface du sol n'est pas trop dure. Quoique cette plante soit moins exigeante que le trèfle rouge sous le rapport de la richesse du sol, son rendement sera toujours proportionné au degré de fertilité dans lequel les récoltes précédentes auront laissé la terre.

Choix de la graine. — *Fraude qu'elle subit.* — L'indice de la qualité de la graine de trèfle incarnat et de sa récente récolte, c'est sa couleur d'un blanc jaunâtre et son aspect lisse et brillant. Lorsqu'elle est gardée en magasin plus d'une année, elle se colore en rouge brun ; sous cette nuance, les cultivateurs ne doivent plus l'acheter, parce qu'elle lève moins bien et donne une végétation moins bien fournie.

Certains marchands, pour se débarrasser des graines vieilles, ont imaginé de les blanchir, c'est-à-dire de les rétablir dans la couleur qu'offrent les graines de première année. L'opération est aussi simple qu'économique, puisqu'elle consiste en une fumigation de soufre. Les graines ainsi blanchies n'ont pas autant de *main*, en style de commerce, que la graine non apprêtée ; elles sont aussi d'un blanc plus mat, et elles ne lèvent plus que très-imparfaitement. Il faut donc éviter d'en faire usage pour ne pas manquer sa récolte en fourrage.

La graine de bonne qualité, nouvelle, lève ordinairement dans la proportion de 95 à 98 pour 100, et donne des plantes qui résistent parfaitement aux mauvaises conditions atmosphériques. La graine de deux ans, non apprêtée et plutôt encore lorsqu'elle l'a été, donne à peine 60 pour 100 de plantes levées, qui meurent très-rapidement après leur première pousse, lorsqu'il survient trop de sécheresse.

Malheureusement il est assez difficile de reconnaître la fraude en question, car la vapeur du soufre produit son effet sans laisser de traces de son emploi. Ce qu'il y a de mieux à faire pour ne pas être trompé, c'est de s'adresser à des marchands honnêtes et de payer le prix convenable.

Semaille. — C'est depuis le mois d'août jusqu'au milieu de septembre qu'on fait l'ensemencement. On choisit le moment où la terre a été rafraîchie par une ondée de pluie. Si celle-ci se fait trop attendre, on y supplée, dans le Midi, au moyen de l'irrigation.

La quantité de semence à employer est de 18 à 20 kilogrammes par hectare. Si la graine est semée sans être égrenée, c'est-à-dire si elle est restée dans sa gousse, comme cela se fait souvent, la quantité doit être de 50 à 60 kilogr.; il suffit alors de répandre la semence sur les chaumes, sans aucune préparation du sol, et de terminer par un roulage. Dans le cas, au contraire, où les semences sont nues, on les recouvre au moyen d'un hersage.

Dans quelques localités du département de l'Eure, on sème un peu de vesce d'hiver avec le trèfle incarnat (environ 70 litres par hectare), et l'on obtient ainsi un fourrage plus épais, de meilleure qualité, et d'une plus longue durée comme fourrage vert.

Dans les terres sableuses de la Seine-Inférieure, on associe souvent les turneps à ce fourrage. On les sème en août, en même temps que le trèfle, et on les récolte en octobre. La place qu'ils occupaient est bientôt remplie par l'extension que prennent les jeunes plantes de farouche.

Aux environs de Genève, Pictet semait ce trèfle, en juillet et en août, avec du millet qu'il coupait à l'automne pour fourrage, et il récoltait la légumineuse au printemps. On a ainsi deux bonnes récoltes de fourrage, dans un intervalle où la terre n'eût rien produit, puisqu'on peut semer ces plantes après une récolte de navette, de colza, de seigle, d'escourgeon, etc., et que le terrain est libre, l'année suivante, assez tôt pour le planter en pommes de terre, en haricots, en betteraves repiquées, ou même pour y semer de l'orge.

Le trèfle incarnat éprouve, comme les autres trèfles, d'heureux effets du plâtrage. On plâtre après la sortie des plantes, et l'on recommence au printemps, au renouvellement de la végétation.

Insectes nuisibles. — Cette espèce est exposée, lors de son premier développement, aux ravages des insectes, notamment des limaces que font éclore les pluies de l'automne. Ces insectes l'anéantissent parfois entièrement. L'expérience semble avoir démontré que les champs sur lesquels on a brûlé le chaume des céréales y sont moins exposés que les autres. On peut, du reste, détruire le plus grand nombre de ces insectes en faisant passer sur le champ le rouleau Croskyll dès que l'on commence à s'apercevoir de leurs ravages.

Récolte. — C'est surtout comme fourrage vert qu'on doit faire consommer le trèfle incarnat. On le fauche aussitôt qu'on aperçoit l'épi de fleurs; autrement, son développement étant très-prompt, on s'expose à ce qu'il soit desséché avant qu'on soit arrivé à l'extrémité opposée du champ. Il est préférable de le faire manger à l'étable; toutefois, on peut aussi le faire pâturer au piquet.

Le rendement moyen du trèfle incarnat en fourrage vert égale environ 5,000 kil. de fourrage sec par hectare.

Depuis quelques années, un certain nombre de cultivateurs laissent mûrir une partie de leur récolte de trèfle incarnat, puis ils le coupent, le rentrent bien sec et le font battre légèrement. Les graines qui s'en échappent, enveloppées de leur gousse, sont une excellente nourriture pour les bestiaux et surtout pour les chevaux, auxquels elles tiennent lieu d'avoine. Quant à la paille, elle sert de litière. Le rendement des graines en gousse peut s'élever en moyenne à 3,000 kilogrammes par hectare. Débarrassées de leur enveloppe, ainsi que nous l'avons décrit pour le trèfle rouge, elles ne pèsent plus que 300 kilogrammes environ.

COMPTE DE CULTURE D'UN HECTARE DE TRÈFLE INCARNAT SUCCÉDANT A UNE CÉRÉALE D'HIVER ET PRÉCÉDANT DES POMMES DE TERRE.

DÉPENSE.

Un labour superficiel	14f »
Un hersage	2 60
Semence, 20 kil., à 70 c. le kil	14 »
Répandre la semence	1 »
Un hersage pour la recouvrir	2 60
Plâtrage, 3 hectol. de plâtre cru, à 1 fr. 80 c. l'hectol	5 40
Répandre le plâtre en deux fois	2 »
Fauchage en vert et transport à l'étable	20 »
Intérêt pendant six mois, à 5 p. 100, des frais ci-dessus	1 54
Total	63 14

PRODUIT.

Fourrage vert équivalant à 5,000 kil. de fourrage sec, à 63 fr. les 1,000 kil	315 »

BALANCE.

Produit	315 »
Dépense	63 13
Bénéfice net	251 86

400 pour 100 du capital employé.

Cette récolte n'est chargée ni de frais généraux d'exploitation, ni du prix de location de la terre, puisque ceux-ci restent au compte de la récolte suivante.

Un fait qui se renouvelle assez fréquemment dans la Seine-inférieure mérite d'attirer l'attention des cultivateurs. Lorsque les juments sont mises au piquet dans un champ de trèfle incarnat, leurs poulains sont en liberté; ils broutent la tête fleurie de la plante; ils tombent malades au bout de quelque temps et meurent. A l'autopsie, on trouve dans le tube digestif des pelotes légères, dont le diamètre varie de 4 à 8 centimètres, et le poids de 40 à 100 grammes. MM. Girardin et Malbranche ont reconnu qu'elle sont formées par la villosité rousse qui entoure le calice de la fleur du trèfle incarnat; ces petits poils sont agglutinés par un peu de mucus animal. La conclusion à tirer de cette observation, c'est la nécessité de modifier l'alimentation des juments mères, ou de soustraire les poulains à l'effet mortel de l'usage du trèfle incarnat [1].

TRÈFLES DIVERS.

Les trois espèces de trèfle dont nous venons de parler sont les seules qui, jusqu'à présent, concourent à la formation des prairies artificielles. Toutefois on a essayé, depuis quelques années, d'en employer d'autres. Parmi celles qui semblent promettre de bons résultats nous citerons les deux suivantes.

Trèfle hybride, nommé aussi *trèfle de Suède*, *trèfle d'Alsike* (*trifolium hybridum*, L.) (fig. 568 et 569). Cette espèce, qui croît abondamment dans le midi de la Suède, où elle est cultivée comme fourrage depuis soixante ans et plus, se rapproche un peu du trèfle rouge. Ses tiges, longues et assez fortes, se tiennent droites dans les semis serrés. Ses feuilles sont larges et glabres; ses racines sont pivotantes. Ses fleurs, disposées comme celles du trèfle blanc, offrent des têtes plus fortes et d'un rose nuancé. D'après les essais faits par Vilmorin fils, ce trèfle préfère les terres compactes, froides et humides. Sa durée égale celle du trèfle rouge, et son mode de culture est le même. On emploie, par hectare, 6 à 7 kil. de graines débarrassées de la bourre.

Trèfle élégant (*trifolium elegans*, Savi). — Ce trèfle croît

---

1 J. Girardin et Malbranche. *Examen de pelotes trouvées dans l'estomac de jeunes poulains.* (Précis de l'Acad. impériale des sciences de Rouen. — Années 1855-1856.)

spontanément dans le centre de la France. Il se rapproche assez du précédent, dont il diffère cependant par des tiges plus petites, par ses têtes de fleurs moitié moins grosses et d'un rose rougeâtre uniforme, par ses feuilles marquées d'un chevron brunâtre, enfin par une floraison plus tardive de quinze jours.

D'après les essais tentés par Mathieu de Dombasle et par Vilmorin fils, il s'accommode bien des sols argilo-siliceux peu riches et à sous-sol ferrugineux. Sa durée paraît être un peu plus longue que celle du trèfle hybride. On le cultive de la même manière et l'on emploie la même quantité de graine.

Fig. 568. *Trèfle hybride.*

Fig. 569. *Fleur du trèfle hybride.*

LUZERNE CULTIVÉE.

La *luzerne cultivée* (*medicago sativa*, L.) (fig. 570 à 572) offre des fleurs violettes, purpurines ou jaunâtres; des gousses contournées en forme d'escargot; des tiges droites, hautes de $0^m,40$ à $0^m,60$. Elle est soumise à la culture depuis la plus haute antiquité. Apportée de Médie en Grèce dès le temps de Darius, elle se répandit chez les Romains, et de là dans la Gaule méridionale, d'où elle s'est progressivement avancée vers le Nord.

Dans les terrains et sous les climats qui lui conviennent spécialement, la luzerne a la même importance que le trèfle rouge, et cette plante est d'autant plus précieuse que ces terrains et ces climats sont précisément ceux où le trèfle ne fournit que de chétifs produits. Dans les régions intermédiaires, c'est-à-dire qui sont également favorables à ces deux plantes, il est difficile de dire à laquelle des deux il faut donner la préférence. Le rendement de la luzerne est au moins aussi abondant que celui du trèfle rouge. Son produit est également recherché par les bestiaux, soit vert, soit sec. Toutefois, la luzerne offre cet avantage que sa durée étant beaucoup plus longue, on est moins exposé aux insuccès de l'ensemencement. D'un autre côté, elle offre, vers la fin de l'été, un fourrage vert abondant et de bonne qualité, alors que la production du trèfle a cessé; mais la durée prolongée de cette plante fait qu'on ne peut pas l'introduire, comme le trèfle, dans un assolement régulier. Le mieux, dans les localités également propres à ces deux espèces, est de les admettre simultanément dans l'exploitation; on est ainsi moins exposé aux accidents qui résultent des influences météoriques.

Fig. 570. *Luzerne cultivée.*

Fig. 571. *Fleur de la luzerne.*

Fig. 572. *Fruit de la luzerne.*

Climat et sol. — *Climat.* La luzerne aime la chaleur; elle redoute les hivers rigoureux, et surtout les gelées tardives. Aussi donne-t-elle ses plus beaux produits dans le Midi. C'est la plante fourragère par excellence des contrées méridionales, comme le trèfle rouge l'emporte sur les autres dans le Nord. Elle aime aussi une humidité modérée; celle-ci soutient sa végétation pendant les chaleurs brûlantes de l'été, et permet d'obtenir cinq, six et jusqu'à huit coupes successives, comme cela a lieu dans les sols un peu frais de l'Algérie. Toutefois, la culture de cette plante peut s'avancer jusqu'à un certain point vers le nord, et l'on ne doit y renoncer que là où la température devient insuffisante pour la faire croître rapidement après chaque coupe; car alors ces coupes deviennent trop rares et n'équivalent plus au produit du trèfle rouge. On peut, en général, considérer comme limite le nord du climat de Paris. Cette limite pourra cependant être dépassée pour les terrains secs, où le trèfle ne pourrait pas se développer.

Sol. — Il est plus facile d'indiquer les terrains qui ne conviennent pas à la luzerne que d'énumérer ceux dans lesquels elle peut prospérer. Elle souffre et périt bientôt dans les terres compactes argileuses; elle ne réussit pas non plus dans les sols légers, ou de consistance moyenne, rendus humides par l'imperméabilité du sous-sol; mais ceux qu'elle redoute par-dessus tout, ce sont les terrains peu profonds. Ses racines, qui peuvent acquérir jusqu'à 20 mètres de long, ont en effet besoin, pour s'allonger, d'un sous-sol perméable jusqu'à une grande profondeur. Ces longues racines, presque dépourvues de ramifications latérales, sont terminées par un certain nombre de radicelles douées de fonctions absorbantes et qui ont bientôt épuisé les sucs nutritifs environnants; mais comme elles continuent de s'allonger à mesure qu'elles s'enfoncent, elles pénètrent successivement dans de nouvelles couches non encore épuisées. Si ce allongement est arrêté par un sous-sol imperméable, la plante devient languissante, et sa durée est compromise. C'est donc la qualité du sous-sol qui importe le plus pour la bonne venue de la luzerne, tandis que pour le trèfle, c'est surtout la nature de la couche superficielle.

Place dans la rotation. — La durée de la luzerne étant de quatre à douze ans, suivant les circonstances locales, il est difficile de la faire entrer dans un assolement régulier. Aussi est-ce presque toujours sur une surface indépendante de la rotation qu'on cultive cette plante. Quant aux récoltes auxquelles il sera préférable de la faire succéder, il faudra faire en sorte : 1° que la terre renferme la moins grande quantité possible de graines de plantes nuisibles ; 2° qu'elle soit riche en principes nutritifs et à la plus grande profondeur possible ; 3° qu'elle ait été très-profondément ameublie. La terre qui a nourri des racines fourragères sarclées et fumées, les défrichements de garance ou autres, et en général les sols qui ont été nouvellement défoncés, sont les plus convenables.

Malgré l'énorme quantité de fourrage qu'elle produit pendant sa durée, la luzerne bien réussie jouit de l'avantage d'améliorer le sol qui la nourrit, ainsi que cela a lieu, du reste, pour toutes les autres légumineuses. Ceci s'explique, d'abord, par sa propriété de tirer de l'atmosphère une partie notable de ses principes nutritifs; ensuite, par la grande quantité de racines qu'elle laisse dans la terre lorsqu'on vient à la rompre; quantité de racines qu'on n'évalue pas à moins de 20 à 35 mille kilogr. par hectare, suivant le laps de temps pendant lequel elle a subsisté ; enfin, par les feuilles nombreuses qui se détachent de la plante pendant sa végétation, ou lors du fanage qui suit chaque coupe. Ces principes fertilisants, ainsi accumulés dans le sol, équivalent au moins à ceux que possédait la terre lors de l'ensemencement, joints à ceux qu'on a pu répandre pendant la durée de la luzerne.

On conçoit qu'une terre ainsi enrichie doit convenir à toutes les plantes, à l'exception, toutefois, des céréales qui, la première année au moins, y seront presque toujours exposées à verser. Il est donc plus convenable de débuter par des racines fourragères, telles que la betterave, qu'on ne fumera pas. L'ameublissement profond que l'on fera subir au sol pour rompre la luzerne le disposera très-bien pour nourrir ces racines, et celles-ci, enlevant à la terre sa surabondance de fertilité, la rendront plus propre à recevoir les céréales, qui donneront ensuite plusieurs récoltes sans engrais. Si, cependant, la luzerne était placée sur un sol très-léger, naturellement peu fertile, on pourra, sans inconvénient, la faire suivre immédiatement par des céréales.

La luzerne ne doit jamais se succéder à elle-même; il faut laisser, entre chaque réapparition de cette plante sur le même terrain, un intervalle de temps égal à celui de sa durée précédente. Voici comment on explique cette nécessité. Nous avons déjà dit que c'est vers le point le plus profond de la couche perméable du sol que les racines de la luzerne puisent les principes fertilisants qu'elle emprunte à la terre. Elle ramène ainsi à la surface, par les débris de ses feuilles caduques, cette fertilité arrachée au fond. Aussi, un terrain qui ne pouvait donner d'abord qu'une médiocre récolte de blé, en porte une excellente dès que la surface se trouve enrichie de la fécondité répandue dans les diverses couches traversées par les racines de la luzerne. Lorsque ces racines sont arrêtées par une couche de terre imperméable, et qu'elles ont épuisé tous les principes fertilisants réunis vers ce point, la plante devient languissante et dépérit: c'est le moment de rompre la luzernière; car ces principes fertilisants, qui avaient été amenés de la surface vers ces couches profondes par l'infiltration des eaux, ne peuvent s'y accumuler de nouveau qu'après un temps très-long.

Si, immédiatement après ce défrichement, on semait de nouveau cette plante, elle présenterait bien, à son début, grâce à la richesse de la couche superficielle, une végétation satisfaisante ; mais, dès que ses racines s'enfonceraient, elles ne trouveraient plus qu'une terre épuisée, et la végétation s'arrêterait.

L'intervalle de temps à laisser entre deux luzernes devra donc être d'autant plus considérable que les racines de la première auront pénétré plus profondément, ou que sa durée aura été plus longue. Toutefois, ce laps de temps pourra être un peu diminué si l'on opère sur un sol très-léger, qui laissera facilement pénétrer les eaux de la surface jusqu'aux couches inférieures, et surtout si l'on a soin d'entretenir sa fertilité par des fumures répétées.

Préparation du sol. — La tendance de la luzerne à s'enfoncer dans les couches inférieures explique la nécessité d'ameublir le sol le plus profondément possible. On y procède à l'aide d'un labour de défoncement qui pénètre au moins à $0^{m},45$ de profondeur, et au moyen de l'un des procédés décrits aux pages 187 à 195 du tome Ier. On pratique ce défoncement, autant que possible, avant l'hiver qui précède l'ensemencement. S'il a été fait pour la récolte précédente, il suffit de donner à la terre un labour ordinaire.

Engrais et amendements. — Si le terrain où l'on se propose de semer de la luzerne n'a pas encore nourri cette plante, il n'est pas indispensable de le fumer, lors de l'ensemencement. Toutefois, si l'exploitation est riche en engrais, il est préférable d'appliquer une bonne fumure ; la luzerne payera cette avance avec usure, soit par des produits plus abondants, soit par une plus longue durée. Mais, si ce terrain a déjà porté cette récolte, il faut, de toute nécessité, y répandre d'abondants engrais, afin que les matières solubles qu'ils contiennent, entraînées par les eaux vers les couches inférieures du sol, rendent à ces dernières une partie de la fécondité que leur a fait perdre l'action absorbante des racines de la récolte précédente.

Dans tous les cas, cette fumure doit être appliquée au sol au moins une année avant l'ensemencement, et cela sous une récolte sarclée. On y trouvera deux avantages : d'abord, les graines de plantes nuisibles apportées dans la terre par le fumier germeront et seront détruites par les nombreux binages donnés à cette récolte sarclée ; ensuite, une grande partie des engrais aura pu être entraînée dans les couches inférieures, où ils profiteront bien mieux à la luzerne que s'ils étaient restés à la surface, où les racines de cette plante séjournent à peine. Un très-bon moyen de rendre cette fumure plus profitable à la luzerne consiste à la mettre en deux couches séparées dans le sol, l'une le plus profondément possible, et l'autre plus près de la surface. Cela se fait facilement en pratiquant le défoncement au moyen de deux charrues passant successivement dans la même raie. On répand la moitié de la fumure à la surface du sol, avant le labour. Cette première portion se trouve ainsi placée tout au fond du labour, c'est-à-dire à $0^m,45$ de profondeur environ ; puis, à mesure que la première charrue a passé dans une raie, on y répand la seconde portion d'engrais, laquelle est retournée par la deuxième charrue et placée sur la raie voisine, à $0^m,20$ environ de la surface du sol, à $0^m,25$ de la première portion d'engrais.

Si la fumure est appliquée à la terre une année à l'avance, comme nous le recommandons, et surtout si l'on a employé le moyen que nous venons de décrire, il sera bon de répandre, avec la semence de la luzerne, un engrais pulvérulent destiné à favoriser le premier développement des jeunes plantes jusqu'à ce que leurs racines rencontrent le point où les engrais ont été placés.

Les terrains les meilleurs sont ceux qui renferment du carbonate de chaux en proportion marquée, associé à une grande quantité d'humus. Lorsque l'élément calcaire manque, il ne faut pas négliger de marner, chauler ou plâtrer fréquemment et largement. C'est surtout le plâtrage qu'il faut préférer, comme plus facile et plus économique.

Les engrais indiqués pour le trèfle conviennent aussi très-bien à la luzerne. Les fumiers consommés, les terreaux bien mûrs sont préférables aux engrais récents.

Semaille. — *Qualité et préparation des semences.* — La bonne graine de luzerne doit être jaune, luisante et pesante. Lorsque les grains sont blancs, c'est qu'ils ne sont pas mûrs ; s'ils sont bruns, c'est qu'ils ont été soumis, pour les séparer de leur enveloppe, à une chaleur artificielle trop forte. Dans tous les cas, il est prudent, comme pour le trèfle, de n'acheter des graines qu'après les avoir soumises à un essai préalable, et de ne les semer qu'après les avoir froissées entre deux toiles et criblées, afin d'en séparer les semences de cuscute.

Époque des semailles. — La luzerne peut être semée au printemps et à l'automne. C'est, en général, cette dernière époque qu'il convient de préférer pour le Midi et dans toutes les localités où le printemps est sec et aride, à moins que les travaux nécessaires ne puissent être complétés d'assez bonne heure. Si l'on choisit ce moment, il faudra, pour que la plante acquière assez de force avant l'hiver, faire l'ensemencement au plus tard à la fin d'août pour le climat de Paris, et au milieu de septembre pour le Midi.

Si l'on sème au printemps, ainsi que cela a lieu dans les contrées où l'atmosphère est habituellement humide à cette époque, il faut attendre que l'on n'ait plus à craindre les gelées tardives qui détruiraient les jeunes plantes à leur premier développement. Ce moment est indiqué par la floraison de l'aubépine. On y trouvera cet autre avantage, que les graines de plantes nuisibles se seront développées, et qu'on pourra les détruire avant l'ensemencement.

Quantité de semence. — La semence de la luzerne est plus grosse que celle du trèfle, et les plantes tallent moins. Il faut donc en employer une plus forte proportion pour la même surface. On en répand ordinairement 20 kilogr. par hectare.

Mode de semaille. — La première question à résoudre est celle de savoir si la luzerne doit être semée seule, ou s'il convient de l'associer à une autre récolte, comme pour le trèfle. Dans la région du Midi, et dans toutes les contrées où les printemps secs font préférer le semis d'automne, l'expérience a démontré qu'il vaut mieux semer la luzerne seule. Elle est moins gênée dans son premier développement, elle couvre mieux la terre, et prend plus de force avant l'hiver; en sorte que, pendant l'année suivante, elle paye la place qu'elle occupe en donnant une pleine récolte. Dans ce cas, après avoir parfaitement ameubli la surface du sol à l'aide de hersages et de roulages, on y répand la semence, et on la recouvre légèrement en y faisant passer une herse garnie d'épines.

Mais lorsqu'on sème au printemps, il est plus convenable d'associer la luzerne à une autre récolte, car celle-ci la protége contre le froid et plus tard contre la sécheresse ou la trop grande chaleur. En outre, cette récolte protectrice paye, par son produit, la rente de la terre, pendant cette première année; car la luzerne, semée au printemps, donne à peine une coupe à la fin de l'été.

Les plantes auxquelles il convient d'associer la luzerne sont les mêmes que pour le trèfle. Leur choix est surtout déterminé par la nature du sol où l'on opère. On les sème avant la luzerne, si leur bonne venue exige une semaille précoce ; mais, dans le cas contraire, on les répand au moment même de l'ensemencement, en semant la luzerne en dernier lieu. Dans l'un et l'autre cas, la graine de luzerne est recouverte comme pour l'ensemencement d'automne. Il est bien entendu que, pour les récoltes associées à la légumineuse, on emploiera moitié moins de semence que dans les circonstances ordinaires; car autrement on gênerait la dernière dans son développement.

On a tenté autrefois, en Angleterre, de semer la luzerne en lignes espacées de $0^{m},25$ les unes des autres. Mais cette pratique a rencontré peu d'imitateurs en raison des inconvénients qu'elle présente. D'abord, elle oblige à de fréquents binages, pour empêcher les intervalles d'être envahis par les plantes nuisibles. Puis, si l'on obtient plus de fourrage que par le semis à la volée, les tiges sont tellement vigoureuses et grosses, qu'elles durcissent, deviennent ligneuses, et qu'une grande partie est rejetée par les bestiaux.

Soins d'entretien. — Lorsque la luzerne a été semée à l'automne, il est convenable de lui appliquer un demi-plâtrage, aussitôt que les feuilles de la jeune plante commencent à couvrir le sol, afin de stimuler sa végétation et de lui faire acquérir plus de force pour résister aux froids de l'hiver. Pour celle qui est semée au printemps, on pratique ce plâtrage aussitôt après l'enlèvement de la récolte dans laquelle on l'aura semée. Un demi-plâtrage pourra ensuite lui être appliqué tous les deux ans au printemps. Si le sol était complétement dépourvu de l'élément calcaire, cette opération pourrait même être répétée tous les ans.

Pour empêcher la luzerne d'être envahie par les mauvaises herbes, on pratique deux sarclages à la houe à main : l'un à l'automne qui suit l'ensemencement, l'autre aussitôt après la première coupe de l'année suivante ; on a surtout en vue la destruction des plantes vivaces. Plus tard, lorsqu'elle est bien enracinée, c'est-à-dire à partir de la fin de la seconde année, on lui donne deux hersages énergiques : l'un à l'automne, après la dernière coupe l'autre ; à la fin de l'hiver, avant qu'elle entre en végétation : ces deux hersages, qu'on répète ensuite chaque année, sont faits à l'aide d'un scarificateur.

Afin de retarder, autant que possible, l'épuisement des couches inférieures du sol et de prolonger ainsi la durée de la luzernière en entretenant sa vigueur, il sera bon d'y répandre quelques engrais en couverture, qui seront dissous par l'eau des pluies et entraînés vers le sous-sol.

On devra éviter, pour cela, l'emploi des fumiers récents : d'abord, parce qu'ils contiennent une grande quantité de graines de plantes nuisibles qui salissent la prairie; ensuite, parce que la décomposition en est trop lente, et qu'ils n'agissent pas d'une manière assez instantanée. On préférera donc les engrais immédiatement solubles, et qui seront entraînés dans la terre dès la première pluie. Tels sont les terreaux consommés, les engrais liquides ou pulvérulents, etc. C'est pendant l'hiver qui suit la seconde année qu'on commencera à répandre cette fumure ; on la répétera ensuite tous les deux ans, en la faisant alterner avec le demi-plâtrage dont nous avons parlé, si celui-ci n'est pratiqué lui-même que tous les deux ans. Plus cette fumure sera abondante, plus on aura de produit et plus la durée de la luzerne sera prolongée.

Enfin, si la luzernière est située sous le climat du Midi, on la fera jouir des bienfaits de l'irrigation toutes les fois que cela sera possible. Cet arrosement sera pratiqué immédiatement après chaque coupe. On augmentera ainsi le nombre des coupes et le rendement de celles ci; mais il faudra aussi fumer plus copieusement.

Plantes parasites, insectes nuisibles. — Deux plantes parasites attaquent la luzerne, et parfois abrègent beaucoup sa durée.

La première est la *cuscute*, dont nous avons déjà parlé à l'article du trèfle rouge.

L'autre est de la grande tribu des champignons, et appartient au genre *rhizoctone*. Ce parasite apparaît sous forme de filets rougeâtres qui enveloppent la racine et la font périr. On voit fréquemment, dans les champs de luzerne, des places circulaires qui se dégarnissent et dont le rayon s'étend progressivement ; c'est que le rhizoctone a atteint les racines de cette plante. On parvient souvent à arrêter le mal en le circonscrivant au moyen d'une tranchée profonde ; mais ce procédé échoue quelquefois. Si le mal continue, il n'y a alors d'autre remède que de défricher la luzernière et de ne la faire revenir à la même place qu'après de longues années.

La luzerne a, parmi les insectes, un ennemi redoutable : c'est la larve de l'*eumolpe obscur*, connu aussi sous les noms de *barbotte*, *nigril*, *canille* (*colapsis atra*, Oliv.). L'insecte parfait est d'un noir luisant, de forme ovale; le mâle est long de $0^m,004$ 1/2 (fig. 573), et la femelle a $0^m,008$ (fig. 574). L'eumolpe, propre au Midi de la France, se montre, dès le mois de mai, à l'état de larve (fig. 575), sur les premières pousses de la luzerne, peu avant sa floraison. Les dégâts sont peu apparents d'abord, à cause du petit nombre d'insectes ; mais bientôt ces larves se transforment en insectes parfaits, et, les femelles ayant été fécondées, elles déposent chacune environ 200 œufs oblongs,

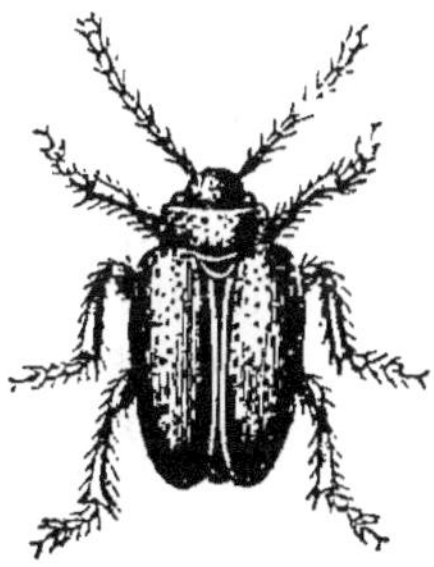

Fig. 573. *Eumolpe obscur, individu mâle.*

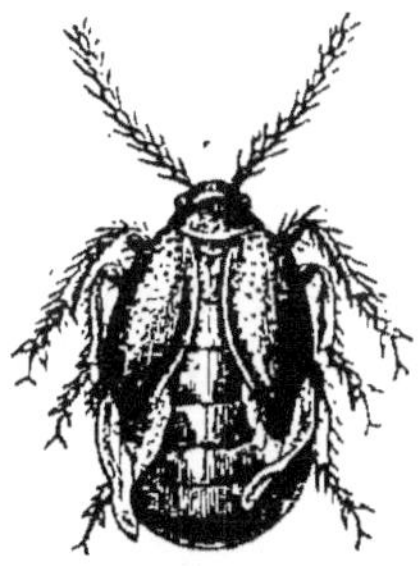

Fig. 574. *Eumolpe obscur, individu femelle.*

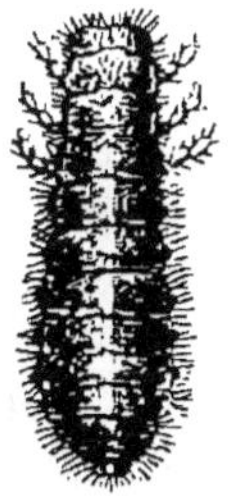

Fig. 575. *Larve de l'eumolpe obscur.*

Fig. 576. *Œufs de l'eumolpe obscur.*

luisants, et de couleur jaune foncé (fig. 576), sur les débris tombés des tiges de la luzerne. Après la ponte, la plupart des insectes parfaits périssent. Peu de temps après la récolte de la première coupe, les myriades d'œufs éclosent, les larves se jettent sur les nouvelles pousses de la luzerne et causent vraiment des dégâts désastreux. Si l'on n'y porte remède, cette seconde coupe est presque entièrement dévorée ; puis une nouvelle génération succède à celle-ci et cause de semblables ravages à la coupe suivante, et ainsi de suite, jusqu'à la fin de l'été, pour recommencer l'année suivante.

Pour détruire cet insecte il suffit de retarder le fauchage de la première coupe jusqu'au moment où les jeunes larves sont parvenues au sommet des tiges, et avant qu'elles aient acquis assez de force pour émigrer vers un nouveau champ, après avoir épuisé celui qui les a vues naître. On abat alors les luzernes, celles ci se dessèchent, et les larves meurent avant d'avoir trouvé des aliments ; on les rencontre alors en grande quantité sur les bordures des champs, où elles ont pu arriver avant de mourir, et, après quatre ou cinq jours, on n'en observe plus une seule.

Quant à l'influence du retard apporté dans le fauchage de cette première coupe sur la qualité et la quantité du fourrage, elle ne paraît être qu'avantageuse. On a constaté, en effet, que la première coupe, récoltée au début de la floraison, comme on le fait habituellement, est plus aqueuse et perd beaucoup plus de son poids par la dessiccation que les autres coupes fauchées à la même époque. On gagne donc ainsi sur la quantité et sur la qualité du fourrage. Il est vrai que ce retard peut faire perdre une dernière coupe, mais cela n'est qu'accidentel, et cette petite perte est bien compensée par la destruction des insectes.

M. de Gasparin a récemment indiqué le procédé suivant : l'eumolpe paraît d'abord sur une surface fort restreinte du champ, et étend de là ses ravages sur la totalité. A son éclosion, lorsqu'il est encore cantonné sur un petit espace, on couvre celui-ci d'une couche de paille et l'on y met le feu. Tous les insectes sont ainsi détruits, soit qu'on brûle ceux déjà sortis de terre, soit qu'on étouffe ceux qui sont encore entre deux terres. La prairie repousse bientôt vigoureusement, pourvu que le feu n'ait pas été trop intense.

Récolte. — On récolte la luzerne lorsqu'elle commence à fleurir ; plus tôt, elle est trop aqueuse, moins nourrissante, et se fane plus difficilement ; plus-tard, il est à craindre qu'elle ne devienne ligneuse et ne soit mangée moins volontiers par les bestiaux. Toutefois, la dernière coupe est récoltée avant la fleur, afin de pouvoir profiter du beau temps pour en sécher le produit, lorsqu'on veut le convertir en foin.

La luzerne peut, comme le trèfle rouge, être consommée en vert ou en sec. Dans le premier cas, on emploie les procédés décrits pour le trèfle rouge. Il faut surtout ne pas négliger ceux qui ont pour but d'empêcher la météorisation, car la luzerne produit cet accident tout aussi facilement que le trèfle.

Pour convertir ce fourrage en foin, on emploie à peu près les mêmes procédés que pour le trèfle. Nous devons, toutefois, faire à cet égard les observations suivantes : la luzerne, étant moins aqueuse, se dessèche plus rapidement. Quoiqu'elle perde ses feuilles un peu moins facilement, on doit cependant conduire le fanage de façon à en conserver le plus possible, puisqu'elles forment la meilleure partie du fourrage. A cet effet, on écarte un peu les andains, et après les avoir retournés deux ou trois fois dans la journée avec une fourche de bois, on les met en petits tas que l'on se contente de retourner et d'aérer jusqu'à ce qu'ils soient assez secs pour en former des tas moyens, et enfin de grands tas que l'on rentre le lendemain, après la rosée, avant ou après le bottelage. La luzerne, en se desséchant, perd en moyenne 75 pour 100 de son poids.

Rendement annuel. — Le rendement annuel de la luzerne varie beaucoup, selon le climat, le sol et l'âge. Sous le climat du Midi, ce rendement peut s'élever, pour une luzernière âgée de trois ans et placée dans un sol très-favorable, jusqu'à 13,000 kilogr.

Sous le climat de Paris et dans les mêmes conditions, ce rendement ne dépassera guère 8,000 kilogrammes. La nature du sol, sa richesse en engrais, et surtout sa plus ou moins grande dose d'humidité pendant l'été, peuvent produire des différences plus grandes encore. Ainsi, pour des luzernières du même âge que les précédentes, placées dans un sol très-sec en été, ce rendement peut descendre à 4 ou 5,000 kilogrammes. La cause de ces différences doit être surtout attribuée au nombre de coupes qu'on peut obtenir dans l'année. Dans les luzernes du Midi, situées dans des terrains frais ou soumis à l'irrigation, on peut obtenir six coupes successives en un an ; sous le climat de Paris, on en fait trois ou quatre tout au plus. Nous devons ajouter que toutes les coupes de l'année ne sont pas également productives. La première est ordinairement la plus abondante, parce qu'elle profite de tous les sucs nutritifs accumulés dans le sol depuis la fin de la végétation de l'année précédente; les autres vont en diminuant, soit par l'épuisement du sol, soit à cause de la sécheresse de l'été.

L'âge de la luzernière exerce aussi une grande influence sur son rendement annuel. Lors de la première récolte, ce rendement est assez faible. C'est ordinairement à la seconde année qu'on obtient le maximum de produit. Celui-ci se soutient parfois pendant la troisième année ; mais, à partir de ce moment, il diminue assez rapidement, jusqu'à ce qu'il devienne tellement faible qu'on doive rompre la luzernière.

Voici, en résumé, quel sera, par hectare, le produit en fourrage sec d'une luzernière située dans des conditions moyennes par rapport au climat, à la qualité du terrain, à sa richesse en engrais, et sur laquelle on pourra faire chaque année quatre coupes successives :

1re année de produit	3,200 kil.
2e —	10,500
3e —	10,000
4e —	9,500
5e —	8,400
6e —	7,600
7e —	6,600
8e —	5,200
Total	61,000

Ce total, divisé par 8, nombre des années de durée de la luzernière, donne 7,625 kilogr.

Durée de la luzerne. — La luzerne a sur le trèfle l'avantage d'une plus longue durée. Une des conditions principales pour obtenir ce résultat est la profondeur et la richesse des couches meubles du sol. Plus, en effet, les racines peuvent s'allonger dans un sol perméable et riche en principes nutritifs, plus la durée utile de la luzerne se prolonge. Toutefois, un obstacle assez puissant vient souvent l'abréger, même dans les sols les plus fertiles; c'est la présence des mauvaises herbes, et surtout du chiendent, qui, lequel qu'on fasse, s'empare progressivement du terrain et étouffe bientôt la luzerne. La durée utile de cette plante ne dépasse donc guère douze ans dans les circonstances les plus favorables, et, dans beaucoup de cas, on ne trouve pas d'avantage à la conserver au delà de quatre ans.

Défrichement. — Dès qu'une luzernière présente des clairières nombreuses, il faut la rompre ; car, si on leur laisse le champ libre, les mauvaises herbes saliront la terre pour les récoltes suivantes et épuiseront le sol sans profit. Lorsqu'on prévoit le moment où la luzernière devra être défrichée, on détache de l'assolement régulier, deux ans à l'avance, une surface suffisante de terrain, et l'on y crée une nouvelle luzernière.

Si l'on n'est pas pourvu d'une des fortes charrues que nous avons indiquées pour les défoncements, on commence par faire couper les souches de luzerne au-dessous du collet avec une houe à main ; on fait passer ensuite la charrue ordinaire, que l'on fait fonctionner le plus profondément possible. D'autres labours ordinaires, suivis de hersages et de roulages successifs, achèvent de mettre le sol en état de recevoir une nouvelle plante. Quant à l'époque de l'année à laquelle il convient de faire ce défrichement, elle est déterminée par l'espèce de récolte qu'on veut faire succéder à la luzerne. Nous avons indiqué plus haut quelles sont ces récoltes.

COMPTE DE CULTURE D'UN HECTARE DE LUZERNE SEMÉE DANS UNE CÉRÉALE DE PRINTEMPS SUCCÉDANT A UNE RÉCOLTE DE BETTERAVES SARCLÉES ET FUMÉES.

DÉPENSE.

Première année.

Deux labours ordinaires, à 22 fr. l'un	44f »
Un hersage	2 60
Un roulage	2 »
Une demi-fumure avec un engrais pulvérulent, pour fertiliser la couche superficielle du sol, y compris les frais d'épandage	150 »
Un hersage énergique avec la grande herse en fer, pour enterrer cet engrais	3 »
A reporter	201f 60

Report...........		201f 60
La moitié de cette somme à la charge de la luzerne......	100 80	
Semence, 20 kil., à 1 fr. 50 c. le kil.....................	30 »	
Répandre la semence..........................	1 »	
Un hersage................................	2 60	
Un sarclage à la houe à main....................	8 »	
Un demi-plâtrage à l'automne....................	3 87	
15,000 kil. de fumier non absorbés dans le sol par la récolte de racines fourragères précédente et par la céréale, à 10 fr. les 1,000 kil., y compris les frais de transport et d'épandage, 150 fr.; le neuvième de cette dépense à la charge de la luzerne..........................	16 66	
Intérêt pendant un an, à 5 p. 100, du prix de la fumure non absorbée..............................	7 66	
Loyer de la terre, 70 fr.; la moitié de cette dépense à la charge de la céréale; reste pour la luzerne............	35 »	
Frais généraux d'exploitation....................	20 »	
Intérêt pendant un an, à 5 pour 100, des frais ci-dessus...	11 28	
Total.............	236f 87	236 87

Deuxième année ; première année de produit.

Un demi-plâtrage au printemps......................	3f 87	
Un sarclage à la houe à main, après la première coupe....	8 »	
Fauchage, fanage, bottelage et emmagasinage de quatre coupes, à 12 fr. l'une..............................	48 »	
Un hersage avec le scarificateur, après la dernière coupe..	6 »	
13,000 kil. de fumier non absorbés l'année précédente, à 10 fr. les 1,000 kil., 130 fr.; le huitième de cette dépense à la charge de la luzerne..........................	16 25	
Total............	82f 12	82 12
Intérêt pendant un an, à 5 pour 100, du prix de la fumure non absorbée..............................	5 50	
Intérêt pendant un an, à 5 pour 100 des dépenses de l'année précédente................................	11 84	
Loyer de la terre..............................	70 »	
Frais généraux d'exploitation....................	20 »	
Intérêt pendant un an, à 5 pour 100, des dépenses ci-dessus.	9 47	
Total..............	116f 81	116 81

Troisième année.

Répandre pendant l'hiver, en couverture, une demi-fumure.	150f »	
Un hersage avec le scarificateur à la fin de l'hiver........	6 »	
Un demi-plâtrage..............................	3 87	
Récolte, comme l'année précédente..................	48 »	
Un hersage avec le scarificateur, après la dernière coupe.	6 »	
11,000 kil. de fumier non absorbés l'année précédente, à 10 fr. les 1,000 kil., 110 fr.; le septième de cette dépense à la charge de la luzerne..........................	15 81	229f 68
Intérêt pendant un an, à 5 pour 100, du prix de la fumure		
A reporter..........		867f 08

Report..........		867f 08
non absorbée..	4 70	
Loyer de la terre..	70 »	
Frais généraux d'exploitation..........................	20 »	
Intérêt pendant un an, à 5 pour 100, des dépenses ci-dessus.	16 22	
Total..............	110 92	110 92

Quatrième année.

Hersage, plâtrage, récolte, comme la troisième année....	63f 87	
9,400 kil. de fumier non absorbés l'année précédente ; le sixième de cette quantité à la charge de la luzerne, 1,566 kil., à 10 fr. les 1,000 kil......................	15 66	
Intérêt pendant un an, à 5 pour 100, du prix de la fumure non absorbée..	3 81	
Loyer de la terre et frais généraux d'exploitation.........	90 »	
Intérêt pendant un an, à 5 pour 100, des dépenses ci-dessus.	8 67	
Total..............	182f 01	182 01

Cinquième année.

Hersages, plâtrage, récolte, comme l'année précédente....	63f 87	
Une demi-fumure comme la troisième année............	150 »	
7,834 kil. de fumier non absorbés l'année précédente ; le cinquième de cette fumure à la charge de la luzerne, 1,566 kil., à 10 fr. les 1,000 kil......................	15 66	
Intérêt pendant un an, à 5 pour 100, de la fumure non absorbée..	3 13	
Loyer de la terre et frais généraux d'exploitation.........	90 »	
Intérêt pendant un an, à 5 pour 100, des frais ci-dessus....	16 13	
Total..............	338f 79	338 79

Sixième année.

Hersages, plâtrage, récolte, comme l'année précédente....	63f 87	
6,268 kil. de fumier non absorbés l'année précédente ; le quart de cette fumure à la charge de la luzerne ; 1,567 kil., à 10 fr. les 1,000 kil......................................	15 67	
Intérêt pendant un an, à 5 pour 100, du prix de la fumure non absorbée..	2 35	
Loyer de la terre et frais généraux d'exploitation.........	90 »	
Intérêt pendant un an, à 5 pour 100, des frais ci-dessus...	8 59	
Total............	180f 48	180 48

Septième année.

Hersages, plâtrage, récolte, comme l'année précédente....	63f 87	
Une demi-fumure comme la cinquième année	150 »	
4,701 kil. de fumier non absorbés l'année précédente ; le tiers de cette fumure à la charge de la luzerne, 1,567 kil., à 10 fr. les 1,000 kil......................................	15 67	229 54
A reporter......		1908f 82

Report.........		1908f 82
Intérêt pendant un an, à 5 pour 100, du prix de la fumure non absorbée..	1 07	
Loyer de la terre et frais généraux d'exploitation.........	90 »	
Intérêt pendant un an, à 5 pour 100, des frais ci-dessus....	16 03	
Total..............	107f 10	107 10

Huitième et neuvième années.

Pendant chacune de ces deux dernières années les frais sont à peu près les mêmes que pendant la sixième année.	360 96	360 96
Total....................		2376f 88

PRODUIT.

4 coupes pendant chacune des années de production, en tout 32 coupes fournissant environ 62,000 kil. de fourrage sec, à 63 fr. les 1,000 kil..	3906f
Fécondité accumulée dans le sol par les débris de la luzerne, équivalant à 60,000 kil. de fumier, à 10 fr. les 1,000 kil...	600 »
Total.............	4506f »

BALANCE.

Produit..	4506f »
Dépense..	2376 88
Bénéfice net.............	2129f 12

Soit environ 90 pour 100 du capital employé.

Récolte des semences. — Toutes les fois que le cultivateur pourra récolter lui-même sa graine de luzerne au lieu de l'acheter, il ne devra pas hésiter à le faire; il y trouvera les avantages que nous avons signalés pour le trèfle.

C'est ordinairement sur la luzerne qu'on se propose de rompre qu'on récolte la semence. On s'exposerait à épuiser la luzernière, si on lui laissait mûrir ses fruits pendant les premières années de son existence. On choisit la seconde coupe de l'année, parce qu'elle est ordinairement moins salie par les plantes nuisibles. Quand toutes les gousses sont complétement noires, on fauche les tiges, on les fait sécher, on bat, on débarrasse les semences de leurs gousses, comme nous l'avons indiqué pour le trèfle rouge, et on les crible avec soin pour les purger des graines étrangères, surtout de celles de la cuscute. On peut récolter ainsi environ 700 kilogrammes de graines nues par hectare.

LUZERNE LUPULINE.

La *luzerne lupuline*, connue aussi sous les noms de *trèfle jaune*, *trèfle noir*, *minette*, *minette dorée*, *luzerne houblonnée* (*medicago lupulina*, L.) (fig. 577 à 581), est une plante bisannuelle, dont les fleurs très-petites, de couleur jaune, sont réunies en épi ovale. Cette plante, à tiges couchées, dépasse rarement 0m,33 de hauteur; elle croît spontanément sur tous les terrains légers, calcaires ou siliceux.

La culture de la lupuline est assez récente. D'abord confinée dans le Boulonais, elle s'est bientôt étendue dans une grande partie du Centre et du Nord de la France. Ses produits ne peuvent être comparés à ceux du trèfle rouge, soit pour l'abondance, soit pour la qualité; mais elle offre l'avantage de se développer parfaitement sur les terrains secs, là où il ne réussit pas. Son fourrage, peu abondant lorsqu'il est converti en foin, devient plus productif lorsqu'on le fait pâturer, parce qu'il repousse sans cesse sous la dent des bestiaux. Il forme surtout un très-bon pâturage pour les moutons, et n'expose pas, comme le trèfle et la luzerne, les animaux à la météorisation.

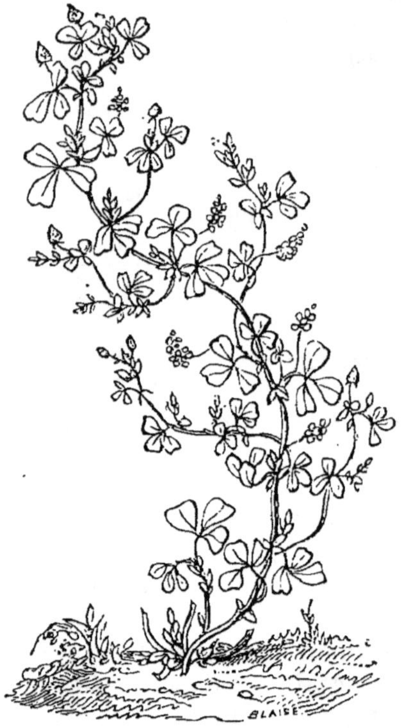

Fig. 577. *Luzerne lupuline.*

Fig. 578. *Tête de fleurs de la lupuline.*

Fig. 579. *Fleur grossie de la lupuline.*

Fig. 580. *Tête de fruits de la lupuline.*

Fig. 581. *Fruit grossi de la lupuline.*

Climat et sol. — La lupuline convient plutôt aux parties froides ou tempérées de la France qu'aux départements du Midi, où l'excès de la chaleur l'empêche de prendre un développement convenable. Quant au sol, on peut dire qu'elle réussit bien dans tous les terrains. Mais ce qui fait son principal mérite, c'est qu'elle donne des produits passables dans les sables arides, où la luzerne reste chétive, et sur les sols calcaires, trop pauvres pour nourrir convenablement le sainfoin.

Place dans la rotation. — La lupuline occupe, dans la rotation des cultures, exactement la même place que le trèfle, et on lui fait succéder les mêmes récoltes. Dans quelques contrées, notamment dans la Seine-Inférieure, nous l'avons vue associée avec succès au trèfle blanc. Elle forme un excellent pâturage pour les moutons, et le trèfle blanc détermine alors beaucoup moins souvent la météorisation.

Culture. — La culture de la lupuline est celle du trèfle rouge; la quantité de semence est aussi la même. Lorsqu'on l'associe au trèfle blanc, on sème 8 kilogr. de celui-ci et 7 kilogr. de lupuline par hectare.

Récolte. — Cette plante n'est presque jamais transformée en fourrage sec, à cause de son faible produit; car, desséché, il ne s'élève, en moyenne, qu'à 3,000 kilogr. par hectare. C'est donc surtout sous forme de pâturage qu'on la fait consommer par les moutons. Semée au printemps dans une céréale, on commence à la faire manger dès l'automne ; puis on y ramène les moutons lorsqu'elle commence à fleurir au printemps suivant, et l'on recommence cette opération deux ou trois fois dans le courant de l'été. Enfin, on la rompt au commencement de l'automne suivant, après y avoir fait parquer les moutons.

COMPTE DE CULTURE D'UN HECTARE DE LUPULINE SEMÉE AU PRINTEMPS DANS UNE CÉRÉALE.

DÉPENSE.

Frais de culture comme pour le trèfle rouge	39f 60
Semence, 15 kil., à 60 c. le kil	9 »
Intérêt pendant un an, à 5 pour 100, du prix de 7,500 kil. de fumier non absorbé par les récoltes précédentes, à 10 fr. les 1,000 kil	3 75
Loyer de la terre pendant un an	70 »
Frais généraux d'exploitation	20 »
Intérêt pendant un an, à 5 pour 100, des frais ci-dessus	7 13
Total	149 48

PRODUIT.

L'équivalent de 3,000 kil. de fourrage sec, à 63 fr. les 1,000 kil.	189 »

BALANCE.

Produit	189 »
Dépense	149 38
Bénéfice net	39 52

Environ 27 pour 100 du capital employé.

Luzernes diverses. — On a recommandé, depuis quelques années, un certain nombre d'autres espèces de luzernes; mais leurs qualités ne sont pas encore assez constatées. Nous ne les indiquerons donc ici qu'à titre d'essai.

Luzerne faucille, L. de Suède (*medicago falcata*, L.).— Elle diffère de la luzerne cultivée par ses gousses ou légumes courbés en forme de faucille, et par ses tiges étalées et non dressées. Cette espèce paraît s'accommoder de terrains plus arides que la luzerne cultivée; mais il est à craindre que son produit ne soit médiocre.

Luzerne rustique (*medicago media*?, Person.).— Tiges étalées, vigoureuses, atteignant souvent 1m,33 de longueur; végétation plus tardive; moins exigeante que la luzerne cultivée quant à la richesse du sol.

SAINFOIN COMMUN.

Le *sainfoin commun*, appelé aussi *esparcette* ou *éparette*, *Bour-*

Fig. 582. *Sainfoin commun.*

Fig. 583. *Fleur du sainfoin commun.*

Fig. 584. *Fruit du sainfoin commun.*

gogne, *foin de Bourgogne*, *fenasse*, *herbe éternelle*, *chèpre*, *pelagra*, *tête*, et *crête-de-coq* (*hedysarum onobrychis*, L.) (fig. 582 à 584), croît spontanément dans le Centre et le Midi de la France, sur les rocs secs et arides, et jusque dans les fentes des rochers, pourvu qu'ils soient calcaires. C'est une de ces plantes fécondes qui peuvent porter la richesse dans les pays pauvres. Ce n'est qu'à partir de la fin du seizième siècle qu'on a commencé à en connaître tous les avantages et à en former des prairies artificielles. Les provinces rhénanes lui doivent leur prospérité agricole.

Le sainfoin commun est vivace; il a des racines pivotantes; ses tiges droites, flexueuses, hautes de 0m,33 à 0m,66, développent axillairement des épis de fleurs d'un rose roussâtre, auxquelles succèdent des gousses monospermes et hérissées de pointes.

Il offre une importance égale à celle du trèfle rouge et de la luzerne. C'est, en effet, le seul fourrage qui puisse donner des récoltes satisfaisantes dans les terrains exposés dès le printemps à la sécheresse ; et c'est depuis l'introduction de cette plante que des contrées entières, jusque-là déshéritées, ont pu entretenir assez de bestiaux pour adopter une culture profitable. Le sainfoin est considéré avec raison comme le meilleur et le plus sain de tous les fourrages; le lait des vaches est supérieur en qualité et plus abondant. Consommé en vert, il n'expose pas les animaux à la météorisation, comme le trèfle ; ses tiges ne deviennent pas ligneuses, comme celles de la luzerne, même à l'état de pleine floraison ; mais c'est surtout comme fourrage sec qu'il est employé. Le rendement en fourrage est, à la vérité, moins élevé que celui du trèfle et de la luzerne ; mais la différence est compensée par une meilleure qualité. Ses graines, lorsqu'on ne peut pas en tirer parti autrement, passent pour être deux ou trois fois plus nutritives que l'avoine. Elles sont recherchées avec avidité par les volailles qu'elles excitent à pondre.

Composition chimique. — Nous ne connaissons jusqu'à présent que la nature des matières minérales contenues dans le sainfoin commun. Voici, d'après M. F. Buch, comment se composent les cendres de cette plante, sur 100 parties en poids :

Potasse	6,75	combinées dans la plante avec des acides végétaux.
Soude	20,33	
Magnésie	8,57	
Phosphate de chaux	54,89	
Phosphate de peroxyde de fer	2,87	
Sulfate de chaux	3,31	
Chlorure de sodium	2,18	
Silice	1,10	

C'est, comme on le voit, une plante éminemment calcaire et riche en soude.

Variétés. — La culture prolongée du sainfoin commun sur des sols légers, mais riches et profonds, a produit une race ou variété connue sous les noms de *grand sainfoin, sainfoin à deux coupes, sainfoin chaud.* Cette variété se distingue de l'espèce type par une plus grande vigueur, qui permet d'en obtenir deux coupes ; mais elle demande un terrain de meilleure qualité que celui dont s'accommode le sainfoin ordinaire.

Climat et sol. — Le sainfoin, lorsqu'il est encore très-jeune, redoute les hivers rigoureux ; mais, dès qu'il est âgé de cinq ou six mois, il les supporte sans souffrir.

Le sainfoin est doué de deux facultés précieuses : de se développer convenablement dans les sols les plus secs et d'avoir une telle affinité pour les terrains calcaires, qu'il donne des produits passables dans les sols uniquement composés de cet élément, pourvu qu'ils soient perméables aux racines. Sa culture peut s'étendre aussi à tous les sols légers, siliceux ou graveleux, même les plus secs, pourvu qu'ils soient annuellement soumis à un plâtrage abondant. Il ne redoute enfin que les sols compactes, argileux, humides, et, par-dessus tout, les sols, quelle que soit leur nature, qui retiennent l'humidité dans leurs couches inférieures.

Place dans la rotation. — La durée habituelle du sainfoin, et le laps de temps qu'il convient de laisser écouler entre chacune de ses apparitions sur le même sol, en font une récolte difficile à introduire dans un assolement régulier. Aussi le laisse-t-on, le plus souvent, en dehors de l'assolement, en opérant comme on le fait pour la luzerne.

Quant aux récoltes auxquelles il convient de le faire succéder, et à celles qui doivent le suivre, nous n'avons rien à ajouter à ce que nous avons dit à cet égard en parlant de la luzerne.

Préparation du sol. — Quoique les racines du sainfoin pénètrent un peu moins profondément dans le sol que celles de la luzerne, il faut donner au sol les mêmes soins d'ameublissement et de préparation que pour celle-ci.

Engrais et amendements. — Bien que le sainfoin tire de l'atmosphère une partie de ses éléments nutritifs, il faut encore que la terre lui fournisse une portion importante de sa nourriture, et il convient de n'en entreprendre la culture que dans un sol doué d'un degré de fertilité à peu près semblable à celui qui convient à la luzerne ; il importe surtout que les engrais aient pu pénétrer dans les couches inférieures, puisque c'est là que les racines vont puiser les principes dont elles ont besoin. Du reste, ces engrais ne sont qu'un emprunt fait à la terre, puisque la plante les compense, et au delà, par les nombreux débris organiques résultant de ses feuilles et de ses racines. Mais on conçoit que plus la fertilité du terrain sera grande, plus la végétation sera vigoureuse et plus les débris seront abondants et féconds.

Les engrais et les amendements qui conviennent plus particulièrement au sainfoin sont la cendre, la suie, le plâtre, qui produisent d'admirables effets. Les engrais organiques ne lui sont pas nécessaires comme aux autres légumineuses.

Semaille. — *Récolte et préparation des semences.* — Le bon choix des semences importe plus encore pour le sainfoin que pour les autres plantes légumineuses, parce que sa germination convenable exige la réunion d'un plus grand nombre de circonstances. D'un autre côté, les graines de sainfoin que l'on ensemence sont souvent de mauvaise qualité, c'est-à-dire trop âgées, ou récoltées avant leur maturité, ou bien encore altérées par la fermentation. Il ne faut donc les acheter qu'après avoir fait l'essai indiqué tome Ier, p. 593. Le mieux est assurément de récolter soi-même sa semence ; on est certain de la qualité de sa graine, et l'on peut diminuer de moitié la quantité qu'il faut semer lorsqu'on emploie une graine que l'on n'a pas recueillie soi-même. Pour récolter cette semence sans fatiguer sensiblement la plante, il est deux modes que nous recommandons.

On choisit le champ de sainfoin le plus vigoureux ; puis, au moment de la maturité des graines, on le parcourt avec attention, en faisant passer, à travers la main légèrement fermée, les tiges chargées de graines mûres ; celles qui se détachent facilement sont déposées à mesure dans un panier ; après quoi on les expose au soleil pour achever leur dessiccation. A quelques jours de distance, on recommence cette opération ; l'on recueille ainsi les meilleures semences, et surtout les plus nettes. Malheureusement ce procédé est lent et assez dispendieux ; le suivant est plus prompt.

On attend que la plus grande quantité des gousses soient devenues brunes, et, par un beau temps, on fauche le champ le matin à la rosée. On laisse en andains jusqu'au soir, puis on retourne avec précaution. Le lendemain matin, aussitôt que le soleil a séché les andains, on étend une toile sur le champ et l'on y bat légèrement les tiges, afin de n'en détacher que les graines les plus mûres. On expose ensuite celles-ci au soleil pour les faire sécher, puis on les passe au tarare et au crible pour les purger des feuilles, graines étrangères, etc. Ces graines sont moins bonnes que les premières, parce qu'un certain nombre d'entre elles n'ont pas acquis une maturité suffisante. Les tiges forment un fourrage de moins bonne qualité que si on les eût coupées plus tôt; cependant les chevaux et les bœufs les mangent volontiers. Le rendement d'un hectare peut s'élever à 14 hectolitres de semence. L'hectolitre pèse 29 kil. Ces graines ne peuvent être conservées pour la reproduction que pendant deux ou trois ans.

La graine de sainfoin à deux coupes, récoltée plusieurs fois de suite dans un terrain pauvre et aride, dégénère rapidement et retourne bientôt au sainfoin commun. Lors donc qu'on le cultive dans des sols de cette nature, il est nécessaire de renouveler de temps en temps la semence, en choisissant celle qui a été récoltée sur des terrains plus substantiels et plus fertiles.

Mode d'ensemencement. — Époque convenable. — Le sainfoin peut être semé pendant tout le temps de la belle saison, et il réussit pourvu qu'une sécheresse prolongée ne succède pas immédiatement à l'ensemencement. Ainsi, on peut le semer: 1° A l'automne, dans une céréale d'hiver, mais à la condition que le sol s'égouttera facilement pendant la mauvaise saison, qu'il ne se déchaussera pas par l'action successive des gels et des dégels, et surtout que les froids de l'hiver ne seront pas rigoureux. Par cette méthode, on obtient, dès la fin de l'année suivante, une coupe importante; mais on a à craindre que la céréale ne nuise au sainfoin. 2° Au printemps, dans une céréale d'hiver. On donne un hersage énergique, on sème, et l'on recouvre par un second hersage. 3° Dans une céréale de printemps semée claire; ou mieux, dans du lin ou de la navette d'été. 4° Enfin, semé seul, au printemps. Après avoir bien préparé la terre, à l'automne, on attend que le printemps ait commencé à faire développer les plantes adventices; on donne un coup de scarificateur, et l'on répand la semence, qu'on recouvre par un hersage suivi d'un roulage. Ce mode est celui qui donne, en général, les meilleurs résultats, mais il a l'inconvénient de charger la récolte d'une année de loyer sans aucun produit, tandis qu'en semant dans une autre récolte, celle-ci paye cette année de rente. Toutefois, si l'on peut espérer que la durée du sainfoin soit un peu prolongée, on n'hésitera pas à user de ce procédé, parce que cette dépense divisée entre un certain nombre d'années deviendra peu considérable, et qu'elle sera couverte par le succès plus complet de la récolte.

La graine de sainfoin doit être peu enterrée, il ne faut pas cependant qu'elle reste exposée à la surface du sol, car elle ne germerait pas. C'est ce qui arrive souvent, à cause de son volume et de sa légèreté, qui l'empêchent d'être facilement recouverte par l'action du hersage. Pour obvier à cet inconvénient, on fait tremper la semence dans l'eau pendant vingt-quatre heures environ, de façon que l'enveloppe imbibée soit bien distendue. On la laisse égoutter sur une toile ou un tamis pendant deux ou trois heures, puis on la mélange avec de la terre tamisée jusqu'à ce que les graines n'adhèrent plus les unes aux autres. Cette sorte de pralinage augmente le poids des graines et les rend plus dociles à l'action de la herse.

Quantité de semences. — Pour avoir un fourrage fin et serré, une prairie bien garnie et peu accessible aux plantes nuisibles, il convient de semer le sainfoin très-dru. A cet effet, on emploie une quantité de semence double de celle que l'on emploierait pour le blé, c'est-à-dire environ $4^{hect},50$ par hectare; mais il est bien entendu que nous ne parlons ici que des semences de bonne qualité. Autrement il faudrait porter cette quantité à 6 hectolitres.

Il faut se garder de semer le sainfoin ou la luzerne dans le voisinage des arbres, car ceux-ci deviennent languissants et périssent bientôt. On doit donc laisser au pied de chaque arbre, sans l'ensemencer, un cercle de 1 à 3 mètres de rayon, suivant l'âge des arbres.

Soins d'entretien. — Le sainfoin réclame, comme la luzerne, quelques soins destinés à entretenir sa vigueur. Ainsi, il éprouve de très-bons effets du plâtrage lorsque, dans le sol où il végète, le calcaire est en proportion insuffisante. On applique un premier plâtrage pendant le deuxième printemps qui suit l'ensemencement, et l'on répète ensuite cette opération tous les ans.

Quoique le sainfoin soit moins avide d'engrais que la luzerne, il n'en faut pas moins lui fournir quelques principes fertilisants. Mais on évitera d'employer les composts ou les fumiers, car ils abrégeraient sa durée; on les remplacera par la suie, ou les cendres, que l'on répandra chaque année, vers la fin de l'hiver, à dater de la troisième année de l'ensemencement.

A partir du second hiver, on combattra l'envahissement des plantes nuisibles par un hersage annuel.

Récolte. — C'est surtout comme fourrage sec que l'on fait consommer le sainfoin. On fauche la première coupe lorsque quelques gousses commencent à se former à la base des épis de fleurs.

Il est prudent, la première année, de ne faire ni pâturer, ni faucher les jeunes pousses de sainfoin; en effet, le collet de la plante s'élève alors quelquefois de $0^m,027$ au-dessus du sol, et la plante meurt quand son collet est tranché par la dent des animaux ou par la faux; les racines, jeunes encore, prennent d'ailleurs d'autant plus de force qu'elles conservent plus de feuilles pour puiser de la nourriture dans l'atmosphère. Ce n'est donc que la seconde année qu'on entre en pleine récolte.

Les tiges et les feuilles du sainfoin renferment beaucoup moins d'eau de végétation que celles des autres fourrages légumineux, et surtout que le trèfle ; aussi est-il beaucoup plus facile à faner. Dans les montagnes de la Provence, il suffit, immédiatement après le fauchage, de lier ce fourrage en bottes, que l'on redresse en les appuyant quatre par quatre les unes contre les autres, et, au bout de peu de jours, il est parfaitement sec.

Dans les localités moins chaudes, on retourne, le soir, les andains du matin, de façon à les rapprocher deux à deux, mais sans les superposer. Le soir du second jour, on en fait de petits tas d'un peu plus d'un mètre de hauteur, en froissant ou mêlant les tiges le moins possible. Lorsque le temps est favorable, la récolte peut être rentrée le troisième jour.

Vers la fin de l'été ou au commencement de l'automne, le sainfoin donne une seconde coupe, mais beaucoup moins abondante que la première. Ce second produit n'est qu'un regain, qu'il est beaucoup plus convenable de faire pâturer sur place. Mais on doit exclure de ce pâturage les bêtes ovines, car elles rongent le collet des plantes, et comme le sainfoin ne repousse pas de racine comme la luzerne, ce pâturage, répété pendant deux années de suite, suffirait pour détruire complétement le sainfoin.

Durée. — La durée du sainfoin est subordonnée au laps de temps pendant lequel ses racines peuvent s'enfoncer dans des couches de terre fertiles : il vit cependant moins longtemps que la luzerne. En général, son existence est de trois ans au moins, de sept ans au plus.

La décrépitude du sainfoin est indiquée par la disparition progressive des plantes, par l'envahissement des mauvaises herbes et par la diminution sensible du produit. Dès que ces signes apparaissent, on ne doit pas hésiter à le défricher.

Rendement. — Le produit annuel du sainfoin se compose de deux coupes ; mais la seconde équivaut à peine au quart de la première. Il en est de même pour la seule coupe d'automne qu'on obtient la première année. En outre, le produit va d'abord en croissant pendant les premières années, comme cela a lieu pour la luzerne, puis il décroît ensuite. Le rendement annuel des deux coupes, par hectare, est en moyenne :

En Angleterre, d'après Arthur Young..................	4,290 kil.
Dans le Boulonais, d'après Crud......................	6,000
Dans le Palatinat d'après Mœllinger..................	3,700
En France..	4,500

Ce qui donne une moyenne de 4,770 kilogr.

COMPTE DE CULTURE D'UN HECTARE DE SAINFOIN SEMÉ AU PRINTEMPS DANS DE L'AVOINE SUCCÉDANT A UNE RÉCOLTE BINÉE ET FUMÉE.

DÉPENSE POUR CINQ ANNÉES.

La moitié des frais de préparation du sol au compte de l'avoine (t. I, p. 733)	26f 60
Semence, 4hect,50, à 17 fr. l'hectolitre	76 50
Répandre la semence	1 »
Un hersage	2 60
Un roulage	2 »
Quatre plâtrages de 3 hectol. de plâtre cru chacun, 6 fr. 40 c. par plâtrage	25 60
Trois hersages avec la grande herse, à 3 fr. l'un	9 »
Répandre 15 hectol. de suie par an, pendant 3 ans, 45 hectol. à 3 fr. l'un	135 »
Fauchage, fanage et emmagasinage de cinq coupes, à 15 fr. l'une	75 »
Intérêt pendant cinq ans, à 5 pour 100, du prix de 7,500 kil. de fumier non absorbé par la récolte précédente, à 10 fr. les 1,000 kil., à 3 fr. 75 c. par an	18 75
Loyer de la terre pendant 5 ans, à 70 fr. par an	350 »
Frais généraux d'exploitation pendant 5 ans, à 20 fr. par an	100 »
Intérêt moyen pendant 3 ans, à 5 pour 100, des frais ci-dessus, à 41 fr. 10 c. par an	123 30
Total	945f 35

PRODUIT PENDANT CINQ ANS.

4 coupes donnant chacune un produit moyen de 4,700 kil. de fourrage sec, 18,800 kil., à 71 fr. 50 c. les 1,000 kil	1,344f 20
4 regains équivalant chacun à 1,200 kil. de fourrage sec, 4,800 kil. à 71 fr. 50 c. les 1,000 kil	343 20
L'équivalent de 25,000 kil. de fumier accumulés dans le sol par les débris successifs du sainfoin, à 10 fr. les 1,000 kil.	250 »
Total	1,937f 40

BALANCE.

Produit	1,937f 40
Dépense	945 35
Bénéfice net	992f 05

105 pour 100 du capital employé.

SAINFOIN D'ESPAGNE.

Le *sainfoin d'Espagne, sainfoin à bouquets, sulla* (*hedysarum coronarium*, L.) (fig. 585 à 587), est une très-belle plante bisannuelle, dont les tiges nombreuses, presque simples, s'élèvent quelquefois à plus d'un mètre. Ses fleurs, disposées en épis d'un rouge très-vif, sont remplacées par des gousses articulées, droites et hérissées.

Elle croît spontanément dans la Calabre, en Sicile, en Algérie, et forme le fond des bons pâturages de ces diverses contrées. Coupée en fleur avant la maturité des fruits, elle donne un très-bon fourrage, comparable à notre sainfoin. C'est le marquis Grimaldi qui, le premier, fit connaître, en 1766, le sulla aux agriculteurs du Nord. Aujourd'hui, il est cultivé en Sicile et en Espagne.

Climat et sol. — Le sulla ne peut supporter sans périr un abaissement de température de — 6° ; il doit être réservé pour le sud de la région des oliviers et les parties les plus chaudes

Fig. 585. *Sainfoin d'Espagne.*

Fig. 586. *Fleur du sainfoin d'Espagne.*

Fig. 587. *Fruit du sainfoin d'Espagne.*

de la Provence et de l'Algérie. Quant au sol qu'il préfère, ce sont les terres substantielles un peu fraîches en été, et renfermant une certaine proportion d'élément calcaire.

Culture. — On sème le sulla immédiatement après la moisson du blé, à la dose de cinq fois le volume de la semence employée pour celui-ci. Après avoir répandu la graine, on incendie le chaume ; la plante germe et paraît aussitôt après les premières pluies d'automne. Elle pousse lentement pendant l'hiver, mais, au mois d'avril suivant, la terre se couvre d'une prairie épaisse qui s'élève à plus d'un mètre. La récolte commence vers la fin de mai et se prolonge jusqu'en juillet. On laboure ensuite la terre pour la semer en blé d'automne, et, après la récolte de celui-ci, il suffit de mettre le feu au chaume pour qu'au mois de novembre suivant, et sans nouvel ensemencement, le sulla se reproduise. On obtient ainsi, pendant un nombre d'années indéfini, et alternativement, dans les champs *sullés*, une récolte de blé, et, l'année suivante, une récolte de sulla.

Ce réensemencement spontané du sulla tient à ce qu'on retarde le fauchage jusqu'au moment où une certaine quantité des graines sont mûres. Celles-ci se disséminent, donnent lieu à de nouvelles plantes qui mûrissent pendant la moisson, et ensemencent la terre pour l'année suivante.

La végétation et la fructification d'une plante si volumineuse dans la céréale doit nécessairement nuire au produit de cette dernière. Aussi pensons-nous qu'il serait préférable de couper ce fourrage avant que les fruits commencent à mûrir et à se disséminer. On obtiendrait ainsi une céréale bien nette dont on brûlerait les chaumes après y avoir répandu, chaque année, les graines du sulla.

VESCES, POIS GRIS, GESSES, LENTILLES.

Nous ne nous sommes occupé de la culture des plantes qui font le titre de ce chapitre (t. I, p. 740 et suivantes) qu'au point de vue de la production des semences. Or, elles sont aussi cultivées comme fourrage, et nous allons examiner les soins particuliers qu'elles réclament sous cette forme.

Disons d'abord que la culture de ces diverses espèces comme fourrage a moins d'importance que la plupart de celles dont nous avons parlé jusqu'ici, en raison de leur réussite moins certaine, de leur produit plus faible, de l'élévation des frais de préparation du sol et du coût de la semence. Aussi est-il difficile de fonder un assolement profitable avec ces seuls fourrages ; ils ne sont généralement admis dans l'exploitation que comme récoltes accessoires, et pour suppléer aux trèfles, aux luzernes, aux sainfoins, dans les intervalles qui séparent chacune de leurs coupes, ou lorsqu'ils n'ont pas réussi. On fait varier l'époque de l'ensemencement de ces fourrages supplémentaires de telle sorte que le moment de leur récolte arrive à l'instant le plus opportun. Il est cependant deux circonstances où leur culture doit entrer régulièrement, et d'une manière permanente, dans l'assolement. C'est lorsque la nature du sol s'oppose à l'introduction du trèfle ou de la luzerne, et, en second lieu, lorsqu'il devient nécessaire de faire alterner cette culture avec celle du trèfle sur le même terrain, afin d'empêcher le retour fréquent de ce dernier sur le même sol.

Vesces (fig. 588). — Les vesces constituent un très-bon fourrage soit vert, soit sec, mais qui convient mieux aux bêtes de travail et aux moutons qu'aux vaches laitières.

Fig. 588. *Vesce commune.*

Les soins à donner à cette plante, cultivée comme fourrage, ne diffèrent en rien de ceux que nous avons indiqués pour la production des semences. Nous ferons seulement observer que si les vesces, récoltées après la maturité de leurs semences, laissent la terre aussi fertile qu'elle l'était lors de l'ensemencement, celles qui sont récoltées avant ce moment améliorent le sol; cette augmentation de fertilité équivaut à la moitié environ de celle produite par le trèfle. Nous rappellerons également la convenance qu'il y a de mélanger avec les semences de cette plante, ainsi qu'avec celles des autres espèces qui vont suivre, une certaine quantité d'avoine ou de seigle. Les tiges de ces céréales servent de support à ces fourrages, et ceux-ci en acquièrent de la qualité. On remplace alors ordinairement un quart de la graine principale par celle que l'on veut lui associer.

Lorsque la vesce doit être consommée en vert, on la coupe dès qu'elle est en fleur; mais on retarde la récolte jusqu'au moment où les cosses commencent à se former, lorsqu'on veut transformer le produit en fourrage sec. Celui-ci se fane bien, mais lentement, surtout quand on l'enlève avec les gousses vertes. Les feuilles, et même la tige, sont déjà desséchées, que les gousses, pleines de graines vertes, retiennent encore beaucoup d'eau de végétation. Il ne faut rentrer et emmagasiner ce fourrage que lorsque les gousses sont parfaitement sèches. C'est surtout la vesce de printemps, dont la récolte se trouve très-reculée, qui fait éprouver le plus de difficultés pour la dessiccation. Il vaut mieux la couper un peu plus tôt ; on a plus de chances pour avoir du soleil et moins de gousses à sécher.

Le produit moyen des vesces est de 5,000 kilogr. de fourrage sec par hectare.

COMPTE DE CULTURE D'UN HECTARE DE VESCE D'HIVER CULTIVÉE APRÈS UNE CÉRÉALE DE PRINTEMPS.

DÉPENSE.

Les frais de culture sont les mêmes que pour la récolte des semences (t. I, p. 758).............................	203f 91

PRODUIT.

5,000 kil. de fourrage sec, à 63 fr. les 1,000 kil...........	315 »

BALANCE.

Produit..	315 »
Dépense..	203 91
Bénéfice net.............	111 09

Environ 55 pour 100 du capital employé.

Pois gris (fig. 589). — Les pois gris donnent un fourrage de meilleure qualité que les vesces, et ils conviennent à tous les bestiaux, soit en vert, soit en sec; mais le prix plus élevé des semences rend leur culture un peu plus coûteuse.

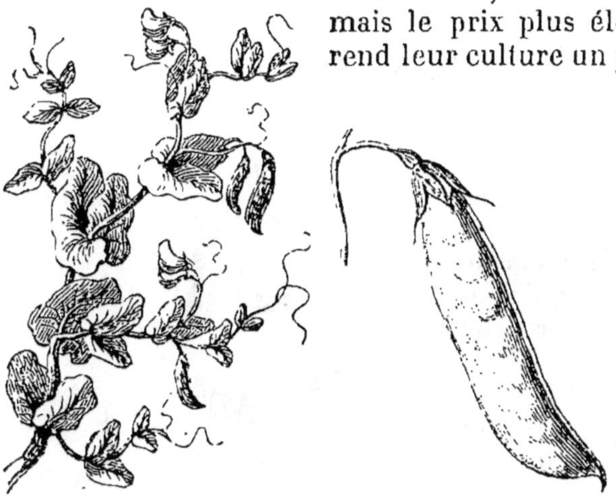

Fig. 589. *Pois des champs, ou pois gris.*

Nous n'avons rien à ajouter ici à ce que nous avons dit précédemment sur la culture de ces plantes pour la production des semences ; elles sont au moins aussi amélioran-tes pour le sol que les vesces coupées en fleur. On ré-colte les pois pour fourrage soit au moment de leur floraison, soit lorsque leurs cosses commencent à se former, selon qu'ils doivent être consommés en vert ou en sec. Dans le premier cas, on les coupe à 0m,20 du sol; ils repoussent bientôt si des pluies surviennent, et l'on peut, trois semaines après, ou les faire pâturer par les moutons, auxquels ce fourrage convient plus spécialement, ou les enterrer comme engrais.

A l'état sec, les fanes longues et dures, quoique très-nourrissantes, sont plus difficilement mangées par les moutons et les bêtes à cornes ; il serait bon de les hacher, ou de les battre, ou de les mouiller dès la veille pour les ramollir.

Le rendement moyen peut s'élever à 5,000 kilogr. de fourrage sec par hectare.

COMPTE DE CULTURE D'UN HECTARE DE POIS GRIS CULTIVÉS APRÈS UNE CÉRÉALE DE PRINTEMPS.

DÉPENSE.

Les frais de culture sont les mêmes que pour la récolte des semences (t. I, p. 757)	210f 21

PRODUIT.

5,000 kil. de fourrage sec, à 71 fr. 50 c. les 1,000 kil.	357f 50

BALANCE.

Produit	357f 50
Dépense	210 21
Bénéfice net	147f 29

Environ 70 pour 100 du capital employé.

Le *pois cultivé* (fig. 590), qui n'est admis dans la culture que pour la production de ses graines, exclusivement employées à la nourriture de l'homme, donne une paille qui, consommée en vert ou séchée promptement, forme un fourrage de qualité supérieure et qui convient aux chevaux presque autant que le foin. Cela s'explique par les analyses de M. Boussingault, qui a trouvé 1,95 pour 100 d'azote dans la paille de pois, tandis que le foin n'en contient que 1,50. Pour les bêtes à laine, cet aliment est si précieux, que, dans quelques fermes anglaises on en sème uniquement pour elles.

Fig. 590. *Pois cultivé.*

Gesses. — Plusieurs espèces de gesses donnent aussi de

très-bons fourrages, surtout pour les moutons ; telles sont les deux espèces suivantes :

La *gesse chiche, jarousse, jarosse, gessette, petit pois chiche* (*lathyrus cicera*) (fig. 591 à 593). Cette plante réussit sur les terres calcaires les plus pauvres, et supporte plus facilement les froids rigoureux que la vesce d'hiver. Son fourrage, substantiel, est très-échauffant, surtout lorsqu'on le récolte un peu tardivement. Sa graine est un aliment dangereux pour l'homme et pour le cheval.

La *gesse commune, lentille d'Espagne, pois carré, pois breton, pois de brebis, lentille suisse* (*lathyrus sativus*) (fig. 594). Cette es-

Fig. 591. *Gesse chiche.*

Fig. 592. *Fleur de la gesse chiche.*

Fig. 593. *Fruit de la gesse chiche.*

pèce, plus développée que la précédente, redoute moins la sécheresse que les vesces ; son fourrage passe aussi pour être moins échauffant. Comme ses tiges sont faibles, il est bon d'y joindre un peu d'avoine, de seigle ou quelques autres graminées à tiges un peu fermes, comme le *bromus pratensis*, le *dactylis glomerata*, qui végètent bien aussi dans les terrains un peu secs. On la coupe parfois pour la faire manger en vert à l'époque de la floraison, ou bien on attend que les premières gousses commencent à mûrir, si l'on veut la dessécher pour fourrage d'hiver.

Les soins que réclament ces plantes sont les mêmes que pour les vesces ; leur compte de culture est aussi le même.

Lentilles (fig. 595). — Le fourrage produit par les lentilles est moins abondant que celui des pois et des vesces ; mais il est tellement substantiel qu'on ne doit le donner aux bestiaux qu'en petite quantité. La graine répandue dans la proportion de 1^{hect},20 par hectare pour la *lentille commune*, de 1 hectol. pour la *lentille uniflore*, est semée à la volée. On les associe aussi

Fig. 594. *Gesse commune.*

Fig. 595. *Lentille commune.*

à une certaine quantité d'avoine ou de seigle qui soutiennent leurs tiges. Nous avons indiqué, en traitant de la production des semences de cette plante, les autres soins de culture qu'elle réclame.

PIED-D'OISEAU.

Le *pied-d'oiseau* ou *seradelle* (*ornithopus perpusillus*, L.) (fig. 596 à 600) croît spontanément en France dans tous les terrains secs et siliceux. C'est en Portugal que l'on a commencé à soumettre cette plante à la culture, et c'est depuis une douzaine d'années seulement que l'on a essayé de l'introduire dans nos exploitations. Sous l'influence de la culture, la tige de cette plante, qui, dans son état sauvage, ne dépasse guère 0^m,20 atteint de 0^m,40 à 0^m,90 de longueur. Cette tige, grêle et dépourvue de ces vrilles qui aident les vesces et les pois à se soutenir, a une tendance à se coucher sur le sol.

Le pied-d'oiseau s'accommode des divers climats de la France;

il réussit dans tous les terrains siliceux, mais surtout dans ceux qui sont profonds et un peu frais. Il est très-convenable, surtout dans le Midi, pour convertir les sols arides en bons pâturages.

Cette plante est annuelle et supporte sans souffrir le froid de nos hivers. On peut donc la semer à l'automne, de façon qu'elle puisse être consommée en été. Un léger labour, suivi d'un hersage, suffit pour préparer la terre. La graine, répandue à la volée, est assez recouverte par un seul roulage. La quantité de semence à employer pour un hectare paraît devoir être de 30 à 40 kilog.

Fig. 596. *Pied-d'oiseau.*

Fig. 597. *Tête de fleurs du pied-d'oiseau.*

Fig. 598. *Fleur grossie du pied-d'oiseau.*

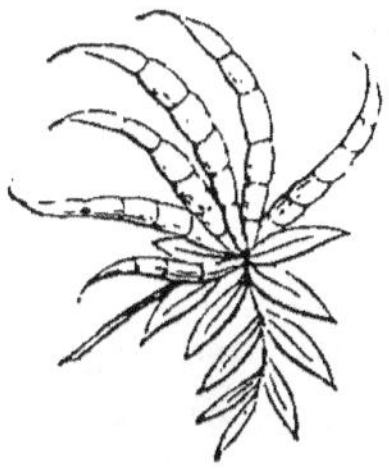

Fig. 599. *Groupe de fruits du pied-d'oiseau.*

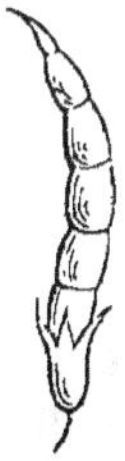

Fig. 600. *Fruit grossi du pied-d'oiseau.*

Les tiges du pied-d'oiseau ayant une tendance marquée à se coucher sur le sol, c'est principalement comme pâturage qu'on devra l'utiliser, et avec d'autant plus de raison qu'il repousse assez promptement sous la dent des animaux, surtout lorsque le sol conserve un peu de fraîcheur pendant l'été. On peut le mélanger aux graminées, qui ne l'empêchent pas de se développer.

Le rendement du pied-d'oiseau paraît équivaloir à la moitié de celui de la vesce.

Quant au compte de culture de cette plante, elle est introduite depuis trop peu de temps chez nous pour qu'on puisse l'établir d'une manière bien précise.

LUPINS.

Quelques lupins sont également employés comme fourrage. On les cultive aussi fréquemment, pour les enterrer sous forme d'engrais vert. Quelquefois encore, leurs graines servent à la nourriture des bestiaux, ou sont répandues dans la terre pour la fertiliser.

Espèces. — Ce sont principalement les deux espèces suivantes qui sont cultivées.

Lupin blanc, pois-loup, fève de loup (*lupinus albus*, L.) (fig. 601 à 603).—Cette espèce, annuelle, se distingue par ses fleurs blanches, ses feuilles et ses tiges velues. Ces dernières sont rameuses et s'élèvent parfois à plus d'un mètre. Le lupin blanc paraît être originaire de la Perse; le voyageur Olivier l'y a rencontré à l'état sauvage. Sa culture remonte à une haute antiquité.

Lupin à feuilles étroites, lupin à café (*lupinus angustifolius*, L.) (fig. 604 à 607). Cette espèce, qui croît spontanément dans les sols légers du Centre de la France, est cultivée notamment aux environs de Bordeaux.

Une troisième espèce, le *lupin jaune*, est adoptée depuis quelques années en Allemagne de préférence aux deux précédentes.

Climat et sol. — Originaires de contrées chaudes ou tempérées, les espèces dont nous venons de parler ne végètent vigoureusement et ne nourrissent bien leurs fruits que dans le Centre et surtout dans le Midi de la France. Elles préfèrent les terrains légers et siliceux, mais elles se développent convenablement, même dans ceux qui sont les plus secs et les plus arides, dans les graviers, les sables ferrugineux. Elles ne redoutent que les sols très-calcaires, les argiles compactes et les terrains aquatiques. Les lupins, contrairement à la plupart des autres fourrages légumineux, peuvent être semés fréquemment sur le même terrain.

Semaille. — Après un labour suivi d'un hersage, on sème à la volée, dans la proportion de 80 kilog. par hectare, si le produit doit être enterré ou servir au pâturage, et à raison de 60 kilogr. seulement, si la récolte est destinée à porter graines. Cette semence demande à être peu enterrée.

L'époque de l'ensemencement varie suivant le climat. Dans le Midi, on sème à l'automne ; dans le Centre, on attend le mois d'avril, parce que les froids de l'hiver détruiraient les jeunes plantes. Dans quelques cantons des Pyrénées-Orientales, on associe le trèfle incarnat au lupin. Ces deux plantes, fleuries,

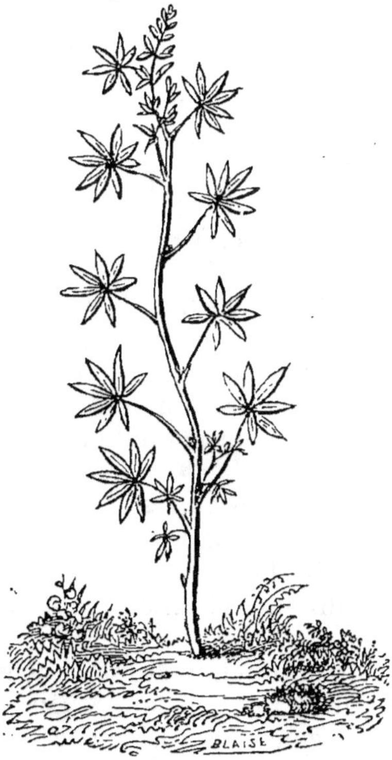

Fig. 601. *Lupin blanc.*

Fig. 604. *Lupin à feuilles étroites.*

Fig. 602. *Fleur du lupin blanc.*

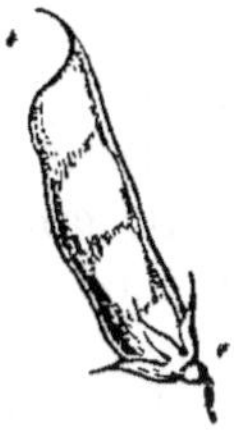

Fig. 603. *Fruit du lupin blanc.*

Fig. 605. *Feuille du lupin à feuilles étroites.*

Fig. 606. *Fleur du lupin à feuilles étroites.*

Fig. 607. *Fruit du lupin à feuilles étroites.*

offrent un champ d'un admirable effet, et produisent un excellent fourrage.

Récolte. — *Emploi des produits.* — Les lupins, cultivés pour pâturage, sont livrés à la consommation aussitôt que les premières fleurs commencent à paraître; plus tard ils deviendraient trop ligneux.

Frais, ce pâturage convient aux moutons; sec, il est repoussé par tous les bestiaux.

Si les lupins sont destinés à servir d'engrais vert, on attend qu'ils soient en pleine fleur, ce qui a lieu du milieu à la fin de juin. On emploie, pour les enterrer, les deux procédés suivants. Par le premier on fait arracher le lupin, puis des femmes qui suivent la charrue le couchent dans la raie, à mesure que la charrue avance. Ce mode ne laisse rien à désirer; mais il est assez coûteux; il est préférable d'employer le suivant, qui consiste à faire traîner à la surface du champ, par un attelage, une pièce de bois assez lourde, tirée transversalement de façon à courber sur le sol les tiges de lupins. On pratique ensuite un labour dont les raies suivent la direction dans laquelle les tiges ont été couchées.

Les lupins sont doués, plus encore que les autres plantes légumineuses, de la faculté d'absorber dans l'atmosphère la plus grande partie de leurs principes nutritifs. Comme ils offrent, en outre, une masse considérable de feuilles, ils forment l'engrais vert le plus puissant.

Lorsque les lupins sont destinés à la production des semences, on attend, pour faire la récolte, que la tige soit jaune. On les coupe à la faucille, puis, dès que les gousses sont bien sèches, on prépare, de place en place sur le champ, de petites aires sur lesquelles on opère le battage au moyen du fléau. La graine est ensuite vannée et criblée. Quant aux débris des tiges, on les répand sur le champ et on les brûle.

Avant de donner la graine de lupin aux bestiaux, on la débarrasse d'une partie de son amertume en la faisant macérer dans de l'eau, plusieurs fois renouvelée. Si, au contraire, on veut l'employer pour fertiliser la terre, on lui fait perdre sa faculté germinative en la chauffant dans un four. Cet engrais est l'un des plus puissants. Dans le Midi, on l'emploie particulièrement pour les arbres fruitiers.

AJONC.

L'*ajonc*, connu aussi sous les noms de *jonc marin*, de *genêt épineux*, de *lande* ou *landier*, de *vigneau* (*ulex europæus*, L.) (fig. 608 à 610), est un arbrisseau épineux qui atteint souvent 2 mètres d'élévation et qui croît spontanément sur toute l'étendue de notre territoire dans les lieux secs et stériles. Ses jeunes pousses sont un excellent fourrage vert pour tous les bestiaux.

L'ajonc vit longtemps, donne plusieurs coupes abondantes chaque année, exige peu de dépenses pour sa culture, améliore le sol et s'accommode de terres médiocres, qui ne pourraient produire ni trèfle ni luzerne. C'est surtout en Bretagne que l'on en fait usage comme plante fourragère.

Climat et sol. — L'ajonc s'accommode de tous les climats de la France; mais c'est particulièrement dans les départements de l'Ouest qu'il se développe vigoureusement. Les terrains qu'il préfère sont les argiles sableuses, profondes; il végète aussi convenablement dans les terrains siliceux, pourvu qu'ils soient un peu frais. Il refuse absolument les sols calcaires.

Fig. 608. *Ajonc.*

Fig. 609. *Fleur de l'ajonc.*

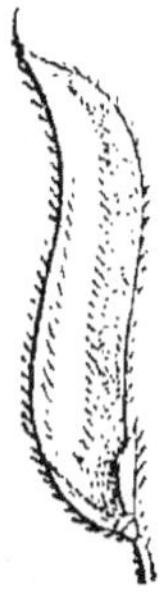

Fig. 610. *Fruit de l'ajonc.*

Culture. — La culture de l'ajonc est des plus simples. On répand la semence, au printemps, dans une céréale d'été ou d'hiver, et on la recouvre par un hersage. Il en faut environ 15 kilog. par hectare. Lorsque la céréale est récoltée, on éloigne avec soin du champ toute espèce de bétail.

Récolte et emploi du produit. — A l'entrée du deuxième hiver qui suit l'ensemencement, on obtient une première coupe. On peut ensuite faucher tous les ans; mais il est préférable de ne le faire que tous les deux ans. Les plantes sont alors plus vigoureuses et présentent une plus longue durée. Dans le Nord, on retarde cette coupe jusques après l'hiver, dans la crainte que les souches, mises à nu, ne souffrent de l'intensité du froid, surtout lorsqu'elles ne sont pas couvertes de neige. Cette récolte est faite au moyen de la faux ou de la faucille.

L'emploi de l'ajonc, comme fourrage, présente toutefois une difficulté ; les jeunes rameaux sont pourvus de piquants assez durs qui en éloignent les bestiaux, et il faut les écraser pour abattre ces piquants. Or, il faut bien se garder de les broyer complétement, car il en résulterait une fermentation très-prompte qui rendrait cette nourriture insupportable aux bêtes. Pour remplir cette condition, on coupe d'abord les rameaux par fragments de $0^m,08$ à $0^m,12$ de longueur, puis on les écrase avec un maillet de bois. Dans les localités où l'on possède une meule à presser les pommes, celle-ci remplace avantageusement l'action du maillet. Cette nourriture paraît équivaloir à la moitié d'un même poids de bon foin.

Rendement. — Le rendement de l'ajonc s'élève en moyenne à 20,000 kilogr. de fourrage vert par hectare. Sa durée est presque indéfinie dans les terrains qui lui conviennent bien, et il donne de bons produits pendant sept ans environ sur les sols les plus arides. Il a, comme toutes les plantes légumineuses, la propriété d'améliorer le sol qui l'a nourri pendant quelques années, et il étouffe les plantes nuisibles.

On sait d'ailleurs que les tiges de l'ajonc, coupées tous les trois ou quatre ans, constituent un excellent combustible pour le chauffage des fours, et qu'on peut en former de très-bonnes haies.

COMPTE DE CULTURE, POUR UNE ANNÉE, D'UN HECTARE D'AJONC SEMÉ DANS DE L'AVOINE ET SUPPOSÉ DEVOIR DURER VINGT ANS.

DÉPENSE.

La moitié des frais de préparation du sol au compte de l'avoine	25f 60
Semence, 15 kil., à 1 fr. 50 c. le kil.	22 50
Répandre la semence	1 »
Un hersage	2 60
Intérêt pendant un an des frais ci-dessus	2 58
	54f 28
Le 20e de cette dépense à la charge de chaque récolte annuelle	2f 71
144 journées d'hommes pour couper dans les champs et préparer la récolte, à 1 fr. 50 c. la journée	216 »
Loyer de la terre	70 »
Frais généraux d'exploitation	20 »
Intérêt pendant un an des frais ci-dessus	15 45
Total	324f 16

PRODUIT.

20,000 kil. de fourrage équivalant à 10 000 kil. de bon foin à 71 fr. 50 c. les 1,000 kil.	715f »

BALANCE.

Produit	715f »
Dépense	324 16
Bénéfice net	390f 84

Environ 120 pour 100 du capital employé.

M. Trochu, de Belle-Isle-en-Mer, a obtenu tout récemment une variété herbacée d'ajonc complétement inerme ou sans épines. Tous les bestiaux la mangent comme du trèfle, sans nul apprêt ni préparation ; elle forme touffe, au lieu de s'élever par des jets longs qui deviennent promptement ligneux, ainsi que cela se présente sur l'espèce commune. Malheureusement, jusqu'ici on n'a pu reproduire cette variété au moyen des semences; le procédé de bouturage réussirait mieux sans doute ; ce serait une conquête désirable, car une variété d'ajonc herbacée deviendrait, en raison de ses qualités précieuses pour la nourriture des animaux, au moins égale, sinon supérieure à la luzerne, puisque ce serait en quelque sorte la luzerne des mauvaises terres.

MÉLANGES DE PLANTES LÉGUMINEUSES.

Les diverses espèces de plantes légumineuses que nous venons d'étudier sont le plus souvent cultivées isolément ; mais parfois, aussi, on associe plusieurs d'entre elles. Nous allons jeter un coup d'œil sur les avantages de ces mélanges, en examinant séparément les espèces vivaces et les espèces annuelles.

Espèces vivaces. — Le mélange de plusieurs sortes de plantes fourragères vivaces sur le même terrain, ne peut être tenté avec succès qu'autant que celui-ci convient à peu près également aux espèces qu'on veut associer. Ceci posé, voici les divers mélanges qui sont quelquefois employés.

Sainfoin et trèfle rouge. — Cette culture présente l'avantage sur le sainfoin resté seul, que, dès la seconde année, on obtient, au moyen du trèfle, le maximum du produit que peut donner la prairie. Mais il y a un inconvénient, c'est que le trefle, disparaissant au bout de trois ou quatre ans, laisse entre les pieds de sainfoin des vides nombreux qui diminuent notablement le produit, et qui sont bientôt remplacés par des herbes nuisibles. Ce mélange ne présente donc quelque avantage qu'autant que le sainfoin est placé dans un terrain qui ne lui permet pas de vivre plus de trois ou quatre ans. Dans ce cas, on ajoute à la quantité de graines indiquée plus haut, pour un hectare, environ 6 kilog. de trèfle.

Luzerne et trèfle rouge. — Ce mode offre les mêmes avantages et les mêmes inconvénients, lorsque la luzerne doit vivre plus longtemps que le trèfle. Car ce dernier, plus vigoureux que la luzerne à son début, en étouffe une partie, et laisse de grandes places vides lorsqu'il vient à disparaître. On ne doit donc user de cette association que pour les luzernes d'une très-courte durée.

Luzerne et sainfoin. — Ce mélange devra être préféré au précédent lorsque la luzerne n'aura qu'une courte durée, parce que le sainfoin pourra persister pendant ce laps de temps.

Luzerne, sainfoin et trèfle rouge. — Ce mélange peut être employé dans les mêmes circonstances que le précédent.

Trèfle blanc et lupuline. — Nous n'ajouterons rien à ce que nous avons dit de ce mélange que nous avons apprécié en parlant de la lupuline.

Espèces annuelles. — L'association de ces diverses espèces ne présente pas l'inconvénient des précédentes, puisqu'elles sont toutes annuelles. Il résulte même pour la plupart : 1° que le fourrage est de meilleure qualité et plus recherché par les bestiaux ; 2° que l'on obtient ainsi une masse de fourrage plus considérable que si les diverses espèces étaient semées isolément; 3° que le produit est plus assuré contre les intempéries.

C'est donc avec raison que l'on associe les *pois*, les *vesces*, les *gesses* et les *lentilles*, soit toutes ensemble, soit seulement deux à deux, suivant la nature du terrain. Parfois aussi, et c'est un usage que l'on ne saurait trop recommander lorsque le sol le permet, on mélange à ces diverses espèces une certaine quantité de *féveroles*. Cette dernière plante, outre qu'elle fournit un très-bon fourrage, concourt, avec l'avoine ou le seigle, que nous avons recommandé d'y joindre, à soutenir les tiges et à les empêcher de ramper sur le sol, où elles perdraient une partie de leurs qualités. On donne les noms de *dragée*, de *dravière*, d'*hivernage* et, par corruption, d'*hivernache*, à ces associations de plantes fourragères annuelles.

Quelle que soit la composition des divers mélanges dont nous venons de parler, l'ensemencement doit être fait de telle sorte qu'on commence par répandre et enterrer d'abord les graines les plus grosses, et successivement, jusqu'aux plus petites, qui doivent être les plus rapprochées de la surface du sol.

Deuxième groupe. — Plantes non légumineuses.

Les diverses espèces qui forment ce groupe, puisent dans le sol la plus grande partie de leurs éléments nutritifs. Aussi n'augmentent-elles pas, comme les espèces du groupe précédent, la fertilité de la terre par leurs débris. Les unes sont de véritables *récoltes épuisantes*, les autres laissent le sol tel qu'il était avant leur culture.

Si l'on a adopté ces fourrages, malgré leur action plus ou moins épuisante, c'est : 1° parce qu'ils donnent leurs produits, soit depuis l'automne jusqu'à la fin de l'hiver, soit au printemps de très-bonne heure, mais toujours au moment où l'on est privé d'autres fourrages verts ; 2° parce que leur propriété d'enfoncer leurs racines beaucoup moins profondément que les trèfles, les luzernes et les sainfoins, leur permet d'occuper utilement le sol en attendant que les couches inférieures aient repris les éléments de fertilité dont la végétation des légumineuses les avait privées; 3° enfin parce que plusieurs de ces fourrages donnent d'excellents produits là où les plantes légumineuses n'offrent qu'une végétation chétive. Les principales espèces de ce groupe, fournies en grande partie par les crucifères et les graminées, sont les suivantes :

CHOU CULTIVÉ.

Le *chou cultivé* (*brassica oleracea*, L.) n'a commencé à être employé comme plante fourragère, qu'au commencement du siècle dernier. Sa culture s'est établie d'abord dans le nord de l'Europe. Elle s'est progressivement étendue dans toute l'Allemagne, en Hollande, dans le nord et dans l'ouest de la France, puis en Angleterre. Cette plante fournit un excellent fourrage vert pour les vaches laitières, et même pour les animaux à l'engrais ; un bœuf en peut consommer 100 kilogr. par jour. Les cochons s'en accommodent aussi très-bien. Ce fourrage bisannuel est d'autant plus précieux, qu'il est produit depuis l'automne jusqu'au commencement du printemps, laps de temps pendant lequel il est toujours difficile de se procurer de la nourriture verte. Les choux offrent cet autre avantage, que leur culture exige de nombreux binages qui nettoient le sol et lui donnent une bonne préparation pour les récoltes suivantes.

On a cependant reproché aux choux de donner au lait et à la chair des animaux une saveur désagréable ; mais cet inconvénient ne paraît se produire que lorsque les choux sont en état de décomposition.

Variétés. — Les deux variétés suivantes sont employées comme fourrage.

1° Le *chou feuillu* ou *chou vert*. — Sa tige, simple ou ramifiée, est dépourvue de pomme; elle s'élève de 1m,30 à 2 mètres et plus, et se garnit de feuilles dans toute son étendue. Cette variété a donné lieu à un certain nombre de sous-variétés parmi lesquelles on distingue les suivantes :

Chou cavalier, grand chou à vaches, grand chou vert, chou-chèvre, chou en arbre (fig. 611). Tige dépassant souvent 2 mètres de hauteur, garnie de feuilles amples; peu sensible au froid.

Fig. 611. *Chou cavalier.*

Chou caulet de Flandre. — Ne diffère du précédent que par la couleur rouge des nervures des feuilles.

Chou moellier. — Tige de 1m,60, renflée et succulente dans la partie supérieure, ce qui la rend propre à être consommée par les bestiaux; assez sensible à la gelée.

Chou branchu du Poitou, chou à mille têtes (fig. 612). — Tige de 1m,60, donnant naissance à des ramifications qui sortent des aisselles de chaque feuille et forment une sorte de buisson.

Chou frisé vert du Nord. — Tige de 1m,30, garnie de feuilles ondulées; fourrage moins abondant que les précédents; mais supportant les hivers les plus rudes.

Chou frisé rouge du Nord. — Ne différant du précédent que par sa couleur; peut-être encore plus rustique.

Chou pommé, chou cabus. — Cette variété s'éloigne de la précédente par ses tiges beaucoup moins hautes, par ses feuilles plus larges et réunies en forme de pomme arrondie, déprimée ou conique. Elle a donné lieu aussi à un grand nombre de sous-variétés, parmi lesquelles la suivante est la plus cultivée pour la nourriture des bestiaux.

Fig. 612. *Chou branchu du Poitou.*

Chou quintal, chou d'Allemagne, chou d'Alsace (fig. 613). — Pomme blanche, aplatie, atteignant souvent un volume considérable. On en distingue aussi une variété *rouge*. Ces deux plantes servent également à la nourriture de l'homme sous forme de *choucroute*.

Composition chimique. — Les feuilles de chou contiennent :

Eau	92,3
Matières sèches consistant en résine, matière extractive, gomme, albumine, chlorophylle, acide acétique, sulfate et azotate de potasse, chlorure de potassium, malate et phosphate de chaux, phosphates de magnésie, de fer et de manganèse	7,7
	100,0

Dans l'état normal, elles renferment 0,20 pour 100 d'azote, et à l'état sec 3,70.

D'après Muller, les cendres qu'elles fournissent sont composées ainsi qu'il suit, sur 100 parties :

Potasse	21,34
Soude	5,36
Chaux	14,63
Magnésie	11,86
Oxyde ferrique	2,84
Acide phosphorique	41,88
— sulfurique	0,77
Silice	1,32
	100,00

C'est une plante très-riche, comme on le voit, en acide phosphorique et en alcalis solubles.

Climat et sol. — Le chou cultivé, qui croît spontanément sur

Fig. 613. *Chou quintal.*

les côtes maritimes des parties tempérées de l'Europe, aime un climat humide, un ciel brumeux ; il redoute les froids très-rigoureux de l'hiver et les chaleurs brûlantes de l'été. Aussi le climat de l'Ouest de la France lui est-il particulièrement favorable. Dans le Midi, on ne peut obtenir ce fourrage qu'au moyen de l'irrigation.

Les choux aiment des terres argileuses, profondes, substantielles, douces, fraîches sans être très-humides. Les prairies basses défrichées, les marais et les étangs desséchés lui conviennent très-bien. Il donne aussi des produits passables dans les argiles compactes, humides, mais seulement sous un climat chaud, autrement il pourrit. Les sols légers ne lui conviennent qu'autant qu'ils sont placés sous un ciel brumeux et humide.

Place dans la rotation. — Les choux exigent un sol profondément ameubli et très-copieusement fumé ; ils doivent recevoir, pendant leur végétation, des binages et des buttages. Leur place est donc au début de l'assolement. On leur fait succéder les céréales de printemps. Du reste, ils peuvent très-bien se succéder à eux-mêmes, et, dans les localités où ils sont le plus cultivés, on les fait revenir, sans inconvénient, tous les deux ou trois ans à la même place.

Culture. — Préparation du sol. — On donne ordinairement à la terre trois labours. Le premier, profond de $0^m,30$ environ, avant l'hiver; le second, moins profond, douze ou quinze jours avant la plantation, et suivi de hersages et de roulages qui pulvérisent la surface ; le troisième, au moment même de la plantation.

Engrais et amendements. — Ce que nous avons dit à cet égard, en parlant des raves (p. 111), s'applique également aux choux. Ajoutons seulement que ceux-ci exigent une fumure très-abondante. D'après M. de Gasparin, ils puiseraient dans le sol l'équivalent de 94 kilogr. de fumier, pour 100 kilogr. de tiges et de feuilles vertes récoltées. Or, le produit moyen pouvant s'élever à 40,000 kilogr. de tiges et feuilles, cette récolte absorberait dans le sol l'équivalent de 37,600 kilogr. de fumier.

La fumure destinée aux choux doit être, autant que possible, appliquée en deux fois. La première moitié, soit avant le labour qui précède l'hiver, soit avant le premier labour du printemps ; la seconde moitié, au moment du troisième labour. Les engrais sont ainsi mieux répartis dans toute l'épaisseur de la couche cultivée. Si, cependant, on ne pouvait les répandre qu'en une seule fois, il faudrait attendre le dernier labour. Les choux aiment à rencontrer une fumure récente.

De tous les engrais, c'est celui des moutons qu'on préfère généralement. Les boues de ville, le noir des raffineries, les cendres mêlées aux fumiers frais conviennent aussi très-bien. Dans les pays de montagnes, où l'écobuage est en pratique, comme dans la forêt Noire wurtembergeoise, la Styrie, etc., on pèle les pâturages communaux, on brûle les gazons, et après avoir fumé, on plante des choux, qui réussissent parfaitement bien quand on a fumé, et assez bien quand on n'a pas donné de fumure.

Pépinière. — Les choux sont cultivés par semis en pépinière et repiquage. Le choix d'un emplacement et la préparation du sol sont les mêmes que pour la pépinière de chou-navet. Voici maintenant les soins qu'ils y réclament.

Choix des semences. — Pour être bien certain de la qualité de ses semences, le cultivateur doit les récolter lui-même. A cet effet, s'il s'agit de choux pommés, il choisit, à l'approche des gelées, les plus beaux pieds, les dépose d'abord dans un lieu sec, puis les met ensuite dans une cave où il les range debout, les uns contre les autres. Dès que les fortes gelées sont passées, il repique ces choux dans un carré du jardin, dont le sol a été bien préparé et fumé avant l'hiver, et d'où il a exclu avec soin les autres plantes crucifères, car elles s'entre-féconderaient avec une très-grande facilité, et les graines ne produiraient que des individus dégénérés. C'est vers le commencement d'août que la graine mûrit. Dès que la plus grande partie des siliques commence à blanchir, on coupe les tiges, puis on les suspend pendant quelque temps dans une pièce sèche et aérée; après quoi, on sépare la graine par le frottement. Cette graine, renfermée dans des sacs, peut se conserver pendant cinq et six ans.

Si l'on récolte plus de graines qu'on n'en doit employer, on réserve pour ses semis celles du rameau central. Elles sont mieux nourries, et donnent toujours naissance à de plus belles plantes.

La graine des choux non pommés est recueillie avec les mêmes soins, à cela près qu'on transplante les porte-graines dans le jardin, dès le mois de décembre.

Le mode d'ensemencement et les soins que réclament les jeunes plants, jusqu'au moment du repiquage, sont les mêmes que pour le chou-navet (p. 128). On sème à raison de 258 grammes par hectare.

Repiquage et culture d'entretien. — Nous renvoyons également à l'article du chou-navet pour les soins que réclame le repiquage des choux, ainsi que pour les cultures d'entretien qu'ils doivent recevoir pendant leur végétation. Nous dirons seulement que ce repiquage doit être fait derrière la charrue qui donne le troisième labour, afin que la surface du sol soit bien fraîche. Quant à la distance à réserver entre chaque plant, elle varie suivant le degré de fertilité du sol et le développement habituel des variétés que l'on cultive. Pour les variétés les plus vigoureuses, ou pour les sols les plus fertiles, on plante à 1 mètre de distance. Dans les conditions les moins favorables, on se contente de $0^{m},70$. Dans l'un et l'autre cas, les plants sont disposés en quinconce.

Récolte. — Les procédés de récolte des choux feuillus étant différents de ceux des choux pommés, nous allons les examiner séparément.

La récolte des choux feuillus commence lorsque les feuilles inférieures prennent une teinte jaunâtre, ce qui a lieu, dans l'Ouest de la France, vers le mois d'octobre. Dès que ces signes de maturité se manifestent, on enlève les feuilles inférieures qui ont acquis tout leur développement, en ayant soin de détacher complétement le pétiole. On parcourt ainsi successivement toutes les parties du champ, avant de revenir aux plants déjà cueillis, et l'on enlève, chaque jour, la quantité de feuilles nécessaires à la consommation. On continue pendant tout l'hiver, sans autre interruption que celle produite par les gelées. Enfin, au mois de mars, on coupe la tige ras de terre, et on la distribue aux animaux en la fendant en trois ou quatre. On a remarqué que les tiges nourrissent beaucoup mieux que les feuilles; aussi les destine-t-on à compléter l'engraissement des animaux. Parfois on commence à couper ces tiges dès la fin de décembre; mais il faut bien calculer, pour ne pas en être privé avant la fin du printemps.

La récolte des choux pommés doit être faite le plus tard possible, et seulement avant les gelées, car celles-ci pourraient les endommager. Toutefois, on n'attend pas ce moment pour les pommes qui se fendent et se déchirent, et qui ne tarderaient pas à pourrir si l'on ne les enlevait pas. Dans l'Ouest, cette récolte peut commencer en octobre, et doit être terminée à la fin de novembre.

La conservation des choux pommés pour la nourriture d'hiver des animaux n'est pas sans difficulté, car il faut les abriter des grands froids, tout en les empêchant de pourrir. Voici les divers procédés employés :

1° On ouvre, dans un terrain sec, une fosse de $0^m,85$ de largeur sur $0^m,60$ de profondeur et d'une longueur variable en raison de la quantité de choux à conserver. On y plante les choux les uns près des autres, après en avoir enlevé les feuilles extérieures. Quand les gelées arrivent, on couvre la fosse de petites gaules qui supportent une couche de paille et de feuilles.

2° On ouvre une fosse dans le champ même, on y place les choux la tête en bas et la racine en l'air, et on les recouvre de $0^m,08$ à $0^m,12$ de paille ou de feuilles sèches. Lorsqu'il gèle, on augmente un peu la couverture.

3° Dans quelques contrées de l'Allemagne, les choux sont transformés en choucroute, comme on le fait pour l'alimentation de l'homme. On coupe grossièrement les choux, on les entasse dans des tonnes, ou même dans des fosses imperméables, par couches qu'on dame fortement, et entre lesquelles on répand une certaine quantité de sel ou seulement de cendre, puis on couvre de planches chargées de pierres pesantes. Pourvu qu'on ait soin de maintenir toujours la couverture immergée de saumure, les choux se conservent pendant tout l'hiver, et, malgré leur odeur peu agréable, les bestiaux les mangent avec avidité, mélangés aux fourrages hachés.

Rendement. — Le rendement des choux est considérable ; il s'élève, en moyenne, à 45,000 kilogr. de feuilles et tiges par hectare pour les choux pommés, et à 35,000 kilogr. pour les choux feuillus, ou, en moyenne, à 40,000 kilogr. pour les deux variétés. Cette masse de fourrage vert paraît équivaloir à 16,000 kilogrammes de foin, si on l'emploie pour l'engraissement ou la production du lait, et seulement à 9,200 kilogrammes de foin si l'on en nourrit les animaux de travail.

COMPTE DE CULTURE D'UN HECTARE DE CHOUX PLACÉS AU DÉBUT DE LA ROTATION DES RÉCOLTES.

DÉPENSE.

Un labour avant l'hiver, à 0m,30 de profondeur	80f	»
Un labour ordinaire au commencement de mai	22	»
Deux hersages, à 2 fr. 60 c. l'un	5	20
Deux roulages à 2 fr. l'un	4	»
Dix ares de pépinières, comme pour les choux-navets (p. 131).	51	56
Rayonnage du sol pour le repiquage	2	60
Repiquage au plantoir	40	»
Noir animal, 4 hectol. à 10 fr. l'un	40	»
Deux binages à la houe à cheval, en long, à 5 fr. l'un	10	»
Deux binages en travers	10	»
Deux buttages avec le buttoir, à 5 fr. l'un	10	»
Récolte des feuilles et des tiges	40	»
Transport	25	»
50,000 kil. de fumier, à 10 fr. les 1,000 kil., y compris les frais de transport et d'épandage, 500 fr. ; les trois quarts de cette somme à la charge des choux	375	»
Intérêt pendant un an, à 5 pour 100, du prix de la fumure non absorbée	6	25
Loyer de la terre	70	»
Frais généraux d'exploitation	20	»
Intérêt pendant un an, à 5 pour 100, des frais ci-dessus	40	08
Total	851f	69

PRODUIT.

40,000 kil. de tiges et feuilles équivalant à 16,000 kil. de foin sec, à 71 fr. 50 c. les 1,000 kil.	1,144f	»

BALANCE.

Produit	1,144f »
Dépense	851 69
Bénéfice net	292f 79

Environ 30 pour 100 du capital employé.

COLZA, NAVETTES D'HIVER ET D'ÉTÉ, CHOU DE CHINE.

Le *colza* (*brassica campestris oleifera*, DC.), (fig. 614 à 616), la *navette d'hiver* (*brassica napus oleifera*, DC), et la *navette d'été* (*brassica præcox*, DC.) sont trois espèces de choux qu'on emploie à des usages différents dans la grande culture : soit qu'on les sème pour les enterrer ensuite comme engrais vert, soit qu'on les cultive comme fourrage, soit enfin qu'on les exploite comme plantes oléifères. Nous avons précédemment examiné leur emploi comme engrais vert (t. I, p. 539) ; nous allons les étudier maintenant comme fourrage, et nous décrirons plus loin leur culture comme plantes oléagineuses.

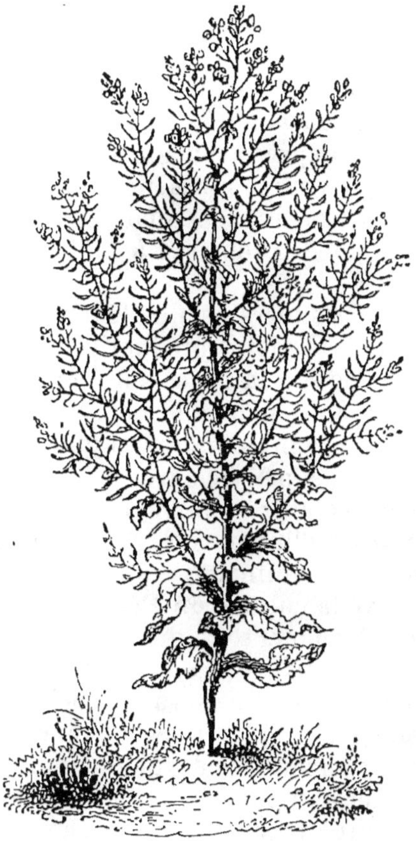

Fig. 614. *Colza.*

Fig. 615. *Fruit du colza.*

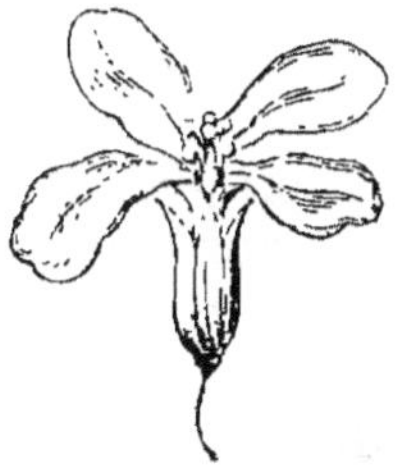

Fig. 616. *Fleur du colza.*

Ces trois espèces de choux fournissent un fourrage très-recherché par les bestiaux, qui convient surtout aux vaches laitières, aux bêtes à laine, et plus particulièrement encore aux brebis nourrices et à leurs agneaux. Ce fourrage est d'autant plus précieux qu'il fournit une nourriture verte à la fin de l'automne, en hiver, et au commencement du printemps avant l'apparition des fourrages nouveaux.

C'est le plus souvent comme récolte intercalaire, avant une récolte principale, qu'on cultive ces plantes. Ainsi, à la fin de l'été, aussitôt après la récolte d'une céréale, on enterre les chaumes par un labour, on herse, puis on répand la semence à la volée et on la recouvre par un léger hersage. Dès la fin de l'automne, si l'ensemencement a été fait de bonne heure, on peut commencer ce fourrage, et l'on continue pendant tout l'hiver jusqu'au printemps, au moment où les plantes commencent à fleurir. Ce fourrage peut être pâturé sur place, ou fauché et consommé à l'étable. Comme les plantes repoussent après avoir été pâturées une première fois, on peut en obtenir plusieurs coupes successives.

Le colza est la plus productive de ces trois espèces, mais il exige une terre plus riche et plus substantielle. On répand 4 à 5 kilogr. de graines par hectare.

La navette d'hiver est réservée pour les terrains plus légers et moins riches. Quant à la navette d'été, la moins productive des trois, elle est cependant préférée, parfois, à la précédente pour la plus grande précocité de son fourrage ; mais elle ne réussit que dans les contrées à hivers doux. On emploie, pour l'une et pour l'autre, 10 à 12 kilogr. de semences par hectare.

Quelquefois on associe à ces plantes d'autres fourrages précoces, tels que le trèfle incarnat, la vesce d'hiver, etc. ; il en résulte une excellente nourriture pour les animaux.

Depuis quelques années, on a essayé la culture du *Pé-tsaie*, ou *chou de Chine* (*brassica sinensis*), dont les fanes sont, dit-on, excellentes, soit pour la nourriture des bestiaux, soit comme engrais vert. Ce qui le recommande principalement, c'est sa précocité ; les semis faits en mars sont en fleur à la fin d'avril. Semé en octobre, il offre, dès le 15 mars, plus de 1 mètre de développement et entre en floraison à la fin du même mois, tandis qu'à cette époque la navette et le colza montrent à peine leurs bourgeons. C'est donc un des fourrages les plus hâtifs et les plus succulents ; mais il ne réussit pas toujours aux derniers froids de l'hiver.

MOUTARDE BLANCHE.

La *moutarde blanche*, appelée aussi *moutardin*, *herbe au beurre* (*sinapis alba*, L.), (fig. 617 à 619), jouit également de la triple propriété de pouvoir être cultivée comme engrais vert, comme four-

Fig. 617. *Moutarde blanche.*

Fig. 620. *Pastel.*

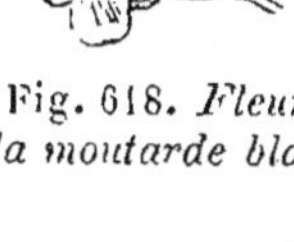

Fig. 618. *Fleur de la moutarde blanche.*

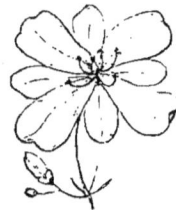

Fig. 619. *Fruit de la moutarde blanche.*

Fig. 621. *Fleur du pastel.*

Fig. 622. *Fruit du pastel.*

rage et comme plante oléagineuse; mais c'est surtout sous le second de ces états qu'elle offre quelque importance.

Semée comme récolte intercalaire à diverses époques de l'année, depuis février jusqu'en septembre, elle fournit un fourrage vert d'assez bonne qualité et qui convient surtout aux vaches laitières, auxquelles on peut le faire pâturer jusqu'à la fin de décembre.

L'ensemencement de cette plante est fait comme celui des navettes ; on emploie la même quantité de semences.

PASTEL.

Le *pastel* (*isatis tinctoria*, L.), (fig. 620 à 622), dont nous nous occuperons plus en détail à l'article des plantes tinctoriales, est une plante bisannuelle qui, en raison de sa grande rusticité et surtout de sa précocité, est utilisée comme fourrage printanier. Les moutons le mangent volontiers; les bœufs le repoussent d'abord, mais ils s'y habituent bientôt.

Le pastel, cultivé comme fourrage, peut être semé sur des terres médiocres, pourvu qu'elles soient bien égouttées et qu'elles offrent, dans leur composition, une notable proportion de calcaire. On sème à la volée, au printemps ou à la fin de l'été, sur un sol bien préparé; la quantité de semence est de 10 à 12 kilog. par hectare. Si l'ensemencement a été fait au printemps, le pâturage pourra commencer à l'automne, et se continuer jusqu'à la fin du printemps suivant. Si l'on n'a semé qu'à l'automne, on ne fera consommer ce fourrage qu'au printemps.

SPERGULE.

La *spergule des champs*, *spergoutte*, *spargarette*, *espargoutte*, *sporée* (*spergula arvensis*, L.), (fig. 623 à 625), croît spontanément sur tous les terrains siliceux du Nord et des parties tempérées de l'Europe. Cette plante annuelle est cultivée, depuis longtemps déjà, comme fourrage dans plusieurs parties des Pays-Bas et de l'Allemagne. Essayée en France depuis quelques années, elle semble devoir être admise dans certaines localités qui lui sont propres. Elle donne un fourrage qui, vert ou sec, est d'excellente qualité pour les vaches laitières; il passe pour améliorer singulièrement la qualité du beurre ; il convient, du reste, à tous les bestiaux. Ses semences sont, dit-on, aussi très-nourrissantes. La rapidité du développement de cette plante est telle qu'on peut en obtenir une série de récoltes successives pendant tout l'été, en variant les époques d'ensemencement. Enfin, comme elle partage avec les légumineuses la faculté de puiser dans l'atmosphère une grande partie de ses éléments nutritifs, elle est plutôt améliorante qu'épuisante pour le sol. Cette dernière propriété, jointe à la rapidité de sa végétation, la rend très-propre à être cultivée comme un engrais vert.

Variétés. — La spergule des champs s'élève à peine à 0m,30 ; aussi n'est-ce pas elle que l'on soumet habituellement à la culture, mais bien une de ses variétés, considérée par quelques botanistes comme une espèce distincte, et qu'ils ont nommée spergule géante (*spergula maxima*, Reichenb.). Elle ne diffère de la spergule des champs que par la hauteur de ses tiges, lesquelles dépassent souvent 1 mètre, et par ses semences un peu plus grosses, brunes, pointillées de jaune et de brun foncé, et dépourvues de l'anneau saillant et blanc qu'on remarque sur celle de la spergule des champs. Elle paraît s'être produite en Courlande et en Westphalie, où elle croît spontanément.

Fig. 623. *Spergule des champs.*

Fig. 624. *Fleur de la spergule des champs.*

Fig. 625. *Fruit de la spergule des champs.*

Climat et sol. — La spergule n'atteint les dimensions dont nous venons de parler que sous les climats humides, brumeux, pluvieux. Dans les climats secs et brûlants, elle fleurit près de terre malgré les irrigations, et ses produits sont presque nuls.

Quant aux sols où elle prospère, ce sont les terres siliceuses, ou sablo-argileuses très-perméables, et qui conservent un peu de fraîcheur en été, soit par l'humidité atmosphérique, soit par celle du sous-sol.

Place dans la rotation. — La spergule est cultivée comme récolte principale ou comme récolte intercalaire. Dans le premier cas, on la fait succéder aux récoltes tardives, telles que pommes de terre, betteraves, etc., et l'on sème à diverses époques, de façon à produire du fourrage vert pendant tout l'été. Dans le second cas, on la place après toutes les récoltes précoces, tels que seigle, trèfle incarnat, etc. Cette plante n'épuisant pas le sol, l'améliorant même, devient une très-bonne préparation pour les céréales, le seigle, par exemple. On peut aussi lui faire succéder les pommes de terre lorsqu'elle a été semée de bonne heure au printemps. Enfin, elle peut se succéder immédiatement à elle-même, ce qui permet d'en obtenir, sur le même terrain, plusieurs récoltes dans la même année.

Culture. — Préparation du sol. — La spergule ne demande qu'une préparation très-simple du sol : on laboure peu profondément, puis on herse de façon à bien pulvériser la couche superficielle. Quant à l'engrais, nous avons vu qu'elle puise une grande partie de ses éléments nutritifs dans l'atmosphère; elle est donc peu exigeante à cet égard. Toutefois son développement et son produit seront d'autant plus considérables que le sol sera plus riche. Elle se trouve très-bien de l'application des engrais liquides répandus au moment de son premier développement.

Semaille. — La spergule peut être semée depuis le commencement de mars jusqu'au milieu d'août. On choisit la première époque lorsqu'on veut la cultiver comme récolte principale. On la sème en récolte intercalaire aussitôt après l'enlèvement des seigles ou des trèfles incarnats, et l'on échelonne ensuite les époques d'ensemencement, de façon à faire la dernière récolte au moment de la semaille du seigle qui doit lui succéder.

La quantité de semence à répandre est de 15 kilogr. par hectare. Comme cette semence dégénère assez rapidement dès que la plante est éloignée du climat sous lequel elle s'est produite, il est bon de la renouveler souvent ; on la tire généralement de Riga. On l'enterre très-peu, à cause de sa finesse ; après l'avoir répandue à la volée sur le sol préalablement hersé, il suffit de faire passer le rouleau pour qu'elle soit assez couverte.

Récolte. — La spergule est consommée en vert et en sec. Comme fourrage vert, on la fait pâturer sur place ou à l'étable. Dans ce dernier cas, on choisit pour la faucher le moment où elle commence à fleurir. Lorsqu'on la fait pâturer, on attache les bestiaux, comme nous l'avons indiqué pour le trèfle, sans quoi ils gâteraient une grande quantité de fourrage.

C'est surtout la spergule semée en mars, comme récolte principale, que l'on convertit en foin. On attend pour la récolter qu'elle soit en pleine floraison. On la fane à la manière du trèfle. Une longue pluie, survenue après la coupe, ne nuit pas sensiblement à sa qualité. Si le temps se maintient humide, on roule le fourrage en forme de boudins et on le sèche sur des perches semblables à celles qui ont été décrites pour le trèfle.

Si l'on veut récolter les graines, on choisit la spergule semée au printemps, parce que les semences mûrissent mieux. Dès que la maturité est arrivée, il faut se hâter de faucher, de faner et de battre, car les graines s'échappent facilement. Mais, quelque diligence qu'on fasse, il en tombe toujours une assez grande quantité pour qu'en donnant un labour léger, suivi d'un hersage et d'un roulage, on obtienne une seconde récolte sur le même terrain.

Les graines de spergule sont employées encore à l'alimentation des bestiaux. On les considère comme plus nutritives que les tourteaux de colza. On les fait broyer au moulin, avant de les donner aux chevaux et aux vaches laitières ; elles augmentent la quantité et la qualité du lait.

Rendement. — Le rendement de la spergule peut être considéré comme égal à celui d'une coupe de trèfle en terrain ordinaire, soit 3,500 kil. de fourrage sec. Cette masse de fourrage paraît équivaloir à 3,150 kil. de bon foin de prairie naturelle.

COMPTE DE CULTURE D'UN HECTARE DE SPERGULE COMME RÉCOLTE PRINCIPALE ET PRÉCÉDANT UNE RÉCOLTE DE POMMES DE TERRE.

DÉPENSE.

Un labour superficiel	14f »
Un hersage	2 60
Semence, 15 kil., à 1 fr. le kil	15 »
Répandre la semence	1 »
Un roulage	2 »
Récolte	15 »
Intérêt pendant deux mois, à 5 pour 100, de 8,000 kil. de fumier non absorbé par les récoltes précédentes, à 10 fr. les 1,000 kil., y compris les frais de transport et d'épandage	6 66
Loyer de la terre pendant six mois, à 70 fr. par an	35 »
Frais généraux d'exploitation, pendant six mois, à 20 fr. par an.	10 »
Intérêt pendant un an, à 5 pour 100, des frais ci-dessus	5 09
Total	106f 35

PRODUIT.

3,500 kil. de fourrage sec, équivalant à 3,150 kil. de foin naturel à 71 fr. 50 les 1,000 kil	225f 22

BALANCE.

Produit..	225f 22
Dépense..	106 35
Bénéfice net..............	118f 87

Environ 112 pour 100 du capital employé.

CHICORÉE.

La *chicorée sauvage* (*cichorium intybus*, L.), (fig. 626 à 628), est une plante vivace qui croît spontanément dans toutes les terres calcareo-argileuses. Ses tiges rameuses, pourvues de fleurs d'un beau bleu, s'élèvent à 1 mètre ou 1m,50 et sont pourvues, vers leur base, de feuilles larges de 0m,08 à 0m,10, et dont la longueur dépasse quelquefois 0m,35. C'est en 1784 que Cretté de Paluel commença à cultiver la chicorée comme plante fourragère aux environs de Paris ; Arthur Young, en ayant apprécié les bons ré-

Fig. 626. *Chicorée sauvage.*

Fig. 627. *Fleur de la chicorée sauvage.*

Fig. 628. *Graine de la chicorée sauvage.*

sultats, s'empressa de l'introduire en Angleterre. Depuis cette époque, la culture s'en est progressivement étendue dans plusieurs localités. Quelques années plus tard, on utilisait sa racine comme succédané du café, ainsi que nous le verrons plus loin à l'article des *Plantes économiques*.

Les avantages de la chicorée, comme plante fourragère, sont les suivants : son fourrage est assez précoce; on peut en obtenir trois coupes successives dans la même année. Employé en vert, les moutons et les porcs le mangent avidement ; les vaches le repoussent d'abord, mais elles s'y habituent bientôt. On a reproché à cette plante de communiquer au lait et au beurre une amertume assez prononcée : cela est vrai lorsqu'on l'administre seule ; mais cet inconvénient disparaît lorsqu'on la mélange avec d'autres fourrages. Ce qui donne surtout de l'importance à la chicorée, c'est son action tonique sur les bestiaux, qui rend moins fréquentes les maladies cutanées auxquelles ils sont exposés.

En résumé, cette plante ne doit pas occuper le premier rang dans une exploitation ; il faut seulement lui conserver une certaine surface, afin de la mélanger avec les fourrages verts qu'on donne aux moutons, aux vaches, aux porcs, et même aux chevaux, surtout au printemps. Comme fourrage sec, cette plante est assez médiocre.

Climat et sol. — La chicorée s'accommode de tous les climats de la France. Elle est aussi peu difficile quant à la nature du sol, pourvu qu'il ait du fond. Elle donne de bons produits dans les argiles compactes ; ses racines profondes la font résister à la sécheresse dans les terrains légers ; mais elle aime surtout les sols de consistance moyenne, riches en éléments calcaires.

Place dans la rotation. — La chicorée pouvant avoir une durée de quatre à six ans, il faut lui consacrer une surface prise en dehors de l'assolement régulier. Elle ne paraît pas épuiser sensiblement le sol ; aussi peut-on lui faire succéder une céréale.

Culture. — Préparation du sol. — Les racines de chicorée s'enfoncent profondément, et demandent un sol suffisamment ameubli, offrant le même degré de fertilité que pour le trèfle.

Semaille. — L'ensemencement est fait au printemps, comme celui du trèfle, et, comme pour ce dernier on sème dans une autre plante, qui lui sert d'abri pendant les premiers temps de sa végétation. Dans le Midi, il est préférable de semer à l'automne, dans une céréale, à cause des sécheresses du printemps.

La semaille est faite à la volée. On a essayé de semer en lignes, mais il en est résulté un fourrage trop grossier. On répand 12 kilogr. de semences par hectare.

Comme toutes les plantes qui durent plusieurs années, la chicorée est exposée à être envahie par les plantes nuisibles ; il faut donc lui appliquer, à la fin de l'hiver, à partir de la troisième année, un hersage énergique. Elle se trouvera bien aussi des engrais en couverture qu'on pourra y répandre à cette même époque.

Récolte. — La chicorée, semée au printemps, peut être pâturée une première fois à l'automne. On la fait consommer de nouveau au printemps suivant, dès que les tiges commencent à fleurir ; plus tard, elles deviennent trop dures et sont repoussées par les bestiaux. On peut en obtenir ainsi trois coupes successives chaque année, surtout si le sol conserve un peu de fraîcheur pendant l'été. Ce produit est pâturé sur place ou à l'étable. Ce dernier mode est préférable en ce qu'il facilite le mélange avec d'autres fourrages.

On récolte la graine de chicorée lorsque la plante est encore bien vigoureuse, sur la première coupe du printemps, qu'on laisse complétement mûrir. On coupe les tiges lorsqu'elles commencent à blanchir, on les laisse sécher sur le champ, puis on les rentre et on les bat par un temps bien sec. Après une récolte de graines, on défriche la chicorée, car cette production de semence a épuisé les plantes, et celles-ci ne donnent plus que de chétives récoltes.

On a reproché à la chicorée de laisser dans le sol, après le défrichement, un grand nombre de racines qui, donnant lieu à de nouvelles plantes, salissent les récoltes suivantes. L'expérience a prouvé qu'une culture de plantes sarclées, placées après la céréale qui succède à la chicorée, suffit pour nettoyer le sol.

MAÏS.

Nous nous sommes déjà occupés du maïs comme plante céréale (t. I, p. 640) ; cette graminée n'est pas moins précieuse comme fourrage. Sous cette forme, elle fournit un produit qui, sec ou vert, est très-recherché par tous les bestiaux. S'il est vrai que, donné seul aux vaches laitières, le maïs ne constitue pas une nourriture aussi riche que le bon foin, et diminue la sécrétion du lait, il est facile de faire disparaître cet inconvénient en lui associant une légère proportion de matières plus substantielles. Il offre, d'ailleurs, sur la plupart des autres fourrages, cet avantage que les binages qu'il exige pendant la végétation nettoient le sol des plantes nuisibles qui le salissent.

Variétés. — Toutes les variétés de maïs ne sont pas également propres à être cultivées comme fourrage. On doit choisir de préférence celles qui acquièrent de grandes dimensions et dont les feuilles, amples et nombreuses, sont les plus tendres. Les variétés que nous avons désignées, à l'article des céréales, sous les noms de *maïs d'automne* et de *maïs blanc tardif*, remplissent bien ces conditions.

Climat et sol. — Nous avons vu que le maïs, considéré comme plante céréale, ne peut être utilement cultivé en France au delà du 47° de latitude ; mais, pour la production du fourrage, il peut être adopté sur presque toute l'étendue de notre territoire, ainsi que le démontre le succès qu'on en obtient depuis longtemps en Alsace et en Bretagne.

Place dans la rotation. — Le maïs-fourrage est cultivé, comme récolte principale, sur les soles ordinairement consacrées aux prairies artificielles ; on lui fait encore occuper la place d'une récolte intercalaire, et, dans ce cas, il succède au seigle, au trèfle incarnat, à la vesce d'hiver, ou à quelque autre récolte précoce. Il prépare très-bien le sol pour les céréales. Si son ensemencement a eu lieu de bonne heure au printemps, ainsi que cela se pratique dans le Midi, on peut le remplacer par un fourrage d'été, tel que pois ou vesce, afin d'occuper la terre depuis sa récolte jusqu'à l'automne ; ou bien, comme il peut se succéder à lui-même, on en fait un nouvel ensemencement sur le même terrain.

Culture. — Préparation du sol. — Engrais. — Le sol destiné à cette culture doit être convenablement ameubli, et recevoir au moins un labour, suivi de hersages et de roulages. S'il n'est déjà dans un état de fertilité suffisant, il faut y répandre une fumure avant le labour, car cette plante ne procure un fourrage abondant que sur les terrains un peu riches. Elle est toutefois moins épuisante, comme fourrage, que lorsqu'on la cultive pour ses graines.

Semaille. — Le maïs-fourrage peut être semé dans le Midi de la France, depuis le commencement d'avril jusqu'aux premiers jours d'août. On peut, en échelonnant convenablement les époques d'ensemencement pendant ces quatre mois, soit sur le même terrain, soit sur des terrains différents, obtenir un fourrage vert de très-bonne qualité, depuis juin jusqu'à la fin d'octobre. Dans les autres contrées de la France, moins favorisées par le climat, le premier ensemencement ne pourra commencer qu'en mai, et le dernier devra être fait vers le milieu de juillet ; après cette époque, les plantes seraient surprises par les premières gelées, avant d'avoir pris un développement suffisant.

Le mode d'ensemencement est le même que celui que nous

avons décrit pour le maïs cultivé pour sa graine, à cette différence près que les lignes ne seront distantes que de 0m,55, et que les plantes seront placées à 0m,10 les unes des autres. On emploie environ 80 litres de semences par hectare.

Dans quelques localités de l'Ouest de la France, où l'on a commencé à adopter cette culture, on sème le maïs en pépinière, dans un terrain léger, richement fumé, bien abrité et chaudement exposé. Cet ensemencement, répété depuis le mois d'avril jusqu'à la fin de juin, permet de repiquer en plein champ depuis la première quinzaine de mai jusqu'à la fin de juillet. Ce procédé peut être préféré à l'ensemencement à demeure, dans les terrains argileux où la germination procède toujours lentement. Dans le Midi, l'ensemencement à demeure sera toujours préférable.

Dans tous les cas, cette récolte doit recevoir, pendant sa végétation, trois binages, dont un pratiqué sur les lignes avec la houe à main, et deux autres entre les lignes avec la houe à cheval, plus un buttage exécuté avec le buttoir.

Récolte. — La récolte du maïs-fourrage commence dès que les épis mâles montrent leur pointe, et on la continue jusqu'à la pleine floraison ; plus tôt, les plantes sont trop faibles et moins nourrissantes, et l'on perd sur la quantité et la qualité du produit; plus tard, les tiges, devenant trop dures, sont difficilement mangées par les bestiaux, et le sol est plus épuisé. Dans le Midi, ce n'est que deux mois environ après l'ensemencement que les plantes ont atteint un développement suffisant. Dans les départements de l'Est et de l'Ouest, il faut attendre trois mois. Le fauchage des tiges doit se faire deux fois par jour : le matin, après la rosée ; le soir, une heure ou deux après le coucher du soleil. Il faut se garder de couper le fourrage au milieu de la journée, surtout lorsque le soleil est brûlant, car il s'échauffe facilement, et, dans cet état, il est refusé par les bestiaux; il les expose, d'ailleurs, à des maladies.

Lorsque la grêle a frappé le maïs avant qu'il soit suffisamment développé, on doit se hâter de le faucher; les plantes repoussent du pied et donnent encore un produit satisfaisant.

Si l'on n'a pu faire consommer la totalité de ce fourrage en vert en temps convenable, on le transforme en foin, avant qu'il soit trop dur; mais la difficulté de le dessécher rend cette pratique difficile partout ailleurs que dans le Midi.

Rendement. — Le rendement du maïs-fourrage peut s'élever, en moyenne, à 7,000 kilog. de fourrage sec, ce qui équivaut à environ 5,000 kilog. de bon foin de prairie naturelle.

COMPTE DE CULTURE D'UN HECTARE DE MAÏS-FOURRAGE CULTIVÉ EN RÉCOLTE INTERCALAIRE APRÈS LE SEIGLE.

DÉPENSE.

Un labour	22f »
Un hersage	2 60
Un roulage	2 »
Un hersage	2 60
Rayonner le terrain pour recevoir la semence	2 60
80 litres de semence, à 14 fr. l'hectolitre	11 20
Répandre la semence au semoir à brouette	1 »
Couvrir la semence avec une herse renversée	2 60
Un roulage	2 »
Un binage à la houe à cheval	5 »
Un binage sur les lignes à la houe à main	14 »
Un binage à la houe à cheval	5 »
Un buttage	5 »
Fauchage et transport de la récolte	10 »
30,000 kil. de fumier, à 10 fr. les 1,000 kil., y compris les frais de transport et d'épandage, 300 fr.; la moitié de cette somme à la charge du maïs	150 »
Intérêt pendant six mois, à 5 pour 100, du prix du fumier non absorbé	7 50
Intérêt pendant un an, à 5 pour 100, des frais ci-dessus	12 25
Total	257f 35

PRODUIT.

7,000 kil. de fourrage sec, équivalant à 5,000 kil. de foin de prairie naturelle à 71 fr. 50 c. les 1,000 kil.	357f 50

BALANCE.

Produit	357f 50
Dépense	257 35
Bénéfice net	100f 15

26 pour 100 du capital employé.

MOHA DE HONGRIE, MILLETS, SORGHO.

Le *moha de Hongrie, millet de Hongrie* (*panicum germanicum*, L.), (fig. 629), qui commence à se répandre dans nos cultures comme plante fourragère annuelle, a été introduit en France vers 1815. Sa graine germe facilement, alors même que la sécheresse suspend la végétation des autres espèces; cette sécheresse n'arrête pas non plus son développement, et la moindre pluie suffit pour lui rendre toute sa vigueur. C'est donc un fourrage précieux, surtout pour le Midi. Les tiges de cette plante sont pourvues de feuilles nombreuses qui sont un excellent fourrage vert, également goûté par tous les bestiaux.

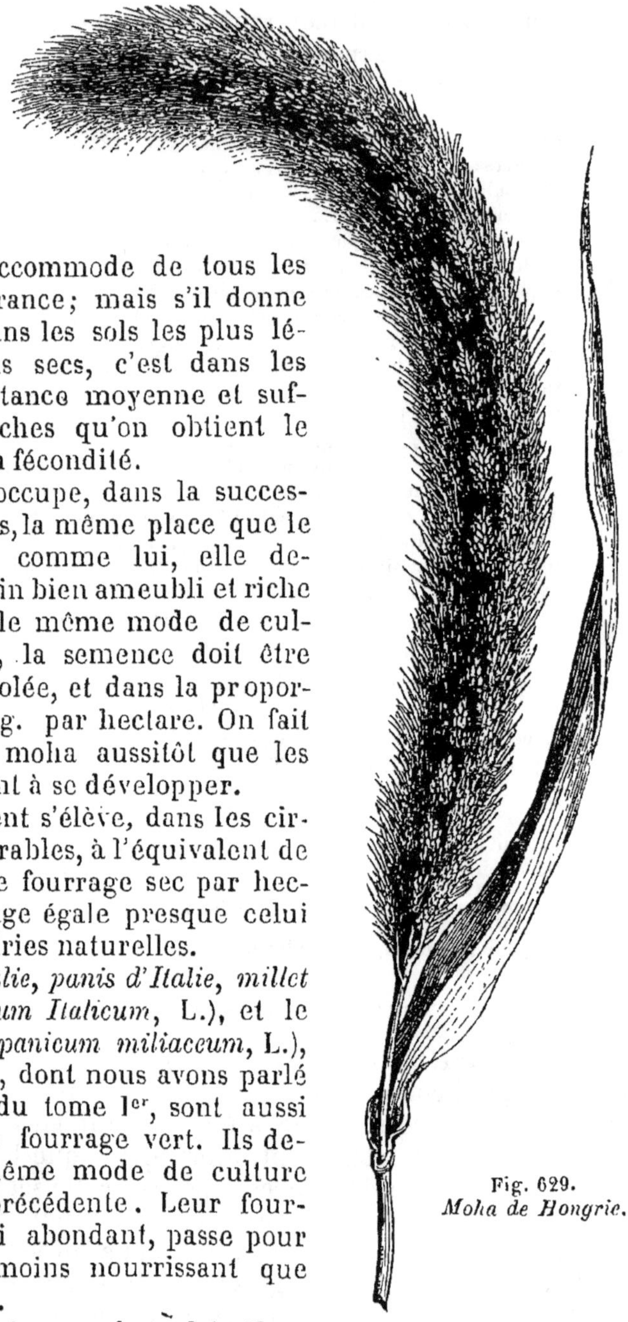

Fig. 629.
Moha de Hongrie.

Le moha s'accommode de tous les climats de la France; mais s'il donne des produits dans les sols les plus légers et les plus secs, c'est dans les terres de consistance moyenne et suffisamment fraîches qu'on obtient le maximum de sa fécondité.

Cette plante occupe, dans la succession des récoltes, la même place que le maïs-fourrage ; comme lui, elle demande un terrain bien ameubli et riche en engrais, et le même mode de culture. Toutefois, la semence doit être répandue à la volée, et dans la proportion de 10 kilog. par hectare. On fait consommer le moha aussitôt que les épis commencent à se développer.

Son rendement s'élève, dans les circonstances favorables, à l'équivalent de 10,000 kilog. de fourrage sec par hectare. Ce fourrage égale presque celui des bonnes prairies naturelles.

Le *millet d'Italie*, *panis d'Italie*, *millet à grappe* (*panicum Italicum*, L.), et le *millet commun* (*panicum miliaceum*, L.), (fig. 630 et 631), dont nous avons parlé à la page 652 du tome Ier, sont aussi cultivés comme fourrage vert. Ils demandent le même mode de culture que l'espèce précédente. Leur fourrage, tout aussi abondant, passe pour être un peu moins nourrissant que celui du moha.

Le *sorgho* (*holcus sorghum*, L.), (fig. 632), dont il a été question tome Ier, p. 654, fournit aussi un très-bon fourrage vert;

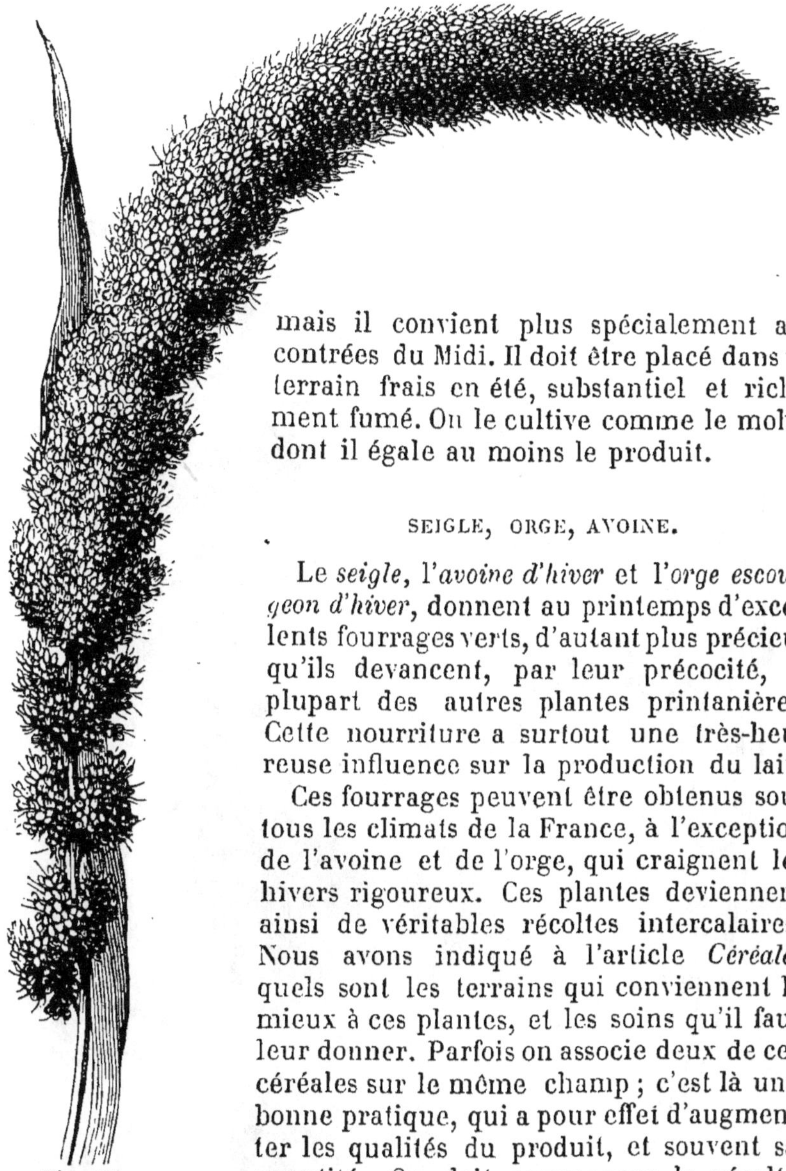

Fig. 630.
Millet d'Italie.

mais il convient plus spécialement aux contrées du Midi. Il doit être placé dans un terrain frais en été, substantiel et richement fumé. On le cultive comme le moha, dont il égale au moins le produit.

SEIGLE, ORGE, AVOINE.

Le *seigle*, l'*avoine d'hiver* et l'*orge escourgeon d'hiver*, donnent au printemps d'excellents fourrages verts, d'autant plus précieux qu'ils devancent, par leur précocité, la plupart des autres plantes printanières. Cette nourriture a surtout une très-heureuse influence sur la production du lait.

Ces fourrages peuvent être obtenus sous tous les climats de la France, à l'exception de l'avoine et de l'orge, qui craignent les hivers rigoureux. Ces plantes deviennent ainsi de véritables récoltes intercalaires. Nous avons indiqué à l'article *Céréales* quels sont les terrains qui conviennent le mieux à ces plantes, et les soins qu'il faut leur donner. Parfois on associe deux de ces céréales sur le même champ ; c'est là une bonne pratique, qui a pour effet d'augmenter les qualités du produit, et souvent sa quantité. On doit commencer la récolte de ce fourrage aussitôt que les épis apparaissent. On le fait pâturer sur place, ou on le fauche pour le faire consommer à l'étable.

Le rendement s'élève, en moyenne, par hectare, à 12,600 kilogr. de fourrage vert, qui se réduisent par la dessiccation à

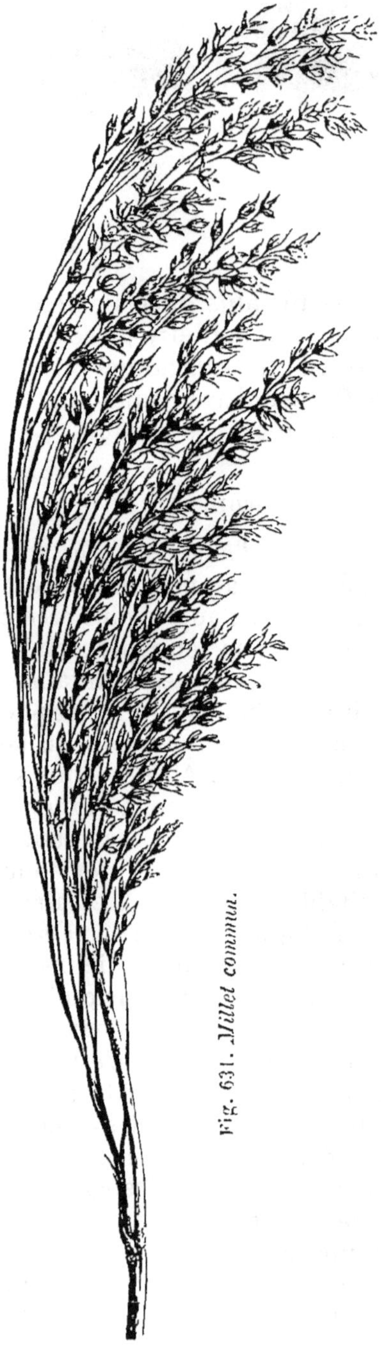

Fig. 631. *Millet commun.*

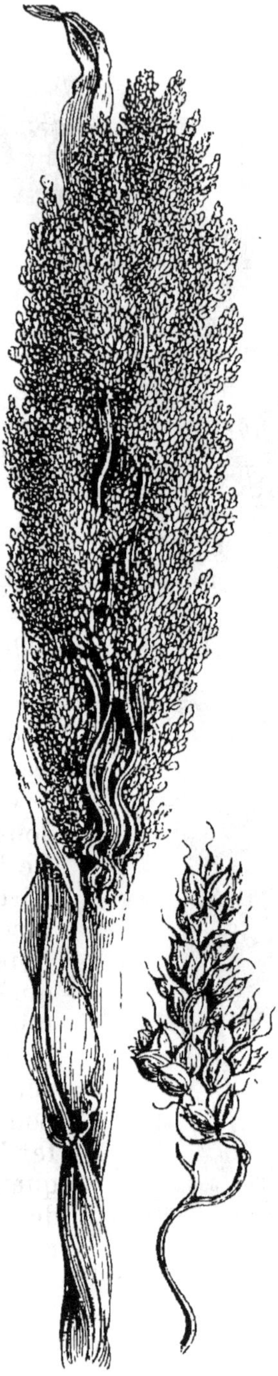

Fig. 632. *Sorgho à balai.*

4,200 kilogrammes, lesquels équivalent à environ 3,000 kilogr. de bon foin de prairie naturelle.

COMPTE DE CULTURE D'UN HECTARE DE SEIGLE-FOURRAGE.

DÉPENSE.

Préparation du sol et ensemencement, comme pour la récolte du grain (t. I, p. 732)	69f 10
Fauchage et transport de la récolte	10 »
7,000 kil. de fumier absorbés par la récolte, à 10 fr. les 1,000 kil., y compris les frais de transport et d'épandage...	70 »
Intérêt pendant un an, à 5 pour 100, des frais ci-dessus	7 45
Total	156f 55

PRODUIT.

4,200 kil. de fourrage sec, équivalant à 3,000 kil. de foin naturel à 71 fr. 50 les 1,000 kil	214f 50

BALANCE.

Produit	214f 50
Dépense	156 55
Bénéfice net	57f 95

27 pour 100 du capital employé.

IVRAIES.

Quelques espèces d'ivraies sont aussi employées pour les prairies artificielles comme plantes fourragères. Nous indiquerons surtout les trois suivantes :

Ivraie vivace, ray grass d'Angleterre, gazon anglais (*lolium perenne*, L.), (fig. 633 et 634). Elle croît spontanément en Europe sur tous les terrains, pourvu qu'ils ne soient ni trop secs, ni marécageux. C'est surtout en Angleterre, et dans quelques parties du Midi de la France, particulièrement en Languedoc, qu'elle est, de temps immémorial, soumise à la culture. Partout on y préfère cette graminée pour former les gazons dans les jardins.

Le ray-grass anglais, placé dans des conditions très-favorables, développe une tige assez élevée pour être fauché, et l'on en obtient plusieurs coupes successives. Son fourrage, assez abondant et précoce, est de médiocre qualité lorsqu'il est sec; mais, consommé en vert, il est très-recherché par les bestiaux, surtout par les moutons; il passe pour être très-nourrissant. En raison du peu d'élévation qu'acquièrent habituellement les tiges de

Fig. 634.
Epillet de l'ivraie vivace.

Fig. 636.
Epillet de l'ivraie d'Italie.

Fig. 633. *Ivraie vivace.*

Fig. 635. *Ivraie d'Italie.*

cette plante et de la facilité avec laquelle elle repousse sous la dent des bestiaux, c'est comme pâturage qu'on la cultive le plus ordinairement.

La durée de son pâturage peut être de six à huit ans; il est donc difficile de la faire rentrer dans un assolement régulier; on y consacre alors des terres placées en dehors. Elle est assez épuisante, et la récolte qu'on lui fait succéder doit être fumée.

Le ray grass est ordinairement semé dans une céréale de printemps. On pourrait aussi le semer à l'automne, mais il serait déjà trop fort au printemps, et fatiguerait beaucoup la céréale d'hiver. Il ne faut pas employer, pour cet ensemencement, les graines vendues dans le commerce pour former les gazons dans les jardins, car celles-ci ont dégénéré par le traitement qu'ont subi les plantes qui les ont produites, et donnent lieu à un gazon très-fin, mais peu lucratif. Il faut que ces graines aient été récoltées sur des plantes soumises depuis longtemps à la grande culture, sur un sol frais et substantiel. Il faut, en outre, choisir le moment où ces plantes sont âgées de deux ou trois ans, et faire cette récolte sur la première coupe de l'année. La semence est répandue dans la proportion de 50 kilogrammes par hectare.

On doit toujours faire consommer ce fourrage dès qu'il commence à fleurir, car il durcit promptement, et est alors refusé par les bestiaux.

Le rendement du ray-grass s'élève, en moyenne, à 4,500 kilogr. de fourrage sec par hectare; mais les engrais, surtout les engrais liquides, répandus après chaque coupe, peuvent doubler ce produit. Quant à sa valeur nutritive, elle est à celle du foin de prairie naturelle comme 9 est à 10. La récolte des semences, lorsqu'on laisse mûrir la première coupe, peut s'élever à 12 hectolitres par hectare.

Ivraie d'Italie, ray-grass d'Italie (*lolium italicum*), (fig. 635 et 636). — Cette plante, qui nous est venue, il y a un certain nombre d'années, de la Suisse ou de l'Italie, diffère de l'espèce précédente par sa plus grande vigueur; elle est aussi plus précoce; elle gazonne moins; ses tiges, plus élevées, sont garnies d'épillets barbus; ses feuilles sont plus larges et d'un vert moins foncé. Quoiqu'on la considère comme vivace, elle ne donne, en général, de bons produits que pendant deux ans; enfin, son fourrage, plus abondant et de meilleure qualité, est plus recherché par les bestiaux.

L'ivraie d'Italie, également propre à tous les climats de l'Europe, ne prospère bien que dans les sols argileux ou de consistance moyenne, substantiels, fertiles, frais en été, ou pouvant être arrosés. Elle peut entrer dans un assolement régulier, et occuper la place consacrée ordinairement aux fourrages. Elle est aussi épuisante que l'espèce précédente.

Elle se développe si vigoureusement dès la première année de son ensemencement, qu'il y a danger à la semer dans une céréale; d'ailleurs on perdrait ainsi le produit abondant qu'elle fournit pendant cette période; aussi convient-il de la semer seule, à l'automne ou au printemps. Semée à l'automne, la première coupe sera plus précoce, et l'on pourra en obtenir jusqu'à quatre, tandis qu'on n'en aura que trois en semant au printemps, à moins que la prairie ne soit arrosée. On répand 50 kilogrammes de semence par hectare.

Le fourrage sec de cette ivraie est d'assez bonne qualité; mais il est préférable de la faire consommer en vert, dès qu'elle commence à fleurir. On associe quelquefois cette plante avec le trèfle incarnat; il en résulte un excellent fourrage vert.

Lorsque cette plante est placée dans un sol fertile, son produit moyen annuel est de 8,000 kilogr. de fourrage sec par hectare. Celui-ci est au foin de prairie naturelle comme 19 est à 20. Le rendement que nous venons d'indiquer équivaut donc à environ 7,000 kilogr. de bon foin naturel.

COMPTE DE CULTURE D'UN HECTARE D'IVRAIE D'ITALIE CONSERVÉE PENDANT DEUX ANS.

DÉPENSE.

Préparation du sol, comme pour l'avoine (t. I, p. 733).......	51f 20
Semence, 50 kil., à 50 c. le kil..........................	25 »
Répandre la semence.......................................	1 »
Un hersage..	2 60
Un roulage..	2 »
Fauchage et transport de six coupes en deux ans...........	60 »
30,000 kil. de fumier, à 10 fr. les 1,000 kil., y compris les frais de transport et d'épandage, 300 fr.; les cinq sixièmes de cette somme à la charge des deux récoltes d'ivraie.........	250 »
Intérêt pendant deux ans, à 5 pour 100, du prix de la fumure non absorbée..	5 »
Loyer de la terre pendant deux ans........................	140 »
Frais généraux d'exploitation, 20 fr. par an..............	40 »
Intérêt pendant dix-huit mois des frais ci-dessus.........	43 26
Total...............	620f 06

PRODUIT.

16,000 kil. de fourrage sec, en deux ans, équivalant à 14,000 kil. de foin naturel à 71 fr. 50 c. les 1,000 kil..............	1,001f »

BALANCE.

Produit	1001f »
Dépense	620 06
Bénéfice net	380f 94

Environ 16 pour 100 du capital employé.

Ivraie multiflore, ray-grass-pill de Bretagne (*lolium multiflorum*, Lamk.), (fig. 637 et 638). — Cette troisième espèce est aussi vigoureuse que la précédente; elle en diffère toutefois en ce qu'elle est annuelle et que son fourrage est plus grossier; mais elle est beaucoup moins exigeante quant à la fertilité du sol. On en a obtenu, en Bretagne, de très-bons résultats sur des terres de bruyère humides et maigres où aucun autre fourrage ne pouvait vivre; elle a également réussi sur des sables argileux, tenaces, caillouteux, très-secs en été, et humides en hiver. On doit semer ce ray-grass en septembre ou octobre, en répandant 30 kilogr. de semence par hectare.

Fig. 638. *Epillet de l'ivraie multiflore.*

Les trois espèces de ray-grass que nous venons d'étudier sont rarement cultivées seules; on les associe presque toujours à plusieurs espèces de légumineuses. Cela produit d'excellents pâturages, mais leur durée ne dépasse guère quatre ans. Voici quelques-uns de ces mélanges qui, en Angleterre, donnent d'excellents résultats :

1° Trèfle rouge	18kil	par hectare.
Ray-grass vivace	18	—

On remplace parfois le ray-grass vivace par le ray-grass d'Italie ou par le *timothy* (*phleum pratense*).

2° Trèfle rouge	3kil603	par	hectare.
Trèfle blanc	9 608		—
Lupuline	9 608		—
Trèfle intermédiaire (*trifolium medium*)	4 804		—
Ray grass vivace ou timothy	18 »		—
3° Trèfle rouge	12 »		—
Trèfle blanc	7 202		—
Lupuline	4 804		—
Trèfle intermédiaire	4 804		—
Ray-grass vivace.. Ray-grass d'Italie. Timothy	15 »		—

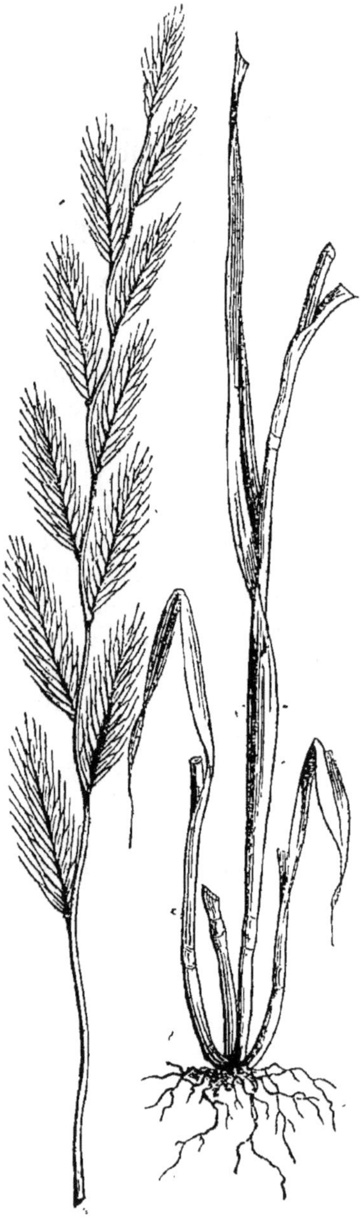

Fig. 637. *Ivraie multiflore.*

Fig. 640. *Epillet de l'avoine fromentale.*

Fig. 639. *Avoine fromentale.*

Les graines des diverses espèces qui composent ces mélanges sont répandues et enterrées successivement, en commençant par les plus grosses et plaçant chaque espèce au degré de profondeur qui lui convient.

AVOINE FROMENTALE.

L'*avoine fromentale, avoine élevée, fenasse, ray-grass de France* (*avena elatior*, L.), (fig. 639 et 640), croît spontanément dans tous les sols siliceux et profonds. Ses tiges, élevées d'un mètre et plus, garnies de feuilles abondantes, et sa végétation vigoureuse l'ont fait essayer depuis longtemps pour les prairies artificielles de longue durée : mais l'expérience a démontré qu'elle n'est réellement productive que dans les sols légers, frais et riches, et qu'elle exige beaucoup d'engrais pour soutenir son rendement. On a reconnu que son fourrage, très-précoce et d'une apparence très-satisfaisante, est beaucoup moins nourrissant que celui des ray-grass, et que son amertume le rend peu agréable aux bestiaux. Il s'ensuit que cette plante mérite peu les éloges qu'on lui a d'abord donnés ; on doit la réserver pour les prairies naturelles, ou du moins ne l'admettre dans les prairies artificielles qu'en mélange avec d'autres graminées ou des légumineuses.

ARBRES FOURRAGERS.

Les plantes herbacées ne sont pas les seules qui puissent fournir aux bestiaux une nourriture saine et abondante ; un grand nombre d'espèces d'arbres peuvent aussi rendre, dans quelques circonstances, de grands services à cet égard. Les plus convenables sous ce rapport sont :

Les ormes,	Les peupliers,
Les érables,	Le noisetier,
Les frênes,	La vigne,
Les saules,	Le mûrier.

C'est surtout dans les contrées brûlantes et sèches, où il est si difficile de se procurer une suffisante quantité de nourriture pour les bestiaux, que l'on fait un usage fréquent des feuilles de ces arbres. Il y a rarement avantage à consacrer un terrain spécial à cette sorte de culture ; toutefois on voit assez souvent, dans les contrées où les herbes sont rapidement desséchées par l'ardeur du climat, des surfaces étendues où les bestiaux rencontrent à peine de quoi soutenir leur existence. Il est évident que là plusieurs des arbres que nous venons de nommer, y étant disposés en taillis, seraient d'un plus grand secours pour ces animaux que le chétif pâturage qu'ils y trouvent. Mais c'est particulièrement dans les haies de clôtures, où ils sont disséminés sous forme de têtards, que ces arbres rendent réellement des services dans de nombreuses localités pour la production du fourrage. En général, les arbres consacrés à cette destination sont coupés tous les deux ans, afin d'en obtenir constamment des jets vigoureux et bien garnis de larges feuilles.

Les feuilles de ces arbres sont parfois administrées fraîches aux bestiaux, lorsque l'on manque d'autre nourriture en été ; mais c'est plutôt comme fourrage sec qu'on les leur fait consommer pendant l'hiver. Alors on opère la récolte vers la fin de septembre, un peu avant qu'elles commencent à se détacher d'elles-mêmes. On les cueille à la main, ou bien on les abat au moyen de légères gaules. On donne à ce produit le nom de *feuillée*. D'autres fois, on coupe les jeunes branches qui portent ces feuilles, et l'on en forme de petits fagots nommés *feuillards*.

On choisit pour cette récolte un temps chaud et sec, puis on étend sur le sol ces feuilles ou ces branches. Quatre heures d'un soleil vif suffisent ordinairement pour les sécher convenablement. On les rentre avant la nuit pour les soustraire à la rosée. Toutefois les branches devront être exposées sous un hangar, pendant deux ou trois jours, avant d'être liées en fagots. On emploie ensuite, pour conserver ces feuillées ou ces feuillards, les procédés que nous décrirons plus loin à l'article de la *conservation des fourrages*.

Les feuillards sont placés devant les bestiaux tels qu'on les a coupés ; ceux-ci broutent avec les feuilles les rameaux, les branches minces, et écorcent les autres ; ce qui reste est pour le chauffage.

TROISIÈME SECTION.

Prairies naturelles. — Il était facile autrefois d'établir une ligne de démarcation bien précise entre les prairies artificielles et les prairies naturelles. Ces dernières se composaient, en effet, d'une surface de terrain assez fertile pour s'engazonner naturellement de plantes très-diverses qui y vivaient indéfiniment ; mais aujourd'hui la science a fait progresser l'art de la culture, et l'on établit des prairies semblables sur des sols où leur formation naturelle était regardée jusqu'alors comme impossible. D'un autre côté, on a reconnu qu'il est souvent avantageux de rompre les prairies naturelles, après un certain laps de temps, pour les convertir en terres arables et les rendre, après quelques années, à leur première destination. On utilise ainsi le capital d'engrais qui s'est accumulé sous le gazon de ces prairies.

Il résulte de ces faits que les prairies naturelles ont perdu leurs caractères distinctifs, c'est-à-dire leur engazonnement naturel et leur permanence, pour prendre ceux des prairies artificielles, c'est-à-dire une origine artificielle et une durée limitée. Toutefois, les différences suivantes peuvent encore être signalées.

Les prairies artificielles ne se composent jamais que d'un nombre d'espèces très-restreint, deux ou trois au plus, tandis que les prairies naturelles sont toujours formées par une très-grande quantité d'espèces appartenant à des familles différentes. Ce premier trait distinctif en amène un autre : la prairie naturelle, ainsi composée, n'a, pour ainsi dire, pas de durée limitée ; un grand nombre des plantes qui la forment ont commencé à répandre leurs graines avant d'être récoltées, et se reproduisent ainsi. Les débris des feuilles, des tiges et des racines de toutes ces plantes, dont beaucoup vivent plus aux dépens de l'atmosphère que du sol, rendent à la terre plus d'engrais qu'elles n'y en ont puisé. En outre, ces plantes subissent une sorte de rotation. Celles qui ne trouvent plus dans le sol les matières salines qui leur sont propres, disparaissent momentanément pour faire place à des espèces n'ayant pas les mêmes exigences, jusqu'à ce que ces matières s'y trouvent formées de nouveau, soit par les débris des autres plantes, soit par l'action des agents atmosphériques, soit enfin par les engrais qu'on répand à la surface de la prairie.

Rien de semblable ne se passe dans les prairies artificielles : composées d'une ou deux espèces appartenant à une ou deux familles différentes, elles sont toujours coupées avant la maturité des semences, et ne peuvent se régénérer. Elles ont d'ailleurs bientôt épuisé les matières salines qui leur sont nécessaires; aussi, même dans les conditions les plus favorables, ne peuvent-elles guère durer au delà de douze ans, alors même qu'elles sont formées des espèces les plus rustiques.

Les prairies naturelles sont donc des surfaces gazonnées, composées d'un grand nombre d'espèces de familles différentes et pouvant avoir une durée illimitée. On appelle *pâturage* ou *herbage* celles de ces surfaces dont le produit est pâturé sur place par les bestiaux, et *prairie* proprement dite ou *pré* celles dont le produit est fauché.

Convenance des prairies naturelles. — Si les prairies naturelles procurent moins de fourrage que les prairies artificielles, elles exigent un capital d'exploitation bien moins élevé. Une fois formées, leur produit annuel est beaucoup plus régulier et permet d'asseoir la spéculation agricole sur une base à peu près certaine. On fera donc bien d'augmenter leur étendue toutes les fois que le capital d'exploitation ne sera pas proportionné à l'étendue des terres à cultiver, de même qu'il sera toujours prudent de conserver une certaine étendue de ces prairies, même dans les localités les plus favorables aux prairies artificielles. Sous le climat chaud et sec de la vigne, si l'on peut disposer d'une portion de terrain frais ou arrosé, il sera bon de la consacrer aussi aux prairies naturelles, car leur production y sera beaucoup plus assurée que celle des prairies artificielles.

Enfin, on devra transformer en prairies naturelles, à l'exclusion de toute culture annuelle, les terrains placés dans les conditions suivantes, quelles que soient d'ailleurs les circonstances locales:

1° Les surfaces placées sur des pentes rapides, où la culture annuelle est difficile, peu productive, et sur laquelle la terre, ameublie par les labours, est bientôt entraînée vers les parties inférieures;

2° Les terrains exposés aux inondations périodiques, notamment ceux qui avoisinent les fleuves et les rivières. Ces terrains seraient ravinés s'ils n'étaient recouverts d'une couche de gazon; leurs récoltes seraient souvent compromises par ces inondations; et d'ailleurs, engraissés annuellement par le limon des eaux, ils donnent en foin un produit que n'égaleraient pas toujours les prairies artificielles qu'on pourrait y créer;

3° Les sols bas, humides, que l'on n'a pu égoutter suffisamment pour que les récoltes annuelles puissent s'y développer convenablement;

4° Certains terrains qui, à cause de leur composition élémentaire, et de la fraîcheur modérée qui y règne, même pendant l'été, donnent un fourrage qui dépasse en quantité, et surtout en qualité, les meilleures prairies artificielles. Tels sont certains pâturages de la Normandie, de la Bretagne, du Poitou, du Charolais;

5° Enfin, les terrains qui peuvent être soumis à l'irrigation, particulièrement dans le Midi, et surtout lorsque les eaux sont naturellement chargées de principes fertilisants.

Principales sortes de prairies naturelles. — Suivant le degré habituel d'humidité du sol, on divise les prairies en trois classes, qu'on subdivise en plusieurs groupes, suivant la nature particulière du terrain, car celui-ci fait varier aussi la nature des espèces, et, partant, la qualité des produits :

1° *Les prairies sèches.* Elles sont situées sur la pente des coteaux ou sur les terrains horizontaux, mais très-perméables. Le fourrage qu'elles produisent est ordinairement de très-bonne qualité, mais peu abondant. Ces prairies ne donnent qu'une coupe qui varie entre 2,500 kilogr. et 4,800 kilogr. de foin, selon que le terrain est plus ou moins sec. Cette classe doit être subdivisée en deux groupes : celui des terrains calcaires, et celui des terres siliceuses ;

2° Les *prairies fraîches* comprennent toutes celles qui sont assises sur un sol frais, mais non humide ou marécageux. On doit y joindre celles des terrains légers soumis à l'irrigation. Ces diverses prairies donnent un foin à la fois de très-bonne qualité et très-abondant. Les différentes coupes annuelles, dont le nombre s'élève parfois à plus de six, comme sur certains terrains arrosés du Midi, produisent ensemble de 4,800 kilogrammes à 1,8000 kilogrammes de foin. On distingue dans ce groupe les prairies des terres argileuses compactes, celles des argiles siliceuses, celles des terres argilo-calcaires, celles des terrains salants ;

3° Les *prairies humides ou marécageuses*. Le sol qui les nourrit retient, même en été, une quantité d'humidité surabondante qui, souvent, reste stagnante à la surface. Il en résulte un foin peu abondant et d'assez médiocre qualité à cause des roseaux, carex et joncs qui le composent souvent en très-forte proportion. Ces prairies donnent une seule coupe, dont le produit s'élève de 2,400 kilogrammes à 4,800 kilogr. de foin. Les terrains sur lesquels elles sont placées sont ordinairement argileux, tourbeux ou calcaires.

Climat et sols particulièrement propres aux prairies naturelles. Le climat et la nature du sol ont moins d'importance pour les prairies naturelles que pour les plantes dont nous avons étudié jusqu'à présent la culture spéciale. En effet, les espèces qui peuvent constituer ces prairies étant très-nombreuses, et leurs exigences, quant au climat et à la composition élémentaire du terrain, étant très-diverses, on en trouve toujours un nombre suffisant pour former une prairie naturelle sous tous les climats et dans presque tous les terrains. Toutefois, la fraîcheur du sol et une chaleur modérée sont les conditions sans lesquelles on ne doit pas espérer d'abondants produits.

Voyez le nord du continent ; le froid y plonge les prairies dans un long sommeil hivernal, mais elles repoussent vigoureusement pendant les étés humides. Si nous descendons vers le midi de la France, nous trouvons des hivers assez rigoureux pour interrompre la végétation, et des étés secs et chauds qui s'opposent au développement des herbes. Là, comme dans toutes les contrées à la fois chaudes et sèches, les plantes herbacées cèdent la place aux végétaux ligneux qui vont puiser dans les couches profondes du sol l'humidité dont ils ont besoin. Aussi ces contrées n'offrent-elles de belles prairies que sur les montagnes, que leur altitude soustrait à la chaleur du climat. Plus au midi, en Algérie, l'hiver humide et suffisamment chaud transforme la surface entière du pays en une riche prairie, mais la sécheresse et la chaleur la font disparaître dès la fin du printemps. Entre ces deux extrêmes se placent des pays dont l'hiver est doux et l'été humide, où la végétation est à peine interrompue, et où les prairies développent constamment le luxe de leur verdure; c'est ce qui se passe dans le Poitou, la Bretagne, la Normandie, la Hollande, l'Irlande.

CRÉATION DES PRAIRIES NATURELLES.

Un terrain d'abord soumis à la culture, puis abandonné à lui-même, finit par se transformer en prairie, sans le concours de l'homme. Quelques espèces voraces se montrent d'abord et s'emparent du terrain ; à côté d'elles, paraissent bientôt des plantes, plus faibles à leur naissance, mais plus vivaces, et qui étendent leurs racines traçantes. Chaque espèce combat ses voisines pour rester maîtresse du sol, et ce n'est qu'après plusieurs années de lutte que l'équilibre s'établit et que chacune d'elles finit par occuper un rang en rapport avec sa force de végétation, ou la facilité de sa multiplication. La composition végétale de la prairie reste alors la même, sauf quelques légères modifications, produites par les influences météoriques.

On pourrait donc abandonner à la nature le soin de la formation d'une prairie naturelle, mais il se passerait plusieurs années avant que cette prairie pût donner un produit important, et c'est pour hâter ce résultat que le concours de l'homme intervient utilement. En étudiant avec soin la nature du sol, son degré habituel d'humidité, le climat de la localité, on peut former immédiatement la prairie des espèces utiles qui auraient fini par s'y établir exclusivement, et en écarter, dès le principe, les espèces inutiles ou nuisibles.

Plantes fourragères propres aux prairies naturelles. — Toutes les plantes qui composent habituellement les prairies naturelles sont loin d'être également convenables pour la nourriture des bestiaux. Les plus éminemment propres à cette destination sont la plupart de celles qui appartiennent à la famille des graminées, et à celle des légumineuses. D'autres ne sont qu'inutiles, soit parce que leur tige est presque nulle et que la disposition de leurs feuilles, étendues sur le sol, les empêche d'être saisies par la dent des animaux ou d'être coupées par la faux, telles sont plusieurs espèces de la grande famille des composées; soit parce que leurs tiges ligneuses sont rejetées par les bestiaux. Quelques-unes enfin sont malfaisantes. Il importe donc de n'admettre, lors de la création d'une prairie, que les espèces réellement utiles.

Pour bien étudier ces espèces, nous les partagerons en trois groupes : les plantes graminées, les plantes légumineuses, les espèces appartenant à diverses autres familles. Nous nous occuperons ensuite des plantes nuisibles. Les rendements que nous donnerons devront être considérés comme des maxima que l'on n'obtient pas ordinairement dans la pratique, mais qui suffisent pour déterminer la puissance de production relative de chaque espèce. La quantité de graines que nous indiquerons sera pour l'ensemencement complet d'un hectare, à l'exclusion de toute autre espèce. Les genres sont rangés, dans chaque groupe, par ordre alphabétique.

Premier groupe. — Plante de la famille des graminées.

Agrostis vulgaire (*agrostis vulgaris*, Smith) (fig. 641 et 642). Espèce vivace, à tige haute de $0^m,30$ à $0^m,60$; fourrage tardif d'assez bonne qualité ; 3,866 kilogr. de foin par hectare ; 100 parties de foin normal renferment 1,35 d'azote ; propre aux terrains argileux, un peu secs et même siliceux; convient surtout aux pâturages. On répand 10 kilogr. de semences par hectare.

Agrostis stolonifère, A. traçante, trainasse fiorin (*agrostis stolonifera*, L.) (fig. 643 et 644). Espèce vivace ; tiges nombreuses couchées, rameuses à leur base et poussant des racines à tous les nœuds qui se trouvent en contact avec le sol. On en cultive plusieurs variétés à panicules plus ou moins étalés; fourrage tardif; 8,958 kilogr. de foin par hectare ; foin d'assez bonne qualité ; 100 parties de foin normal renferment 1,33 d'azote ; l'herbe perd, par la fenaison, 0,55 de son poids ; propre à tous les terrains, mais surtout à ceux qui sont frais et humides ; convient aux prés et aux pâturages. On répand 10 kilogr. de semences par hectare.

En Angleterre, on propage cette espèce au moyen de ses racines traçantes qu'on étend dans les rigoles creusées tous les $0^m,25$ et profondes de $0^m,05$ seulement ; on recouvre avec une herse renversée et l'on roule. Si cette plantation a été faite de bonne

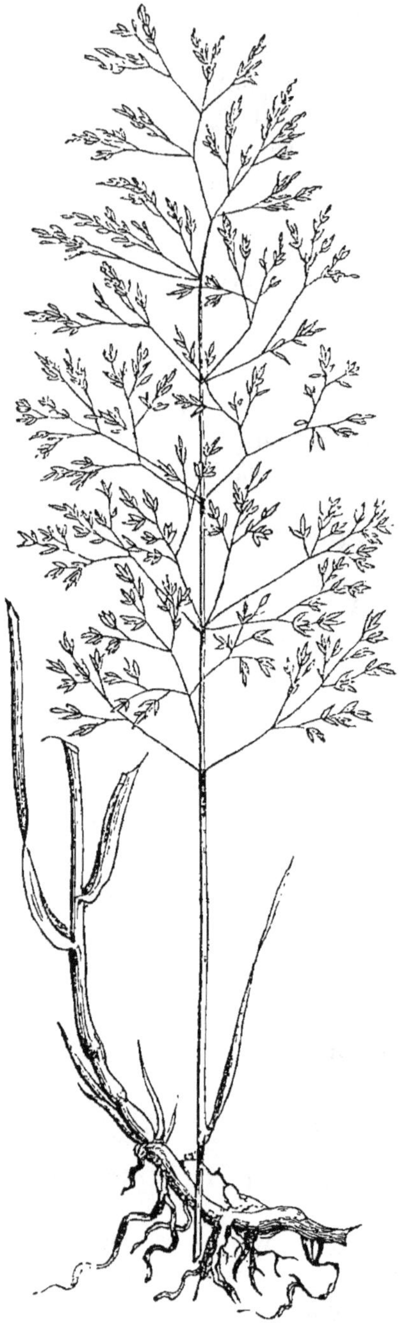

Fig. 641. *Agrostis vulgaire.*

Fig. 643. *Agrostis stolonifère.*

heure au printemps, on peut compter sur une abondante récolte dès l'automne suivant.

A. d'Amérique, Herd-grass (*A. dispar*, Mich.) (fig. 645 et 646). Plante vivace, tardive, tallant beaucoup, très-productive ; fourrage un peu gros, mais de bonne qualité ; convient à tous les

Fig. 642. *Fleur de l'agrostis vulgaire.*

Fig. 644. *Fleur de l'agrostis stolonifère.*

Fig. 646. *Fleur de l'agrostis d'Amérique.*

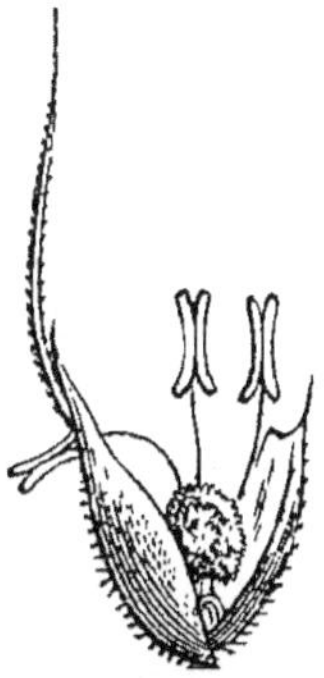

Fig. 648. *Fleur de l'avoine jaunâtre.*

prés assis sur un sol un peu frais et surtout à ceux qui sont humides ou tourbeux. On répand 5 kilogr. de semences par hectare.

Avoine fromentale, A. élevée (*avena elatior*, L.) (fig. 639, p. 287). Plante vivace ; tige élevée de plus d'un mètre, et garnie de feuilles nombreuses ; fourrage précoce, offrant une végétation continue ; saveur amère qui le fait repousser par les bestiaux lorsqu'on le leur donne seul ; 6,430 kilogr. de foin par hectare ; perd 0,60 de son poids par la fenaison ; 100 parties de foin normal renferment 0,85 d'azote ; convient aux terrains légers ou de consistance moyenne, secs ou humides ; redoute les sols compactes ; également propre aux prés et aux pâturages. On sème 100 kilogr. de semence par hectare.

Avoine jaunâtre, A. blonde, petit fromental (*avena flavescens*, L.) (fig. 647 et 648). Espèce vivace, à tiges grêles, s'élevant à $0^m,75$ de hauteur ; fourrage tardif, de bonne qualité, donnant 3,215 kilogr. de foin par hectare ; 100 parties de foin normal contiennent 1,79 d'azote ; convient aux prés et aux pâturages situés sur les terrains secs ou un peu frais. On répand 30 kilogr. de semences par hectare.

A. pubescente, A. velue, avrone (*A. pubescens*, L.) (fig. 649). Plante vivace ; tige de $0^m,70$ à 1 mètre d'élévation ; feuilles in-

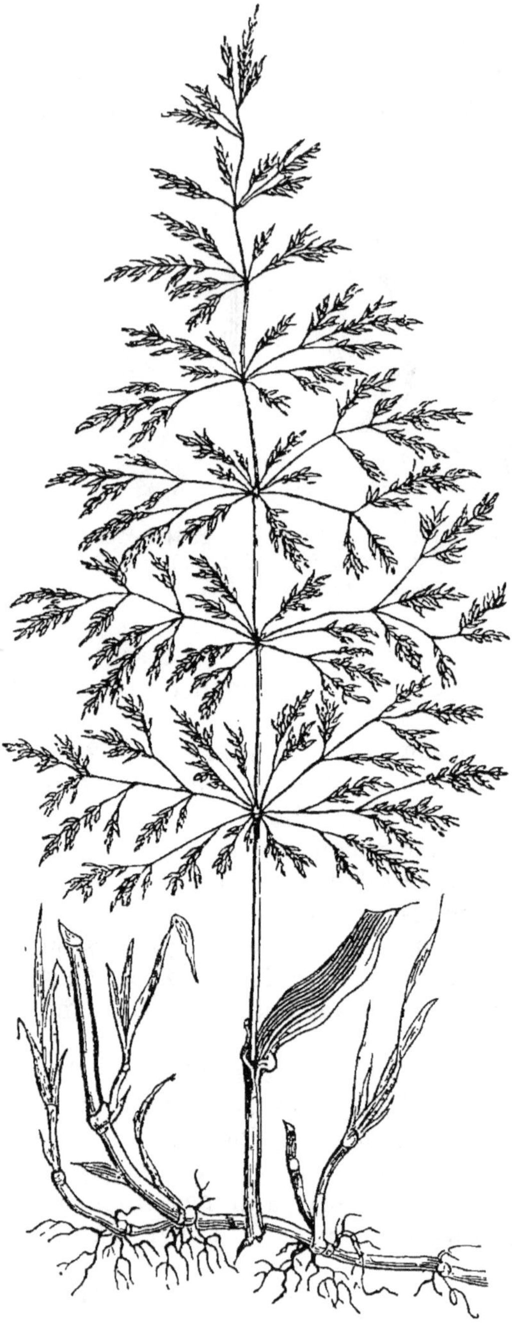

Fig. 645. *Agrostis d'Amérique.*

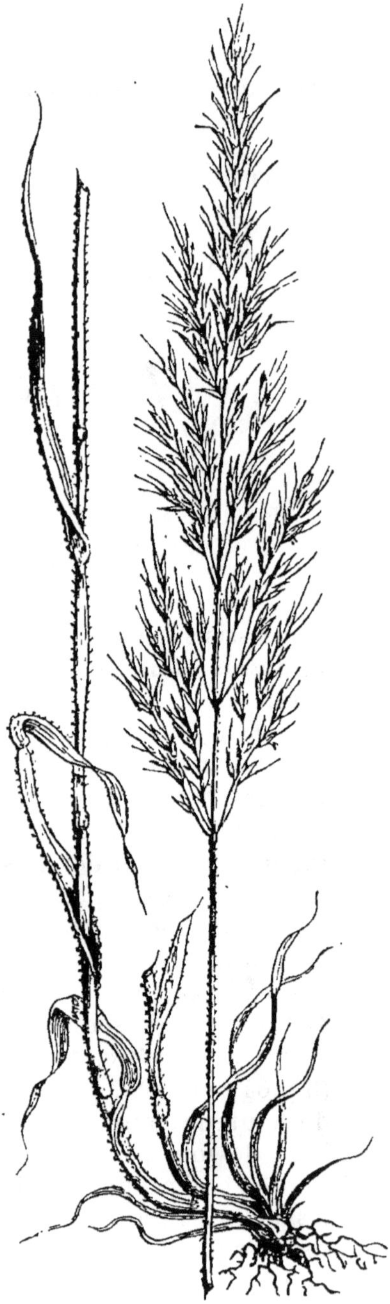

Fig. 647. *Avoine jaunâtre.*

Fig. 649. *Avoine pubescente.*

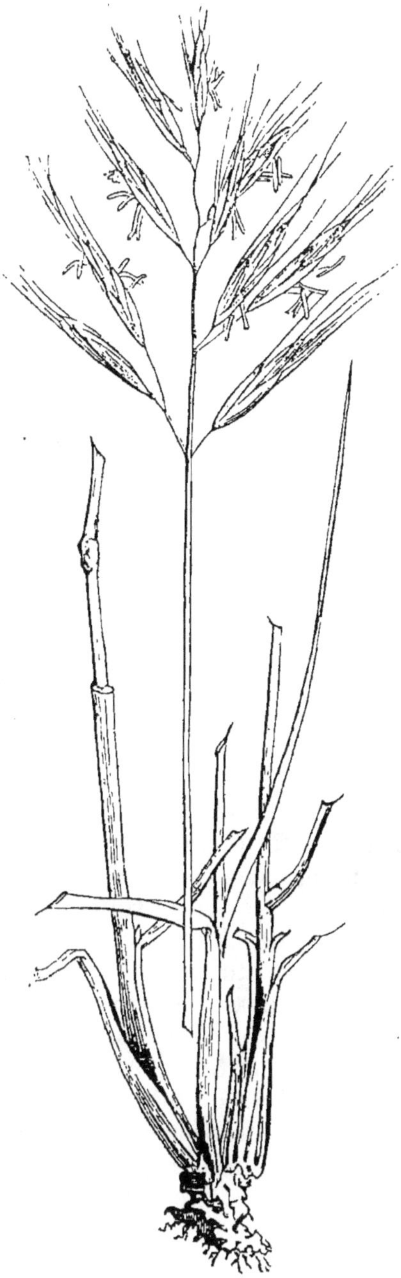

Fig. 650 *Avoine des prés.*

férieures larges, velues dans les terrains secs, glabres dans les sols frais; fourrage précoce, assez médiocre; 6,604 kilogr. de foin par hectare; l'herbe perd 0,62 de son poids par la fenaison; 100 parties de son foin normal contiennent 0,67 d'azote; convient aux pâturages des terrains sablonneux. On répand 30 kilogr. de semences par hectare.

A. des prés, avenette (*A. pratensis*, L.) (fig. 650 à 652). Plante vi-

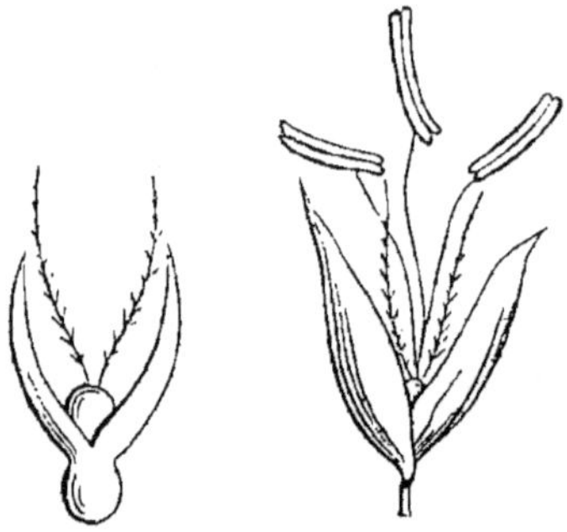

Fig. 651 et 652. *Fleurs de l'avoine des prés.* Fig. 654. *Épillet de la brize tremblante.*

vace, s'élevant un peu moins que la précédente; fourrage précoce, de très-bonne qualité; 100 parties de foin normal contiennent 1,37 d'azote; le rendement s'élève à 2,104 kilogr. de foin par hectare. Cette espèce, propre aux terrains secs, s'accommode surtout des sols calcaires. On sème 30 kilogr. de semences par hectare.

Brize tremblante, tremblette, amourette (*briza media*, L.) (fig. 653 et 654). Cette plante vivace, haute de 0^{m},65 environ, est peu productive, mais son fourrage, précoce, fin et de très-bonne qualité, est très-recherché par les moutons; son rendement s'élève à 3,483 kilog., et 100 parties de foin normal renferment 1,39 d'azote; il perd les deux tiers de son poids en séchant. Cette espèce convient aux terrains légers siliceux.

Brome des prés (*bromus pratensis*, Kœler) (fig. 655 et 656). Espèce vivace, haute de 0^{m},65; fourrage tardif, de qualité médiocre; 8,546 kil. de foin par hectare; l'herbe perd 0,58 de son poids par la fenaison; 100 parties de foin normal contiennent 0,58 d'azote; convient pour les prés ou les pâturages des terrains sablo-argileux, siliceux et calcaires. On répand 60 kilogr. de semences par hectare.

On reproche à cette plante d'incommoder les bestiaux par les barbes longues et aiguës qui accompagnent les fleurs. Toutefois, comme c'est une de celles qui réussissent le mieux sur

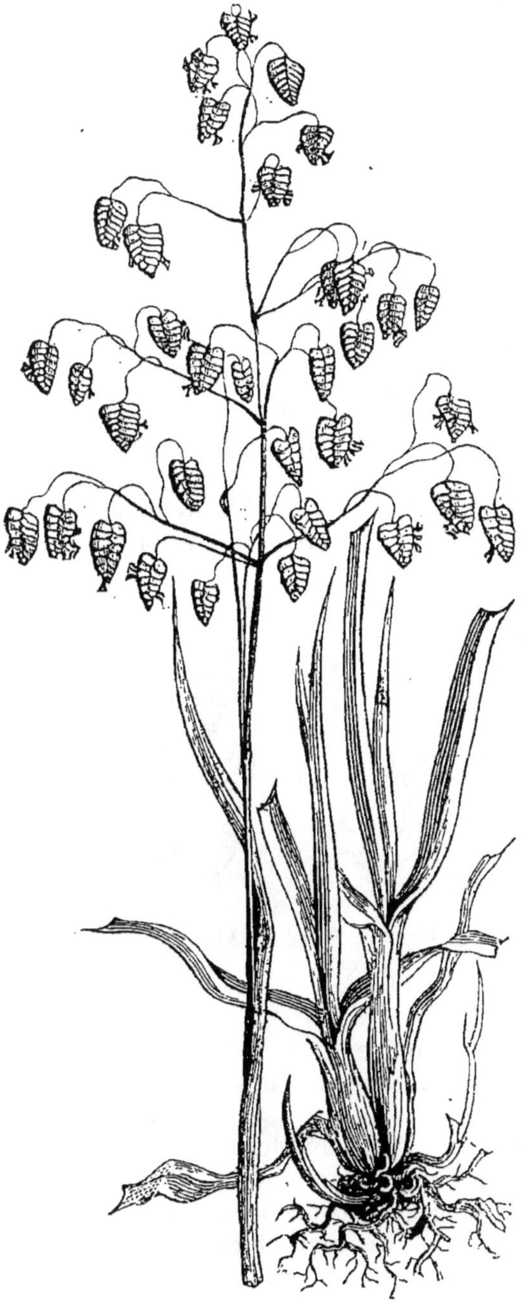

Fig. 653. *Brize tremblante.*

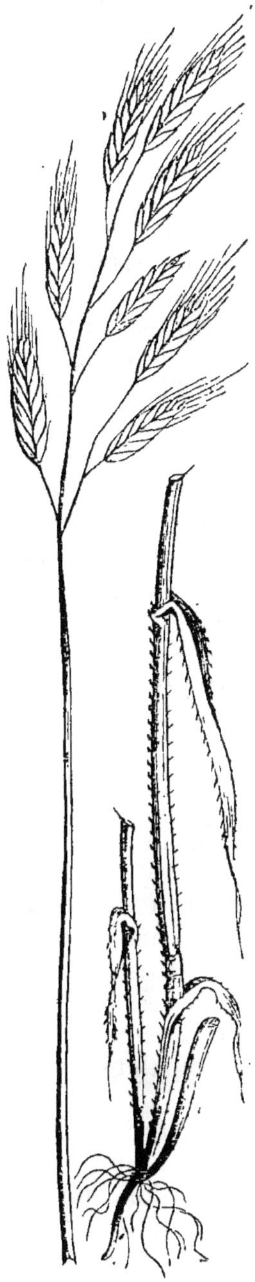

Fig. 655. *Brome des prés.*

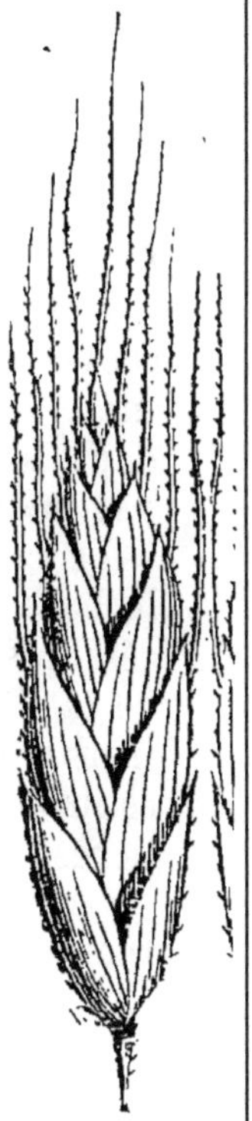

Fig. 656. *Épillet du brome des prés.*

les sols arides, siliceux ou calcaires, on pourra l'adopter dans ces circonstances, et la faire pâturer ou faucher de bonne heure pour diminuer l'inconvénient signalé.

Canche flexueuse, canche des montagnes (*aira flexuosa*, L.) (fig. 657 et 658). Plante vivace, tardive, à tiges grêles et nombreuses, peu fourrageuse, mais très-recherchée des moutons ; son rendement s'élève à 3,559 kilogr. de foin par hectare ; 100 parties de foin normal contiennent 0,63 d'azote. Elle convient aux pâturages des terrains secs et élevés. On sème 30 kilogr. de semences par hectare.

Cette espèce de canche forme à sa base une touffe assez fournie de feuilles courtes, glabres et jonciformes ; ses fleurs, réunies en panicule lâche et divergente, ont des balles luisantes et argentées. Elle compose presque toujours la base des prairies très-élevées, et convient non-seulement aux moutons, mais encore à tous les ruminants.

Chiendent (*triticum repens*, L.) (fig. 659 et 660). Plante vivace, à racines rampantes, qui développent à chaque articulation une tige haute d'un mètre et plus; fourrage très-tardif, de bonne qualité. Son rendement s'élève à 7,129 kilogr. de foin par hectare; 100 parties de foin normal contiennent 1,53 d'azote. Propre aux pâturages secs ou frais, suffisamment fumés. On répand la semence dans la proportion de 60 kil. par hectare.

Fig. 658. *Fleur de la canche flexueuse.*

Fig. 660. *Epillet du chiendent.*

Le chiendent fait en partie la base des prairies justement célèbres connues sous le nom de *la Prévalaie*, et on le retrouve communément dans un grand nombre de pâturages estimés principalement pour la nourriture des vaches laitières.

Cette plante, qui est un véritable fléau pour les terres labourées, résiste facilement à d'assez longues inondations et donne, en pareille position, d'aussi bons produits que beaucoup d'autres plantes aquatiques. Sur les bords des eaux à cours rapide, ses racines traçantes retiennent les terres en même temps que ses tiges arrêtent le limon qui augmente la hauteur du sol.

Fig. 657. *Canche flexueuse.*

Fig. 659. *Chiendent.*

Cynosure des prés, cretelle (*cynosurus cristatus*, L.) (fig. 661 et 662). Espèce vivace, à tiges assez feuillées, hautes de $0^m,40$ à $0^m,50$; fourrage tardif, recherché des moutons ; 2,067 kilogr. de foin par hectare ; l'herbe perd 0,70 de son poids par la fenaison ; 100 parties de foin normal contiennent 1,11 d'azote. Cette plante convient aux pâturages situés sur les terrains secs, et aussi à ceux des sols frais, humides et tourbeux. On sème 25 kilogr. de graines par hectare.

Dactyle pelotonné (*dactylis glomerata*, L.) (fig. 663 et 664). Plante vivace, précoce, à tiges hautes d'un mètre environ, garnies de larges feuilles rudes au toucher ; fourrage un peu gros, mais consommé volontiers par les bestiaux. Son rendement

Fig. 662. *Epillet du cynosure des prés.*

Fig. 664. *Epillet du dactyle pelotonné.*

Fig. 666. *Épillet de la fétuque des prés.*

Fig. 668. *Epillet de la fétuque élevée.*

s'élève à 14,441 kil. de foin par hectare. L'herbe perd 0,59 de son poids par la fenaison ; 100 parties de foin normal contiennent 0,85 d'azote. Cette espèce convient aux prés et aux pâturages de tous les terrains, et surtout aux sols sablo-argileux et siliceux. On répand 40 kilogr. de semences par hectare.

Fétuque des prés (*festuca pratensis*, L.) (fig. 665 et 666). Plante vivace, à tiges élevées d'un mètre et plus ; fourrage tardif, abondant et de très-bonne qualité ; 7,270 kilog. de foin par hectare ; l'herbe perd 0,54 de son poids par la fenaison ; 100 parties de foin normal contiennent 0,58 d'azote. Cette espèce est une des plus convenables pour les prés ou les pâturages des terrains frais et riches et des sols humides. On sème 50 kilogr. de semences par hectare.

F. élevée (*F. elatior*, L.) (fig. 667 et 668). Espèce très-voisine de

Fig. 661. *Cynosure des prés.*

Fig. 663. *Dactyle pelotonné.*

Fig. 665. *Fétuque des prés.*

Fig. 667. *Fétuque élevée.*

la précédente, mais plus élevée ; fourrage plus abondant, mais tardif. Il en existe une variété connue sous le nom de *F. gigantea*, qu'il faudra toujours lui préférer. Le rendement de cette dernière s'élève à 20,099 kilogr. de foin par hectare ; l'herbe perd 0,66 de son poids par la fenaison ; 100 parties de foin normal contiennent 1,71 d'azote. Cette plante doit être placée dans les mêmes conditions que la première espèce. On pourra cependant la cultiver aussi dans des sols un peu plus secs. On répand la même quantité de semences.

Fétuque ivraie (*festuca loliacea*) (fig. 669 et 670). Espèce voisine des précédentes et offrant les mêmes qualités ; 8,039 kilogr. de foin par hectare ; l'herbe perd 0,56 de son poids par la fenaison ; 100 parties renferment 0,83 d'azote. Cette fétuque exige les mêmes conditions que les précédentes. On sème la même quantité de semences.

F. ovine, coquiole, petit foin (*F. ovina*, L.) (fig. 671 et 672). Plante vivace, dont les tiges grêles s'élèvent au plus à $0^m,30$; fourrage précoce, d'assez médiocre qualité, mais très-recherché des moutons. Son rendement s'élève à 3,000 kilog. de foin par hectare ; 100 parties de foin contiennent 0,90 d'azote. Cette espèce est propre seulement aux pâturages des terrains secs siliceux ou calcaires. On répand 30 kilog. de semences par hectare.

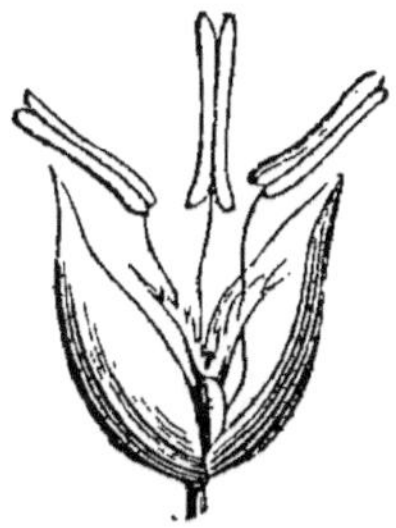

Fig. 670. *Fleur de la fétuque ivraie.*

Fig. 672. *Epillet de la fétuque ovine.*

F. traçante, f. rouge (*F. rubra*, L.) (fig. 673 et 674). Espèce vivace, à tiges un peu plus élevées que celles de la précédente, et développant de nombreuses tiges souterraines ; fourrage précoce, fin, de meilleure qualité que le précédent, et plus abondant ; 6,431 kilog. de foin par hectare ; 100 parties de foin normal renferment 0,83 d'azote. Elle convient aux pâturages de tous les sols. On sème 40 kilog. de graines par hectare.

Fléole des prés, thimote, mannette, grosse massette (*phleum pratense*, L.) (fig. 675 et 676). Plante vivace, à tige feuillée, de plus d'un mètre d'élévation ; fourrage très-tardif, un peu gros, mais très-abondant et de bonne qualité pour tous les bestiaux ; 25,000 kilog. de foin par hectare en deux coupes ; l'herbe perd 0,56 de son poids par la fenaison ; 100 parties de foin normal contiennent

Fig. 669. *Fétuque ivraie.*

Fig. 671. *Fétuque ovine.*

Fig. 673. *Fétuque traçante.*

Fig. 674. *Epillet de la fétuque traçante.*

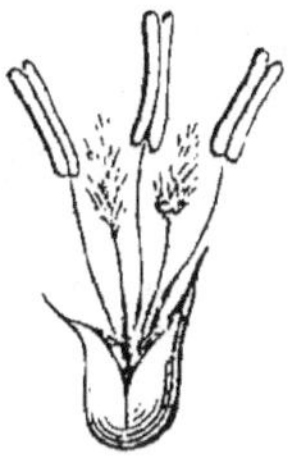

Fig. 676. *Fleur de la fléole des prés.*

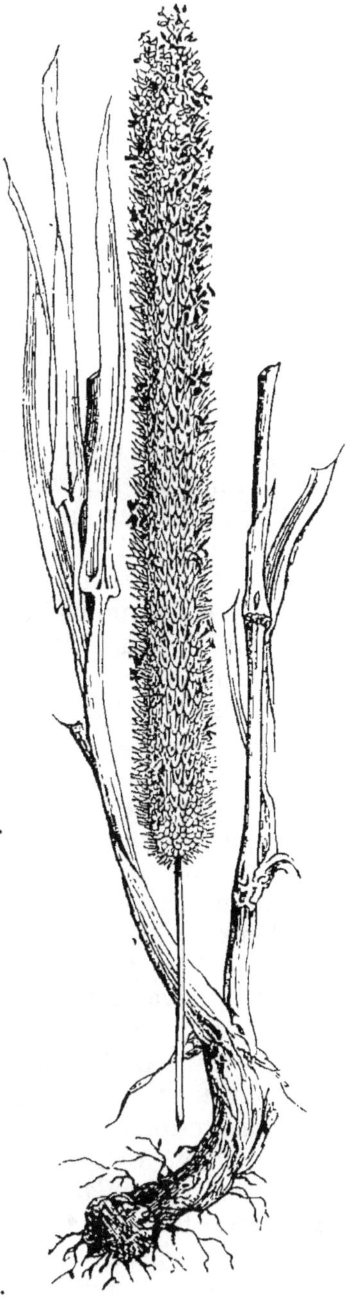

Fig. 675. *Fléole des prés.*

1,02 d'azote ; convient aux prés et pâturages de tous les terrains. On répand 8 kil. de semences par hectare.

Flouve odorante, foin dur (*anthoxanthum odoratum*, L.) (fig. 677 à 679). Plante vivace, dont la tige s'élève à 0m,30 au plus ; fourrage très-précoce, fin, odorant, peu abondant et assez peu nutritif, mais il augmente la qualité des autres fourrages par l'odeur aromatique qu'il communique au foin ; 2,366 kilog. de foin par hectare ; l'herbe perd 0,73 de son poids par la fenaison ; 100 parties de foin normal contiennent 0,63 d'azote. Convient aux prés et aux pâturages de tous les terrains ; on répand 40 kilogr. de semences par hectare.

Houque laineuse (*holcus lanatus*, L.) (fig. 680 à 682). Espèce vivace, à tiges de 0m,40 à 0m,80 de hauteur ; feuilles larges, tendres ; graines cotonneuses : fourrage tardif, abondant et de très-bonne qualité ; rendement 7,493 kilogr. de foin sec par hectare ; l'herbe perd 0,63 de son poids par la fenaison ; 100 parties de foin normal renferment 1,92 d'azote ; propre aux pâturages et aux prés de tous les terrains frais et même des terrains humides. On sème 20 kilogr. de graines par hectare.

H. molle (*H. mollis*, L.) (fig. 683 à 685). Plante vivace, à racines traçantes, à tiges moins élevées que celles de la précédente ; fourrage tardif, peu abondant, de qualité médiocre ; propre aux prés et aux pâturages des terrains argileux peu fertiles. On répand la même quantité de semences.

Ivraie vivace et *I. d'Italie* (*lolium perenne* et *l. italicum*) (fig. 633 et 635, p. 283). Nous nous sommes précédemment occupés de ces deux espèces au chapitre des *Prairies artificielles non légumineuses* où nous avons résolu les diverses questions qui se rattachent à leur culture. Elles sont également propres aux prairies naturelles, et s'accommodent des terrains frais, humides ou tourbeux.

Paturin flottant, fétuque flottante (*poa fluitans*, L.) (fig. 686 et 687). Plante vivace, dont les tiges traçantes s'élèvent de 0m,60 à 1 mètre. Elles sont molles, épaisses et garnies de feuilles larges ; fourrage tardif abondant, et de bonne qualité. Cette plante convient aux pâturages et aux prés des terrains très-humides, dans lesquels aucune autre espèce ne lui est supérieure comme fourrage vert.

P. commun (*P. trivialis*, L.) (fig. 688 et 689). Espèce vivace, à racines traçantes, à tige de 0m,30 à 0m,60 d'élévation ; fourrage précoce, fin, abondant, recherché des bestiaux ; 2,527 kilogr. de foin par hectare ; l'herbe perd 0,70 de son poids par la fenaison ; 100 parties de foin normal contiennent 1,60 d'azote. Convient

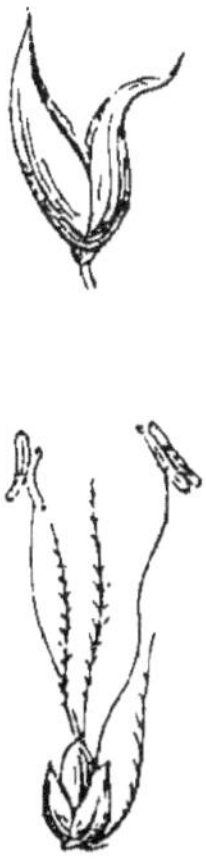

Fig. 678 et 679. *Fleurs de la flouve odorante.*

Fig. 681 et 682. *Fleurs de la houque laineuse.*

Fig. 677. *Flouve odorante.*

Fig. 680. *Houque laineuse.*

Fig. 683. *Houque molle.*

Fig. 686. *Paturin flottant.*

Fig. 688. *Paturin commun.*

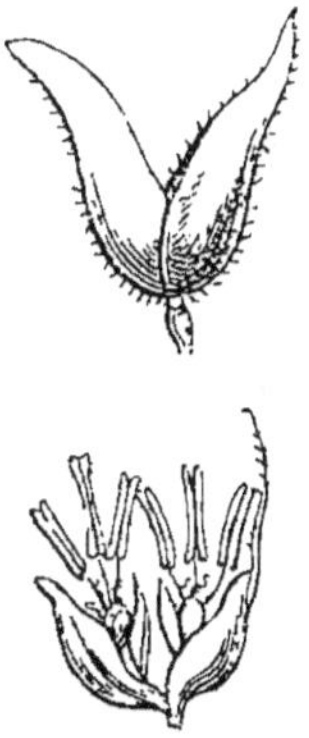

Fig. 684 et 685. *Fleurs de la houque molle.*

Fig. 687. *Epillet du paturin flottant.*

Fig. 689. *Fleur du paturin commun.*

aux prés et pâturages de tous les terrains frais ou humides. On sème 20 kilog. de graines par hectare. Diffère de l'espèce suivante par la languette déchiquetée qui se trouve à la base des feuilles et par la rudesse des grains de celles-ci.

Paturin des prés (*poa pratensis*, L.) (fig. 690 et 691). Plante vivace, voisine de la précédente, mais plus traçante encore; fourrage très-précoce; 3,255 kilogr. de foin par hectare; l'herbe perd 0,70 de son poids par la fenaison; 100 parties de foin normal renferment 1,03 d'azote. Propre aux prés et aux pâturages de tous les terrains; 20 kil. de semences par hectare.

P. des bois (*P. nemoralis*, L.) (fig. 692 et 693). Espèce vivace, à tiges grêles et droites; fourrage précoce, assez abondant; très-bon; 8,768 kilogr. de foin par hectare; l'herbe perd 0,55 de son

Fig. 691. *Fleur du paturin des prés.*

Fig. 693. *Paturin des bois.*

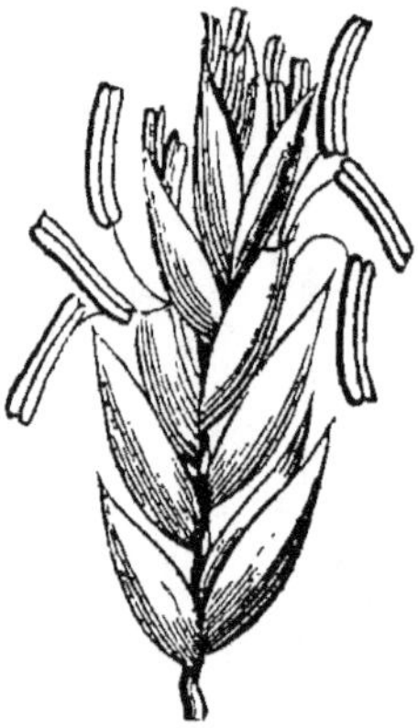

Fig. 695. *Epillet du paturin maritime.*

Fig. 697. *Epillet du paturin aquatique.*

poids par la fenaison; 100 parties de foin normal contiennent 1,64 d'azote. Cette espèce convient aux prés et pâturages des terrains frais et égouttés, et surtout des sols légers, siliceux ou calcaires; 30 kilog. de semences par hectare.

P. maritime (*P. maritima*, L.) (fig. 694 et 695). Cette plante, qui fournit un excellent fourrage tardif, est propre aux prés et pâturages des terrains salants. Elle donne 5,512 kilogr. de foin par hectare; l'herbe perd 0,58 de son poids par la fenaison; 100 parties de foin normal renferment 1,88 d'azote; 20 kilogrammes de semences par hectare.

P. aquatique (*P. aquatica*, L.) (fig. 696 et 697). Plante vivace

Fig. 690. *Paturin des prés.*

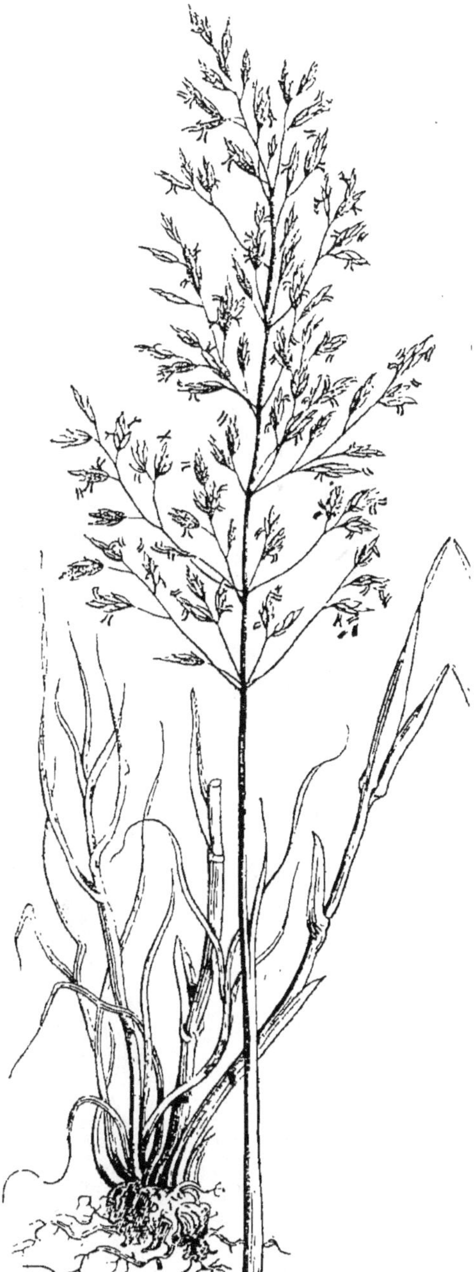

Fig. 692. *Paturin des bois.*

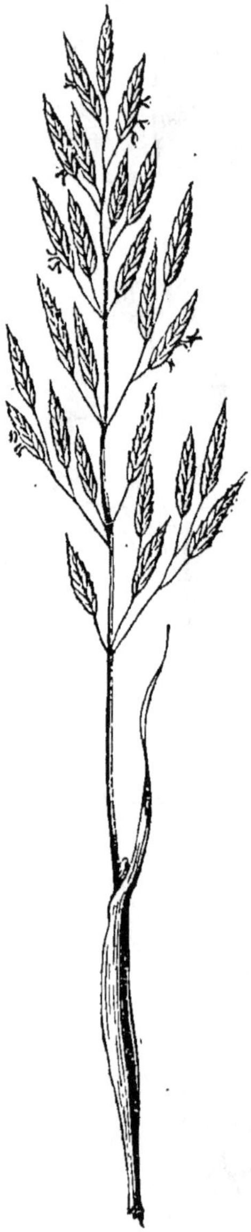

Fig. 694. *Paturin maritime.*

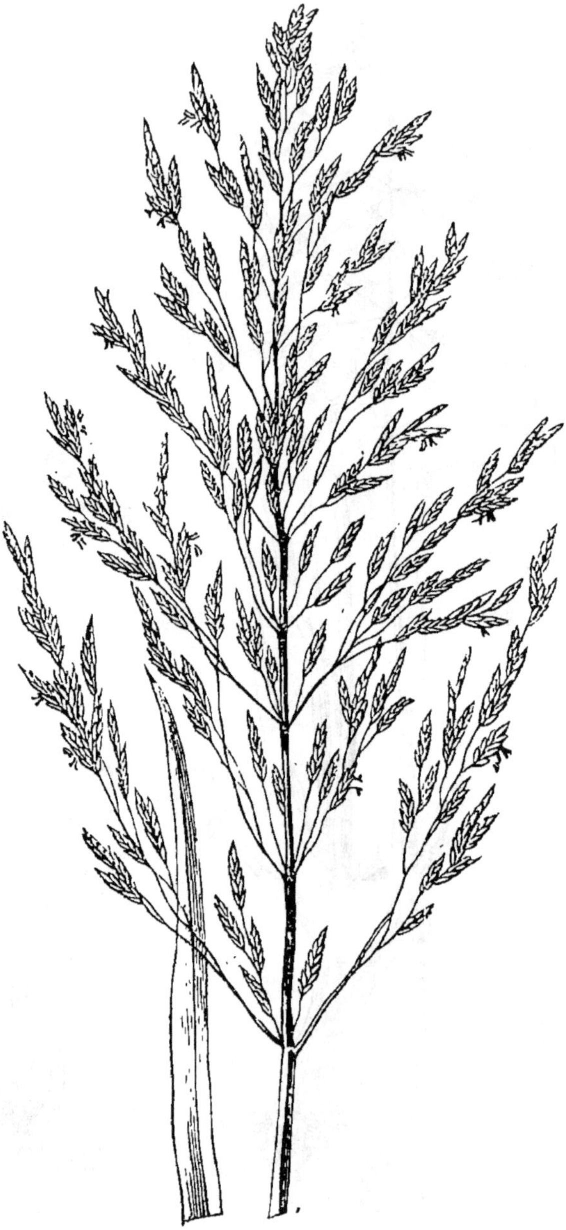

Fig. 696. *Paturin aquatique.*

qui s'élève à 1 ou 2 mètres ; tiges épaisses, succulentes, garnies de feuilles larges et tendres, racines traçantes ; fourrage tardif, assez abondant et nutritif ; 8,843 kilogr. de foin par hectare ; l'herbe perd 0,50 de son poids par la fenaison ; 100 parties de foin normal contiennent 1,18 d'azote. Espèce propre aux prés très-humides ; 15 kilogrammes de semences par hectare.

Paturin canche, canche aquatique (*poa airoides*, DC., *aira aquatica*, L.) (fig. 698). Espèce annuelle, à tiges traçantes, pourvues de feuilles arrondies au sommet ; fourrage précoce, assez abondant et très-recherché des bestiaux ; 3,675 kilog. de foin par hectare ; l'herbe perd 0,80 de son poids par la fenaison ; 100 parties de foin normal renferment 1,27 d'azote. Convient aux pâturages très-humides ; 15 kilog. de semences par hectare.

Cette espèce est remarquable par ses tiges, les unes couchées et donnant naissance à tous leurs nœuds, à une touffe de racines, les autres verticales et se développant au-dessus de chacun des faisceaux de racines.

Phalaris roseau, ruban d'eau, rubanier, alpiste roseau (*phalaris arundinacea*, L.) (fig. 699 et 700). Plantes vivaces, à tiges droites,

Fig. 700.
Fleurs du phalaris roseau.

Fig. 702.
Fleur du vulpin des prés.

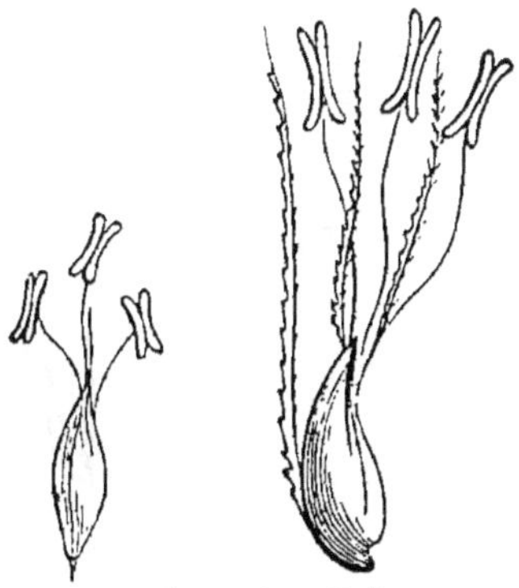

Fig. 704 et 705.
Fleurs du vulpin des champs.

hautes de 1 mètre à 1^{m},60, un peu traçantes, pourvues de feuilles larges et longues ; fourrage tardif, très-productif, d'assez bonne qualité quand on le coupe de bonne heure ; 13,782 kilogr. de foin par hectare ; l'herbe perd 0,50 de son poids par la fenaison ; 100 parties de foin normal contiennent 1,49 d'azote. Propre aux prés des terrains très-humides.

Vulpin des prés (*alopecurus pratensis*, L.) (fig. 701 et 702).

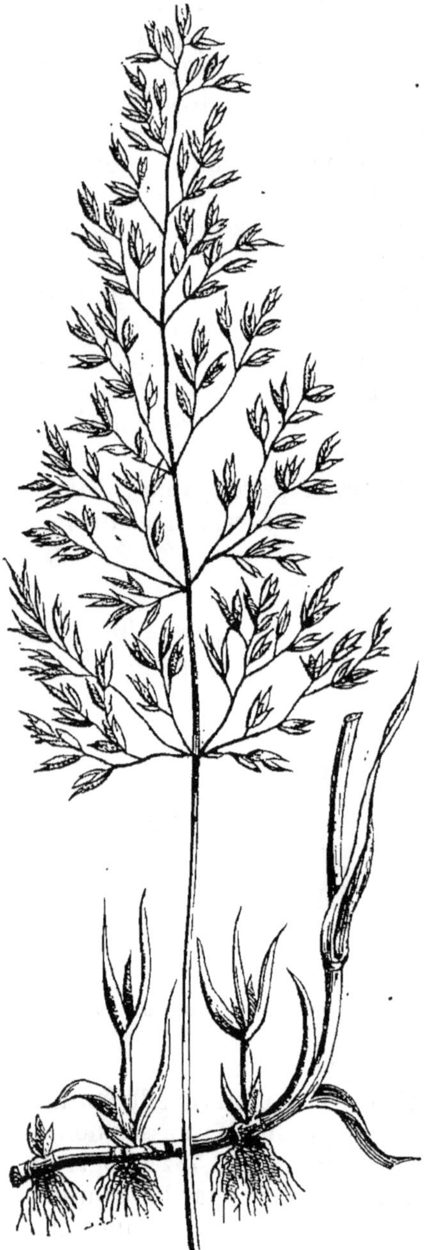

Fig. 698. *Paturin canche.*

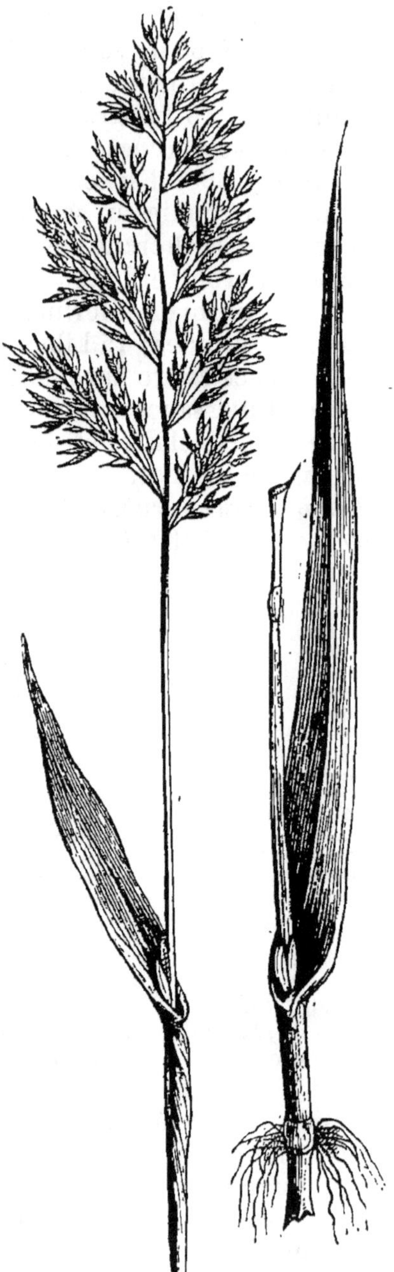

Fig. 699. *Phalaris roseau.*

Fig. 701, *Vulpin des prés*. Fig. 703. *Vulpin des champs*. Fig. 706. *Vulpin genouille*.

Espèce vivace, offrant une tige haute de 0m,30 à 1 mètre ; fourrage très-hâtif, abondant, un peu gros et de bonne qualité ; 16,080 kilogr. de foin par hectare en deux coupes ; l'herbe perd 0,70 de son poids par la fenaison ; 100 parties de foin normal contiennent 0,67 d'azote. Convient aux prés et pâturages des terrains frais et humides de bonne qualité ; 25 kil. de semences par hectare.

Vulpin des champs (*alopecurus agrestis*, L.) (fig. 703 à 705). Plante annuelle, un peu moins élevée que la précédente ; fourrage très-précoce, peu abondant, de qualité médiocre ; 3,556 kilogr. de foin par hectare, 100 parties de foin normal contiennent 0,59 d'azote. Propre aux prés et aux pâturages de tous les terrains. On sème 50 kilogr. de graines par hectare.

V. genouillé (*A. geniculatus*, L.) (fig. 706 et 707). Espèce vivace, tige fortement géniculée, fourrage précoce, peu abondant, d'assez bonne qualité. Convient aux prés et pâturages des terrains humides ; 25 kil. de semences par hectare.

Fig. 707. *Fleur du vulpin genouillé.*

Deuxième groupe. — Plantes de la famille des légumineuses.

Gesse des prés (*lathyrus pratensis*, L.) (fig. 708 à 710). Plante vivace à fleurs jaunes ; fourrage précoce, abondant, de très-bonne qualité ; donne 10,000 kilog. de foin par hectare ; le fourrage vert perd 0,68 de son poids par la fenaison ; 100 parties de foin normal contiennent 2,36 d'azote. Cette légumineuse doit être placée dans les prés substantiels, frais ou humides. Il faut environ 80 litres de semences par hectare.

G. des marais (*L. palustris*, L.) (fig. 711 et 712). Espèce vivace, à fleurs rouges ; fourrage précoce ; 10,000 kilog. de foin par hectare ; le fourrage vert perd 0,70 de son poids par la fenaison ; 100 parties de foin normal contiennent 2,20 d'azote. Convient aux prés humides ou tourbeux. On répand la même quantité de semences.

Fig. 709. *Fleur de la gesse des prés.*

Fig. 712. *Fleur de la gesse des marais.*

Fig. 710. *Fruit de la gesse des prés.*

Lotier corniculé, lotier d'Allemagne, lotier des prés, trèfle cornu (*lotus corniculatus*, L.) (fig. 713 à 715). Espèce vivace, à tiges

Fig. 708. *Gesse des prés.*

Fig. 711. *Gesse des marais.*

très-feuillues, hautes de 0m,20 à 0m,50; fleurs jaunes, fourrage précoce, assez abondant, de très-bonne qualité; il appartient aux prés et pâturages de tous les terrains. On sème 8 à 10 kilogrammes de semences par hectare.

Fig. 714. *Fleur du lotier corniculé.*

Fig. 715. *Fruit du lotier corniculé.*

Lotier velu (*lotus uliginosus*, L.) (fig. 716 à 719). Cette espèce diffère de la précédente par de plus grandes dimensions, par ses fleurs plus nombreuses sur chaque tête et un peu plus petites, et surtout par un duvet abondant qui couvre toutes ses parties; fourrage plus abondant, très-tardif, aussi recherché par les bestiaux. Convient aux prés et pâturages des terrains substantiels, frais ou humides. Même quantité de semences.

Fig. 713. *Lotier corniculé.*

Fig. 716. *Lotier velu.*

Fig. 717.
Fleur du lotier velu.

Fig. 718.
Fruit du lotier velu.

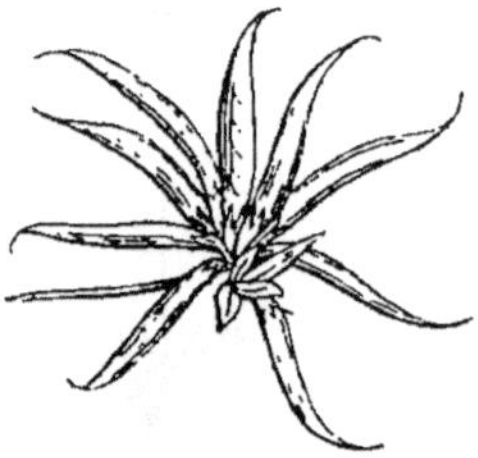

Fig. 719. *Groupe des fruits du lotier velu.*

L. maritime (*L. maritimus*, L.). Espèce vivace, tardive, très-voisine du lotier corniculé, propre aux prés et pâturages salants.

Luzerne cultivée (*medicago sativa*, L.) (fig. 720). Cette légumineuse est non-seulement une des plantes les plus importantes

Fig. 720. *Luzerne cultivée.*

Fig. 721. *Luzerne lupuline.*

pour les prairies artificielles, mais elle occupe aussi une place utile dans les prairies naturelles. Elle convient aux prés et pâturages des terrains profonds, secs ou même frais, pourvu qu'ils soient bien égouttés.

Luzerne lupuline (*medicago lupulina*, L.) (fig. 721). Cette plante, à fourrage très-précoce, convient aux pâturages et aux prés de tous les terrains.

L. en faucille, L. de Suède, tranche (*M. falcata*, L.) (fig. 722 à 724). Cette espèce vivace convient également aux prés et pâturages des terrains secs, siliceux ou calcaires; son fourrage est précoce.

Sainfoin commun (*hedysarum onobrychis*, L.) (fig. 725). Cette plante vivace, qui joue un rôle important dans les *prairies artificielles*, peut être aussi utilisée pour les prairies naturelles. Elle convient aux prés et aux pâturages des terrains secs, siliceux ou calcaires; son fourrage est précoce.

Trèfle blanc (*trifolium repens*, L.) (fig. 726). Cette espèce précoce convient également aux prés et pâturages dont elle garnit

Fig. 722. *Luzerne en faucille.*

Fig. 723. *Fleur de la luzerne en faucille.*

Fig. 724. *Fruit de la luzerne en faucille.*

Fig. 725. *Sainfoin commun.*

le pied. Le fourrage vert perd 0,78 de son poids par la fenaison; 100 parties de foin normal contiennent 1,54 d'azote. Tous les sols conviennent au trèfle blanc, depuis les plus secs jusqu'aux plus humides.

Trèfle rouge (*trifolium pratense*, L.) (fig. 727). Il donne un four-

Fig. 726. *Trèfle blanc.*

Fig. 727. *Trèfle rouge.*

Fig. 728. *Trèfle maritime.*

Fig. 729. *Fleur du trèfle maritime.*

Fig. 730. *Fruit du trèfle maritime.*

rage précoce, et convient aux prés et pâturages des terrains frais, argilo-sableux et argilo-calcaires.

T. intermédiaire (*T. medium*, L.). Plante voisine du trèfle rouge,

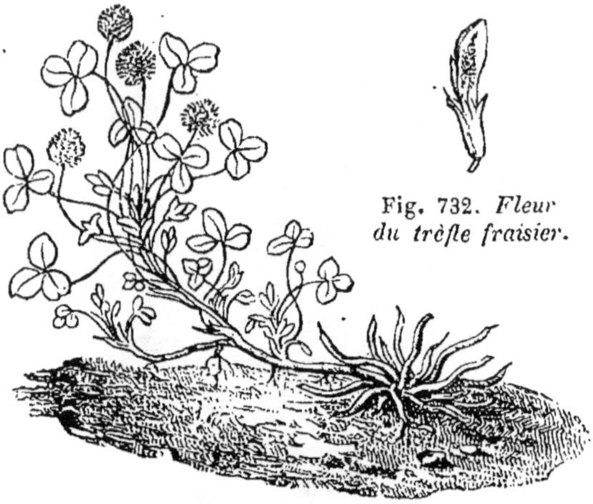

Fig. 731. *Trèfle fraisier.*

Fig. 732. *Fleur du trèfle fraisier.*

Fig. 733. *Fruit du trèfle fraisier.*

Fig. 734. *Tête de fruits du trèfle fraisier.*

Fig. 735. *Trèfle hybride.*

Fig. 736. *Trèfle des campagnes.*

Fig. 737. *Fleur du trèfle des campagnes.*

Fig. 738. *Fruit du trèfle des campagnes.*

et qui doit être placée dans les mêmes conditions que ce dernier. Son fourrage est précoce.

T. maritime (*T. maritimum*) (fig. 728 à 730). Espèce vivace à tige droite, haute de 0m,20 à 0m,50. Fourrage abondant ; propre aux prés et pâturages des terrains salants.

Trèfle fraisier, t. capiton (*trifolium fragiferum*, L.) (fig. 731 à 734). Cette espèce vivace est traçante et rustique comme le trèfle blanc ; son fourrage est tardif. Elle convient aux pâturages des terrains légers, secs ou humides.

Trèfle hybride (*trifolium hybridum*) (fig. 735). Cette espèce est propre aux prés et pâturages des terrains frais ou humides ; son fourrage est précoce.

T. élégant (*T. elegans*, Savi), voisin du trèfle hybride ; il convient aux prés et pâturages des terrains frais, siliceux ou argilo-siliceux ; fourrage précoce.

T. des campagnes, t. jaune, mignonnette jaune (*T. agrarium*, L., *t. procumbens*) (fig. 736 à 738). Espèce annuelle, s'élevant à 0m,30 environ ; fourrage peu abondant, mais de très-bonne qualité. Convient aux prés et pâturages de tous les terrains.

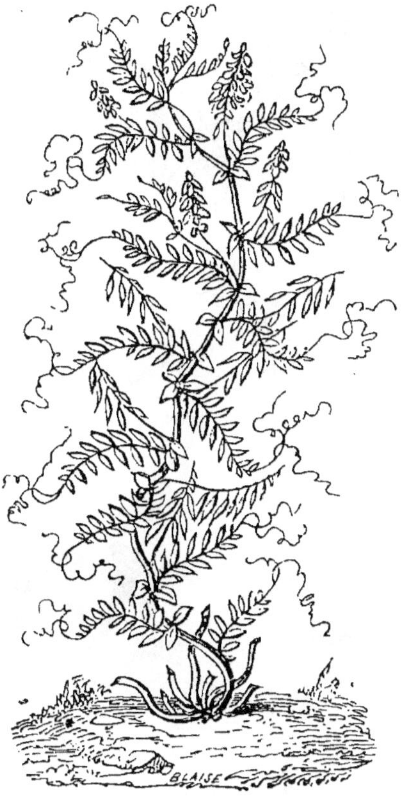

Fig. 739. *Vesce multiflore.*

Fig. 740. *Fleur de la vesce multiflore.*

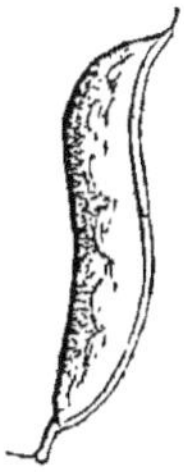

Fig. 741. *Fruit de la vesce multiflore*

Vesce multiflore, pois à crapaud, jorseau (*vicia cracca*, L.) (fig. 739 à 741). Plante vivace, fourrageuse, à tiges grimpantes, de 1 mètre et plus de longueur ; fleurs d'un bleu violacé ; fourrage tardif, recherché par les animaux. Convient aux prés des terrains frais et humides et même tourbeux ; 5,000 kilogr. de foin par hectare; le fourrage vert perd 0,60 de son poids par la fenaison; 100 parties de foin normal contiennent 1,15 d'azote.

Fig. 742. *Vesce des haies.*

Fig. 745. *Vesce des buissons.*

Fig. 743. *Fleur de la vesce des haies.*

Fig. 744. *Fruit de la vesce des haies.*

Fig. 746. *Fleur de la vesce des buissons.*

Fig. 747. *Fruit de la vesce des buissons.*

V. des haies (*V. sepium*, L.) (fig. 742 à 744). Vivace, ayant le port de la précédente, mais portant des fleurs à l'aisselle des feuilles; fourrage tardif, propre aux prés des terrains frais et humides; 6,000 kilog. de foin par hectare; le fourrage vert perd

0,60 de son poids par la fenaison; 100 parties de foin normal contiennent 1,14 d'azote.

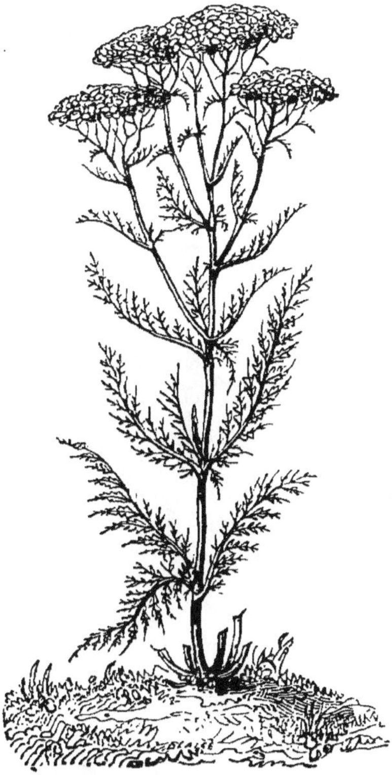

Fig. 748. *Achillée millefeuille.*

Fig. 751. *Berce brancursine.*

Fig. 749. *Fleur de l'achillée millefeuille.*

Fig. 750. *Fruit de l'achillée millefeuille.*

Fig. 752. *Fleur de la berce.*

Fig. 753. *Fruit de la berce.*

Vesce des buissons (*vicia dumetorum*, L.) (fig. 745 à 747). Espèce vivace, peu éloignée de la précédente, et offrant les mêmes qualités.

Troisième groupe. — Plantes de familles diverses.

Achillée millefeuille, herbe aux charpentiers, herbe de Saint-Jean (*achillea millefolium*, L.) (fig. 748 à 750). Cette plante vivace, de la grande famille des composées, n'est ni très-fourrageuse, ni très-

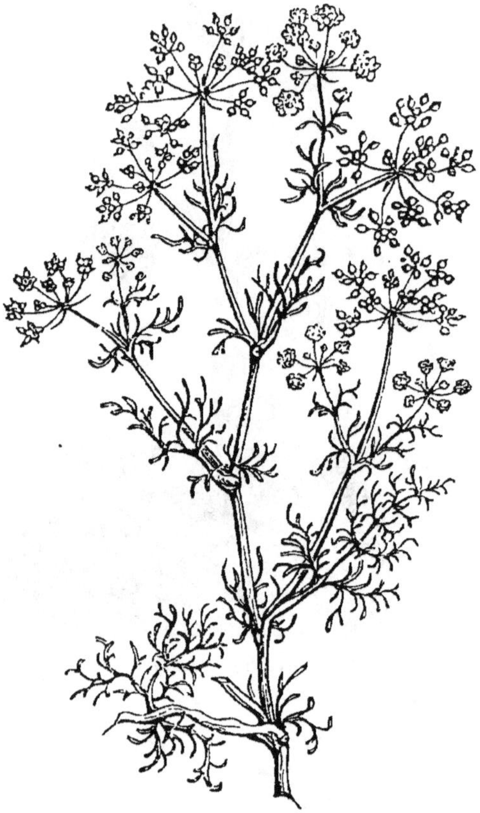

Fig. 754. *Cumin des prés.*

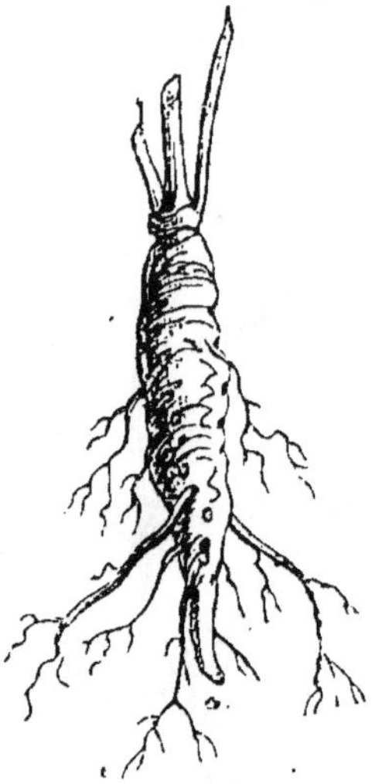

Fig. 755. *Racine du cumin des prés.*

Fig. 756. *Fleur du cumin des prés.*

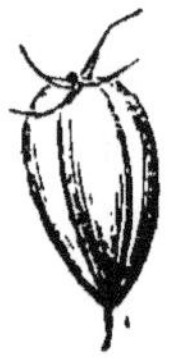

Fig. 757. *Fruit du cumin des prés.*

nourrissante, mais elle résiste parfaitement aux plus grandes sécheresses, et elle est très-recherchée des moutons et des vaches. 100 parties de son foin normal contiennent 0,80 d'azote. Son fourrage est tardif. Elle convient aux pâturages des terrains frais ou secs. On sème 6 kilog. de graines par hectare.

Berce brancursine ou *blanc-ursine*, *acanthe d'Allemagne*, *panais de vache* (*heracleum sphondalium*, L.) (fig. 751 à 753). Plante vivace, de la famille des ombellifères; ses tiges, garnies de feuilles, s'élèvent jusqu'à $1^m,50$. Lorsqu'elle est jeune, c'est un excellent fourrage pour les vaches dont elle augmente la sécrétion du lait. Sèche, elle ne donne qu'un fourrage dur qui n'est pas mangé par les bestiaux. Aussi doit-on la repousser des prés, où elle occuperait inutilement un grand espace. Convient aux pâturages des terrains frais ou humides; fourrage très-précoce.

Chicorée sauvage, écoubette (*cichorium intybus*, L.) (p. 273). Cette plante, à fourrage tardif, dont nous avons fait ressortir les avantages au chapitre des *Prairies artificielles*, convient aux pâturages des terrains frais; dans les sols arides, son fourrage devient trop amer.

Fig. 758. *Jacée œillet.*

Cumin des prés (*seseli carvi; carum carvi*, L.) (fig. 754 à 757). Cette plante, de la famille des ombellifères, est vivace, et s'élève à $0^m,30$ ou $0^m,60$ de hauteur; elle est aromatique et communique au fourrage sec une odeur qui plaît aux bestiaux; fraîche, elle est recherchée par les moutons et les bêtes à cornes. Elle convient aux prés et pâturages des terrains frais ou secs, et donne un fourrage très-précoce.

Jacée œillet, jacée des prés (*centaurea jacea*, L.) (fig. 758 à 760). Plante vivace de la famille des composées; donne un très-bon fourrage lorsque sa végétation n'est pas trop avancée; elle est précoce. Elle convient aux pâturages de tous les terrains, excepté des marais et des sables arides. On répand la semence dans la proportion de 8 kilogr.

Fig. 761. *Pimprenelle.*

Fig. 764. *Sanguisorbe officinale.*

Fig. 759. *Fleuron de la jacée œillet.*

Fig. 760. *Fruit de la jacée œillet.*

Fig. 762. *Fleur mâle de la pimprenelle.*

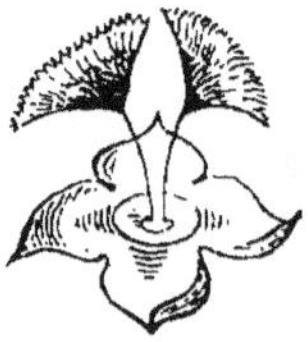

Fig. 763. *Fleur femelle de la pimprenelle.*

Pastel (*isatis tinctoria*, L.) (p. 268, fig. 620). Cette plante, dont nous avons déjà parlé au chapitre des *Prairies artificielles*, convient aussi aux pâturages des terrains secs, calcaires ou siliceux, où elle donne un fourrage très-précoce que mangent bien les moutons.

Pimprenelle, petite pimprenelle (*poterium sanguisorba*, L.) (fig. 761 à 763). Cette plante vivace, de la famille des rosacées, donne un excellent fourrage, demi-hâtif, pour la nourriture des moutons, même pendant l'hiver. Elle est très-propre aux pâturages des terrains secs, siliceux ou calcaires. On répand sa semence dans la proportion de 30 kilogr. par hectare.

Sanguisorbe officinale, *grande pimprenelle* (*sanguisorba officinalis*, L.) (fig. 764). Plante vivace de la même famille; plus développée et plus fourrageuse; offre les mêmes qualités, mais demande un sol un peu plus substantiel. Propre aux pâturages des terrains secs, argilo-sableux et argilo-calcaires; 35 à 40 kilogr. de graines par hectare.

Plantain lancéolé, petit plantain (*plantago lanceolata*, L.) (fig. 765 à 767). Plante vivace, très-recherchée de tous les bestiaux. Propre seulement aux pâturages, elle est peu difficile sur le choix du terrain; elle redoute cependant les sols très-secs. On répand la se-

Fig. 765. *Plantain lancéolé.*

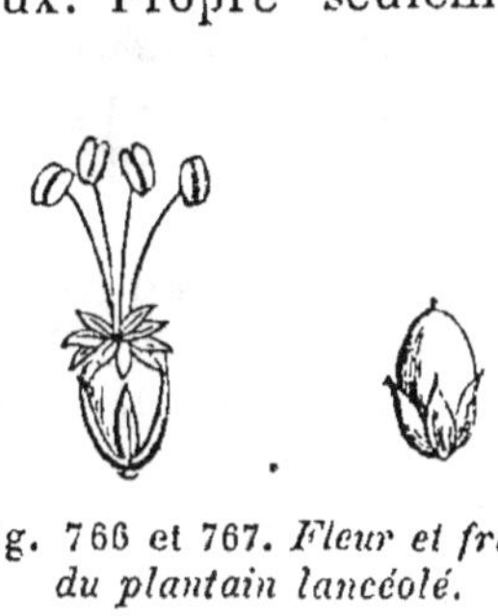

Fig. 766 et 767. *Fleur et fruit du plantain lancéolé.*

mence dans la proportion de 20 kilogrammes par hectare; c'est un fourrage très-précoce.

Jonc de Bothnie (juncus bothnicus). Cette plante, qui appartient à une famille dont la majorité des espèces est plutôt nuisible qu'utile aux prairies, présente, par exception, des qualités qui la font rechercher avec avidité par les différents animaux. Elle peut entrer dans la composition de tous les prés ou pâturages salants exposés à une grande humidité. C'est dans de pareilles conditions qu'on la rencontre à l'état spontané.

Choix à faire entre les diverses espèces de plantes propres aux prairies naturelles. — L'étude qui précède a montré que ces espèces ne conviennent pas également à tous les terrains et à toutes les destinations. Le choix à faire entre elles devra donc être déterminé :

1° *Par le degré habituel d'humidité du sol*. Nous avons vu, en effet, que, si plusieurs espèces paraissent peu sensibles à cette influence, la plupart ont, sous ce rapport, une exigence assez marquée;

2° *Par la composition élémentaire du terrain*. Bien que cette circonstance ait moins d'influence que la précédente, les exigences d'un assez grand nombre d'espèces, à cet égard, indiquent qu'il faut aussi en tenir compte;

3° *Par la destination de la prairie*, c'est-à-dire si elle doit être fauchée ou pâturée, ou, en d'autres termes, si l'on veut former une *prairie proprement dite* ou *pré*, ou si ce sera un *pâturage*. Dans le premier cas, on choisira des espèces qui s'élèvent suffisamment pour être saisies par la faux. Dans le second cas, au contraire, on pourra admettre des plantes à tiges basses ou rampantes, et l'on écartera celles qui ne repoussent pas rapidement sous la dent des bestiaux;

4° *Par l'époque de la floraison des plantes*. On conçoit que si l'on formait une prairie avec des espèces dont l'époque de floraison fût très-différente, il pourrait arriver que l'on fût obligé de couper ou de faire pâturer dès que les espèces les plus précoces seraient en fleur, tandis que les plus tardives n'auraient encore atteint que la moitié de leur développement. S'il s'agit d'un pâturage, les plantes seront choisies de façon à avoir acquis leur plus grand développement au moment où l'on sera dans la nécessité d'y mettre les bestiaux. En général, il conviendra de choisir des espèces précoces pour les prés des terrains secs; le produit, pouvant être coupé de bonne heure, souffrira moins de la sécheresse du commencement de l'été, et l'on en obtiendra un bon regain à l'automne. Cette précocité du fourrage aura même, dans la plupart des cas, cet avantage de permettre une récolte plus hâtive et de rendre plus nombreux les pâturages ou les coupes successives pendant la même année ;

5° *Enfin par l'abondance et la qualité relatives de leur fourrage.* Plusieurs des espèces que nous avons étudiées pouvant, en effet, prospérer également sur le même terrain, on choisira de préférence celles qui se recommandent à la fois par le rendement le plus élevé et le produit le meilleur.

Pour rendre plus saisissables les indications que nous avons données plus haut, sous ces divers rapports, en faisant connaître les principales espèces de plantes propres aux prairies naturelles, nous avons formé, avec ces espèces, les trois tableaux suivants. Nous avons noté dans ces tableaux les espèces exclusivement propres aux pâturages ou aux prés : celles qui n'ont pas d'indication conviennent également aux uns et aux autres.

PLANTES PROPRES AUX PRAIRIES NATURELLES DES TERRAINS SECS.

SOLS CALCAIRES.			SOLS SILICEUX.		
ESPÈCES.	PLANTES exclusivement propres aux prés ou aux pâturages.	DEGRÉ DE PRÉCOCITÉ.	ESPÈCES.	PLANTES exclusivement propres aux prés ou aux pâturages.	DEGRÉ DE PRÉCOCITÉ.
Avoine jaunâtre...	»	Tardif.	Agrostis vulgaire..	Pâturages.	Tardif.
— des prés.......	»	Précoce.	Avoine fromentale.	»	Précoce.
Brome des prés...	»	Tardif.	— jaunâtre	»	Tardif.
Canche flexueuse..	Pâturages.	Tardif.	— des prés.......	»	Tardif.
Chiendent	»	Très-tardif.	— pubescente	»	Précoce.
Cynosure des prés.	Pâturages.	Tardif.	Brize tremblante..	Pâturages.	Précoce.
Fétuque ovine.....	Pâturages.	Précoce.	Brome des prés...	»	Tardif.
— traçante.......	Pâturages.	Précoce.	Canche flexueuse..	Pâturages.	Tardif.
Fléole des prés....	»	Tardif.	Chiendent........	»	Très-tardif.
Flouve odorante...	»	Tr.-précoce.	Cynosure des prés.	Pâturages.	Tardif.
Paturin des prés..	»	Tr.-précoce.	Dactyle pelotonné.	»	Précoce.
— des bois.......	»	Précoce.	Fétuque ovine	Pâturages.	Précoce,
Vulpin des champs.	»	Très-tardif.	— traçante.......	Pâturages.	Précoce.
Lotier corniculé...	»	Précoce.	Flouve odorante...	»	Tr.-précoce.
Luzerne lupuline..	»	Tr.-précoce.	Paturin des prés..	»	Tr.-précoce.
— cultivée	»	Tr.-précoce.	— des bois.......	»	Précoce.
— en faucille.....	»	Précoce.	Vulpin des champs.	»	Très-tardif.
Sainfoin commun.	»	Précoce.	Lotier corniculé...	»	Précoce.
Trèfle blanc......	»	Précoce.	Luzerne lupuline..	»	Tr.-précoce.
— fraisier........	Pâturages.	Tardif.	— cultivée	»	Tr.-précoce.
Cumin des prés...	»	Tr.-précoce.	— en faucille.....	»	Précoce.
Jacée œillet	Pâturages	Précoce.	Sainfoin commun.	»	Précoce.
Pimprenelle	Pâturages.	Précoce.	Trèfle blanc......	»	Précoce.
Pastel...........	Pâturages.	Tr.-précoce.	— fraisier........	Pâturages.	Tardif.
			Achillée millefeuil.	Pâturages.	Tardif.
			Cumin des prés ...	»	Tr.-précoce.
			Pastel...........	Pâturages.	Tr.-précoce.
			Pimprenelle	Pâturages.	Précoce.

PLANTES PROPRES AUX PRAIRIES NATURELLES DES TERRAINS HUMIDES OU MARÉCAGEUX.

SOLS ARGILEUX.			SOLS TOURBEUX.			SOLS CALCAIRES.		
ESPÈCES.	PLANTES exclusivement propres aux prés ou aux pâturages.	DEGRÉ DE PRÉCOCITÉ.	ESPÈCES.	PLANTES exclusivement propres aux prés ou aux pâturages.	DEGRÉ DE PRÉCOCITÉ.	ESPÈCES.	PLANTES exclusivement propres aux prés ou aux pâturages.	DEGRÉ DE PRÉCOCITÉ.
Agrostis stolonifère	»	Tardif.	Agrostis d'Amériq.	»	Tardif.	Agrostis vulgaire.	Pâturages.	Tardif.
— d'Amérique....	»	Tardif.	— stolonifère.....	»	Tardif.	Avoine fromentale.	»	Précoce.
Cynosure des prés.	Pâturages.	Tardif.	Cynosure des prés.	Pâturages.	Tardif.	— des prés.......	»	Tardif.
Dactyle pelotonné.	»	Précoce.	Dactyle pelotonné.	»	Précoce.	— jaunâtre.......	»	Tardif.
Fétuque des prés..	»	Tardif.	Fléole des prés ...	»	Tardif.	Brize tremblante..	Pâturages.	Précoce.
— élevée.........	»	Tardif.	Fétuque élevée....	»	Tardif.	Cynosure des prés.	Pâturages.	Tardif.
— ivraie.........	»	Tardif.	Flouve odorante...	»	Tr.-précoce.	Dactyle pelotonné.	»	Précoce.
Fléole des prés...	»	Tardif.	Houque laineuse...	»	Tardif.	Fétuque élevée....	»	Tardif.
Flouve odorante...	»	Tr.-précoce.	Ivraie vivace......	»	Tardif.	Ivraie vivace......	»	Tardif.
Houque laineuse...	»	Tardif.	Paturin flottant...	»	Tardif.	Paturin commun..	»	Précoce.
Ivraie vivace......	»	Tardif.	— commun.......	»	Précoce.	Phalaris roseau...	Prés.	Tardif.
Paturin flottant....	»	Tardif.	— aquatique......	Prés.	Tardif.	Vulpin des prés...	»	Tr.-précoce.

— commun.......	»	Précocc.	Phalaris roseau...	Prés.	Tardif.	Gesse des prés....	Prés.	Précocc.
— des prés.......	»	Tr.-précocc.	Vulpin des champs.	»	Très-tardif.	Lotier corniculé...	»	Précocc.
— aquatique......	Prés.	Tardif.	— genouille.	»	Précocc.	— velu...........	»	Très-tardif.
— canche	»	Précocc.	Gesse des marais.	Prés.	Précocc.	Luzerne lupuline..	»	Tr.-précocc.
Phalaris roseau...	Prés.	Tardif.	Lotier corniculé...	»	Précocc.	Trèfle rouge......	»	Précocc.
Vulpin des prés...	»	Tr.-précocc.	Trèfle blanc......	»	Précocc.	— fraisier........	Pâturages.	Tardif.
— des champs....	»	Très-tardif.	Vesce multiflore...	Prés.	Tardif.	— des campagnes.	»	Précocc.
— genouillé.	»	Précocc.	Plantain lancéolé.	Pâturages.	Tr.-précocc.	— blanc	»	Précocc.
Gesse des prés....	Prés.	Précocc.				Vesce des bois....	Prés.	Tardif.
— des marais.....	Prés.	Précocc.				— multiflore......	Prés.	Tardif.
Lotier corniculé...	»	»				Berce brancursine.	Pâturages.	Tr.-précocc.
— velu...........	»	Très-tardif.				Jacée œillet.......	Pâturages.	Précocc.
Luzerne lupuline..	»	Tr.-précocc.				Plantain lancéolé..	Pâturages.	Tr.-précocc.
Trèfle blanc......	»	Précocc.						
— des campagnes.	»	Précocc.						
— hybride	»	Précocc.						
Vesce multiflore...	Prés.	Tardif.						
— des haies......	Prés.	Tardif.						
Berce brancursine.	Pâturages.	Tr.-précocc.						
Plantain lancéolé..	Pâturages.	Tr.-précocc.						

PLANTES PROPRES AUX PRAIRIES NATURELLES

SOLS ARGILEUX COMPACTES.

ESPÈCES.	PLANTES exclusivement propres aux prés ou aux pâturages.	DEGRÉ DE PRÉCOCITÉ.
Agrostis stolonifère.	»	Tardif.
— d'Amérique	»	Tardif.
Chiendent	»	Très-tardif.
Cynosure des prés	Pâturages.	Tardif.
Dactyle pelotonné	»	Précoce.
Fétuque des prés	»	Tardif.
— élevée	»	Tardif.
— ivraie	»	Tardif.
— traçante	Pâturages.	Précoce.
Fléole des prés	»	Tardif.
Flouve odorante	»	Tr.-précoce.
Houque laineuse	»	Tardif.
— molle	»	Tardif.
Ivraie vivace	»	Tardif.
— d'Italie	»	Précoce.
Paturin commun	»	Précoce.
— des prés	»	Tr.-précoce.
Vulpin des prés	»	Tr.-précoce.
— des champs	»	Très-tardif.
Gesse des prés	Prés.	Précoce.
Lotier velu	»	Très-tardif.
— corniculé	»	Précoce.
Luzerne lupuline	»	Tr.-précoce
Trèfle blanc	»	Précoce.
— rouge	»	Précoce.
— intermédiaire	»	Précoce.
— hybride	»	Précoce.
— des campagnes	»	Précoce.
Vesce multiflore	Prés.	Tardif.
— des haies	Prés.	Tardif.
— des buissons	Prés.	Tardif.
Berce brancursine	Pâturages.	Tr.-précoce.
Chicorée sauvage	Pâturages.	Tardif.
Plantain lancéolé	Pâturages.	Tr.-précoce.

SOLS ARGILO-SILICEUX.

ESPÈCES.	PLANTES exclusivement propres aux prés ou aux pâturages.	DEGRÉ DE PRÉCOCITÉ.
Agrostis vulgaire	Pâturages.	Tardif.
— stolonifère	»	Tardif.
— d'Amérique	»	Tardif.
Avoine fromentale	»	Précoce.
— jaunâtre	»	Tardif.
Brome des prés	»	Tardif.
Chiendent	»	Très-tardif.
Cynosure des prés	Pâturages.	Tardif.
Dactyle pelotonné	»	Précoce.
Fétuque des prés	»	Tardif.
— élevée	»	Tardif.
— ivraie	»	Tardif.
— traçante	Pâturages.	Précoce.
Fléole des prés	»	Tardif.
Flouve odorante	»	Tr.-précoce.
Houque laineuse	»	Tardif.
— molle	»	Tardif.
Ivraie vivace	»	Tardif.
— d'Italie	»	Précoce.
Paturin commun	»	Précoce.
— des prés	»	Tr.-précoce.
— des bois	»	Précoce.
Vulpin des prés	»	Tr.-précoce.
— des champs	»	Très-tardif.
Gesse des prés	Prés.	Précoce.
Lotier velu	»	Très-tardif.
— corniculé	»	Précoce.
Luzerne lupuline	»	Tr.-précoce.
— cultivée	»	Tr.-précoce.
Trèfle blanc	»	Précoce.
— hybride	»	Précoce.
— rouge	»	Précoce.
— élégant	»	Précoce.
— intermédiaire	»	Précoce.
— fraisier	Pâturages.	Tardif.
— des campagnes	»	Précoce.
Vesce multiflore	Prés.	Tardif.
— des haies	Prés.	Tardif.
— des buissons	Prés.	Tardif.
Achillée millefeuilles	Pâturages.	Tardif.
Jacée œillet	Pâturages.	Précoce.
Chicorée sauvage	Pâturages.	Tardif.
Sanguisorbe	Pâturages.	Précoce.
Cumin des prés	»	Tr.-précoce.
Plantain lancéolé	Pâturages.	Tardif.
Berce brancursine	Pâturages.	Tr.-précoce.

Les espèces propres aux prés ou aux pâturages des terrains siliceux ou calcaires naturellement frais ou soumis

DES TERRAINS FRAIS OU IRRIGUÉS.

SOLS ARGILO-CALCAIRES.

ESPÈCES.	PLANTES exclusivement propres aux prés ou aux pâturages.	DEGRÉ DE PRÉCOCITÉ.
Agrostis vulgaire...	Pâturages.	Tardif.
— stolonifere.......	»	Tardif.
— d'Amérique......	»	Tardif.
Avoine jaunâtre.....	»	Tardif.
— fromentale.......	»	Précoce.
Brome des prés.....	»	Tardif.
Chiendent..........	»	Très-tardif.
Cynosure des prés...	Pâturages.	Tardif.
Dactyle pelotonné...	»	Précoce.
Fétuque des prés....	»	Tardif.
— élevée...........	»	Tardif.
— ivraie...........	»	Tardif.
— traçante.........	Pâturages.	Précoce.
Fléole des prés......	»	Tardif.
Flouve odorante.....	»	Tr.-précoce.
Houque laineuse....	»	Tardif.
— molle...........	»	Tardif.
Ivraie vivace.......	»	Tardif.
— d'Italie..........	»	Précoce.
Paturin commun....	»	Précoce.
— des prés.........	»	Tr.-précoce.
— des bois.........	»	Précoce.
Vulpin des prés.....	»	Tr.-précoce.
— des champs......	»	Très-tardif.
Gesse des prés......	Prés.	Précoce.
Lotier velu.........	»	Tres-tardif.
— corniculé........	»	Précoce.
Luzerne lupuline....	»	Tr.-précoce.
— cultivée.........	»	Tr.-précoce.
Trèfle blanc........	»	Précoce.
— hybride.........	»	Précoce.
— rouge...........	»	Précoce.
— intermédiaire....	»	Précoce.
— fraisier..........	Pâturages.	Tardif.
— des campagnes...	»	Précoce.
Vesce multiflore....	Prés.	Tardif.
— des haies........	Prés.	Tardif.
— des buissons.....	Prés.	Tardif.
Cumin des prés.....	»	Tr.-précoce.
Jacée œillet........	Pâturages.	Précoce.
Chicorée sauvage....	Pâturages.	Tardif.
Sanguisorbe........	Pâturages.	Précoce.
Plantain lancéolé...	Pâturages.	Tr.-précoce.
Berce brancursine...	Pâturages.	Tr.-précoce.

TERRAINS SALANTS.

ESPÈCES.	PLANTES exclusivement propres aux prés ou aux pâturages.	DEGRÉ DE PRÉCOCITÉ.
Avoine fromentale...	»	Précoce.
— jaunâtre.........	»	Tardif.
Brize tremblante....	Pâturages.	Précoce.
Cynosure des prés...	Pâturages.	Tardif.
Dactyle pelotonne...	»	Précoce.
Fétuque traçante....	Pâturages.	Précoce.
— des prés.........	»	Tardif.
— élevée..........	»	Tardif.
Fléole des prés......	»	Tardif.
Ivraie vivace.......	»	Tardif.
Paturin commun....	»	Précoce.
— maritime........	»	Tardif.
Lotier corniculé.....	»	Précoce.
— maritime........	»	Tardif.
Luzerne lupuline....	»	Tr.-précoce.
Trèfle blanc........	»	Précoce.
— rouge...........	»	Précoce.
— maritime........	»	Précoce.
— fraisier.........	Pâturages.	Tardif.
Plantain lancéolé...	Pâturages.	Tardif.
Jonc de Bothnie.....	Pâturages.	Tr.-précoce.

l'irrigation sont les mêmes que pour les sols argilo-siliceux ou argilo-calcaires ci-dessus.

Deux procédés différents peuvent être employés pour créer une prairie nouvelle ; l'ensemencement et la transplantation de gazons. Examinons-les séparément, et nous verrons ensuite dans quelles circonstances on doit préférer l'un ou l'autre.

Création au moyen de l'ensemencement. *Préparation du sol.* — L'ameublissement de la couche arable du sol et la destruction des plantes nuisibles sont aussi nécessaires pour la création des prairies naturelles que pour la culture des autres plantes. On procède à cette opération de différentes manières suivant l'état et la nature du terrain.

Si le sol n'a pas encore été soumis à la culture, s'il est à l'état de lande ou de marais ou couvert de bois, on lui enlève son humidité surabondante au moyen des travaux de dessèchement et d'assainissement décrits dans le tome Ier aux pages 129 et 133; puis on en opère le défrichement comme nous l'indiquons t. Ier, p. 563. Lorsque ce terrain aura porté un certain nombre de récoltes, que la couche arable sera suffisamment ameublie et débarrassée de plantes nuisibles, on le disposera à recevoir l'ensemencement de la prairie au moyen de deux dernières récoltes préparatoires : une récolte de racines fourragères qui complétera son ameublissement profond et achèvera de le purger des plantes nuisibles, et une récolte de céréales de printemps ou d'hiver dans laquelle l'ensemencement de la prairie sera pratiqué. Cette dernière opération s'appliquera également aux terrains soumis depuis longtemps à la culture.

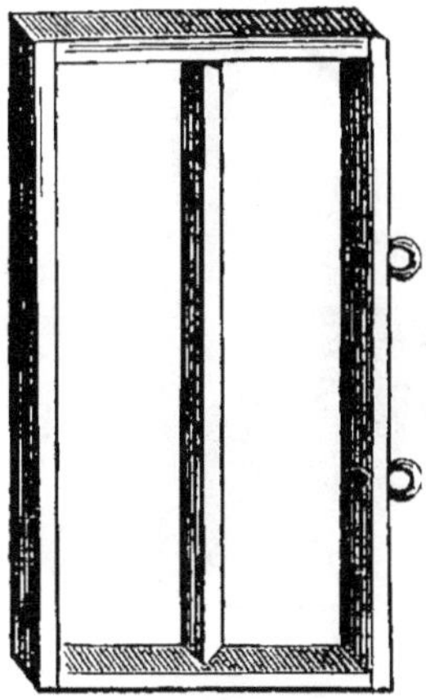

Fig. 768. *Herse plate ou ploutre.*

Il est important de donner à la surface du sol une disposition convenable. Si la prairie ne peut être soumise à l'irrigation, on s'efforcera de la rendre parfaitement plane, soit pour faciliter les opérations du fauchage et du fanage, soit pour empêcher les eaux de séjourner sur les points déprimés qui donneraient alors un fourrage de mauvaise qualité. A cet effet, on commence par ameublir le sol par un labour, puis, si les irrégularités sont légères, on se contente de faire passer la *herse plate* ou *ploutre* (fig. 768), laquelle entraîne la terre des points culminants et la ramène sur les parties déprimées. Pour les dépressions plus profondes, on emploie la *ravalle* ou *pelle à cheval* (fig. 769), qui remplit très-bien le but.

S'il s'agit enfin de remblais considérables, on se sert du *tombereau mécanique* de M. Palissart (fig. 770). Ce tombereau, dont nous avons enlevé l'une des roues pour en mieux faire comprendre le mécanisme, se compose d'une caisse mobile A dont

Fig. 769. *Pelle à cheval ou ravalle.*

la partie antérieure est rendue tranchante au moyen d'une armature en fer. Cette caisse est placée sur deux roues, de façon qu'elle se charge d'un tiers de mètre cube de terre, par l'action du tirage des chevaux. Elle est suspendue à un cylindre B que

Fig. 770. *Tombereau mécanique.*

traverse l'essieu C, et, lorsqu'elle est chargée, sa partie antérieure est relevée au moyen d'un levier D. Arrivée au lieu où la terre doit être déposée, cette caisse est vidée par le fond, qui est mobile et que l'on ouvre au moyen du crochet E.

On ne devra user de cette machine que pour transporter la terre à une distance de 600 mètres au plus. Au delà, le bénéfice que procure son mode économique et rapide de chargement est plus que compensé par l'infériorité de la charge. Dans ce cas, il y aura plus d'avantage à se servir du tombereau ordinaire.

Si la prairie doit être soumise à l'irrigation, il devient plus important encore de donner à la surface du sol une disposition convenable. Nous avons suffisamment étudié cette question au chapitre des *Irrigations* (t. Ier, p. 148). Ces divers travaux de nivellement et de terrassement devront être exécutés, au moins une année à l'avance, c'est-à-dire avant l'ensemencement de la céréale dans laquelle on sèmera la prairie, afin que les couches de terre qui, par suite de ce travail, seraient ramenées d'une certaine profondeur à la surface, aient le temps de recevoir l'influence fertilisante de l'atmosphère et des engrais qui précèdent. Lorsque la prairie devra être soumise au pâturage, il sera indispensable d'y créer un réservoir d'eau où les bestiaux puissent s'abreuver.

Enfin, beaucoup de pâturages, surtout en Normandie, sont complantés de pommiers et de poiriers à fruits à cidre. Dans les très-bons fonds, l'avantage de ces plantations est plus que contesté, à cause du mauvais effet de l'ombre, des feuilles accumulées en automne sous les arbres et les pommes tombées qui donnent souvent lieu à des accidents chez les animaux ; elles exigent, d'ailleurs, au moins pendant les quinze premières années, de l'engrais et une culture. Mais, dans les pâturages de qualité moyenne ou médiocre, placés sur des terrains secs et bien aérés, le produit de ces plantations acquiert une importance telle qu'il dépasse souvent en valeur celui de l'herbe ; et de plus l'évaporation étant diminuée par suite de l'ombrage, le sol est moins sujet à se dessécher. Dans les localités où le produit des arbres à fruits à cidre n'a pas de valeur, on pourra les remplacer par des variétés à fruits à couteau ou par des pruniers, des cerisiers, des amandiers, des mûriers, etc. Ces diverses plantations devront être exécutées avant l'ensemencement de la prairie, et de façon que les arbres soient placés au moins à 15 mètres les uns des autres dans les terrains secs et à 17 mètres dans ceux de qualité moyenne.

Engrais et amendements. — Il importe que le sol où l'on veut créer une prairie soit le plus riche possible en principes fertilisants. Cet état favorisera le développement des plantes utiles au détriment des espèces nuisibles, et la prairie donnera plus tôt son maximum de rendement. Mais les engrais ou les amendements que l'on répand en vue de l'établissement de ces prairies doivent être appliqués quelque temps avant l'ensemencement, afin qu'ils soient intimement mélangés avec les diverses couches du sol. Il sera donc utile de fumer copieusement les deux dernières récoltes qui précéderont la formation de la prairie. Il sera bon aussi, pour favoriser le premier développement des jeunes plantes, de répandre, au moment même de l'ensemencement, un engrais pulvérulent qui sera enterré en même temps que les graines.

Quant aux choix des matières fertilisantes, il variera nécessairement suivant la nature du sol. Ainsi, outre le fumier, qui formera toujours la base des engrais proprement dits, on répandra, surtout dans les terres argileuses et humides, des amendements calcaires et des cendres; ces matières favorisent la végétation des plantes légumineuses, qui ne sont jamais trop abondantes dans les prairies.

Choix des semences. — Trois procédés sont employés pour se procurer les semences destinées à la formation des prairies.

Le premier consiste à semer les balayures des greniers à foin. On ne saurait trop s'élever contre cette pratique vicieuse; car les foins étant en général récoltés au moment de la floraison des meilleures espèces qui dominent dans le mélange, il s'ensuit que ces balayures ne renferment pas de graines mûres de ces espèces: l'on n'a ainsi que les graines des espèces précoces nuisibles ou inutiles. D'ailleurs, quelques bonnes graines y fussent-elles même mêlées, les foins qui ont donné ces graines n'ayant pas toujours été récoltés sur un sol identique à celui que l'on veut engazonner, les espèces qu'elles pourront produire ne seront pas toujours appropriées à la nature de ce terrain. On n'obtiendra donc que de mauvais résultats de cette pratique que nous ne saurions trop conseiller d'abandonner.

Le procédé suivant est préférable: on choisit, dans le voisinage du terrain à ensemencer, une prairie placée exactement à la même exposition, assise sur un sol offrant la même composition élémentaire et la même dose d'humidité habituelle, donnant enfin de très-bons produits. On recherche dans cette prairie la partie la moins salie par les plantes nuisibles. On laisse le plus grand nombre des plantes arriver à leur maturité complète, puis on fauche, et après le fanage on sépare les semences au moyen du battage et du vannage; toutefois ces graines ne sont pas non plus exemptes de reproches. En effet, ce mélange renferme toujours une certaine quantité de graines de plantes nuisibles ou inutiles, surtout si l'on n'a pas fait pratiquer un sarclage au début de la végétation; puis, d'un autre côté, il n'est pas possible de faire varier ainsi la proportion des espèces dont on veut augmenter ou diminuer la quantité.

Il est donc plus rationnel d'adopter le troisième mode, qui consiste à acheter tout simplement les graines des diverses espèces dont on veut composer la prairie. Aujourd'hui on trouve dans le commerce les semences de la plus grande partie de ces espèces[1]. Quant au petit nombre de celles qu'on n'y rencontre pas encore, on les récoltera à la main dans les prairies où elles sont les plus abondantes. Lorsque l'on achète ces graines, il faut, avant de les semer, s'assurer de leur bonne qualité, et le moyen le plus simple et le plus certain est celui que nous avons indiqué, t. I, p. 593.

Proportion relative des diverses sortes de semences dans le mélange. — Les prairies naturelles se composant de la réunion d'un certain nombre de plantes d'espèces différentes, il convient aussi de déterminer les proportions relatives que l'on devra établir entre elles, et pour cela la quantité de graines de chacune d'elles qu'il faudra répandre sur une surface déterminée.

En général, il est bon d'introduire dans le mélange une forte proportion de plantes légumineuses. Il y a à cela plusieurs avantages : d'abord, elles sont toujours la base des meilleurs fourrages; ensuite, leur végétation est plus prompte que celle des graminées, et la prairie donne ainsi plus tôt un fourrage abondant; enfin, ces plantes améliorent la couche superficielle du sol par leurs débris, et amènent plus promptement la prairie à son plus haut degré de fertilité.

Nous avons signalé plus haut la quantité absolue de graines de chaque espèce nécessaire pour ensemencer complétement un hectare. Il est donc facile de connaître la proportion de ces graines à employer dans le mélange, suivant la part que l'on voudra donner à chaque espèce dans la composition du fourrage. Si, par exemple, on veut établir, sur un sol frais argilo-siliceux, un pré dans lequel chacune des diverses espèces ne devra concourir à la masse du fourrage que dans la proportion que nous indiquons ci-après, on n'emploiera que la quantité de semence inscrite à la suite de chaque espèce, et qui est proportionnée à

1 Nous croyons être utile aux personnes qui n'ont pas de relations établies pour l'acquisition des graines en leur indiquant la maison Vilmorin, à Paris. Elles y trouveront les semences de toutes les espèces et variétés dont nous avons parlé jusqu'à présent et de celles qui nous restent encore à étudier.

ce qu'il en faudrait pour ensemencer exclusivement toute la surface du champ.

Nous devons toutefois faire remarquer que les quantités de graines des espèces précédentes prescrites pour l'ensemencement complet d'un hectare sont pour les circonstances les plus favorables à leur végétation. D'où il suit que ces quantités devront être un peu augmentées lorsque le sol sera de moins bonne qualité, qu'il aura été moins bien préparé, que l'ensemencement sera fait à une époque tardive, ou enfin que le climat sera moins propre à la végétation des herbes.

EXEMPLE D'UN MÉLANGE DE GRAINES POUR FORMER UN PRÉ SUR UN TERRAIN FRAIS, ARGILO-SILICEUX (POUR UN HECTARE).

ESPÈCES.	PROPORTION À ÉTABLIR DANS LA MASSE DU FOURRAGE.	QUANTITÉ DE GRAINES POUR L'ENSEMENCEMENT COMPLET.	QUANTITÉ DE GRAINES RELATIVE À LA PROPORTION DU FOURRAGE.
Avoine fromentale......	1/20	100 kil.	5 kil
Fétuque des prés..	1/20	50 —	2 ,500
— élevée.........	2/20	50 —	5
Fléole des prés.........	2/20	8 —	0 ,800
Flouve odorante........	1/20	40 —	2
Houque laineuse	2/20	20 —	2
Ivraie vivace...........	1/20	50 —	2 ,500
Gesse des prés.........	1/20	80 lit.	4 lit
Lotier corniculé........	1/20	10 kil.	0 kil,500
Trèfle blanc............	3/20	12 —	1 ,500
— rouge............	4/20	15 —	3
Vesce multiflore........	1/20	80 kil.	4 lit

Nous ne croyons pas devoir indiquer de mélanges pour toutes les circonstances où l'on peut avoir à créer des prairies; ces circonstances sont si nombreuses et si variables, qu'il nous serait impossible de donner assez de précision à nos exemples pour qu'ils pussent avoir une utilité réelle dans la pratique. Nous ferons seulement observer que, quelque soin que l'on apporte pour approprier ces mélanges au climat, à l'exposition, à la nature du sol, il arrivera bien rarement que les proportions établies entre les diverses espèces se conservent; le plus souvent, certaines espèces envahiront l'espace au dépens de quelques autres qui s'épuiseront et finiront par disparaître. Ainsi, le trèfle rouge, la luzerne, le sainfoin, que l'on fait fréquemment dominer dans ces mélanges, diminuent peu à peu au profit d'autres espèces semées en même temps qu'elles, ou dont les semences existaient primitivement dans le sol. Enfin, ce n'est qu'après un certain nombre d'années que l'équilibre s'établit entre les forces relatives de ces diverses espèces et que la composition de la prairie devient stable.

Époque de l'ensemencement. — Le climat, la nature du sol, la rusticité plus ou moins grande des plantes qui forment la masse du mélange, sont les principales considérations qui déterminent l'époque de l'ensemencement.

Sous le climat du Midi où l'on n'a pas à redouter les gelées intenses, et où les premières chaleurs de l'été sont très-funestes au développement des jeunes plantes semées au printemps, on répand les graines au commencement de septembre, afin que la végétation prenne un certain développement avant l'hiver. Il en est de même sous les climats moins chauds, pour les terrains secs, légers; mais l'on ne sème ainsi que les plantes graminées, et l'on attend le printemps pour les légumineuses qui doivent entrer dans le mélange, parce qu'elles pourraient souffrir de l'hiver.

Pour les terrains frais ou humides situés au delà de la limite nord de la région du maïs, il vaut mieux attendre le mois de mars.

Mode d'ensemencement. — En général, il est bon d'associer au semis de la prairie naturelle une autre récolte qui la défende contre l'ardeur du soleil pendant sa jeunesse, et dont le produit paye la rente de la terre pendant cette première année. Nous avons indiqué, en traitant de la culture du trèfle rouge, les diverses récoltes dans lesquelles ces semailles peuvent être faites et les soins que réclame cette opération.

Si les graines qui composent ce mélange ne présentent pas toutes la même grosseur, on sème d'abord les plus grosses, et on les recouvre par un hersage; on répand ensuite les plus fines, après quoi on donne un hersage très-léger ou seulement un roulage.

Quelquefois on établit la prairie naturelle en deux fois, c'est-à-dire qu'on commence par former une prairie artificielle, composée de trèfle rouge, de trèfle blanc et de ray-grass vivace pour les terrains frais et substantiels, ou de luzerne, de sainfoin et de fléole des prés pour les terrains secs. Lorsqu'une partie des légumineuses a disparu, on fait passer, en automne ou au printemps, une lourde herse en long et en travers, après avoir répandu sur le sol, principalement sur les places vides, un mélange de graines choisies. Un engrais liquide versé au printemps, ou une fumure en couverture, appliquée à l'automne, assure le succès de ces semailles complémentaires.

Quel que soit le mode d'ensemencement employé, il faudra choisir, pour le pratiquer, un temps disposé à la pluie, mais calme, afin que la dispersion des graines fines se fasse régulièrement.

Création au moyen de la transplantation des gazons. — Ce mode de gazonnement, beaucoup moins usité que le précédent, a été imaginé en Angleterre, dans le comté de Norfolk, et a été employé depuis, avec succès, sur le continent, dans quelques circonstances particulières. On prépare la surface que l'on veut gazonner comme si l'on voulait l'ensemencer, et l'on y trace, avec un rayonneur, des lignes distantes de $0^m,08$ les unes des autres; après quoi, on cherche une partie couverte d'un gazon épais, déjà anciennement formé et composé de plantes de bonne qualité et surtout à racines traçantes. On la découpe par bandes au moyen du *tranche-gazon* de Rey de Planazu (fig. 771),

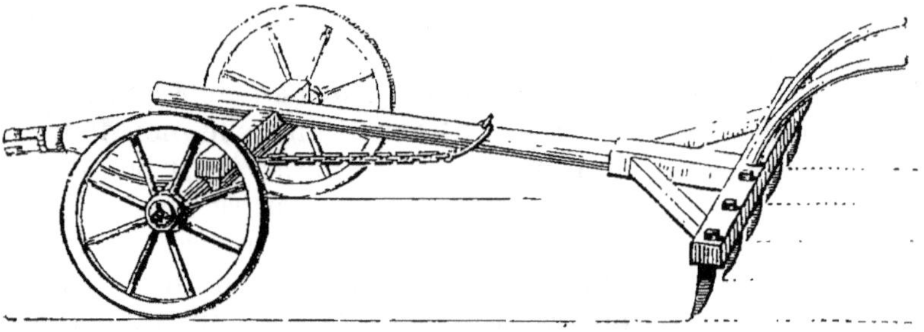

Fig. 771. *Tranche-gazon de Rey de Planazu.*

dont les lames sont disposées de façon à laisser entre elles un espace de $0^m,08$; seulement on fait passer ensuite, dans la direction de ces bandes, une charrue qui renverse alternativement deux tranches de gazon et en laisse une intacte. Ces bandes étant coupées par fragments de $0^m,08$ de longueur, on les enlève, puis on répète la même opération, mais dans une direction perpendiculaire à la première; de sorte que ce champ, ainsi partiellement dépouillé, reste couvert de petites plaques de gazon de $0^m,08$ carrés et séparées les unes des autres par un espace vide de $0^m,16$ (fig. 772). L'entrure de la charrue destinée à lever les gazons doit être réglée de manière à conserver à ceux-ci une épaisseur de $0^m,05$ à $0^m,07$.

A mesure que les gazons sont détachés, on les transporte sur le champ à gazonner, où on les enterre à moitié, en les disposant comme un échiquier et en laissant entre eux un espace vide de $0^m,16$ (fig. 773). Les lignes tracées par le rayonneur guident les ouvriers. Immédiatement après, on répand sur toute la surface du champ un demi-ensemencement avec des

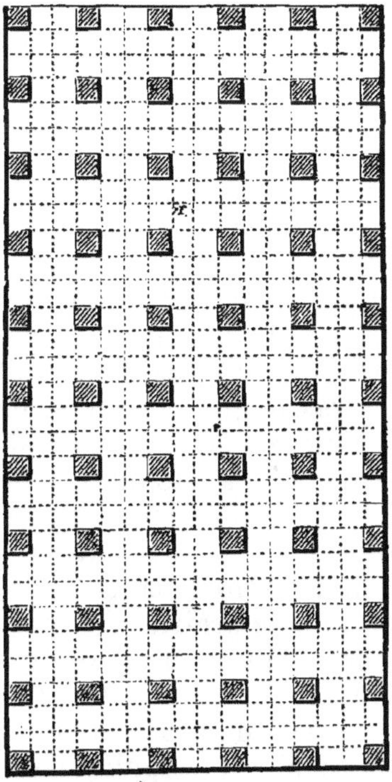

Fig. 772. *Surface d'une prairie après l'enlèvement partiel du gazon.*

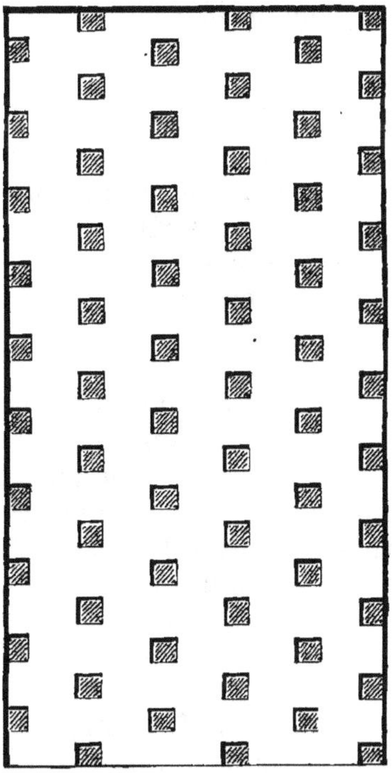

Fig. 773. *Prairie gazonnée au moyen de la transplantation.*

graines de très-bonnes espèces. Cette semaille hâte le gazonnement des parties qui restent vides entre les plaques de gazon. On termine en faisant passer un rouleau pesant, qui achève d'enfoncer ces plaques jusqu'au niveau du sol. Un hectare de prairie peut servir à gazonner huit hectares de terrain, tout en conservant assez de gazon pour remplacer bientôt celui dont il vient d'être privé. On ne doit détacher de gazons que ce que l'on pourra en placer dans la journée, autrement les racines seraient fatiguées et leur reprise serait difficile. Cette opération est pratiquée à l'automne ou au commencement du printemps, suivant que le sol est plus ou moins exposé à la sécheresse. La prairie ainsi formée n'exige ensuite que quelques roulages pour forcer l'herbe à taller et l'empêcher de se développer en petites buttes.

Quant à la prairie que l'on a partiellement dépouillée, on y répand aussi un demi-ensemencement de bonnes graines, et une bonne fumure pour lui faire réparer ses pertes ; on y suspend la récolte pendant la première année, et on lui applique plusieurs roulages.

Les avantages de ce mode de création sont les suivants : au moyen d'un hectare de bonne prairie, on en forme huit, sur lesquels le gazon est très-promptement composé des espèces qui peuvent s'associer et donner un bon fourrage. Cette prairie arrive beaucoup plus vite que par l'ensemencement à un état stable et à son plus haut degré de fertilité. Mais les inconvénients ne sont pas moins nombreux; et sans parler de l'improduction de la surface pendant deux ans, les frais de découpage et de transplantation joints à ceux de fumure, roulages, etc., sont tels, qu'il convient de n'employer ce procédé que pour des circonstances exceptionnelles, lorsqu'il s'agira, par exemple, de former une prairie irriguée sur une pente rapide ou sur un terrain très-sablonneux ou couvert de galets roulés, où les gazons transplantés seront moins facilement déracinés par l'action des eaux que les jeunes plantes résultant de l'ensemencement.

Quel que soit le mode adopté pour créer la prairie, il faudra lui donner les soins suivants. Si le semis a été fait au printemps, dans une céréale, on répand, en couverture, un engrais pulvérulent un peu actif aussitôt après l'enlèvement de la céréale, à moins que cette fumure complémentaire n'ait été appliquée au moment de l'ensemencement; on pratique ensuite deux roulages avec un rouleau très-pesant. Au printemps suivant, dès que l'herbe commence à repousser, on la fait pâturer par les moutons, qu'on y parque jour et nuit, et l'on continue de les y ramener, pendant tout l'été, après chaque nouvelle pousse. Lorsque l'ensemencement aura été fait à l'automne, dans une céréale d'hiver, on fera pâturer par les moutons à l'automne suivant, on roulera avant l'hiver, on répandra un engrais pulvérulent au printemps, et l'on recommencera le pâturage par les moutons jusqu'à l'automne.

C'est là le meilleur moyen de hâter la formation des gazons, même pour les prairies qui devront être constamment fauchées. Si l'on fauchait dès la première année, les herbes ne talleraient pas autant, et le gazon s'éclaircirait au lieu de s'épaissir. L'expérience a montré d'ailleurs que les moutons ne mangent que la pointe des jeunes herbes, et ne les déracinent pas. On ne fauche, dès la première année, que dans les terrains humides, car le pâturage y serait nuisible. Les prairies destinées à former des pâturages pour les gros bestiaux ne sont régulièrement soumises à ce mode d'exploitation qu'à partir du printemps de leur troisième année. Quant à celles qui doivent être fauchées, il est bon d'y prolonger le pâturage jusqu'au commencement de la quatrième année. Enfin, depuis le moment de leur création jusqu'à celui de leur exploitation régulière, les prairies doivent recevoir un sarclage, chaque année, au printemps.

ENTRETIEN DES PRAIRIES NATURELLES.

Nous devons ici étudier séparément l'entretien des *pâturages* et celui des *prairies proprement dites* ou *prés*. Nous examinerons plus loin les circonstances où il convient d'adopter l'un ou l'autre de ces modes d'exploitation.

Entretien des pâturages. — Si l'on veut que les pâturages atteignent promptement leur plus haut degré de fertilité, et qu'ils s'y maintiennent, il convient de leur donner chaque année quelques soins.

Engrais et amendements. — Les excréments que les bestiaux laissent sur les pâturages suffisent le plus ordinairement pour y entretenir la fertilité; mais s'ils sont laissés intacts sur le gazon, ils privent momentanément d'herbe l'espace qu'ils occupent; et, comme une bête à corne peut, en un jour, couvrir de ses fientes un mètre carré de surface, cela ne laisse pas que de diminuer sensiblement le produit du pâturage. Plus tard, ces excréments tournant exclusivement au profit du petit espace qui les environne, et chacun de ces points recevant une dose d'engrais beaucoup trop considérable, l'herbe y pousse avec une telle vigueur, qu'elle est aqueuse, peu nourrissante, et que les bestiaux la délaissent. Enfin, les animaux revenant constamment à la même place, soit pour ruminer, pendant la chaleur du jour, soit pour passer la nuit, il en résulte que leurs excréments sont accumulés sur quelques points seulement. Pour éviter tous ces inconvénients, il est utile de faire disperser régulièrement les fientes tous les deux ou trois jours. Sur d'autres points, on réunit, chaque soir, les bestiaux dans une sorte de parc où ils passent la nuit. Ce parc étant mobile, on le change de place après chaque nuit, de façon à l'asseoir successivement sur toute l'étendue du pâturage, et à répartir ainsi également la fiente des animaux sur toute la surface.

Dans quelques localités, où l'entretien des pâturages est mieux entendu encore, on enlève les fientes tous les deux ou trois jours et on les réunit dans un coin du pâturage, où l'on en forme des couches alternatives avec de la terre. Au moment d'employer ce compost, on en mélange parfaitement les diverses couches. Ce mode est certainement préférable au précédent, en ce que les principes volatils et fertilisants des excréments, qui sont en grande partie répandus dans l'air lorsque ces fientes restent exposées sur le sol, sont, au contraire, absorbés par la terre qu'on y mélange, et sont retenus au profit du pâturage. On peut affirmer, sans exagération, que ce procédé a pour effet d'augmenter de moitié la puissance de l'engrais produit par les bestiaux, à tel point que l'on peut, sans inconvénient, en employer une partie sur d'autres terre sans nuire au pâturage. Mais, si les déjections des bestiaux nourris sur la pâture suffisent pour lui restituer les principes azotés que ceux-ci lui enlèvent, il n'en est pas de même pour les matières salines dont le sol est privé par la végétation des plantes et que les animaux s'assimilent. Il est donc nécessaire de les rendre à la terre, en y répandant des engrais minéraux ou salins.

Le moment convenable pour répandre ces engrais salins est le commencement ou la fin de l'hiver. On choisit la première époque si la surface du terrain est à peu près horizontale, et la seconde pour les surfaces inclinées ou les terrains inondés en hiver, parce que l'on évite ainsi que ces matières ne soient entraînées par les eaux avant d'avoir pénétré dans le sol.

Irrigations, — Les irrigations d'été sont moins applicables aux pâturages qu'aux prés. Elles ont, en effet, pour résultat de ramollir la surface du sol, et de faire que le piétinement des bestiaux fatigue le gazon et détruise les canaux d'irrigation. D'ailleurs, ces arrosements donnent lieu à des fourrages qui, consommés en vert, sont bien moins nourrissants que ceux qui se sont développés sans leur secours. On peut cependant en user dans quelques circonstances particulières, par exemple, sur les terrains légers exposés à la sécheresse dès le commencement de l'été. Dans ce cas, on préférera l'*irrigation par infiltration*, parce qu'elle offre l'avantage d'humecter suffisamment le sol sans le rendre inabordable aux bestiaux. Quant aux irrigations d'hiver, elles peuvent être employées avec beaucoup d'avantage pour ces sortes de prairies, parce qu'elles sont souvent un moyen de répandre à la surface du sol des matières limoneuses douées d'une grande fertilité. La plupart des pâturages renommés doivent une partie de leur richesse à ces irrigations qui se font naturellement par le débordement hivernal des cours d'eau qui les avoisinent. Nous renvoyons au chapitre des *Irrigations* (t. Ier, p. 148) pour tout ce qui se rattache à cette opération.

Destruction des plantes nuisibles. — Malgré tout le soin que l'on aura pu apporter dans le choix des graines employées pour la formation du pâturage, on verra bientôt apparaître un certain nombre d'espèces nuisibles, dont les semences existaient dans le sol, ou qui y sont apportées par les vents et par les eaux. Parmi ces plantes, les unes ont réellement des propriétés délétères; les autres communiquent au lait ou à ses produits une saveur désagréable; quelques-unes enfin sont repoussées par les bestiaux, et occupent inutilement la place des bonnes espèces. Il convient donc de détruire ces plantes. Nous en donnons ici la liste, en les partageant en trois groupes, caractérisés surtout par leur durée et leur mode de végétation.

PRINCIPALES ESPÈCES DE PLANTES NUISIBLES AUX PATURAGES.

1° *Plantes vivaces à racines non traçantes.*

Aconites (*Aconitum*).
Ail (*Allium*).
Anémone pulsatille (*Anemone pulsatilla*, L.).
Armoise (*Artemisia vulgaris*).
Arnica officinal (*Arnica montana*, L.).
Ballote noir (*Ballota nigra*, L.).
Belladone (*Atropa belladona*, L.).
Berles (*Sium*).
Bétoine (*Betonica officinalis*, L.).
Bruyères (*Erica*).
Butôme (*Butomus umbellatus*, L.).
Cataires (*Nepeta*).
Cerfeuils (*Chærophyllum*).
Ciguë aquatique (*Cicuta virosa*, L.).
Colchique d'automne (*Colchicum automnale*, L.).
Euphorbes (*Euphorbia*).
Gentiane jaune (*Gentiana lutea*, L.).
Globulaire commune (*Globularia communis*, L.).
Hellébores (*Helleborus*, L.).
Marrube commun (*Marrubium vulgare*, L.).
Mauves (*Malva*).
Mélisses (*Melissa*).
Myrrhis (*Cherophyllum*).
Orchis (*Orchis*).
Œnanthes (*Œnanthe*).
Patiences (*Rumex*).
Plantain d'eau (*Alisma plantago*, L.).
Populage des marais (*Caltha palustris*, L.).
Primevères (*Primula*, L.).
Rubans d'eau (*Sparganium*).
Sauges (*Salvia*).
Scrophulaire aquatique (*Scrophularia aquatica*, L.).
Sisons (*Sison*).
Valériane officinale (*Valeriana officinalis*, L.).

2° *Plantes vivaces à racines traçantes.*

Aristoloche clématite (*Aristolochia clematitis*, L.).
Arrête-bœuf (*Ononis spinosa*, L.).
Aunées (*Inula*).
Caillelait (*Galium*).
Carex ou laiches (*Carex*).
Chardons (*Cnicas* et *Carduus*).
Chardon-Roland (*Eryngium campestre*, L.).
Douce-amère (*Solanum dulcamara*, L.).
Fougères (*Pteris* et *Polypodium*).
Germandrée (*Teucrium Scordium*, L.).
Iris des marais (*Iris pseudo-acorus*, L.).
Joncs (*Juncus*).

Lierre terrestre (*Glecoma hederacea*, L.).
Linaigrettes (*Eriophorum*).
Linaire commune (*Linaria vulgaris*, L.).
Lycope d'Europe (*Lycopus Europeus*, L.).
Lysimache commune (*Lysimachia vulgaris*, L.).
Menthes (*Mentha*).
Myosotis des marais (*Myosotis palustris*, L.).
Ortie dioïque (*Urtica dioica*, L.).
Prêles (*Equisetum*).
Renoncules (*Ranunculus*).
Schœnus (*Schœnus*).
Scirpes (*Scirpus*).
Seneçon des marais (*Senecio paludosus*, L.).
Souchets (*Cyperus*).
Stachis des marais (*Stachis palustris*, L.).
Tanaisie commune (*Tanacetum vulgare*, L.).
Tussilages (*Tussilago*).

3° *Plantes annuelles ou bisannuelles.*

Alliaire (*Erysimum alliaria*, L.).
Bardane (*Actium lappa*, L.).
Bidens (*Bidens*).
Cardiaque officinale (*Leonurus cardiaca*, L.).
Carline commune (*Carlina vulgaris*, L.).
Centaurée chaussetrape (*Centaurea calcitrapa*, L.).
Ciguë des jardins (*Conium maculatum*, L.).
Cocrète (*Rhinanthus crista-galli*, L.).
Cresson des marais (*Sisymbrium palustre*, L.).
Digitale pourprée (*Digitalis purpurea*, L.).
Euphraise rouge (*Euphrasia odontites*, L.)
Jusquiames (*Hyosciamus*).
Laitue vireuse (*Lactuca virosa*, L.).
Lobélie brûlante (*Lobelia urens*, L.).
Molènes (*Verbascum*).
Morelle noire (*Solanum nigrum*, L.).
Onoporde à feuilles d'Acanthe (*Onopordium acanthium*, L.).
Orobanches (*Orobanche*).
Pédiculaire des marais (*Pedicularis palustris*, L.).
Phellandrium aquatique (*Phellandrium aquaticum*, L.).
Poivre d'eau (*Polygonum hydropiper*, L.).
Stramoine (*Datura stramonium*, L.).

On peut employer, pour la destruction de ces diverses plantes, plusieurs procédés. Pour les espèces qui croissent habituellement dans les endroits très-humides, telles que les mousses, les joncs, les carex, etc., il suffit, parfois, d'assainir, d'égoutter le terrain, puis d'y répandre des engrais salins, tels que cendres de bois, cendres pyriteuses, chaux, plâtre, suie ; ces substances, appliquées pendant l'hiver, ont la propriété de faire disparaître l'acidité du terrain, de le rendre impropre à la végétation des espèces dont nous venons de parler, de favoriser, au contraire, le développement des graminées et surtout des légumineuses. On hâte encore ce résultat en chargeant le pâturage d'un plus grand nombre de bestiaux, qui le fument copieusement. Un hersage énergique, donné à la fin de l'hiver, est un complément nécessaire pour les surfaces couvertes de mousses.

Quant aux plantes nuisibles qui résistent à ce mode ou qui croissent dans les pâturages secs ou à peine frais, on emploie les procédés suivants, selon la durée et le mode de végétation de ces espèces. Lorsque ces plantes sont pourvues de racines vivaces non traçantes, on les fait couper entre deux terres, au-dessous du collet de la racine, un peu avant leur floraison, ou on les arrache. Si ces plantes ont des racines vivaces traçantes et profondes, on n'arrive à leur destruction complète qu'en les faisant faucher rez terre plusieurs fois par an, dès que leur tige a atteint une hauteur de 0m,30 environ. Ces coupes successives empêchent les racines de s'allonger de nouveau, et la plante nuisible périt bientôt d'épuisement.

Il arrive parfois cependant que certaines parties des pâturages sont tellement infestées de ces plantes vivaces, que leur destruction devient fort longue et trop dispendieuse ; dans ce cas, il est préférable de faire pratiquer un défrichement et d'y former un nouveau gazon, en employant les moyens décrits pour la création des prairies. Ce procédé s'applique aussi bien aux pâturages qu'aux prés.

Pour les espèces annuelles ou bisannuelles, il suffira de les couper un peu avant leur floraison pour les empêcher de répandre leurs semences. Cette opération, répétée pendant deux ou trois ans, en purgera complétement le pâturage.

Outre les plantes dont nous venons de parler, nous devons aussi signaler les feuilles des arbres qui, en tombant à l'automne, couvrent le sol jusqu'au commencement de l'été suivant. Ces feuilles sont également préjudiciables aux pâturages, soit en communiquant au lait ou à ses produits une saveur amère, soit en étouffant les herbes ou en donnant de l'acidité au terrain. Les feuilles d'une désagrégation lente, telles que celles du hêtre, du chêne, du peuplier, ont surtout une influence fâcheuse. Il convient donc de faire enlever ces feuilles au commencement de l'hiver.

Enfin, on doit encore faire faucher et enlever, à la fin de l'été, les *relais* ou *refus*, c'est-à-dire toutes les herbes isolées ou en touffes, délaissées par les bestiaux et qui, en se desséchant, nuisent au pâturage l'année suivante.

Destruction des animaux nuisibles. — Les taupes, les fourmis, les larves des hannetons sont les animaux les plus nuisibles aux pâturages.

Les taupes forment, à la surface du sol, de petites buttes de terre qui, multipliées, finissent par gâter un pâturage; mais si l'on a le soin de répandre ces *taupinières* de temps en temps, et surtout au printemps, il en résulte, pour la surface du sol, une sorte d'amendement qui augmente la vigueur des plantes. Dans ce cas, les taupes qui détruisent d'ailleurs dans la terre un grand nombre de larves d'insectes, surtout celles du hanneton, deviennent plus utiles que préjudiciables. Mais, comme leurs ravages peuvent s'étendre aux terres voisines, il est toujours convenable de les détruire. Dans les pâturages peu étendus, on se sert d'instruments à main pour *étaupiner*, c'est-à-dire pour répandre les taupinières; mais lorsqu'il s'agit de grandes surfaces, il est plus prompt d'employer l'*étaupinoir* imaginé par Mathieu Dombasle, en voici la description :

Cet instrument se compose : 1° de deux patins (*a*, fig. 774), recouverts dans toute leur longueur par un madrier (*t*, fig. 775) sur lequel glisse l'instrument lorsqu'on le renverse pour le transporter d'un lieu à un autre ; 2° de deux traverses *b*, dont l'une, celle de devant (fig. 775), est située à 0m,04 au-dessus du plan inférieur des patins *a;* l'autre affleure le sol, et porte un chanfrein en-dessous, à la partie antérieure; 3° de deux couteaux *c*, placés obliquement, afin de faciliter leur action. Chacun d'eux est composé d'une pièce de bois triangulaire, au-dessous de laquelle est fixée solidement une lame de fer tranchante de 0m,08 à 0m,10 de largeur, de 0m,004 d'épaisseur, et de la longueur de

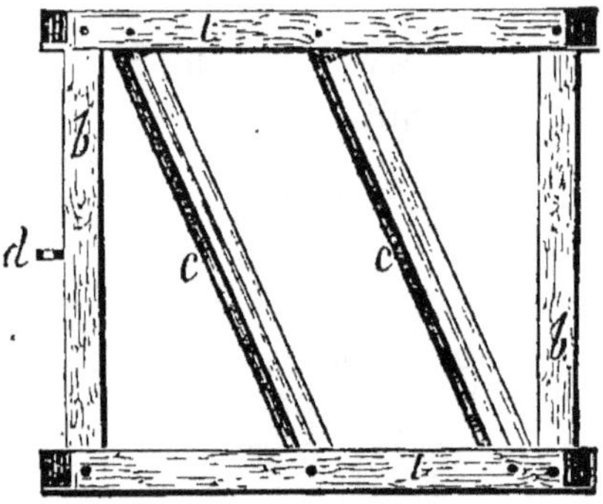

Fig. 774. *Étaupinoir de Mathieu de Dombasle.*

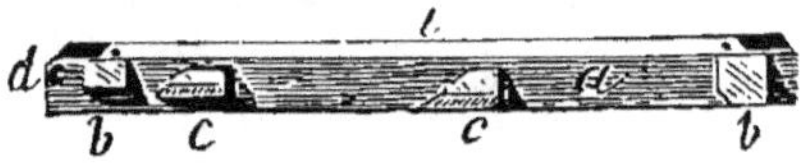

Fig. 775. *Coupe longitudinale de l'étaupinoir.*

la pièce de bois entre les deux patins. Cette lame dépasse la pièce de bois en avant de 0m,02, ce qui forme le tranchant. Le couteau antérieur est élevé de 0m,03 au-dessus de la surface du sol ; celui de derrière affleure le sol. On attelle une paire de chevaux à cet instrument, en fixant la volée au crochet *d*.

Quand on fait fonctionner cet étaupinoir, la traverse antérieure *a*, un peu élevée au-dessus du sol, attaque à peine les taupinières; mais le premier couteau les rase jusqu'à 0m,03 de terre, et le second les coupe au niveau du sol. La terre qui en résulte s'accumule en avant de la traverse postérieure qui la pulvérise et la répartit dans les cavités du sol que l'instrument rencontre dans son parcours. Un seul passage de cet instrument sur le pâturage suffit ordinairement pour détruire les taupinières. Lorsque, cependant, celles-ci sont durcies ou engazonnées, on répète l'opération.

Les fourmis produisent des ravages analogues à ceux des taupes; on détruit les fourmilières avec le même instrument.

Roulage. — La gelée agit sur certains pâturages à sol calcaire, sableux ou tourbeux, en soulevant la couche superficielle. Les racines des herbes sont alors ébranlées ou exposées à l'air. Pour remédier à cet accident, on fait passer, au printemps, un rouleau très-pesant. Ce roulage est toujours utile, surtout pour les jeunes pâturages, dont il force les plantes à taller davantage et à former promptement un gazon serré.

Entretien des rigoles. — Il est enfin très-important de visiter, au moins une fois chaque année, les rigoles découvertes qui servent à l'assainissement des pâturages humides, et de creuser de nouveau celles qui ont été obstruées par les herbes ou par le piétinement des bestiaux.

Entretien des prairies proprement dites ou prés. *Engrais et amendements.* — Le produit des prairies étant enlevé chaque année, sous forme de foin, sans aucune compensation pour le sol aux dépens duquel il s'est formé, on conçoit qu'il faille lui rendre de temps en temps les éléments qu'y ont puisés les plantes. Quelques agronomes se sont élevés, il est vrai, contre l'usage de fumer les prairies; ils ont dit que ces surfaces devaient non consommer des engrais, mais seulement en produire par l'alimentation qu'elles fournissent aux bestiaux, et que les prairies qui ne pouvaient se passer de fumure devaient être rompues. Cela serait vrai si les engrais répandus sur la prairie ne produisaient qu'une augmentation de fourrage égale au fumier qu'on en obtient, mais on sait depuis longtemps que, si, à une prairie amenée à son maximum de produit par des engrais suffisants, on applique de nouvelles fumures, la masse de fourrage produite par ces engrais supplémentaires sera moitié plus considérable que ce qui est nécessaire pour reproduire cette même quantité d'engrais. Pour la plupart des autres récoltes, au contraire, et surtout pour celle des grains, les produits conversibles en fumiers sont moins considérables que la somme d'engrais puisés dans le sol. Il y a donc avantage à fumer les prés, puisqu'ils permettent ainsi d'augmenter la masse des engrais, et partant la fertilité des autres terres soumises à une culture annuelle. Toutefois il ne faut pas que cette fumure dépasse certaines proportions; ainsi, dans aucun cas, on ne devra consacrer aux prés plus de la moitié de l'engrais qu'ils peuvent produire.

Quelques prairies, cependant, conservent toute leur fécondité sans qu'il soit nécessaire d'y répandre ces éléments de fertilité.

Tels sont les prés constamment améliorés par le débordement périodique des cours d'eau ; ceux qui, soumis aux irrigations, sont baignés par des eaux chargées naturellement ou artificiellement de principes utiles; enfin, les prés situés au bas des pentes ou des coteaux, et qui reçoivent les engrais des terrains supérieurs, entraînés par les eaux.

En général, toutes les matières qui peuvent agir comme engrais sont bonnes à répandre sur les prairies; mais il faut avoir la précaution de les distribuer aussi également que possible à la surface. Sous ce rapport, les fumiers proprement dits, les varechs et autres substances volumineuses, non consommées ou réduites en terreau ne conviennent pas, parce qu'elles recouvrent les jeunes pousses, les font jaunir et retardent le développement des feuilles, tout en leur donnant une saveur qui répugne aux bestiaux. Les engrais pulvérulents, les terreaux bien mûrs, les engrais liquides, sont ceux qu'il faut préférer; on peut mieux les répandre, et ils pénètrent immédiatement la terre dans laquelle s'étendent les racines chevelues des graminées et des légumineuses. La marne, le sable, les cendres, les eaux bourbeuses, la poudrette, la fiente de tous les oiseaux, le guano, la chaux, le plâtre, et même la terre végétale, sont autant de substances éminemment fertilisantes, quand on les applique à propos, à l'automne ou au printemps. Les cendres de bois, et surtout les cendres noires ou pyriteuses, sont évidemment les matières les plus efficaces pour les herbages, et on ne saurait trop y avoir recours. Lorsque les cendres noires sont trop chères par suite des frais de transport, on peut y suppléer au moyen de la couperose qu'on trouve facilement au prix de 7 à 8 fr. les 100 kilogrammes. Dans ce cas, on dissout cette substance dans l'eau, de manière que la dissolution ne marque tout au plus que $\frac{1}{2}$ à 1 degré à l'aréomètre de Baumé, et on fait des arrosages au printemps, comme pour tous les autres engrais liquides. Les cendres noires, ainsi que la couperose, ont le double avantage de détruire rapidement la mousse, toutes les autres mauvaises plantes, et de faciliter le développement des bonnes graminées et des légumineuses. Le purin, les urines, suffisamment étendus d'eau, produisent aussi des merveilles quand on les emploie au printemps.

Quand on peut disposer d'un courant d'eau pour l'irrigation d'une prairie, il y a avantage à creuser un fossé au point où l'eau entre sur le pré et d'où elle s'échappe pour se diviser et arroser. On emplit cette fosse de fumier consommé, de débris d'animaux, etc., qui achèvent de s'y décomposer lentement, et que l'eau entraîne peu à peu dans un état de division extrême.

Il vaut mieux renouveler souvent les engrais que d'en mettre de grandes quantités à la fois. C'est surtout en ce sens que les engrais liquides sont encore très-utiles, car on peut les étendre autant que l'on veut et les répartir très-également.

Quand les terres sont en pente, c'est à la partie supérieure qu'il faut surtout répandre les engrais, puisque la pluie les entraîne constamment vers la partie basse. Il y a même des prairies assez heureusement situées pour être entretenues en bon état par les fumures des prairies voisines qui les dominent sur plusieurs points. Sur un pré en pente, il faut donc éviter de semer les engrais pulvérulents à l'automne, dans la crainte que les eaux ne les entraînent pendant l'hiver chez les voisins.

Irrigations. — Si les irrigations sont peu usitées pour les pâturages et n'y offrent que des avantages restreints, il n'en est pas de même pour les prés, dont elles peuvent sextupler le produit, surtout sous le climat du Midi, lorsqu'on peut disposer d'eaux de bonne qualité. Nous sommes entré dans tous les détails relatifs à cette importante opération au chapitre des *Irrigations* (t. Ier, p. 148).

Destruction des plantes nuisibles. — Les plantes nuisibles aux prés sont les mêmes que celles que nous avons signalées pour les pâturages. Il convient cependant d'y joindre : 1° certaines espèces qui, très-basses ou étalées à la surface du sol, peuvent bien être saisies par la dent des bestiaux, mais échappent à l'action de la faux ; 2° d'autres plantes qui, consommées fort jeunes, comme cela a toujours lieu dans les pâturages, fournissent un fourrage de très-bonne qualité, mais dont la tige durcit rapidement en se développant, et qui sont complétement délaissées par les animaux après leur transformation en foin. Nous donnons ici la liste de ces quelques espèces qui sont toutes vivaces, à l'exception de la *carotte sauvage*.

PRINCIPALES PLANTES NUISIBLES AUX PRÉS.

Achillée ptarmique (*Achillæa ptarmica*, L.).
Berce brancursine (*Heracleum sphondilium*, L.).
Carotte sauvage (*Daucus carota*, L.).
Centaurées (*Centaurea*).
Chrysanthème blanc, grande camomille (*Chrysanthemum leucanthemum*, L.).
Consoude officinale (*Symphytum officinale*, L.).
Eupatoire d'Avicenne (*Eupatorium cannabinum*, L.).
Pissenlit commun (*Taraxacum dens leonis*, Lam.).
Plantain majeur (*Plantago major*, L.).
Plantain moyen (*Plantago media*, L.).
Seneçon jacobée (*Senecio jacobea*, L.).

La destruction des plantes nuisibles s'effectue comme pour les pâturages; toutefois elle est plus difficile, parce qu'il n'est pas possible d'entrer dans les prairies depuis le commencement de mai jusqu'à l'époque de la récolte, sous peine de nuire au produit : et c'est cependant le laps de temps le plus convenable pour pratiquer plusieurs des modes de destruction que nous avons conseillés. Pour surmonter, autant que possible, cette difficulté, on procédera de la manière suivante : Pour les espèces vivaces à racines non traçantes, on les fera arracher à la fin d'avril et immédiatement après chaque coupe; pour les plantes vivaces à racines traçantes, comme le fauchage plusieurs fois répété de leurs jeunes tiges n'est pas possible, il n'y aura pas d'autre moyen que de transformer le pré en pâturage pendant deux années environ, et, pendant ce laps de temps, on fera les fauchages nécessaires.

Si, enfin, les plantes nuisibles sont annuelles ou bisannuelles, il sera indispensable d'effectuer la coupe du pré un peu avant la floraison de l'espèce à détruire. Cette récolte précoce étant répétée pendant deux ou trois ans, la fera disparaître complétement.

L'irrigation suffit aussi pour anéantir quelques espèces annuelles ou vivaces, telles que l'*arrête-bœuf*, les *fougères*, le *chrysantème blanc*, le *cocrête*, les *euphorbes*.

Destruction des animaux nuisibles. — Nous avons fait remarquer que la présence des taupes dans les pâturages est peu pernicieuse; mais il est loin d'en être ainsi pour les prés : là, les taupinières deviennent une difficulté pour le fauchage et une cause de diminution dans le produit. Les dommages sont plus graves encore si la prairie est soumise à l'irrigation, car ces animaux détruisent en grande partie l'économie des rigoles destinées à répandre ou à recevoir les eaux. Les taupes doivent donc être détruites avec le plus grand soin.

Ce que nous avons dit des fourmilières dans les pâturages s'applique également aux prés, car elles offrent les mêmes inconvénients que les taupinières.

Roulage. — Cette opération est au moins aussi utile pour les prés que pour les pâturages. Pratiqué au printemps, le roulage raffermit le sol soulevé par l'action des gelées; après chaque coupe, et surtout lorsqu'on a fait fonctionner l'étaupinoir, il complète l'action de celui-ci, en faisant disparaître jusqu'aux moindres aspérités du sol; il force les plantes à taller davantage.

Entretien des rigoles, épierrement. — Enfin, on doit encore, chaque année, veiller à l'entretien des rigoles de dessèchement, et surtout rétablir avec soin celles qui sont destinées aux irrigations.

Les pierres disséminées à la surface des prés ont le très-grave inconvénient d'entraver le fauchage et de le rendre plus coûteux ; aussi est-il nécessaire de les faire enlever avec soin.

EXPLOITATION DES PRAIRIES NATURELLES.

Nous avons déjà dit qu'on peut faire consommer le produit des prairies naturelles, soit en le faisant pâturer sur place, soit en le faisant faucher. Examinons tout d'abord quelles sont les circonstances qui déterminent le choix à faire entre le pâturage et le fauchage.

La transformation de l'herbe en foin est une opération assez difficile sous les climats où l'été est humide ; or ce sont précisément les contrées les plus favorables à la création des prairies; d'un autre côté, il arrive souvent que, dans les localités où il existe de grandes étendues de prairies, les bras font défaut pour couper, faner et serrer les fourrages en temps convenable. D'ailleurs, la situation de beaucoup de prairies placées sur des pentes rapides ou sur des terrains très-accidentés, empêche d'en utiliser le produit autrement que pour le pâturage.

Il semble résulter, en outre, d'un grand nombre de faits que, dans la plupart des plantes fourragères, le premier décimètre de longueur pousse plus vite que le second, celui-ci plus vite que le troisième, et ainsi de suite ; si bien qu'en coupant la plante chaque fois qu'elle atteint $0^{m},10$ de hauteur, par exemple, et en additionnant toutes ces coupes, on arrive à une longueur totale de beaucoup supérieure à celle qu'atteindrait, toutes choses égales d'ailleurs, la même plante abandonnée à sa végétation naturelle. Or, la fauchaison ne pouvant s'appliquer avec profit qu'à une herbe d'au moins $0^{m},30$ de hauteur, il en résulte que le produit de la même prairie, recueilli par le pâturage, est plus abondant que si la prairie est soumise au fauchage. Enfin, les frais de fauchage, de fenaison, de transport du foin et des engrais, rendent l'exploitation des prairies par le fauchage plus coûteuse que par le pâturage. Il y aura donc, en général, plus d'avantage à faire pâturer les prairies qu'à les faire faucher.

Il y a cependant des exceptions à cette règle; et d'abord il est indispensable, dans tous les cas, de réserver à l'état de pré une certaine étendue de prairie, afin d'en obtenir du foin qui, avec les fourrages artificiels et les fourrages racines, formera la nourriture des bestiaux pendant l'hiver. D'un autre côté, le pâturage est impossible sur les prairies soumises aux irrigations pendant l'été; ensuite il y a, dans quelques circonstances dont nous parlerons plus loin, avantage à substituer la fauchaison au pâturage, et à faire consommer l'herbe fraîche à l'étable. Enfin on gagnera à transformer le produit de la prairie en foin, lorsque l'on sera assez rapproché de grands centres de consommation pour se défaire du fourrage à un prix plus élevé que celui qu'il donnerait par le pâturage. Ceci posé, examinons le mode d'exploitation le plus convenable pour les pâturages et pour les prés.

Exploitation des pâturages. *Époque de l'année où il convient d'introduire les bestiaux sur les pâturages.* — Pour les pâturages nouvellement créés, la dépaissance peut commencer dès l'année qui suit celle de leur ensemencement. En général, il est bon de ne mettre les bestiaux sur le pâturage, au printemps, qu'au moment où les herbes ont pris un certain développement. Une dépaissance trop précoce nuit à la vigueur des herbes et influe défavorablement sur le produit de toute l'année. Si, au contraire, on tarde trop, il en résulte, d'un côté, que plusieurs plantes précoces offrent des tiges trop dures et que les bestiaux les délaissent ; et, de l'autre, que l'on retarde le moment où les plantes repousseront de nouveau, ce qui diminue l'abondance du produit.

La floraison du trèfle rouge, qu'on rencontre dans presque toutes les prairies, indique l'époque la plus convenable pour faire commencer le pâturage au printemps. Cette floraison a lieu, pour le climat de Paris, vers le 15 mai. On continue ensuite jusqu'au moment où les pluies continuelles ou les frimas de l'hiver mettent un obstacle plus ou moins long à l'entrée des bestiaux sur la prairie. Il est cependant quelques contrées à hiver doux où le pâturage est continué même pendant l'hiver. Mais, dans tous les cas, on doit suspendre cette opération vers le commencement du printemps, au moment où les herbes repoussent, trois semaines environ avant l'époque que nous venons de fixer pour faire pâturer de nouveau.

Depuis le moment où l'on introduit les bestiaux sur le pâturage, au printemps, jusqu'à l'entrée de l'hiver, où on les en retire, la dépaissance ne doit pas être continue ; il convient de laisser s'écouler un certain laps de temps entre chaque apparition des bestiaux sur le même point, de façon à ce que l'herbe puisse s'élever de $0^{m},10$ à $0^{m},25$ pendant chaque intervalle ;

autrement, les herbes seraient rapidement épuisées et leur végétation deviendrait languissante. D'ailleurs les meilleures espèces de plantes étant plus recherchées et plus souvent broutées par les bestiaux, on les verrait bientôt disparaître au profit des espèces médiocres.

La variation de 0m,10 à 0m,25, que nous venons d'indiquer pour la hauteur qu'on laissera acquérir à l'herbe avant de la soumettre de nouveau au pâturage, est déterminée par les sortes de bestiaux; ainsi, cette hauteur devra être plus considérable pour des bêtes à l'engrais déjà en état, que pour des vaches laitières; pour celles-ci que pour des élèves; pour ces derniers que pour des chevaux, et pour ces animaux que pour des moutons.

Le laps de temps qu'il faudra laisser entre les dépaissances pour que l'herbe atteigne ces divers degrés de développement varie suivant le climat, la richesse du sol et l'époque de l'année. On a calculé que, pour le climat de Paris, la dépaissance commençant au 15 mai, on peut de nouveau faire pâturer l'herbe le 24 juin, puis le 27 juillet, ensuite le 29 août et enfin le 7 octobre. La même prairie pourra donc être pâturée cinq fois pendant la belle saison. Nous devons ajouter qu'il sera utile, lorsque l'organisation de l'exploitation le permettra, de ne pas admettre les bestiaux sur les pâturages, quelle que soit la saison, lorsque le terrain est humide et qu'ils laissent l'empreinte de leurs pas. Ces empreintes fatiguent le gazon et nuisent à la qualité de l'herbe en retenant l'humidité qui favorise le développement des plantes de mauvaise nature.

Choix et nombre de bestiaux pour chaque sorte de pâturage. — La richesse des pâturages détermine le nombre et surtout la taille et la nature des bestiaux qu'on y nourrit. Les très-riches pâturages servent à l'engraissement des bœufs et vaches et s'appellent *herbages d'embouche*. Les plus célèbres sont ceux du pays d'Auge et de plusieurs autres localités du Calvados (vallées de la Touque, de Corbon, de la Vire, de l'Aure, etc.), ainsi que ceux du Cotentin (Manche). On trouve encore de bons herbages d'embouche dans la Nièvre, Saône-et-Loire, le Cher, les Deux-Sèvres, la Vendée, la Charente-Inférieure, la Haute-Vienne, etc. Les herbages moins riches qui existent dans ces mêmes contrées ainsi que dans le pays de Bray (Seine-Inférieure), et sur plusieurs points du Centre et du Nord de la France, servent en général à nourrir les vaches laitières et à faire des élèves. Il en est de même des bons pâturages des montagnes de l'Auvergne, des Alpes, du Jura, des Vosges. Ailleurs, comme dans le Poitou, on élève principalement des chevaux et des mulets. Sur les pâturages les plus pauvres vivent les chèvres et les bêtes à laine dont la taille se proportionne à la faculté productive du sol. Enfin on réserve les herbages marécageux aux porcs et aux oies ; ceux-ci nuiraient aux autres pâturages.

Il y a cependant inconvénient à faire pâturer chaque sorte d'herbage par une seule espèce d'animal; il peut en résulter la détérioration de la prairie ; car certaines plantes, dédaignées par l'espèce d'animal à laquelle le pâturage sera livré, ne tarderont pas à se multiplier et à envahir tout l'espace. Si, au contraire, on fait pâturer l'herbe par plusieurs espèces de bestiaux, ce qui est délaissé par les uns est mangé par les autres, et l'on utilise ainsi tout le produit d'une manière bien plus complète.

Cette association, toutefois, ne doit pas être simultanée, mais successive ; autrement ces divers animaux se gênent et se privent mutuellement de la nourriture qui leur convient le mieux. L'ordre le plus convenable dans lequel ils doivent se succéder sur le même pâturage est le suivant. D'abord, l'espèce bovine, qui broute l'herbe à une certaine hauteur ; puis les chevaux, qui tondent l'herbe un peu plus court, mais qu'il faut exclure des pâturages un peu humides à cause de leur piétinement. On termine par les moutons, qui pincent l'herbe plus près encore ; mais, comme ils l'arrachent souvent lorsqu'elle n'est pas bien enracinée, on s'abstient de les mettre sur les pâturages nouvellement créés.

Quant au nombre de têtes de bétail à entretenir sur une étendue déterminée de pâturage, il doit varier suivant le degré de fertilité du sol, l'espèce et la taille des animaux. Certains herbages peuvent à peine nourrir, par hectare, deux moutons de petite taille, pendant la belle saison ; tandis qu'il en est quelques-uns qui, sur la même étendue, engraissent en deux fois (de mars à la fin de juin, et de juillet à novembre) quatre bœufs de forte taille. Voici, cependant, une donnée qui peut servir de guide à cet égard :

Si l'on prend, sur un troupeau, dix bêtes choisies parmi les grosses, les moyennes et les petites, qu'on les pèse le matin, et qu'au bout de dix jours on les pèse de nouveau, le pâturage sera réputé suffisant si elles n'ont pas perdu de leur poids ; il sera classé comme bon si elles ont gagné sensiblement. On verra ensuite, à l'herbe négligée ou gâtée, jusqu'à quelle limite on peut élever le nombre de ces bestiaux, pour une surface déterminée, sans qu'aucune partie du produit en soit perdue.

Il y a, du reste, autant d'inconvénients à trop restreindre le nombre des animaux qu'à l'augmenter outre mesure. Dans le premier cas, les bestiaux foulent aux pieds et détériorent autant d'herbe qu'ils en mangent, ou bien une certaine quantité de celle-ci se durcit, se dessèche avant d'être consommée et est perdue ; dans le second cas, le bétail pâtit, et il ne se borne pas à manger l'herbe, il la ronge jusqu'au collet, arrache même les racines et dégarnit le gazon. Il suffit d'un seul jour où une pâture aura été trop chargée pour que le dommage se fasse remarquer pendant plusieurs années.

Modes de dépaissance. — Deux modes de pâturages sont employés : le pâturage en liberté et le pâturage *au piquet* ou *au tiers*. Le premier est le plus anciennement usité ; il consiste à laisser les bestiaux libres dans le pâturage. Pour qu'il ne présente pas d'inconvénients, il est indispensable de partager les grands herbages en un certain nombre de parties, séparées par une clôture, et qui reçoivent successivement les bestiaux. Sans cette precaution, ces derniers gâteraient une grande quantité d'herbe, ne mangeraient que les meilleures espèces, et, les plus médiocres continuant de croître et de fructifier, le pâturage serait bientôt détérioré.

L'étendue de ces enclos est en raison inverse de la richesse du sol et de la faculté qu'ont les herbes d'y repousser plus ou moins rapidement ; elle est aussi proportionnée au nombre de bestiaux qu'on peut mettre au pâturage, de façon à ce que le produit puisse être consommé dans l'espace de huit à dix jours au plus. Il en résulte que les animaux reviennent plus souvent dans le même enclos, qu'ils consomment toujours de l'herbe jeune, tendre, et que les *relais* ou *refus* sont moins considérables. Nous savons d'ailleurs que, sous le même volume, cette herbe se digère mieux et qu'elle est plus nourrissante. Ajoutons cependant que la nécessité d'enclore empêche de faire des divisions trop petites, attendu que le périmètre, à égalité de côté, ne s'accroît pas en raison de la surface. Il faut 400 mètres de clôture pour un carré d'un hectare, il n'en faut que 800 pour un carré de 4 hectares.

Nous avons déjà décrit le mode de dépaissance au piquet ou au tiers en parlant de la culture du trèfle. Restreint, dans le principe, au pâturage des prairies artificielles, pour lequel il est indispensable, on l'étend depuis quelque temps, notamment dans le Calvados, aux prairies naturelles. Il offre, sur le pâturage en liberté, les avantages suivants : il fait mieux la part de chaque animal ; celui-ci ne gaspille aucune partie, tout en se nourrissant mieux ; l'herbe est tondue plus également ; les engrais, moins disséminés, peuvent être plus régulièrement répandus chaque soir, ou enlevés pour être réunis au compost ; enfin, on évite ainsi de multiplier les clôtures.

Exploitation des prés ou prairies proprement dites. — Le produit des prés peut être utilisé de deux manières : on fauche pour le transformer en foin, ou pour le faire consommer, frais, à l'étable. Examinons ces deux procédés ; nous verrons ensuite dans quelles circonstances on doit préférer l'un à l'autre.

1° *Fenaison.* — *Époque convenable.* — Le choix de l'époque de la coupe des foins doit être déterminé par le besoin d'obtenir à la fois le fourrage le plus abondant, et le meilleur possible. C'est au moment de leur floraison que la plupart des espèces de plantes offrent ce double résultat. Mais, malgré le soin que l'on apporte à ne composer les prairies que de plantes fleurissant à peu près à la même époque, le gazon est bientôt envahi par d'autres espèces dont les époques de floraison sont différentes. De là la difficulé de déterminer le moment convenable où la récolte doit être effectuée.

Pour s'en rapprocher autant que possible, on attend que le plus grand nombre des espèces qui composent la prairie soient en fleur. Avant cette époque, il y aurait perte sur la quantité, car les plantes n'auraient pas acquis tout leur développement : après ce moment, le produit ne serait pas augmenté, et l'on perdrait sur la qualité, car une grande partie du fourrage serait composée de tiges sèches épuisées, et n'ayant d'autres propriétés nutritives que celles de la paille. D'un autre côté, les plantes, épuisées par cette végétation trop complète, repousseraient à peine ; de sorte que la seconde et la troisième coupe de la même annee en souffriraient beaucoup.

On comprend que l'époque de cette floraison varie suivant le climat, le degré de précocité du terrain, et surtout, suivant la nature des espèces qui dominent dans le mélange. Pour le climat de Paris, ce moment arrive, en général, vers le 15 de juin. La règle que nous venons de poser souffre quelques exceptions. Ainsi, le climat, la nature du sol, celle des espèces qui forment la prairie permettent à celle-ci de donner trois coupes, on devance pour chacune d'elles le moment que nous venons d'indiquer ; la première est effectuée vers la fin de mai, par exemple ; les herbes, moins épuisées, repoussent plus vigoureusement et donnent, pour les coupes successives, un rendement plus abondant. De plus, la dernière coupe est moins tardive et peut être fanée en temps convenable.

Si le foin est destiné aux bêtes bovines, il faut aussi couper un peu plus tôt que s'il doit être consommé par les chevaux ou les moutons.

L'époque du fauchage exerce sur la constitution de la prairie, la qualité et la quantité de ses produits, une très-grande influence. On conçoit, en effet, que si une prairie est formée en grande partie par des espèces à époque de floraison moyenne, et que l'on coupe chaque année ces espèces au moment de leur floraison, elles ne se reproduiront que très-difficilement, leur proportion ira toujours en diminuant, tandis que les espèces précoces, qui auront fructifié avant la coupe, augmenteront sans cesse. Il en résultera donc qu'au bout d'un certain temps la constitution de la prairie sera complétement changée, et que, de bonne qu'elle était, elle pourra devenir de médiocre qualité, si les espèces favorisées par l'époque de la récolte ne sont pas celles qui donnent le meilleur fourrage. De là la nécessité de changer de temps en temps le moment habituellement choisi pour la fauchaison, afin de permettre aux espèces que l'on a intérêt à conserver de répandre leurs semences.

Fauchage. — Le fauchage des prairies naturelles se fait comme celui des prairies artificielles. Il importe encore plus de couper l'herbe le plus près du sol, car, dans les prairies naturelles, c'est surtout la base qui offre le produit le plus abondant et le meilleur ; tels sont les trèfles rampants, les feuilles radicales des graminées, etc.

La faux employée est celle de Champagne (fig. 776). Elle est dépourvue du crochet en fer dont est munie la faux de Picardie (fig. 777), qui sert pour les prairies artificielles, parce qu'il n'est pas nécessaire de former des andains bien distincts, ceux-ci devant être éparpillés presque aussitôt après le fauchage.

Fanage. — Tout ce qui est coupé avant neuf heures du matin est répandu avec des râteaux ou des fourches. A midi le foin est retourné, puis, après six heures du soir, on le réunit en petits tas nommés, suivant les pays, *boccottes* ou *chevrottes.* Ce qui est fauché après neuf heures du matin reste en andins toute la journée. Le lendemain, après la rosée, on étend ces andins, ainsi que l'herbe fauchée depuis le matin ; après quoi, on étend les boccottes, en les réunissant par trois ou quatre les unes près des autres, afin d'en former promptement des *moyens tas* vers le soir, ou s'il survient de la pluie. L'herbe ainsi étendue est remuée et retournée à plusieurs reprises avec des râteaux ou des fourches en bois. Le troisième jour, on étend ces moyens tas, on les retourne, comme le jour précédent, une, deux ou trois fois, et, le soir, on peut les rentrer ou les réunir au nombre de quatre à sept pour en faire de gros tas. Le foin s'y échauffe un peu, sue, et acquiert ainsi peu de qualité ; on le rentre le lendemain après la rosée. On évite avec raison de rentrer le foin humide, mais il faut aussi éviter de le rentrer par trop sec, parce qu'alors il a perdu sa qualité.

Mais si, dans le cours de ces opérations, il survient du mauvais temps, on laisse les andains et les tas sans les étendre, et

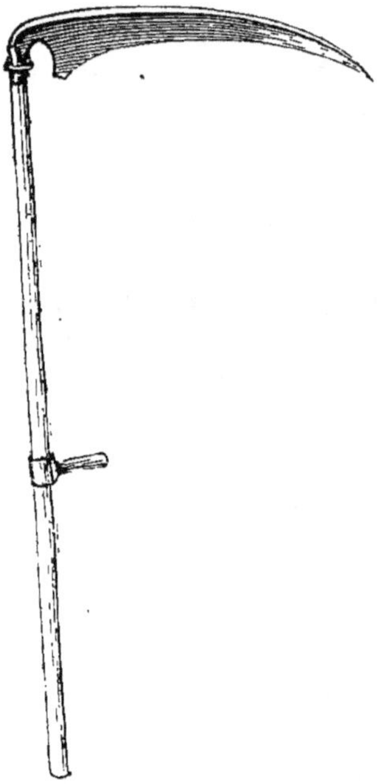

Fig. 776. *Faux champenoise.*

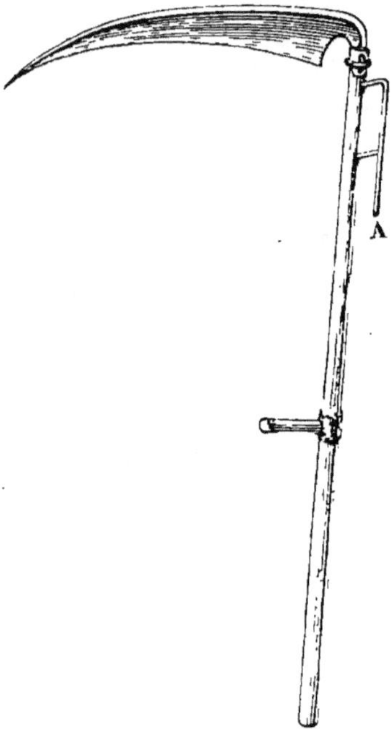

Fig. 777. *Faux picarde.*

l'on se contente, à chaque éclaircie, de les ouvrir et de les remuer. Tant que le fourrage est vert et disposé en andains, il souffre peu de la pluie, et, lorsque les tas sont bien faits, l'humidité y pénètre rarement ; mais si le trop mauvais temps ne laissait pas d'espoir de sécher le foin par la méthode ordinaire, on aurait recours à celle que nous avons décrite sous le nom de *méthode Klappmeyer*, en traitant de la culture du trèfle, ou bien on le rentrerait à moitié sec et l'on ferait usage de l'un des procédés décrits plus loin, au chapitre de la Conservation des fourrages.

La fenaison se fait assez facilement sur les prairies sèches ou seulement fraîches ; mais il n'en est pas ainsi pour les prés humides ou marécageux, même par un temps sec; car l'humidité du sol vient sans cesse rendre aux fourrages qui y sont étendus celle qu'ils perdent par l'évaporation. Il n'y a guère alors d'autre moyen de fanage que la méthode Klappmeyer.

Lorsque les prairies ont été soumises à des inondations tardives et que les foins sont vasés, c'est-à-dire que les tiges sont couvertes d'un dépôt limoneux, on les coupe et on les fane par les procédés ordinaires; mais ces foins seraient très-malfaisants si avant de les donner aux bestiaux on ne les faisait pas battre au fléau, ou soumettre à l'action de la machine à battre le grain, pour enlever la poussière qui les couvre.

La coupe que l'on fait en automne, connue sous le nom de *regain* ou *revive*, est plus difficile à faner que les précédentes, parce que l'herbe est plus aqueuse, que l'atmosphère est moins chaude et plus humide. Aussi est-il plus souvent préférable de faire pâturer ce regain, surtout lorsque son produit ne dépasse pas 1,000 kilog. Cependant, si on veut le faner aussi, il convient de le traiter comme les foins rentrés à moitié secs.

Lorsque les foins devront séjourner pendant quelque temps sur le sol après le fanage, on en formera des meules; nous en indiquons plus loin la disposition. Quant au bottelage, on ne le fera pas immédiatement, il retarderait la rentrée du fourrage, et il l'exposerait trop longtemps aux intempéries; mieux vaut le botteler au fenil à mesure des besoins.

Après l'enlèvement de la dernière coupe, et jusqu'au printemps suivant, on peut, sans inconvénient, livrer au pâturage les prairies soumises à la fenaison, excepté quand le temps est trop mauvais, et que la terre est humide et boueuse. Le piétinement des bestiaux est même utile à ces prairies, en raffermissant le sol soulevé par les gelées. Mais on fera cesser ce pâturage au printemps, du 15 mars au 15 avril, suivant le climat, sous peine de nuire à la pousse des herbes.

Pour opérer ce fanage, pour retourner le foin, l'étendre ou le réunir, on se sert de fourches en bois ou de râteaux.

Les *fourches* sont à deux ou trois dents (fig. 778 et 779). Le frêne, l'orme, le charme, le châtaignier et surtout le micocoulier de Provence en fournissent de bonnes. On les choisit bien droites, afin que les efforts de l'ouvrier ne portent pas à faux. Les pièces propres à cet usage résultent des hasards de la végétation et aussi des soins particuliers donnés aux jeunes scions, comme cela a lieu dans la commune de Sauve (Gard), pour le micocoulier. Après avoir taillé les fourches, on les écorce, on les fait sécher dans un four assez chaud pour noircir légèrement leur superficie, puis on les frotte avec un corps huileux afin de les rendre plus dures et moins cassantes. Parfois les fourches à trois dents sont artificielles, comme le montre la fig. 780.

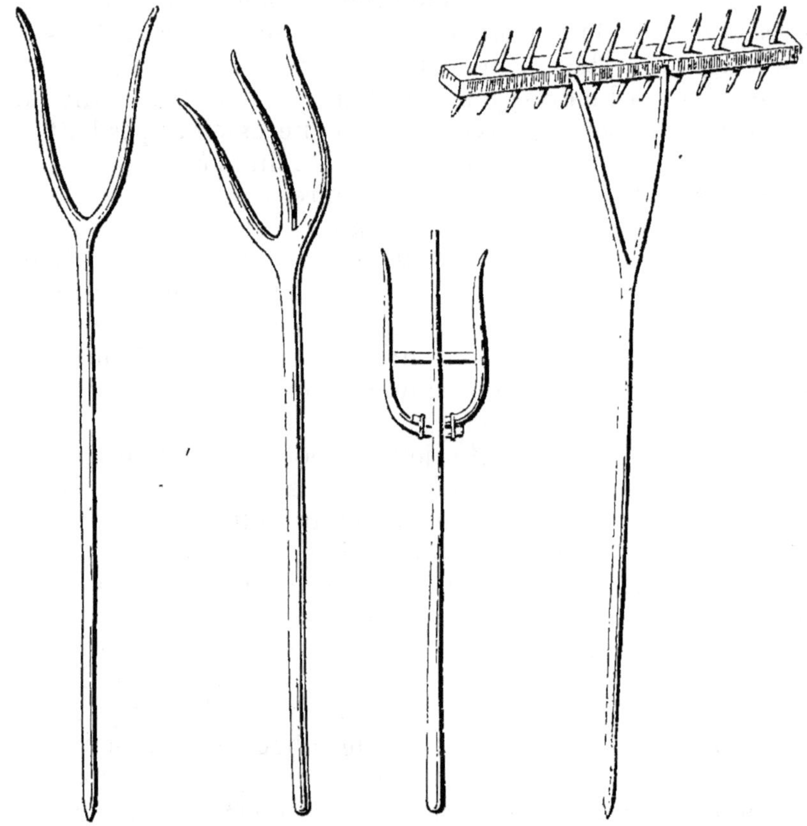

Fig. 778. *Fourche à deux dents pour le fanage.* Fig. 779. *Fourche à trois dents pour le fanage.* Fig. 780. *Fourche à trois dents artificielles.* Fig. 781. *Râteau pour le fanage.*

Les *râteaux* servent aussi à retourner le foin, et spécialement à le réunir ; ils sont également en bois et ordinairement pourvus d'une double rangée de dents fort longues (fig. 781).

Le râteau employé aux environs de Parme diffère notablement du précédent (fig. 782). Il est long de 1 mètre à $1^{m},40$; il est surmonté d'une pièce de bois qui lui est parallèle, et qui sert à retenir le foin réuni par les dents ; son manche est long de $1^{m},60$. Ce râteau est uniquement destiné à ramasser le foin.

Pour rendre plus rapide le travail du fanage, on a imaginé

diverses machines. Parlons d'abord de celle qui a été construite en vue d'éparpiller les andains et de retourner le foin.

La machine qui semble la meilleure est la *machine anglaise à*

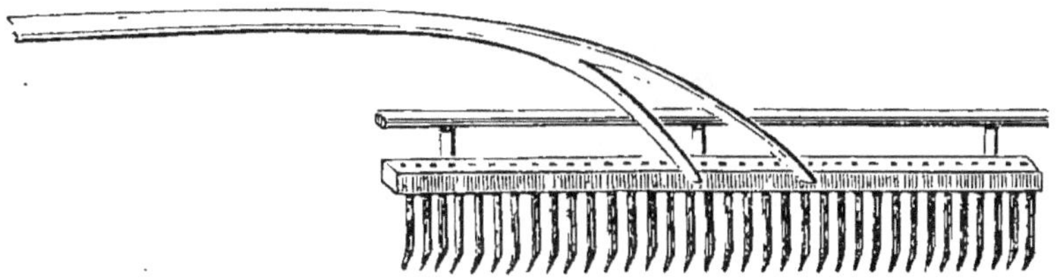

Fig. 782. *Râteau de Parme pour le fanage.*

faner de Woburn (fig. 783 et 784). Elle se compose d'un grand tambour en forme de hérisson, qui peut s'élever ou s'abaisser à volonté, afin d'approcher plus ou moins du sol. Ce hérisson est composé de huit râteaux à dents de fer recourbées, lesquelles,

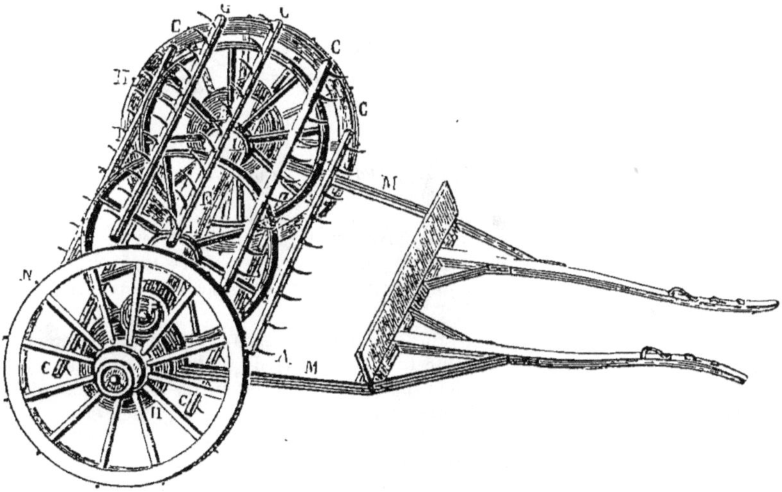

Fig. 783. *Machine anglaise à faner de Woburn.*

étant assujetties à la fois à deux mouvements, l'un de translation, parallèlement au terrain et commun à toute la machine, et l'autre de rotation autour d'un axe, éparpillent le foin qui se trouve sur leur passage. En voici la description :

Brancards en bois, formant une limonière à peu près de la force de celle d'une carriole. Ils sont garnis de crochets en fer, tant pour le tirage que pour le reculement, ainsi que d'arcs-boutants en fer qui en consolident toutes leurs parties.

Ces brancards sont fixés sur une traverse également en bois qui les tient à distance et sur laquelle est posée une planche de champ, dont l'objet est d'empêcher le foin d'être projeté sur le derrière du cheval attelé au brancard.

M. Deux barres de fer méplates, prolongeant les brancards sur lesquels elles sont fixées avec des boulons, et allant ensuite s'ajuster de la même manière contre les fusées de l'essieu.

N. Roues de la machine. Elles sont à peu près de la force de celles d'une petite carriole. Les clous à vis du cercle de bandage des roues D' ont une tête en saillie d'environ $0^m,027$. Ces têtes de clous s'enfonçant successivement dans la terre, par l'effet du poids et du mouvement de la machine, procurent à ces roues un point d'appui qui, les empêchant de glisser sur la terre, leur aide à transmettre leur mouvement de rotation au hérisson, quand la machine marche en avant.

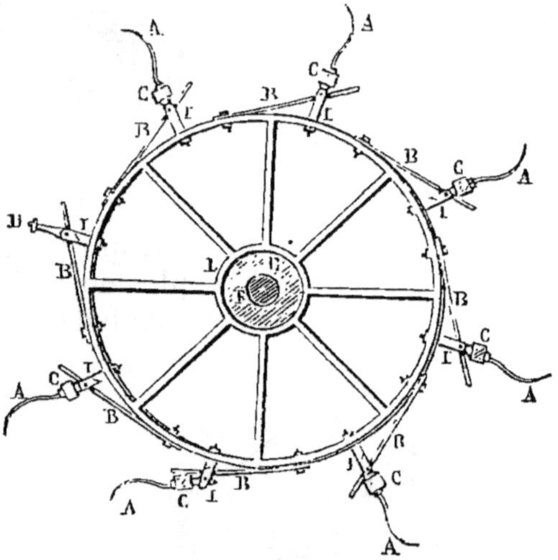

Fig. 734. *Détail de la machine de Woburn.*

H. Deux pièces de fontes de fer d'une forme particulière, dans lesquelles sont fixées à écrou les fusées d'essieu. Une de ces pièces recèle les roues d'engrenage qui transmettent le mouvement de l'une des roues au hérisson. Ces engrenages sont dans le rapport de 3 à 1, c'est-à-dire que la roue faisant un tour, le hérisson en fait trois. Ces pièces donnent aussi le moyen d'élever ou d'abaisser le hérisson, en le fixant avec un boulon, dans un trou des arcs de cercle, contre les barres C.

E. Axe du hérisson; il est en fonte de fer, de forme octogone et creux. Il porte sur un de ses bouts un pignon.

F. Barre ronde de fer servant de noyau à l'axe du hérisson, et en même temps de moise, qui tient à une distance invariable les deux pièces de fonte L. Cette barre de fer est plus longue que le manchon, servant d'axe au hérisson, de toute l'épaisseur des engrenages. C'est de cette disposition que résulte le moyen d'engrener ou de désengrener la machine, en donnant la faculté de faire glisser le hérisson dans le sens de sa longueur, le long de la barre F, et en soustrayant ou en soumettant à l'action de la roue d'engrenage montée sur le moyeu de l'une des roues, le petit pignon que porte l'axe creux du hérisson. Un petit mentonnet est logé perpendiculairement dans l'axe creux, et un ressort le presse constamment contre le fond de l'une ou de l'autre gorge d'arrêt pratiquée sur la barre F, dont une sert à tenir la machine engrenée, et l'autre désengrenée.

L. Deux cercles en fonte de fer à huit rayons, correspondent aux huit râteaux qui forment le hérisson. Ces cercles sont traversés dans leur centre par l'axe oxtogonal et creux E, et font corps avec lui. Le prolongement des rayons en dehors de la circonférence sert d'attache et de point d'appui pour l'articulation des râteaux.

C. Huit barres en bois, dans chacune desquelles sont plantées huit, neuf ou dix dents de fer A, légèrement recourbées vers les extrémités. Des ressorts B, fixés sur les circonférences des cercles L, maintiennent les dents des râteaux dans la direction des rayons; mais ils cèdent quand ces mêmes dents viennent à rencontrer quelque obstacle invincible dans le travail, ce qui prévient la destruction de la machine.

L'action de ces ressorts s'exerçant au delà du point d'articulation, sur l'angle extérieur des barres qui forment les râteaux, ramènent ceux-ci à leur première position dès que l'obstacle est dépassé.

Cette machine peut être conduite soit par un seul cheval, guidé par un homme à pied au pas ordinaire, soit par deux chevaux conduits en postillon, et au grand trot.

Si le foin n'est pas très-abondant, on mène la machine parallèlement aux andains, et, le hérisson ayant deux mètres de long, il en embrasse deux qu'il éparpille en même temps, les chevaux marchant au milieu de la fauchée. Mais si le foin est abondant et long, il embarrasse la machine, et il faut alors la conduire dans une direction perpendiculaire ou oblique à celle des andains. La vitesse qu'elle acquiert dans les intervalles où il n'y a pas de foin la fait passer sans difficulté sur les andains, quelque bien fournis qu'ils soient. Cette machine, dans un pays de plaine où le sol est consistant, peut remplacer beaucoup de bras. Attelée d'un seul cheval allant au pas, elle retourne le foin d'un hectare en une heure quarante minutes, et elle double cette quantité de travail si on la mène au trot.

Pour remplacer les râteaux à main et mettre le foin en boudins, on a imaginé d'abord le *râteau anglais à cheval* (fig. 785).

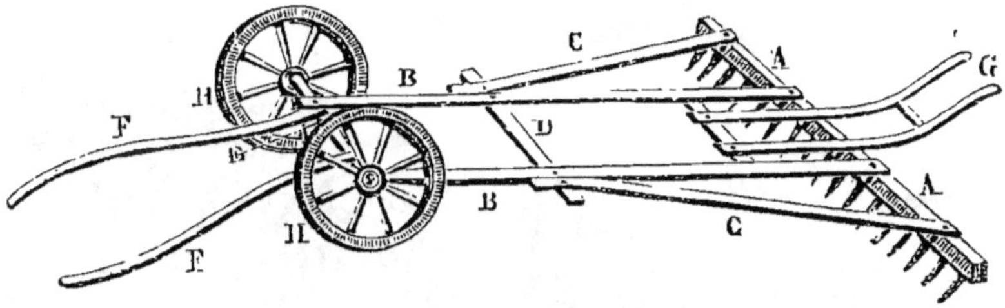

Fig. 785. *Râteau anglais à cheval pour ramasser le foin.*

Ce râteau est uni à l'axe E de l'avant-train par deux pièces de bois B, assujetties par deux autres pièces de bois C et une traverse D, longue de $1^{m},21$. Le même axe porte les limons F, auxquels on attelle un cheval. Le râteau A, qui a $1^{m},33$ de long, est muni de deux manches G, qui servent à le diriger. Les roues H ont $0^{m},60$ de diamètre. Les dents du râteau ont $0^{m},38$ de long et sont au nombre de quinze. On supprime parfois l'avant-train, comme le montre la figure 786.

Parmi les divers instruments imaginés jusqu'à présent pour ramasser le foin, le râteau à cheval de Howardds, récemment présenté aux diverses expositions, est incontestablement le plus recommandable.

Il se compose (fig. 787) de vingt-quatre dents d'acier recourbées, isolément mobiles, à l'aide d'une charnière placée sur

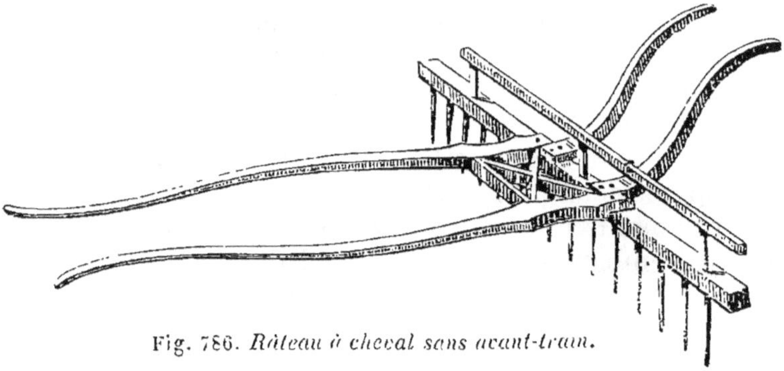

Fig. 786. *Râteau à cheval sans avant-train.*

un bâti traîné par deux roues. Un levier permet de les soulever toutes ensemble, lorsqu'elles sont engorgées. Si elles rencon-

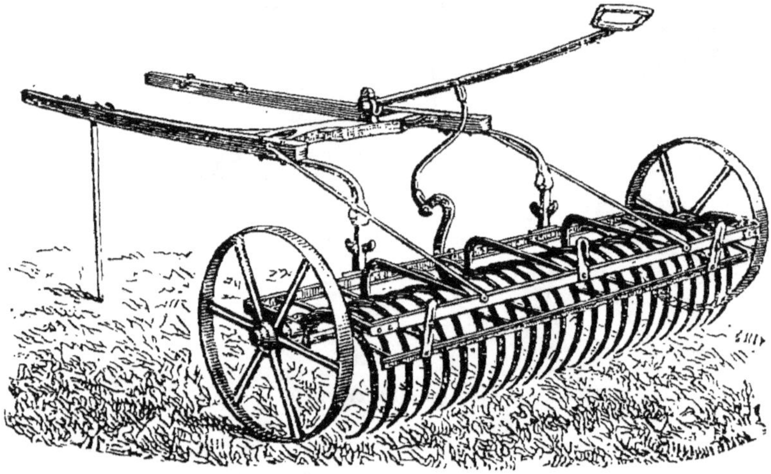

Fig. 787. *Râteau à cheval de Howardds.*

trent un obstacle, elles cèdent sans se briser. Cet instrument coûte 200 fr.

En Hollande, on se sert, pour retourner le foin et le soumettre à l'action de l'air, d'une sorte de herse (fig. 788) à laquelle on attelle un cheval.

Pour l'emploi utile de cette herse, le temps doit être beau, sec et venteux; il est bon qu'un homme se tienne à la suite pour la soulever lorsque le foin s'amasse entre ses dents.

Pour réunir le foin en gros tas, après l'avoir disposé en lignes au moyen du râteau, on se sert de *rafleurs*. Celui qui est employé en Hollande est représenté par la figure 789. La figure 790 montre le rafleur anglais. Celui-ci se compose de deux traverses horizontales, maintenues entre elles, à la distance d'un mètre environ, par des montants verticaux ; de sorte que l'assemblage imite assez bien le dos d'une chaise. Quatre chaînes, attachées aux coins, se réunissent deux à deux en un point où l'on croche les palonniers.

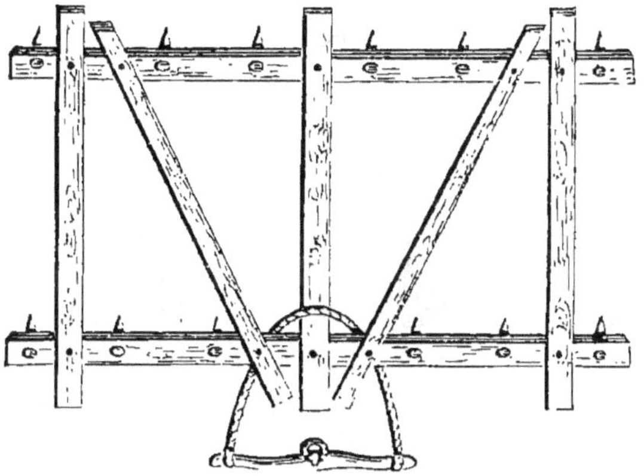

Fig. 788. *Herse hollandaise pour ramasser le foin.*

Fig. 789. *Rafleur hollandais pour réunir le foin.*

Deux chevaux tirent ces rafleurs, et le foin glisse sur le sol.

En résumé, ces diverses machines peuvent rendre de grands services, mais à la condition que la surface du sol sera parfaitement unie.

2° *Consommation du fourrage vert à l'étable.* — Le second mode d'exploitation des prés ou prairies consiste à faucher l'herbe et à la faire consommer à l'étable. Imaginé d'abord, vers 1825, par M. Mariotte, de Remiremont (Vosges), il a été pratiqué, depuis 1848, avec beaucoup de succès par M. Charles de Latour, dans le Charollais. Comparée au pâturage, cette méthode donne, sur la même surface, une plus grande somme de nourriture, parce que, dans le pâturage, il y a toujours une certaine quantité d'herbe gâtée par le piétinement des bestiaux. Elle permet d'user des irrigations d'été, ce qui est impossible avec le pâturage; et la quantité de fourrage qu'on en obtient alors devient telle, qu'on peut, avec la même étendue, nourrir et engraisser un nombre de bestiaux moitié plus considérable. Enfin, les déjections étant toutes recueillies dans l'étable, sans perte, et le nombre des bestiaux nourris étant plus grand, il en résulte

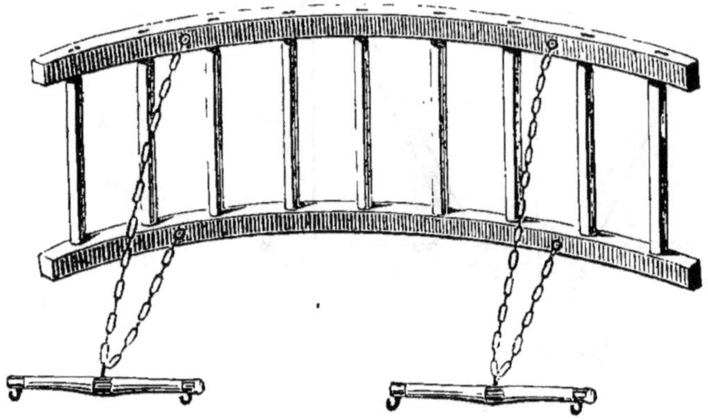

Fig. 790. *Rafleur anglais pour réunir le foin.*

des engrais bien autrement considérables que ceux qui sont répandus à la surface des pâturages par les animaux, engrais dont une grande partie perd, dans ce dernier cas, ses principes fertilisants par une trop longue exposition à l'air.

La consommation du fourrage vert à l'étable offre, en outre, une grande supériorité sur la fenaison ; car, non-seulement elle a tous les avantages du pâturage signalés plus haut, mais encore elle dispense de tous les frais et de toutes les causes de pertes déterminés par le fanage.

Ce mode nécessite, il est vrai, la construction de bâtiments spacieux destinés à recevoir les bestiaux ; il faut transporter le fourrage plusieurs fois par jour du pré aux étables ; il n'est pas toujours facile de fournir constamment aux bêtes une herbe convenable, c'est-à-dire ni trop jeune ni trop vieille; mais il a d'incontestables avantages quand les prairies que l'on exploite sont susceptibles d'être soumises à l'irrigation, que les étables sont assez rapprochées pour que le transport des fourrages soit peu coûteux, et que les ouvriers chargés de soigner les bestiaux peuvent s'occuper en même temps de la coupe des herbes.

Lorsqu'on adopte cette méthode, on commence à faucher de très-bonne heure, c'est-à-dire dès que les herbes ont atteint une hauteur de 0^{m},20 à 0^{m},30. On donne ainsi plus facilement aux bestiaux un fourrage toujours jeune et tendre.

3° *Exploitation mixte des prairies naturelles.* — Ce troisième mode participe des deux précédents, c'est-à-dire que la prairie est soumise alternativement à une année de pâturage et à une année de fenaison; ou bien que, soumise habituellement au pâturage, on la fauche tous les quatre ou cinq ans.

Voici les avantages qu'il présente : il est bien certain que le pâturage, non interrompu, finit par faire disparaître de la prairie, au profit des espèces seulement gazonnantes, les grandes graminées qui ne peuvent fleurir qu'à une certaine hauteur, et qui sont constamment broutées avant d'avoir fructifié. Mais si l'on supprime de temps en temps le pâturage pour le remplacer par une année de fenaison, ces grandes espèces prennent tout leur développement, se multiplient soit par leurs graines, soit par leurs racines, et peuvent alors supporter, sans succomber de nouveau, plusieurs années de pâturage. Il suffit, pour maintenir l'équilibre entre les plantes gazonnantes et les espèces élevées, de faucher tous les quatre ou cinq ans et de se contenter de la première coupe. Un fauchage plus fréquent aurait l'inconvénient inverse; les espèces gazonnantes seraient progressivement chassées par les autres, et l'on aurait un gazon moins bien garni pour le pâturage. Il faut aussi fumer un peu la prairie l'année où l'on fauche.

Cet alternement n'est pas moins avantageux pour les prairies habituellement soumises au fauchage, car celui-ci finit, à la longue, par faire disparaître les espèces basses et rampantes qui garnissent le pied du foin et en augmentent si notablement la qualité et la quantité. Un pâturage exclusif pendant une année, répété tous les quatre ou cinq ans, remédie à cet inconvénient.

RENDEMENT DES PRAIRIES NATURELLES.

Rien n'est plus variable que le rendement des prairies naturelles; le climat, la nature et le degré habituel d'humidité du sol, la quantité d'engrais qu'il reçoit, la composition du gazon, sont autant de causes qui agissent puissamment sur la quotité des produits. Ainsi, tandis qu'on voit certaines prairies ne pas donner annuellement plus de 250 kilogr. de foin par hectare, certains pâturages du Calvados en produisent, pour la même surface, 15 à 18,000 kilog. Les bonnes prairies arrosées de Vaucluse fournissent le même produit. Les prairies de la Lombardie, connues sous le nom de *Marcites*, arrosées en hiver par des eaux d'une température de + 12°, et qui sont très-abondamment fumées, donnent plus de 19,000 kilog. de foin par hectare. Mais ces rendements sont exceptionnels; on considère, en général, 6,000 kil. par hectare comme un très-beau produit, et

1,500 kilogr. comme un rendement très-faible. Toutes les fois que ce produit descend au-dessous de 1,500 kilogr., il y a plus d'avantage à le faire pâturer qu'à le faucher.

DURÉE DES PRAIRIES NATURELLES.

Les prairies naturelles établies avec soin, purgées de mauvaises herbes et suffisamment fumées, peuvent avoir une durée illimitée. En vieillissant, elles ne font même que s'attacher davantage à la terre, car la couche superficielle devient de plus en plus fertile, et le gazon acquiert la faculté de résister plus facilement aux causes de destruction. Il n'est donc pas absolument nécessaire de rompre ces prairies pour les rétablir de nouveau après un certain temps, comme cela a lieu pour les prairies artificielles. Mais n'y a-t-il pas avantage à rompre de temps en temps ces prairies pour faire tourner au profit d'un certain nombre de récoltes annuelles la fertilité accumulée sous le gazon, sauf à les rétablir ensuite ?

C'est là une importante question, qu'on ne peut résoudre d'une manière absolue, et pour laquelle il faut tenir compte des circonstances où sont placées ces prairies. En examinant, au commencement de cet article, la convenance des prairies naturelles, nous avons indiqué les terrains qui, dans toute espèce de cas, doivent leur être consacrés ; là, sans nul doute, le défrichement ne devra jamais être opéré, soit pour l'impossibilité où l'on serait d'y cultiver avec succès des récoltes annuelles, soit parce que le bénéfice de ces récoltes n'égalerait pas celui de la prairie. Mais nous avons aussi reconnu la nécessité d'établir des prairies naturelles en dehors de ces conditions spéciales, soit pour prévenir l'embarras causé par l'insuccès des prairies artificielles, soit pour tenir lieu de ces dernières dans les localités où elles ne donnent que de chétifs produits, soit enfin lorsque le capital d'exploitation est insuffisant pour faire face aux dépenses qu'entraîne la création d'un assolement avec prairies artificielles. Dans ces diverses circonstances, il devient avantageux de rompre de temps en temps les prairies naturelles ; car les principes fertilisants qui s'accumulent progressivement au-dessous de ces gazons, finissent par former un capital d'engrais dont l'intérêt n'est plus suffisamment payé par l'herbe qu'il procure. Il convient donc d'utiliser cette réserve d'engrais, en lui faisant produire un certain nombre de récoltes annuelles.

Quant à l'âge auquel on devra rompre la prairie, il est assez difficile de le préciser, car l'accumulation de l'humus dont nous venons de parler est loin de se faire avec la même rapidité dans toutes les circonstances. Cela dépend surtout de la fertilité naturelle du sol, de l'abondance des engrais qu'on y répand, de la nature des espèces qui forment le gazon. Dans tous les cas, cette richesse en principes actifs ne commence guère à se montrer avant la douzième année qui suit la création, lorsque le sol a été maintenu dans un état moyen de fertilité.

Pour rompre une prairie, on opère comme il a été dit à l'article des *défrichements* (t. I, p. 563) et aussi comme nous le prescrivons pour le *défrichement des luzernes*. Les récoltes qu'il convient de faire succéder aux prés rompus sont les mêmes que pour cette sorte de légumineuses.

COMPTE DE CULTURE D'UN HECTARE DE PRAIRIE NATURELLE NON IRRIGUÉE, SOUMISE A LA FENAISON ET SEMÉE SUR DE L'AVOINE SUCCÉDANT A DES RACINES FOURRAGÈRES FUMÉES.

DÉPENSE.

Frais de création.

La moitié des frais de préparation du sol au compte de l'avoine	25f 60
Semences, 30 kil. de graines diverses	54 »
Répandre la semence en deux fois	2 »
Un hersage pour chaque ensemencement, à 2 fr. 60 c. l'un...	5 20
Répandre un engrais pulvérulent, en couverture, à l'automne.	60 »
Deux roulages au printemps suivant, à 4 fr. l'un	8 »
Un sarclage	2 »
20,000 kil. de fumier non absorbés dans le sol par la récolte de racines fourragères précédente, à 10 fr. les 1,000 kil., y compris les frais de transport et d'épandage, 200 fr.; le tiers de cette dépense à la charge de la prairie	66 66
Intérêt pendant un an, à 5 pour 100 du prix de la fumure non absorbée	6 66
Loyer de la terre	70 »
Frais généraux d'exploitation	20 »
Intérêt pendant un an, à 5 pour 100, des frais ci-dessus	16 »
Total	336 12

Frais d'entretien annuel.

Intérêt annuel, à 5 pour 100, des frais de création ci-dessus...	16f 80
Intérêt annuel, à 5 pour 100, du prix de la fumure laissée dans le sol	6 66
Répandre tous les quatre ans l'équivalent de 40,000 kil. de fumier, à 10 fr. les 1,000 kil., y compris les frais de transport et d'épandage, 400 fr.; le quart de cette somme pour l'entretien annuel	100 »
A reporter	123 46

Report...........	123f 46
Un sarclage	2 »
Répandre les taupinières avec l'étaupinoir de Mathieu de Dombasle..	2 »
Un roulage au printemps	4 »
Fauchage de deux coupes, à 12 fr. l'un........................	24 »
Fauchage de deux coupes, à 10 fr. l'un........................	20 »
Transport et emmagasinage de deux coupes, à 10 fr. l'une...	20 »
Loyer de la terre..	70 »
Frais généraux d'exploitation................................	20 »
Intérêt pendant un an, à 5 pour 100, des frais ci-dessus.......	14 27
Total..............	299 73

PRODUIT ANNUEL.

3,700 kil. de foin, à 71 fr. 50 c. les 1,000 kil................	264f 55
1,000 kil. de regain..	60 »
Total...........	324 55

BALANCE.

Produit	324f 55
Dépense..	299 73
Bénéfice net..............	24 82

Environ 8 1/2 pour 100 du capital employé.

COMPTE DE CULTURE D'UN HECTARE DE PRAIRIE NATURELLE PLACÉE DANS LES MÊMES CONDITIONS QUE LA PRÉCÉDENTE, MAIS DONT LE FOURRAGE EST CONSOMMÉ VERT A L'ÉTABLE.

DÉPENSE ANNUELLE.

La dépense annuelle est la même que dans le compte précédent, moins les frais de récolte........................	221f 46
Fauchages successifs..	20 »
Transports successifs à 200 mètres de distance...............	6 »
Intérêt pendant un an, à 5 pour 100, des frais ci-dessus.....	12 34
Total...........	259 80

PRODUIT ANNUEL.

L'équivalent de 6,000 kil. de foin, à 71 fr. 50 c. les 1,000 kil.	429 »

BALANCE.

Produit..	429 »
Dépense	259 83
Bénéfice net.............	169 17

65 pour 100 du capital employé.

COMPTE DE CULTURE D'UN HECTARE DE PRAIRIE NATURELLE PLACÉE DANS LES MÊMES CONDITIONS QUE LES PRÉCÉDENTES, MAIS SOUMISE AU PATURAGE.

DÉPENSE ANNUELLE.

Intérêt à 5 pour 100, des frais de création, et du prix de la fumure laissée dans le sol, comme dans le premier compte...	23f 46
Ramasser les excréments et en former un compost...........	10 »
Sarclage, étaupinage, roulage, comme dans le premier compte.	8 »
Fauchage des relais, entretien des rigoles d'assainissement...	6 »
Fumure, comme dans le compte précédent..................	100 »
Loyer de la terre..	70 »
Frais généraux d'exploitation............................	20 »
Intérêt pendant un an, à 5 pour 100 des frais ci-dessus.......	6 02
Total..............	243 48

PRODUIT.

L'équivalent de 4,500 kil. de foin, à 71 fr. 50 c. les 1,000 kil.	321 75

BALANCE.

Produit..	321f 75
Dépense..	243 48
Bénéfice net..........	78 27

32 pour 100 du capital employé.

Ces trois comptes de culture démontrent ce que nous avons avancé plus haut, à savoir : qu'à conditions égales, l'exploitation des prairies au moyen de la fenaison est moins avantageuse que par le pâturage, et que la consommation du fourrage vert à l'étable est plus lucrative que ce dernier mode.

CONSERVATION DES FOURRAGES.

En parlant de la *fenaison*, nous avons indiqué comment on s'y prend pour convertir en *foin* l'herbe des prairies, tant naturelles qu'artificielles. La fenaison est une des opérations les plus importantes de l'économie rurale, car c'est de la manière dont elle est pratiquée que dépend la bonne conservation des fourrages, et par conséquent la bonne nourriture des bestiaux.

Quand le foin a acquis le degré de dessiccation convenable, ce que l'expérience fait connaître, on le conserve ou en *meules*, au dehors, soit au milieu de la prairie, soit dans une des cours de la ferme, ou dans les bâtiments couverts de l'exploitation : *granges*, *greniers*, *fenières* ou *fenils*. Occupons-nous successivement de ces deux modes de conservation.

Conservation en meules. — Il y a des pays où ce mode de conservation est général et le seul employé. Il présente des avantages réels, en ce qu'il évite les frais de construction et d'entretien de bâtiments spéciaux, et qu'il fournit du foin de meilleure qualité que celui qui est placé dans les granges. Dans les pays où les deux modes sont en usage, on sait distinguer à l'odeur le foin des meules, et il se paye toujours un peu plus cher sur les marchés que le foin engrangé. Toutefois, la construction des meules exige plus de travail, et présente souvent de l'embarras dans les saisons pluvieuses, parce que le fourrage n'est en sûreté contre la pluie que lorsque les meules sont terminées, et on n'est pas toujours assuré qu'il n'en surviendra pas pendant qu'on les construit. Dans ce cas, il y a toujours perte plus ou moins considérable de temps et de fourrage. On doit comparer ces pertes avec les frais d'emmagasinement, et se décider pour le procédé le plus économique.

Il y a deux sortes de *meules* ou *meulons* : celles qu'on élève temporairement jusqu'à ce que le foin ait fermenté et perdu la plus grande partie de son eau de végétation, que le fanage n'a pu dissiper, meules qu'on défait pour botteler le foin et le rentrer au grenier ; et les *meules permanentes*, qui suppléent aux greniers, et qui servent à conserver le foin jusqu'à l'époque de sa consommation par le bétail ou de sa mise en vente.

Les premières sont établies sur la prairie même, dans la partie la plus élevée et la plus rapprochée du chemin, afin de faciliter le plus possible le chargement ultérieur des charrettes. Au moyen d'une fourche, l'ouvrier prend le foin aux villottes qui ont été formées après le fanage complet, l'apporte sur l'emplacement choisi, et en forme un tas régulier, auquel il donne habituellement une forme ronde et légèrement conique. A mesure que la meule s'élève, on tasse et on comprime le foin aussi également que possible, en retroussant sans cesse les brins d'herbe, afin qu'ils n'excèdent pas la dimension adoptée, et, pendant ce temps, des femmes armées de râteaux tournent autour, râtelant les parois de la meule, faisant tomber les brins qui ne tiennent pas et les rejetant par-dessus. On fait habituellement ces meules temporaires les plus larges, les plus hautes et les plus rondes possible. Elles ne restent guère plus de quelques mois dans les prés. La figure 791 représente la forme des meules de Normandie.

Les meules permanentes, qu'on construit ordinairement dans une cour de la ferme, sont élevées avec plus de soins. On les isole du sol en commençant par un lit de paille, de branchages ou de fagots, ou même en établissant un plancher sur des pièces de bois de 16 à 20 centimètres ; celles-ci reposent elles-mêmes sur des pierres plates, ou bien, comme en Angleterre, sur des piliers de fonte. De cette manière, le fourrage est préservé de l'humidité du sol, et mis jusqu'à un certain point à l'abri des dégâts des rats et des souris.

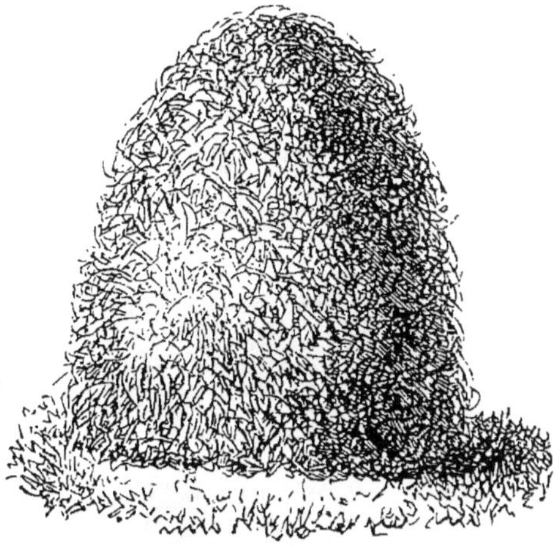

Fig. 791. *Meules de foin temporaire.*

On donne aux meules une forme ovoïde ou carrée : la première forme est la plus ordinaire en France ; dans tous les cas, le sommet se termine en pointe, le milieu est renflé, et la base va en se rétrécissant légèrement. Pour les meules rondes, on les monte contre une forte perche de bois, placée perpendiculairement, et fortement fichée en terre dans le centre de l'emplacement. Cette perche fixe la hauteur qu'aura la meule ; mais elle l'excède, qu'à son sommet on attache fortement de la paille tout autour pour recouvrir la meule. Lorsque la meule est carrée, on forme un parallélogramme avec plusieurs perches droites et en nombre proportionné à la longueur qu'elle doit avoir.

A mesure qu'on amoncelle le foin sur le plancher, on le tasse par couches régulières, en marchant dessus et le comprimant autant que possible; lorsque la meule est à la hauteur convenable, on ne se borne pas à la peigner avec le râteau : on coupe soigneusement tous les brins qui dépassent, et on répare avec adresse toutes les inégalités de sa forme, afin que l'humidité n'y pénètre pas. Ces précautions prises, il ne reste plus qu'à couvrir la meule, ce qui se fait en plaçant sur la pyramide de petites gerbes de paille de la grosseur du bras, liées dans la partie supérieure, et coupées également dans l'inférieure. Ces petites gerbes se posent en recouvrement les unes sur les autres, de la même manière que les tuiles d'un bâtiment. A l'extrémité supérieure de la meule, et contre la perche qui la traverse du haut en bas, on assujettit avec des cordes les dernières petites gerbes, et on les couronne par une forte gerbe de paille longue, qui est également liée avec force contre la perche.

On termine la confection d'une meule en creusant tout autour un petit fossé pour recevoir les eaux pluviales et les porter au loin. La figure 792 représente une de ces meules permanentes.

Quand on monte la meule, il est bon d'avoir une grande toile grossière encore pourvue de son apprêt, ou mieux même goudronnée, pour la couvrir jusqu'à ce qu'elle soit terminée.

Ces meules permanentes, ainsi construites, renferment souvent 30 à 40,000 kilogr. de fourrage. Il ne faut pas trop les rapprocher les unes des autres, afin que si la foudre éclate sur l'une d'elles, les autres ne soient pas exposées à être incendiées par communication.

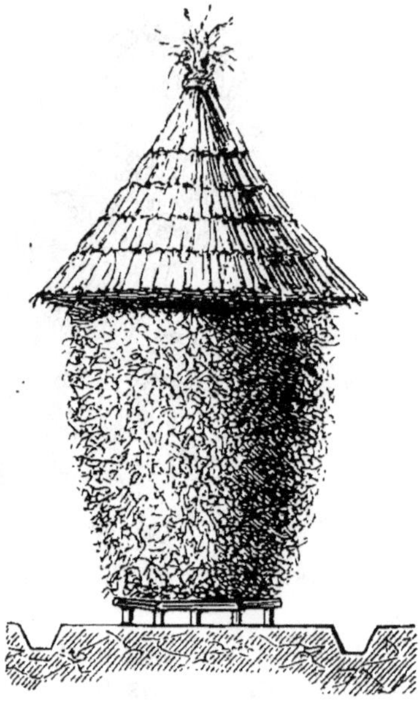

Fig. 792. *Meule de foin permanente.*

Le foin peut se conserver en meules fort longtemps. Il se tasse tellement, que lorsqu'on en a besoin pour la consommation, il serait trop long et trop difficile de l'arracher avec la fourche : n le coupe perpendiculairement et d'une manière uniforme avec un instrument tranchant, ou *coupe-foin*, dont la forme varie suivant les localités. Parfois c'est une sorte de bêche tranchante, comme on le voit dans la figure 793. Dans le Milanais et le Valais suisse, le coupe-foin est celui représenté par la figure 794 ; la lame présente une largeur de $0^m,21$ sur une hauteur de $0^m,25$; le manche est long de 1 mètre, et offre à sa base une cheville ou *hoche-pied*. En Toscane, on emploie un autre coupe-foin à manche coudé, représenté par la figure 795. La lame, en forme de cœur, a $0^m,17$ de long sur $0^m,18$ de large ; la coudure est de $0^m,08$, et le manche a $0^m,40$ de long.

Les meilleurs coupe-foin sont ceux qu'on emploie en Angleterre et que montrent les fig. 796, 797 et 798. Le plus recommandable est celui indiqué par la fig. 796. Sa longueur est de $0^m,75$. Il est formé d'un manche en béquille, ayant deux poignées cylindriques A, longues ensemble de $0^m,39$, du centre desquelles part une tige en fer B, courbée depuis son point de départ jusqu'un peu avant le commencement de la lame. Cette tige de fer est longue, depuis la béquille jusqu'à la lame, y compris la courbure, de $0^m,17$. Le dos de la lame, qui est un prolongement de la base du manche, est épais en C de $0^m,015$, et se réduit insensiblement en lame très-acérée. La lame est convexe d'un côté, anguleuse et légèrement concave de l'autre ; elle va du sommet, en s'élargissant peu à peu, jusqu'à un certain point de la base, et cette base s'atténue obliquement, des deux côtés, en biseau obtus. L'obliquité du tranchant est plus sentie que celle du dos, qui est aussi façonnée en tranchant non moins acéré.

Fig. 793. *Coupe-foin.*

Fig. 794. *Coupe-foin milanais.*

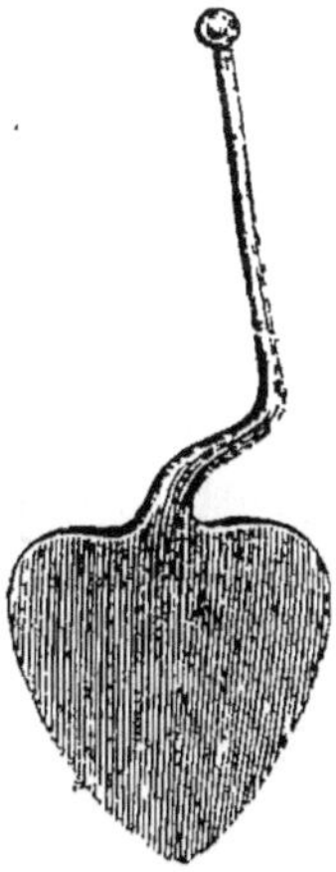

Fig. 795. *Coupe-foin employé en Toscane.*

Sur la partie supérieure de la lame C, tout le long du dos, il y a une cannelure triangulaire qui atténue l'épaisseur du fer et qui fait ressortir un angle dont l'un des pans se relève en arête et bombe le fer. La lame, ainsi bombée, présente une surface de pression qui, offrant une utile résistance vers ce point de l'instrument, aide à la pénétration, et facilite la division de la matière traversée. L'ouvrier qui opère est à demi courbé; il tient l'instrument par les poignées et exerce un continuel mouvement de va-et-vient en se courbant et se redressant successivement, tenant l'instrument droit et plongeant dans la matière. Il a besoin de diriger l'instrument de manière qu'en plongeant plus ou moins verticalement il y ait une petite obliquité par laquelle la pression plus forte devienne favorable à la rapide et facile division de la masse. On comprend que l'on peut, suivant la volonté, faire des tranches épaisses ou des tranches minces : les Anglais font des tranches moyennes. Au fur et à mesure que l'on coupe du haut en bas et régulièrement, le foin tombé se ramasse pour être ensuite distribué aux animaux.

L'emploi des couteaux à foin offre cet avantage que les fleurs et les petites feuilles ne se détachent pas des tiges. Matin et soir, on enlève ainsi ce qui est nécessaire pour la nourriture des bêtes, en ayant soin de laisser dans la partie supérieure un petit rebord pour recouvrir l'inférieure ; à mesure que l'on monte, ce rebord est abattu ; on en laisse un autre, et ainsi de suite.

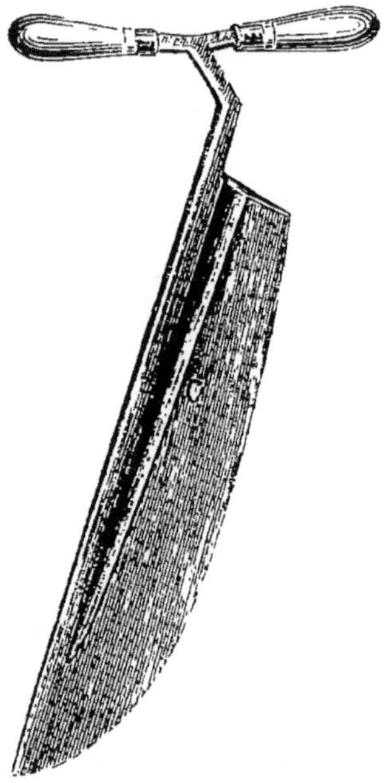

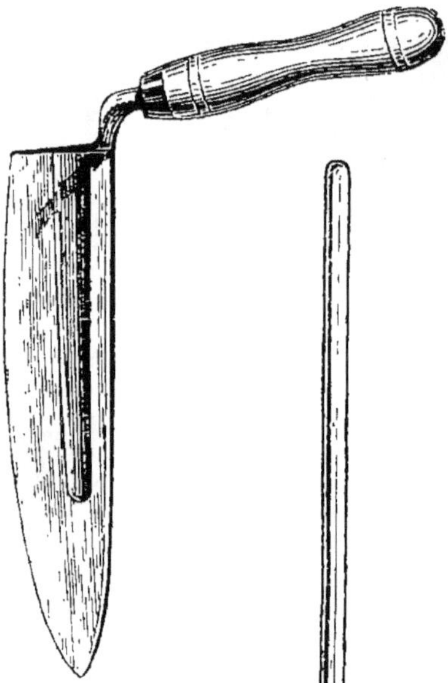

Fig. 796 et 797. *Coupe-foins en usage en Angleterre.*

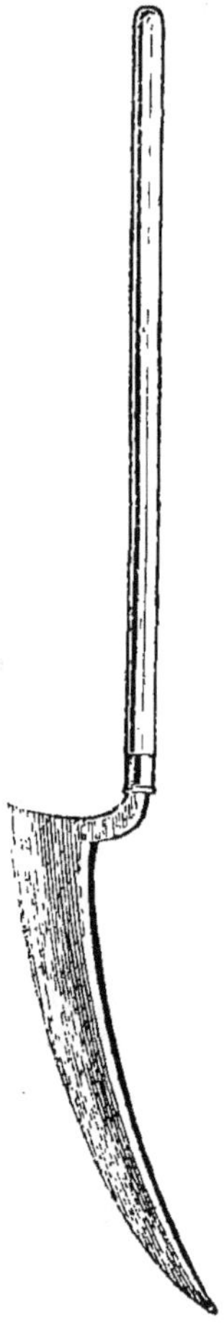

Fig. 798.

Les regains nécessitent plus que le foin d'ouvrir des tranchées avec la doloire, parce que l'herbe est plus fine et nécessairement plus serrée dans la meule. Dans les meules disposées en longueur, on commence à entamer par le côté opposé à celui où vient ordinairement la pluie.

Le foin, fortement tassé dans les meules, ne tarde pas à s'échauffer et à exhaler des vapeurs aqueuses et aromatiques. Cet échauffement est le résultat d'une fermentation assez analogue à celle du raisin mis en cuve, qui se développe à cause de l'humidité que le foin, en apparence le plus sec, renferme toujours ; elle dure plusieurs mois dans toute sa force ; elle rend les fibres ligneuses plus tendres, plus faciles à briser et bien plus nutritives, parce qu'une partie des principes mucilagineux et parenchymateux se trouve changée en sucre; le fourrage répand alors une légère odeur de miel. Toutefois, il ne faut commencer à l'administrer aux animaux que lorsque la fermentation est complétement terminée, autrement il peut faire naître toutes les maladies qui sont l'effet de la pléthore. Lorsqu'il y a nécessité d'employer ce foin avant qu'il ait *jeté son feu*, il convient de le mélanger avec d'autre foin vieux ou avec de la paille. Les fermiers anglais n'entament leurs meules qu'un an après les avoir construites; les amateurs de chevaux de race ne leur donnent que du foin de deux ans. Il ne faut pas conserver une meule au delà de quatre ans; car, après ce laps de temps, le foin devient trop sec et perd de sa qualité.

Pour qu'un fourrage soit le meilleur possible, il faut qu'il soit séché, sans avoir été mouillé par la pluie ni par la rosée, et surtout qu'il n'ait pas subi d'alternatives d'humidité et de sécheresse. Or, dans les années très-pluvieuses, il est fort difficile, même en multipliant la main-d'œuvre et les frais, d'amener les foins au degré de dessiccation nécessaire pour les mettre en meules; ils moisissent, pourrissent, perdent de leurs qualités nutritives et peuvent même provoquer de nombreuses maladies chez le bétail. En Angleterre, en Hollande, on construit alors des meules creuses dans le centre, pour donner accès à l'air, soit au moyen de perches disposées en rond, attachées par le haut et écartées par le bas, soit au moyen d'un cylindre d'osier qu'on place au centre de la meule, et qu'on monte au fur et à mesure qu'on l'élève. Voici une meule creuse à grands courants d'air, employée avec succès par M. Polonceau en 1829, année qui fut excessivement pluvieuse (fig. 799 et 800). On la construit de la manière suivante :

Sur l'emplacement destiné à la formation de la meule, on place six perches de 6 mètres de longueur, en les écartant par le bas de manière qu'elles décrivent un cercle de 2 mètres de diamètre; on les enfonce légèrement dans le sol, et on les réunit à leur sommet par un lien, en sorte qu'elles forment une pyramide à six arêtes ABCDEFG.

Le foin est amoncelé par couches successives autour des perches, sur une épaisseur de $1^{m},50$ à la base, diminuée progressivement jusqu'au sommet de la pyramide. On ménage trois ouvertures HH, HH, HH, à travers la base de la meule, et une I à son sommet, du côté de l'Est, pour former des courants d'air; on facilite l'établissement de ces ouvertures transversales de la base, en attachant à trois des perches de la pyramide, à $0^{m},50$ au-dessus du sol, des bâtons de 2 mètres de longueur LLL, placés horizontalement dans la direction du rayon du cercle, et supportés à l'autre extrémité par de petits piquets fourchus KKK, plantés en terre en dehors de la base.

Cette meule a une largeur de 5 mètres sur 6 d'élévation; elle est moins large et plus élevée que les meules ordinaires, et a surtout le sommet beaucoup plus aigu. On ne pourrait pas donner cette forme à une meule sans appui, parce que son sommet

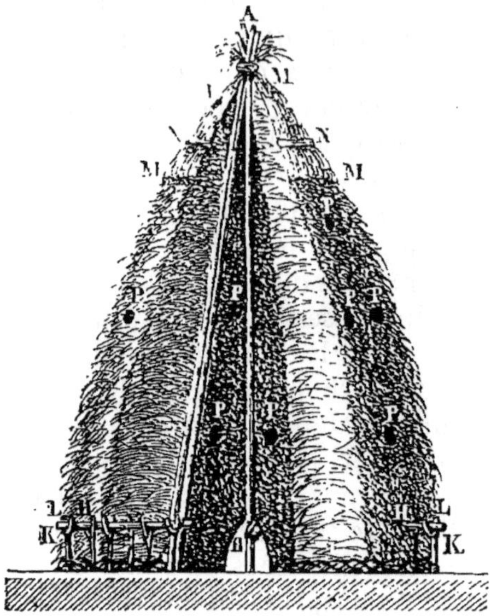

Fig. 799. *Meule à courants d'air de M. Polonceau.*

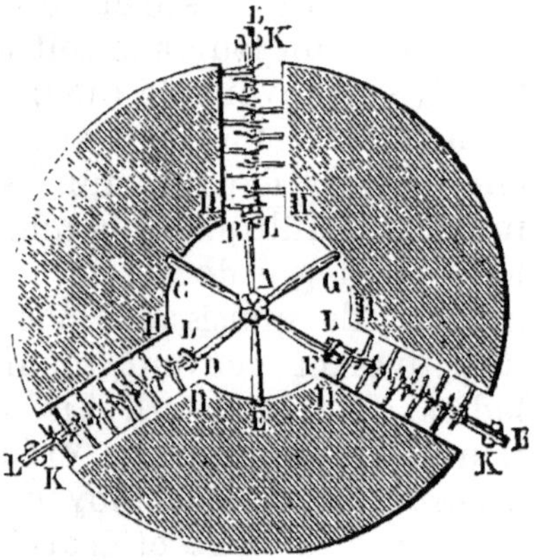

Fig. 800. *Plan de la meule à courants d'air.*

étroit et élevé serait renversé par le vent; mais, dans la meule Polonceau, le foin qui la couronne est appuyé contre le sommet des perches, et garanti par un chapeau conique en paille MM, fixé par un lien au sommet de la pyramide. Pour donner de la stabilité à ce chapeau, et pour garantir plus efficacement la tête de la meule, on y place un cerceau NN, muni de cinq à six cordelettes, auxquelles sont attachés de petits piquets que l'on fiche dans le corps de la meule.

Le foin disposé de la sorte se dessèche très-rapidement sans s'échauffer, malgré son grand état d'humidité, et cinq jours après sa mise en meule on peut le botteler. Si on le laisse un temps plus long, il faut, pour éviter une trop grande dessiccation par l'effet du courant d'air inférieur, boucher, avec du foin arraché à la base, les ouvertures du bas et celle du sommet.

Comme dans les temps chauds et humides la fermentation pourrait se développer avec une grande énergie, on prévient cet inconvénient en tassant moins le foin, et en faisant de distance en distance dans la meule des ouvertures latérales PPPP, par l'enfoncement d'un pieu, ou bien en interposant, à différentes hauteurs, des lits de paille sur 10 à 13 centimètres d'épaisseur, surtout vers la base de la meule. Le transport de cette paille sera bien compensé par le goût et le parfum qu'elle acquerra par cette interposition.

Thaer et Mathieu de Dombasle ne sont pas partisans de ces meules à courants d'air. Ils affirment que, dans les pays où l'on apporte le plus de soins à la conservation des fourrages, comme en Belgique, dans le Palatinat, le pays de Hanovre et tout le Nord de l'Allemagne, on a reconnu depuis longtemps que cette méthode est défectueuse et repose sur un faux principe; aussi a-t-on le soin d'intercepter le mieux qu'on le peut l'introduction de l'air dans les meules, en tassant très-fortement le pourtour; c'est pour la même raison qu'on préfère les toits en paille, qui recouvrent immédiatement la meule, aux toits mobiles, qui laissent un intervalle au-dessous d'eux.

Il est certain que, lorsque les meules sont montées avec du foin qu'on ne tasse pas fortement, une grande quantité d'air reste emprisonné dans les vides qui existent entre les brins, et que la fermentation s'y développe d'une manière tellement énergique, que, dans le centre, la température peut aller jusqu'à produire l'inflammation de toute la masse. Cet accident, très-fréquent dans les meules temporaires, n'arrive jamais dans les meules fortement comprimées dans toutes leurs parties; le foin n'y moisit pas davantage, à moins qu'il n'ait été entassé dans un état d'humidité tel, que la forte chaleur qui se produit soit insuffisante à en opérer l'évaporation.

Il ne faut pas confondre, toutefois, ces meules remplies d'air stagnant et humide avec les meules dans lesquelles il y a des courants d'air habilement ménagés; car, dans ce dernier cas, la masse du foin, étant continuellement traversée et refroidie par de l'air qui afflue par le bas pour s'échapper par le haut, est assez promptement desséchée et mise à l'abri de ces coups de feu qui détériorent le fourrage, quand ils n'en déterminent pas l'embrasement.

Dans plusieurs cantons des pays cités précédemment, de même qu'en Suisse, on fait souvent ce qu'on appelle du *foin brun*. Pour cela, on entasse le foin encore humide et on le comprime fortement. La fermentation qui s'y développe très-rapidement lui fait prendre une couleur brune; il se dégage beaucoup de vapeurs, la meule s'affaisse considérablement, puis le foin se dessèche et se trouve converti en une masse compacte, brune, très-dure, qu'on tranche avec un des coupe-foins décrits plus haut. Le bétail mange avec avidité ce foin brun, et on le regarde comme plus profitable à l'engraissement que le foin vert.

En Angleterre, en Écosse et dans beaucoup de pays du Nord, on a l'habitude de saler le foin au moment où on le met en meulons. On y répand le sel en poudre, au moyen d'un tamis, dans la proportion d'environ 1 kilog. 250 pour 100 kilog. de foin. Ce sel se dissout peu à peu dans l'eau qu'exhale le foin pendant qu'il s'échauffe dans les meulons, et il se trouve, de cette manière, réparti très-également dans la masse du fourrage. C'est là, sans contredit, une excellente manière d'administrer le sel aux bestiaux. Cette méthode a encore l'avantage d'empêcher la moisissure, de modérer la fermentation et d'assurer la bonne conservation du foin. La petite dépense de sel est plus que compensée par ce que le fourrage gagne en poids et en valeur. M. Schattemann suit cette pratique depuis 35 ans, et, depuis cette époque, il n'a pas trouvé dans ses masses de foin la moindre trace d'altération, encore bien qu'il n'emploie que 200 grammes de sel sur 100 kilogr. d'herbe. « Je suis maintenant sans inquiétude, dit-il, lorsque, par un temps pluvieux, je rentre quelques voitures de fourrages humides, parce qu'une longue expérience m'a prouvé que le sel neutralise les effets nuisibles de l'humidité. »

A plus forte raison doit-on recourir au même moyen lorsque les foins sont vasés, sablés, moisis, par suite de ces pluies abondantes qui n'arrivent que trop souvent dans les régions du nord à l'époque de la récolte et du fanage. L'usage de ces mauvais fourrages engendre des maladies, souvent même des épizooties qui dépeuplent les campagnes. Mieux vaudrait sans doute mettre ces détestables herbes au tas de fumier, mais comme souvent, par suite du manque de nourriture meilleure, on est forcé de les faire consommer, on en diminue les inconvénients en les salant; dans ce cas, il est utile de porter la dose de sel jusqu'à 2 kilog. par 100 kilog. de fourrage, car il faut d'autant plus saler la nourriture qu'elle est de plus mauvaise qualité. La même pratique devrait être adoptée pour les foins aigres, mêlés de roseaux, des prés marécageux.

Quant on veut se livrer à la vente du foin, il ne faut pas oublier qu'il perd de son poids à mesure qu'il vieillit. L'herbe verte se réduit par la fenaison au quart de son poids : 100 kilog. de foin fané mis en meule ne pèsent plus guère que 95 kil., après un mois ; ils sont réduits à 90 kil. dans le cours de l'hiver, et à 80 dans le cours de l'été suivant. Pendant le second hiver, la diminution dans la meule se réduit à presque rien, de sorte qu'il est clair que la même quantité de foin pourra être vendue pour 80 kil. en été et pour 90 en hiver. Cette différence, ainsi que le rapport du prix dans les diverses saisons de l'année, pourront déterminer le cultivateur sur l'époque où il lui est le plus avantageux de vendre.

Pour le transport des fourrages du champ à la ferme, on fait usage de diverses sortes de véhicules, chariots ou charrettes traînés par des chevaux, des bœufs ou des mulets, et dont la forme et la grandeur varient suivant les pays.

Dans la plus grande partie de la France, la charrette à foin, dite *guimbarde*, a la forme que représente la fig. 801. Elle ne

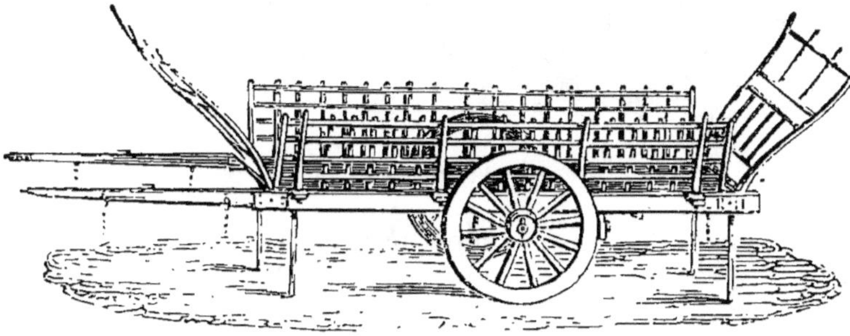

Fig. 801. *Charrette à foin ou guimbarde.*

diffère de la charrette ordinaire, à part la grandeur, que par l'addition, à l'avant et à l'arrière, de deux cadres destinés à maintenir la charge de chaque côté.

En Angleterre, on fait un grand usage de la *charrette en gon-*

Fig. 802. *Charrette en gondole en usage en Angleterre.*

dole (fig. 802). On la renverse en arrière au moyen d'une bride placée à l'avant; il suffit pour cela d'enlever la cheville qui la retient; cette même bride sert aussi à fixer le centre de gravité lorsque le chargement est fait.

Vers le Nord de la France, en Belgique, dans l'Allemagne septentrionale, on préfère les chariots à quatre roues (fig. 803).

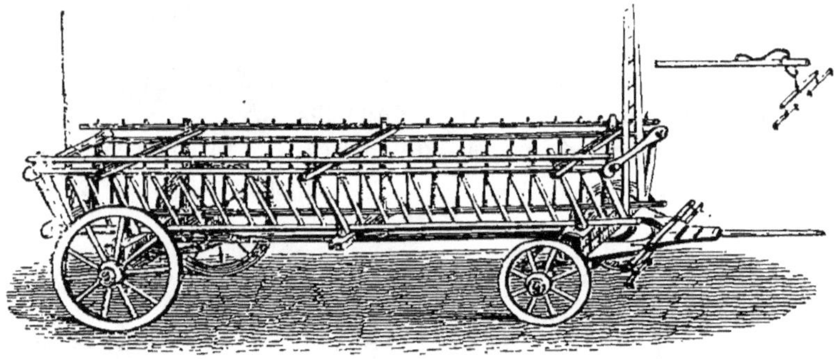

Fig. 803. *Chariot du Nord de la France.*

Mais ces sortes de voitures sont lourdes et exigent un nombreux attelage; il est bien préférable d'y substituer le chariot à un

Fig. 804. *Chariot de Mathieu de Dombasle.*

seul cheval, de Roville (fig. 804), qui diffère fort peu du chariot franc-comtois.

Mathieu de Dombasle a reconnu, par une longue expérience, qu'il est plus avantageux, plus expéditif, plus économique, d'isoler les bêtes pour le tirage, et que la force des chevaux s'accroît à proportion qu'on en diminue le nombre dans les attelages. Le chariot de Roville, quoique très-léger, reçoit la moitié du chargement du chariot ordinaire attelé de quatre chevaux. Il fatigue moins les bêtes, parce qu'il leur fait éviter les ornières et les parties les plus dégradées des chemins; il est chargé et déchargé plus facilement et plus promptement; il est moins exposé aux accidents de rupture. Tous ces avantages doivent lui faire obtenir la préférence sur les gros chariots, quoiqu'il ait l'inconvénient d'augmenter le nombre des conducteurs nécessaires pendant les fenaisons et les moissons ; mais, dans ce cas, comme il ne s'agit que de conduire un cheval seul, on peut employer des enfants de douze à quinze ans, tandis qu'avec un attelage nombreux, il faut d'habiles charretiers, qui, comme on le sait, se font toujours payer fort cher.

« Dans l'attelage isolé, dit Mathieu de Dombasle, le même nombre de chevaux conduit constamment une charge à peu près double. Pour le transport des récoltes ou la conduite des fumiers, chacun de mes chevaux conduit au moins un mille, tandis que les autres cultivateurs du pays, avec les attelages de quatre chevaux de même force que les miens, chargent très-rarement plus de deux mille.... Je suis convaincu qu'il y aurait encore plus d'avantage, sous le rapport de la force de tirage, à l'emploi des charrettes à deux roues attelées d'un seul cheval ; mais le chargement et le déchargement seraient moins commodes, et elles sont beaucoup plus versantes que les chariots à quatre roues[1]. »

Conservation dans les bâtiments. — Dans une grande partie de la France, et surtout dans les départements du Nord, on rentre presque toujours les fourrages, soit immédiatement après la fenaison, soit après quelques mois de séjour en meules. On agit surtout ainsi pour les trèfles, les luzernes et les foins des prés de première qualité.

Généralement, on bottelle le foin sur le pré : c'est une mauvaise pratique. L'important est de mettre la récolte à l'abri, et en bottelant on perd un temps précieux ; en outre, beaucoup de petites feuilles, les fleurs et les parties les plus délicates se détachent et restent sur le pré ; enfin, le foin bottelé prend beaucoup plus de place dans les greniers, il ne peut pas se tasser régulièrement, et, s'il n'est pas parfaitement sec, il est exposé à moisir.

On ne doit pas craindre de rentrer, lorsque le temps est incertain ou qu'on a une récolte considérable, du foin qui n'est pas parfaitement sec. La chose importante, c'est qu'il soit bien tassé partout également, qu'on ne laisse aucun vide, et surtout qu'il n'y ait pas de courant d'air. Mathieu de Dombasle a le premier insisté sur ces conditions. S'il n'y a pas de vides dans la masse, si l'air ne peut y pénétrer, le foin fermente, sue, s'échauffe à devenir brun, mais il ne s'enflamme ni ne moisit. Si

[1] *Annales de Roville*, t. 1, p. 195-197.

l'on trouve dans les greniers du foin moisi, c'est dans les endroits où le tassement n'a pu avoir lieu, comme dans les angles des murs ou sous des pièces de charpente. Ordinairement la surface du tas de foin dans les greniers est gâtée; cela tient à ce que les vapeurs qui sortent de la masse se condensent au contact de l'air et restent alors dans la partie supérieure qui se détériore. On prévient cette perte en couvrant le tas de foin d'une couche de paille qui fixe cette humidité et en garantit ainsi le foin sous jacent. On enlève cette paille aussitôt que la fermentation est terminée, et on l'utilise comme litière.

Le foin se conserve beaucoup mieux sous chaume que sous les toits de tuile et d'ardoise; cela tient à ce que la paille est bien plus mauvais conducteur de la chaleur que les autres matériaux. Sous les toits de tuile et d'ardoise, la couche supérieure du tas de foin perd facilement sa saveur, prend du moisi et l'humidité.

Dans un grand nombre de fermes, on utilise comme greniers à fourrage ou *fenils* le haut des écuries, des étables, des bergeries, et, comme le plus souvent, ces bâtiments n'ont pas de planchers au-dessous du comble, on construit, au moment de la rentrée des récoltes, une espèce de plancher mobile et provisoire avec des perches assez fortes, plus ou moins rapprochées, dont les deux bouts reposent sur les murs de séparation ou sur les entraits de comble. C'est, sans contredit, le moyen le plus économique, mais il offre le double inconvénient de ne pas permettre la forte compression du foin, qui assure, comme nous l'avons dit, sa bonne conservation, et de ne pas le garantir des émanations des animaux qui, par l'humidité et les effluves odorants miasmatiques qu'elles y introduisent, le disposent à la fermentation, à la moisissure et nuisent à ses qualités. Il est donc préférable qu'il y ait un plancher permanent au-dessus des animaux, bien jointoyé, sans trappe ni ouverture quelconque, de manière à empêcher les vapeurs de l'écurie ou de l'étable de pénétrer au-dessus, comme aussi les graines et la poussière de tomber sur les animaux et de se mêler au fumier.

Lorsque les combles des écuries et étables ne suffisent pas à contenir les fourrages, on construit des fenils spéciaux, des hangars, des granges d'après les mêmes principes que ceux qui ont été précédemment indiqués pour les gerbiers et les granges destinés aux céréales. Il faut en proportionner la capacité à la quantité de fourrage nécessaire à l'entretien de tous les animaux de la ferme pendant l'année entière. Les faits suivants permettent de calculer cette capacité, en supposant que la nourriture ne consiste qu'en fourrage fin.

Un cheval exige par jour	12 kil. de foin.
Un bœuf ou une vache	—
Un mouton adulte	1,40

Un mètre cube contenant à peu près 100 kilogr., de foin, la capacité nécessaire :

Par cheval, bœuf et vache sera de..	0^{mc},125 par jour,	soit 45^{mc},62 par an.
Par mouton	0^{mc},014 —	5^{mc},11 —

Donc, en multipliant 45,62 par le nombre des chevaux, bœufs et vaches, 5,11 par celui des moutons qui sont dans la ferme, on aura la capacité totale à donner aux greniers à fourrage.

Soit, par exemple, une ferme contenant 5 chevaux, 10 vaches et 200 moutons :

45^{mc},62 × 5 = 228^{mc},10	c'est-à-dire que le grenier devra avoir une capacité de 1706^{mc},30 pour loger le fourrage nécessaire au service de ces bêtes pendant toute l'année.
45 ~~34~~^{mc},62 × 10 = 456^{mc},20	
5^{mc},11 × 200 = 1022^{mc}, »	

Que si, comme cela arrive presque partout, les bœufs ou vaches, ainsi que les moutons, passent la moitié de l'année au pâturage, il faudra réduire la capacité pour les bœufs à 228^{mc},10, celle pour les moutons à 511^{mc}; de sorte qu'au lieu 1706^{mc},30, il n'y aura plus besoin que de 967^{mc},20.

Enfin, si ces mêmes animaux reçoivent des racines, carottes, pommes de terre, betteraves en mélange avec le foin, il conviendra encore de déduire de la capacité des granges celle qui serait occupée par le fourrage équivalant aux racines consommées, puisque celles-ci sont emmagasinées à part dans des caves ou dans des silos.

N'oublions pas que la salaison des fourrages, avant la rentrée dans les fenils, est tout aussi convenable qu'avant la mise en meule. Disons aussi que les foins vasés ou gâtés par les inondations doivent être battus soit au fléau, soit à la machine avant leur entrée dans les greniers. Si l'on n'a pas eu la précaution, au moment de la récolte, de saler le foin mal récolté, il ne faut pas manquer, avant de le donner aux animaux, de le secouer fortement à l'air, hors du grenier, des écuries ou des étables, afin d'en faire tomber la poussière et les moisissures, puis de l'arroser avec de l'eau salée. Pour y faire pénétrer partout la saumure, on remue le foin avec la fourche. On l'abandonne ensuite en tas pendant une demi-heure au moins, afin que toutes les parties soient imprégnées d'eau salée. Les animaux le mangent alors avec beaucoup d'appétit.

Une très-bonne précaution à prendre avec le regain, pour

assurer sa conservation, c'est d'y mêler, lorsqu'on le rentre, de la paille par couches alternatives. Les pailles d'orge et d'avoine sont celles qui conviennent le mieux, parce que déjà par elles-mêmes elles sont bonnes pour la nourriture des bêtes à cornes. Ainsi mêlées au regain pendant sa fermentation, elles prennent une partie de sa saveur, et le bétail les mange aussi volontiers que le regain lui-même.

Dans une exploitation bien organisée tout le fourrage doit être bottelé au sortir du grenier; sa distribution est alors plus facile et plus régulière entre les bestiaux : il y a moins de gaspillage. Le bottelage se fait successivement, à mesure du besoin, et on peut y consacrer les journées pluvieuses où l'on ne peut travailler dehors. Un manœuvre un peu habile fait dans une journée 200 bottes de 5 kilogr. Il y a même des ouvriers qui font jusqu'à 400 bottes dans une journée d'été, en y comprenant les liens.

En Angleterre on emploie depuis longtemps, pour conserver et transporter le foin, la compression obtenue au moyen de fortes presses hydrauliques; on le réduit ainsi en masses compactes et serrées. On a adopté cette méthode dans quelques ports de France pour le foin destiné à être transporté aux colonies et en Algérie. Les principaux avantages qu'on obtient de ce procédé sont les suivants :

1° Le foin conserve tout son arome et toute sa force nutritive;

2° Il ne se charge pas de poussière et conserve ses graines;

3° Exposé à la pluie, il ne se mouille qu'à l'extérieur, et par conséquent se sèche facilement;

4° La grande densité qu'il acquiert le rend moins combustible;

5° La réduction de son volume au septième de celui qu'il occupe dans les magasins fait qu'il faut beaucoup moins d'espace pour le loger, et elle apporte, en outre, une grande économie dans les transports;

6° Il se conserve sans altération pendant des années entières. En France, lors de l'expédition de Morée, on embarqua de grandes quantités de foin pressé, dont une partie, ayant été rapportée plus tard, fut encore trouvée de bonne qualité à l'intérieur, malgré des avaries éprouvées par la surface extérieure.

Au fur et à mesure des besoins, on découvre ce foin ainsi pressé avec le coupe-foin. Les garçons d'écurie, en Angleterre, ont une telle habitude qu'ils atteignent juste, par ce moyen, la ration demandée, soit 2 kilogr. 500 à 3 kilogr.

On conçoit qu'avant de presser ce foin, il est essentiel qu'il soit bien sec, afin d'éviter la fermentation. Au moment de l'administrer, on lui rend son élasticité première, soit en l'exposant à l'air, soit en le soumettant à une manipulation quelconque.

Les foins des prairies naturelles sont plus propres à subir cette pression que la luzerne, le trèfle, le sainfoin et autres fourrages artificiels.

Cette préparation, très-avantageuse pour les grands fournisseurs et les munitionnaires des armées, est impraticable dans la plupart des exploitations rurales, où les frais d'établissement d'une machine absorberaient et au delà les bénéfices qu'on pourrait se promettre de cette manutention. Dans les ateliers du gouvernement, les frais de pressage ne s'élèvent, par 100 kilogr., qu'à 1 fr. 6 c.

Conservation des feuilles d'arbres. — Il y a plusieurs manières de conserver, pour la nourriture d'hiver, les feuillées et feuillards dont nous avons parlé à la page 289 de ce volume.

En Italie, dans quelques endroits, on les empile dans des tonneaux, alors elles n'ont été qu'imparfaitement desséchées à l'air, on les y presse autant qu'il est possible, puis on les couvre entièrement avec du sable ; lorsqu'on en prend pour donner au bétail, on les recouvre aussitôt après, afin qu'elles ne soient pas exposées à l'air ; de cette manière, on les conserve fraîches et vertes pendant tout l'hiver.

Ailleurs on les enterre dans des trous faits exprès, en les recouvrant de paille qu'on charge de sable ou de terre.

Dans le Véronais, on se sert aussi de fosses en terre, mais plus larges et plus profondes, dans lesquelles on stratifie les feuilles avec des sarments verts de vigne ; les couches ont environ 6 décimètres d'épaisseur. Lorsque les fosses sont pleines, on les bouche avec soin pour empêcher le contact de l'air. Les feuilles ainsi placées ne s'échauffent pas et elles s'imprègnent de la saveur de la vigne, ce qui plaît infiniment à toutes les espèces de bestiaux. On dit cette nourriture très-favorable à l'engraissement.

D'après Gronier, on conserve, pour la nourriture des chèvres du Mont-d'Or, près Lyon, une très-grande quantité de feuilles dont la majeure partie est fournie par les vignes et cueillie après la vendange. On les jette dans des fosses bétonnées, situées pour l'ordinaire dans le cellier ou sous un hangar, et toujours dans un lieu couvert. Ces fosses ont plus de vingt mètres cubes de capacité. A mesure qu'on jette des feuilles dans ces fosses, des ouvriers piétinent continuellement le tas; on y verse de l'eau en petite quantité, et, lorsque tout est rempli, on couvre les ouvertures avec des planches qu'on surcharge d'énormes pierres. Au bout de deux mois environ, on découvre les fosses pour en tirer les feuilles, qui ont contracté un goût acide, sans aucune apparence de putridité; elles sont entières, fortement agglutinées entre elles et d'un vert plus foncé qu'à l'état frais; l'eau qui surnage est rougeâtre, d'une odeur désagréable, d'une saveur acide; les chèvres la boivent avec plaisir.

Les feuillards n'exigent d'autres soins de conservation que d'être tenus à l'abri de la pluie, dans un lieu sec et aéré.

PLANTES INDUSTRIELLES.

Les plantes industrielles sont celles qui fournissent les matières premières dont les arts agricoles s'emparent pour les modifier et les transformer en de nouveaux produits destinés à l'industrie manufacturière.

Ces plantes exigent, pour être cultivées avec profit, la réunion de circonstances économiques particulières; si beaucoup d'entre elles donnent un bénéfice net plus élevé que la plupart des plantes alimentaires, on ne peut en prolonger la culture que lorsque, par un système bien entendu, on est arrivé à entretenir sur l'exploitation un nombre de bestiaux plus considérable qu'il n'en faut pour en fumer la surface, et lorsqu'on peut se procurer des engrais à bas prix.

En effet, sur les exploitations placées dans les conditions ordinaires, les céréales, les racines alimentaires ou les fourrages fournissent de la litière ou de la nourriture aux bestiaux, et concourent ainsi à la formation de nouveaux engrais destinés à remplacer ceux qui ont été épuisés dans le sol; c'est une transformation continuelle. Mais si le cultivateur qui n'a que le nombre de bestiaux suffisant pour fumer convenablement ses terres, se livre à la culture des plantes industrielles, ces récoltes ne laissant plus sur l'exploitation que peu ou point de litière ou de nourriture pour les bestiaux, il est bien obligé de diminuer le nombre de ceux-ci, et d'acheter des engrais pour soutenir la fertilité de ses champs; or, s'il n'en trouve pas à un prix raisonnable, il est dans l'alternative, ou de voir diminuer la production du sol, ou de dépenser en fumure au delà du bénéfice net de sa récolte de plantes industrielles.

Les plantes industrielles peuvent être partagées en quatre séries caractérisées par la nature de leurs produits : *plantes oléagineuses*, *plantes textiles*, *plantes tinctoriales*, *plantes économiques*.

PREMIÈRE SECTION.

Plantes oléagineuses. — Les progrès de la civilisation et du luxe augmentent chaque jour la consommation des huiles et donnent par conséquent plus d'extension à la culture des plantes oléagineuses.

Ces plantes épuisent beaucoup le sol dans lequel elles croissent ; aussi occupent-elles le premier rang parmi les récoltes industrielles qu'on ne doit introduire sur l'exploitation qu'après s'être assuré d'abondants engrais. Si les cultivateurs se réservaient, lors de la vente des graines, les tourteaux résultant de l'extraction de l'huile, et s'ils les employaient sous forme d'engrais, ils rendraient à la terre la plus grande partie des éléments de fertilité qui en ont disparu, et cela leur permettrait de continuer la culture de ces récoltes sans appauvrir le sol. Malheureusement ils agissent rarement ainsi, et se privent, par un calcul mal entendu, de ces principes fertilisants, qu'ils remplacent par d'autres engrais souvent très-coûteux, et qui sont loin d'être aussi convenables que les tourteaux.

Les plantes oléagineuses qui peuvent être cultivées avec profit sur notre territoire sont surtout les suivantes :

Colza,	Pistache de terre,
Navette,	Madia,
Caméline,	Chanvre,
Moutarde blanche,	Lin,
Pavot,	Gaude.
Sésame,	

Les trois dernières espèces étant plutôt cultivées comme plantes textiles, ou comme plantes tinctoriales, c'est au chapitre de celles-ci que nous nous en occuperons.

DU COLZA.

Le *colza* (fig. 805 à 807) est une variété du *brassica campestris*, désigné par de Candolle sous le nom d'*oleifera;* toutes ses feuilles sont lisses, d'un vert glauque; ses siliques sont étalées. Cette plante fut introduite en France vers le milieu du siècle dernier; sa culture s'est répandue en Flandre, en Alsace, en Belgique et dans nos départements septentrionaux.

Bien que l'huile retirée de ses graines ne soit bonne qu'à brûler, cette plante ne mérite pas moins d'être placée en tête des espèces oléifères, tant à cause de l'abondance de ses produits, que par la facilité avec laquelle on peut l'introduire dans les meilleurs assolements. Les tourteaux ou marcs, résidus des graines après l'extraction de l'huile, sont d'ailleurs une excellente nourriture pour les bêtes bovines, et constituent un excellent engrais; ses tiges sèches sont utilisées comme litières.

La production du colza, en France, est loin d'équivaloir à la consommation qu'on en fait; aussi est-ce une des récoltes industrielles qu'il importe le plus de répandre partout où l'on pourra l'entourer des conditions économiques qui seules peuvent la rendre profitable.

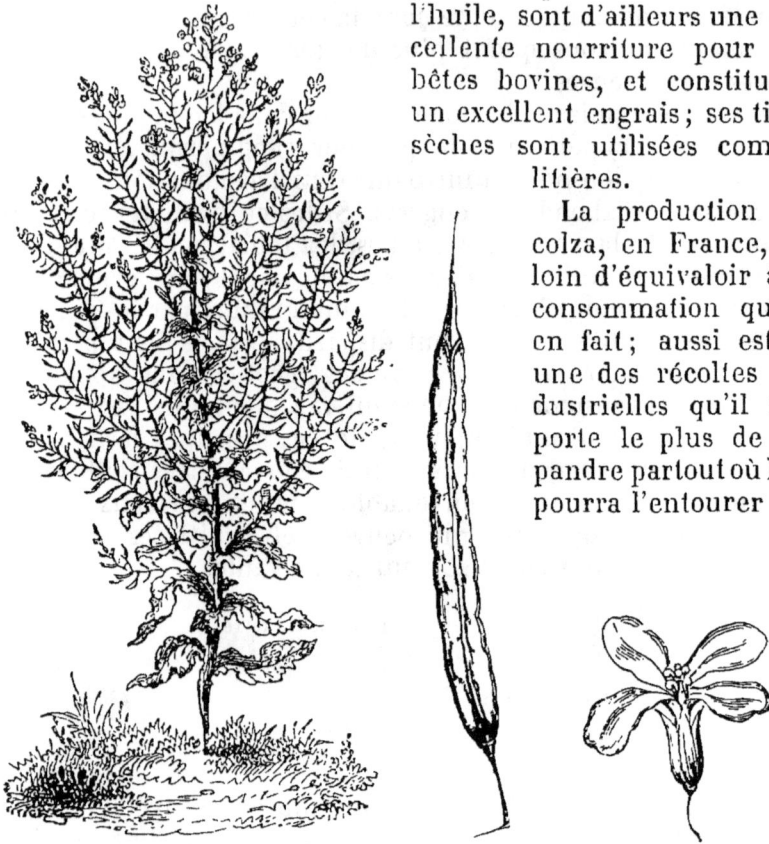

Fig. 805. *Colza.*

Fig. 807. *Fruit du colza.*

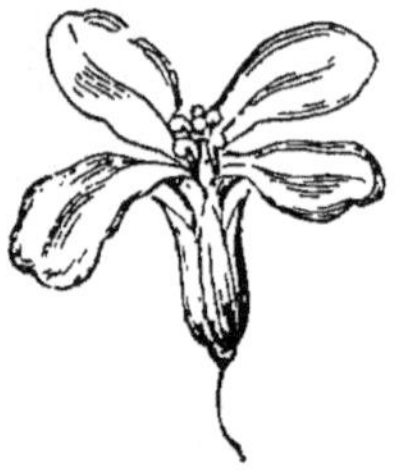

Fig. 806. *Fleur du colza.*

Variétés. — On connaît deux variétés de colza : le *colza d'hiver*, qui, semé au commencement de l'été, occupe le sol jusqu'au milieu de l'été suivant; le *colza de printemps*, moins développé, moins ramifié, moins productif que le précédent, mais beaucoup plus précoce, puisque, semé au printemps, on récolte ses graines pendant l'été suivant. Cette dernière variété est surtout réservée pour remplacer le colza d'hiver détruit par des gelées rigoureuses, ou pour les terrains trop humides dans lesquels ce dernier ne peut prospérer.

Composition chimique. — D'après les analyses récentes de

Rammelsberg, les graines et la paille de colza contiennent les substances minérales suivantes :

	Graine.	Paille.
Potasse	25,18	8,13
Soude	»	19,82
Chaux	12,91	20,05
Magnésie	11,39	2,56
Peroxyde de fer	0,62	
Acide phosphorique	45,95	4,76
— sulfurique	0,53	7,60
— carbonique	2,20	16,31
— chlorhydrique	0,11	19,93
Silice	1,11	0,84
	100,00	100,00

Les graines de colza, comme on le voit, contiennent de la potasse, et pas de soude, tandis que la paille renferme, au contraire, l'un et l'autre de ces deux alcalis. La chaux domine dans la paille; la magnésie se montre de préférence dans les graines. L'acide phosphorique se trouve en petite quantité dans la paille; il abonde dans les graines; c'est l'inverse pour les chlorures et les sulfates.

100 de paille fournissent 5,21 de cendres ; 100 de graines en donnent seulement 4,54. Sprengel a trouvé dans la paille de colza :

Substances solubles dans l'eau (albumine, gomme, sels alcalins)	14,8
— solubles dans les lessives alcalines (albumine)	29,8
— solubles dans l'esprit-de-vin (cire, résine, chlorophylle)	0,5
Fibre végétale et sels insolubles	54,9
	100,0

En sorte que, d'après Sprengel, cette paille contient 45 pour 100 de parties nutritives, en supposant que la fibre végétale ne soit nullement alimentaire, ce qui n'est pas tout à fait exact. Dans certains pays on donne cette paille aux moutons ; mais, pour la leur rendre plus agréable, on la coupe menue, on la détrempe dans l'eau chaude, on la mêle ensuite avec des tourteaux ou du son, et on laisse fermenter ce mélange avant de l'offrir au bétail.

MM. Boussingault et Payen ont trouvé dans cette paille à l'état normal 0,75 pour 100 d'azote, et, après dessiccation complète, 0,86 d'azote et 0,30 d'acide phosphorique.

Soit comme fourrage, soit comme engrais, cette paille est donc bien supérieure aux pailles des céréales, et il est vraiment déplorable de la voir brûler presque en pure perte dans les champs, ainsi que cela a lieu généralement.

Quant aux graines, leurs principes constituants ne sont pas toujours dans les mêmes rapports respectifs, suivant les localités. C'est ce qu'on voit très-bien par les résultats suivants d'analyses dues à MM. Boussingault et Moride de Nantes :

	Graine d'Alsace.	Graine de Saumur.	Graine de Belle-Isle.
Eau	11,0	4,35	2,56
Huile	50,0	30,12	38,50
Matières organiques non azotées	12,4		
— — azotées	17,4	61,36	55,44
Ligneux	5,3		
Cendres ou sels minéraux	3,9	4,17	3,50
	100,0	100,00	100,00
Azote sur 100	2,78	»	»

L'industrie en retire, en moyenne, 32 pour 100 d'huile. Le colza d'été en donne de 26 à 30 pour 100.

D'un bon colza récolté en 1842, pesant 66 kilogr. 93 l'hectolitre, M. Boussingault a retiré :

	De 1256 kil.	Soit sur 100.
Huile	513,88	40,81
Tourteau	629,50	50,12
Déchet	112,62	9,07
	1256,00	100,00

D'après les analyses de MM. Soubeiran et J. Girardin, le tourteau de colza renferme :

Eau	13,2
Huile	14,1
Matières organiques	66,2
Sels minéraux	6,5
	100,0

Dans les matières organiques, il y a 5,55 pour 100 d'azote, et dans les substances minérales : 1,3 de sels solubles et 6,5 de phosphates.

Climat et sol. — Quoique le colza d'hiver s'accommode de tous les climats de la France, il préfère cependant les contrées brumeuses et humides. Il supporte sans souffrir 10 à 12 degrés de froid, pourvu que le sol ne soit pas très-mouillé, et 15 ou 18, si la terre est couverte de neige. Il craint les gels et dégels successifs, car ceux-ci le déchaussent.

Le colza ne redoute que les sols imperméables, qui se chargent d'humidité stagnante en hiver, ou les terrains très-légers, exposés à la sécheresse dès les premiers jours du printemps. Ainsi les sols argilo-sableux ou sablo-argileux, particulièrement ceux de nature argilo-calcaire, sont les plus favorables. Toutefois, comme les froids de l'hiver sont d'autant plus redoutables pour le colza qu'il vit dans un sol plus humide, on le placera dans un terrain d'autant plus perméable à l'eau que l'on se rapprochera plus du Nord.

Place dans la rotation. — Le colza est très-avide d'engrais récemment appliqués. D'un autre côté, par les binages et buttages qu'il exige pendant sa végétation, il contribue à nettoyer le sol des plantes nuisibles; c'est donc une véritable récolte sarclée, ayant les mêmes exigences et les mêmes propriétés que celles dont nous avons précédemment parlé. Il convient de le placer au début de la rotation des cultures, ou de le faire succéder à un défrichement de vieille prairie pour enlever l'excès de fertilité.

Quant aux plantes qu'on peut lui faire succéder, elles sont nombreuses, car, sa récolte ayant lieu vers le mois de juillet, on peut occuper le sol jusqu'à l'automne par un fourrage, et remplacer celui-ci par le froment, le seigle, l'avoine ou le lin.

Préparation du sol. — Le terrain destiné au colza reçoit à peu près la même préparation que pour le blé. Aussitôt après l'enlèvement de la récolte qui précède, on donne un trait d'extirpateur pour déchaumer, et, lorsque les graines des plantes nuisibles commencent à germer, on pratique un labour profond que l'on fait suivre de hersages et de roulages. Dès que les graines des plantes nuisibles se développent de nouveau, on répand une abondante fumure, puis on exécute un labour ordinaire suivi de hersages.

Lors de ce second labour, on divise la surface du sol en planches, séparées par des raies d'écoulement dont le nombre et la profondeur varient selon que le sol est plus ou moins exposé à l'humidité. Ces raies suivent exactement la pente du terrain.

Engrais et amendements. — Le colza absorbe, dans le sol, l'équivalent de 933 kilogrammes de fumier par hectolitre de graines récoltées. Le rendement moyen étant de 35 hectolitres par hectare, il s'ensuit que cette récolte enlève à la terre près de 33,000 kilogr. de fumier.

Tous les engrais animaux, riches en phosphate et en sels alcalins, conviennent au colza, mais surtout les tourteaux de cette même plante, puisqu'ils restituent au sol toutes les matières salines que celle-ci lui avait enlevées pour son développement. Le noir animal, la poudrette, le noir animalisé, la colombine, le guano, la charrée, associés à des matières animales, sont aussi d'excellentes fumures. A Lille, on donne au colza 20 tonnes d'engrais flamand correspondant à 3,500 kilogr., et 20 charretées de fumier d'étable ou 200 quintaux dosant 80 kil. d'azote.

La culture du colza peut avoir lieu soit au moyen de semis à demeure, soit au moyen du semis en pépinière et de la transplantation. Examinons séparément ces deux procédés.

Semis à demeure.

Si l'on ne considère que la main-d'œuvre et les frais de culture, le semis à demeure paraît tout d'abord plus économique que la transplantation; mais si l'on compare les deux méthodes dans l'ensemble de leurs résultats, on voit qu'il n'en est pas toujours ainsi.

En effet, la terre destinée à recevoir les semences du colza doit être préparée par plusieurs façons; d'un autre côté, ces semailles réussissent d'autant mieux, sous notre climat, qu'elles sont faites de la fin de juillet au milieu d'août; or, il résulte de ces deux exigences que la plupart des autres récoltes ne pouvant être encore enlevées à cette époque, il faut, si l'on veut préparer le sol en temps convenable, semer le colza sur une terre restée en jachère depuis l'automne précédent, ce qui le charge de deux années du loyer de la terre, et diminue d'autant le bénéfice de la culture. En outre, cette plante étant exposée, dans son jeune âge, aux ravages de l'*altise*, on court le risque, dans le semis à demeure, de voir toute la récolte détruite par cet insecte, tandis que la moins grande étendue de la pépinière destinée à la transplantation permet de défendre les jeunes plantes.

Le semis à demeure n'offre donc quelque avantage que dans le cas où l'on peut faire succéder le colza à un fourrage très-précoce, tel que le trèfle incarnat ou la vesce d'hiver, et qu'il n'est pas habituellement exposé aux ravages de l'altise.

Ces deux conditions étant remplies, voici comment on pratique ce semis :

Le sol est préparé comme nous l'avons indiqué plus haut; puis, du milieu de juillet au milieu d'août dans le Nord de la France, et à la fin de septembre dans le Midi, on répand la semence au moment où la terre a repris un peu de fraîcheur, afin que la germination se fasse promptement.

Comme le colza exige plusieurs façons pendant le cours de sa végétation, on sème en lignes. Dans une terre riche et substantielle, les lignes peuvent être placées à $0^m,50$ les unes des autres; les diverses façons pourront ainsi être excutées avec la houe à cheval et le buttoir. Si le terrain est moins fertile, et si l'on dispose d'un nombre suffisant de bras pour faire pratiquer les façons, on n'espace ces lignes qu'à $0^m,25$. Dans le premier cas, on emploie environ 2 kilogr. de semences par hectare; dans le second, on double cette quantité. Le moyen le plus économique de répandre la semence est le semoir Hugues ou le semoir à brouette; dans ce dernier cas, on trace à l'avance les rayons sur le terrain, puis on recouvre la semence au moyen d'un hersage léger. Il est toujours utile de faire succéder un roulage à cet ensemencement.

Entretien. — Dès que les jeunes plantes ont développé leur quatrième feuille, on leur applique un premier binage avec la houe à cheval ou la houe à la main, selon l'espace qui sépare les lignes. Quinze jours après, on éclaircit les plantes sur les lignes en laissant entre chacune d'elles un intervalle de $0^m,15$ à $0^m,20$. On doit aussi pratiquer un léger buttage avant l'hiver. Au printemps suivant, dès que l'état du sol le permet, on exécute un second binage, puis, quinze jours ou trois semaines après, un second buttage. Matthieu de Dombasle a conseillé le procédé suivant pour les terrains de fertilité moyenne, et lorsqu'on est habituellement exposé aux ravages de l'altise.

On sème à la volée 7 kilogr. environ de semences par hectare, on les recouvre par deux hersages légers, puis on roule. Lorsque les jeunes plantes ont développé leur quatrième feuille, on passe sur le champ un extirpateur auquel on n'a laissé que les pieds de derrière. Les socs coupent tout ce qui se trouve devant eux, et le champ reste disposé par bandes alternatives, pleines et vides; les premières sont larges de $0^m,27$, les secondes de $0^m,38$. Ce travail n'étant exécuté qu'au moment où le colza est assez fort pour résister aux attaques des altises, on a plus de chances de voir un nombre suffisant de jeunes plants échapper aux ravages de ces insectes. Il ne reste plus qu'à éclaircir les lignes réservées et à donner les soins d'entretien décrits pour le premier procédé.

Semis en pépinière et transplantation.

Pépinière. — Une pépinière de colza, placée dans un terrain fertile et bien cultivé, peut fournir du plant pour une surface quatre à cinq fois plus grande. Cette pépinière peut succéder à du trèfle incarnat ou autre fourrage très-précoce. On prépare le sol comme nous l'avons dit précédemment, avec cette différence que la fumure doit y être encore plus abondante, attendu que les plantes y sont beaucoup plus rapprochées.

Vers la fin de juillet ou de septembre, selon qu'on opère dans le Nord ou dans le Midi, et lorsque le sol est suffisamment frais, on répand la semence dans la proportion de 1 kilogr. 33 par hectare. Il importe de ne pas semer trop dru, car les jeunes plants s'étioleraient et cela nuirait à leur développement ultérieur.

Le semis est presque toujours fait à la volée; on recouvre par un hersage, puis on roule. Quelquefois on sème en lignes distantes de $0^m,24$. Alors on n'enlève qu'une ligne de plants sur deux; et les lignes conservées, se trouvant suffisamment espacées, on les éclaircit et on leur donne les mêmes soins ultérieurs qu'aux plants repiqués. Mais il faut alors doubler l'étendue de la pépinière. Dans tous les cas, celle-ci doit recevoir un sarclage lorsque les plants ont développé leur quatrième feuille. On choisit ce moment pour les éclaircir lorsqu'ils ont levé trop dru.

Fig. 808. *Jeune plant de colza bien conformé.*

Transplantation. — Le repiquage du colza peut être pratiqué, dans le Nord, depuis le milieu de septembre jusqu'au milieu d'octobre, et, dans le Midi, depuis la mi-novembre jusqu'au milieu de décembre. Mais, en général, il est préférable de choisir le commencement de ces deux époques : les plants ont plus de temps pour s'enraciner avant l'hiver, et ils souffrent moins de l'intensité du froid.

La bonne conformation des plants influe beaucoup sur leur succès. Les meilleurs sont ceux qui, offrant à leur base une circonférence de $0^m,03$, n'ont que $0^m,20$ de tige (fig. 808). Si la tige est plus courte, on est exposé à les enterrer au-dessus de la naissance des feuilles terminales, ce qui nuit à leur végétation ; si elle est beaucoup plus longue, sans être plus grosse, ce qui a souvent lieu quand les plants ont été trop serrés dans la pépinière, il est difficile de les enterrer suffisamment; ils sont alors moins bien abrités par les neiges de l'hiver et souffrent davantage de l'intensité du froid.

Le repiquage peut être pratiqué avec le plantoir ou avec la charrue.

Repiquage au plantoir. — On trace sur le terrain, à l'aide du rayonneur, des lignes distantes de $0^m,25$ ou de $0^m,50$, selon que le sol est plus ou moins fertile, en n'oubliant pas, toutefois, qu'un des avantages de cette récolte est de nettoyer le sol par les binages et buttages qu'elle réclame. Or, il importe de pouvoir donner ces façons de la manière la plus économique, c'est-à-dire au moyen d'instruments attelés. Il y aura donc généralement plus d'avantage à laisser entre les rangs la plus grande distance, et à n'adopter celle de $0^m,25$ que pour les terrains peu fertiles où la diminution de produit qui résulterait d'un grand espacement ne serait pas compensée par les avantages des façons à l'aide d'instruments attelés.

Ce rayonnage terminé, on procède à l'extraction des plants de la pépinière; on les lie en petits paquets et on les transporte sur le champ à planter. Là, un homme armé d'un plantoir flamand (fig. 809) suit chaque rayon et y ouvre des trous placés à $0^m,20$ les uns des autres. Il est suivi par une femme ou un enfant, qui introduit un plant dans chaque trou, et comprime la terre avec le pied autour de chaque tige. Les plants doivent être placés de façon que la naissance des premières feuilles touche la surface du sol.

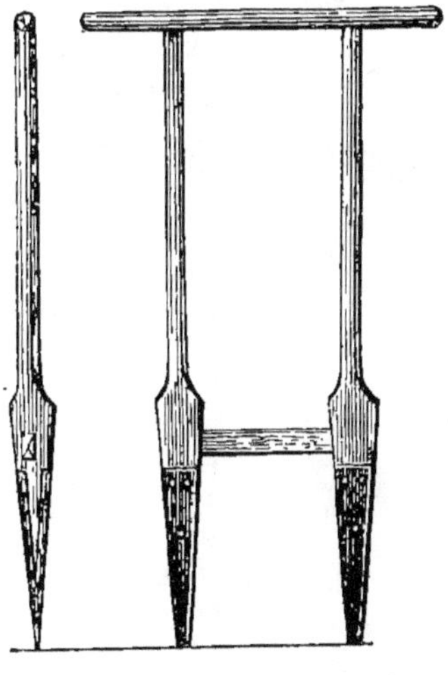

Fig. 809. *Plantoir flamand.*

Repiquage à la charrue. — Cette méthode, moins parfaite que la précédente, offre l'avantage d'être plus prompte et plus économique; aussi est-elle plus fréquemment employée dans les grandes exploitations, et là où les bras sont rares et le prix de la main-d'œuvre élevé. Voici comment on opère :

Les paquets de jeunes plants étant apportés sur le champ, des femmes les placent dans la raie ouverte en les appuyant contre la terre remuée, et de façon que la tête ne soit pas trop enterrée. Le trait de charrue suivant vient recouvrir les racines.

Les deux chevaux qui conduisent la charrue doivent être attelés à la file, et marcher tous deux sur la terre non labourée; car si l'un d'eux entrait dans la raie, il dérangerait les plants avec ses pieds. On termine l'opération en parcourant chaque ligne pour relever les plants qui auraient été trop profondément enterrés. On plante ainsi soit toutes les raies, soit toutes les deux raies, selon les circonstances indiquées pour le repiquage au plantoir.

Très-souvent les plants ont une tige d'une longueur telle que les trous du plantoir, ou la raie du labour, ont une profondeur insuffisante pour pouvoir les enterrer jusqu'à la naissance des premières feuilles. On peut, il est vrai, les placer assez profondément en contournant la racine dans le trou du plantoir ou dans la raie, mais cela nuit à leur vigueur et prolonge l'opération. Pour remédier à cet inconvénient, quelques cultivateurs des environs de Caen réduisent la racine de chaque plant autant qu'il le faut pour que la racine et la tige réunies ne présentent qu'une longueur totale d'environ 0m,20. Il s'ensuit que si la tige est très-longue (fig. 810), la section étant faite en A, toute la racine disparaît et la plante est transformée en bouture. Ces jeunes plants étant mis en terre au moyen du plantoir ou de la charrue, développent à leur base, au bout de vingt jours environ, un bourrelet duquel naissent de nombreuses racines qui déterminent bientôt une végétation vigoureuse.

Fig. 810. *Jeune plant de colza à tige trop longue.*

De nombreux essais tentés en ce genre ont démontré que ce mode donne un rendement plus considérable que le repiquage des plants à longue tige, et conservés entiers; aussi est-il généralement adopté en Normandie. Mais le succès de ce procédé sera d'autant plus assuré que l'on plantera de très-bonne heure et dans un terrain frais.

Entretien. — Quel que soit le mode de plantation employé, on donne un premier binage trois semaines environ après la mise en terre; puis on pratique un buttage avant les premiers froids de l'hiver. Si le sol est exposé à l'humidité, il est convenable d'augmenter, à ce moment, la profondeur des rigoles qui séparent les planches, en les creusant à la bêche.

Au printemps suivant, on donne un second binage, puis un second buttage dès que les plants ont atteint une hauteur de $0^m,40$ environ. Ces opérations sont pratiquées avec les instruments attelés, ou les instruments à main, selon l'espace réservé entre les lignes.

Insectes nuisibles. — L'insecte le plus redoutable pour le colza est l'*altise bleue* (fig. 811), dont nous avons déjà parlé. Quoique ses ravages se produisent pendant toute la vie du colza, c'est surtout pendant le premier développement de la plante que ses attaques sont le plus redoutables, parce qu'il dévore les feuilles séminales des jeunes sujets. Il n'est pas rare de voir des semis complétement anéantis avant l'apparition de la troisième feuille.

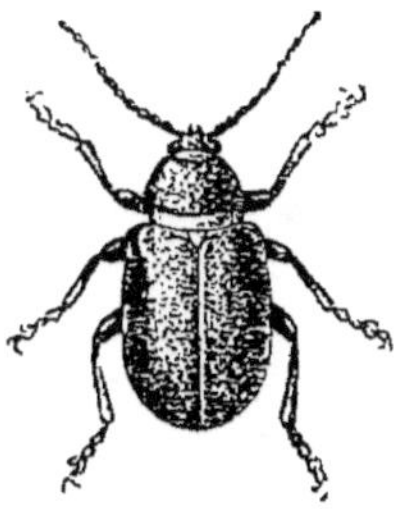

Fig. 811. *Altise bleue.*

Nous avons déjà indiqué plusieurs moyens pour éloigner cet insecte (t. II, p. 110 et 120.) Le guano, employé comme engrais, et les arrosages avec des eaux de féculerie ont donné de bons résultats.

La présence d'une espèce de puceron (*aphis*) qui apparaît très-abondamment sur les tiges, au moment de la floraison, diminue souvent aussi très-notablement le produit en nuisant à la fructification. On n'a trouvé jusqu'à présent aucun moyen de prévenir cet accident.

Récolte. — Le colza est arrivé à un point de maturité convenable lorsque les feuilles sont flétries, que toutes les tiges et les siliques ont pris une teinte jaunâtre, et que les graines ont atteint une couleur brune. Cela a lieu ordinairement vers le milieu de juillet dans le Nord, et vers le commencement de juin dans le Midi. Si l'on récolte avant ce moment, on obtient des graines moins nourries, qui occupent moins de volume et qui donnent moins d'huile. Il y a autant d'inconvénients à retarder la récolte au delà de l'époque favorable; car, les graines mûres se détachant avec une grande facilité, les oiseaux, les vents, les orages produiraient une perte considérable.

Pour récolter le colza, on le coupe avec la faucille, à $0^m,08$ ou $0^m,10$ du sol, et l'on en forme des lignes de javelles à mesure que l'on avance. Lorsque le temps est beau et sec, on choisit de préférence le matin, car, pendant les heures les plus chaudes du jour, les siliques s'entr'ouvrent et laissent échapper les semences.

Lorsque la surface des javelles est complétement sèche, on les retourne avec précaution le matin, pour qu'elles reçoivent, sur toutes leurs faces, l'action du soleil, et, deux ou trois jours après, au premier beau temps, on les transporte sur l'aire où elles doivent être battues. Pour éviter, dans ce transport, les pertes de semences, on emploie des civières ou des traîneaux

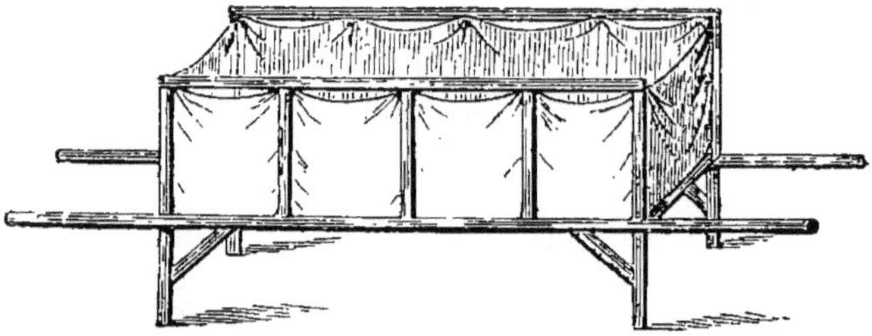

Fig. 812. *Civière pour transporter les javelles de colza.*

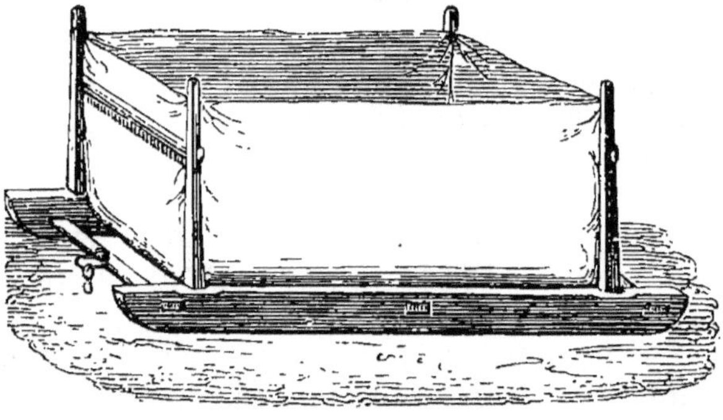

Fig. 813. *Traîneau pour le transport des javelles de colza.*

(fig. 812 et 813) garnis intérieurement d'un drap, et dans lesquels on pose les javelles.

Le procédé que nous venons de décrire offre cet inconvénient que le javelage prolongé expose à une perte considérable de semences, soit par le déplacement des javelles, soit par les oiseaux qui continuent leurs déprédations, soit enfin et surtout par les orages fréquents dans cette saison. Deux moyens ont été proposés pour remédier à ces inconvénients : le premier consiste à mettre le colza en meules immédiatement après la coupe. On dispose une place circulaire surélevée de $0^m,06$ ou $0^m,08$; pour la garantir de l'humidité, on y répand une couche de paille de $0^m,08$ à $0^m,10$ sur laquelle on étale un lit d'égale épaisseur de regain destiné à recevoir les graines qui tombent au fond de la meule, et c'est sur cette surface qu'on dépose les javelles en plaçant le sommet des tiges en dedans. On donne à ces meules 12 mètres de circonférence sur 4 de hauteur, de telle sorte qu'elles présentent au centre un vide circulaire de 2 mètres de diamètre à la base, et terminé en cône vers le sommet. L'air pouvant circuler facilement entre les tiges et au centre de cette meule, la fermentation s'y développe difficilement et les graines mûrissent sans accidents. Cependant on reproche à ce mode d'entraîner une certaine perte de semences lorsqu'on démonte la meule pour le battage; aussi croyons-nous qu'on devra préférer le procédé qui était employé à Roville, par Mathieu de Dombasle, et que voici :

Aussitôt après la coupe du colza, on en forme des petits meulons de 6 mètres de tour sur 2 de hauteur, et garnis en dessous comme nous venons de l'indiquer pour les meules. Lorsque l'air a desséché les tiges et les siliques, et que le temps est assez beau pour procéder au battage, on étend, à côté de chaque meulon, une toile de $2^m,60$ en carré, et garnie, sur deux de ses côtés, d'une perche solidement fixée de façon à simuler une sorte de civière (fig. 814). On passe sous le meulon deux autres per-

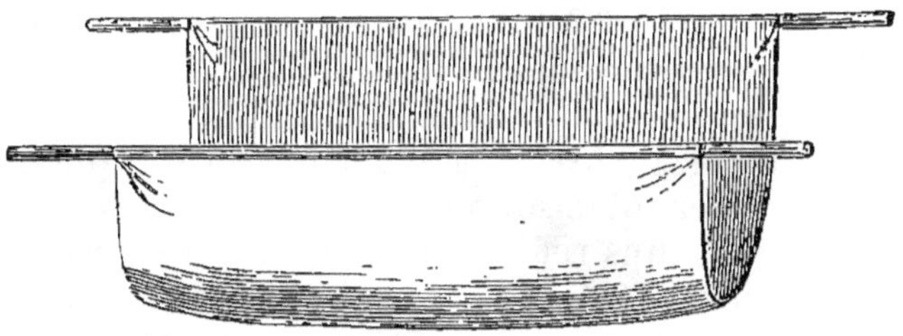

Fig. 814. *Civière pour transporter les petits meulons de colza.*

ches; deux hommes le soulèvent de chaque côté et le renversent sur la toile. Comme le battage du colza est presque toujours effectué en plein air, il est indispensable de choisir un beau temps. On étend une grande toile ou bâche, disposée sur le champ même, dont on a nivelé une certaine surface entourée d'un bourrelet de terre.

Après ces dispositions, on apporte le colza et on le place circulairement sur le drap. Aussitôt que l'aire est garnie aux deux tiers, les batteurs se mettent à l'œuvre en marchant circulairement ; à mesure qu'ils avancent, des ouvriers ramassent les tiges battues, les lient en bottes et les enlèvent pendant que d'autres ouvriers, précédant les batteurs, placent des couches de nouveau colza.

Assez souvent on vanne la graine sur le lieu même ; on se sert du van ordinaire, ou mieux, du tarare. D'autres fois, on ne la nettoie complétement que lorsqu'elle est parfaitement sèche, ou même lorsqu'on veut la vendre. L'expérience a démontré qu'elle se conserve mieux lorsqu'elle reste mêlée à un peu de menue paille. Dans l'un et l'autre cas, comme elle est sujette à s'échauffer, on doit l'étendre au grenier en couches minces et la remuer fréquemment pendant les premiers temps.

Dans les exploitations pourvues de machines à battre, on a substitué l'emploi de cette machine au battage au fléau en plein air. Il en est résulté qu'on n'a plus été exposé aux intempéries qui dérangent si souvent cette opération lorsqu'elle est faite en plein air.

Rendement. — Le rendement moyen de 1 hectare de colza s'élève à 38 hectolitres.

Colza de printemps.

Le colza de printemps est moins productif que celui d'hiver ; sa graine donne, à poids égal, moins d'huile ; cette différence est dans le rapport de 5 à 6. Enfin cette huile est de moins bonne qualité. Sa culture, toutefois, offre de l'avantage lorsque le sol présente, en hiver, une humidité surabondante, ou bien encore lorsque le colza d'hiver a été détruit, ou lorsque enfin on n'a pu préparer assez tôt le sol qui devait le recevoir.

Le colza de printemps redoute beaucoup la sécheresse, aussi lui réserve-t-on de préférence les sols humides où le colza d'hiver réussirait mal. Sa végétation étant très-prompte, il exige une terre plus riche encore que celle qui est destinée au colza d'hiver. Le mode de préparation du sol et la nature des engrais qui conviennent à ce dernier, sont également nécessaires au colza de printemps.

Cette variété n'étant presque jamais binée, on la sème à demeure, et le plus souvent à la volée. L'époque la plus favorable dans le Nord est le mois de mai ; malheureusement elle commence à sortir de terre au moment de la plus grande activité des altises, et celles-ci la dévorent souvent en entier. Il faut donc employer avec plus de soins que pour le colza d'hiver les moyens indiqués plus haut pour éloigner ces insectes. Dans le

Midi, où cette plante exige encore plus qu'ailleurs un terrain frais, l'ensemencement peut être fait à la fin de mars. On répand la semence dans la proportion de 3 kilogr. par hectare, on la recouvre au moyen d'un hersage, puis on termine par un roulage.

Trois semaines environ après la semaille, on pratique un sarclage à la main, et on éclaircit les plants de façon qu'ils soient placés à $0^m,25$ environ les uns des autres.

La maturité du colza de printemps a lieu, dans le Nord, vers le milieu d'août, et dans le Midi au commencement de juin. Les soins que demande sa récolte sont ceux indiqués pour le colza d'hiver.

Le rendement du colza de printemps est, en moyenne, de 26 hectolitres.

COMPTE DE CULTURE D'UN HECTARE DE COLZA D'HIVER REPIQUÉ A LA CHARRUE ET CULTIVÉ COMME RÉCOLTE SARCLÉE.

DÉPENSE.

Vingt ares de pépinière.

Un trait d'extirpateur	1f 20
Un labour de $0^m,25$ de profondeur	5 50
Un hersage	» 52
Un roulage	» 40
Un hersage	» 52
Un labour ordinaire	4 40
Un hersage	» 52
10,000 kil. de fumier à 10 fr. les 1,000 kil., y compris les frais de transport et d'épandage, 100 fr. Les sept dixièmes de cette somme à la charge du colza	70 »
Intérêt pendant un an, à 5 pour 100, du prix de la fumure non absorbée	1 50
Semence, 210 grammes, à 32 c. le kil	» 7
Répandre la semence à la volée	» 50
Un roulage	» 40
Un sarclage	2 »
Loyer de la terre pendant un an	14 »
Frais généraux d'exploitation, 20 fr. par hectare	4 »
Total	105f 53

Plantation d'un hectare.

Préparation du sol comme pour la pépinière	59f 80
Arrachage, habillage et transport des plants	8 »
Labour pour la plantation et mise en terre	62 »
Un binage à la houe à cheval	5 »
Un buttage avec le buttoir	5 »
Approfondir les raies d'écoulement	3 »
Un binage au printemps	5 »
A reporter	253f 33

Report...........	253f 33
Un buttage..	5 »
Récolte : scier et faire les meulons........................	15 »
Battage et vannage....................................	20 »
45,000 kil. de fumier, à 10 fr. les 1,000 kil., y compris les frais de transport et d'épandage, 450 fr.; les sept neuvièmes de cette somme à la charge du colza......................	350 »
Intérêt pendant un an, à 5 pour 100 du prix de la fumure non absorbée..	7 »
Loyer de la terre..	70 »
Frais généraux d'exploitation............................	20 »
Intérêt pendant un an, à 5 pour 100 des frais ci-dessus......	37 44
Total..........	777f 77

PRODUIT.

38 hectolitres de graines, à 25 fr. l'hectolitre..............	950f »

BALANCE.

Produit..	950f »
Dépense..	777 77
Bénéfice net............	172f 23

22 pour 100 du capital employé.

COMPTE DE CULTURE D'UN HECTARE DE COLZA DE PRINTEMPS.

DÉPENSE.

Préparation du sol comme pour le colza d'hiver............	59f 80
Semence, 3 kil., à 32 c. le kil......................... ...	» 96
Répandre la semence à la volée..........................	1 »
Deux hersages pour la recouvrir, à 2 fr. 60 l'un............	5 20
Un roulage..	2 »
Un sarclage à la main....................................	10 »
Récolte et nettoyage de la graine, comme le colza d'hiver....	35 »
45,000 kil. de fumier, à 10 fr. les 1,000 kil., y compris les frais de transport et d'épandage, 450 fr. La moitié de cette somme à la charge du colza..................................	225 »
Intérêt pendant un an, à 5 pour 100, du prix de la fumure non absorbée..	11 25
Loyer de la terre..	70 »
Frais généraux d'exploitation............................	20 »
Intérêt pendant un an, à 5 pour 100, des frais ci-dessus.....	23 87
Total............	464f 08

PRODUIT.

26 hectolitres de graines, à 22 fr. l'un.....................	572f »

BALANCE.

Produit..	572f »
Dépense..	464 08
Bénéfice net............	107f 92

Environ 23 pour 100 du capital employé.

DE LA NAVETTE.

Comme le colza, la *navette* appartient à la famille des *crucifères*. Elle en diffère par ses feuilles radicales d'un vert prononcé, rudes au toucher, et par ses siliques dressées contre les tiges. Ses produits sont moins abondants et ses graines donnent, à volume égal, un dixième d'huile de moins; mais elle présente l'avantage de bien se développer là où le colza resterait languissant. L'huile et les tourteaux qu'on en obtient sont d'ailleurs employés aux mêmes usages.

Espèces et variétés. — On distingue trois sortes de navettes :

La *navette d'hiver* (*brassica napus oleifera*, DC.);

La *navette d'été quarantaine* (*brassica præcox*, DC.);

La *navette dauphinoise*, *ravette* ou *rabette* (*brassica rapa oleifera*, DC.).

Composition chimique. — On n'a fait, jusqu'à présent, aucune analyse complète de la paille et de la graine de navette. Le peu qu'on sait se rapporte à la graine. D'après M. Moride, la graine récoltée dans le Nord de la France contiendrait :

Eau	6,0
Huile	36,0
Matières organiques	54,5
Phosphates	2,2
Carbonate de chaux et sels divers	1,2
Silice	0,1
	100,0

Suivant M. Gaujac, les deux variétés de navette donneraient :

	En huile.	En tourteaux.
Navette d'hiver	33 pour 100.	62 pour 100.
— d'été	30 —	65 —

Suivant M. de Gasparin, elles contiendraient, dans leurs graines, la même quantité d'azote que le colza.

Climat et sol. — Elles s'accommodent mieux que ce dernier des climats secs et des contrées très-élevées ; aussi est-ce là principalement que leur culture a pris de l'extension. Ce sont en général les terrains légers, sablo-argileux et surtout calcairo-argileux, qui leur conviennent.

Place dans la rotation. — La navette d'hiver et la navette dauphinoise peuvent occuper la même place que le colza. Quant à la navette d'été, elle n'est guère cultivée que pour remplacer celle d'hiver ou toute autre récolte qui aurait manqué. Elle peut aussi être substituée aux céréales de printemps et recevoir l'ensemencement du trèfle.

Culture. — Le sol destiné à recevoir la navette doit être ameubli par deux labours et des hersages. Les engrais et les amendements sont les mêmes que pour le colza. La navette est, du reste, avide d'engrais et aussi épuisante.

La navette est toujours semée à la volée; pour la navette d'hiver et la navette dauphinoise, on opère aussitôt après la récolte des céréales qui occupent le sol, c'est-à-dire de la fin de juillet au commencement de septembre. Pour la navette d'été, on sème depuis le mois d'avril jusqu'en juillet dans le Nord, et jusqu'en mai au plus tard dans le Midi. La quantité de semence par hectare est de 4 kilogr. pour la navette d'hiver, et de 5 kilogr. pour celle d'été. Après l'avoir recouverte par un hersage, on plombe le sol par un roulage.

Lorsque les navettes ont développé cinq ou six feuilles, on les sarcle, puis on éclaircit les plants à la main de façon qu'ils restent placés à la distance de $0^m,25$ environ. Pour remplir cette condition plus économiquement, on pourra, pour les navettes d'hiver, employer l'extirpateur, comme nous l'avons expliqué pour le colza semé à demeure : cela permettra d'appliquer, au printemps suivant, un binage peu coûteux entre les lignes.

Les navettes sont exposées comme le colza aux attaques de l'altise et des pucerons.

Récolte. — La maturité des navettes d'hiver et dauphinoise a lieu de juin à juillet, selon qu'on s'éloigne plus ou moins du Nord. Celle de la navette d'été arrive environ deux mois après son ensemencement. La récolte exige les mêmes soins que le colza.

Rendement. — Le rendement moyen des navettes d'hiver bien cultivées est d'environ 25 hectolitres par hectare. Celui de la navette d'été n'est que de 18 hectolitres.

COMPTE DE CULTURE D'UN HECTARE DE NAVETTE D'HIVER PLACÉE AU DÉBUT DE LA ROTATION.

DÉPENSE.

Deux labours, à 22 fr. l'un	44f »
Deux hersages, à 2 fr. 60 c. l'un	5 20
Semence, 4 kil. à 28 c. le kil	1 12
Répandre la semence à la volée	1 »
A reporter	51f 32

Report........	51f 32
Un hersage........	2 60
Un roulage........	2 »
Passage de l'extirpateur pour former les lignes........	5 »
Sarcler et éclaircir sur les lignes conservées........	10 »
Un binage à la houe à main au printemps........	14 »
Récolte et nettoyage de la graine, comme le colza d'hiver....	35 »
36,000 kil. de fumier, à 10 fr. les 1,000 kil., y compris les frais de transport et de répartition, 360 fr. Les deux tiers de cette somme à la charge de la navette........	240 »
Intérêt pendant un an, à 5 pour 100, du prix de la fumure non absorbée........	7 »
Loyer de la terre........	70 »
Frais généraux d'exploitation........	20 »
Intérêt pendant un an, à 5 pour 100, des frais ci-dessus......	22 84
Total........	479f 76

PRODUIT.

25 hectolitres de graines, à 22 fr. l'hectol........	550f »

BALANCE.

Produit........	550f »
Dépense........	479 76
Bénéfice net........	70f 24

Environ 14,60 pour 100 du capital employé.

DE LA CAMÉLINE.

La *caméline* (*myagrum sativum*, L.) (fig. 815 à 817) est encore une plante oléagineuse de la famille des *crucifères*. Cette espèce annuelle, originaire de l'Asie, croît maintenant dans toute l'Europe. Elle est particulièrement cultivée en Allemagne, en Belgique et dans nos départements du Nord. Ses graines, d'un jaune rougeâtre, donnent une huile très-bonne à brûler et préférée, sous ce rapport, à celles de colza et de navette, en ce qu'elle a moins d'odeur et produit moins de fumée; mais, à poids égal, leur rendement est un peu moins considérable.

Le tourteau de la caméline ne vaut pas celui du colza; dans quelques localités, on le préfère pour l'engrais des terres, parce qu'on attribue à l'odeur d'ail qu'il exhale la propriété d'écarter les vers blancs.

Les tiges de la caméline ont plus de valeur que celles du colza et de la navette, en raison des usages auxquels on les applique, soit pour couvrir les maisons, soit pour faire des balais. Mais l'avantage le plus important de cette plante, c'est de n'être attaquée ni par l'altise ni par les pucerons, qui anéantissent souvent les autres crucifères.

Composition chimique. — On n'a pas encore d'analyse complète de la caméline. Voici les seuls renseignements que nous ayons à fournir à cet égard :

Suivant M. Gaujac, 100 kilogrammes de graines donneraient 27 kilogr. d'huile et 72 kilogr. de tourteau. M. Boussingault porte le rendement de l'huile de 27 à 31 kilogr.

D'après MM. Soubeiran et J. Girardin, le tourteau de caméline du commerce contient :

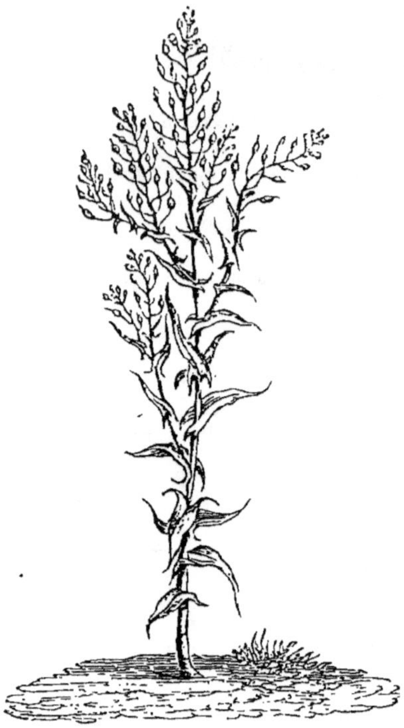

Fig. 815. *Caméline.*

Fig. 816. *Fleur de la caméline.*

Fig. 817. *Fruit de la caméline.*

Eau	14,5
Huile	12,2
Matières organiques	65,1
Substances minérales	8,2
	100,0

Dans les matières organiques, il y a 5,57 pour 100 d'azote. Dans les substances minérales, il y a 0,098 de sels solubles et 4,20 de phosphates.

Le tourteau de caméline est donc un peu plus riche en azote et moins riche en phosphates que celui de colza.

Climat et sol. — La caméline donne des produits passables dans toutes les contrées de la France, mais elle préfère les climats brumeux et humides du Nord et de l'Ouest.

Moins difficile que toutes les autres plantes oléagineuses quant à la nature du sol, elle prospère cependant mieux dans les terrains légers, sableux ou sablo-argileux.

Place dans la rotation. — La caméline est une récolte d'été qu'on peut semer assez tard; il en résulte qu'on peut l'employer avec avantage pour remplacer les récoltes d'hiver ou de printemps détruites par les intempéries, telles que le lin, le colza, le pavot et même les céréales d'hiver, qui n'ont pas réussi. Sa place ordinaire est celle des céréales de printemps; elle peut d'autant mieux les remplacer, qu'on peut y semer le trèfle avec beaucoup de succès.

Culture. — Le sol doit recevoir une préparation semblable à celle indiquée pour la navette. Plus épuisante encore que le colza, la caméline absorbe 1,000 kilogr. de fumier par hectolitre de graines récoltées.

Quant aux engrais et aux amendements qu'elle préfère, ce sont les mêmes que pour le colza.

L'ensemencement de la caméline peut être fait depuis le mois de mai jusqu'au commencement de juillet. Dans le Midi, il convient de ne pas dépasser la fin de mai. On sème toujours à la volée, et comme la graine est très-fine, on y mêle une certaine quantité de sable, afin de la répandre plus également. On en emploie 5 kilogr. par hectare. On recouvre à la herse et l'on roule.

Le seul soin que réclame cette récolte pendant sa végétation est d'éclaircir les plantes de manière à réserver entre elles un espace de $0^{m},16$. On enlève en même temps les herbes nuisibles.

Récolte. — Au moment où les silicules commencent à jaunir, on procède à la récolte; on opère comme pour le colza. Dans quelques localités, cependant, on arrache les plantes au lieu de les scier.

Rendement. — Le rendement moyen de la caméline bien cultivée est de 22 hectolitres par hectare. Chaque hectolitre pèse 70 kilogrammes.

COMPTE DE CULTURE D'UN HECTARE DE CAMÉLINE.

DÉPENSE.

Préparation du sol comme pour la navette	49f 20
Semence, 5 kil. à 30 c. le kil	1 50
Répandre la semence à la volée	1 »
Un hersage	2 60
Un roulage	2 »
Éclaircir et sarcler	14 »
Récolte et nettoyage de la graine comme pour le colza	35 »
A reporter	105f 30

Report......	105f 30
40,000 kil. de fumier, à 10 fr. les 1000 kil., y compris les frais de transport et d'épandage, 400 fr. La moitié de cette somme à la charge de la récolte..............................	200 »
Intérêt pendant un an, à 5 pour 100, de la fumure non absorbée..............................	10 »
Loyer de la terre..............................	70 »
Frais généraux d'exploitation..............................	20 »
Intérêt pendant un an, à 5 pour 100, des frais ci-dessus......	20 26
Total..............	425f 56

PRODUIT.

22 hectolitres de graines, à 23 fr. l'hectol..................	506f »

BALANCE.

Produit..............................	506f »
Dépense..............................	425 56
Bénéfice net...........	80f 44

19 pour 100 du capital employé.

DE LA MOUTARDE BLANCHE.

La *moutarde blanche* (*sinapis alba*, L.) (fig. 818 à 820) est aussi une plante de la famille des *crucifères*, que l'on cultive parfois comme plante oléagineuse. Ses graines donnent 30 à 33 pour 100 d'huile. Elles contiennent, d'après James, les substances minérales suivantes :

Potasse..............................	10,02
Soude..............................	9,61
Chaux..............................	21,28
Magnésie..............................	11,25
Peroxyde de fer..............................	1,46
Acide phosphorique..............................	37,41
— sulfurique..............................	5,41
Chlorure de sodium..............................	0,20
Silice..............................	3,36
	100,00

Pour livrer de beaux produits, cette plante exige une terre substantielle, bien préparée et richement fumée. On la sème vers le commencement d'avril, soit à la volée, soit en lignes. Dans le premier cas, on emploie 6 à 7 kilogr. de semences par hectare, et 4 à 5 seulement dans le second. Si le semis est fait en lignes, on donne deux binages avec la houe à cheval ; dans le cas contraire, on éclaircit les plantes et l'on pratique un binage avec la houe à main.

La maturité des siliques ne s'opère que successivement, aussi n'attend-on pas, pour les récolter, qu'elle soit complète, car on perdrait une grande partie du produit, et, qui pis est, on salirait la terre pour les cultures suivantes. Dès que les tiges commencent à jaunir, on les récolte, en apportant les soins prescrits pour les espèces précédentes.

Le produit de la moutarde blanche est beaucoup moins élevé que celui de la navette

Fig. 818. *Moutarde blanche.*

Fig. 819. *Fleur de la moutarde blanche.*

Fig. 820. *Fruit de la moutarde blanche.*

et de la caméline, car il ne dépasse pas 15 hectolitres, et c'est sans doute la faiblesse de ce rendement qui a empêché cette culture de prendre de l'extension. Toutefois, Mathieu de Dombasle a constaté que, semée avec la caméline, il résulte de ce mélange un rendement, par hectare, plus élevé que si ces deux plantes étaient semées séparément. Ces graines ainsi mélangées, mais qu'il est toujours facile de séparer par un criblage, ne perdent rien de leur valeur pour la fabrication de l'huile. C'est donc surtout en mélange avec la caméline que la moutarde blanche peut être cultivée comme plante oléagineuse.

DU PAVOT.

Le *pavot, œillette* ou *oliette* (*papaver somniferum*, L.) (fig. 821 à 823) appartient à la famille des *papavéracées;* il croît spontanément en Orient et dans quelques parties du Midi de l'Europe. Sa culture, comme plante oléagineuse, s'est répandue en Flandre, en Artois, en Lorraine et dans une partie de l'Allemagne; mais elle pourrait être introduite avec succès dans beaucoup d'autres contrées de la France, si l'on y trouvait toujours les bras nombreux qu'elle réclame.

Ses graines donnent 30 pour 100 d'une huile blanche, inodore, d'une saveur douce, agréable, surtout lorsqu'elle est obtenue par la pression à froid, aussi est-elle réservée pour l'alimentation dans le Nord de la France; partout ailleurs on la mélange à l'huile d'olive, soit pour la table, soit pour la fabrication du savon. Les tourteaux peuvent entrer en concurrence avec ceux du colza pour la nourriture du bétail et la fertilisation du sol. Quant aux tiges, quand elles sont sèches, on les emploie pour faire des pieds et des couvertures aux meules de grains ou de fourrages, on les étale sur le plancher des granges, après quoi, elles vont augmenter la masse des fumiers.

Fig. 821. *Pavot.*

Fig. 822. *Fleur du pavot.*

Fig. 823. *Fruit du pavot.*

Variétés. — Le pavot offre les trois variétés suivantes :

Le *pavot ordinaire* ou *à graines grises*. Ses fleurs sont rouges ou lilas, ses capsules sont globuleuses et, à l'approche de la maturité, percées latéralement au sommet de plusieurs ouvertures par lesquelles les graines s'échappent.

Le *pavot aveugle* ne diffère du précédent que par la grosseur plus considérable des capsules et par l'absence des ouvertures.

Le *pavot blanc* : fleurs blanches, capsules plus grosses, également fermées, graines blanches.

Le premier est plus productif que le second, et surtout il offre une plus grande facilité pour l'extraction de ses graines. Quant au pavot blanc, il n'est guère cultivé que pour les usages médicinaux.

Composition chimique. — D'après M. Blondeau, les feuilles du pavot contiennent :

Huile verte analogue à la chlorophylle,
Gomme,
Acide malique et chaux,
Chlorure de sodium en grande quantité,
Azotate de potasse,
Sulfate de chaux,
Alumine, en petite quantité,
Phosphate et carbonate de chaux,
Oxyde de fer.

Les capsules contiennent les mêmes principes, seulement il y a moins de sel marin et beaucoup plus de matières gommeuses.

M. Boussingault admet dans les graines les substances suivantes :

Eau	14,7
Huile	41,0
Matières organiques non azotées	13,7
— — azotées	17,5
Ligneux	6,1
Phosphates et autres sels	7,0
	100,0

Il y a dans ces graines 2,80 pour 100 d'azote.

M. Moride a retiré de 100 parties de graines sèches :

Huile	43,0
Tourteau	57,0

M. Gaujac dit avoir obtenu du pavot blanc, cultivé à Dagny (Seine-et-Marne) :

Huile	44
Tourteau	52
Perte	4
	100

En fabrique, on ne retire guère que 35 pour 100 d'huile.

Le tourteau est ainsi composé, d'après MM. Soubeiran et J. Girardin :

Eau	11,0
Huile	14,2
Matières organiques	62,3
Substances minérales	12,5
	100,0

Il y a, dans les matières organiques, 7 pour 100 d'azote, et dans les cendres 0,62 de sels solubles et 6,30 de phosphates.

Climat et sol. — Nul doute que le pavot ne s'accommode de tous les climats de la France et notamment de celui du Midi, mais les soins minutieux qu'il réclame en ont, jusqu'à présent, concentré la culture dans les parties de la France où l'agriculture est la plus avancée.

Il se plaît de préférence dans les terres légères, sablo-argileuses ou calcairo-argileuses, à sous-sol très-perméable. Dans les argiles compactes, il est impossible de donner au sol le dégré d'ameublissement nécessaire, et d'ailleurs l'humidité stagnante qu'entretient leur peu de perméabilité fait pourrir les jeunes plantes; enfin, les nombreuses façons qu'on doit donner à cette récolte pendant sa végétation sont bien plus coûteuses dans ces terrains que dans les sols légers.

Comme les racines du pavot sont peu ramifiées et se fixent peu solidement dans le sol, on doit le placer, autant que possible, dans les localités abritées des grands vents, pour ne pas voir les tiges se pencher et perdre ainsi une notable quantité de leurs graines au moment de la maturité.

Place dans la rotation. — Le pavot peut venir après toute espèce de récolte, pourvu que la terre soit convenablement préparée; il en est cependant quelques-unes après lesquelles il réussit mieux qu'après d'autres; de ce nombre sont : le trèfle, les défrichements de luzerne et toutes les plantes légumineuses. On peut aussi le mettre en tête de la rotation comme plante sarclée. Les céréales d'hiver et de printemps donnent de très-beaux produits après qu'il a occupé le sol.

Préparation du sol. — L'essentiel, c'est de pulvériser et d'ameublir la terre le mieux possible par des labours dont le nombre varie suivant sa nature et l'espèce de récolte à laquelle on fait succéder le pavot; mais, en général, trois labours sont nécessaires, deux avant l'hiver, dont le premier profond de $0^{m},25$, et un troisième, au printemps. Chacun de ces labours doit être suivi de deux hersages, séparés par un roulage.

Engrais et amendements.— Le pavot est moins épuisant que les plantes oléagineuses qui précèdent; il aime cependant aussi une terre richement fumée; mais la fumure doit être ancienne ou d'une décomposition prompte et facile; car sa végétation étant très-rapide, et ses racines peu nombreuses, il faut que la plante puisse s'approprier facilement les engrais. Le mieux est de répandre une demi-fumure, en fumier, avant l'hiver, et de compléter par des engrais pulvérulents, tels que poudrette, colombine, tourteaux, répandus au printemps, immédiatement avant les derniers hersages qui précèdent l'ensemencement.

Ainsi que nous venons de le dire, le pavot est moins épuisant que le colza ; en effet, il ne paraît absorber dans le sol que l'équivalent de 600 kilogr. de fumier par hectolitre de graines récoltées ; or, le rendement moyen par hectare étant de 22 hectolitres, il enlève au sol environ 13,200 kilogr. de fumier.

Semis. — *Époque convenable.* — Le pavot est comme toutes les plantes annuelles : plus on le sème de bonne heure, mieux il végète, et plus son produit est abondant. Dans le Midi, il serait bon de semer à l'automne, au moment de l'ensemencement du blé; les jeunes plantes acquerraient avant l'hiver un développement suffisant pour se défendre des gelées, et auraient terminé leur accroissement avant les premières chaleurs de l'été. Dans le Nord, on sème au printemps, même dès le mois de février, si l'état du sol le permet. Si la terre est couverte de neige, on en profite pour y répandre la semence, qui est suffisamment enterrée après la fonte. En tout cas, il ne faut pas dépasser la première quinzaine d'avril, sous peine de n'avoir que des produits presque nuls.

Mode de semaille. — On a essayé de semer le pavot en lignes; mais, jusqu'à présent du moins, ce mode n'a pas été adopté, et pourtant il aurait diminué de beaucoup les frais de culture, en permettant de faire d'une manière bien plus économique les nombreux sarclages et binages qu'exige cette plante. C'est donc presque toujours à la volée qu'on répand la semence. On emploie 2 kilogr. 500 de graines par hectare. Comme cette graine est très-fine et qu'il importe de la semer le plus régulièrement possible pour ne pas multiplier les frais de sarclage, on la mélange avec quatre fois son volume de sable bien sec; un léger hersage, avec une herse d'épines, suivi d'un roulage, suffit pour l'enterrer.

Entretien. — Quinze jours ou trois semaines après l'ensemencement, suivant que le temps est plus ou moins doux, le pavot commence à germer. Cinq ou six semaines après, les jeunes plantes ont quatre feuilles, et l'on peut alors les distinguer facilement des autres herbes qui salissent la terre. C'est le moment d'appliquer le premier binage. Il faut d'abord déterminer l'espace qu'on veut laisser entre chaque sujet. Plus le sol est riche et fertile, plus cet espace doit être considérable. Il ne faut pas, cependant, dépasser certaines limites, car on diminuerait le produit, et les plantes développeraient, après coup, un certain nombre de tiges latérales dont les capsules, moins élevées que les autres, mûriraient tardivement; de plus, les pieds, trop éloignés les uns des autres, résisteraient moins facilement à l'action du vent.

Enfin un espacement trop grand facilite le développement des espèces nuisibles et augmente les frais de sarclage. L'expérience a appris que les plantes doivent être espacées de façon à ne développer que quatre à huit capsules, et qu'il faut, à cet effet, ne laisser entre chacune d'elles qu'une distance de $0^m,10$ à $0^m,27$ en tous sens, suivant le degré de fertilité du terrain.

Le premier binage est l'opération la plus importante de cette culture, et la plus difficile à bien exécuter ; aussi ne doit-on y employer que des ouvriers intelligents et qui en aient l'habitude. Lors de cette première façon, il faut placer les jeunes plantes à la distance convenable ; à cet effet, on coupe, à l'aide d'une petite binette, tous les plants trop rapprochés et les herbes nuisibles. Lorsque plusieurs pavots sont nés au même point, on n'en laisse qu'un seul ; mais, pour ne pas blesser les racines du jeune pied conservé, l'ouvrier enlève à la main tous les plants qui entourent celui que l'on veut garder, et qui est, en général, celui qui promet le plus. En même temps qu'on procède à ces éclaircies et qu'on nettoie le champ, on remue et on ameublit sa surface jusqu'à $0^m,05$ de profondeur environ. Ce travail doit être fait jusqu'au pied des plantes conservées, et en prenant grand soin de ne pas blesser leurs racines.

S'il fait un temps sec, on pratique un léger roulage après le premier binage ; il raffermit un peu les plantes que ce travail a ébranlées; mais, si l'on espère de la pluie, cette précaution est inutile.

Huit ou dix jours après le premier binage, les mauvaises herbes commencent à se développer de nouveau avec vigueur, et la surface du sol se durcit. Une seconde façon devient alors nécessaire; mais elle est moins minutieuse; elle consiste seulement à ameublir jusqu'à la profondeur de $0^m,08$ environ, à supprimer les quelques pavots inutiles qui ont échappé à la première recherche, enfin à nettoyer complétement la terre.

Après ce deuxième binage, la végétation marche vite, et, au bout de huit ou dix jours, les boutons commencent à se montrer, il faut alors se hâter d'appliquer le troisième binage; mais il n'y a plus à s'occuper des pavots ; il ne s'agit que de la destruction des plantes nuisibles et de l'ameublissement du sol. Ces divers travaux doivent être pratiqués dans l'espace de cinq à six semaines ; après quoi, il n'y a plus rien à faire jusqu'au moment de la récolte.

Ce que nous venons de dire s'applique au climat du Nord. Si l'on opérait dans le Midi, où l'ensemencement a lieu en automne, il faudrait exécuter le premier binage dès que les jeunes plantes auraient développé quatre feuilles, et donner les deux autres au printemps, de telle façon que le troisième fût terminé au milieu d'avril.

Intempéries. Insectes nuisibles. — Lorsque le pavot a été semé de bonne heure, dès le mois de février, par exemple, il arrive quelquefois qu'une gelée intense le détruit à mesure qu'il germe ; parfois aussi, certains petits coléoptères le dévorent, si le temps devient sec. On doit, lorsque ces accidents se produisent, s'empresser de semer à nouveau, s'il en est temps encore. En outre, lorsque la saison est plus avancée, et que la plante a pris plus de développement, elle est attaquée par le ver blanc. On s'en aperçoit à la fanaison subite des feuilles ; il faut alors se hâter d'enlever, avec la terre qui les entoure, les pieds qui présentent ces symptômes ; on découvre ainsi et l'on détruit les larves.

Récolte. — Le pavot fleurit, dans le Nord, vers le mois de juillet, et, dans le Midi, dès les premiers jours de mai. Il est désirable de voir presque tous les boutons s'épanouir en même temps ; cela indique que les plantes ont été convenablement espacées et que la maturité sera régulière. Cette maturité arrive deux mois environ après la floraison. On doit commencer la récolte lorsqu'un quart seulement des capsules de chaque pied se sont ouvertes. Voici la méthode qui paraît donner les meilleurs résultats :

Les ouvriers saisissent les tiges à peu près au tiers de leur hauteur, avec la main droite, et les arrachent lentement et sans secousse, en les tirant aussi verticalement que possible, afin de ne pas répandre les graines ; puis ils passent ces tiges sous le bras gauche et les serrent légèrement sur leur poitrine. Quand la poignée est assez grosse, l'ouvrier la prend à deux mains et la pose verticalement sur le sol en mettant ses doigts bout à bout au-dessous des capsules. Un autre ouvrier, chargé des liens de paille, lie cette poignée et la passe, toujours verticalement, à celui qui confectionne les chaînes. Un ouvrier lieur suffit pour trois arracheurs.

Les chaînes sont ainsi faites : on place deux poignées appuyées l'une contre l'autre par leur sommet (fig. 824); on en ajoute ainsi plusieurs paires, jusqu'à ce qu'on ait formé une chaîne de 3 à 5 mètres de long. Par-dessus ces deux premières rangées, on en appuie deux autres, en ayant soin de commencer par les deux extrémités et de terminer dans le milieu. Quand on met la première poignée à chaque bout, on doit relever quelques tiges à la hauteur du lien et les engager sous les poignées suivantes, afin de la consolider. En finissant dans le milieu, il faut y introduire les deux dernières poignées de la même manière qu'on serre une rangée de gerbes dans un tas à la grange. Enfin, on jette avec une bêche un peu de terre au pied de la chaîne et de chaque

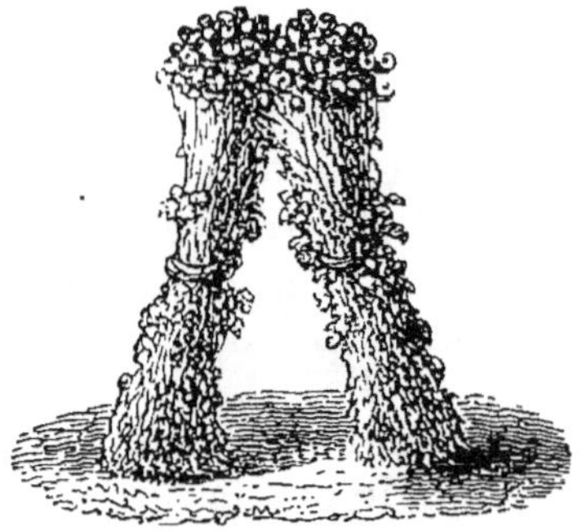

Fig. 824. *Deux poignées de pavots disposées pour le séchage.*

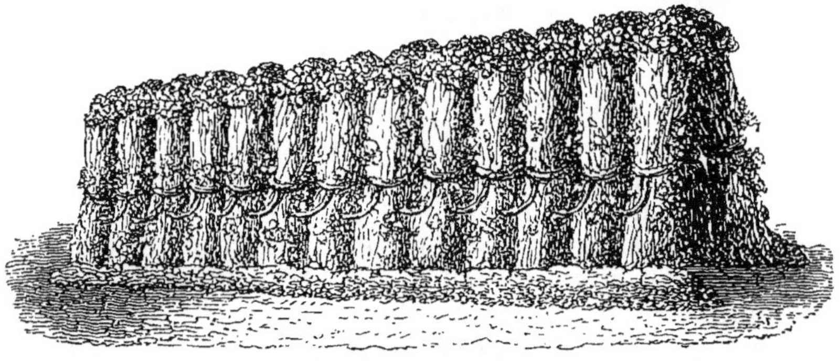

Fig. 825. *Chaîne de pavots disposés pour le séchage.*

côté, pour qu'elle résiste mieux à l'action du vent. La figure 825 représente une de ces chaînes.

Ainsi disposée, la récolte achève promptement de mûrir, même lorsqu'elle est de nouveau mouillée par la pluie, parce que l'air circule facilement à l'intérieur des chaînes.

Si l'on n'a pas à redouter la pluie, on donne aux poignées une autre disposition, qui est d'une application plus facile. Elle consiste à réunir ensemble environ quatre-vingts poignées, en les adossant les unes contre les autres; après quoi on plie, au-dessous du lien, quelques tiges de chaque poignée du rang extérieur et on les passe sous les tiges des poignées voisines, de façon à en faire une sorte de lien général qui maintient le tout. On jette aussi un peu de terre au pied pour assurer la solidité du tas.

Après dix ou douze jours de beau temps, les pavots ont complété leur maturité, ce qui se reconnaît d'ailleurs à ce que toutes les capsules sont ouvertes. On choisit alors un beau jour, et l'on procède à l'extraction de la graine, en ne commençant qu'après l'évaporation de la rosée.

Que l'on recueille la graine dans de petits cuveaux ou sur des draps attachés sur un châssis supporté par quatre pieds, les ouvriers prennent les poignées une à une, les inclinent au-dessus des récipients, engagent la partie inférieure des tiges sous le bras gauche, fixent la main gauche sur le lien, et frappent les poignées de la main droite avec un bâtonnet de $0^{m},40$ de long et de $0^{m},03$ de diamètre, en ayant soin de les retourner plusieurs fois, jusqu'à ce que les capsules soient vides. Pendant cette opération, il faut veiller avec le plus grand soin à ce que la terre qui se détache des racines ne tombe pas dans les cuveaux ou sur les draps, car il serait ensuite difficile de la séparer des graines, auxquelles elle enlèverait une partie de leur valeur commerciale.

Quand les capsules sont vidées, on réunit huit à dix poignées pour en faire une botte, que l'on serre avec un lien ordinaire.

C'est dans le champ même qu'on passe la graine au crible pour en séparer les feuilles et les débris de capsules ; on l'étend ensuite dans des greniers, en couches peu épaisses, mais qu'il faut remuer souvent pendant les premiers temps. Avant d'être livrée au commerce, cette graine doit être passée au tarare, puis dans un crible fin.

Rendement. — Le rendement moyen du pavot est d'environ 22 hectolitres par hectare. Chaque hectolitre pèse 66 kilogr. On obtient en outre 550 bottes de tiges sèches du poids de 6 kilogr. chacune.

COMPTE DE CULTURE D'UN HECTARE DE PAVOTS.

DÉPENSE.

Un labour profond de $0^{m},25$	22f »
Un hersage	2 60
Un roulage	2 »
Un hersage	2 60
Un labour ordinaire	22 »
A reporter	51f 20

Report..........	51f 20
Un hersage..........	2 60
Un roulage..........	2 »
Un hersage..........	2 60
Un labour ordinaire au printemps..........	22 »
Un hersage..........	2 60
Un roulage..........	2 »
Un hersage..........	2 60
Semence, 2 kil. 500, à 38 c. le kil..........	» 95
Répandre la semence à la volée..........	1 »
Un hersage..........	2 60
Un roulage..........	2 »
Premier sarclage et binage à la houe à main..........	40 »
Deuxième binage..........	20 »
Troisième binage..........	15 »
Arracher et former les chaînes..........	20 »
Secouage et nettoyage de la graine..........	15 »
45,000 kil. de fumier, à 10 fr. les 1000 kil., y compris les frais de transport et d'épandage, 450 fr. Les trois dixièmes de cette somme à la charge du pavot..........	135 »
Intérêt pendant un an, à 5 pour 100, du prix de la fumure non absorbée..........	15 75
Loyer de la terre..........	70 »
Frais généraux d'exploitation..........	20 »
Intérêt pendant un an, à 5 pour 100, des frais ci-dessus..........	22 25
Total..........	466 55

PRODUIT.

22 hectolitres de graines, à 26 fr. l'hectolitre..........	572 »
550 bottes de tiges sèches, à 12 fr. le 100..........	66 »
Total..........	638 »

BALANCE.

Produit..........	638 »
Dépense..........	466 55
Bénéfice net..........	168 91

Environ 37 pour 100 du capital employé.

Culture du pavot pour l'opium.

Le mode de culture est le même, à cela près que l'on sème en lignes distantes de $0^m,50$, afin de faciliter la récolte de l'opium. Dès que la capsule passe du vert au jaune, on pratique, sur la partie la plus renflée de la capsule, à l'aide d'un couteau à quatre lames, des incisions circulaires qui pénètrent jusque dans le sacorcarpe de cette capsule. De chacune de ces incisions il s'écoule une goutte de suc blanc opaque, de consistance laiteuse, excessivement âcre et qui, exposé à l'air, s'épassiit, prend une coloration jaune de plus en plus foncée, et se recouvre d'une pellicule irisée qui augmente graduellement d'épaisseur.

Vingt-quatre heures après l'incision, le suc est transformé en une substance résineuse ayant tous les caractères de l'opium du commerce. On l'enlève alors avec de larges couteaux peu tranchants, et on la réunit en boule.

Il faut choisir pour cette opération un beau temps et les heures les plus chaudes de la journée, afin que la pellicule qui se forme à la surface du suc laiteux ait le temps de se consolider avant la nuit. Sans cette précaution, le suc serait délayé par la rosée et privé de la plus grande partie de son activité.

Ce mode d'opérer a donné, à Alger, 23 kilogr. d'opium par hectare. Le produit de la semence n'est pas aussi élevé que par le semis à la volée décrit plus haut, mais il suffit encore pour payer tous les frais de culture; de sorte que l'opium n'a à supporter que les frais résultant de sa récolte, et qui s'élèvent à 458 fr. Les 23 kilogr. reviennent donc seulement à 19 fr. 91 c. chacun, au lieu de 60 fr., plus bas prix auquel cette substance est cotée dans le commerce.

A Clermont-Ferrand, M. Aubergier a fait depuis plusieurs années des cultures de pavot qui lui ont donné des résultats encore plus satisfaisants, puisque les frais de récolte ne dépassent jamais chez lui 7 fr. 50 cent. par kilogr. d'opium. Six ouvriers recueillent, dans dix heures de travail, 2 kilogr. 730 grammes de suc laiteux, qui, perdant de 70 à 75 pour 100 d'eau, fournissent au minimum 682 grammes d'opium sec. Au lieu de laisser le suc se dessécher sur les capsules, après l'incision, M. Aubergier le fait recueillir immédiatement et il le dessèche dans des vases appropriés.

Il a constaté qu'on obtient d'autant plus d'opium, et que cet opium est d'autant meilleur qu'on l'a récolté sur des capsules plus vertes, et que c'est s'y prendre trop tard que de commencer la récolte du suc au moment où la capsule passe de la couleur verte à la couleur jaune. La variété de pavot à préférer, dans ce cas, est le pavot blanc à tête longue et à graines blanches.

M. Bénard, professeur à l'École de médecine d'Amiens, a fait de son côté depuis 1854 de nombreuses expériences pour prouver que l'extraction de l'opium des capsules de l'œillette peut constituer, pour nos départements du Nord, une nouvelle et très-lucrative industrie agricole. En effet, d'après une statistique sur la culture des œillettes dans le seul département de la Somme en 1857, il résulte que 12,702 hectares ont été consacrés à cette plante oléagineuse, d'où l'on a obtenu 140,000 hectolitres de graines d'une valeur de 4,480,000 fr. Or, un hectare d'œillette, contenant environ un million de têtes de pavot, fournirait, d'après M. Bénard, 28 kilogr. 800 grammes de suc opiacé, se réduisant, après dessiccation, à 13 kilogr. 698 d'opium; mettons 13 kilog. 500 en nombre rond. Les frais payés, l'opium obtenu d'un hectare procurerait un bénéfice net de 330 fr., à ajouter à la valeur de la graine, car il est à noter que les œillettes, même plusieurs fois incisées, fournissent autant de graines et autant d'huile de même qualité que celles qui n'ont pas subi cette opération. Ce qu'il y a encore de très-intéressant, c'est que l'opium de l'œillette est un des plus riches en morphine, puisque la proportion de ce principe actif varie entre 15 à 22 pour 100, selon les années et selon les soins apportés à la récolte.

Voici comment on doit s'y prendre quand on veut cultiver l'œillette en vue de sa graine et de son suc opiacé. Nous donnons ici la figure du pavot œillette à fleurs roses et pourpres cultivé en Picardie et dans le Nord de la France (fig. 826).

Fig. 826. *Pavot œillette cultivé en Picardie.*

On plante deux rangs d'œillettes, de manière que les tiges soient à la distance de 0m,20 les unes des autres, puis de part et d'autre de ces deux rangs, on laisse un intervalle de 0m,60 dans le sens de la longueur du champ, afin qu'on puisse aisément circuler dans la plantation et inciser à droite et à gauche les capsules des tiges qui bordent une même allée de passage.

Lorsque le fruit est arrivé à peu près à son développement, après la chute des pétales et pendant tout le temps qu'il reste vert (espace de quinze à vingt jours), on fait sur ce fruit des incisions peu profondes longitudinales ou transversales (fig. 827), avec un instrument en acier [1] portant à l'une de ses extrémités trois ou quatre pointes recourbées, faisant une saillie d'environ un millimètre et disposées circulairement de manière à présenter à peu près en creux le cinquième de la surface convexe d'une capsule de moyenne grosseur (fig. 828). On commence les incisions le matin après l'évaporation de la rosée; à peine sont-elles pratiquées, que le suc laiteux apparaît, sous

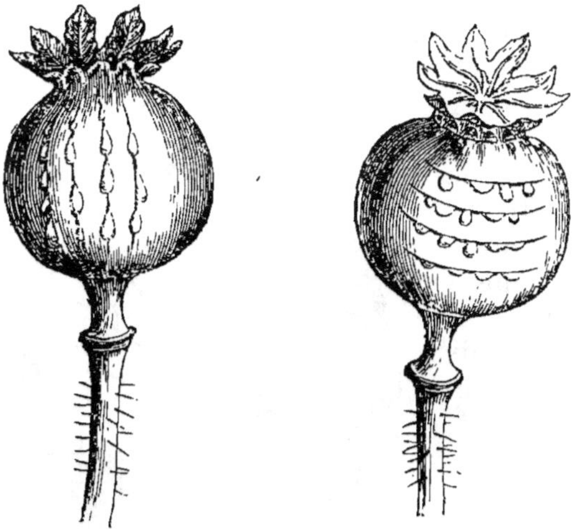

Fig. 827. *Capsules incisées, d'où s'échappe le suc opiacé.*

Fig. 828. *Instrument pour inciser les capsules d'œillette.*

forme de larmes et acquiert de la consistance ; il est bon de le recueillir le plus tôt possible pour qu'il ne se dessèche pas sur place.

L'ouvrier qui fait les incisions doit être suivi, à quelques minutes d'intervalle, par un autre qui enlève le suc opiacé, soit avec le doigt, ce qui est très-avantageux, soit avec la lame d'acier qui sert aux incisions. L'extrémité de cette lame opposée aux pointes est amincie, flexible et offre une concavité qui permet de recueillir le suc. Le produit est mis dans

---

1 Cet instrument se trouve chez M. Chatelain, coutelier, rue des Verts-Aulnois, à Amiens; il ne coûte que 60 centimes.

un petit vase en fer-blanc à bord presque tranchant, que l'ouvrier tient d'une main entre le pouce et l'index, ou porte suspendu à la ceinture, afin d'avoir la main libre pour l'opération.

Le suc recueilli et qui peut s'élever de 50 à 100 grammes par journée d'ouvrier, selon son habileté, est placé sur des assiettes qu'on expose à la chaleur du soleil, à l'abri de la poussière et de la pluie; la dessiccation s'opère donc sans frais, et le produit mis en petits pains aplatis et enveloppés dans des feuilles de pavot (fig. 829) est prêt à être livré au commerce. Deux kilogr. de suc opiacé laiteux donnent environ 1 kilogr. d'opium sec, dont le produit ne sera jamais moindre de 60 fr., et peut s'élever à 80 et même à 100 fr.

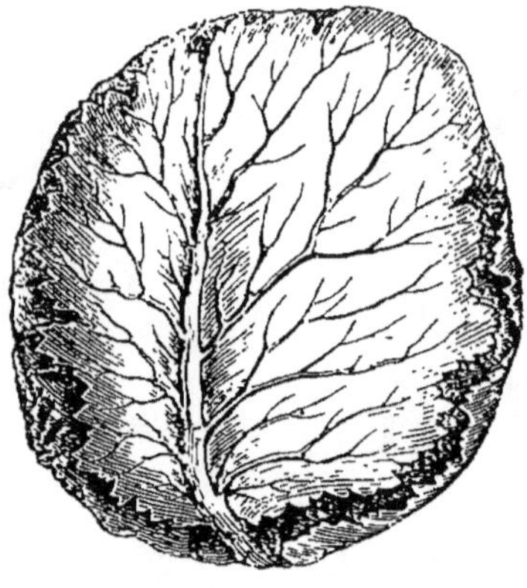

Fig. 829. *Pain d'opium enveloppé dans une feuille de pavot.*

M. Renard, cultivateur à Puchevilles (Somme), qui a suivi les conseils de M. Bénard et qui se livre depuis plusieurs années à la récolte de l'opium, n'emploie que des enfants de dix à onze ans, et ne dépense pour 1 kilogr. d'opium recueilli que 23 fr. 92. En n'estimant qu'à 60 fr. le prix du kilog. de cet opium indigène et sans tenir compte de sa grande richesse en morphine, le bénéfice net est de 36 fr.

Mais, pour arriver à ce résultat, il faut certaines conditions :

1° Œillettes plantées en lignes ou assez espacées, lorsqu'elles sont semées à la volée, pour la facilité du travail ;

2° Saison favorable ;

3° Ouvriers payés de 75 cent. à 1 fr. la journée (les enfants des écoles primaires ou des orphelinats sont très-propres à ce travail) ;

4° Habileté de l'ouvrier ;

5° Petite exploitation, une grande n'étant pas possible, faute du nombre suffisant de travailleurs.

Il en doit être de la récolte de l'opium comme de celles du safran et de la soie, ces deux conquêtes de nos pères sur le Levant; elle ne peut se faire que par de très-petits cultivateurs qui trouvent facilement à distraire de leur travail dix à quinze journées dans l'année. C'est ainsi, d'ailleurs, ou à peu près, que se pratique la récolte de l'opium dans l'Asie Mineure.

DU SÉSAME.

Le *sésame* (*sesamum orientale*, L.) (fig. 830 à 832) est une plante annuelle de la famille des *sésamées*. Originaire de l'Inde, elle est cultivée en Égypte, au Sénégal, en Italie, et dans plusieurs parties des États-Unis.

C'est la plante oléagineuse dont le rendement en graines est le plus riche. On en obtient habituellement 50 pour 100 d'une huile douce, comestible, et qui, bien préparée, peut être substituée à l'huile d'olive.

Composition chimique. — On n'a point encore d'analyse complète de la graine et des autres parties du sésame. Voici le peu que l'on sait.

Fig. 830. *Sésame.*

Fig. 831. *Fleur du sésame.*

Fig. 832. *Fruit du sésame.*

M. Moride a retiré des graines récentes et jeunes, venant d'Égypte :

Eau	traces.
Huile	52,68
Matières organiques	43,86
Substances minérales	3,46
	100,00

Dans le tourteau, pris à Marseille, MM. Soubeiran et J. Girardin, ont trouvé :

Eau	11,0
Huile	13,0
Matières organiques	66,5
Substances minérales	9,5
	100,0

Dans les matières organiques, il y 5,57 pour 100 d'azote; dans les substances minérales : 0,57 de sels solubles et 3,2 de phosphates.

M. de Gasparin dit que les tiges, après leur dessèchement normal, pèsent six fois autant que la graine, et qu'elles renferment 0,50 d'azote pour 100.

Climat et sol. — Le sésame exige, pour mûrir ses graines, une température élevée, et ne donne d'abondants produits, en France, que dans la région des oliviers et les parties chaudes de l'Algérie. Il demande à être abrité des grands vents.

Les terres de consistance moyenne, douces et substantielles, surtout les sols d'alluvion, sont ceux qui lui conviennent le mieux. Mais il est indispensable que ces terrains puissent être soumis à l'irrigation.

Place dans la rotation. — Le sésame peut succéder, dans la même année, au trèfle ordinaire, au sainfoin de même qu'aux pommes de terre précoces, aux fèves et autres légumes dont on aura récolté les produits assez tôt pour faire l'ensemencement en temps convenable.

Culture. — Le sol doit être préparé comme pour le pavot. On fait précéder le premier labour par une irrigation, et, dès que la terre est suffisamment égouttée, on y met la charrue. Après le dernier labour, la surface doit être disposée par planches étroites, séparées par de petits fossés qui servent à irriguer par infiltration.

Le sésame exige une terre aussi richement fumée que le pavot, car, à produit égal, il paraît puiser dans le sol la même quantité d'engrais. Sa composition élémentaire indique qu'il lui faut des engrais riches en azote. En fumant le terrain avec les débris des tiges et avec les tourteaux de cette même plante, une première mise de fumier ne serait appauvrie que de sa déperdition ordinaire, et il n'y aurait ainsi aucune dépense d'engrais. En Égypte, les cultivateurs vendent les tiges pour le chauffage des fours, ce qui est la même faute que celle qu'on commet chez nous à l'égard des tiges de colza.

On sème à la volée, du milieu de mai au commencement de juin, dans la proportion de 19 litres par hectare; on herse légèrement et l'on roule. Immédiatement après, on introduit l'eau dans les fossés, où elle reste jusqu'à ce que l'humidité soit parvenue à la surface du sol. Le sésame commence à lever au bout de quatre jours.

Vingt jours environ après l'ensemencement, on éclaircit les jeunes plants, de façon à laisser un intervalle de $0^{m},33$ entre chacun d'eux ; on enlève en même temps les plantes nuisibles et l'on bine le sol. Aussitôt après cette opération, on introduit l'eau dans les fossés, et l'on répète encore deux fois cet arrosement, de quinze jours en quinze jours.

Récolte. — Il ne faut pas attendre que la plante sèche sur pied pour faire la récolte ; car les siliques s'ouvriraient et l'on perdrait la presque totalité des graines. On coupe donc les tiges à leur base, et avec précaution, quand la plante devient jaune et les siliques rougeâtres ; on fait cette opération le matin, à la rosée. A mesure qu'on coupe les tiges, on en forme des gerbes de moyenne grosseur, on les porte sur une aire préparée comme pour le battage du colza, et on les y laisse étendues jusqu'à ce que les tiges et les siliques soient complétement sèches. On les dresse alors verticalement, les racines en bas, et l'on opère l'égrenage en frappant sur les siliques avec des bâtons.

Rendement. — Le sésame donne en Égypte, avec des procédés imparfaits de culture, de 15 à 27 hectolitres de graines par hectare. L'hectolitre pèse 66 kilogr. On peut admettre que, dans la région des oliviers et en Algérie, avec un climat un peu moins favorable, mais avec des procédés de culture mieux entendus, on obtiendrait un minimum de 27 hectolitres par hectare.

COMPTE DE CULTURE D'UN HECTARE DE SÉSAME SUCCÉDANT A DU TRÈFLE INCARNAT.

DÉPENSE.

Frais de préparation du sol, de semaille, de culture d'entretien et de récolte comme pour le pavot..................	194f 15
45,000 kil. de fumier, à 10 fr. les 1000 kil., y compris les frais de transport et d'épandage, 450 fr. Le tiers de cette somme à la charge du sésame..............................	150 »
Intérêt pendant un an, à 5 pour 100, du prix de la fumure non absorbée..	15 »
Loyer de la terre irrigable, pendant six mois................	50 »
Frais généraux d'exploitation............................	20 »
Intérêt pendant un an, à 5 pour 100, des frais ci-dessus......	23 85
Total..............	453 »

PRODUIT.

27 hectolitres de semence, à 38 fr. l'hectolitre...............	1026f »

BALANCE.

Produit..	1026 »
Dépense..	453 »
Bénéfice net.............	573 »

Environ 126 pour 100 du capital employé.

DE L'ARACHIDE.

L'*arachide* ou *pistache de terre* (*arachis hypogæa*, L.) (fig. 833 à 835) appartient à la famille des *légumineuses*. Importée de l'A-

Fig. 833. *Arachide.*

Fig. 834. *Fleur de l'arachide.*

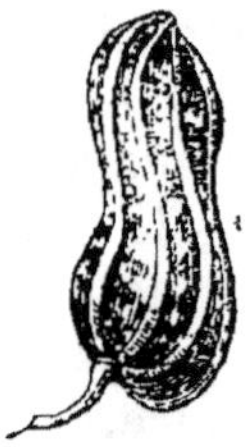

Fig. 835. *Fruit de l'arachide.*

mérique méridionale en Europe par les Espagnols, elle est surtout cultivée en Espagne. On la rencontre aussi dans quelques localités du Midi de la France, notamment dans le département des Landes.

Cette plante offre cette particularité remarquable que ses fleurs, qui naissent solitaires à l'aisselle des feuilles sur les nombreux rameaux couchés sur le sol, renversent leur pédoncule vers la terre, comme on le voit en B et en C, et vont mûrir leurs fruits à plus de $0^m,02$ au-dessous de la surface du sol A. Notre figure montre cette disposition.

Les graines de l'arachide donnent une huile douce, comestible, mais très-inférieure pour le goût à l'huile de l'olive ; elle est surtout employée pour les savonneries et l'éclairage ; on en obtient environ 34 pour 100.

Outre que les graines de l'arachide produisent de l'huile, elles servent encore à l'alimentation. En Espagne, on les mange soit crues, soit légèrement torréfiées, soit mélangées au cacao et formant avec lui une sorte de chocolat.

Composition chimique. — MM. Payen et O. Henri ont fait l'analyse d'arachides provenant de cultures opérées dans le Midi de la France. De 1950 grammes de fruits, ils ont obtenu 1495 grammes d'amandes et 455 grammes d'enveloppes ligneuses. Dans les amandes, ils ont trouvé :

Huile et caséine, formant la plus grande partie des amandes ;
Gomme, sucre cristallisable, matière colorante, amidon, huile essentielle ;
Ligneux ;
Malate de chaux et acide citrique libre ;
Enfin des substances minérales, telles que phosphates de chaux, chlorure de potassium et soufre.

Ils ont obtenu 47 pour 100 d'huile. M. Bridli, de Novaro, dit qu'en Italie, il a retiré 50 pour 100 d'huile; on assure qu'en Espagne, on en extrait 60 pour 100.

De fruits venant de la côte d'Afrique, M. Moride a retiré :

Enveloppes ligneuses	31,52
Amandes	68,48
	100,00

Dans les amandes, il y avait :

Eau	2,70
Huile	35,44
Matières organiques	59,86
Substances minérales	2,00
	100,00

Du tourteau d'arachide livré au commerce par les huileries de Rouen, MM. Soubeiran et J. Girardin ont isolé :

Eau	12,0
Huile	12,0
Matières organiques	71,0
Substances minérales	5,0
	100,0

Dans les matières organiques, il y avait 6,07 pour 100 d'azote, et dans les substances minérales : 0,27 de sels solubles et 1,20 de phosphates.

Si donc l'arachide est assez riche en azote, en revanche c'est une des substances les plus pauvres en phosphates. Aussi son tourteau, lorsqu'on l'applique comme engrais, doit-il toujours être associé à des substances riches en phosphates, telles que les os et le noir animal.

D'après les recherches de M. de Gasparin, la tige d'arachide, qui ne pèse que 150 pour 100 de graines, contient 1,95 d'azote à l'état sec et 1,77 à l'état normal avec 9 pour 100 d'eau.

Climat et sol. — L'arachide ne se développe convenablement que dans le Midi de la France et en Algérie. C'est une plante propre aux terrains frais, gras et meubles, tels que les sols d'alluvion. Elle donne aussi de bons produits dans les terres légères, mais à la condition qu'elles soient arrosées.

Culture. — Au mois de mai, on sème l'arachide dans un terrain bien préparé et richement fumé. Le semis est fait au plantoir, en lignes, et de manière que les plantes soient placées à $0^m,33$ en tous sens. On sarcle, on bine les intervalles, et, si le terrain est léger, on arrose toutes les fois que la plante paraît souffrir de la sécheresse. Un binage suit de près chaque arrosage, pour maintenir la terre meuble.

Dès que les fleurs paraissent, sous forme de pointes blanches à l'aisselle des feuilles, on butte la plante de manière à la couvrir, et on renouvelle cette opération aussi souvent qu'il se présente des fleurs. Les jeunes fruits se trouvent ainsi enterrés et sont placés dans le seul milieu où ils puissent se développer.

Récolte. — On arrache la plante aussitôt qu'elle cesse de produire des fleurs et qu'elle jaunit, ce qui arrive dès que la température descend au-dessous de 14°. En Espagne, le rendement n'est que de 500 kilogr. de graines par hectare.

DU MADIA.

Le *madia oléifère* (*madia sativa*) (fig. 836 à 838), originaire du Chili, appartient à la famille des *composées*. M. Bosch, de Stuttgard, a essayé, il y a vingt-cinq ans, de faire passer cette plante des jardins botaniques, où elle était cultivée depuis longtemps, dans le domaine de l'agriculture, comme plante oléagineuse. Depuis lors, de nombreuses tentatives ont été faites, et voici en résumé ce que l'on a été amené à en conclure.

On ne peut retirer des semences du madia, dans la fabrication en grand, qu'environ 18 pour 100 d'huile. Celle-ci, peu propre à l'éclairage, convient parfaitement pour la savonnerie; quant à l'alimentation, l'odeur très-forte et l'âcreté qu'elle présente l'en ont fait exclure. Il paraît, toutefois, que si les semences étaient lavées à l'eau chaude avant l'extraction de l'huile, celle-ci perdrait en grande partie son odeur et sa saveur désagréables.

Les tourteaux sont aussi riches que ceux du colza, mais leur odeur particulière les fait refuser par les bestiaux.

Les fanes sèches contiennent une proportion telle de principes

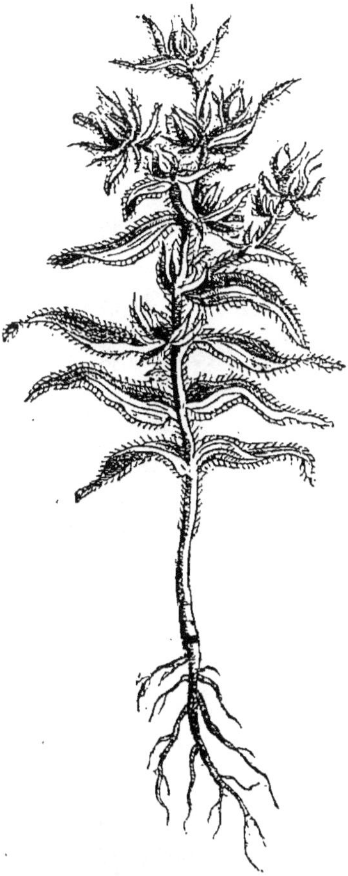

Fig. 836. *Madia.*

Fig. 837. *Fleurons du madia.*

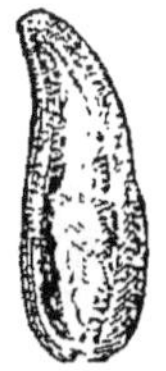

Fig. 838. *Semence du madia.*

utiles à la végétation qu'ils sont considérés comme un excellent engrais. Mais leur odeur pénétrante empêche de les utiliser autrement qu'en les ajoutant au fumier.

Composition chimique. — Les semences de madia contiennent, d'après M. Marchand, de Fécamp :

Huile fixe	39,73
Ligneux, matière colorante jaune }	
Albumine végétale, matières salines }	60,27
Eau }	
	100,00

D'après M. Souchay, les cendres de ces semences sont ainsi composées :

Potasse	9,00
Soude	10,61
Chaux	7,31
Magnésie	14,56
Peroxyde de fer	1,02
Oxyde de manganèse	3,11
Acide phosphorique	51,91
Perte	2,48
	100,00

M. Boussingault a retiré des graines récoltées en Alsace en 1841 :

Huile	26,24
Tourteau	70,42
Déchet	3,34
	100,00

Les graines contenaient :

Eau	8,4
Huile	41,0
Matières organiques non azotées	5,0
— — azotées	22,9
Ligneux	18,0
Phosphates et autres sels	4,7
	100,0

Il y avait dans les matières organiques 3,67 pour 100 d'azote.
Le tourteau de madia renferme, d'après le même savant :

Eau	11,2
Huile	15,0
Matières organiques non azotées	9,8
— — azotées	31,6
Ligneux	25,7
Phosphates et autres sels	6,7
	100,0

Il dose 5,06 pour 100 d'azote.
Les fanes de madia contiennent :

Eau	14,3 pour 100.
Azote	0,57 pour 100 à l'état normal et 0,66 à l'état sec.

Climat et sol. — Le madia prospère sous tous les climats de la France ; cependant il préfère une atmosphère sèche.

Sous un ciel brumeux et humide, il pousse beaucoup en feuilles et en tiges, mais la production des graines en souffre et la maturité est inégale. Il en est tout autrement dans les terrains secs, surtout dans ceux de nature siliceuse.

Place dans la rotation. — Dans le Nord, le madia occupe la place que nous avons assignée aux plantes oléagineuses de printemps. Dans le Midi, il y a plus d'avantage à le cultiver comme récolte intercalaire après les céréales.

Culture. — La préparation du sol doit être la même que pour la navette. Le madia est très-épuisant ; aussi paraît-il enlever au sol l'équivalent de 600 kilogrammes de fumier par hectolitre de graines récoltées.

Quant aux engrais et amendements qui lui conviennent particulièrement, ce sont ceux qui sont riches en azote et surtout en phosphates, tels que les matières animales, la poudrette, l'engrais flamand, le noir animal, les os, les chiffons, le sang, la charrée associée à du fumier.

Si l'on veut semer le madia au printemps, il faut attendre que la température se soit élevée à + 12°50. La semence doit être répandue à la volée, dans la proportion de 12 à 15 kilogrammes par hectare. On recouvre à l'aide d'un hersage, puis on roule. On a essayé de semer en lignes espacées à $0^m,40$, mais cette disposition favorise le développement tardif de tiges latérales, dont les fleurs s'épanouissent plus tard, et dont les graines ne mûrissent que tardivement.

Lorsque les plantes ont développé six à huit feuilles, on les éclaircit, et l'on bine de façon que les plantes soient placées à $0^m,15$ les unes des autres en tous sens.

Cette espèce n'est attaquée par aucun insecte.

Récolte. — La maturité du madia se reconnaît à la teinte grisâtre que prennent les semences. Comme elles s'égrènent peu, on attend la maturité des têtes secondaires pour commencer la récolte ; ce moment arrive ordinairement trois mois après l'ensemencement. Il ne faut récolter que le matin, à la rosée, pour que les graines très-mûres ne se détachent pas par le mouvement. On arrache les plantes au lieu de les couper, pour éviter les secousses, et on les transporte sur une aire disposée comme pour le colza. On profite ensuite de la chaleur du jour pour faire le battage au fléau. Le ventilateur du tarare destiné au nettoyage doit être doué d'une grande puissance pour séparer les graines des paillettes qui y adhèrent fortement à cause de leur viscosité.

Rendement. — Le rendement moyen du madia paraît être

d'environ 26 hectolitres de graines par hectare. L'hectolitre pèse 60 kilogrammes. Cette quantité de graines donne, en outre, 4,700 kilogrammes de fanes sèches.

COMPTE DE CULTURE D'UN HECTARE DE MADIA SEMÉ AU PRINTEMPS COMME RÉCOLTE PRINCIPALE.

DÉPENSE.

Frais de culture comme pour la caméline	425f 56

PRODUIT.

26 hectol. de graines, évalués à 18 fr. l'hectol	468 »
4,700 kil. de fanes sèches, à 1 fr. 50 c. les 100 kil	70 50
Total	538 50

BALANCE.

Produit	538 50
Dépense	425 56
Bénéfice net	112 94

26,50 pour 100 du capital employé.

DEUXIÈME SECTION.

Plantes textiles. — La culture des plantes textiles a beaucoup perdu de son importance en France depuis l'introduction du coton dans la fabrication des étoffes. Toutefois, on consomme encore 2 kilogr. de filassé de chanvre et 1 kilogr. de filasse de lin par individu, tandis que la consommation du coton n'est que de 2 kilogr.

Les plantes textiles propres à notre climat sont spécialement le chanvre et le lin.

DU CHANVRE.

Le *chanvre* (*cannabis sativa*, L.) (fig. 839 à 843) est une plante annuelle dioïque, de la famille des *urticées*, originaire de la Perse et de l'Inde. — La filasse que produisent ses tiges est un peu grossière, mais elle offre une grande solidité, et n'a pu être remplacée par aucune autre pour la fabrication des cordages et des toiles à voiles. On en fait aussi un emploi considérable pour les toiles destinées aux usages domestiques.

Le chanvre est, en outre, une plante oléagineuse ; l'huile que l'on extrait de ses graines, connues sous le nom de *chènevis*, est douce, agréable au goût, et propre à la peinture, à l'éclairage, à la fabrication du savon, et à beaucoup d'autres usages.

Le chènevis sert aussi à la nourriture des oiseaux de basse-cour, dont il rend la ponte plus hâtive et plus abondante.

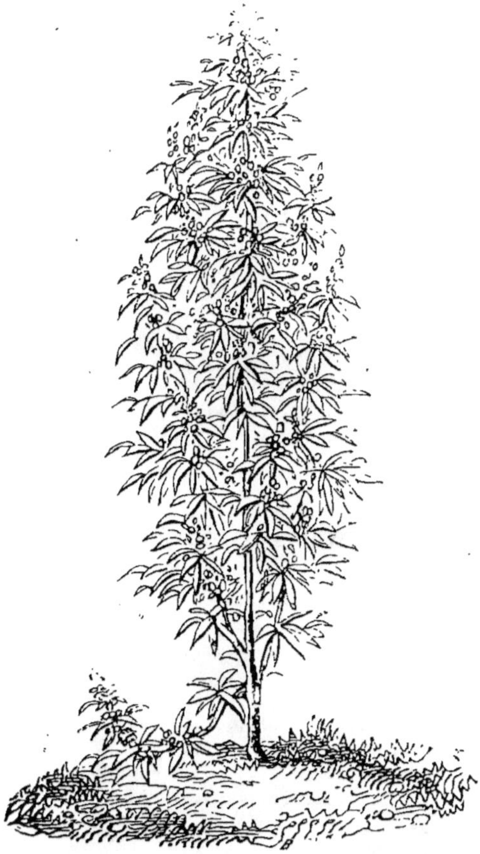

Fig. 839. *Pied de chanvre crû isolément.*

Le chanvre fait la richesse de contrées entières. Les départements de la Sarthe, de Maine-et-Loire, de l'Isère et du Puy-de-Dôme, en France; le Bolonais et la Romagne, en Italie ; l'Ukraine, en Russie, l'Amérique septentrionale, en font d'importantes cultures.

Variétés. — On cultive deux sortes de chanvre : le *chanvre commun* et le *chanvre de Bologne* ou *chanvre du Piémont*, *chanvre gigantesque*, obtenu en Italie. Cette dernière variété ne diffère de la précédente que par une plus grande élévation, une germination plus lente, et une maturité plus tardive. La filasse en est plus grosse et plus forte; aussi est-elle préférée pour les cordages.

Composition chimique. — D'après Robert Kane, les tiges et les feuilles de chanvre sont ainsi composées :

	Tiges séchées à plus de 100°.	Feuilles séchées à plus de 100°.
Carbone	39,94	40,50
Hydrogène	5,04	5.98
Oxygène	48,72	29,70
Azote	1,74	1,82
Sels minéraux ou cendres	4,56	22,00
	100,00	100,00

Dans les cendres de ces organes, il y a, sur 100 parties en poids:

Potasse	7,48
Soude	0,72
Chaux	42,05
Magnésie	4,88
Alumine	0,37
Silice	6,75
Acide phosphorique	3,22
— sulfurique	1,10
— carbonique	31,90
Chlore	1,53
	100,00

Dans les graines, il y a, d'après Bucholz :

Huile grasse	19,1
Résine	1.6
Sucre incristallisable, avec matières amères et acidules	1,6
Extrait gommeux brun	9,0
Albumine soluble	24,7
Fibre ligneuse, enveloppes	43,3
Perte	0,7
	100,0

Dans la cendre des graines, Leuchtweiss a trouvé :

Potasse	21,67
Soude	0,66
Chaux	26,63
Magnésie	1,00
Peroxyde de fer	0,77
Acide phosphorique	34,96
Sulfate de chaux	0,18
Chlorure de sodium	0,09
Silice	14,04
	100,00

Comme on le voit, d'après ces analyses, le chanvre est une plante à potasse et surtout à chaux, qui contient beaucoup d'acide phosphorique dans ses graines.

MM. Boussingault et Moride indiquent dans celles-ci les substances suivantes :

Eau	12,2	5,65
Huile	33,6	35,65
Matières organiques non azotées	23,6	
Ligneux	12,1	51,31
Matières organiques azotées	16,3	
Matières minérales	2,2	7,39
	100,0	100,00

Enfin, MM. Soubeiran et J. Girardin donnent du tourteau de chanvre la composition suivante :

Eau	13,8
Huile	6,3
Matières organiques	69,4
Cendres ou sels minéraux	10,5
	100,0

Fig. 840. *Chanvre mâle.*

Il y a, dans les matières organiques, 6,2 d'azote et, dans les substances minérales : 0,577 de sels solubles et 7,10 pour 100 de phosphates. C'est, par conséquent, le tourteau le plus riche en phosphates, et sous le rapport de l'azote, il n'y a que celui d'œillette qui lui soit supérieur. Il serait donc, comme engrais, bien préférable à celui de colza.

Climat et sol. *Climat.* La rapidité de la croissance du chanvre permet de le cultiver dans les climats les plus divers, mais il préfère les climats doux et humides, qui activent sa végétation, stimulent l'allongement de sa tige, et permettent d'obtenir un produit plus considérable. Il demande, en outre, à être abrité des grands vents qui, en agitant et faisant heurter ses tiges entre elles, en altèrent la fibre, la rendent dure, la couvrent de nodosités, et lui font perdre une grande partie de sa valeur.

Sol. — Si la culture du chanvre n'est pas limitée par le climat, elle l'est par la qualité du terrain, car il ne prospère que dans les sols de consistance moyenne, dans ces terrains d'alluvion qu'on rencontre fréquemment au fond des vallées et sur les bords des fleuves et des rivières. Il faut surtout que le sol conserve de la fraîcheur pendant toute la durée de la végéta-

Fig. 841. *Chanvre femelle.*

Fig. 842. *Fleurs mâles du chanvre.*

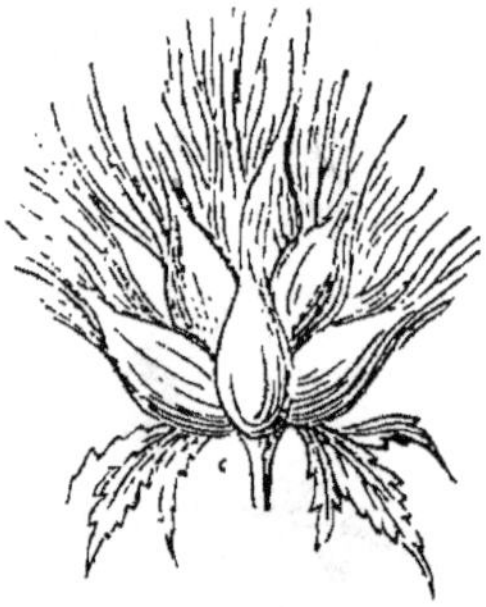

Fig. 843. *Groupe de fleurs femelles du chanvre.*

tion, sans offrir toutefois d'humidité stagnante. Cette plante redoute les terrains secs et légers, aussi bien que ceux qui sont très-tenaces.

Place dans la rotation. — Dans les terres fraîches du Bolonais, la culture du chanvre alterne avec celle des céréales; mais, en général, on la fait reparaître constamment sur le même terrain. Ce mode n'est pas contraire à la loi de l'alternance, car la fumure abondante qu'on répand annuellement, et surtout les labours profonds qu'on donne à la terre, pour chaque nouvelle récolte, mettent constamment les racines en contact avec un sol incessamment enrichi.

Préparation du sol. — Le chanvre exige une terre parfaitement et profondément ameublie. Aussitôt après l'enlèvement de la récolte précédente, à la fin de l'été, on pratique le premier labour, qui consiste à renverser avec la charrue deux tranches de 0m,30 de largeur sur une bande également de 0m,30, et qui est complétement recouverte par les deux qui ont été renversées. La chaleur de cette saison fait bientôt périr les mauvaises herbes contenues dans le sol ainsi retourné et recouvert. Dix ou quinze jours après, on passe par-dessus un rouleau qui en abat les aspérités, puis on répand une partie de la fumure, et l'on sème environ 2 hectolitres et demi de féveroles pour former un engrais vert.

On pratique alors un second labour, mais en sens inverse, c'est-à-dire qu'on renverse les bandes auxquelles on n'avait pas touché lors du premier travail. On fait passer de nouveau le rouleau, et l'on pratique des rigoles d'égouttement, afin que l'humidité n'empêche pas de pratiquer le labour qui doit terminer cette série d'opérations, à la fin de l'automne.

Ce dernier labour est exécuté lorsque les féveroles sont hautes de 0m,40 à 0m,50, et avant les gelées. Il doit être profond de 0m,35. On l'exécute ordinairement au moyen de la charrue et de la bêche, mais il serait plus économique de se servir de la charrue Bonnet (fig. 844). On ameublit, ou régale

Fig. 844. *Charrue Bonnet, vue du côté droit.*

la surface au moyen de hersages et de roulages, et l'on ouvre, de trois en trois mètres, des raies d'écoulement qui transportent l'excès d'humidité dans des fossés transversaux. Le terrain demeure dans cet état jusqu'au printemps suivant, moment de l'ensemencement.

Engrais et amendements. — En raison des principes salins qui entrent dans la constitution des divers organes du chanvre, il est évident que les terrains les plus propres à sa culture sont ceux dans lesquels il y a, en quantités notables, la chaux, les phosphates et les sels de potasse. Lors donc qu'un sol n'est pas très-riche en ces principes minéraux, il faut les lui donner par le marnage, le chaulage, les os moulus, le noir animal, le noir animalisé, la charrée associée à des engrais animaux consommés, car la rapidité de croissance du chanvre nécessite que les engrais renferment abondamment des matières nutritives immédiatement assimilables.

La théorie indique que les tourteaux de chanvre, les feuilles, les débris de chènevottes, les eaux dans lesquelles les tiges ont subi l'opération du rouissage sont éminemment propres à fertiliser le champ. On devrait donc surtout utiliser ces divers résidus; ce serait même le moyen de faire produire indéfiniment au terrain la même nature de récolte.

Le chanvre paraît absorber l'équivalent de 1,500 kilogr. de fumier pour 100 kilogr. de filasse obtenue; il est donc utile que le sol soit richement fumé. Dans le Bolonais, on applique une demi-fumure, composée de fumier qu'on enterre au moyen de la seconde façon donnée à la terre. On y ajoute un engrais vert, fourni par les féveroles semées au moment de l'application de la première fumure, et que l'on enterre avant l'hiver. Enfin, au printemps suivant, on répand, en même temps que la semence, des matières fécales, du fumier de volaille, des tourteaux, des plumes, des raclures de corne.

Semis. *Choix des semences.* — Comme on a tout avantage à ce que les tiges acquièrent le plus d'élévation possible, il convient de choisir de préférence le chanvre du Piémont ; mais comme il faut le semer très-dru pour obtenir du chanvre fin, il dégénère très-rapidement, et entraîne la nécessité de renouveler fréquemment la semence, ce qui donne lieu à une dépense assez considérable. Pour retarder autant que possible cette dégénérescence, on sème un certain nombre de pieds sur le bord des récoltes sarclées, telles que maïs, betteraves, etc.; les plantes, croissant isolées, y acquièrent un grand développement, et les graines donnent lieu à des individus qui conservent les caractères propres à leur espèce. La bonne graine est d'un gris foncé, luisante, pesante et bien nourrie. Elle ne conserve sa faculté germinative que pendant un an.

Époque des semailles. — Le chanvre redoute les dernières gelées du printemps, aussi ne doit-on le semer que lorsque la température est remontée à + 10°, ce qui arrive, dans le Nord de la France, vers la fin d'avril.

Quantité de semences. — Les pieds de chanvre qui croissent isolés ou à de grandes distances les uns des autres acquièrent un développement considérable; mais leur tige est très-ramifiée, et la filasse qu'elle donne est moins abondante, à volume de tige égal; elle est, en outre, composée de filaments tenaces et grossiers, qui la rendent impropre à d'autres usages qu'à faire des cordages. Plus les plantes sont serrées, au contraire, moins les tiges sont ramifiées, et plus les filaments sont fins et proportionnellement abondants. Les fils que l'on en obtient sont moins tenaces, mais ils sont plus convenables pour la fabrication de la toile. La quantité de semence à employer doit donc varier selon la qualité de la filasse que l'on veut obtenir. Pour les filasses destinées aux cordages et aux toiles à voiles, on répand trois hectolitres de semence par hectare; on en répand quatre si l'on veut avoir du chanvre très-fin.

Mode de semaille. — Au commencement d'avril, on donne au sol une légère façon avec l'extirpateur, pour détruire les mauvaises herbes. Cette façon est suivie d'un hersage. Au moment de l'ensemencement on fait, à la houe à main, des sillons de $0^m,04$ à $0^m,05$ de profondeur ; on répand la graine sur le plafond du sillon, et on la recouvre avec la terre extraite du sillon voisin. A mesure qu'on sème, on répand dans les sillons les engrais pulvérulents dont nous avons parlé plus haut. Tout en recouvrant chaque sillon, on régale le sol, et on le plombe légèrement avec le dos de la houe. On termine en répandant à la surface du sol une légère couche de débris de chènevottes, de vieille paille ou de fougère qui, en tenant la couche superficielle fraîche, l'empêchent de se durcir et protégent les jeunes plantes. Il est encore indispensable de garantir ce semis du ravage des oiseaux ; à cet effet, on fait garder le champ par des enfants pendant les sept ou huit premiers jours.

Entretien. — Si l'on a négligé de couvrir le sol d'un léger paillis, et que la surface de la terre se soit durcie avant la levée des jeunes plantes, il devient nécessaire de la rompre au râteau.

Dès que le chanvre est levé, on pratique un premier sarclage à la main, de façon à biner toute la surface. Lorsqu'il a atteint une hauteur de $0^m,16$, on répète le sarclage, mais on se contente d'arracher, à la main, les plantes nuisibles ; à ce moment on enlève aussi les plants trop rapprochés. La distance à laisser entre chacun d'eux varie selon la qualité de la filasse à obtenir; pour les filasses à cordages, ils doivent être à environ $0^m,065$ l'un de l'autre ; on en conserve ainsi 250 par mètre carré;

pour les filasses à toile, on en conservera 400 par mètre.

Si le sol venait à se dessécher, et qu'on pût faire usage de l'irrigation, il ne faudrait pas hésiter, car le chanvre redoute infiniment l'influence pernicieuse de la sécheresse.

Accidents et maladies. — Le chanvre est exposé à des accidents de plusieur nature, au premier rang desquels se placent les attaques du ver blanc. Puis viennent les vents violents qui brisent les tiges, ou, tout au moins, les fatiguent et les durcissent. La grêle lui est aussi très-funeste ; chaque grêlon produit une cicatrice qui détruit la continuité de la filasse; et, lorsque la grêle est abondante, le produit est considéré comme perdu. Dans ce cas, si le chanvre n'a pas dépassé 0m,40 de hauteur, on le coupe à 0m,10 du sol environ, et l'on peut espérer de voir se développer de nouvelles tiges, qui donnent souvent un produit aussi abondant que celui des champs non grêlés.

Fig. 845. *Orobanche rameuse.*

Deux plantes parasites font aussi beaucoup de tort aux chènevières : ce sont la *cuscute* (p. 182, t. II), et l'*orobranche rameuse* (fig. 845 à 848). On détruit la première par le feu, employé comme nous l'avons indiqué à l'article du trèfle ; quant à la seconde, il importe d'en couper les tiges rez-terre avant son épanouissement.

Récolte. — Pour obtenir la meilleure qualité possible de filasse, on doit faire la récolte quand les pieds mâles[1] sont défleuris et que leurs tiges commencent à jaunir. Ce moment arrive, dans l'Ouest de la France, vers le milieu de juillet. Le

[1] Dans plusieurs localités on donne encore le nom de *chanvre mâle* aux plantes qui portent les fruits, et celui de *chanvre femelle* à celles qui en sont privées, qui prennent moins de développement, et dont la végétation est plus tôt arrêtée ; cette nomenclature est vicieuse, puisque c'est précisément le contraire qu'il faudrait dire.

mode de récolte varie un peu selon qu'il s'agit de chanvre à cordages ou de chanvre à toiles.

Dans le premier, on n'arrache pas la plante, on la coupe avec

Fig. 846. *Orobanche rameuse* (A) *attachée sur la racine d'un pied de chanvre* (B).

Fig. 847. *Fleur de l'orobanche rameuse.*

Fig. 848. *Fruit de l'orobanche rameuse.*

une sorte de sape, et on la dépose sur le sol par javelles, qu'on laisse sécher pendant deux ou trois jours ; après quoi, on les secoue à l'extrémité pour en faire tomber les feuilles, et on les transporte à la ferme pour assortir les tiges. Là on les place en tas, horizontalement, le bas des tiges fortement appuyé contre un mur, afin que l'inégalité de longueur apparaisse entièrement. On pose sur chaque tas, auprès du mur, des plateaux pour empêcher qu'il ne se dérange pendant qu'on tire les brins pour les assortir de longueur.

Pour faire cet assortiment, les ouvriers saisissent par poignées, d'abord les brins les plus longs, puis les moyens, puis les courts, les lient en petites gerbes, et unissent plusieurs de ces gerbes pour en former des faisceaux dont chacun ne contient que des brins de longueur égale. On retranche ensuite le sommet des gerbes pour ne conserver que ce qui peut faire de la bonne filasse, et l'on envoie des faisceaux au rouissage.

Pour les chanvres à toiles, on arrache les tiges au lieu de les couper. On passe la main de haut en bas sur chaque tige pour en détacher les feuilles qu'il importe de laisser sur le terrain, puis, à mesure que ces tiges sont arrachées, on en forme des poignées, composées de 6 à 15 brins, selon que l'arrachage présente plus ou moins de difficulté, et l'on fait tomber la terre attachée aux racines. Ces poignées sont liées en javelles de $0^{m},50$ de circonférence. On coupe ensuite, à l'aide d'une hache et d'un billot, les deux extrémités, pour en séparer le sommet et les racines qui ne donnent aucun produit, et brouillent la filasse lors des opérations ultérieures. Quand le chanvre est ainsi arraché et préparé, on le lie en gerbes de 1 mètre de circonférence et on le met rouir le même jour. Le chanvre est moins blanc quand on ne le fait rouir qu'après sa dessiccation.

Dans quelques localités, on opère la récolte de façon à obtenir la plus grande quantité possible de graines de bonne qualité. Pour cela, on récolte d'abord les pieds mâles, qui mûrissent six semaines avant les pieds femelles; ceux-ci végètent alors bien plus à l'aise, et ne sont récoltés qu'au moment où leurs feuilles et leurs tiges commencent à jaunir et que les graines brunissent. On les lie en petites bottes, et on en fait des faisceaux que l'on redresse pour que la graine achève de mûrir. Il faut, pendant ce temps, veiller à en éloigner les oiseaux qui en sont très-friands. On les bat ensuite pour en extraire la graine.

Il résulte de ce mode d'opérer que l'on obtient moins de filasse, et surtout que celle-ci est de moins bonne qualité que si tout eût été récolté au moment de la maturité des pieds mâles; mais la récolte des graines compense cette différence. Toutefois, si l'on tient compte des frais occasionnés par la double récolte et par le double rouissage, on trouve qu'il y a encore plus d'avantage à faire une seule récolte, sans se préoccuper de la graine, et qu'il vaut mieux se procurer celle-ci au moyen de pieds isolés, comme nous l'avons expliqué plus haut.

Séché à l'air, le chanvre mâle renferme moyennement 26 pour 100 de chanvre teillé, et le chanvre femelle 16 à 22 pour 100.

Le chanvre teillé, séché à l'air, ne donne que 60 à 65 pour 100 de filaments textiles; le reste se compose de matières étrangères, solubles dans les lessives alcalines ; de sorte que 100 parties de chanvre vert ne fournissent que 5 à 8 parties de filaments textiles. Ces filaments sont spécifiquement plus lourds, plus grossiers et plus résistants que ceux du lin, et s'en distinguent, lorsqu'ils n'ont pas été blanchis, par leur teinte jaunâtre.

Rouissage. — Les filaments de l'écorce du chanvre sont fortement agglomérés par une matière gommo-résineuse qui s'oppose à leur séparation, et qu'il faut détruire par une fermentation qui la décompose. Les deux agents nécessaires à cette fermentation sont l'humidité et la chaleur ; on les obtient :

1° En exposant les plantes sur des prés à l'action successive de l'humidité atmosphérique et du soleil. La fermentation est interrompue chaque jour par la dessiccation amenée par la chaleur solaire, et, au bout d'un mois environ, la filasse se détache et se sépare entièrement, offrant un chanvre gris qui a un peu moins de valeur que le blanc. Cette opération prend le nom de *rosage*, *rorage* ou *sereinage* ;

2° En plongeant les gerbes dans l'eau et les y laissant jusqu'à ce que la fermentation ait détruit la gomme-résine; c'est le *rouissage*. S'il est bien fait, la matière colorante est dissoute et entraînée par l'eau, et le chanvre acquiert une belle couleur blanc jaunâtre très-recherchée.

Des essais comparatifs, faits entre ces deux procédés, ont démontré que c'est le rouissage qui donne les résultats les plus satisfaisants, et qu'on doit le préférer toutes les fois qu'on peut disposer des eaux nécessaires : c'est donc de sa description que nous allons nous occuper.

Les eaux les plus convenables sont les eaux courantes, car elles entraînent à mesure les matières colorantes. Il est essentiel qu'elles soient douces, pures, et surtout non ferrugineuses. Dans l'eau dormante, l'opération est beaucoup plus courte à raison de la température plus élevée que prend l'eau, mais celle-ci se putréfie et émet des gaz infects dont l'action est incommode et malfaisante. A l'époque du rouissage, il est impossible de traverser certaines parties de la Lombardie, les environs de Grenoble, les rives de la Loire au-dessus d'Angers, sans être saisi de l'infection répandue dans l'air et qui devient la source de fièvres intermittentes ; c'est cependant encore dans les eaux dormantes que le rouissage se fait le plus souvent, parce qu'elles sont plus fréquentes et que, d'ailleurs, les règlements de police s'opposent presque partout à ce qu'il soit pratiqué dans les cours d'eau qu'il rend insalubres, et dont il détruit le poisson. Il est donc vivement à désirer que les tentatives que l'on ne cesse de faire pour remplacer le rouissage par une autre opération conduisent enfin à la découverte d'un procédé moins pernicieux pour la santé publique.

En attendant, voici le mode de rouissage qui donne les meilleurs résultats; c'est le procédé suivi en Lombardie :

On établit des sortes d'étangs ou *routoirs*, profonds d'un mètre environ et d'une capacité double de celle du chanvre qu'on veut y placer, afin que la fermentation n'y soit pas trop active. Le fond est pavé et les parois sont revêtues d'un mur en maçonnerie, afin que les terres ne rendent pas l'eau limoneuse, ce qui donnerait une mauvaise apparence à la filasse. Ces routoirs sont parfaitement nettoyés après chaque opération.

Les gerbes y sont placées l'une à côté de l'autre, et, pour qu'elles restent sous l'eau, on les couvre transversalement de planches chargées de pierres pesantes. La durée du rouissage varie suivant l'élévation de la température, mais on n'a pu recueillir jusqu'à présent aucune indication précise à cet égard. Si le rouissage est trop prolongé, la filasse perd de son poids et de sa force; s'il est trop court, elle reste difficile à travailler. Au bout de quatre jours, on visite le chanvre et on l'enlève si la filasse se détache facilement de la partie ligneuse. L'opération doit être terminée au plus tard le sixième jour; ceci s'applique au Bolonais, où le rouissage s'opère en eau dormante et sous l'influence d'une température élevée; mais, dans les eaux courantes qui s'échauffent moins, et surtout dans le Nord de la France, le séjour sous l'eau doit être plus prolongé.

Le rouissage du chanvre peut avoir lieu, sans aucun dommage, en vingt-quatre heures dans les eaux chaudes, ainsi que Montaigne l'a vu en Italie, en 1580, aux thermes de Viterbe, et Mérat à celles de Bourbon-Lancy en 1834. On peut encore le rouir dans le sable humide, comme on le pratique au Brésil.

Quand le moment d'enlever le chanvre est venu, des ouvriers retirent les planches, délient les gerbes, isolent les javelles les unes des autres, les lavent en les frottant à plusieurs reprises sur l'eau et en les tournant en tous sens, et les passent à d'autres ouvriers qui les dressent les unes contre les autres pour qu'elles s'égouttent. Après quelques instants on procède à l'étendage; à cet effet, on fait glisser vers le sommet le lien qui réunit chaque javelle, puis, écartant les tiges vers le bas, on dresse isolément chacune de ces javelles comme autant de faisceaux. Dans le Bolonais, il ne faut pas plus de deux jours de beau temps pour les sécher suffisamment. Dans l'Ouest de la France, il faut au moins cinq jours; souvent même il faut passer les javelles au four pour achever de les dessécher. Lorsque le chanvre est suffisamment sec, on le lie de nouvau en gerbes et on le rentre dans les bâtiments, où il reste jusqu'au moment de sa préparation pour la vente, préparation qu'on ne pratique ordinairement que pendant les veillées et les mauvais temps de l'hiver.

Préparation. — Cette préparation consiste à séparer la filasse de la partie ligneuse de la tige ou *chènevotte*. Elle porte les noms de *teillage*, *macquage*, *brayage* ou *broyage ;* elle varie selon qu'il s'agit de filasse pour les cordages ou pour les toiles.

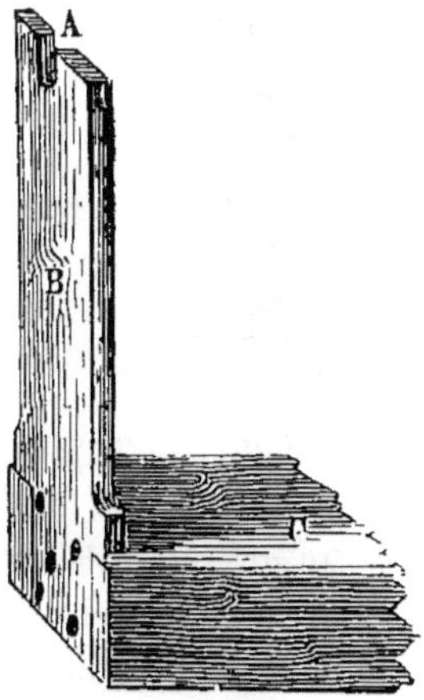

Fig. 849.
Machine pour rompre les chènevottes du chanvre.

Fig. 850.
Bâton pour rompre les chènevottes du chanvre.

Les tiges destinées à fournir la première, ayant une longueur de trois à quatre mètres et une grosseur proportionnée, on se sert d'un plateau de bois dur B (fig. 849), de 0m,30 de large et fixé verticalement à l'extrémité d'un autre plateau horizontal C. Le plateau B, haut de 1 mètre environ, offre à sa partie supérieure une entaille A présentant la forme d'un croissant et dont on a arrondi les angles. Un ouvrier prend alors les javelles les unes après les autres, et, commençant à les présenter par le gros bout, il les appuie sur l'échancrure du plateau et les y avance successivement, de manière qu'il y ait toujours 0m,08 ou 0m,10 de tige non rompue au dehors du plateau. Pendant ce temps-là, deux ouvriers armés de bâtons durs et pesants, surtout à leur extrémité inférieure (fig. 850), frappent sur le bout de la javelle à mesure que le premier ouvrier l'avance. Un seul coup suffit pour rompre celle-ci. Aussitôt que chaque javelle est ainsi battue, un autre ouvrier la reçoit et la secoue afin d'en faire détacher les chènevottes qui ne sont pas tombées devant le plateau.

Après cette première opération, on fait passer la filasse à la *broye* (fig. 851). Cet instrument se compose de deux parties superposées. La mâchoire supérieure B est formée de deux pièces de bois réunies à un bout par une forte cheville en fer qui traverse aussi la mâchoire inférieure, de façon à former une charnière. Ces deux pièces de bois, terminées à l'extrémité opposée

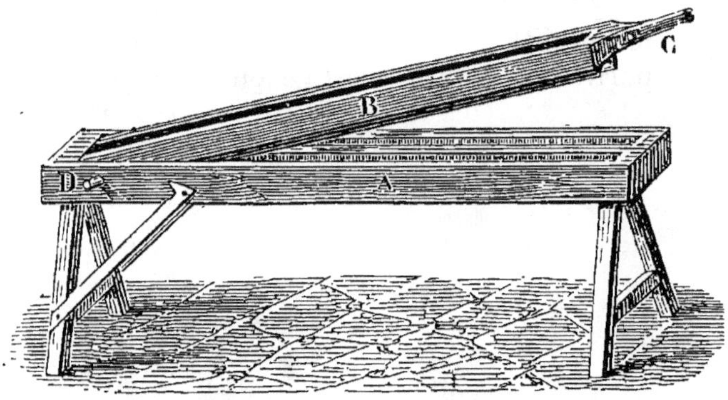

Fig. 851. *Broye pour séparer la chènevotte de la filasse.*

par un manche C, offrent une épaisseur de 0m,26 et sont taillées en couteaux non tranchants par-dessous. La mâchoire inférieure A consiste en une pièce de bois de 0m,14 à 0m,16 d'équarrissage et 2m,27 à 2m,60 de long. Elle est creusée dans presque toute sa longueur par deux grandes mortaises larges de 0m,028 qui la traversent dans toute son épaisseur. Les trois cloisons que laissent ces mortaises sont taillées en couteaux non tranchants dans leur partie supérieure. Ces diverses parties sont disposées de façon que les deux parties de la mâchoire supérieure entrent librement dans les mortaises de la mâchoire inférieure.

Pour broyer le chanvre, l'ouvrier saisit chaque poignée par le milieu; il l'introduit entre les deux mâchoires de la broye en avançant la main jusqu'à celle-ci; alors, tirant peu à peu la filasse à lui, il la bat avec la mâchoire supérieure de l'instrument, en la retournant dans tous les sens, afin qu'aucune partie n'échappe à cette action. Il termine l'opération en tirant chaque poignée lorsqu'elle est pressée dans la machine. On arrive ainsi à assouplir les filaments et à les débarrasser des petits brins de chènevotte et des nœuds qui s'y trouvent. C'est dans cet état que la filasse est mise en balles et livrée au commerce.

Dans beaucoup de localités, les deux instruments précédents ont été remplacés par une machine à ailes plus rapide. La figure 852 en donne une idée satisfaisante sans qu'il soit nécessaire d'en faire la description.

Les tiges du chanvre à toiles étant plus courtes, et surtout moins grosses, on se contente de les battre par poignées sur un

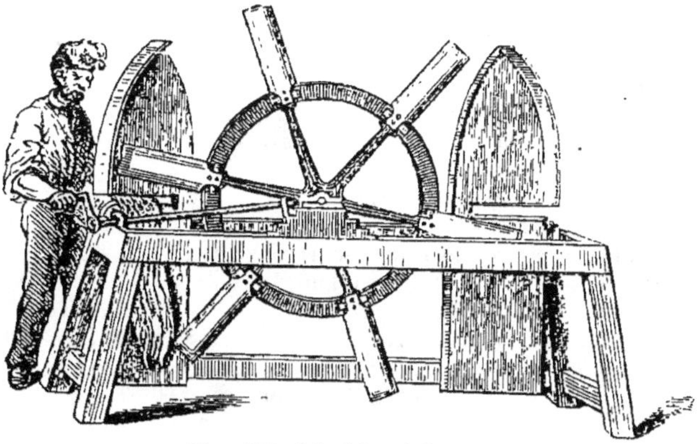

Fig. 852. *Machine à broyer.*

billot, avec un maillet en bois dur et pesant. On soumet ensuite la filasse à l'action de la broye, comme nous venons de l'expliquer pour le chanvre à cordages.

Rendement. — Le rendement du chanvre varie un peu, suivant le climat, le degré de fertilité du sol et les soins donnés à cette culture.

Dans le Bolonais, on récolte par hectare.....	1200	kil. de filasse.
En France, dans Maine-et-Loire...........	780	—
Dans l'Isère..........................	1000	—

Le rendement moyen en filasse peut donc s'élever à 1000 kilogr. par hectare.

Si l'on veut recueillir, à la fois, de la graine et de la filasse, et que l'on fasse la récolte en deux fois, le produit moyen descend à 800 kil., mais on obtient environ 300 kilogr. de graines.

COMPTE DE CULTURE D'UN HECTARE DE CHANVRE, CULTIVÉ SEULEMENT POUR LA FILASSE.

DÉPENSE.

Un labour d'été opérant seulement sur les deux tiers de la surface......................	14f »
Un roulage....................	2 »
Deux hectol. et demi de féveroles, à 9 fr. l'hectol...........	22 50
A reporter......	1908f 82

Report............	123f 46
Semer les féveroles à la volée.......................... ..	1 »
Un second labour semblable au premier........	14 »
Un roulage et rigolage du terrain.........................	6 »
Un labour d'automne profond de 0m,35............	100 »
Un hersage..	2 60
Un roulage..	2 »
Rigolage..	4 »
Un trait d'extirpateur au printemps......................	6 »
Un hersage..	2 60
3 hectol. de semences, à 20 fr. l'hectol.......	60 »
Répandre et enterrer la semence et les engrais pulvérulents...	20 »
Répandre un léger paillis..................................	2 »
Un sarclage et binage à la houe à main..........	30 »
Un sarclage..	10 »
Arrachage, façon des gerbes et transport au routoir..........	40 »
Rouissage, séchage et intérêt de la valeur du routoir.........	70 »
Teillage et broyage.............	120 »
Emballage..	20 »
50,000 kil. de fumier, ou son équivalent, à 10 fr. les 1000 kil., y compris les frais de transport et d'épandage, 500 fr. Les trois dixièmes de cette somme à la charge du chanvre.....	150 »
Intérêt pendant un an, à 5 p. 100, du prix de la fumu e non absorbée.. .	17 50
Loyer de la terre.........	100 »
Frais généraux d'exploitation.................	20 »
Intérêt pendant un an, à 5 pour 100, des frais ci-dessus......	36 80
Total.......	872 80

PRODUIT.

1000 kil. de filasse, à 92 fr. les 100 kil..............	920 »

BALANCE.

Produit.........................	920 »
Dépense.........................	872 80
Bénéfice net...........	47 20

Un peu plus de 5 pour 100 du capital employé.

DU LIN.

Le *lin* (*linum usitatissimum*, L.), (fig. 853 à 855), est une autre plante textile, également annuelle, qui appartient à la famille des *caryophyllées* ; originaire de la haute Asie, elle est cultivée depuis l'antiquité la plus reculée, en Orient, en Égypte et dans toute l'Europe.

Les tissus fabriqués avec la filasse du lin sont moins forts et moins durables que ceux obtenus avec le chanvre, mais ils sont beaucoup plus fins ; et si l'on tient compte des améliorations importantes qu'a éprouvées, dans ces derniers temps, la filature du lin, on comprendra pourquoi l'emploi du chanvre est de plus en plus restreint à la fabrication des toiles à voiles et des cordages.

Le lin n'est pas seulement une plante textile, c'est encore une plante oléagineuse. On extrait de ses semences 28 pour 100 d'une huile siccative, très-employée en peinture et dans la composition des vernis gras ; broyée avec le noir de fumée, elle forme l'encre d'imprimerie; elle sert encore à fabriquer les bougies et sondes élastiques. Les tourteaux sont très-recherchés par les bestiaux, et sont en outre un engrais très-puissant.

Fig. 853. *Lin.*

Fig. 854. *Fleur du lin.*

Fig. 855. *Fruit du lin.*

Les contrées où la culture du lin a pris le plus d'extension sont l'Italie, l'Irlande, les bords de la Baltique, la Silésie, la Saxe, la Westphalie, les Pays-Bas, la Belgique et nos départements du Nord.

Variétés. — Le lin offre deux variétés principales :

Le *lin d'hiver*, ou *lin chaud*, se distingue par ses graines plus abondantes, plus grosses, plus arrondies et de couleur plus foncée ; par ses tiges peu élevées et offrant des filaments plus gros et plus rudes ; il est enfin plus rustique, et peut être semé avant l'hiver. Cette variété est plus recherchée pour la production des semences que pour celle de la filasse.

Le *lin d'été*, ou *lin froid*, produit, en général, moins de semences que le précédent, et celles-ci sont moins grosses ; mais son rendement en filasse est plus abondant et de meilleure qualité. On en connaît trois sous-variétés, produites seulement par les influences locales : le *lin commun*, dont la hauteur dépasse rarement $0^m,70$; le *lin de Riga*, dont la tige peu ramifiée et beaucoup plus haute, ne porte qu'une faible quantité de semences, mais donne la meilleure filasse pour les tissus fins et légers; et le *lin à fleurs blanches*, connu depuis longtemps dans les Flandres, rustique et produisant une filasse plus nerveuse, mais plus grosse; sa graine est vert jaunâtre.

Composition chimique. — Les tiges de lin, desséchées à 100°, contiennent, d'après M. Robert Kane :

Carbone	38,72
Hydrogène	7,33
Azote	0,56
Oxygène	48,39
Cendres ou substances minérales	5,00
	100,00

Les cendres ont une composition variable suivant les terrains, ainsi qu'on le voit par le tableau suivant :

	Lin de Belgique precoce et de bonne qualite.	Lin cultivé en Hollande.	Lin des environs de Dublin.	Lin du comté d'Armagh en Irlande.
Potasse	27,897	18,410	9,78	6,332
Soude	»	18,912	9,82	6,350
Chaux	16,183	18,374	12,33	22,699
Magnésie	3,322	3,023	7,79	4,053
Peroxyde de fer	1,523	2,360	»	13,520
Alumine	0,438	1,439	6,08	»
Oxyde de manganèse	traces	»	»	1,092
Acide sulfurique	6,174	9,676	2,65	8,929
— phosphorique	11,802	11,058	10,84	7,002
— carbonique	25,235	13,750	16,95	4,107
Chlorure de sodium	8,701	5,655	»	0,904
Chlore	»	»	2,41	»
Silice	3,409	5,327	21,35	24,978

On voit combien les lins sont riches en alcalis, en chaux et en acide phosphorique ; cela explique pourquoi cette culture épuise si rapidement le sol. Les lins d'Irlande contiennent de 21 à 25 pour 100 de silice, tandis que les lins de Belgique et de Hollande n'en contiennent que 3 à 5 pour 100.

La graine de lin contient les substances suivantes :

	D'après M. Boussingault.	D'après M. Moride. Graines d'été.	Graines d'hiver.
Eau	12,3	2,60	2,70
Huile	39,0	33,96	35,60
Matières organiques non azotées	19,0	59,48	58,04
Ligneux	3,2		
Matières organiques azotées	20,5		
Phosphates et autres sels	6,0	3,96	3,56
	100,0	100,00	100,00
Azote sur 100	3,28		

La proportion d'huile varie notablement dans cette graine, suivant sa provenance. C'est ce qu'on voit par les résultats suivants, dus à M. Victor Meurein, de Lille :

	Eau sur 100.	Huile sur 100.
Graines de Roumélie	7,5	34
— d'Anatolie	11,0	35
— d'Italie	9,0	33
— d'Espagne	9,0	33
— de Nantes	7,0	33,5
— de Bombay (Indes)	7,5	38
— de Calcutta (Indes)	7,5	37
— de Marans	7,5	35
— de Béthune	10,0	32,8

Sur 100 parties, les cendres de la graine de lin contiennent, d'après M. Leuchtweiss :

Potasse	25,85
Soude	0,71
Chaux	25,27
Magnésie	0,22
Peroxyde de fer	3,67
Acide phosphorique	40,11
Sulfate de chaux	1,70
Chlorure de sodium	1,55
Silice	0,92
	100,00

Les tourteaux du commerce sont ainsi composés, d'après MM. Soubeiran et J. Girardin :

Eau	11,0
Huile	12,9
Matières organiques	70,0
Substances minérales	7,0
	100,0

Dans les matières organiques, il y a 6 pour 100 d'azote, et dans les substances minérales : sels solubles 0,7, phosphates 4,90.

Climat et sol. — Le lin prospère sous tous les climats de la France ; toutefois, le lin d'hiver redoute les gelées intenses ; aussi sa culture se concentre-t-elle de plus en plus vers le Midi. C'est surtout aux expositions du Nord et de l'Est qu'on doit mettre cette plante.

La composition minérale du lin indique qu'il exige un sol où il puisse trouver facilement des phosphates et des silicates alcalins. A cela près il se développe bien dans tous les terrains suffisamment profonds, qui possèdent de la richesse et surtout de la fraîcheur. Les sols d'alluvion, d'une consistance moyenne, doux, plutôt sablo-argileux qu'argilo-sableux, lui conviennent surtout. Néanmoins, ils devront être d'autant plus consistants, qu'on se rapprochera du Midi. Les sols granitiques ou calcaires, sans une proportion notable d'argile, lui sont funestes. Enfin, le lin d'hiver paraît être moins difficile que celui d'été sur la qualité du sol ; il se développe encore passablement dans des sols légers, où le second ne donnerait aucun produit. La culture de cette plante fournit difficilement de bons résultats dans le Midi de la France, à moins que le sol ne puisse être soumis à l'irrigation.

Place dans la rotation. — La racine du lin est pivotante, peu garnie de ramifications, et, comme la luzerne, absorbe sa nourriture par l'extrémité. Dans les terrains où le fond est plus humide que la surface, elle s'allonge jusqu'à ce qu'elle rencontre la dose d'humidité qui lui est nécessaire ; aussi, dans certains, acquiert-elle une longueur égale à la moitié de celle de sa tige ; mais il faut toujours, pour que cette plante prospère, qu'ils renferment, jusqu'à la profondeur où ses racines ont besoin de s'enfoncer, les éléments nourriciers qu'elle puise par ses extrémités.

Il en résulte la nécessité de ne faire succéder le lin qu'à des récoltes qui contribuent à accumuler une suffisante quantité de principes fertilisants dans les couches inférieures du sol. Les terrains qui remplissent le mieux cette condition sont, avant tous les autres, les défrichements de prairies naturelles, dont les riches gazons ont fourni depuis longtemps des sucs aux couches inférieures ; tels sont aussi ceux des luzernes ou de la garance, dont les labours profonds ont plongé au fond du sol les engrais qu'a reçus successivement la surface. Viennent ensuite les terres qui ont nourri l'année précédente des récoltes sarclées richement fumées et à longues racines, puis encore celles qui ont porté du chauvre, et enfin les défrichements de trèfle. Dans ces derniers cas, les couches inférieures ont profité de l'excès d'engrais répandu à la surface, et elles ont été parfaitement ameublies par les labours qu'exigent ces plantes.

Si l'on considère maintenant que les couches profondes sont habituellement les moins pourvues de principes fertilisants, que les sucs fécondants n'y pénètrent qu'avec lenteur si on ne les y dépose pas, on s'expliquera pourquoi, dans les terres profondes, il faut mettre un certain intervalle entre les retours successifs du lin, afin que les couches inférieures puissent, après avoir été épuisées, se charger, par l'effet des infiltrations, de nouveaux éléments nutritifs. Ainsi, en Belgique, on ne fait revenir le lin que tous les neuf ans.

Dans l'Aisne, où les terres manquent de profondeur, il revient tous les trois ans. Mais ce retour pourrait être beaucoup plus fréquent si l'on plaçait, au moyen des labours, une partie de la fumure dans les couches inférieures.

Quant aux récoltes qui peuvent succéder immédiatement au lin, ce sont les plantes à racines courtes, car il laisse la surface du sol très-riche; la terre a été, en outre, parfaitement nettoyée des plantes nuisibles, au moyen des sarclages minutieux que l'on a dû exécuter. Les récoltes qui s'accommodent le mieux de cet état de choses sont les céréales, particulièrement le froment. Nous avons vu aussi précédemment qu'on peut, avec beaucoup de succès, semer, dans le lin, du trèfle ou une récolte de carottes dérobées.

Il y a trois manières de cultiver le lin : 1° pour la filasse seulement ; 2° pour la filasse et pour la graine ; 3° uniquement pour la graine. Les deux premières sont seules usitées en France ; chacune d'elles présente des avantages qui dépendent de la position particulière du cultivateur et des ressources dont il peut disposer.

Le lin cultivé pour la filasse seulement s'appelle *lin en doux*. Sa culture convient particulièrement aux petites exploitations, à celles dont les terres ne sont pas riches, ou qui, vu le peu de ressources du cultivateur, ne peuvent recevoir une grande quantité d'engrais. Elle demande moins de main-d'œuvre et fatigue peu la terre.

Le lin, au contraire, dont on veut recueillir et la filasse et la graine, exige plus de travail et épuise le sol bien davantage. Sa filasse est moins fine que celle du *lin en doux*, mais elle est plus forte, et, par cela même, elle convient mieux à la filature mécanique. Son rendement en poids est aussi plus considérable et la graine est un produit qui n'est pas à négliger.

Ainsi, les deux cultures ont leurs avantages respectifs. C'est au cultivateur à étudier la nature de ses terres, leur état d'engraissement, et ses propres ressources, avant de faire son choix ; mais, à conditions égales, il vaut mieux donner la préférence au second mode comme étant plus productif et plus convenable pour la filature mécanique.

Quant à ne cultiver le lin que pour la graine, les terres en France sont trop chères pour qu'on puisse le faire avec avantage, et le rendement est trop faible pour qu'il puisse dédommager des frais ; en effet, en admettant les conditions les plus favorables, on ne peut espérer récolter plus de trois ou quatre fois la semence, encore faut-il sacrifier en partie la filasse que l'on est obligé de laisser durcir pour permettre à la graine d'arriver à complète maturité, et pour éviter la dégénérescence que subissent ordinairement les graines récoltées dans nos pays.

Ce genre de culture se pratique en Courlande, en Livonie, particulièrement dans les environs de Riga, dont les produits nous arrivent sous le nom de *lin de Riga*.

Préparation du sol. — Ce que nous avons dit de la tendance du lin à enfoncer ses racines indique que le sol doit être profondément ameubli. Trois labours sont ordinairement nécessaires. Le premier, profond de $0^{m},40$, est exécuté à la fin de l'été ; on le fait suivre de deux hersages et d'un roulage. Dans le courant de l'automne, on exécute un autre labour, mais seulement à la profondeur ordinaire. Le sol reste dans cet état jusqu'au printemps suivant, et c'est alors qu'on exécute un troisième labour, également suivi de deux hersages et d'un roulage.

En Belgique, quel que soit le mode de culture, la préparation

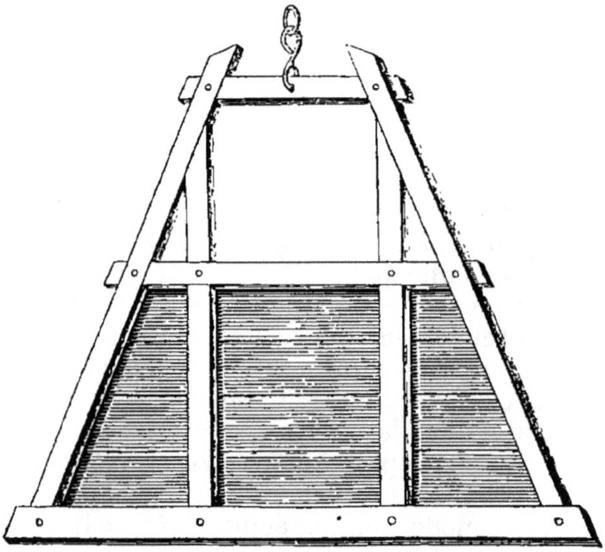

Fig. 856. *Traineau en planches.*

du sol n'est complète qu'après qu'on y a passé une ou plusieurs fois le traîneau dont voici les modèles (fig. 856 et 857).

Après ces opérations, la surface du sol doit se trouver partagée en planches plus ou moins larges, par des rigoles ordinairement très-peu profondes, à moins que le terrain ne soit exposé à une grande humidité.

Engrais et amendements. — Nous avons fait comprendre plus haut combien il est nécessaire que la couche inférieure du

Fig. 857. *Traineau en perches.*

sol présente un degré de fertilité convenable. Lorsque l'on cultive le lin, soit sur des défrichements de prairies naturelles et artificielles, soit à la suite du chanvre ou de racines sarclées richement fumées, cette condition se trouve naturellement remplie; mais, dans le cas contraire, voici comment on fertilise le sol. La couche superficielle est placée au fond, au moyen du premier labour ; on répand ensuite les trois quarts d'une fumure et on l'enterre au moyen du labour ordinaire ; puis, au printemps, un troisième labour vient mélanger ces engrais avec les $0^{m},20$ de la surface. Enfin, on répand encore à la surface du sol, au moment de l'ensemencement, une quantité d'engrais pulvérulents équivalente à une demi-fumure. En général, il est préférable de semer le lin sur une vieille fumure ; les engrais trop récents, surtout les fumiers, salissent la récolte par les graines de plantes nuisibles qu'ils renferment toujours en grande quantité ; d'un autre côté, cette fumure se répartit inégalement dans le sol et rend irrégulière la vigueur des plantes. Aussi, convient-il, quand on ne peut semer sur des terrains riches en vieil engrais, de répandre le fumier avant l'hiver, afin qu'il ait le temps de se consumer.

Quant à la nature des engrais et des amendements qui plaisent particulièrement au lin, ce sont évidemment, d'après la composition chimique des tiges et des graines de cette plante, ceux qui peuvent lui fournir en plus grande quantité des phosphates et des silicates alcalins, de la chaux et du sel marin. Les fumiers de vache et de mouton bien fermentés, la poudrette, l'engrais flamand, le noir animalisé, le noir des raffineries, le guano, la charrée, les cendres de Hollande et de Picardie, et particulièrement les tourteaux de lin sont surtout ceux qui conviennent le mieux. En Flandre, pour les terres légères, on délaye ces tourteaux dans des urines fermentées étendues d'eau ; pour les terres fortes, on les répand sur le terrain à l'état de poudre grossière, à la dose de 1,200 à 1,400 kilogr. par hectare.

Les eaux ammoniacales des usines à gaz, étendues de dix fois leur volume d'eau, donnent aussi de très-bons résultats. Il en est de même des eaux qui ont servi au rouissage du lin, car elles contiennent, d'après Robert Kane, tous les matériaux que cette plante puise dans le sol. C'est ce qu'on voit très-bien par les analyses suivantes :

	Eau d'un étang donnant 51,70 de résidu sur 100,000 parties d'eau.	Eau d'un routoir donnant 139,69 de résidu sur 100,000 parties d'eau.	Eau d'un routoir alimenté par l'eau de la Lys donnant 45,11 de résidu pour 100,000 p. d'eau.	Eau d'un bassin de Hollande donnant 42,4 de résidu pour 100,000 parties d'eau.
Peroxyde de fer	0,514	6,633	6,200	1,183
Chaux	6,940	8,435	5,484	3,613
Magnésie	0,856	1.369	1,192	7,601
Soude	28,620	11,607	28,298	19,277
Potasse	8,740	4,181	5,405	8,205
Acide sulfurique	8,054	8,435	9,300	5,607
— chlorhydrique	25,765	8,682	7,754	9,439
— phosphorique	traces	traces	0,079	»
— carbonique / Matières organiques et perte	20,511	50,658	36,288	45,075

« Si l'on rend au sol par des irrigations, dit M. Payen, les substances contenues dans les eaux de rouissage, si, de plus, on utilise, pour la nourriture ou l'engraissement des animaux, les capsules, la graine ou les tourteaux, et que le fumier en revienne à la terre, ainsi que les cendres provenant des chènevottes brûlées sous les chaudières, on comprend que, dans ces circonstances, la culture du lin ne soit pas épuisante, qu'elle puisse même contribuer à élever la puissance du sol; car on n'en aura extrait, en définitive, que les fibres textiles formées de cellulose presque pure et ne contenant qu'un principe immédiat non azoté dont les éléments se trouvent ordinairement en excès dans toutes les terres cultivées [1]. »

L'association qui s'est organisée dans la Grande-Bretagne pour le développement et l'amélioration de la culture du lin en Irlande, a composé l'engrais suivant, représentant l'ensemble des principes salins qui constituent la plante :

Os pulvérisé	24kil 50	coûtant	3f 75
Chlorure de potassium	13 61		2 95
Sel marin	21 77		0 31
Plâtre cuit en poudre	15 42		0 63
Sulfate de magnésie	25 70		4 64
	100 70		12 28

Toutes ces substances, comme on le voit, sont à bas prix, et la dépense par hectare ne dépasserait pas 12 fr. 28 cent.

C'est en variant et en ne ménageant pas les engrais que les Flamands obtiennent de magnifiques récoltes de lin sans épuiser leur sol. A Flines (Nord), contrée réputée pour la qualité de ses lins, on fume en novembre l'hectare à raison de 50 à 60,000 kilog. de fumier consommé, que l'on enterre à 0m,20 environ. On attend ainsi le mois de mars, époque à laquelle on répand sur le champ un mélange de 1,500 à 1,700 kilogr. de tourteaux de colza et de cameline pulvérisés, et l'on herse par un temps sec. Quatre ou cinq jours après on sème. A Lockeren (Belgique), on applique par hectare 150 hectolitres de matières fécales; à Ath, à Courtrai, 1,500 à 2,000 kilogr. de tourteaux délayés dans des urines. Ces abondantes fumures procurent des tiges longues de près d'un mètre.

On évalue la quantité d'engrais puisée dans le sol par le lin à 1,900 kilogrammes de fumier par 100 kilogrammes de filasse récoltés.

Semailles. — *Choix des semences.* — Nous avons vu que le

[1] Payen, *Rapport au Ministre de l'Agriculture sur l'industrie du lin en Irlande*, 1850.

lin d'hiver doit être préféré pour la production des semences; les meilleures graines de cette variété viennent d'Italie. Mais, lorsqu'on veut obtenir la plus belle filasse, c'est le lin de Riga qu'il faut choisir.

Malheureusement, ces variétés étant cultivées loin des contrées où elles se sont formées, sous l'influence de circonstances climatériques différentes, et, surtout, soumises à un autre traitement, dégénèrent assez rapidement, et l'on est obligé de les renouveler souvent.

Ces acquisitions de graines donnent lieu à des dépenses assez considérables; on a bien réussi, en France, à obtenir de bons produits en soumettant le lin de Riga au mode de culture adopté dans cette contrée, mais le prix de revient était beaucoup plus élevé que celui du commerce, et l'on a été obligé d'y renoncer.

On reconnaît la bonne qualité des graines aux caractères suivants : elles doivent être pesantes, brillantes, d'un jaune d'or ou d'un brun clair, glissantes dans la main, riches en huile ; ce dernier caractère se reconnaît à leur petillement lorsqu'on les met au feu ; enfin, déposées sur une éponge mouillée, à une température moyenne, elles doivent germer en vingt-quatre heures.

La bonne graine est bien égale; et, comme il y a plusieurs variétés de lin dont les graines diffèrent sensiblement entre elles, l'égalité du grain sera une preuve de l'unité de l'espèce et une garantie contre les fraudes qui se pratiquent journellement dans le commerce. Elles consistent à acheter à bas prix les fonds de greniers ou de magasins, à prendre, pour enfermer ces graines mélangées et épuisées, les barils même qui ont servi au transport des graines de Russie ou d'Italie, et à vendre ensuite le contenu comme étant de provenance étrangère. Ces fraudes portent un grave préjudice à l'agriculture, en trompant l'attente du cultivateur et en lui faisant perdre les sacrifices qu'il s'est imposés pour obtenir une récolte qui vient à lui manquer.

Avec un peu d'attention, on évitera facilement d'être dupe; mais il est pour le cultivateur un moyen, sinon de faire disparaître entièrement, du moins de diminuer considérablement la fraude dont on cherche à le rendre victime; c'est de ne jamais revendre, mais de brûler partout, s'ils lui sont inutiles, les barils ou les enveloppes qui contenaient la graine qu'il aura achetée, car ainsi il anéantira le masque dont on se sert pour le tromper.

Voici les caractères habituels des diverses sortes de graines de lin du commerce, d'après M. Victor Meurein :

	Dimensions.	Caractères extérieurs.
Graines de Roumélie....	3mm,0—2mm,2	petites, très-propres, plus pâles que les graines du pays.
— d'Anatolie......	4 0 — 2 2	très-propres, luisantes, roux clair, nettes.
— d'Italie........	6 0 — 3 0	très-volumineuses, ternes, assez propres, brunâtres, recouvertes d'une poussière terreuse très-fine.
— d'Espagne......	5 5 — 3 0	assez volumineuses, grisâtres à cause de la poussière qui les recouvre, mélangées de graines étrangères.
— de Nantes......	5 0 — 2 8	roux clair, malpropres, fort mélangées.
— de Bombay.....	4 7 — 2 7	roussâtres, propres, mélangées de sénevé, mais en faibles proportions.
— de Calcutta.....	5 5 — 2 7	assez propres, roussâtres, contenant des semences de sénevé et de quelques graminées.
— de Marans	5 0 — 2 4	brun clair, moyennes, mêlées à des semences de graminées.
— de Béthune.....	4 5 — 2 5	roux clair, luisantes, assez bien nettoyées.

La graine de Russie ou de Riga est ordinairement terminée par un petit crochet; elle a une teinte verdâtre ; elle est plus dure au toucher que la graine du pays, et se retient plus facilement dans la main.

Époque des semailles. — Le lin d'été redoute les gelées tardives du printemps; la sécheresse ne lui est pas moins pernicieuse, surtout lorsqu'elle se manifeste au début de la végétation, car la plante prend plus qu'un faible développement en hauteur. Pour éviter ces deux inconvénients, on choisit, pour l'ensemencement, le milieu de mars, dans le Midi, et la première quinzaine de mai, dans le Nord. On profite du moment où la terre est suffisamment fraîche. Si ce moment se faisait trop attendre dans le Midi, et qu'on pût disposer de l'irrigation, il faudrait, avant de semer, inonder le champ, le laisser s'égoutter, et donner un léger labour suivi d'un hersage. Si les semences sont déjà en terre et que la pluie tarde à venir, on arrose le champ par infiltration.

Quant au lin d'hiver, on le sème de bonne heure, à l'automne, afin qu'il prenne un développement suffisant pour résister aux froids intenses. On choisit ordinairement l'époque du semis du seigle.

Quantité de semences. — La quantité de semences varie selon les résultats qu'on se propose d'obtenir. Lorsqu'on cultive pour la graine, on sème très-clair; 130 à 150 kilogr. suffisent par hectare. Si, au contraire, la filasse doit être le produit principal, on doit employer 200 à 250 kilogr. Lorsque enfin l'on veut obtenir la filasse la plus fine possible, on cultive suivant la méthode dite *lins ramés* que nous examinerons plus loin, et l'on sème jusqu'à 380 kilogr. de graines. Ces quantités sont pour des graines de très-bonne qualité, répandues avec tout le soin possible ; mais elles devront être augmentées à mesure que les circonstances se présenteront moins favorablement.

Mode de semaille. — On répand la semence à la volée, puis on la recouvre au moyen d'un hersage, et l'on termine en plombant légèrement le sol par un roulage. Les engrais pulvérulents sont répandus en même temps que la semence, et le dernier hersage les mélange avec la couche superficielle.

Entretien. — Si le sol est suffisamment frais, le lin sort de terre huit ou dix jours après son ensemencement. Dès qu'il atteint $0^{m},03$ de hauteur, des femmes et des enfants enlèvent à la main toutes les herbes adventices, et donnent une légère culture au pied des plantes, avec une petite houlette. Ce sarclage est répété deux ou trois fois, de dix en dix jours, selon que l'abondance des plantes nuisibles le rend nécessaire. Dans les terres du Midi susceptibles d'être arrosées, les irrigations par infiltration sont répétées aussi souvent qu'il le faut pour maintenir le sol constamment frais.

Lins ramés. — Dans plusieurs localités du Nord, on cultive ce que l'on nomme des *lins ramés*, qui se distinguent par leur tige très-haute et très déliée. Ce sont ces lins qui donnent la filasse qui sert à faire les dentelles. Voici comment on les obtient : on sème très-dru, dans les terres qui conservent le plus de fraîcheur en été, sans présenter cependant une humidité surabondante ; et, lorsque le lin a reçu les sarclages, on entoure chacune des planches de piquets fourchus hauts de $0^{m},16$, et placés à la distance d'un mètre l'un de l'autre, et supportant des perches posées en travers. Sur ces perches repose un grillage fait en petites baguettes, dont l'office est de soutenir le lin et de l'empêcher de verser.

Accidents et maladies. — La grêle, le ver blanc, la cuscute causent au lin comme au chanvre de sérieux dommages.

Récolte. — Dans le Midi, le lin d'été épanouit ses fleurs un mois environ après l'ensemencement, et deux mois après dans le Nord. Le lin d'hiver fleurit vers la fin de mai dans le Midi ; les graines commencent à mûrir quinze jours environ après la floraison.

L'époque de la récolte dépend du produit que l'on veut en obtenir.

1° Le *lin en doux* arrive ordinairement à maturité vers la fin du mois de juin; lorsque les feuilles commencent à jaunir sur la tige et que les fleurs les plus tardives ont disparu, le moment est venu de procéder à l'arrachage.

Ce travail est ordinairement exécuté par des femmes qui, à mesure qu'elles arrachent, lient le lin en paquets ou petites bottes de 30 centimètres environ de circonférence, qu'elles couchent derrières elles, en rangées régulières, tout en avançant. Mais au lieu de coucher les poignées à plat sur le sol, il vaut mieux les planter debout trois par trois, car, s'il survenait du mauvais temps qui empêchât l'étendage immédiat, la poignée serait plus exposée à fermenter, et conséquemment à se détériorer.

Pour le *lin en doux* le fanage et le rouissage ne sont pour ainsi dire qu'une seule opération, et comme il n'y a pas de graine à séparer de la tige, on y procède immédiatement après l'arrachage.

A cet effet on retourne, à la charrue, le champ lui-même, on y sème de la vesce ou de la rabette pour obtenir, soit une récolte dérobée, soit une fumure en vert, et c'est sur ce sol hersé, qu'on étend le lin en couches très-minces et en rangées aussi régulières que possible, en ayant soin de disposer toutes les tiges dans le même sens, c'est-à-dire la tête de la seconde rangée touchant presque les racines de la rangée précédente et ainsi de suite.

A moins que le champ voisin, correspondant à la racine des plantes, ne soit libre, il faut avoir soin de réserver entre la dernière rangée et ce même champ un espace vide égal à la largeur d'une rangée, autrement on se trouverait embarrassé lorsqu'il s'agirait de retourner le lin pour achever le rouissage.

2° Le *lin en graine* ne se récolte ordinairement qu'un mois ou cinq semaines après le *lin en doux*. Sa maturité se reconnaît à la teinte jaune des tiges, à la chute des feuilles, à l'entier développement des capsules; les graines qu'elles renferment sont encore molles et vertes, mais elles commencent à brunir; c'est le moment de faire arracher.

On effectue ce travail comme pour le *lin en doux;* on lie les tiges par poignées qu'on réunit en paquets de trois et l'on redresse les paquets sur le sol en écartant les poignées par le pied pour qu'elles puissent se tenir debout; mais il est une autre méthode bien préférable à celle-ci, et que nous allons décrire.

Les arracheuses ne lient point les poignées, elles les déposent simplement derrière elles par petits tas, en ayant soin de les croiser en divers sens pour éviter qu'elles ne se mêlent. Deux hommes suivent les arracheuses et, au lieu de disposer le lin en gerbes, ils en forment une longue muraille à double pente, comme on le voit dans la figure 858.

Fig. 858. *Mode de séchage du lin en graine.*

Pour commencer ce travail, on plante en terre un piquet, et c'est contre lui que l'ouvrier appuie les deux premières poignées, graine contre graine, la racine en dehors, de manière à former un toit aigu; il allonge indéfiniment cette espèce de toit en appuyant de nouvelles poignées contre celles qui sont déjà en place, alternativement d'un côté et de l'autre.

Lorsque la rangée est terminée et avant d'enlever le piquet, on marie ensemble par la tête et à l'aide de quelques brins de lin, les cinq ou six poignées de chaque extrémité, et quand le tout est ainsi disposé, il faudrait un vent bien violent pour le renverser.

Cette forme a l'immense avantage de permettre à la fenaison de s'opérer plus vite et plus régulièrement; l'air circule, en effet, partout avec une égale facilité, ce qui ne saurait avoir lieu lorsque les poignées sont réunies par des liens. Ceux-ci ont, en outre, l'inconvénient, lorsque le temps est pluvieux, de retenir l'eau dans la partie de la tige qu'ils compriment, et de lui faire éprouver un commencement de rouissage, duquel il résulte, quand on procède au rouissage général, que certaines parties sont déjà trop avancées lorsque les autres ne sont encore qu'à point.

Ce mode de fanage est de beaucoup supérieur à celui que l'on exécute par poignées. Il n'est pas, d'ailleurs, sensiblement plus dispendieux, puisqu'il suffit de deux hommes pour dix arracheuses, et que celles-ci, n'ayant pas à lier les poignées, peuvent faire plus de travail.

Il faut environ huit jours, lorsque le temps est favorable, pour que la fenaison soit complète; elle se reconnaît à la roideur des tiges et à la fermeté qu'a acquise la graine. Alors on entame la muraille par un bout, en prenant le lin par la tête, et avec des liens de paille on forme des bottes que l'on porte à la grange, pour en séparer la graine. Il est très-important de ne rentrer ces bottes que par un temps très-sec; autrement le lin se couvrirait de taches qu'il serait impossible de faire partir au blanchiment.

L'égrenage se fait au moyen d'une espèce de peigne à dents

Fig. 859. *Peigne pour détacher les graines des tiges du lin.*

de fer de $0^m,33$ de long (fig. 859 et 860). Ce peigne, ou *drége*, a deux ou trois rangées de dents, et se fixe sur un chevalet solide. L'ouvrier prend une poignée de lin par la racine et frappe le sommet sur le peigne en tirant à lui; les capsules ne pouvant passer entre les dents, tombent sur une toile placée au-dessous du chevalet. Lorsque la graine est séparée de sa tige, on l'étend sur des draps, au soleil, puis, quand elle est sèche, on la bat, et on la passe au tarare pour la nettoyer.

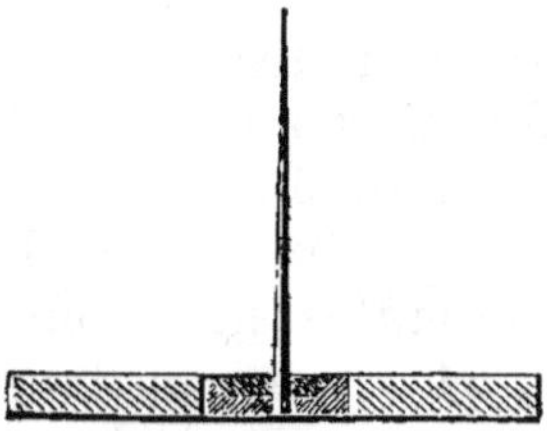

Fig. 860. *Coupe transversale du peigne.*

Rouissage. — Les opérations du rouissage sont, comme pour le chanvre, le rosage et le rouissage dans l'eau.

Le rosage ou rouissage sur terre se fait en étendant le lin en couches égales et aussi minces que possible, ordinairement sur les prairies, d'après les indications que nous avons données au sujet du *lin en doux*. S'il ne pleut pas aussitôt après cet étendage, on arrose le lin soit pour hâter le rosage, soit pour affaisser uniformément les tiges et les empêcher d'être enlevées et brouillées par le vent. Le lin reste dans cet état jusqu'à ce qu'il soit suffisamment roui du côté inférieur, ce que l'on reconnaît à ce que les tiges se brisent nettement, et que la couche fibreuse se détache avec facilité; cela a lieu au bout de deux à quatre semaines, selon le degré d'humidité atmosphérique.

On le retourne alors de façon à lui faire occuper la même position et de manière que la face qui touchait le gazon soit placée en dessus. L'opération s'effectue avec des gaules longues et légères que l'on introduit à fleur de terre sous la tête du lin, et que l'on soulève ensuite en faisant pivoter la plante sur sa racine et en la renversant de l'autre côté; c'est pour que ce travail puisse s'exécuter sans obstacle, qu'on laisse un espace libre sur le bord du champ; on évite d'entremêler les tiges, et l'on conserve avec soin l'égalité des couches pour que le rouissage marche également, et que tout arrive à point à la même époque; car il est bien important de ne pas laisser le lin couché à terre un jour de plus qu'il n'est nécessaire; c'est de là que dépend presque toujours la bonne ou mauvaise qualité du produit. Au bout de deux à trois semaines, la nouvelle face inférieure a également atteint un degré de rouissage suffisant, et l'on profite d'un beau temps pour en former des gerbes coniques qu'on lie solidement. Ainsi disposé, le lin sèche en très-peu de temps; on le réunit ensuite en bottes de médiocre grosseur, que l'on conserve dans un lieu sec et aéré jusqu'au moment du broyage.

Nous avons dit, en parlant du chanvre, que le rouissage proprement dit, ou rouissage à l'eau, est préférable au rosage, et qu'on ne doit pas employer celui-ci qu'à défaut d'eaux courantes ou de routoirs; il en est de même pour le lin. Les meilleures eaux sont celles qui sont presque stagnantes, mais dont la masse n'est renouvelée que lentement, et au moyen d'un faible courant ayant entrée par un bout du routoir et s'échappant par l'autre extrémité. La figure 861 représente un de ces routoirs composés de cuves en maçonnerie dans lesquelles l'eau passe successivement. Les fosses à eau dormante de la Saxe prussienne sont représentées par la figure 862.

Voici comment on procède au rouissage à l'eau. Aussitôt après l'arrachage et la séparation des capsules, le lin est réuni en bottes, qui sont immédiatement placées dans l'eau des rou-

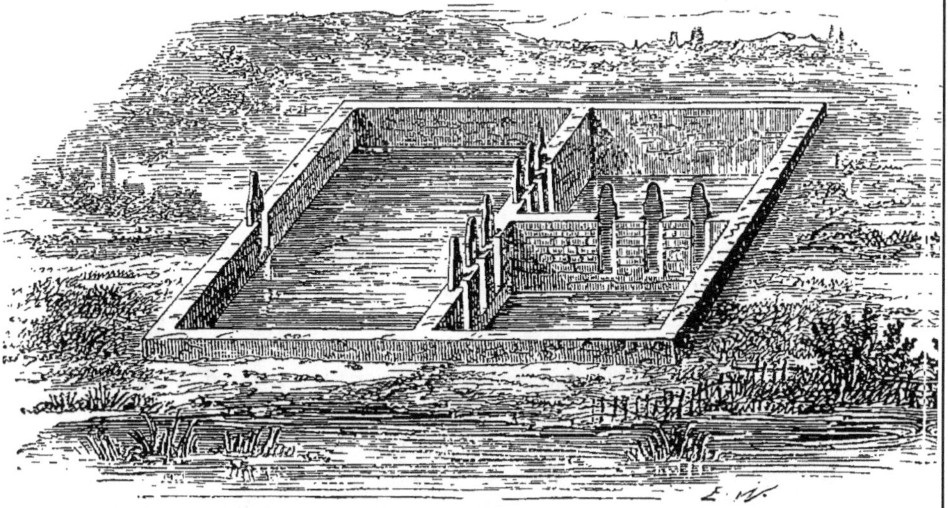

Fig. 861. *Routoir à courant d'eau de la Saxe.*

toirs. Là, on les maintient debout, le sommet en haut, et enfoncées sous l'eau, au moyen de pieux solidement fixés et de planches chargées de pierres. Au bout de cinq à sept jours, suivant la température de l'eau, on visite les bottes toutes les trois ou quatre heures ; lorsque les tiges se rompent avec facilité, et que la couche fibreuse peut se détacher d'un bout à l'autre tout en restant unie, on les enlève, après les avoir lavées par poignées, pour les débarrasser de la vase et de la matière colorante qui les salit. Quand le lin est bien égoutté, on l'étend sur le gazon, et on le retourne plusieurs fois, de façon à lui faire subir une sorte de rosage qui le blanchit. Ce rosage dure de six à quinze jours, selon que la première opération a été poussée plus ou moins loin. Enfin, on profite du

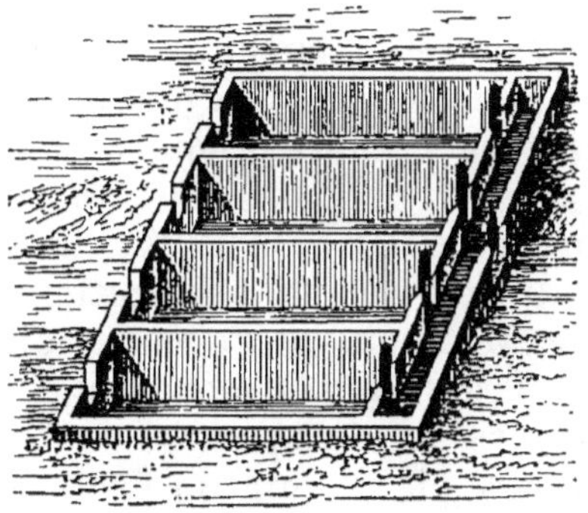

Fig. 862. *Routoir à eau dormante de la Saxe.*

moment où il est bien sec, pour le lier en bottes, puis on le rentre pour attendre le moment du broyage.

Le rouissage dans une eau qui peut se renouveler, sans avoir un cours trop rapide, est celui qui convient le mieux ; les tiges ont alors une belle couleur jaunâtre qui leur donne beaucoup de prix; il n'y a plus d'exhalaisons aussi fortes que dans le rouissage à l'eau dormante, et les fibres courent moins le risque d'être attendries par une fermentation trop active. Sur les bords de la Lys, en France et en Belgique, en Hollande, où l'on rouit une si grande masse de lin, on donne la préférence à ce mode de rouissage. Les lins qui en proviennent sont presque blancs.

Préparation. *Hâlage.* — Quelque sec que paraisse le lin après sa rentrée, il renferme toujours une certaine quantité d'humidité qui empêche la chènevotte de se rompre avec netteté, la couche fibreuse de s'en détacher entièrement, et les fibres elles-mêmes de se séparer facilement les unes des autres. Pour lui donner le degré de siccité qui lui manque, on le *hâle* c'est-à-dire qu'on le soumet à un certain degré de chaleur. A cet effet, on l'expose au soleil, si l'on opère en été, ou dans un four après la cuisson du pain, ou enfin dans un *hâloir* construit exprès. Ce hâloir est d'abord chauffé à la température de 30° ; puis, lorsque la plus grande partie de l'humidité est vaporisée, on porte la chaleur, pendant quelques moments jusqu'à 45°, et l'opération est terminée. On laisse refroidir pendant quelques heures, et l'on soumet immédiatement le lin aux opérations suivantes, qui ont pour but de séparer la chènevotte de la couche fibreuse, et de réduire celle-ci en filasse. Les meilleurs procédés étant ceux qu'on suit dans les Flandres, nous allons nous borner à leur description.

Macquage ou *maillage.* — On commence par enlever les tiges courtes, rompues ou brouillées, qui nuiraient aux opérations ultérieures. A cet effet, on prend les tiges par poignées, et on les passe sur le peigne indiqué par la figure 859. Les déchets qui en résultent servent ensuite à faire des étoupes.

Cela fait, on étend le lin sur une aire plane, puis on l'écrase à grands coups, avec une pièce de bois dur, nommée *battoir* (fig. 863 et 864), longue de $0^m,20$, large de $0^m,13$ et épaisse de $0^m,08$. Cette pièce porte, en dessous des cannelures prismatiques, à arêtes arrondies, d'environ $0^m,013$ de saillie, et dans son milieu est fixé un manche courbe qui sert à la manœuvrer. Quand il est maillé d'un côté, le lin est retourné de l'autre, et traité de la même manière ; après quoi, l'ouvrier enlève les poignées, les secoue pour en détacher les débris de chènevotte, et en forme des paquets.

Écangage. — Cette opération succède au maillage, voici comment on la pratique. L'*écangue* (fig. 865) est une espèce de couperet ou hachoir mince, plat, muni par le haut d'une sorte de tête qui est destinée à lui donner plus de poids ou de volée ; le manche est court, aplati, fixé par des chevilles de bois sur une des faces du couperet. Cette écangue est en bois dur et lisse, d'une épaisseur de 0m,05. La planche à écanguer (fig. 866) a 1m,32 de hauteur, 0m,32 de largeur et 0m,02 d'épaisseur. Elle est assemblée verticalement sur une autre planche horizontale, qui lui sert de patin ou de pied, et porte à 0m,80 de hauteur une échancrure de 0m,08 de hauteur et de 0m,10 de profondeur. Les arêtes de cette échancrure sont taillées en biseau, pour que l'écangue, en tombant, ne coupe pas la filasse. Le patin, ou planche inférieure, a 0m,62 de long, 0m,48 de large et 0m,05 d'épaisseur. Du côté où l'ouvrier se place, et à chaque extrémité, sont deux forts montants, de 0m,48 de hauteur, qui reçoivent une grosse courroie en cuir, fortement tendue, laquelle sert à garantir les jambes de l'ouvrier pendant le travail

Fig. 864. *Face inférieure du battoir.*

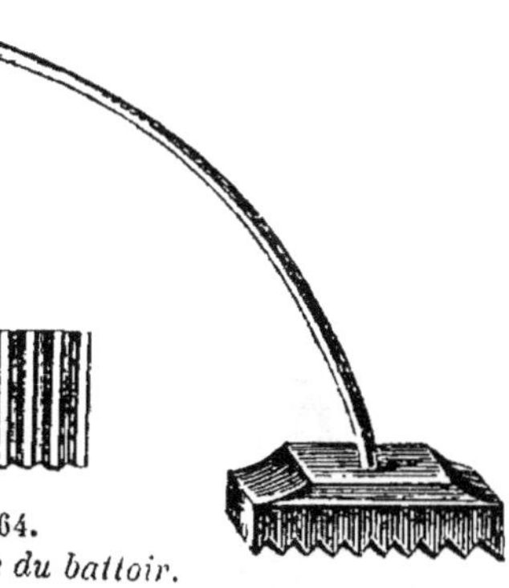

Fig. 863. *Battoir pour le lin.*

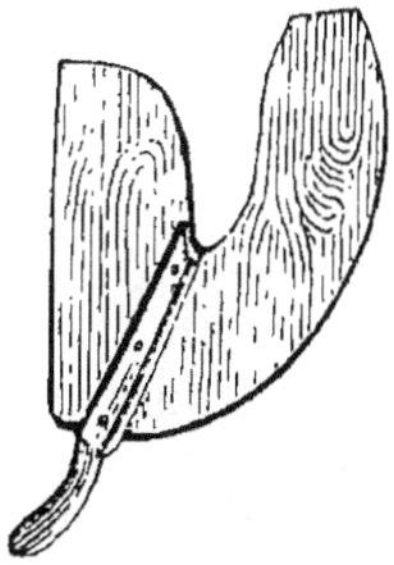

Fig. 865. *Écangue.*

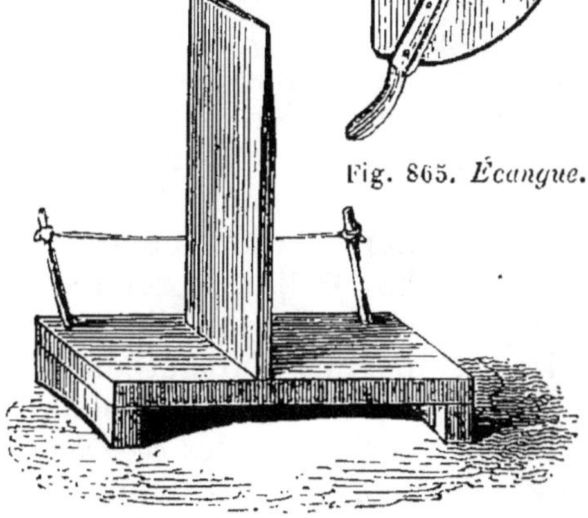

Fig. 866. *Planche à écanguer le lin.*

ou la chute de l'écangue. L'écangueur prend, dans la main gauche, autant de lin qu'il peut en tenir, le passe dans l'échancrure, jusqu'au milieu de sa longueur, l'étend sur le bord inférieur, puis frappe verticalement dessus avec l'écangue qu'il tient de la main droite ; il roule, retourne et frappe ainsi sa poignée jusqu'à ce que la chènevotte soit détachée, et qu'il ne reste que la soie.

En Westphalie et en Bohème, on obtient le même travail au moyen d'un brisoir que représente la figure 867.

Fig. 867. *Brisoir allemand pour écanguer le lin.*

Un ouvrier met en mouvement le rouleau qui est cannelé et lui imprime un va-et-vient sur la table qui offre aussi des cannelures ; un second ouvrier tient le lin, le retourne et le secoue plusieurs fois, afin que les chènevottes se détachent des tiges.

Depuis plusieurs années, on emploie en Normandie et ailleurs une machine à teiller de l'invention de M. Bourdon-Quesney, de Gueure (Seine-Inférieure), qui est un perfectionnement des anciens moulins à ailes de bois que nous avons représentés (fig. 825) à propos du chanvre. Dans la machine de M. Bourdon (fig. 868), la mobilité de la *paisselle*, planche sur laquelle l'ouvrier appuie la poignée de lin qu'il veut teiller, la rend supérieure à toutes celles qui l'ont précédée, en ce qu'elle ne permet plus à la teilleuse de briser les parties filamenteuses du lin. Cette machine ne teille que le lin qui a été préalablement broyé. Pour s'en servir, on présente à l'action des *écouches* ou battes du moulin, une poignée de tiges, et on la change plusieurs fois de position. Elle reçoit par minute 1000 à 1200 coups d'écouches, car le volant sur lequel celles-ci sont fixées fait 80 à 100 tours par minute. La filasse préparée à l'aide de cette teilleuse est très-belle et longue, et donne très-peu d'étoupes. Un homme peut teiller de 20 à 25 kilogrammes de filasse par jour. Malheureusement cette machine se vend 300 francs.

Peignage ou *sérançage*. — Le lin nettoyé subit encore le peignage ou sérançage destiné à enlever les traces de la gomme-résine qui salit ses fils, à les démêler, les refendre et les finer. Les *peignes* ou *sérans*, se composent de pointes métalliques fixées sur une planche, et plus ou moins rapprochées les unes des autres, selon le degré de finesse que l'on veut donner à la filasse. L'ouvrier fait passer à plusieurs reprises chaque poignée de lin entre les dents de ces peignes, en commençant par les plus écartées et en finissant par les plus serrées.

Fig. 868. *Machine de Bourdon-Quesney pour le teillage.*

Les lins ramés, destinés à la fabrication des dentelles et des batistes, ne sont pas peignés. On remplace cette opération par l'action de la brosse, qui débarrasse mieux la filasse de sa gomme et lui donne plus de finesse.

Les inconvénients assez nombreux des modes de rouissage suivis jusqu'à présent ont engagé depuis longtemps à rechercher des procédés plus expéditifs, plus sûrs et moins dangereux. Après bien des essais faits avec des agents chimiques de diverses natures, on a reconnu qu'un séjour de 72 à 96 heures seulement dans une eau maintenue à la température de 32 degrés centigrades suffit pour effectuer la séparation des fibres textiles de la tige, beaucoup plus complétement que par tout autre moyen. L'idée première de ce procédé appartient à Soubeiran. C'est celui qu'on suit actuellement dans les grands établissements d'Amérique et d'Irlande, où, à l'aide de machines ingénieuses, on broie et teille le lin beaucoup plus parfaitement qu'on ne le faisait jusqu'ici. Une révolution complète s'est donc accomplie dans cette partie du travail du lin, et il en résulte une industrie nouvelle, intermédiaire entre le filateur et le cultivateur, qui n'a plus dès lors à livrer au commerce que des lins simplement fanés et conséquemment affranchis des chances fâcheuses que leur font souvent courir les anciens procédés de rouissage. On peut consulter, pour connaître plus en détail le nouveau système de rouissage, de broyage et de teillage du lin, le rapport de M. Payen *sur la culture et la préparation du lin dans la Grande-Bretagne*.

Rendement. — Le rendement moyen par hectare est :

En Flandre, de	505 kil. de filasse	et de	266 kil. de graines	
En Angleterre	552	—		—
A Courtrai	622	—		—
En Lombardie (lin d'hiver)	356	—	817	—
En Lombardie (lin de printemps)	569	—	391	—
En Anjou	348	—	307	—
En Picardie	332	—	268	—
	3248		2049	
	7 = 469		5 = 410	

Il résulte donc de ce qui précède que le rendement moyen du lin, par hectare, est de 469 kilogr. de filasse et de de 410 kilogr. de graines. Mais on voit qu'en général, la proportion de filasse diminue à mesure que celle des graines augmente : or, comme le prix de ces dernières est bien inférieur à celui de la filasse, il s'ensuit qu'il y a tout avantage à favoriser la production de celle-ci, soit par un mode de culture convenable, soit en choisissant les variétés les plus productives sous ce rapport.

COMPTE DE CULTURE D'UN HECTARE DE LIN D'ÉTÉ DE RIGA.

DÉPENSE.

Un labour à $0^m,40$ de profondeur à la fin de l'été	115f »
Un hersage	2 50
Un roulage	2 »
Un hersage	2 50
Un labour ordinaire à l'automne	22 »
Un labour au printemps	22 »
Un hersage	2 50
Un roulage	2 »
Un hersage	2 50
Semence de Riga, 200 kil., à 60 fr. les 100 kil	120 »
A reporter	293f 00

Report	293f 00
Répandre la semence à la volée	1 50
Un hersage	2 50
Un roulage	2 »
Un sarclage et binage à la main	28 »
Deux sarclages à la main, à 10 fr. l'un	20 »
Arrachage, égrenage et bottelage	60 »
Rouissage, séchage et rentrée	100 »
Préparation de la filasse	240 »
L'équivalent de 54,000 kil. de fumier, à 10 fr. les 1000 kil., 540 fr. Sixième de cette somme à la charge du lin	90 »
Intérêt pendant un an, à 5 pour 100, du prix de la fumure non absorbée	22 50
Loyer de la terre	70 »
Frais généraux d'exploitation	20 »
Intérêt pendant un an, à 5 pour 100, des frais ci-dessus	47 47
Total	996 97

PRODUIT.

469 kil. de filasse, à 200 fr. les 100 kil	938 »
409 kil. de graines, à 50 fr. les 100 kil	204 50
Total	1142 50

BALANCE.

Produit	1142 50
Dépense	996 97
Bénéfice net	145 53

15 pour 100 du capital employé.

TROISIÈME SECTION.

Plantes tinctoriales. — Les plantes tinctoriales qui peuvent être utilement cultivées en France sont les suivantes :

- La garance.
- La gaude.
- Le safran.
- Le carthame.
- Le pastel.
- La persicaire des teinturiers.
- La maurelle tournesol.

DE LA GARANCE.

La *garance* (*rubia tinctorum*, L.) (fig. 869 à 871) est une plante à racines vivaces, qui appartient à la famille des *rubiacées*. C'est une des espèces tinctoriales les plus importantes, car elle donne la teinture rouge la plus solide qu'on connaisse, et l'on peut en obtenir toutes les nuances. Le principe colorant réside dans la racine. Celle-ci, conservée entière, est connue dans le commerce sous le nom d'*alizari*; elle prend celui de *garance* lorsqu'elle est réduite en poudre; cette dernière, traitée par l'acide sulfurique concentré se nomme *garancine*; et, enfin, l'extrait alcoolique de la garancine porte le nom de *colorine*.

On trouve, en outre, dans les tiges de garance, un fourrage très-recherché des bestiaux, et qui, sous le rapport de sa richesse en principes nutritifs, peut être comparé à la meilleure luzerne.

La culture de la garance remonte à une assez haute antiquité. Pline nous apprend qu'on l'employait, en Italie, à la teinture

Fig. 869. *Garance.*

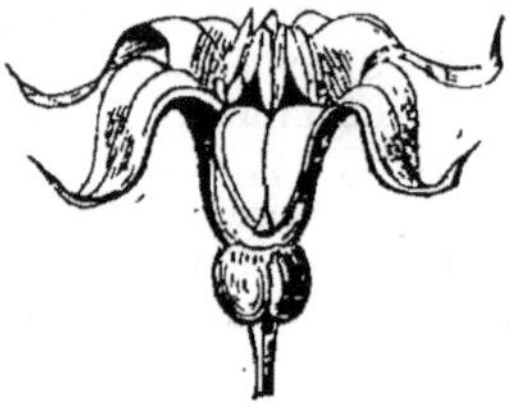

Fig. 870. *Fleur de la garance.*

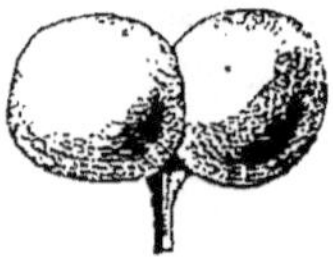

Fig. 871. *Fruit de la garance.*

des laines et des cuirs. Elle se répandit bientôt dans les Gaules; mais, dès le seizième siècle, elle avait, en grande partie, disparu dans notre territoire pour se concentrer successivement en Flandre, en Allemagne et en Zélande. C'est sous Charles-Quint qu'elle fut introduite en Alsace; mais ce n'est qu'au milieu du siècle dernier qu'elle commença à reparaître en France. De 1762 à 1774, un Arménien catholique de Julfa, faubourg chrétien d'Ispahan, Johann Althen, en importa la culture dans le territoire d'Avignon, et, comme le sol lui était particulièrement favorable, elle finit par y dominer toutes les autres récoltes. Aujourd'hui, on estime le produit annuel, dans ce département, à 30 millions de kilogr. de racines sèches, et celui de l'Alsace à 2 millions. Les autres pays de production, tels que la Silésie, la Hollande, Naples, l'Asie Mineure, etc., ne donnent ensemble qu'environ 16 millions de kilogr. de racines sèches; la France fournit donc les deux tiers de la garance livrée à l'industrie des divers peuples.

Composition chimique. — Bien que la garance ait été le sujet de nombreux travaux chimiques, on est encore bien loin d'être fixé sur la véritable composition des principaux organes de cette plante précieuse. Laissant de côté ce qui, dans les analyses exécutées jusqu'ici, n'intéresse réellement que les industriels, nous nous bornerons à relater ce qu'il importe de savoir au point de vue agricole.

La tige de garance renferme, quand elle est séchée à l'air après la récolte, 18,4 pour 100 d'eau; elle contient à cet état 0,66 d'azote, et 0,81 pour 100 dans son état de siccité complète.

Dans la racine, à l'état frais, il y a de 72 à 78 pour 100 d'eau. Desséchée à l'étuve, pour être mise dans le commerce, elle en retient encore 7 à 8 pour 100. Dans cet état, elle contient 1,24 pour 100 d'azote, quantité qui s'élève à 1,33 dans la racine séchée à 100°.

La proportion des cendres fournies par la racine commerciale est très-variable ; ainsi, d'après MM. Chevreul et Persoz,

100	p. d'alizaris	d'Avignon, desséchées à 100°,	ont donné	8,1 à 8,3	p. 100 de cendres
100	—	d'Alsace,	—	—	6,3 à 6,5	—
100	—	du Levant,	—	—	9,8	—

Voici les substances minérales que ces cendres contiennent :

	Garance d'Alsace, d'après M. Koechlin. N° 1.	N° 2.	Garance de Zélande, d'après M. May.
Potasse	20,39	18,07	2,73
Soude	11,04	7,91	20,57
Chaux	24,00	19,84	13,01
Magnésie	2,60	2,50	2,53
Peroxyde de fer	0,82	2,28	2,13
Acide phosphorique	3,65	3,13	13,44
A reporter	62,50	53,73	54,41

Report...	62,50	53,73	54,41
Acide sulfurique	1,56	1,45	2,28
— carbonique	25,83	21,35	11,60
Chlore	3,27	8,98	»
Silice	1,14	3,63	13,10
Charbon et sable	4,13	11,48	5,93
Chlorure de sodium	»	»	10,04
	99,43	100,62	97,36

Les graines de garance d'Avignon fournissent, d'après M. Schiel, 8,14 pour 100 de cendres, ainsi composées sur 100 parties :

Potasse	17,77
Soude	5,48
Chaux	26,45
Magnésie et trace de manganèse	2,20
Peroxyde de fer	0,82
Chlorure de sodium	9,11
Acide sulfurique	2,66
— phosphorique	4,51
— carbonique	9,81
Silice	17,01
Charbon	1,54
	97,36

Climat et sol. *Climat.* — La garance s'accommode également de tous les climats, elle donne de bons produits aussi bien à Smyrne qu'en Zélande et dans les contrées intermédiaires.

Sol. — La garance aime les terrains légers et de consistance moyenne, les sols sablo-argileux, calcairo-argileux, meubles et profonds, où ses longues racines peuvent se développer facilement.

Sa végétation est d'autant plus vigoureuse en été, et son produit en racines d'autant plus abondant, que le sol conserve plus de fraîcheur pendant la saison chaude. Quand la terre est trop sèche, sa végétation est suspendue, et ne reprend plus qu'au retour des pluies. Toutefois, le terrain ne doit être que frais, et non pas humide.

On peut donc obtenir d'abondants produits dans tous les terrains qui remplissent les conditions précédentes ; mais il s'en faut de beaucoup que ces produits offrent tous la même qualité. On a constaté, en effet, que, suivant la composition élémentaire du sol, les racines de garance sont rouges, rosées, jaunes ou grises. L'élément terreux, qui paraît jouer le rôle le plus important dans la formation du principe colorant, est le carbonate de chaux, et c'est pour cela que les garances de Vaucluse et de Hollande, développées dans les sols renfermant de 60 à 93 pour 100 de carbonate de chaux, sont bien plus riches, et ont une valeur commerciale bien plus élevée que les garances de l'Alsace, cultivées sur des terrains contenant au plus 10 pour 100 de cette substance.

Suivant M. Bastet, voici les meilleures proportions d'humus, de calcaire, d'argile et de sable que puisse contenir un sol, pour que la garance y soit de belle venue et d'excellente qualité :

	Orange.	Clausayes.	Courthézon.	Causanes.
Humus	5,50	5,30	5,50	5,00
Calcaire	41,00	37,00	38,00	47,00
Argile	18,00	29,00	35,00	28,09
Sable	35,00	29,00	21,00	20,00
	99,50	100,50	99,50	100,00

Ce qui donne pour moyenne :

Humus	5,375
Calcaire	40,750
Argile	27,500
Sable	26,250
	99,875

Ce sont donc les sols légers ou de consistance moyenne, profonds, friables, assez frais en été, et surtout contenant une forte proportion de carbonate de chaux, qui conviennent particulièrement à la garance.

Mais il faut aussi que ces sols soient homogènes dans toutes leurs parties et exempts de graviers, car l'expérience a prouvé que, quand la terre est graveleuse, la plante n'y prospère pas, et que les travaux de l'arrachage morcellent la racine, de sorte qu'elle est alors d'une vente difficile et d'un très-médiocre produit.

Place dans la rotation. — La garance exige une terre profondément ameublie et fumée : il y a donc avantage à la faire succéder aux récoltes pour lesquelles on a défoncé le sol à $0^{m},30$ ou $0^{m},40$ de profondeur, et qui ont été richement fumées. Telles sont les racines fourragères.

Le défoncement qui résulte de l'arrachage de la garance a pour résultat de mélanger les couches superficielles avec les couches inférieures, et de rendre à ces dernières une grande partie de la fertilité qu'elles ont perdue. Aussi le même terrain peut-il porter un certain nombre de récoltes continues de garance sans que le produit diminue, à la condition qu'on fumera copieusement la terre après chaque récolte. Lorsque, toutefois, on trouvera de l'avantage à intercaler d'autres cultures entre celles de la garance, il faudra préférer toutes celles qui aiment les terrains ameublis et fertilisés à une grande profondeur. De ce nombre sont la luzerne, le sainfoin, le lin, les racines fourragères, etc. Le froment y donne aussi de bons résultats, mais alors seulement que la terre, profondément remuée par l'arrachage, s'est un peu raffermie. Enfin, on peut encore profiter de cet ameublissement profond pour y planter de la vigne, des mûriers ou des arbres fruitiers.

Préparation du sol. — Si le sol n'a pas encore été défoncé profondément, et qu'il soit de nature un peu compacte, il convient de lui appliquer d'abord un labour de $0^m,50$, suivi, quelque temps après, d'un labour ordinaire. Si, au contraire, le sol est léger et naturellement meuble à une grande profondeur, ou s'il a été défoncé récemment, on se contente d'un seul labour de $0^m,25$.

Ces labours sont ordinairement pratiqués à la bêche, mais il est plus prompt et plus économique de les exécuter avec une charrue suivie par des ouvriers qui complètent à coups de bêche la profondeur de chaque raie, ou, mieux encore, avec deux charrues suivant la même raie (t. I, p. 192).

C'est toujours avant l'hiver qu'on exécute ces labours de défoncement, et l'on attend la fin de février pour ameublir convenablement la surface par les labours croisés, les hersages et les roulages nécessaires. Enfin, un trait d'extirpateur, suivi d'un hersage, est exécuté au commencement de mars, immédiatement avant l'ensemencement; puis on termine l'opération en traçant sur le sol, avec un rayonneur, la largeur des planches qui recevront l'ensemencement.

Ces planches, séparées par un intervalle de $0^m,40$ dont la terre est employée aux buttages successifs, offrent une largeur qui varie entre $1^m,32$ et 1 mètre. L'expérience a fait donner la préférence à la première dimension. On a reconnu que la garance qui vient sur le bord des planches est toujours plus belle, et compense les vides nombreux laissés entre ses plants; l'ouvrier sarcleur atteint plus facilement les mauvaises herbes sans marcher sur les planches, et l'on trouve plus facilement dans ces intervalles fréquents la terre nécessaire pour de forts buttages. Enfin, l'arrachage des racines à la charrue ou à la bêche, devient beaucoup plus praticable, puisque la terre peut être renversée de chaque côté dans les intervalles. Si l'irrigation devient nécessaire, et qu'on puisse en disposer, on fait entrer l'eau dans les fossés : elle pénètre la terre par infiltration, et permet de commencer l'arrachage dans une saison où la sécheresse empêche ordinairement d'entreprendre cette opération. Or, les garances arrachées les premières se vendent toujours à un meilleur prix, car les fabricants ont observé que les préparations auxquelles ils soumettent les racines réussissent mieux en été qu'en hiver.

Engrais et amendements. — La garance ne paraît pas absorber une grande quantité d'engrais, puisque, d'après M. de Gasparin, elle n'enlève au sol que l'équivalent de 277 kilogrammes de fumier pour 100 kilogr. de racines sèches récoltées, ce qui fait une perte totale de 10,000 kilogr. d'engrais par hectare, en portant le rendement moyen à 3,500 kilogrammes de racines. Quoique peu épuisante, cette plante ne donne cependant d'abondants produits que dans les terres très richement fumées; mais une grande partie de l'engrais répandu dans le sol y reste pour les récoltes suivantes. Les engrais les plus chauds, tels que les fumiers de cheval et de mouton, sont ceux qui conviennent le mieux. Comme les terrains sur lesquels on opère sont, en général, peu compactes, les fumiers doivent être à moitié consommés, car les fumiers longs ou pailleux soulèvent trop la couche supérieure, et nuisent ainsi à la germination ou à la reprise des jeunes plants qu'on repique.

On répand les fumiers dans la proportion de 40,000 kilogr. par hectare. Les boues de ville ont été aussi employées, mais avec moins de succès.

Comme la garance reste plusieurs années en terre, et que, chaque année, elle a besoin d'y puiser une nouvelle dose de principes nutritifs, il n'est pas douteux que les engrais à décomposition lente, comme des os concassés, la corne, les chiffons de laine, ne lui soient très-avantageux. On devra préférer ces engrais à tous autres, lorsqu'on ne pourra pas se procurer une suffisante quantité de fumiers animaux. Les os concassés seront employés dans la proportion de 12 à 1,500 kilogr. par hectare ; la corne, dans la proportion de 800 kilogr. Les chiffons de laine devront être mélangés avec le fumier, dans la proportion de 14,000 kilogr. pour 2,500 kilogr. de fumier, quantité suffisante pour fumer un hectare. Ce mélange aura pour effet de décomposer plus facilement les chiffons. Pour atteindre complétement ce but, on formera les mélanges un ou deux mois à l'avance, puis on les arrosera de temps en temps, avec des urines, ou des purins de matières fécales.

Les engrais pulvérulents, riches en sels alcalins et en phosphates, tels que le noir animalisé, la poudrette, les tourteaux de graines oléagineuses sont aussi très-convenables, non pour être employés seuls, mais pour compléter la fumure. En général, l'association de plusieurs engrais est préférable à l'emploi exclusif de l'un quelconque d'entre eux.

Les fumiers proprement dits sont enterrés avant l'hiver par le labour qui suit le défoncement, si celui-ci doit avoir lieu, sinon avec le premier labour. Quant aux engrais pulvérulents, complémentaires de la fumure, on les recouvre par les premières façons pratiquées au printemps. Il faut, ainsi que nous l'avons dit, que la terre offre un grand excédant d'engrais pour donner un rendement passable, et plus cet excédant est considérable, plus la récolte est abondante. Ainsi, on peut obtenir par hectare environ :

2,000 kil. de racines sèches,	avec une fumure de...		24.000 kil.
3,500	—	— ...	45,000 —
4,000	—	— ...	60,000 —
6,000	—	— ...	190.000 —

La garance peut être cultivée de deux manières, soit par le semis à demeure, soit par le semis en pépinière et la transplantation.

Semis à demeure.

Choix des semences. — Quand on veut récolter soi-même ses graines, on choisit les garances de deux ans, afin d'avoir des graines mieux constituées et plus abondantes. Dès que les fruits sont d'un violet foncé, on fauche les tiges rez-terre, on les expose au soleil pour les sécher, puis on en sépare les graines par un léger battage. Dans les terrains légers, si favorables cependant à la production des racines, les fleurs coulent souvent, et l'on peut à peine y récolter, sur un hectare, la quantité de graines nécessaires pour l'ensemencement de cette surface. Sur les terres un peu consistantes, au contraire, on obtient un rendement quadruple. Quelques cultivateurs plantent des racines au pied de palissades ou de haies mortes sur lesquelles les tiges s'appuient. Dans cette position isolée, les plantes donnent une plus grande quantité de semences.

Les graines de la garance ne conservent leur faculté germinative que pendant une année ou deux ; il faut donc toujours les choisir de la dernière récolte. Lorsqu'on ne peut s'en procurer que par le commerce, on n'achète que celles dont le germe est blanc ; c'est le seul indice pour reconnaître leur bonne qualité. Mais il est toujours plus prudent de les essayer par le procédé indiqué tome I, page 593.

Époque des semailles. — Dans le Midi, et dans tous les terrains exposés, dès le printemps, à la sécheresse, on ensemence de la fin de février aux premiers jours de mars, pour que la germination soit complète avant que le sol se dessèche. Dans le Nord, et dans tous les terrains qui conservent de la fraîcheur, on attend le commencement d'avril ; le terrain est alors échauffé par le soleil ; la sortie des germes est plus prompte, et les plantes deviennent plus vigoureuses.

Quantité de semences. — Dans les terrains qui n'ont pas encore porté de garance, on emploie 70 kilogr. de semences par hectare pour les terres un peu consistantes, et 82 kilogr. pour les sols légers. Mais si le terrain a déjà donné plusieurs récoltes de cette plante, la germination se fait mal, les jeunes plantes périssent en plus grand nombre, et l'on doit porter la quantité de graines jusqu'à 120 kilogrammes.

Modes de semaille. — La garance est semée en lignes. A cet effet, quand le sol a été ameubli, fumé et disposé en planches de $1^{m},32$, on ouvre, parallèlement à la longueur des planches, avec une houe à main, une première raie distante du bord de $0^{m},22$ et profonde de $0^{m},03$ à $0^{m},05$, selon que le sol est plus ou moins consistant, puis une femme y répand la semence. En revenant sur ses pas, l'ouvrier ouvre une seconde raie à $0^{m},22$ de la première, et de la terre qu'il en extrait il recouvre les semences versées dans la première. La troisième raie et les suivantes sont tracées de la même manière, jusqu'à la cinquième, qui se trouve aussi placée à $0^{m},22$ du bord opposé. Pour recouvrir les semences de cette dernière raie, on prend de la terre sur la planche suivante.

Entretien. — Souvent, avant la levée complète des graines, une pluie vient battre le terrain et former une croûte qui adhère à sa surface ; il faut, sans retard, la briser au râteau. Dans les grandes plantations, on fait usage d'un rouleau de bois garni de pointes de fer, et qui supplée au râteau.

Dès que toutes les jeunes plantes sont sorties de terre, on exécute un premier sarclage, et l'on répète cette opération deux fois, pendant le premier été, au moment du développement des plantes nuisibles. Après chacun de ces sarclages, on répand sur les planches environ $0^{m},01$ de terre prise dans les intervalles qui les séparent, afin de rechausser les jeunes plantes, et de remplacer la terre qui a été enlevée par les sarclages. Cette terre doit être parfaitement ameublie et répandue de manière à ne pas couvrir les tiges. Dans les sols un peu compactes on néglige ces couvertures, parce que les racines sont moins dérangées par le sarclage.

Au mois de novembre suivant, on répand uniformément sur les planches une couche de terre qui couvre entièrement les tiges, et dont l'épaisseur varie entre 0^m,05 et 0^m,08, selon que le sol est plus ou moins compacte. Cette terre est encore plus prise dans les intervalles qui séparent chaque planche, et qui sont ainsi progressivement transformés en fossés.

Cette sorte de buttage n'est pas destiné à garantir la plante du froid, car elle le supporte sans souffrir, mais à augmenter la masse végétale chargée de matière colorante.

En effet, la partie inférieure de la tige, comprenant le tiers environ de sa longueur, se maintient vivante, et, au printemps suivant, elle produit, à chaque nœud, de vigoureux bourgeons et de nombreuses racines en même temps que, privés de lumière, ses tissus perdent leur couleur verte pour prendre la couleur jaune ou rouge, et acquérir les propriétés qui distinguent les racines.

Au printemps de la deuxième année, on donne un sarclage unique. La garance pousse alors avec une telle vigueur qu'elle couvre entièrement le sol et domine toutes les plantes nuisibles. Vers la fin de l'été, les tiges fleurissent et fructifient. On coupe alors soit en fleur, pour en faire du fourrage, soit en fruit pour en recueillir la graine, ainsi que nous l'expliquerons plus loin. Au mois de novembre, on couvre les planches d'une couche de terre, comme on l'a fait l'année précédente; et, comme on force ainsi les nouveaux bourgeons qui se développeront l'année suivante à traverser cette nouvelle couche, ils s'y enracinent et augmentent encore la masse du produit industriel.

Pendant la troisième année, la garance n'exige aucun soin jusqu'au moment de la récolte des racines. Comme à la seconde année, on coupe les tiges en fleur ou en fruit, selon qu'on veut obtenir du fourrage ou de la graine.

Ajoutons que, dans les terrains secs du Midi, on devra, toutes les fois qu'on le pourra, user de l'irrigation pour empêcher l'action de la sécheresse. On fera, à cet effet, pénétrer l'eau dans les fossés qui séparent chaque planche. Il ne faudra toutefois pas abuser de ce moyen, car il peut influer défavorablement sur la qualité des racines, et même les faire pourrir.

Semis en pépinière et transplantation.

Pépinière. — Les plants se composent de jeunes racines fraiches âgées d'un an, que l'on a élevées, de semis, dans une pépinière préalablement préparée et fumée comme pour le semis à demeure. Cette pépinière a été semée à la volée, et très-dru ; on lui a donné les soins d'entretien indiqués pour les semis à demeure pendant la première année, moins le buttage pratiqué avant l'hiver, et, quand les plants ont eu la force voulue, on a procédé à l'arrachage.

Plantation et entretien. — Le terrain destiné à la plantation est préparé comme pour le semis à demeure. Dans le Midi, on fait cette plantation en novembre et décembre, et en mars dans le Nord. On emploie environ 1,600 kilogr. de racines fraîches, bien nettoyées, par hectare. Voici comment on procède :

On ouvre, avec la houe à main, des sillons profonds de $0^m,06$ à $0^m,10$, selon la ténacité du sol ; on y étale les racines, et on les recouvre, puis on donne à la plantation les mêmes soins que pour les semis à demeure à partir de la deuxième année.

Maladies. — La garance est exposée aux ravages occasionnés par un champignon parasite appartenant aux *rhizoctones* (*rhizoctonia rubiæ*) et très-voisin de l'espèce qui attaque la luzerne. Ce champignon apparaît sous forme d'un épais réseau de couleur lie de vin, et qui, passant rapidement d'une racine à une autre, les fait pourrir et envahit bientôt de grandes surfaces. Dès qu'une garancière est attaquée par le rhizoctone, les plantes jaunissent et meurent. On ne connaît encore ni la cause de cette maladie, ni le moyen d'y remédier. La seule manière de sauver quelques parties de la récolte est de procéder à l'arrachage si les plantes sont âgées de deux ans au moins.

Récolte. *Fourrage.* — Nous savons déjà que les tiges de la garance donnent un excellent fourrage lorsqu'elles sont fauchées au moment de la floraison ; mais est-il bien démontré que cette suppression des tiges ne nuise pas au développement des racines ? Nous avons peine à le croire, quoi qu'on en ait dit ; toutefois, comme les tiges sont coupées au moment où la plante est sur le point de cesser son accroissement, nous pensons que le tort est peu considérable, et qu'il est largement compensé par la valeur de ce fourrage. Au surplus, c'est seulement sur les garances de deux et trois ans qu'on fait cette récolte.

Graines. — La récolte des graines ne cause aucun dommage à la production des racines, puisqu'on ne coupe les tiges qu'après la maturité du fruit et lorsque la végétation de la plante est arrêtée. Mais le prix assez élevé de ces graines fait que la valeur de cette récolte dépasse souvent celle du fourrage, et qu'on lui donne autant que possible la préférence. Toutefois, comme le produit en grain est presque nul sur les terrains légers, on coupera nécessairement pour fourrage. Nous avons expliqué plus haut les soins à donner à la récolte des graines. Ajoutons que les fanes qui restent après le battage peuvent encore servir à la nourriture des bestiaux, quoiqu'elles soient bien loin de valoir celles qui ont été coupées en fleur.

Racines. — A quel âge est-il le plus avantageux de faire la récolte des racines ? Celles-ci sont vivaces, et l'on ne peut assigner aucun terme à leur vie. Non-seulement elles continuent de s'accroître pendant toute leur durée, mais encore la proportion de leurs principes colorants augmente sans cesse. D'après M. Bastet, on obtient, aux différents âges, la proportion suivante de racines sèches sur le même espace de terrain :

A 10 mois	22,047	kilogrammes.
A 18 mois	24,998	—
A 30 mois	30,069	—
A 42 mois	36,385	—

Il y aurait donc avantage à laisser les racines séjourner le plus longtemps possible dans le sol, si la plus-value résultant d'un séjour prolongé compensait toujours la rente de la terre et l'intérêt du capital employé. L'expérience a démontré qu'il y a plus que compensation dans les terres sèches du Midi, dont la rente est peu élevée, aussi les garances n'y sont-elles généralement récoltées que la troisième année.

On les laisse jusqu'à l'âge de quatre à cinq ans dans le Levant où les conditions sont encore plus favorables sous ce rapport. Mais dans tous les sols riches et frais du Midi, et dans ceux de l'Alsace, le loyer de la terre est à un prix tel qu'il y a bénéfice à récolter dès la seconde année, malgré l'infériorité du prix des racines trop jeunes ; on ne les laisse en terre jusqu'à la troisième année que quand les prix courants sont bas et qu'on veut attendre la hausse.

Dans le Midi, où l'on profite de la chaleur du soleil pour le séchage des racines, c'est de la fin d'août au commencement de septembre qu'on arrache la garance. Dans le Nord, où l'on sèche à l'étuve, on peut retarder jusqu'à la fin de septembre, mais il faut toujours procéder avant les premières gelées.

Dès que les tiges ont été fauchées, les ouvriers ouvrent, à l'extrémité de chaque planche, une tranchée transversale pénétrant un peu au-dessous du point où les racines sont descendues dans la terre ; puis ils renversent celle-ci dans la tranchée, en allant toujours à reculons. Après chaque coup de bêche, ils brisent la terre et en extraient les racines, qu'ils jettent devant eux, dans un panier ou sur un linceul étendu sur la terre déjà fouillée.

A ce mode, long et dispendieux, on a essayé de substituer le travail mécanique. Une forte charrue à défoncer, attelée d'un nombre suffisant d'animaux de trait, ouvre successivement, et d'un seul coup, des raies dont la profondeur varie selon le besoin, mais qui ne peut dépasser 0m,45. Des hommes et des femmes suivent l'instrument ; les hommes, armés d'un râteau, tirent à eux, sur la terre déjà remuée, la tranche renversée, l'émiettent ; les femmes en extraient les racines et les placent dans des paniers.

Ce procédé est moins parfait ; il laisse dans le sol une certaine quantité de racines ; mais il est plus prompt, moitié moins coûteux, et ces avantages compensent largement la perte de quelques produits. Comme la charrue ne peut pénétrer d'un seul coup au delà de 0m,45 et qu'on ne peut augmenter cette profondeur à l'aide de deux charrues marchant successivement dans la même raie, sous peine de rompre les racines et d'en compromettre la valeur commerciale, l'arrachage mécanique ne peut être appliqué qu'aux terrains un peu consistants dans lesquels les racines ne s'enfoncent pas à plus de 0m,45. Pour les sols légers où elles plongent de 0m,50 à 1 mètre de profondeur, il faut s'en tenir à l'extraction par la bêche. Il en est de même pour toutes les petites surfaces, quel que soit d'ailleurs le degré de profondeur atteint par les racines.

A mesure que les racines sont extraites du sol, on les transporte sur l'aire, où elles commencent à sécher, et on les remue de temps en temps pour en détacher la terre. Dans le Midi, on les laisse ainsi étendues, et la chaleur du soleil suffit pour leur faire acquérir un degré de siccité convenable. Dans le Nord, après quelques jours d'exposition à l'air, on les transporte à l'étuve.

Les racines sont suffisamment sèches lorsqu'elles se cassent net, sans plier. On les dispose alors par paquets de 150 kilogr., recouverts d'une toile, et on les conserve dans un endroit sec et aéré jusqu'au moment de la vente.

Rendement. — Le rendement de la garance varie suivant l'âge auquel on la récolte, la qualité du sol, la quantité d'engrais qu'on lui a appliquée. Dans un sol de qualité moyenne et convenablement fumé, le produit moyen d'une récolte de troisième année peut s'élever à 3,500 kilogr. de racines sèches par hectare.

Le fourrage, coupé en fleurs, donne aussi un résultat assez important. La pratique a démontré que le poids du fourrage sec de la seconde année égale celui des racines sèches que l'on récoltera à la troisième. C'est donc un moyen de connaître à l'avance quel sera ce rendement. Quant au fourrage de la troisième année, il est moitié moins abondant que celui de la seconde.

Lorsque le sol est favorable à la production des graines, et qu'on préfère cette récolte à celle du fourrage, on peut obtenir, en moyenne, pendant la deuxième année, 400 kilogr. de graines par hectare, et 200 kilogr. pendant la troisième.

COMPTE DE CULTURE D'UN HECTARE DE GARANCE DE TROIS ANS SEMÉE A DEMEURE SUR UN TERRAIN NEUF ET DE CONSISTANCE MOYENNE.

DÉPENSE.

Première année.

Un labour de défoncement à $0^m,50$ de profondeur	115f »
Un labour ordinaire	22 »
Deux labours croisés, à 22 fr. l'un	44 »
Un hersage	2 50
Un roulage	2 »
Un hersage	2 50
Un trait d'extirpateur	6 »
Un hersage	2 50
Rayonner la surface pour la diviser en planches	2 »
82 kil. de semences, à 1 fr. le kil	82 »
Rayonner et semer	22 »
Trois sarclages à la main	70 »
Couvrir trois fois	30 »
Couvrir en plein à l'automne	24 »
60,000 kil. de fumier, ou son équivalent, à 10 fr. les 1000 kil., y compris le transport et l'épandage, 600 fr. Le dixième de cette somme à la charge de la garance	60 »
Intérêt pendant un an, à 5 pour 100, du prix de la fumure non absorbée	27 »
Loyer de la terre	100 »
Frais généraux d'exploitation	20 »
Total	633f 50

Deuxième année.

Intérêt pendant un an, à 5 pour 100, des frais de la première année	31f 65
Un sarclage au printemps	23 »
Couvrir	10 »
Coupe des tiges pour fourrage ou pour la graine	12 »
Couvrir en plein à l'automne	24 »
Intérêt pendant un an, à 5 pour 100, du prix de la fumure non absorbée	27 »
Loyer de la terre	100 »
Frais généraux d'exploitation	20 »
Total	247f 65

Troisième année.

Intérêt pendant un an, à 5 pour 100, des frais des deux années précédentes	44f 05
Coupe des tiges pour fourrage ou pour la graine	12 »
Arracher les racines	300 »
Sécher et emballer	125 »
Intérêt pendant un an, à 5 pour 100, du prix de la fumure non absorbée	27 »
Loyer de la terre	100 »
Frais généraux d'exploitation	20 »
Intérêt pendant six mois, à 5 pour 100, des frais ci-dessus	31 40
Total	659f 45

PRODUIT.

3,500 kil. de racines sèches, à 60 fr. les 100 kil	2100f »
400 kil. de semences récoltées la deuxième année, à 1 fr. le kil.	400 »
Intérêt de cette somme, à 5 pour 100, pendant un an	20 »
200 kil. de semences la troisième année, à 1 fr. le kil	200 »
Total	2720f »

BALANCE.

Produit		2720f »
Dépense	1re année .... 633 50 2e année .... 247 65 3e année 659 45	1540 60
Bénéfice net		1179f 40

Environ 70,50 pour 100 du capital employé.

COMPTE DE CULTURE D'UN HECTARE DE GARANCE DE TROIS ANS, PLANTÉE SUR UN TERRAIN NEUF ET DE CONSISTANCE MOYENNE.

DÉPENSE.

Première année.

Préparation du sol comme pour la garance semée	198f 50
1600 kil. de racines fraîches pour planter, à 15 fr. les 100 kil.	240 »
Rayonner le terrain et étendre les racines	22 »
Soins d'entretien comme ceux de la garance semée pendant la deuxième année	69 »
Fumure comme pour la garance semée	87 »
Loyer de la terre	100 »
Frais généraux d'exploitation	20 »
Total	736f 50

Deuxième année.

Intérêt à 5 pour 100, pendant un an, des frais de la première année	36f 82
Récolte, intérêt de la fumure, loyer de la terre, frais généraux d'exploitation, comme la troisième année de la garance semée.	584 »
Intérêt pendant un an, à 5 pour 100, des frais ci-dessus	31 04
Total	651f 86

PRODUIT.

Comme la garance semée	2720f »

BALANCE.

Produit		2720f »
Dépense	1re année .... 736 50 / 2e année 651 86	1388 36
	Bénéfice net	1331f 64

Environ 96 pour 100 du capital employé.

Ainsi qu'on le voit, la culture au moyen de la plantation donne un bénéfice plus élevé que par les semis. Par le premier mode, la récolte n'est chargée que de deux années de rente de la terre au lieu de trois, et l'on évite une grande partie des frais de culture qui grèvent la première année de la garance semée ; or cette diminution de la dépense est loin d'être absorbée par le prix des racines qu'on achète pour planter. On devrait donc préférer toujours la plantation au semis; mais l'avance que nécessite l'acquisition des racines à planter venant augmenter les frais, déjà considérables, que réclame cette culture dès son début, il en résulte que l'on adopte presque toujours le semis à demeure, surtout lorsque le prix des graines est peu élevé.

Cependant, lorsque la contrée où l'on opère est très-exposée aux gelées tardives, si redoutables pour les jeunes plantes, lorsque le terrain est d'une nature telle que sa surface se durcit après chaque ondée de pluie, ou bien qu'il est très-exposé à la sécheresse dès le printemps, il faut absolument planter au lieu de semer, car la sortie des germes se ferait mal, et beaucoup de jeunes plantes périraient, tandis que celles qui poussent par racines plantées sont beaucoup plus robustes.

DE LA GAUDE.

La *gaude* ou *vaude* (*reseda luteola*) (fig. 872 à 875) est une plante presque bisannuelle qui appartient à la famille des *capparidées*.

Elle croît spontanément dans presque toute l'Europe, mais particulièrement dans les pays sablonneux.

Elle renferme dans la partie supérieure de ses tiges, notamment dans ses dernières feuilles et les enveloppes du fruit, un principe colorant jaune qui fournit en teinture des nuances pures et brillantes, qui s'altèrent moins à l'air et ne passent pas aussi facilement au roux que celles provenant des matières tinctoriales jaunes. De toutes les plantes tinctoriales, c'est celle dont la préparation commerciale est la moins dispendieuse, puisqu'il suffit d'arracher et de faire sécher les tiges pour qu'elles puissent être immédiatement livrées à la consommation.

La gaude est aussi une plante oléagineuse. Ses graines fournissent de 29 à 36 pour 100 d'une huile à brûler de bonne qualité.

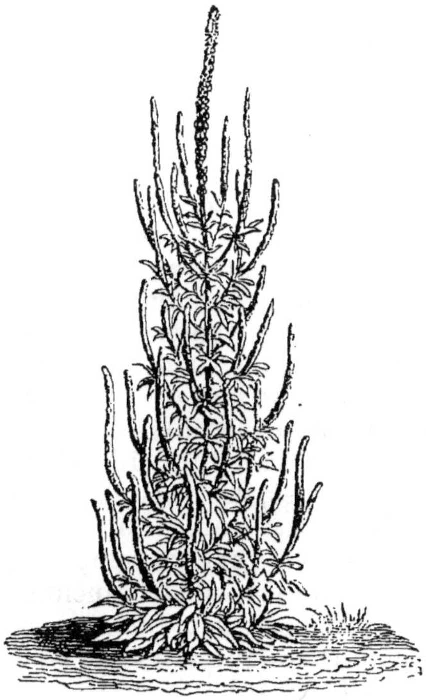

Fig. 872. *Pied de gaude crû isolément.*

Fig. 873. *Portion d'épi de gaude.*

Fig. 874. *Fleur de la gaude.*

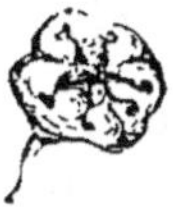

Fig. 875. *Fruit de la gaude.*

Variétés. — Les soins de la culture ont créé deux variétés, distinctes seulement par l'époque à laquelle il est nécessaire de les semer : la *gaude d'automne*, qu'on sème à la fin de l'été, et la *gaude de printemps*, dans les premiers jours de mars.

On donne généralement la préférence à la première : d'abord parce qu'elle est plus productive et plus riche en principe colorant, puis parce que la gaude de printemps croît très-lentement et risque d'être étouffée par les mauvaises herbes, si on ne lui applique pas de nombreux sarclages. La gaude d'automne n'exige au contraire de sarclage qu'au moment de sa sortie de terre ; au printemps suivant elle est déjà maîtresse du terrain, et domine les autres herbes. En outre, elle mûrit plus tôt que la variété de printemps, et l'on a plus de temps pour sécher ses tiges.

Composition chimique. — On n'a point encore d'analyse complète des diverses parties de la gaude, de manière à savoir ce que cette plante enlève au sol. Le peu que l'on sait consiste en ceci, qu'on a trouvé dans la plante entière, ou plutôt dans la partie supérieure de la tige où abondent les fleurs et les fruits, une matière colorante jaune, un principe amer, une substance visqueuse, une matière azotée, du sucre, un acide libre, des citrates de chaux et de magnésie, des sulfates de chaux et de potasse, du chlorure de potassium, un sel de potasse à acide organique, un sel ammoniacal et surtout des phosphates de chaux et de magnésie.

Climat et sol. — La gaude s'accommode de tous les climats de la France; mais on ne la cultive que dans le voisinage des centres de consommation, c'est-à-dire aux environs des villes qui renferment des établissements de teinture, comme dans le midi de la France et en Normandie, dans le canton d'Elbeuf, mais surtout aux environs de Pont-de-l'Arche et de Louviers (Eure); on peut estimer à 320 le nombre d'hectares de terre consacrés à cette culture dans ces dernières localités.

Quoiqu'elle soit peu délicate quant à la nature du sol, la gaude préfère cependant les terres légères, les sols sablo-argileux, calcairo-argileux et même sableux, pourvu qu'ils conservent un peu de fraîcheur en été. Dans les argiles compactes elle se développe bien, devient plus grande, plus branchue; mais elle est bien moins riche en principes colorants, et par conséquent moins estimée des teinturiers que la gaude fine, droite, non rameuse et abondante en graines, des terres légères.

Place dans la rotation. — La gaude n'exigeant pas que le sol soit fraîchement labouré, on peut la mettre dans une récolte encore sur pied, au moment où l'on donne le dernier binage. C'est ainsi qu'on sème la gaude d'automne dans des haricots, du maïs, des cardères, des fèves, du sarrasin, etc. En Angleterre, elle est souvent répandue dans les céréales, dès le mois d'avril ou de mai, comme on le fait à l'égard du trèfle, pour ne récolter que l'année suivante. L'époque à laquelle on arrache la gaude d'automne permet encore de faire une récolte de navette sur le même terrain.

Quant à la gaude d'été, sa place la plus avantageuse est dans la luzerne, le sainfoin ou le trèfle, auxquels elle sert d'abri pendant la première année.

Dans le département de l'Eure, on alterne la Gaude avec le blé et le chardon à foulon. En raison de ses racines pivotantes et des nombreux sarclages qu'on lui applique, elle est un des meilleurs composts pour le blé et les autres céréales, qui donnent toujours, après elle, de fort bonnes récoltes.

Préparation du sol. — Soit qu'elle ait été répandue immédiatement après l'ensemencement de la récolte principale, cas dans lequel elle profite de la préparation déjà donnée au sol ; soit que cela n'ait lieu que sur une récolte déjà en végétation, au moment où l'on vient de pratiquer un binage, la gaude n'a besoin d'aucune préparation spéciale du sol. Ce soin n'est nécessaire que si on la cultive seule ; le terrain doit alors être bien ameubli par deux labours suivis de hersages.

Engrais. — Quoique peu épuisante, la gaude ne donne d'abondantes récoltes que dans les sols convenablement fumés. Elle paraît enlever à la terre 250 kilogr. de fumier pour 100 kilogr. de tiges sèches récoltées.

Semailles. — On ne doit employer pour semences que des graines de l'année précédente, d'un jaune tirant au noir, pesantes : plus vieilles, elles perdent leur faculté germinative. Il est, au surplus, toujours prudent de les essayer. Si l'on veut récolter ses graines soi-même, il suffit de réserver, au moment de la récolte, un certain nombre des plus belles plantes, et de les laisser mûrir complétement. On les arrache ensuite, et l'on en sépare facilement les graines par le battage.

La gaude d'automne se sème en juillet et en août, et celle d'été en mars. On emploie par hectare 4 kilogr. de la première, et 5 kilogr. de la seconde.

Comme la graine de gaude est très-petite, on la mêle avec du sable fin pour la disséminer plus régulièrement. Cet ensemencement est presque toujours fait à la volée. On recouvre très-légèrement à l'aide d'une herse formée de branchages d'épines, et que l'on fait suivre d'un rouleau si le semis est fait sur une récolte qui le permette.

Entretien. — Aussitôt après l'enlèvement de la récolte dans laquelle on l'a semée, on donne un premier sarclage à la gaude d'automne, puis un second au printemps suivant. On supprime, en outre, à ce moment, les plantes trop rapprochées, de façon qu'elles restent placées à $0^m,12$ ou $0^m,15$ les unes des autres.

La gaude d'été, semée sur les luzernes, sainfoins ou trèfles, reçoit un premier sarclage lorsque les plantes deviennent apparentes ; on lui en applique un second, et on l'éclaircit lorsque les plantes nuisibles le rendent nécessaire. Ces sarclages sont faits au moyen d'une petite houe ou serfouette, qui bine en même temps la surface du sol. Les plantes doivent rester placées à $0^m,08$ ou $0^m,10$ de distance.

Récolte. — On récolte la gaude au moment où toutes les fleurs sont développées, et où les graines ont noirci jusqu'au tiers de la hauteur des épis. Les tiges ont alors une hauteur d'environ 0m,75, et les feuilles et les tiges sont encore assez vertes. Ce moment arrive dans le courant de juillet pour la gaude d'automne, et en septembre pour celle de printemps. L'expérience a démontré que la gaude est d'autant moins riche en principes colorants qu'on s'éloigne davantage de ces époques.

On arrache à la main la plante entière; on la laisse toujours munie de sa racine, non pas que celle-ci contienne sensiblement de matière colorante, mais parce qu'elle donne meilleure façon à la plante, et que cette dernière est alors, comme on dit, *plus de vente*. Aussitôt après on procède au séchage des tiges, de manière à leur faire acquérir la belle couleur jaune qui les fait rechercher. Les teinturiers repoussent la gaude qui a conservé sa couleur verte, et c'est à tort, car nous nous sommes assuré que celle qui est restée verte, par suite d'une dessiccation prompte effectuée par un beau temps, est tout aussi riche en principes colorants, et donne d'aussi belles nuances en teinture que celle qui est devenue jaune.

Pour bien sécher la gaude, on la dépose sur le sol, à mesure qu'on l'arrache, en javelles peu épaisses; quand le dessus est jauni par le soleil et les rosées, on les retourne, et la dessiccation complète a lieu ordinairement, au bout de six jours dans le Nord, et de deux ou trois dans le Midi. Mais, pour procéder ainsi, il faut être assuré du beau temps, car une seule pluie suffit, pendant le javelage, pour faire brunir la gaude et lui enlever presque toute sa valeur. C'est donc seulement pour la gaude d'automne, récoltée en juillet, et lorsque le beau temps est assuré, que ce mode est sans danger. Lorsque le temps est humide, on dresse les tiges contre des murs, des haies ou d'autres points d'appui. Si l'on en manque, on prend des baguettes flexibles, longues de 1m,40 environ, et l'on en forme autant de petits cerceaux de 0m,20 de diamètre (fig. 876), dans lesquels on fait entrer une poignée de tiges, qu'on dresse ensuite sur le sol en écartant la base, de façon que le cerceau s'arrête aux trois quarts à peu près de

Fig. 876. *Cerceau pour les gerbes de gaude.*

Fig. 877. *Gerbe de gaude pour le séchage.*

leur hauteur (fig. 877). Ainsi disposée, la gaude sèche un peu plus lentement qu'en javelles sur le sol, mais elle court très-peu de risques de la part du mauvais temps. On applique également ce mode aux gaudes de printemps, qui ne sont récoltées qu'en septembre.

Lorsque les tiges sont complétement sèches, on les bat très-légèrement sur un drap pour en extraire les graines dont on retire l'huile; puis on les lie en bottes de 5 kilogr. Ainsi préparée, la gaude peut ensuite être conservée pendant un grand nombre d'années sans que ses propriétés colorantes soient altérées, pourvu qu'elle ait été rentrée bien sèche et qu'elle soit enfermée dans un lieu exempt d'humidité.

Rendement. — Le produit de la gaude varie beaucoup en raison de la fertilité du terrain et des soins qu'on lui a donnés. Dans les circonstances les plus favorables le rendement peut s'élever jusqu'à 3,900 kil. de tiges sèches par hectare; mais, dans les sols siliceux, arides, il descend souvent au-dessous de 1000 kilogr. En résumé, on peut établir une moyenne de 2,500 kilogr. par hectare.

COMPTE DE CULTURE D'UN HECTARE DE GAUDE D'AUTOMNE SEMÉE DANS UNE RÉCOLTE DE SARRASIN.

DÉPENSE.

4 kil. de semence, à 1 fr. le kil	4f »
Répandre la semence à la volée	1 »
Un hersage	2 »
Un roulage	2 »
Deux sarclages à la houe à main, à 22 fr. l'un	44 »
Arrachage	10 »
Séchage, bottelage et emmagasinage	20 »
30,000 kil. de fumier, à 10 fr. les 1000 kil., y compris les frais de transport et d'épandage, 300 fr. Le quart de cette dépense à la charge de la gaude	75 »
Intérêt pendant six mois, à 5 pour 100, du prix de la fumure non absorbée	11 25
Loyer de la terre pendant six mois	35 »
Frais généraux d'exploitation pour six mois	10 »
Intérêt pendant six mois, à 5 pour 100, des frais ci-dessus	10 71
Total	224f 96

PRODUIT.

3000 kil. de tiges sèches, à 20 fr. les 100 kil	600f »

BALANCE.

Produit	600f »
Dépense	224 96
Bénéfice net	375f 04

Environ 166 pour 100 du capital employé.

DU SAFRAN.

Le *safran* (*crocus sativus*, L.) (fig. 878 à 880) est une plante bulbeuse de la famille des *iridées*. Originaire des montagnes de l'Europe méridionale, il croît aussi, à l'état spontané, dans le Nord de l'Afrique et en Asie. De ces divers points, sa culture s'est répandue dans l'Inde, dans l'Asie Mineure, en Sicile, en Espagne, en Autriche et même en Angleterre. En France, c'est dans le Gâtinais, l'Angoumois et le département de Vaucluse qu'il est exploité.

Le principal produit du safran est le stigmate. Cet organe fournit une couleur d'un beau jaune doré, mais peu solide ; aussi les teinturiers n'en tirent-ils aucun parti ; aujourd'hui il n'y a plus guère que la médecine, les parfumeurs, les distillateurs, les confiseurs et les pâtissiers qui en fassent usage. Dans l'Inde, en Espagne et dans le midi de la France, on introduit le safran dans beaucoup d'aliments pour en rehausser le goût ; on l'ajoute aussi à la farine dans la fabrication des pâtes d'Italie.

Fig. 879. *Fruit du safran.*

Fig. 880. *Semence du safran.*

Fig. 878. *Safran.*

Les fanes du safran sont une excellente nourriture pour les vaches, dont elles augmentent la sécrétion laiteuse.

Composition chimique. — Tout ce qu'on sait sur la composition chimique du safran, c'est que, dans le bulbe frais, il y a 1,20 pour 100 d'azote, et, dans le stigmate : de l'eau, de la gomme, de l'albumine, de la cire, de l'huile volatile, de la cellulose, de l'acide malique, de l'oxyde de fer, et surtout 42 pour 100 d'une matière colorante qui a la singulière propriété de prendre diverses nuances par l'action de certains agents chimiques, qualité qui lui a valu le nom de *polychroïte*, ce qui veut dire *plusieurs couleurs*.

Climat et sol. — Le safran s'accommode d'un grand nombre de climats, puisqu'on le voit prospérer également dans l'Inde et en Angleterre ; il redoute cependant les hivers où la température s'abaisse jusqu'à 15° au-dessous de zéro. En 1820 et 1830 on perdit, dans le Gâtinais et dans le Midi, les quatre cinquièmes des oignons. Les étés chauds lui sont au contraire très-favorables; mais, s'ils sont froids et pluvieux, sa floraison se prolonge trop, et les produits restent faibles et irréguliers. En général, les stigmates donnent une couleur d'autant plus vive et offrent un parfum d'autant plus prononcé que le climat est plus chaud.

Les terres de consistance et d'humidité moyenne sont celles qui conviennent le mieux au safran. Tels sont les sols sablo-argileux qui s'égouttent facilement. La présence d'une faible proportion de calcaire dans le sol paraît lui être favorable. Comme les terrains secs et légers s'échauffent plus facilement que les sols compactes et humides, il faut choisir une terre d'autant plus légère qu'on s'éloigne davantage du Midi. La végétation du safran est complétement suspendue pendant l'été; aussi est-il peu sensible aux sécheresses de cette saison.

Place dans la rotation. — Le safran ne peut entrer dans un assolement régulier, car il occupe le sol pendant plusieurs années et ne peut revenir sur le même terrain qu'après un intervalle de sept à huit ans. On lui réserve donc un champ à part, comme aux prairies artificielles de longue durée.

Le safran ne doit succéder qu'à des récoltes qui auront laissé le sol dans un état de fertilité convenable, et surtout bien net de mauvaises herbes; telles sont les plantes binées et fumées; mais, comme sa plantation n'a lieu que de juin en août, on peut la faire précéder par une récolte de vesces à couper en vert pour fourrage. Toutes les récoltes peuvent succéder au safran.

La difficulté de se procurer les oignons nécessaires, le nombre d'enfants et de femmes qu'il faut réunir pour la récolte, au moment où tous les bras sont occupés à d'autres travaux plus importants, et, par-dessus tout, la consommation assez restreinte de ce produit, empêchent cette culture de s'étendre et de s'éloigner des cantonnements où elle a été primitivement établie. C'est une industrie qui ne convient particulièrement qu'aux pères de nombreuses familles, aux établissements agricoles de charité, où il y a beaucoup de bras faibles à occuper.

Préparation du sol. — Pour établir une safranière, on commence par un labour profond de $0^{m},25$, dès que l'état du sol le permet après l'hiver; puis on herse, on roule et l'on maintient, à l'aide de l'extirpateur, la surface du sol nette de mauvaises herbes, jusque vers la fin de mai; à ce moment on pratique un second labour profond de $0^{m},16$, on herse et l'on donne quelques coups d'extirpateur jusqu'à l'époque de la plantation. Si l'on fait succéder le safran à une récolte de vesce semée au printemps, il suffit d'un labour de $0^m,25$, suivi de hersages, au moment de la plantation.

Engrais. — Le sol doit être fertile, sans que pourtant sa richesse dépasse certaines limites; car les plantes acquerraient une vigueur qui nuirait à la qualité du produit. Il est préférable aussi que le sol soit anciennement fumé. Si l'on ne pouvait remplir cette condition, il faudrait répandre la fumure avant le dernier labour d'hiver, afin que l'engrais eût le temps de se décomposer et qu'on pût le bien mélanger avec la terre, avant la plantation.

Le safran est très-peu épuisant. M. de Gasparin n'évalue son absorption qu'à 80 kilogr. de fumier par kilogramme de stigmates secs récoltés.

Plantation. — Comme la fleur du safran est coupée chaque année pour en extraire les stigmates, il ne fructifie jamais, et l'on ne peut le multiplier qu'au moyen de ses bulbes.

On se procure ces bulbes, soit dans le commerce, soit en recueillant avec soin les caïeux ou jeunes ognons, quand on détruit une vieille safranière.

Dans ce cas, on arrache tous les plants immédiatement après la dernière récolte, et, dès que les oignons sont tous sortis de terre, on les épluche avec soin; on écarte ceux qui sont longs et pointus, ceux qui sont attaqués par les insectes, ou pourris ou meurtris; ceux enfin qui laissent voir à nu une chair blanche, dépouillée de pellicule. Quant à ceux que l'on conserve, on les débarrasse de leur ancienne peau, et on les sépare de l'oignon mère. Après ce nettoyage, on les réunit dans un local sec, plutôt froid que chaud, et on les y stratifie avec de la terre légère, un peu sèche; dans ces conditions, ils ne peuvent ni végéter, ni pourrir, ni sécher, et se conservent jusqu'au moment de la mise en terre.

La plantation du safran peut avoir lieu depuis le mois de juin jusqu'à la fin d'août. L'époque la plus favorable paraît être celle qui précède un peu la moisson. Voici comment on y procède :

On tend un cordeau sur l'un des côtés du champ, préalablement ameubli; puis, avec la houe à la main, on trace, en suivant le cordeau, une première rigole, profonde de $0^m,12$ à $0^m,16$, suivant la consistance du terrain. A $0^m,22$ de cette première rigole, on en ouvre une seconde, et, de la terre qu'on en extrait, on couvre les oignons qu'un ouvrier vient de placer à $0^m,08$ les uns des autres, au fond de la première rigole. On continue ainsi, en observant les mêmes distances, jusqu'à ce que la plantation soit terminée. Il faut par hectare 567,500 oignons, formant un volume d'environ 25 hectolitres, du poids de 48 kilogr. chacun.

Entretien. — Quelques semaines après la plantation, on voit apparaître le sommet des jeunes pousses. On détruit alors les plantes nuisibles par un léger binage à la houe à la main, pour ne pas altérer les jeunes pousses ; après quoi on ne s'en occupe plus jusqu'au moment de la récolte.

Au printemps de la seconde année, on donne un binage pour enlever les plantes nuisibles, et l'on répète cette opération chaque fois qu'elle devient nécessaire.

C'est vers le commencement de l'été que les feuilles, qui ont continué de s'allonger depuis le moment de la floraison, se dessèchent. Elles ont alors atteint une longueur de $0^{m},40$ environ. On les coupe dès qu'elles commencent à jaunir, et on les donne aux vaches laitières, qui y trouvent une excellente nourriture. Après cette suppression, on exécute entre les lignes un labour à la houe à main, puis, un peu avant la sortie des fleurs, un binage superficiel.

Les soins sont les mêmes pendant la troisième année, et l'on procède à l'arrachage de la safranière après la troisième récolte.

Maladies et animaux nuisibles. — La plus redoutable des maladies auxquelles le safran soit exposé est connue sous le nom de *la mort ;* elle est déterminée par une espèce de rhizoc-

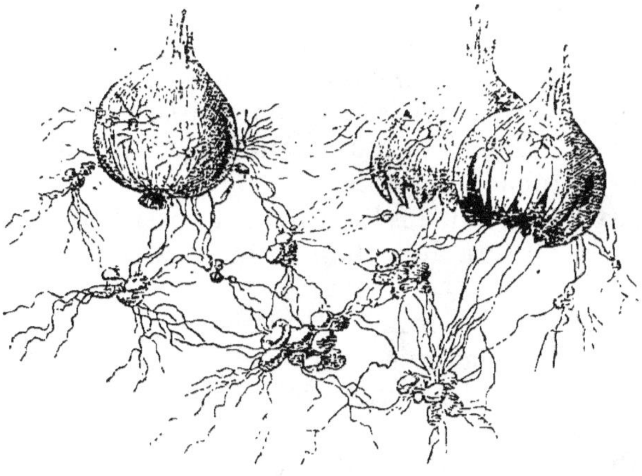

Fig. 881. *Rhizoctone du safran.*

tone (*rhyzoctonia crocorum*, D) (fig. 881), formé de petits filets bleuâtres, portant des tubercules de distance en distance. Une fois établis sur l'oignon, ces filets vivent de sa substance, et s'étendent aux oignons voisins. Au printemps et en été, on voit les feuilles jaunir dans tout l'espace infecté, et cet espace s'agrandir progressivement. En automne, les fleurs, au lieu d'être violettes, restent pâles et blanchâtres. On arrête les progrès du mal en entourant les parties attaquées par une tranchée profonde, ouverte un peu au delà de la partie infestée, et dont on rejette la terre dans l'intérieur de la circonvallation. On guérit les oignons malades en enlevant toute leur enveloppe, et en les faisant sécher à l'abri du soleil. Lorsque ce champignon aura envahi un champ, il serait imprudent d'y rétablir une safranière avant quinze ans, à moins que le terrain ne soit écobué.

Deux autres maladies attaquent le safran : la première, connue sous le nom de *fausset*, est une sorte de protubérance allongée qui paraît sur le flanc de l'oignon et finit par le ronger entièrement ; la seconde, appelée *tacon*, est une sorte d'ulcère ou gangrène sèche qui résulte de l'altération de la fécule formant la plus grande partie de l'oignon. Cette masse charnue passe successivement du blanc au jaunâtre, au brun clair, puis au noir, et finit par faire périr le safran. Cette maladie paraît être contagieuse ; on ne connaît pas d'autre remède à ces deux altérations que l'amputation, jusqu'au vif, des ulcères et des excroissances.

Certains animaux causent aussi des ravages considérables. De ce nombre sont d'abord les rats, les souris, les mulots, qui rongent les oignons et mangent les feuilles qui commencent à poindre. On les détruit au moyen de piéges, mais surtout en enfumant leurs gîtes à l'aide d'une manche en tôle remplie de paille humide à laquelle on met le feu ; on chasse ensuite la fumée dans les galeries au moyen d'un soufflet qu'on fait agir à l'extrémité de cette manche.

Les bestiaux, et surtout les lièvres, sont aussi les destructeurs de cette récolte. Il sera donc bon de la protéger par une haie sèche.

Récolte et préparation. — On cueille les fleurs de safran à mesure qu'elles s'épanouissent ; l'époque de cet épanouissement dépend surtout du moment où, après l'été, le terrain est rafraîchi par les pluies ; ce qui explique comment les fleurs se montrent plus tôt dans le Nord que dans le Midi. C'est vers le 20 septembre que cette récolte commence dans le Nord, et du milieu à la fin d'octobre dans le Midi.

Les fleurs ne paraissent pas toutes en même temps ; la floraison dure de huit à vingt jours, selon que la température est plus ou moins favorable ; les six ou huit premiers jours de récolte sont les plus abondants ; autant que possible, c'est le matin qu'on doit choisir pour la cueillette des fleurs; plus tard elles se flétrissent en se fermant.

Après la récolte de chaque jour, on procède immédiatement à l'épluchage, qui consiste à séparer les stigmates du restant de la fleur. Des femmes coupent, avec l'ongle, le tube de la corolle à l'endroit où il commence à s'évaser en limbe, et le style, devenu libre, est facilement extrait de la fleur avec les stigmates qu'il porte.

Aussitôt après, on procède à la dessiccation : deux méthodes sont suivies : la première, employée à Carpentras et dans le Levant, consiste à exposer le safran à l'action du soleil : elle donne ce qu'on appelle le *safran du Comtat;* il conserve ainsi de l'humidité, est plus sujet à se moisir, et vaut un tiers de moins que celui qui est desséché au feu. Ce dernier procédé, adopté dans le Gâtinais, donne ce que l'on nomme le *safran d'Orange.* Voici comment on opère :

On suspend, à $0^m,35$ environ au-dessus d'un feu de charbon bien pur, un tamis dont la toile est couverte par une feuille de papier blanc; c'est sur celle-ci qu'on étend le safran en une couche de $0^m,20$ environ. De temps à autre on le retourne jusqu'à ce qu'il soit sec et friable. On le met alors dans des boîtes doublées en parchemin. On l'y dépose très-doucement, pour ne pas le réduire en poussière; mais, deux heures après, il redevient flexible, et l'on peut le serrer davantage. On place alternativement une couche de safran et une couche de papier; on ferme ensuite la boîte bien hermétiquement.

Durée de la safranière. — La durée d'une safranière dépend de la rapidité avec laquelle le safran multiplie ses caïeux dans le sol où il est placé. Si le terrain offre les conditions les plus favorables, il pourra arriver que, dès la troisième année, les caïeux seront si nombreux que les plantes se gêneront mutuellement, et que le produit en sera sensiblement diminué; il conviendra alors de rompre la safranière après la deuxième récolte, comme on le fait dans le département de Vaucluse. Si, au contraire, les caïeux se forment lentement, on n'arrachera la safranière qu'après avoir obtenu le maximum de récolte, c'est-à-dire après la troisième année. C'est ainsi que l'on agit dans le Gâtinais.

En Autriche, on a essayé de prolonger la durée des safranières jusqu'à quatre ans et plus; mais, en France du moins, cette méthode donne lieu aux inconvénients suivants : les caïeux qui naissent des oignons mères se forment latéralement, et au-dessus de ces derniers; de sorte que les lignes formées par la plantation disparaissent bientôt, et que les travaux de culture et de récolte deviennent plus difficiles. D'un autre côté, ces jeunes oignons, se formant ainsi successivement les uns au-dessus des autres, finissent par être tellement rapprochés de la surface du sol, qu'on ne peut plus donner à la terre que des façons très-superficielles; il en résulte que les plantes nuisibles sont imparfaitement détruites, que le sol se durcit, et ne donne bientôt plus que de chétifs produits. Enfin, l'expérience a démontré que ces oignons atteignent rarement leur quatrième année sans être attaqués par l'une des maladies dont nous avons parlé plus haut.

Rendement. — Le produit du safran est beaucoup moins considérable la première année que les suivantes.

On obtient sur un hectare en safran sec :

A Orange...........	1re année.........	10 kil.	.... 50 kil.
	2e année.........	40	
A Orange (Terrains très-favorables)....	1re année.........	10	 100
	2e année.........	90	
Dans le Gâtinais.....	1re année.........	11 85	.... 63 85
	2e année.........	26	
	3e année.........	26	
En Angleterre.......	1re année.........	2 50	.... 59 75
	2e année.........	25	
	3e année.........	32 25	

Le produit moyen est donc, pour toute la durée de la safranière, d'environ 68 kilogr. de safran sec par hectare.

On doit aussi tenir compte du produit de la multiplication des oignons. Dans le Midi, on obtient net un nombre double de celui que l'on a planté. Dans le Gâtinais, l'augmentation ne dépasse guère un tiers. On peut donc calculer sur un rendement moyen des deux tiers en sus de la semence, ou d'environ 41 kectolitres, si l'on a planté 25 hectolitres.

COMPTE DE CULTURE D'UN HECTARE DE SAFRAN SUCCÉDANT A UNE RÉCOLTE DE VESCE DE PRINTEMPS ET EXPLOITÉ PENDANT TROIS ANS.

DÉPENSE.

Première année.

Un labour à 0m,25 de profondeur..........................	22f »
Un hersage..	2 50
Un roulage..	2 »
Un hersage..	2 »
25 hectolitres d'oignons, à 10 fr. l'hectolitre................	250 »
Rayonner le terrain à la main et planter les oignons.........	80 »
A reporter.............	358f 50

Report........	358f 58
Un binage à la houe à main........................	20 »
Cueillette des fleurs..........................	120 »
Épluchage et séchage..........................	85 »
Soins pour préserver des rats..........................	25 »
33,000 kil. de fumier, à 10 fr. les 1000 kil., y compris les frais de transport et d'épandage, 330 fr. Le sixième de cette somme à la charge du safran..........................	55 »
Intérêt pendant un an, à 5 pour 100. du prix de la fumure non absorbée..........................	13 75
Loyer de la terre..........................	100 »
Frais généraux d'exploitation..........................	20 »
Total........	797 25

Deuxième année.

Intérêt pendant un an, à 5 pour 100. des frais des deux premières années..........................	39f 88
Deux binages à la houe à main, à 25 fr. l'un..............	50 »
Un labour à la houe à main entre les lignes..............	40 »
Un binage..........................	20 »
Cueillette des fleurs..........................	160 »
Épluchage et séchage..........................	130 »
Soins pour préserver des rats..........................	25 »
Intérêt pendant un an, à 5 pour 100, du prix de la fumure non absorbée..........................	13 75
Loyer de la terre..........................	100 »
Frais généraux d'exploitation..........................	20 »
Total......	598f 63

Troisième année.

Intérêt pendant un an, à 5 pour 100, des frais des deux premières années..........................	69f 71
Deux binages à la houe à main, à 20 fr. l'un..............	40 »
Un labour à la houe à main entre les lignes..............	40 »
Un binage..........................	20 »
Cueillette des fleurs..........................	160 »
Épluchage et séchage..........................	130 »
Arrachage des oignons, épluchage et emmagasinage.........	200 »
Intérêt pendant un an, à 5 pour 100, du prix de la fumure non absorbée..........................	13 75
Loyer de la terre..........................	100 »
Frais généraux d'exploitation..........................	20 »
Intérêt pendant six mois, à 5 pour 100 des frais ci-dessus....	22 93
Total.........	816f 39

PRODUIT.

Première année, 12 kil. de safran sec, à 35 fr. le kil........	420f »
Intérêt de cette somme, à 5 pour 100, pendant deux ans......	42 »
Deuxième année, 28 kil. de safran sec..........................	980 »
Intérêt de cette somme, à 5 pour 100, pendant un an........	49 »
Troisième année, 28 kil. de safran sec..........................	980 »
16 hectolitres d'oignons, à 10 fr. l'hectolitre..............	160 »
Total..............	2631f »

BALANCE.

Produit			2631f »
Dépense	1re année	797 75	
	2e année	598 63	2212 77
	3e année	816 39	
		Bénéfice net	418f 23

Environ 18,75 pour 100 du capital employé.

DU CARTHAME.

Le *carthame* ou *safran bâtard* (*carthamus tinctorius*, L.) (fig. 886 à 882) est une plante annuelle, haute de 0m,60 à 1 mètre, à

Fig. 882. *Carthame des teinturiers.*

Fig. 883. *Fleur du carthame.*

Fig. 884. *Fleuron du carthame,*

Fig. 885. *Fruit du carthame.*

Fig. 886. *Semence du carthame.*

fleurs d'un jaune rouge, appartenant à la famille des *cynaro-céphales*.

Originaire de l'Inde, le carthame est cultivé dans le Levant, en Égypte, en Espagne, en Italie, en Allemagne, dans le midi de la France, particulièrement aux environs de Lyon. Ce sont surtout ses fleurs qu'on utilise ; elles arrivent dans le commerce en petits pains ou galettes sèches, sous les noms de *safranum*, *faux safran, safran d'Allemagne*. Le safranum d'Égypte est le plus estimé ; il contient deux fois plus de matière colorante que les autres ; mais celui du Caire est préférable à celui de la haute Égypte. Ces contrées en produisent annuellement de 15 à 18,000 quintaux.

Il y a dans la fleur du carthame trois principes colorants : deux jaunes, solubles dans l'eau ; ils n'ont l'un et l'autre aucun emploi ; un troisième rouge, et soluble seulement dans les alcalis ; on l'appelle *carthamine* ; il a un tel pouvoir colorant, qu'il n'en faut qu'une très-petite proportion pour couvrir et teindre en beau rose une grande surface. Les teinturiers l'utilisent, malgré son peu de solidité, pour donner à la soie, au coton, au lin, des couleurs rouges et roses très-brillantes. La matière colorante pure, broyée avec de l'eau et du talc réduit en poudre impalpable, constitue le fard ou le rouge de toilette pour les dames.

Dans le Midi, les pauvres cultivateurs emploient le safranum, à la place du safran, pour colorer leurs mets. Dans les Indes, dans le Levant, en Égypte, on extrait des graines une huile grasse purgative, qu'on utilise tant à l'intérieur qu'à l'extérieur ; on en retire 25 pour 100 ; elle est siccative et peut avoir la même velours que celle de colza. Les oiseaux, surtout les perroquets, mangent les graines, malgré l'amertume de leur amande, ce qui les a fait appeler *graines de perroquet*.

Outre ses fleurs et ses graines, la plante est fourragère pour les chèvres, les moutons ; les jeunes pousses sont comestibles, et les feuilles, réduites en poudre, coagulent le lait.

Composition chimique. — Le safranum du commerce a seul été analysé. Voici ce qu'on y a trouvé :

Eau	4,5 à 11,5	pour 100.
Matières organiques azotées (albumine)	1,5 à 8,0	—
Matières organiques non azotées (principes colorants jaunes et rouge, matière soluble, cire, résine)	8,3 à 13,6	—
Ligneux	38,4 à 56,0	—
Substances minérales (silice, alumine, magnésie, oxydes de fer et de manganèse, sulfates de potasse et de chaux, chlorure de potassium)	25,6 à 35,4	—

Climat et sol. — Le carthame exige un climat un peu chaud pour développer toutes ses fleurs avant les premiers froids de l'automne. Sous le climat de Paris, sa floraison reste incomplète et ses graines mûrissent mal; cependant, comme il supporte assez bien les froids de l'hiver, on pourrait hâter sa floraison, en le semant à l'automne. Il est important de lui choisir un terrain complétement placé au midi; c'est la seule exposition où ses fleurs puissent acquérir tous leurs principes colorants.

Les terrains qui conviennent le mieux au carthame sont les sols calcairo-argilo-ferrugineux. Dans les argiles dépourvues des deux autres éléments, dans les argiles blanches, par exemple, les fleurs se colorent peu, et blanchissent même tout à fait au bout de deux ou trois générations. La racine de cette plante étant longue et pivotante, le sol doit être assez profond pour qu'elle puisse s'y enfoncer sans obstacle, et pour qu'elle n'y trouve pas un excès d'humidité qui favoriserait le développement des parties foliacées aux dépens de la corolle.

Place dans la rotation. — Le carthame demande un sol assez fertile, et surtout anciennement fumé; on pourra donc le faire succéder aux récoltes qui n'ont absorbé qu'une partie des engrais qui leur ont été donnés. Du reste, les soins de sa récolte sont tellement minutieux, qu'il est plutôt propre à la petite culture qu'à la grande.

Préparation du sol. — Avant l'hiver, le sol reçoit un labour profond, de $0^{m},25$. Au printemps, on donne un hersage énergique, on roule et l'on herse de nouveau, puis on passe l'extirpateur et la herse au moment de la semaille.

Engrais. — Placé dans un terrain trop richement fumé, le carthame pousserait très-vigoureusement, mais il produirait peu de fleurs, et les fleurons seraient moins colorés et d'une qualité inférieure. Il paraît absorber, dans le sol, l'équivalent de 1200 kilogr. de fumier par 100 kilogr. de semences récoltées.

Semaille. — Le semis est fait au printemps, lorsque la température s'élève à + 12°. Préalablement on fait tremper la semence, pendant vingt-quatre heures, dans un mélange de cendres et de jus de fumier, afin de ramollir ses enveloppes, et de hâter sa germination.

Le mode le plus convenable est le semis en lignes; on ouvre, avec le rayonneur, des sillons profonds de $0^{m},06$, et distants de $0^{m},26$. On y place deux ou trois graines de $0^{m},26$ en $0^{m},26$, puis on recouvre avec une herse renversée.

Entretien. — Lorsque les plantes ont développé trois ou quatre feuilles, on pratique un premier sarclage. Lorsqu'elles ont atteint une hauteur de $0^{m},10$, on renouvelle cette façon, et l'on butte légèrement. Un mois après, on sarcle de nouveau. Tous ces travaux sont faits avec une houe à main, et de façon à biner en même temps le terrain.

Récolte. — La fleur commence à s'épanouir vers le milieu de juillet dans le Midi, et au commencement de septembre sous le climat de Paris. Chaque jour, on récolte les fleurs bien développées et qui ont acquis leur maximum de coloration, ce qui a lieu un peu avant qu'elles commencent à se flétrir. Cette récolte doit être faite au milieu du jour, par un temps sûr, car les fleurs noircissent lorsqu'on les recueille humides. Des femmes et des enfants, armés d'un couteau à lame émoussée, parcourent le champ et arrachent les fleurons en les pressant entre le pouce et la lame du couteau. Ces fleurons sont déposés à mesure dans un panier, et portés à la ferme où on les fait sécher à l'ombre, étendus sur des nattes : on les réunit ensuite dans des sacs que l'on conserve dans un endroit sec. Cette récolte dure environ deux mois. Lorsque les plantes se sont desséchées sur pied, on les arrache, et, lorsqu'elles ont perdu toute leur humidité, on en extrait la graine par un battage.

En Égypte, on arrose les plantes quelques jours avant la récolte des fleurs, matin et soir, puis après la cueillaison. On comprime les fleurs entre des pierres pour en faire sortir le suc; on les lave, on les exprime entre les mains, et on les fait sécher sur des nattes qu'on recouvre pendant le jour pour les garantir de l'action destructive du soleil.

Les fleurs ont d'autant plus de valeur dans le commerce qu'elles renferment moins de fleurs jaunes, qu'elles ont une belle couleur de feu, et sont exemptes de paille, de fleurs noires et de sable.

Rendement. — Le rendement moyen du carthame paraît s'élever à 260 kilogr. de fleurs sèches par hectare ; celui des graines est de 1460 kilogr.

COMPTE DE CULTURE D'UN HECTARE DE CARTHAME.

DÉPENSE.

Un labour avant l'hiver, à 0m.25 de profondeur	22f »
Un hersage au printemps	2 50
Un roulage	2 »
Un hersage	2 50
Un trait d'extirpateur	6 »
Un hersage	2 50
Semences, 25 litres, à 20 c. le litre	5 »
Rayonner le sol avec un rayonneur	2 50
A reporter	45 00

Report..........	45f 00
Répandre la semence à la main........................	10 »
La recouvrir......................................	2 50
Trois sarclages et binages à la main, à 25 fr. l'un........	75 »
Récolte et séchage des fleurs........................	70 »
Coupe des tiges, extraction et nettoyage des graines.........	35 »
30,000 de fumier, à 10 fr. les 1,000 kil , y compris les frais de transport et d'épandage, 300 fr. Les quatre septièmes de cette somme à la charge du carthame................	168 »
Intérêt pendant un an, à 5 pour 100, du prix de la fumure non absorbée..	6 60
Loyer de la terre..................................	70 »
Frais généraux d'exploitation........................	20 »
Intérêt pendant un an, à 5 pour 100, des frais ci-dessus......	25 10
Total..............	527f 20

PRODUIT.

260 kil. de fleurs sèches, à 1 fr. 90 c. le kil................	494f »
1400 kil. de graines, à 27 fr. les 100 kil..................	378 »
Total..............	872f »

BALANCE.

Produit..	872f »
Dépense..	527 20
Bénéfice net...........	344f 80

Environ 65 pour 100 du capital employé.

DU PASTEL.

Le *pastel*, *vouède* ou *guède* (*isatis tinctoria*, L.) (fig. 887 à 890), est une plante bisannuelle, de la famille des *crucifères*, qui croît spontanément en Europe, dans presque tous les terrains pierreux.

Ses feuilles contiennent la même substance tinctoriale que les indigotiers de l'Inde et de l'Amérique, c'est-à-dire l'*indigotine ;* mais trente fois moins, d'après M. Chevreul, que ces derniers.

Avant l'introduction de l'indigo en Europe, on cultivait le pastel dans une grande partie de l'ancien continent, surtout en Thuringe, en Italie, en basse Normandie, et dans le midi de la France. C'était alors la couleur bleue la plus solide et la plus belle que l'on connût. C'est avec cette plante qu'on obtenait ces beaux bleus, appelés *bleus-Perses*, qui ont fait la réputation de nos teinturiers dans le Levant.

Aujourd'hui la culture du pastel est presque nulle en France; elle ne s'est conservée qu'aux environs d'Albi, et dans quelques communes maritimes des environs de Caen, telles que Mathieu,

Cresserons, Luc, Langrune, aux alentours de la Délivrande, qui est actuellement le seul marché pour cette production.

On ne se sert plus de ses feuilles que pour monter les *cuves* dites de *pastel*, dans lesquelles on les mêle avec de l'indigo.

On met le pastel dans le commerce, tantôt en bottes séchées, tiges et feuilles, sans avoir subi aucune préparation, tantôt en

Fig. 887. *Pastel.*

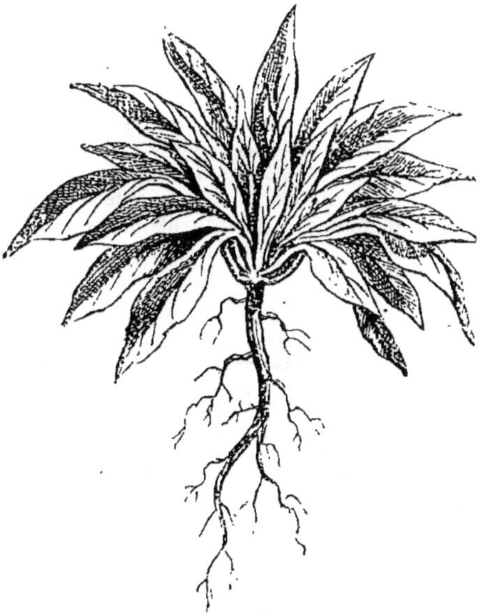

Fig. 888. *Jeune plante de pastel.*

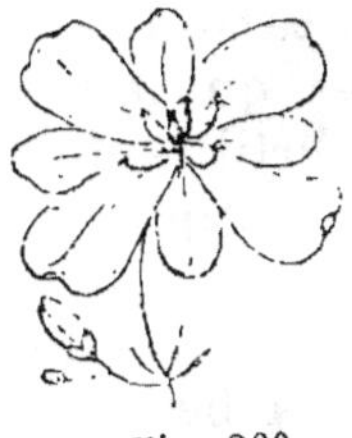

Fig. 889. *Fleur du pastel.*

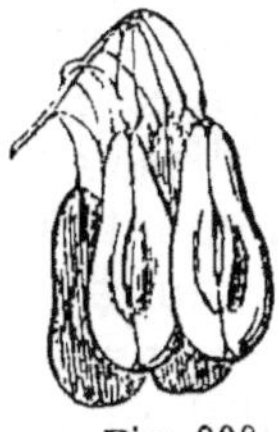

Fig. 890. *Fruit du pastel.*

petites boules coniques, dites *coques de pastel* ou *pastel d'Albi*, quelle que soit sa provenance ; ces coques sont préparées avec les feuilles réduites en pâte, et qui ont éprouvé un commencement de fermentation putride ; elles ont une couleur brunâtre, et exhalent une légère odeur ammoniacale.

Le pastel est, en outre, une plante fourragère précoce, dont s'accommodent les bœufs et surtout les moutons.

Variétés. — On connaît deux variétés du pastel : 1° celle à feuilles velues, d'un vert pâle et à semences jaunes ; elle donne peu de couleur, et n'est pas recherchée par les bestiaux ; 2° celle à feuilles lisses, très-larges, d'un vert foncé, et à semences de couleur bleue ou violette ; c'est celle qui contient le plus de matière colorante et qui fournit le meilleur fourrage.

Composition chimique. — L'analyse des feuilles de pastel a été faite par M. Chevreul. Voici ce qu'elles contiennent à l'état frais :

Eau	13,76
Fibre ligneuse	4,95
Matières organiques azotées et non azotées. Substances salines, telles que citrate, sulfate et phosphate de chaux, phosphates de magnésie, de fer et de manganèse, acétate d'ammoniaque, sulfate et azotate de potasse, chlorure de potassium	81,29
	100,00

Climat et sol. — Le pastel s'accommode également de tous les climats de la France. Ses feuilles sont pourtant un peu plus riches en indigo dans le Midi que dans le Nord. Il exige l'exposition du plein midi, afin de recevoir une lumière plus intense et plus prolongée.

Le terrain qui lui convient le mieux doit être riche, profond, léger, ou de consistance moyenne, mais surtout contenir une notable proportion de principes calcaires. Il redoute les terres compactes qui retiennent l'humidité ; ses feuilles y donnent, d'ailleurs, une moins grande proportion de matière colorante.

Place dans la rotation. — Le pastel peut venir à la suite de toutes les récoltes qui laissent le sol dans un bon état d'ameublissement, de fertilité et de propreté ; les plantes sarclées, richement fumées, remplissent parfaitement ces conditions. Après lui on peut mettre toutes les plantes que l'on désire.

Préparation du sol. — Pour donner au sol l'ameublissement dont le pastel a besoin, on pratique ordinairement deux labours : le premier, profond de 0^{m},25, avant l'hiver ; le second, plus superficiel, au printemps, si l'ensemencement n'est fait qu'à cette époque. Chacun de ces labours est suivi des hersages nécessaires.

Engrais et amendements. — Le pastel est une récolte très-épuisante, qui paraît enlever à la terre environ 300 kilogr. de fumier pour 100 kilogr. de feuilles sèches récoltées.

Si le sol ne contient pas déjà une dose suffisante de principes fertilisants, la fumure doit être répandue avant le premier labour, afin qu'elle ait le temps de se décomposer avant la semaille. Dans l'arrondissement d'Albi, on fume avec le meilleur fumier possible, dans la proportion, par hectare, de vingt charretées pesant chacune 150 kilogrammes. Si le sol n'est pas assez riche en calcaire, on l'y introduit au moyen du marnage, du chaulage, et même du plâtrage.

Semailles. — Le cultivateur peut récolter lui-même sa semence; il lui suffit de laisser monter en graines, après la récolte des feuilles, une partie du champ. Un hectare peut donner de 300 à 600 kilogrammes de semences. Quoique les graines germent encore deux ans après la récolte, il est préférable de choisir celles de l'année précédente.

La semaille se fait au printemps et à l'automne, mais cette dernière époque est la plus convenable, parce que, les plantes étant plus avancées au printemps suivant, on peut commencer plus tôt la récolte, et couper un plus grand nombre de fois les feuilles qui poussent successivement. En outre, les jeunes plantes sont, à l'automne, moins exposées qu'au printemps aux ravages de l'altise. Dans tous les cas, qu'on sème à l'automne et au printemps, c'est le moment de la semaille du blé qu'il faut choisir.

On sème souvent à la volée; mais il vaut mieux semer en lignes, cela rend les opérations plus faciles pendant le cours de la végétation. On ouvre, avec le rayonneur, des sillons placés à $0^{m},32$ les uns des autres, et profonds d'environ $0^{m},03$. On y répand la graine à la main, en laissant un intervalle de $0^{m},05$ environ entre chaque graine; on recouvre avec une herse renversée et l'on roule. On emploie 12 kilogr. de semence par hectare.

Entretien. — Dès que les jeunes plantes ont développé quatre feuilles, on donne un premier sarclage à la main, en ayant soin de les espacer, sur les les lignes, à $0^{m},10$ les unes des autres; on supprime aussi tous les pieds dont les feuilles sont velues. Ce premier sarclage suffit ordinairement pour les semis d'automne ; mais, au printemps suivant, on pratique un premier binage avec la houe à la main. Cette opération est ensuite répétée pendant tout le cours de l'été, chaque fois que l'état du sol, ou la croissance des plantes nuisibles, la rend nécessaire. Si la sécheresse devenait intense, et qu'on pût disposer de l'irrigation, on en userait pour ranimer la végétation.

Maladies et insectes nuisibles. — Une maladie particulière, nommée *rouille*, affecte le pastel ; elle apparaît sur les feuilles sous forme de larges taches jaunes, et est due à la présence d'un champignon parasite appartenant au genre *uredo*. Elle est surtout fréquente dans les années ou dans les localités humides. On doit enlever avec soin toutes les feuilles attaquées, à mesure que ce mal se manifeste.

L'altise attaque le pastel comme la plupart des crucifères. Nous renvoyons aux pages 118 et 129 du tome II, pour les moyens de combattre cet insecte. Dans le Midi, cette plante est aussi parfois dévorée par des nuées de sauterelles ; il faut alors couper tous les débris de feuilles, et bientôt la végétation repart de nouveau.

Récolte et préparation. — Aussitôt que le bord des feuilles se couvre d'une teinte violette, on choisit un temps sec pour couper, avec une faucille, toutes celles qui présentent ce caractère, et l'on répète cette coupe tous les vingt ou vingt-cinq jours. Aux environs d'Albi, on fait ainsi six cueillettes ; on n'en fait que quatre sur les bords du Rhin et trois seulement en Normandie. Le semis de printemps donne une cueillette de moins. Deux procédés sont employés pour la préparation des feuilles ; voici le premier :

Aussitôt après chaque cueillette, on étend les feuilles sur un gazon bien propre et ombragé, afin qu'elles perdent un peu de leur eau de végétation, sans se crisper ni se dessécher par trop ; puis on les porte sous une meule semblable à celles employées pour les graines oléagineuses, et on les réduit en une pâte bien onctueuse et la plus homogène possible. Cette pâte est placée, dans un endroit sec, mais à l'abri du soleil, sur une surface carrelée et inclinée, pour en laisser écouler l'eau ; là on la pétrit sous les pieds. La masse ne tarde pas à fermenter ; à mesure que des crevasses s'y manifestent, on les ferme avec soin, afin de ne pas laisser pénétrer l'air, qui provoquerait l'éclosion de larves blanchâtres qui altèrent le pastel. Le point important est d'arrêter à temps cette fermentation, car le pastel est perdu toutes les fois qu'elle devient acide ou putride : elle arrive au degré voulu au bout de huit ou douze jours, selon la température. On moule alors la pâte en pelotes de la grosseur du poing et de la forme d'un œuf ; on les place sur des claies, dans un lieu où l'air circule librement, et, lorsqu'elles sont bien sèches, elles forment ce que l'on nomme dans le commerce le *pastel en coques*. Mais la fraude s'étant glissée dans cette fabrication, on préfère aujourd'hui le second mode de préparation ; il consiste tout simplement dans la dessiccation des feuilles au soleil.

Rendement. — Le rendement du pastel varie suivant le mode de culture et le climat. Dans les circonstances les plus favorables, il peut s'élever à 25,000 kilogrammes de feuilles fraîches par hectare. Dans des conditions moindres, il n'est que de 15,000 kilogrammes. Le produit moyen peut donc être porté à 29,000 kilogrammes, qui peuvent fournir environ 20,000 coques, ou 5,000 kilogr. de feuilles sèches.

COMPTE DE CULTURE D'UN HECTARE DE PASTEL.

DÉPENSE.

Un labour à 0m,25 de profondeur	22f »
Un hersage	2 50
Un roulage	2 »
Un hersage	2 50
Un labour	22 »
Un hersage	2 50
Semence, 12 kil., à 2 fr. 50 le kil	30 »
Rayonner, semer et couvrir la semence	20 »
Un roulage	2 »
Un sarclage à la main	25 »
Trois binages à la houe à main, à 20 fr. l'un	60 »
Récolte des feuilles, quatre cueillettes	176 »
Séchage et emballage	30 »
45,000 kil. de fumier, à 10 fr. les 1,000 kil., y compris les frais de transport et d'épandage, 450 fr.; le tiers de cette somme à la charge du pastel	150 »
Intérêt pendant un an, à 5 pour 100, du prix de la fumure non absorbée	15 »
Loyer de la terre	70 »
Frais généraux d'exploitation	20 »
Intérêt pendant un an, à 5 pour 100, des frais ci-dessus	32 57
Total	684f 07

PRODUIT.

5,000 kil. de feuilles sèches, à 20 fr. les 1,000 kil	1,000f »

BALANCE.

Produit	1,000f »
Dépense	684 07
Bénéfice net	315f 93

Environ 46 pour 100 du capital employé.

Le pastel, comme nous l'avons dit, est une plante très-épuisante. Les bénéfices considérables qu'il procurait sous l'Empire, alors que l'indigo des Indes coûtait très-cher, ont singulièrement diminué. Dans l'état actuel des choses, il ne donne plus lieu qu'à une culture exceptionnelle, même aux environs d'Albi. La décadence de cette récolte doit inspirer peu de regrets, si l'on songe que les plantes qui lui succèdent laissent toujours beaucoup à désirer; les localités, d'ailleurs, où l'on cultive encore le pastel sont loin d'avoir atteint la période de fertilité qui permet de substituer la culture épuisante des plantes commerciales à celle, plus profitable, des fourrages.

PERSICAIRE DES TEINTURIERS.

Le *persicaire des teinturiers* ou *renouée tinctoriale* (*polygonum tinctorium*) (fig. 891 à 893) est une plante annuelle de la famille des *polygonées*. Originaire de la Chine, où elle est cultivée depuis un temps immémorial pour l'indigo qu'elle fournit, c'est seulement en 1835 qu'elle fut introduite en France par les soins du Gouvernement; depuis cette époque, sa culture a été l'objet de nombreux essais, et ceux-ci ont démontré qu'elle pourrait être avantageuse dans nos provinces méridionales. On peut extraire 1 $\frac{1}{2}$ pour 100 de très-bel indigo de ses feuilles vertes, comme l'un de nous l'a démontré en 1840.

Fig. 891. *Persicaire des teinturiers.*

Fig. 892. *Fleur de la persicaire.*

Fig. 893. *Fruit de la persicaire.*

Composition chimique. — Dans 100 parties de feuilles vertes, MM. Girardin et Pressier ont trouvé les principes suivants :

Eau	66,66
Fibre ligneuse	7,40
Matières organiques azotées et non azotées	17,32
Matières minérales (acétate, malate, sulfate et phosphate de potasse ; chlorures de potassium, de calcium et de magnésium ; carbonate de chaux ; silice)	8,62
	100,00

Climat et sol. — La persicaire redoute les gelées, mais, comme plante annuelle et semée après les froids tardifs du printemps, elle peut se développer convenablement dans tous les climats de la France. Toutefois son produit, comme celui du pastel sera d'autant plus abondant et d'autant plus riche en indigo que la température sera plus élevée et la lumière plus vive. L'expérience a aussi démontré qu'au nord de la région de la vigne cette plante grène difficilement, de sorte que l'on est obligé de tirer les semences du Midi, où elle en produit abondamment.

Les terres qui conviennent le mieux à la persicaire sont les sols légers ou de consistance moyenne, frais, humides et même marécageux; les terrains irrigables du Midi lui sont très-favorables.

Préparation du sol. — Le sol doit être parfaitement ameubli; on lui applique un premier labour de 0m,25 de profondeur avant l'hiver, et un second de 0m,16 au printemps, suivi de hersages.

Engrais. — La persicaire est très-avide d'engrais; ses produits sont insignifiants dans les sols qui ne sont pas naturellement riches ou qu'on n'a pas abondamment fumés. Elle paraît puiser dans le sol l'équivalent de 250 kilogr. de fumier pour 100 kilogr. de feuilles fraîches récoltées.

Semaille. — On peut semer à demeure, mais le premier développement de la plante est si lent, qu'elle est bientôt envahie par les herbes nuisibles, et qu'elle nécessite de nombreux sarclages à la main, qui augmentent les frais outre mesure. Aussi, a-t-on reconnu qu'il valait mieux la semer en pépinière pour la transplanter ensuite. Il y a, par cette méthode, cet autre avantage qu'on peut faire le semis plus tôt, et que la récolte, ainsi hâtée, donne des produits plus abondants.

Dans le midi de la France, le semis en pépinière n'exige aucun abri superficiel; on le fait en plein air, vers la mi-mars, sur une plate-bande bien exposée. Dans le nord de la France, la pépinière doit être établie dans un terrain abrité, bien ameubli et fumé copieusement. Vers le mois de mars on y répand les graines en lignes distantes de 0m,16, on les enterre très-légèrement, et on les recouvre d'une petite couche de terreau. Dès que les jeunes plants sont sortis, on les sarcle et on les éclaircit. En avril dans le Midi, et en mai sous le climat de Paris, les plants sont déjà assez développés pour être transplantés.

Un mètre carré de pépinière peut fournir du plant pour environ 150 mètres, soit un are et demi. On emploie 5 kilogr. de graines pour se procurer les cinq cents plantes nécessaires pour garnir cette surface.

Plantation et entretien. — On ouvre, avec un buttoir, des sillons profonds de 0m,08 environ, placés à 0m,65 les uns des autres, et l'on y repique les plants à un intervalle de 0m,50 sur les lignes. Huit ou dix jours après, on donne un premier binage à la houe à main pour ameublir la surface et détruire les plantes nuisibles. Un mois après, un premier buttage est pratiqué avec la houe à cheval, de façon à renverser dans le sillon la terre accumulée entre les lignes. Quinze jours après on donne un nouveau binage, mais avec la houe à cheval ; il n'y a plus ensuite qu'à pratiquer un nouveau buttage après chaque récolte des tiges.

Récolte. — La récolte commence dès que les tiges se sont élevées à 0m,30 au-dessus du niveau du sol, et que les feuilles sont bien marbrées de bleu. On fauche les tiges à 0m,08 environ au-dessus du sol, afin de réserver un certain nombre de boutons hors de terre, puis on pratique un léger buttage qui couvre seulement 0m,04 de la portion des tiges réservées. Un mois après, on fait une seconde récolte, et ainsi de suite de mois en mois. Sous le climat de Paris, on peut obtenir trois coupes successives ; sous celui du Midi, le nombre peut en être porté à cinq. L'irrigation, surtout dans le Midi, est un puissant moyen d'activer la végétation et d'augmenter le nombre de ces coupes.

Immédiatement après chaque coupe, on sépare les feuilles des tiges, on les sèche et on les livre aux industriels qui procèdent à l'extraction de l'indigo.

Rendement. — Le rendement moyen de la persicaire s'élève à environ 12,000 kilogr. de feuilles fraîches par hectare. Les 1,000 kilogr. de feuilles fraîches donnent environ 7 kilogr. 50 d'indigo ; d'où il suit qu'un hectare produirait 90 kilogrammes de matière colorante commerciale.

COMPTE DE CULTURE D'UN HECTARE DE PERSICAIRE.

DÉPENSE.

Un labour avant l'hiver à 0m,25 de profondeur............	22f »
Un labour au printemps à 0m,16............	22 »
Un hersage............	2 50
Un roulage............	2 »
Un hersage............	2 50
A reporter.........	51f 00

Report......	51f 00
Frais d'établissement et de culture de la pépinière..........	75 »
Rayonner le terrain pour repiquer.	10 »
Repiquage..	20 »
Un binage à la houe à main..........................	20 »
Un buttage avec le buttoir........................	6 »
Un binage avec la houe à cheval....................	6 »
Quatre fauchages des tiges, à 6 fr. l'un..................	24 »
Un buttage après chacune des trois premières coupes......	18 »
Effeuillaison et séchage..............................	150 »
60,000 kil. de fumier, à 10 fr. les 1,000 kil., y compris les frais de transport et d'épandage, 600 fr. La moitié de cette somme à la charge de la persicaire..........................	300 »
Intérêt pendant un an, à 5 pour 100, du prix de la fumure non absorbée...	15 »
Loyer de la terre..................................	100 »
Frais généraux d'exploitation..........................	20 »
Intérêt pendant un an, à 5 pour 100, des frais ci-dessus......	40 75
Total..........	855f 75

PRODUIT.

12,000 kil. de feuilles fraîches donnant environ 90 kil. d'indigo, à 20 fr. le kil., 1,800 fr., sur lesquels il faut prélever 3 fr. 89 c. par kil. pour frais de fabrication; reste........	1,449f 90

BALANCE.

Produit..	1,449f 90
Dépense..	855 75
Bénéfice net..............	594f 15

Environ 69,50 pour 100 du capital employé.

DU TOURNESOL.

Le *tournesol, maurelle, croton des teinturiers* (*croton tinctorium*, L., ou *chrozophora tinctoria*, J.) (fig. 894 à 897), est une plante annuelle de la famille des *euphorbiacées*, qui croît spontanément dans le midi de la France, en Espagne, en Italie et dans le Levant. On la cultive principalement au Grand-Gallargues (Gard) pour la préparation du *tournesol en drapeaux*, *tournesol de Provence*, qu'on expédie dans différentes parties de l'Europe, et surtout en Hollande, où cette matière tinctoriale est utilisée pour la coloration des fromages, des pâtes, des conserves et de diverses liqueurs. Ce n'est pas avec cette matière qu'on prépare le *tournesol en pains* dont les chimistes font un si grand usage comme réactif.

Le tournesol n'est soumis à la culture que depuis peu d'années. Avant cela, les habitants du Grand-Gallargues (Gard), qui exploitent exclusivement cette industrie depuis 1570, parcouraient les basses Cévennes, la Gardonenque, le Roussillon, la Provence et les frontières d'Espagne, et recueillaient le tournesol dans les localités où il croît spontanément. Mais en 1830,

Fig. 894. *Tournesol.*

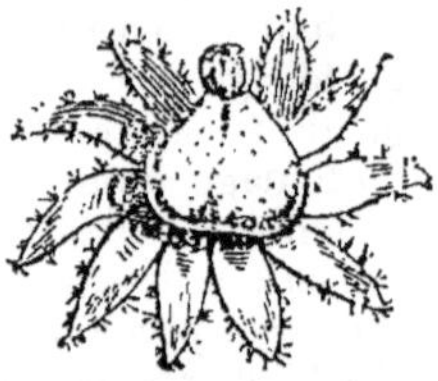

Fig. 895. *Fleur femelle du tournesol.*

Fig. 896. *Fleur mâle du tournesol.*

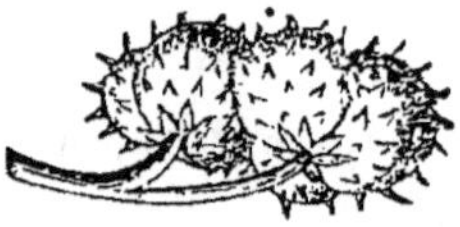

Fig. 897. *Fruits du tournesol.*

cette plante ayant été cultivée avec succès à Carpentras (Vaucluse), les Gallarguois imitèrent cette tentative et, depuis cette époque, la culture régulière s'en est établie chez eux.

Climat et sol. — Le tournesol exige une température telle que sa culture n'est plus profitable au delà du 44e de latitude.

Il lui faut des sols légers ou de consistance moyenne ; s'il redoute les sols humides, ce n'est pas qu'il ne puisse s'y développer vigoureusement, mais parce que les sucs qu'il contient alors, au lieu de devenir bleus par la préparation qu'on lui fait subir, restent verts.

Composition chimique. — Tout ce qu'on sait sur la composition chimique du tournesol, c'est que, dans l'état de vie, il ne contient aucune matière colorante ; ce n'est qu'après la mort du végétal et sous l'influence de l'oxygène atmosphérique et d'une prompte dessiccation, que le liquide incolore, qui a son siége immédiat dans le tissu cellulaire et probablement aussi dans les vaisseaux du latex, prend une belle couleur bleue. Suivant M. Joly, la matière verte des feuilles et des tiges paraît susceptible d'éprouver les mêmes changements quand on l'expose aux vapeurs ammoniacales.

Place dans la rotation. — Le tournesol ne peut se succéder longtemps dans le même terrain ; l'expérience a démontré qu'après trois récoltes successives il faut un intervalle d'un certain nombre d'années avant qu'il puisse reparaître utilement sur le même champ.

Préparation du sol. — On ameublit le sol jusqu'à la profondeur de 0m,25, soit avec la houe à main, soit à la charrue; dans ce dernier cas, on complète l'opération par des hersages.

Engrais. — Au Grand-Gallargues, on se contente de répandre une fumure qui équivaut à 20,000 kilogr. de fumier par hectare ; mais il n'est pas douteux qu'on n'en puisse augmenter le produit avec une fumure plus considérable. L'effet de cet engrais dure deux ans. Chaque récolte en absorbe donc la moitié, ou 10,000 kilogr. pour un produit de 5,000 kilogr. de plantes fraîches.

Semaille. — Pour recueillir les graines nécessaires à l'ensemencement, on ne peut attendre la maturité complète des plantes, car, à ce moment, la capsule éclate et lance les semences au loin. Il faut cueillir les fruits à mesure qu'ils mûrissent, et les faire sécher au soleil, recouverts d'un canevas qui retient les graines lorsque les capsules éclatent.

On sème le tournesol dès le mois de février, ou même avant l'hiver. Le semis est fait en lignes espacées de 0m,35. On emploie environ 4 kilogr. de graines par hectare.

Entretien. — Les jeunes plantes ne commencent à sortir de terre qu'au commencement de juin. Dès qu'elles ont développé trois ou quatre feuilles, on fait un sarclage à la main, et l'on bine l'intervalle des lignes avec une petite houe. On pratique ensuite deux ou trois autres binages, jusqu'au moment où les plantes couvrent entièrement le sol.

Récolte et préparation. — Le tournesol contient la même proportion de matière colorante, quel que soit son âge ; toutefois, on attend, pour faire la récolte, que la plante ait pris son plus grand développement et que les feuilles inférieures commencent à se dessécher. Ce moment arrive dans les premiers jours d'août, et la récolte se prolonge jusque vers le milieu de septembre. Cette opération est pratiquée en fauchant les plantes tout près du sol, par un beau temps.

Le lendemain du jour où on a recueilli la plante, on la soumet, pendant un quart d'heure, à l'action d'une meule verticale de $1^m,79$ de diamètre, de $0^m,36$ d'épaisseur et du poids de 3,000 kilogrammes. Cette meule est mise en mouvement par un cheval, et tourne dans une auge circulaire à parois évasées. Quand la plante est suffisamment triturée, on la place dans des cabas de joncs tressés qu'on porte au pressoir. Le jus qui s'écroule est d'un vert foncé, presque bleu, et devient très-visqueux par sa concentration à l'air. Le marc qui l'a fourni est retiré du cabas, émietté, mélangé avec une quantité d'urine égale à la moitié du suc présumé qu'il peut encore retenir, et soumis de nouveau à l'action du pressoir.

Immédiatement après avoir obtenu le suc de la première espèce, et quelquefois un quart d'heure après seulement, le maurellier en verse une certaine quantité dans un baquet rectangulaire, y trempe des lambeaux de toile d'emballage très-grossière, et les imbibe de suc en les froissant comme s'il voulait les imprégner d'eau de savon. Il a soin, préalablement, de s'assurer que ces chiffons ne sont ni huileux ni graisseux. Lorsqu'ils sont bien imprégnés de suc, il les fait sécher le plus promptement possible, dans un endroit exposé au soleil et au vent.

Les chiffons, ainsi préparés, portent le nom de *blanquerie*. On les expose alors à l'*aluminadou*, cest-à-dire à l'action des vapeurs ammoniacales sortant d'un tas de fumier de cheval ou de mulet. On répand sur la couche de fumier, récent et chaud, quelques poignées de paille fraîche hachée, et l'on y étend les chiffons, qu'on recouvre d'un peu de paille et d'une couche légère de fumier, ou simplement d'un drap grossier destiné à concentrer les vapeurs ammoniacales. On les retourne de temps en temps, et on les retire au bout d'une heure ou d'une heure et demie. Ils sont alors souples, moites et d'un bleu magnifique.

Le fabricant les fait sécher une seconde fois, les imbibe du suc mélangé d'urine, les porte de nouveau à l'étendage, et ne les en retire qu'après qu'ils ont acquis par la dessiccation cette couleur pourpre ou vert sombre qu'on estime beaucoup plus dans le commerce que la couleur bleue donnée par l'*aluminadou*. Les drapeaux chiffons sont alors roides et comme empesés ; on les emballe dans de grands sacs pour les expédier en Hollande.

Avant l'introduction de la culture au Grand-Gallargues, les fabricants ne livraient au commerce que trois cents quintaux de tournesol, tandis qu'ils en fournissent aujourd'hui douze cents quintaux, au prix de 40 à 50 francs le quintal, ce qui donne un produit brut de 48 à 60,000 fr.

Rendement. — Un hectare peut produire, en moyenne, 5,000 kilogr. de plantes fraîches. 100 kilogr. de ces plantes permettent de préparer 25 kilogr. de drapeaux. Un hectare peut donc fournir le suc nécessaire pour avoir 1,250 kilogr. de ceux-ci.

COMPTE DE CULTURE D'UN HECTARE DE TOURNESOL.

DÉPENSE.

Un labour à $0^m,25$ de profondeur	22f »
Deux hersages	5 »
Semence, 4 kil., à 10 fr. le kil	40 »
Rayonner le sol avec le rayonneur	2 60
Répandre la semence à la main	10 »
Recouvrir la semence avec la herse renversée	2 50
Un roulage	2 »
Un sarclage à la main et binage	25 »
Deux binages à la houe à main, à 20 fr. l'un	40 »
Fauchage des plantes	10 »
Mouture des plantes	300 »
Chiffons	133 »
Fabrication des drapeaux	450 »
30,000 kil. de fumier, à 10 fr. les 1,000 kil., y compris les frais de transport et d'épandage, 300 fr. Le tiers de cette somme à la charge du tournesol	100 »
Intérêt pendant un an, à 5 pour 100, du prix de la fumure non absorbée	10 »
Loyer de la terre	70 »
Frais généraux d'exploitation	20 »
Intérêt pendant un an, à 5 pour 100, des frais ci-dessus	62 10
Total	1,304f20

PRODUIT.

1,250 kil. de drapeaux, à 120 les 100 kil	1500f »

BALANCE.

Produit	1,500f »
Dépense	1,304 20
Bénéfice net	195f 80

15 pour 100 du capital employé.

QUATRIÈME SECTION.

Plantes économiques. — Sous la dénomination de plantes économiques, nous comprenons celles qui n'ont pas trouvé place jusqu'ici dans les sections qui composent le chapitre des plantes industrielles.

Telles sont :

Le houblon.	La moutarde noire.
Le tabac.	La betterave.
La cardère.	Le sorgho sucré.
La chicorée à café.	La pomme de terre.

La betterave et la pomme de terre sont, à la fois, des plantes alimentaires et des plantes économiques, puisqu'elles sont souvent cultivées, l'une pour la fabrication du sucre, l'autre pour l'extraction de la fécule. Mais comme elles ne réclament pas, sous ce rapport, de soins particuliers, nous renvoyons à ce que nous en avons dit à l'article des racines fourragères.

DU HOUBLON.

Le *houblon* (*humulus lupulus*, L.) (fig. 898 à 902) est une plante vivace, dioïque, à tiges volubiles de gauche à droite, et qui appartient à la famille des *urticées*. Il croît spontanément dans les parties septentrionales de l'Europe ; on le rencontre dans les haies et sur la lisière des forêts, dans les lieux humides ; il forme l'objet de cultures très-importantes dans toutes les contrées où la vigne et les arbres à fruits à cidre n'ont pu réussir, et où la bière est la boisson habituelle. Les petits cônes membraneux qui constituent les fruits du houblon offrent, à la base de chaque écaille, une poussière jaune, granulée, d'une amertume particulière, qui communique à la bière le goût qui la caractérise et contribue à la défendre des altérations qu'éprouvent la plupart des solutions végétales fermentées.

Le houblon a remplacé entièrement, dans cette destination, le buis, le trèfle d'eau, l'absinthe, la gentiane, etc., qu'on y introduisait autrefois.

Le berceau de la culture du houblon paraît avoir été la Flandre. Aujourd'hui elle est répandue en Belgique, en Hollande, en Angleterre, en Allemagne, en Bohême, en Amérique, etc. En France, c'est particulièrement dans la Franche-Comté, l'Alsace, le département du Nord, la Lorraine, les Vosges, qu'elle est en grande faveur, et prend chaque jour plus d'extension.

Variétés. — Les cônes fournis par le houblon sauvage ont une odeur moins agréable et sont moins aromatiques que ceux du houblon cultivé, aussi ne sont-ils presque jamais employés.

Le houblon cultivé offre plusieurs variétés, parmi lesquelles

Fig. 898. *Houblon femelle.*

Fig. 899. *Grappes de fleurs mâles du houblon.*

Fig. 900. *Fleur femelle du houblon.*

Fig. 901. *Fleur mâle du houblon.*

nous indiquerons seulement les suivantes :

Houblon précoce ou *de spalt.* — Tiges d'un vert assez foncé, cônes de couleur blanche, maturité précoce; produit de bonne qualité et assez recherché.

Fig. 902. *Cône de houblon.*

Houblon demi-précoce. — Tige de même couleur que celles du précédent, cônes plus petits.

Houblon rouge. — Tiges d'un rouge cramoisi; cônes longs, rougeâtres vers le pédoncule, très-riches en matière jaune, attachés solitairement à l'extrémité d'un long pédoncule ; maturité plus tardive que celle de deux variétés précédentes; produit tres-abondant, de très-bonne qualité et très-recherché.

Houblon tardif. — Tiges d'un rouge clair, cônes très-petits ; ne commence à épanouir ses fleurs que vers la fin d'août ; mûrit après toutes les autres variétés; très-productif.

Le choix à faire parmi ces diverses variétés est surtout déterminé par le climat, car il faut que la maturité puisse être complète avant les premières gelées de l'automne. Si plusieurs d'entre elles remplissent cette condition, on n'a plus qu'à choisir celle dont les cônes sont les plus abondants, les plus longs, et offrent l'odeur la plus forte et la plus pénétrante.

Composition chimique. — D'après Sprengel, le houblon récolté pendant la floraison contient les substances suivantes :

Eau	73,800
Substances solubles dans l'eau	1,460
— dans une lessive alcaline	14,432
Cire, résine et matière verte	0,720
Fibre végétale	9 588
	100,000

Les principes immédiats organiques, solubles et insolubles dans l'eau consistent en albumine, gomme ou mucilage, matières extractive et amère, asparagine, tannin, acide malique, malate, acide de chaux.

100 parties en poids de cette plante fraîche (26,2 de la plante sèche), réduites en cendres, contiennent :

Potasse	0,169
Soude	0,078
Chaux	0,644
Magnésie	0,094
Oxyde de fer	0,017
Alumine	0,019
Oxyde de manganèse	traces
Silice	0,048
Acide sulfurique	0,217
— phosphorique	0,091
Chlore	0,117
	1,494

Suivant M. Nesbit, les cônes desséchés fournissent 9,87 pour 100 de cendres, les feuilles 13,6 et les tiges 3,74. Voici la composition comparée de ces trois organes :

	100 de cônes.	100 de feuilles.	100 de tiges.
Matières organiques	90,130	86,400	96,260
Acide sulfurique	0,534	0,685	0,129
— phosphorique	0,967	0,329	0,254
Chlorure de sodium	0,715	1,290	0,241
— de potassium	0,165	»	0,360
Chaux	1,577	6,755	1,449
Magnésie	0,534	0,325	0,153
Potasse	2,485	2,033	0,967
Soude	»	0,053	»
Phosphate de fer	0,735	0,477	0,015
Silice	2,122	1,651	0,227
	99.964	99,998	100.055

M. Hawkhurst dit avoir obtenu jusqu'à 65 pour 100 de cendres de la variété de houblon désignée sous le nom de *the grapes*, après qu'elle avait été séchée à 100° et qu'elle avait perdu 11 pour 100 d'eau.

D'après M. Payen, l'azote existe dans 100 parties de ces trois organes dans les rapports suivants :

	A l'état normal.	Après dessiccation complète.
Cônes	8,82	9,80
Feuilles	1,30	1,51
Tiges	0,61	0,70

La poussière jaune aromatique qui existe à la base des écailles des cônes a une composition fort complexe ; elle renferme de la cire, une résine, un principe amer, de la gomme, des substances azotées, une huile essentielle aromatique, et des sels au nombre desquels se trouve de l'acétate d'ammoniaque. Cette poussière, qu'on a désignée sous le nom de *lupuline*, et qui forme, en moyenne, 10 pour 100 du poids des cônes, est considérée comme la substance active du houblon, comme celle, du moins, qui est la plus utile à la fabrication de la bière et qui constitue, par conséquent, la qualité du houblon. Son action est dix fois plus énergique que celle des cônes eux-mêmes. C'est surtout à l'huile volatile aromatique, qui s'y trouve dans la proportion de 1 à 2 pour 100, qu'elle doit ses principales propriétés.

Climat et sol. — Il importe que le sol où l'on cultive le houblon soit placé du sud à l'est ; les expositions du nord et de l'ouest ne lui conviennent pas. Il en est de même des localités que le voisinage des rivières ou des étangs expose à des brouillards ou à de fréquentes gelées blanches. Il faut aussi éviter le voisinage des grandes routes à cause de la poussière. Si la localité est ouverte aux vents violents, il convient d'abriter la houblonnière par quelques plantations.

Le houblon aime les terres de consistance moyenne, fraîches, mais non humides, et offrant une profondeur de $0^m,70$ à 1 mètre. Il pourrit dans les sols compactes où l'humidité reste stagnante ; il languit dans les terrains secs ou peu profonds, et ses produits y restent peu abondants et de médiocre qualité. On obtient de très-bons résultats dans les sols secs, mais profonds, à condition de pouvoir les soumettre à l'irrigation.

Place dans la rotation. — Dans un terrain bien préparé et de bonne qualité, le houblon peut prospérer pendant quinze ou vingt ans ; aussi ne peut-il entrer dans un assolement régulier. Il peut succéder à toute espèce de récolte, mais il préfère celles qui ameublissent et fertilisent profondément le terrain, telles que la garance, les fourrages-racines, les défrichements de prairies à longue durée, etc. Lorsqu'on rompt une houblonnière, il faut laisser s'écouler cinquante ou soixante ans avant de la rétablir sur le même terrain. Quant aux récoltes qu'il convient de lui faire succéder, ce sont, de préférence, celles qui réclament de nombreux binages, car ces opérations achèvent de détruire le houblon qu'un premier défrichement est toujours impuissant à faire disparaître entièrement.

Préparation du sol. — La durée de la houblonnière se prolonge d'autant plus, et ses produits sont d'autant plus abondants et plus riches, que le sol a été plus profondément et plus complétement ameubli. Cet ameublissement doit pénétrer jusqu'à $0^m,65$ environ, et si la récolte à laquelle on la fait succéder ne laisse pas le sol dans cet état, on pratique un défoncement. Si la plantation doit être faite au printemps, on exécute ce défoncement avant l'hiver et l'on attend le printemps pour herser, labourer et herser de nouveau. Si la plantation doit être effectuée à l'automne, le défoncement est fait au printemps et est immédiatement suivi des hersages et du labour dont nous venons de parler. Après quoi, on sème une récolte de fourrages-racines, dont le produit paye une partie des frais de préparation du sol et de loyer de la terre, et il n'y a plus qu'un labour et un hersage à donner au moment de la plantation du houblon.

Engrais et amendements. — Le houblon est une plante très-épuisante; 100 kilogrammes de cônes secs étant accompagnés, d'après les expériences du docteur Crantz, de 259 kilogrammes de feuilles et de 354 kilogr. de tiges à l'état sec, et la récolte moyenne d'un hectare étant de 1,700 kilogrammes de cônes, 4,403 kilogrammes de feuilles et de 6,018 kilogrammes de tiges, il en résulte, d'après la composition chimique des trois organes, que la récolte entière dépouille le sol de :

275	kilogrammes	d'azote.
195	—	de potasse.
49 1/2	—	d'acide sulfurique.
46	—	d'acide phosphorique.
411	—	de chaux.

D'après cela, pour entretenir le sol dans un état de fertilité convenable, il faut qu'il renferme, sous forme d'engrais et d'amendement, de quoi fournir à cette absorption. Or, si l'on se sert pour engrais du fumier d'écurie, on trouve que les 275 kilogrammes d'azote contenus dans la récolte enlevée correspondent à 69,355 kilogr. de ce fumier, dans lesquels il y a de plus :

361	kilogrammes	de potasse ou soude.
88	—	d'acide sulfurique.
138	—	d'acide phosphorique.
397	—	de chaux.

C'est-à-dire un excédant d'alcalis et d'acides, mais une insuffisance de chaux, d'où naît la nécessité, si le sol n'est pas ou n'est que très-peu calcaire, de marner de temps en temps, ou d'associer au fumier des composts faits avec la chaux vive.

Outre le fumier consommé, les chiffons de laine, les rognures de peaux et de cornes, les tourteaux, la poudrette, la matière fécale verte, conviennent parfaitement à cette plante.

Au début de la culture, la mise d'engrais doit être beaucoup plus considérable que pour les années suivantes, à moins que le sol ne soit déjà très-riche de vieille fumure. Comme les tiges et les feuilles restent sur le terrain, elles remplacent une partie de l'engrais, en sorte que, une fois la houblonnière mise en train, on se borne à n'enfouir, par chaque nouvelle récolte de cônes, que 38,000 kilogrammes de fumier.

Dans tous les cas, lorsqu'on commence la houblonnière, voici comment on procède à la répartition des 69,355 kilogrammes de fumier. La première moitié de la fumure est enterrée à $0^{m},30$ environ par le labour de défoncement, un quart est enfoui au moyen du second labour et se trouve placé à environ $0^{m},15$, enfin, le dernier quart, employé sous forme de terreau, est mis dans les fosses au moment de la plantation.

Quant à la fumure annuelle, elle est enterrée par la première façon donnée à la houblonnière au commencement du printemps.

Plantation. *Préparation des plants.* — Pour former une houblonnière il faut de jeunes plants enracinés. On se les procure de trois manières :

La première consiste à rechercher les souches des plantes de houblon dans les anciennes houblonnières, et à en extraire des jets radicaux de la grosseur du doigt, choisis parmi les mieux enracinés ; on leur laisse une longueur de $0^{m},20$ afin qu'ils restent pourvus de trois ou quatre yeux, et on les plante immédiatement à demeure.

Le second procédé consiste à repiquer ces jets en pépinière, dans un sol riche et bien préparé, à $3^{m},00$ les uns des autres, et à ne les mettre en place qu'au bout d'un an. Les plants reprennent plus sûrement et donnent un produit important l'année qui suit celle de leur plantation, tandis qu'il faut attendre deux ans pour les plants non repiqués.

Le troisième moyen consiste à choisir, dans une houblonnière, les pieds qui offrent au plus haut degré les qualités que l'on désire. Après en avoir retranché les tiges superflues, on coupe ces tiges par fragments de $0^m,40$ de longueur environ, et l'on en fait des boutures que l'on repique en pépinière. Ces boutures peuvent être mises en place l'année suivante, et présentent les mêmes avantages que les jets radicaux repiqués pendant un an.

Quel que soit le procédé adopté, il faut avoir le plus grand soin de tenir au frais les jeunes plants, depuis le moment de leur arrachage jusqu'à celui de leur mise en terre.

Époque de la plantation. — On plante le houblon à deux époques différentes : à l'automne, puis du 15 février au 15 avril. Le choix de ces époques est déterminé par la nature du sol. On préfère la première pour les terrains légers, et l'on plante plus ou moins tard, au printemps, suivant que la terre est plus ou moins compacte. En général, les plantations d'automne offrent cet avantage que le premier produit est plus abondant et se fait moins attendre.

Mode de plantation. — Dans les terrains très-fertiles, les plants sont mis à $2^m,60$ les uns des autres; dans les autres, on se contente de $1^m,30$, ce qui fait une moyenne d'environ 2 mètres, ou 2,500 plants par hectare.

Pour déterminer régulièrement ces écartements, on trace au rayonneur, et dans deux sens opposés, de légers sillons à la distance qui doit séparer les plantes; les points d'intersection que forment les lignes en se croisant indiquent la place où l'on doit faire la plantation. Les lignes de plantation doivent être dirigées du Sud au Nord. A chacun des points indiqués, on ouvre une fosse de $0^m,60$ de côté et de $0^m,40$ de profondeur, puis on mélange avec la terre que l'on en extrait le dernier quart de fumure dont nous avons parlé plus haut, et, quand la plantation est faite, on en remplit les trous.

Le nombre des plants qu'on réunit à chaque point varie entre un et cinq. Dans les sols fertiles, suffisamment frais en été, et lorsque les jeunes plants ont été repiqués pendant un an, on se contente d'un seul; on en met cinq quand ce sont des plants non repiqués et que le sol est de médiocre qualité; mais, en général, la moyenne est de trois, disposés en triangle, ce qui donne 7,500 plants par hectare.

Dès qu'il s'agit de mettre les plants en terre, on fonce au plantoir, au milieu de chaque place, autant de trous qu'on veut y mettre de plants. Ces trous, aussi profonds que les plants sont longs, sont ouverts obliquement, de telle sorte que les boutures soient plus éloignées les unes des autres vers leur base qu'à leur sommet. Après les avoir placées dans les trous de manière qu'elles ne dépassent pas l'orifice, on les entoure de terre que l'on tasse bien, puis on recouvre le tout d'une nouvelle couche de $0^m,06$ environ d'épaisseur. Il en résulte à chaque point un petit monticule dont on creuse le sommet en forme de cuvette, afin que l'eau des pluies y soit retenue, et favorise la reprise.

Entretien annuel. *Première année.* — Dans les premiers jours de mai, on enfonce au centre de chaque monticule deux ou trois échalas de $1^m,60$ à 2 mètres de long, et on y fixe les jeunes tiges par des liens de paille. Immédiatement après on pratique un premier binage pour ameublir la surface du sol et détruire les plantes nuisibles. Ce binage est pratiqué entre les lignes avec la houe à cheval, et, sur les lignes, avec la houe à main.

Huit ou dix jours après, on attache de nouveau les tiges sur les tuteurs, en ayant soin de les y enrouler avec précaution de gauche à droite.

Dans le courant de l'été, on exécute deux binages semblables au premier, avec cette différence que, lors du second, on accumule une nouvelle quantité de terre ameublie au pied des plants, afin de maintenir la fraîcheur du sol. Si l'été est sec, que le sol soit léger et qu'on puisse disposer de l'irrigation, il sera toujours très-utile d'arroser par infiltration.

A l'automne suivant, lorsque les feuilles tombent, on enlève les échalas, et l'on coupe les tiges à $0^m,30$ du sol; puis, pour garantir des grands froids et de l'humidité la partie conservée, on les réunit en une poignée vers le centre, et l'on couvre la butte primitive d'une nouvelle couche de terre prise entre les lignes, de façon que le sommet des tiges coupées dépasse le sol de $0^m,06$, et que la butte s'élève au-dessus du terrain à $0^m,30$ environ.

Comme les frais de culture ne produisent rien pendant cette première année, on peut cultiver, entre les lignes, deux rangées de haricots, de fèves, d'oignons ou autres légumes.

Deuxième année. — Vers la fin de février ou dans les premiers jours de mars, on ouvre les monticules, on découvre complétement les tiges, et on les coupe à $0^m,04$ de la souche; puis on répartit la quantité d'engrais indiquée plus haut. Après quoi, on recouvre le tout de terre, de manière à former de nouveaux monticules, on donne ensuite un labour, à la houe fourchue, entre chacun des monticules.

Lorsque les jeunes tiges ont atteint une hauteur d'environ 0^m,40, on place à 0^m,40 de chaque plante des perches sur lesquelles elles doivent s'enrouler. Ces perches, en châtaignier ou en frêne, longues de 4 à 6 mètres, et grosses en proportion, sont carbonisées et goudronnées à chaud, depuis la base jusqu'au point où elles doivent être enfoncées dans le sol.

Pour ne pas trop intercepter la lumière, le nombre de perches varie pour chaque monticule, suivant l'espace laissé entre ceux-ci. On en emploie quatre pour les monticules placés à 2^m,60 les uns des autres, et deux seulement s'ils sont très-rapprochés ; mais le plus souvent on en met trois.

Pour implanter les perches dans le sol, on enfonce avec une masse, à 0^m,70 ou 1 mètre de profondeur, une sorte de pal en fer long de 1^m,30 (fig. 903), et quand le trou est bien fait on y introduit la perche.

Fig. 903. *Pal en fer pour faire le trou des perches.*

Les perches étant placées, on choisit quatre ou cinq des tiges les plus vigoureuses, on les y enroule et on les attache avec des liens de paille peu serrés, pour ne pas gêner leur allongement. Toutes les autres tiges sont coupées le plus profondément possible à mesure qu'elles paraissent. On ne doit pas faire ce travail de grand matin, parce que les jeunes tiges sont moins fragiles sous l'action du soleil.

Après ce travail, on applique un premier binage, et l'on recharge les buttes, de manière qu'elles offrent un diamètre de 0^m,66 et une hauteur de 0^m,50 au plus. Quelque temps après, on attache de nouveau les tiges qui ont continué de s'allonger, puis on exécute deux autres binages dans le courant de l'été.

Lorsque les tiges ont atteint une hauteur d'environ 4 mètres et que les cônes du houblon commencent à se former, on enlève les feuilles jusqu'à la hauteur d'environ 1^m,50 pour que le soleil échauffe le pied des plantes ; cette opération diminue un peu la vigueur, augmente l'abondance des cônes et hâte leur maturation ; mais il faut s'en abstenir dans les terrains légers, exposés à la sécheresse, ou dans les années très-chaudes.

Après la récolte, que nous décrivons plus loin, on rentre les perches bien sèches sous des hangars, où on les couche en tas sur des tréteaux élevés d'un mètre environ au-dessus du sol pour les isoler de l'humidité. Après quoi, on applique à la houblonnière l'opération indiquée à la fin de la première année.

Si l'on n'a pas de hangars assez vastes pour emmagasiner les perches, on dépouille de leurs feuilles quelques-unes des plus fortes tiges de houblon, on en forme un fort anneau assez ouvert pour y passer six perches sur la pointe, et on le fait descendre de $1^m,60$ vers la base. Ces perches sont ensuite dressées sur un des côtés du champ, puis assez écartées les unes des autres, vers leur partie inférieure, pour qu'elles se tiennent debout comme un entonnoir renversé. Tout autour de ce faisceau on appuie d'autres perches jusqu'au nombre de cent, de manière à maintenir l'équilibre et à laisser un libre cours à l'air. Les perches, conservées par l'un de ces procédés, peuvent durer pendant huit à dix ans. Elles résistent moitié plus longtemps lorsqu'on les imprègne de sulfate de fer.

Les perches donnent lieu à une assez forte dépense ; pour l'éviter en partie, on a songé à leur substituer le fil de fer. Cette innovation est due à M. Denis qui l'essaya pour la première fois dans les Vosges, en 1828. On espace les pieds à $2^m,66$ les uns des autres, et on laisse sur chaque monticule quatre tiges seulement. Au lieu de perches on enfonce quatre baguettes A (fig. 904), et on les attache au fil de fer horizontal B,

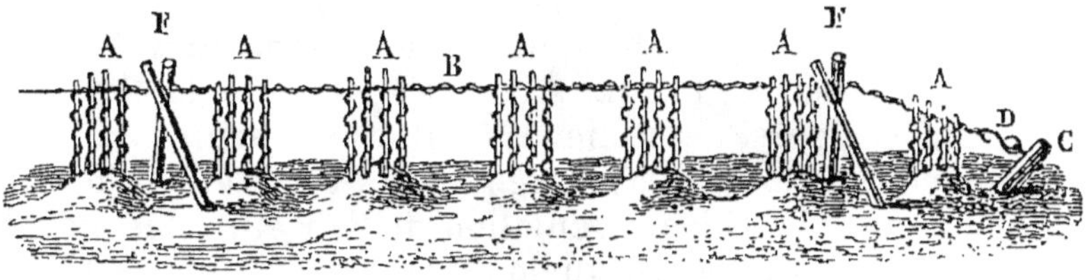

Fig. 904. *Substitution du fil de fer aux perches pour soutenir le houblon.*

sur lequel elles conduisent les tiges. Ce fil est établi de la manière suivante : à chaque extrémité du champ et de chaque ligne de houblon, on pousse en terre, à coup de masse, un piquet en chêne C de $0^m,80$ de longueur, pointu par un bout et du diamètre de $0^m,12$ de l'autre. On fixe sur ce piquet un piton D, qui sert à attacher l'extrémité du fil de fer B. Ce fil est tendu à $1^m,64$ au-dessus de chaque ligne de houblon, au moyen de chevalets en bois F, placés de 10 en 10 mètres. Lorsque les tiges de houblon atteignent le fil de fer, en suivant les baguettes verticales, on dirige deux des tiges de chaque monticule à droite et deux à gauche. Pour faire la récolte, il suffit d'ouvrir les deux branches des chevalets et d'abaisser la guirlande de houblon à la portée des ouvriers. Lorsque toutes les lignes sont récoltées, on détache les tiges en les coupant à $0^m,30$ du sol, puis on graisse le fil de fer pour le garantir de l'humidité de l'hiver, et l'on replace les chevalets dans leur première position. Ce mode de support offre une économie des deux tiers et ne nuit en rien aux produits.

Troisième année. — Les soins d'entretien sont les mêmes que pendant la seconde, à cette seule différence qu'au printemps on taille les racines. Cette opération consiste à châtrer le houblon, c'est-à-dire à ne garder sur chaque souche que les tiges qui ont porté fruit, et à les tailler de manière à ne leur conserver que deux ou trois yeux. Tous les autres rejetons sont supprimés et servent à faire de nouvelles plantations. On en réserve, toutefois, quelques-uns pour remplacer les tiges qui ont fleuri, mais qui sont attaquées de la pourriture, et que l'on supprime entièrement. Après cette opération, on applique la fumure, on reforme les monticules, on laboure et l'on recommence la série de travaux indiqués pour la deuxième année. Les mêmes soins sont ensuite appliqués chaque année.

Maladies et insectes nuisibles. — Le houblon est attaqué par plusieurs maladies. L'une des plus fréquentes est le *miellat;* on l'attribue au voisinage des haies, ou à l'humidité surabondante du sol ; la face supérieure des feuilles se couvre d'un vernis sucré, tandis que les pucerons se montrent à la face inférieure. Cet accident, qui arrive à l'époque de la floraison, fait avorter les fleurs, dessèche les feuilles et détruit tout espoir d'une bonne récolte. On le prévient en assainissant le terrain, et en augmentant la libre circulation de l'air entre les plantes. Une pluie abondante le fait quelquefois disparaître.

Le *cancer* est une autre maladie produite par un champignon qui se développe sur les racines, lorsque le houblon est placé dans un sol bas et humide. On remplace les pieds attaqués et l'on assainit le terrain.

Le *blanc* ou *meunier*, dû à la présence d'un autre champignon du genre *oidium*, se manifeste aussi parfois dans les houblonnières qui souffrent de la sécheresse. Il apparaît sous la forme d'une efflorescence blanchâtre qui couvre les feuilles et les tiges, et diminue la vigueur de la plante. On prévient cette affection au moyen des irrigations. Enfin, les rosées abondantes causent aussi de grands dommages à l'époque de la floraison.

Au premier rang des insectes nuisibles, nous citerons la *puce de terre*, espèce de petit coléoptère qui ronge les feuilles et les perce d'outre en outre. Pour chasser ces insectes, on jette au pied des perches, du houblon cuit sortant de la brasserie. Du reste, une pluie abondante les fait souvent disparaître entièrement.

Durée de la houblonnière. — Si la houblonnière est placée dans un bon terrain, qu'on la cultive avec soin, qu'on remplace de temps en temps la terre qui avoisine les pieds, et surtout si l'on rajeunit souvent les vieilles tiges par de nouveaux drageons, elle peut subsister quinze ou vingt ans; mais il est mieux de la rompre vers la douzième année.

Récolte et préparation. — La maturité des cônes se manifeste par un léger changement de couleur dans les feuilles. Les cônes, qui étaient d'un vert jaunâtre, prennent une teinte verte dorée et répandent une odeur forte et aromatique. Les écailles sont serrées et offrent à leur base une sécrétion jaune formant une pâte molle qui s'attache aux doigts. Les graines sont dures, brunes, et leur amande est blanche et bien formée. Il est important de saisir le moment opportun pour la récolte : recueilli trop tôt, le houblon ne présente qu'une partie de ses propriétés actives, et ses cônes perdent beaucoup plus de leur poids en se desséchant; récoltés trop tard, les cônes ont perdu une grande partie de leur poussière odoriférante.

Fig. 905. *Levier pour arracher les perches du houblon.*

La récolte doit être faite par un temps sec et après que la

rosée s'est dissipée. Les cônes, cueillis humides, moisissent et prennent une teinte brune qui nuit à leur vente.

Quand le moment est venu, on dispose, parallèlement aux lignes de houblon, des chevalets placés à 3 mètres les uns des autres, puis on coupe les tiges à 0m,30 du sol. On coupe également, avec un croissant longuement emmanché les tiges qui, vers le sommet, lient parfois les perches les unes aux autres; puis on arrache celles-ci. On se sert pour cela, soit d'un levier en fer armé d'une forte pince en pied de biche, et garnie de dents (fig. 905 et 906), soit d'une grande tenaille connue sous le nom d'*arrache-houblon* (fig. 907).

Fig. 906. *Détail de la figure précédente.*

A mesure que les perches sont enlevées, on les couche sur les chevalets, puis on procède à la cueillette des cônes. Soit que l'on coupe les rameaux garnis de cônes pour les transporter dans les ateliers où des femmes détachent les bouquets, soit qu'on les cueille sur le lieu même autour des perches, il faut veiller attentivement à ce qu'il ne se mêle pas de feuilles aux cônes, et à ce que ceux-ci restent pourvus de leur pédoncule pour que les écailles ne se détachent pas.

Fig. 907. *Arrache-houblon.*

Immédiatement après la récolte, on procède à la dessiccation. Dans les années et dans les climats chauds et secs, il suffit d'étendre les cônes sur des claies garnies de filets, et de les remuer de temps en temps. Mais, sous les climats froids et humides, il faut employer un ventilateur à air chaud. Cet appareil consiste dans un courant d'air mis en mouvement par un tarare, et échauffé par un calorifère à la température de 40°.

Il faut arrêter la dessiccation du houblon dès que la queue des cônes devient dure et cassante, car les écailles se détachent aisément, sont peu flexibles et se brisent au moindre choc. On le met alors en tas dans les magasins, où, après quelques jours, il a pris la dose d'humidité normale qui lui est nécessaire pour ne plus être brisé lorsqu'on vient à le manier ; après quoi, on l'emballe. Cette opération doit être faite de façon que les cônes soient pressés le plus fortement possible, pour qu'ils laissent moins facilement échapper leurs principes volatils ; l'humidité atmosphérique les pénètre aussi plus difficilement, et l'on peut les conserver pendant plusieurs années sans qu'ils perdent sensiblement de leur qualité.

Ordinairement on emballe le houblon dans des sacs de forte toile, de 1 mètre de longueur, dont on fixe les bords à l'orifice d'un trou pratiqué dans le plancher du magasin ; un ouvrier descend dans le sac, et, à mesure qu'on y pousse le houblon, il le tasse avec les pieds. Ce procédé ne donne qu'une pression insuffisante, et il serait bien préférable d'employer la presse hydraulique, comme on le fait en Angleterre et aux États-Unis.

Dans tous les cas, les ballots, une fois confectionnés, doivent être mis en lieu sec, à l'abri de l'air, du soleil et surtout des animaux rongeurs. Dans ces conditions, le houblon peut se conserver pendant un temps considérable, sans éprouver la moindre altération ni perdre de sa force.

Quand la cueillette des cônes est terminée, on dépouille les tiges de leurs feuilles, on les coupe à une certaine longueur, et l'on en fait des fagots à brûler. Quant aux feuilles, elles passent pour égaler le meilleur foin pour la nourriture des bestiaux.

Rendement. — La houblonnière, plantée au printemps par drageons non repiqués, ne donne aucun produit pendant la première année ; à la seconde, la récolte offre quelque importance ; mais les pleines récoltes ne commencent qu'à la troisième. Lorsqu'on se sert de plants repiqués, et que l'on peut planter à l'automne, les pleines récoltes commencent dès la seconde année.

Le rendement d'un hectare de houblon varie entre les limites suivantes :

Produit maximum en cônes secs	3,390 kil.
Produit moyen en Flandre	1,600
A Grenelle, près de Paris	1,200
A Roville	886

Il en résulte donc un produit moyen d'environ 1,700 kilogrammes par hectare.

On obtient, en outre, 259 kilogr. de feuilles sèches et 354 kilogr. de tiges sèches par 100 kilogr. de cônes secs. Ce qui fait 4,403 kilogr. de feuilles et 6,018 kilogr. de tiges pour la récolte moyenne de cônes que nous venons d'indiquer.

COMPTE DE CULTURE ANNUELLE D'UN HECTARE DE HOUBLON.

DÉPENSE.

Frais d'établissement.

Un labour de défoncement à 0m,65 de profondeur	300f »
Un hersage au printemps	2 60
Un labour ordinaire	22 »
Un hersage	2 60
Rayonner le terrain avec un rayonneur pour tracer les lignes de plantation	5 »
Ouvrir les trous, les remplir, planter et butter	70 »
7,500 plants repiqués, à 1 fr. 50 le 100	112 50
7,500 échalas, à 3 fr. le 100	225 »
Faire une pointe à ces échalas, les enfoncer dans la terre, attacher les tiges	90 »
Un binage	20 »
Attacher de nouveau les tiges	15 »
Un binage et un buttage	35 »
Un binage	20 »
Enlever les échalas à l'automne et couper les tiges	20 »
Un buttage pour l'hiver	15 »
65,000 kil. de fumier, à 10 fr. les 1,000 kil., y compris les frais de transport et de répartition	650 »
Loyer de la terre	70 »
Frais généraux d'exploitation	20 »
Total	1,694f70

Deuxième année.

Intérêt pendant un an, à 5 pour 100, des frais d'établissement	84f70
Ouvrir les monticules, tailler les tiges et refaire les monticules	30 »
Un labour à la houe	150 »
7,500 perches à 40 fr. les 100, 3,000 fr. La durée moyenne de ces perches étant de dix ans, c'est seulement le dixième de cette somme pour chaque année	300 »
Intérêt pendant un an, à 5 pour 100, des neuf dixièmes du prix total des perches	135 »
Planter les perches	100 »
Un binage et buttage	35 »
Attacher les tiges et supprimer celles qui sont inutiles	20 »
Attacher de nouveau les tiges	80 »
Deux binages, à 20 fr. l'un	40 »
A reporter	974f70

Report...........	974f 70
Effeuiller le bas des tiges..	10 »
Enlever les perches, cueillir les cônes et les transporter au séchoir...	250 »
Emmagasiner les perches et fagoter les tiges...............	20 »
Séchage et emballage des cônes................................	200 »
18,700 kil. de fumier, à 10 fr. les 1,000 kil., y compris les frais de transport et de répartition........................	187 »
Loyer de la terre..	70 »
Frais généraux d'exploitation....................................	20 »
Intérêt pendant un an, à 5 pour 100, des frais ci-dessus......	85 58
Total............	1,817f 28

PRODUIT.

7,000 kil. de cônes secs, au prix moyen de 155 fr. les 100 kil.	2,635f »

BALANCE.

Produit...	2,635f »
Dépense..	1,817 28
Bénéfice net.............	817f 72

40 pour 100 du capital employé.

DU TABAC.

Le *tabac*, *herbe à la reine*, *herbe de Sainte-Croix*, *herbe à Nicot*, *nicotiane* (*nicotiana tabacum*, L.) (fig. 908), est une plante annuelle de la famille des *solanées*. Originaire de l'Amérique méridionale, elle fut envoyée en 1518, à Charles-Quint par Cortez, qui la vit employer pour la première fois à *Tabasco*, comme objet de luxe, par un cacique. Le cardinal *Santa Croce*, légat à Lisbonne, la fit connaître à Rome où elle ne tarda pas à être prohibée comme nuisible à la santé. En 1559, *Nicot*, ambassadeur français en Portugal, en envoya des graines en France, et en présenta une plante, l'année suivante, à Catherine de Médicis, qui en devint par la suite tellement enthousiaste qu'elle la proposait comme remède pour tous les maux. Ce sont les sauvages de l'Amérique qui enseignèrent aux Européens à *fumer* et à *mâcher* ou *chiquer* le tabac; mais l'usage de *priser* la poudre de cette plante est tout européen, et appartient surtout à l'Europe occidentale. L'emploi du tabac, sous ces trois formes, est devenu depuis un demi-siècle si général, que la culture de la plante et le commerce de ses feuilles sont, tant en Europe qu'en Amérique, un objet des plus importants.

Les feuilles de tabac, séchées à la manière ordinaire, n'offrent jamais le montant, et la propriété sternutatoire si développés dans le tabac du commerce. On leur fait acquérir ces qualités par une fermentation particulière qui donne lieu à une production d'ammoniaque et à la mise en liberté du principe actif, qui est liquide et volatil. Ce principe, désigné par les chimistes sous le nom de *nicotine*, est un poison des plus violents, ce qui explique les maux de tête, les vertiges, le narcotisme, et cette sorte d'hébétement continuel qu'éprouvent ceux qui font un usage immodéré du tabac, soit en le fumant, soit en aspirant sa poudre par le nez.

Fig. 908. *Tabac rustique.*

En France, la production du tabac est un monopole réservé par l'État et autorisée seulement dans dix départements, où elle est régie par des ordonnances qui prescrivent un mode de culture dont on ne peut s'écarter. Les départements où cette culture a pris le plus d'extension, sont le Nord, le Pas-de-Calais, le Haut et le Bas-Rhin, l'Ille-et-Vilaine, la Haute-Garonne, le Lot et le Lot-et-Garonne. Dix mille hectares y sont consacrés et donnent plus de 12 millions de kilogr. de feuilles. La France consomme annuellement plus de 17 millions de kilogr. de tabac fabriqué. C'est donc environ 5 millions de kilogr. que nous demandons à l'étranger. La totalité du revenu produit par l'impôt sur cette matière monte, en France, à 1,626,414,983 fr.

Variétés. — On ne cultive en général qu'une seule espèce de tabac, le *nicotiana tabacum*, remarquable par l'ampleur de ses feuilles et par la couleur de ses fleurs d'un rose violacé ; mais cette espèce a produit plusieurs variétés parmi lesquelles nous citerons les suivantes comme les plus cultivées.

Tabac à larges feuilles (fig. 909 à 911). Feuilles très-grandes, ovales, lancéolées. Cette variété, dont les produits sont très-abondants et de bonne qualité, est celle qu'on cultive le plus généralement en Europe. Elle redoute les grands vents, car ils déchirent ses feuilles et diminuent leur valeur.

Tabac à feuilles étroites ou *de Virginie* (fig. 912). Feuilles étroites, lancéolées, pointues; tube de la corolle plus long que dans la variété

Fig. 912. *Tabac à feuilles étroites, ou de Virginie.*

Fig. 909. *Tabac à larges feuilles.*

Fig. 910. *Fleur du tabac.*

Fig. 911. *Fruit du tabac.*

précédente. Cette variété est plus généralement cultivée en Virginie. Son produit est très-recherché, mais il est moins abondant que celui de la précédente.

Composition chimique. — D'après l'analyse de Posselt et Reimann, les feuilles de tabac, à l'état normal, contiennent les substances suivantes :

Eau	88,080
Fibre ligneuse	4,969
Matière extractive faiblement amère	2,840
Gomme mêlée d'un peu de malate de chaux	1,140
Substance analogue au gluten	1,048
Résine verte	0,261
Albumine végétale	0,260
Nicotine	0,060
Matière grasse volatile (*nicotianine*)	0,010
Acide malique	0,510
Malate d'ammoniaque	0,120
Sulfate de potasse	0,048
Chlorure de potassium	0,063
Azotate et malate de potasse	0,095
Phosphate de chaux	0,166
Malate de chaux	0,242
Silice	0,088
	10,000

Sèches, elles renferment de 5 à 6 pour 100 d'azote. Elles contiennent, en moyenne, 23 pour 100 de matières minérales. Les nervures des feuilles ou ce qu'on appelle des *côtes* en donnent 22, les tiges 10 et les racines 7 pour 100. MM. Will et Frésénius, qui ont analysé dix échantillons de tabac de Hongrie, ont obtenu, en moyenne, 22,6 pour 100 de cendres de feuilles et 22,31 pour 100 de tiges. Ces cendres leur ont offert la composition moyenne suivante :

Potasse	15,52
Soude	0,25
Chaux	38,40
Magnésie	12,08
Chlorure de sodium	5,16
— de potassium	3,11
Phosphate de fer	6,42
— de chaux	0,59
Sulfate de chaux	6,96
Silice	9,51
	100,00

Le tabac est donc une plante riche en matières azotées, en potasse, en chaux, en magnésie et en chlorures solubles. C'est une des plantes qui contiennent le plus de matières minérales.

Climat et sol. — Le tabac peut se développer dans les pays les plus chauds, et sous les climats les plus froids, pourvu que l'été s'y prolonge assez pour qu'il puisse parcourir les diverses phases de sa végétation; toutefois, plus le climat est chaud, plus les produits sont de bonne qualité. On consacre donc toujours à cette culture les expositions les plus chaudes et les mieux abritées.

Les terrains les plus favorables sont ceux de consistance moyenne, riches, profonds, et qui se maintiennent suffisamment frais en été. Dans les sols humides, elle se développe vigoureusement, mais ses feuilles y prennent une saveur herbacée et acide; elles se dessèchent difficilement, et ne peuvent être aussi bien préparées. Du reste, la nature particulière du sol exerce sur le parfum du tabac une influence analogue à celle qu'elle produit sur le bouquet des vins. Dans les départements où la culture du tabac est permise, cette licence produit une hausse de 50 fr. par hectare dans le prix du fermage des terres propres à la production de cette plante.

Place dans la rotation. — Quoique le tabac ne soit pas très-épuisant, il exige une terre très-riche, et, autant que possible, anciennement fumée. Elle doit être, en outre, parfaitement nette de mauvaises herbes. Il succède donc avec avantage soit aux racines fourragères copieusement fumées, soit à un défrichement de prairie naturelle ou de luzerne. Quant aux récoltes qui peuvent le suivre, il n'y a pas d'exceptions, car il laisse la terre très-riche et en parfait état. Le tabac se succède à lui-même pendant plusieurs années, pourvu que le sol soit maintenu dans le même état de fertilité.

Préparation du sol. — Le terrain doit être parfaitement ameubli. A l'automne, on donne un labour ordinaire. Au printemps suivant, on pratique un hersage, on laboure de nouveau, et l'on fait suivre cette opération du second hersage, puis d'un roulage, et d'un troisième hersage; enfin, au moment même de la plantation, on pratique un labour superficiel et l'on termine par un hersage.

Engrais et amendements. — Le tabac est une plante paresseuse; car elle ne paraît absorber que l'équivalent de 750 kilogr. de fumier pour 100 kilogr. de feuilles sèches récoltées; encore ne s'approprie-t-elle cette quantité de principes fertilisants qu'autant que les engrais sont répandus en grande abondance dans la terre, et surtout qu'ils sont dans un état de division et de décomposition qui les rend faciles à absorber.

La composition chimique du tabac indique quels sont les engrais qu'on doit lui appliquer de préférence. Ce sont particulièrement ceux qui sont riches en potasse, en chaux, en chlorures alcalins, en phosphates. Le fumier bien consommé, les composts avec cendres et chaux, l'engrais flamand, la poudrette, les tourteaux, la colombine, le guano, sont surtout ceux qui conviennent le mieux. Le plâtrage et le marnage des terres sont indispensables, puisque la chaux et le sulfate de chaux sont en proportions très-marquées dans les différents organes du tabac.

Les fumiers proprement dits sont mélangés avec la terre au moyen des deux labours de l'automne et du printemps ; et les engrais pulvérulents, tels que les tourteaux ou autres, sont répandus avant le labour superficiel qui précède immédiatement la plantation.

La proportion d'engrais varie beaucoup suivant les pays, et dépend de la récolte des feuilles à l'hectare. Ainsi, en Belgique, où l'on obtient jusqu'à 3850 kilogr. de feuilles, on fume avec :

51,000 kilog. de fumier d'étable
et 8,000 — de tourteaux.

Dans la Flandre française, où le produit est de 2,400 kilogrammes, on emploie :

3,300 kilog. de fumier.
25,000 — d'engrais flamand.
et 7,128 — de tourteaux.

Aux environs de Lille, on enterre, au dernier labour, de 36,000 à 50,000 kilog. de fumier, et l'on répand en outre 1,200 kilogrammes de tourteaux.

Dans le département du Lot, où l'on récolte 900 kilogr. de feuilles, on n'emploie que 48,000 kilogr. de fumier.

Bien qu'il faille un terrain riche en principes salins et organiques pour le développement du tabac, l'expérience a appris depuis longtemps qu'une trop forte dose d'engrais, incorporée d'une seule fois au sol, est défavorable, non-seulement en contribuant à produire sur les feuilles des taches qui arrêtent leur accroissement, mais encore en leur communiquant des propriétés trop âcres et moins de parfum. Il est certain que le tabac cultivé dans la terre neuve, dans les prairies retournées, dans les alluvions naturellement riches en humus, et qu'on fume peu ou point, est d'une qualité bien supérieure à celle du tabac provenant des terres de l'Alsace et de la Flandre où l'on fume énormément.

Pépinière. — La finesse extrême des graines du tabac s'oppose à ce qu'on puisse convenablement les semer à demeure.

Un centimètre cube de ces graines, pesant 55 grammes, en renferme 11,105. On sème donc en pépinière pour transplanter ensuite les jeunes plantes.

Dans le Nord, il faut semer sur une couche de bon fumier recouverte de terre bien fine, mélangée de terreau et placée dans l'endroit le plus chaud et le plus abrité. Une couche de 30 mètres carrés fournit le nombre de plants nécessaires pour un hectare. On divise cette couche en planches de $1^m,50$ de largeur, séparées par des sentiers qui permettent de donner au jeunes plants les soins qu'ils réclament.

On choisit, pour ensemencer, des graines récoltées l'année précédente sur de beaux pieds, qu'on a soin de ne pas effeuiller, et sur lesquels on n'a pris que les fruits des premières fleurs.

Vers le milieu de mars, on répand à la volée environ un tiers de litre de semences par couche; on a eu soin, préalablement, de mélanger les graines avec du plâtre fin ou de la farine, afin de distinguer les places qui sont couvertes. Après quoi on recouvre légèrement avec un râteau, et l'on plombe le sol avec le dos d'une pelle.

Il ne reste plus qu'à entretenir la fraîcheur de la couche par quelques arrosements, à la sarcler, à l'éclaircir lorsque les plants sont trop serrés, et à la couvrir de paillassons pendant la nuit, si l'on craint les gelées blanches.

Dans le Midi, on seme en plein sol, après avoir bien ameubli et fumé le terrain. On divise également le terrain par planches, et l'on sème lorsque la température moyenne s'élève à 6°. On donne ensuite les mêmes soins qu'au semis sur couches.

Plantation. — Lorsque les jeunes plants de la pépinière sont pourvus de trois à quatre feuilles, et qu'ils ont atteint une hauteur de $0^m,05$ à $0^m,07$, on procède à la transplantation, par un temps doux et couvert; on trace sur le champ, avec le rayonneur, des sillons légers dont l'espacement est déterminé par le nombre de plants qu'on doit placer sur le champ [1]; puis après avoir arrosé la pépinière pour que la terre s'attache aux

[1] La Régie prescrit le nombre de plants que doit contenir chaque hectare; ce nombre varie suivant les contrées; l'espacement à réserver entre les plants doit donc varier aussi. Ainsi, dans le Midi, on ne peut réserver que 10,000 plants par hectare, ce qui fait une distance égale de 1 mètre entre chaque plant; dans le Bas-Rhin, 30,000 plants, ou environ $0^m,33$ entre elles; dans le Nord, 40,000 plants, ou $0^m,25$ d'intervalle; dans le Pas-de-Calais, 50,000 plants, ou $0^m,20$ entre elles, etc. Ces prescriptions sont loin d'être en rapport avec les intérêts des cultivateurs du Midi, qui, avec une culture soignée et des engrais plus abondants, pourraient nourrir, sur un hectare de terre, un nombre de plants plus considérable.

racines, on enlève les sujets et on les repique immédiatement au plantoir, en laissant entre chaque plant une distance égale à celle qui sépare les lignes. Si la terre est sèche, on arrose aussitôt après la plantation et avant même qu'on ait rechaussé; dans le Midi, après l'arrosement, on couvre chaque jeune plant avec une large feuille de chou, de bardane, de potiron, ou avec un peu de paille mouillée. Quelques jours après, on remplace les pieds qui n'ont pas repris.

Entretien. — Quinze ou vingt jours après la reprise, on donne un premier binage; quand les plantes ont atteint une hauteur de $0^m,30$, on en pratique un second, que l'on fait suivre d'un léger buttage, après avoir supprimé les feuilles inférieures, qui seraient en tout ou partie couvertes de terre. Ces opérations sont effectuées avec des instruments attelés lorsqu'il existe un intervalle d'au moins $0^m,45$ entre chaque plant; autrement on se sert de houes à main.

Lorsque le tabac commence à montrer ses boutons à fleur, on procède à l'*écimage*. Cette opération consiste à couper le sommet des tiges, de façon à favoriser l'accroissement des feuilles conservées, et à leur faire prendre ces grandes dimensions que demande la régie. C'est encore l'Administration qui prescrit la hauteur à laquelle les tiges doivent être coupées. Le nombre de feuilles varie entre huit et neuf, suivant que le climat est plus ou moins froid; mais il est évident que si le tabac peut amener à bien huit feuilles par pied dans le Nord, on pourrait, sans inconvénient, en laisser dix ou douze dans le Midi.

L'écimage a pour effet de faire naître, à l'aisselle de chaque feuille, un rameau latéral qui commence à paraître huit ou dix jours après cette opération. Si l'on veut obtenir des feuilles offrant au plus haut degré les qualités qu'on recherche, il importe de supprimer ces bourgeons latéraux à mesure qu'ils paraissent. On coupe également, à la même époque, les feuilles qui, trop rapprochées du sol, ont été salies par la terre, ou qui ont été altérées par un accident quelconque.

Maladies et accidents. — L'âcreté des feuilles du tabac en éloigne les insectes; mais il est atteint par d'autres accidents.

Les *gelées blanches*, les *vents violents*, les *pluies d'orage*, la *grêle* agissent sur lui d'une manière fâcheuse, soit en altérant, soit en déchirant ses feuilles. Toutefois, lorsque les plantes qui sont frappées par l'un de ces accidents n'ont pas plus de $0^m,30$ d'élévation, on peut encore en obtenir une récolte passable; il suffit d'enlever immédiatement toutes les feuilles et de couper le sommet de la tige; il s'en développe de nouvelles sur les bourgeons latéraux que font naître ces suppressions.

L'*orobanche rameuse* (p. 444, t. II) est aussi un redoutable ennemi pour le tabac; cette plante parasite épuise les pieds aux dépens desquels elle vit. On doit arracher la plante attaquée avant que l'orobanche ait répandu ses semences.

Récolte et préparation. — On fait la récolte du tabac lorsque les feuilles commencent à devenir jaunâtres, qu'elles se penchent vers la terre et qu'elles exhalent une odeur plus forte. Le mode de récolte et de préparation varie un peu selon qu'on opère dans le Midi ou dans le Nord; mais, sous l'un et l'autre climat, on choisit le moment où les feuilles ne sont pas mouillées par la rosée.

Dans le Midi, on coupe les tiges garnies de leurs feuilles à $0^m,04$ du sol; on les laisse faner un peu sur la terre, puis on les transporte dans un bâtiment spécial qui sert de séchoir. Là, les tiges sont liées deux à deux vers la base et suspendues, la tête en bas, à des lattes placées horizontalement vers le plafond. La dessiccation s'opère lentement et à l'ombre. Dès que les feuilles ont passé de la couleur jaune à la couleur brune, on les descend et on les sépare des tiges, puis on les classe selon leur qualité. Après quoi, on les réunit en *manoques*, c'est-à-dire par paquet de 25 à 30, la dernière servant à lier les autres, et l'on en forme un grand tas où elles reprennent promptement leur souplesse. Dès que le tas manifeste un peu de moiteur, on l'ouvre et on le transforme en couches peu élevées que l'on visite et qu'on remue fréquemment. Enfin, lorsque les dernières chaleurs de l'automne sont passées, et que l'on a plus à craindre de fermentation active, on réunit les manoques sous forme de balles et on les livre à la Régie.

Dans le Nord, les tiges restent sur pied et les feuilles en sont détachées toutes en même temps. Elles sont enfilées à des ficelles tendues dans un séchoir, où elles sèchent lentement. Quand elles ont acquis le degré de dessiccation convenable, on les assemble en manoques de 60 à 70 feuilles, on les étend et on les retourne tous les huit à dix jours. Dès que la température a baissé, on les met en tas de $0^m,66$ de hauteur sur $0^m,90$ de largeur, que l'on ouvre et que l'on étend de nouveau si les feuilles viennent à s'échauffer. Après quelque temps, et quand on est certain que le tabac ne s'échauffera plus, on le couvre d'une toile sur laquelle on place des poids pour maintenir une fermentation lente. Quelque temps après, on l'emballe pour le livrer à la régie.

Rendement. — Le rendement du tabac varie très-notablement suivant le mode de culture que l'on a adopté. Dans le Midi, où l'on ne peut planter par hectare que 10,000 pieds portant chacun 9 feuilles, le produit s'élève, au plus, à 600 kilogr. de tabac sec par hectare; tandis que, dans le Nord, où l'on plante, à l'hectare, 40,000 pieds portant chacun 8 feuilles, le produit s'élève à 1,800 kilogrammes. On peut donc admettre, en France, un produit moyen d'environ 1,200 kil. par hectare.

On récolte, en outre, à peu près le même poids de tiges, lesquelles peuvent servir de combustible si on les laisse sécher sur pied, ou qu'on convertit en fumier si on les coupe avant de récolter les feuilles.

COMPTE DE CULTURE D'UN HECTARE DE TABAC, COUVERT DE 40,000 PLANTES, PORTANT CHACUNE 8 FEUILLES.

DÉPENSE.

Un labour ordinaire à l'automne	22f »
Un hersage au printemps	2 60
Un labour ordinaire	22 »
Un hersage	2 »
Un roulage	2 »
Un hersage	2 60
Un labour superficiel	14 »
Un hersage	2 »
Rayonner le terrain pour la plantation	2 60
40,000 plants, à 2 fr. 50 le 100	100 »
Repiquage et arrosage des plants	60 »
Deux binages à la houe à main, à 20 fr. l'un	40 »
Un buttage à la houe à main, et suppression des feuilles inférieures	25 »
Écimage des tiges	16 »
Trois ébourgeonnements successifs et suppression des feuilles altérées	20 »
Récolte des feuilles et transport au séchoir	40 »
Séchage et triage	100 »
Emballage	20 »
50,000 kil. de fumier, à 10 fr. les 1,000 kil., y compris les frais de transport et de préparation, 650 fr. Un septième de cette dépense à la charge du tabac	90 »
Intérêt pendant un an, à 5 pour 100, du prix de la fumure non absorbée	28 »
Loyer de la terre	70 »
Frais généraux d'exploitation	20 »
Intérêt pendant un an, à 5 pour 100, des frais ci-dessus	35 05
Total	735f 85

PRODUIT.

40,000 kil. de feuilles sèches, à 70 fr. les 1,000 kil.	840f »

BALANCE.

Produit	840f »
Dépense	736 45
Bénéfice net	103f 55

14 pour 100 du capital employé.

DE LA CARDÈRE.

La *cardère*, *chardon à foulon*, *chardon à bonnetier*, *chardon à carder*, *chardon à lainer* (*dipsacus fullonum*, L.) (fig. 913 à 915), est une plante bisanuelle de la famille des *dipsacées*, qui croît spontanément dans le Midi de l'Europe. Ses têtes de fleurs ont pour réceptacle des paillettes crochues (fig. 914) dont on se sert en guise de cardes pour enlever les poils excédants des étoffes de laine.

Climat et sol. — La cardère s'accommode de tous les climats de la France. Elle demande pourtant une exposition chaude, bien aérée,

Fig. 913. *Cardère.*

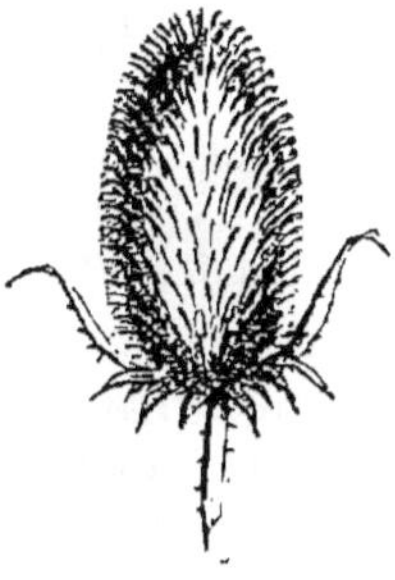

Fig. 914. *Tête de cardère.*

Fig. 915. *Paillette de cardère.*

pour que les paillettes des capitules acquièrent toute la rigidité qui les rend propres à l'usage auquel on les destine.

Ce sont surtout les terrains légers, soit sableux, soit calcaires, qui lui conviennent. Elle pourrit presque toujours dans les sols compactes, argileux ou humides, et si y elle résiste, elle ne produit que des têtes très-volumineuses, de couleur verdâtre ou noirâtre, et que leurs pointes molles et sans élasticité font rejeter par le commerce. Dans le Midi, on doit choisir des sols de consistance moyenne, des terres d'alluvion sablo-argileuses ou calcairo-argileuses, meubles et profondes ; dans le Nord, les terrains légers.

Place dans la rotation. — Comme la cardère occupe le sol pendant deux années, elle prend, dans les assolements réguliers, la place d'une récolte de fourrage et du blé qui suit ordinairement celle-ci. Elle est presque toujours semée sur un terrain nu, mais parfois aussi à l'automne, dans le froment ; cependant ce mode n'offre d'avantage que dans les terres suffisamment riches, car autrement elle ne produit que des têtes trop chétives.

On peut aussi, dans les terres un peu riches, semer entre les lignes de cardère, après le second binage de la première année, des haricots, des navets ou des raves qu'on récolte à l'entrée de l'hiver, ou bien encore de la gaude qui ne donne son produit que l'année suivante. On peut même semer des haricots après le premier binage de la première année.

Préparation du sol. — La racine pivotante de la cardère exige un sol assez profondément ameubli. Deux labours suffiront : le premier, profond de $0^{m},25$, pratiqué avant l'hiver et suivi au printemps de deux hersages séparés par un roulage ; le second, superficiel, exécuté au moment de l'ensemencement et suivi d'un troisième hersage. Si l'ensemencement est pratiqué à l'automne, au lieu du printemps, ces opérations sont faites consécutivement.

Engrais. — La cardère est une plante assez épuisante ; elle paraît enlever au sol environ 1,650 kilogr. de fumier pour 100 kilogr. de têtes sèches récoltées.

Il ne faut pas, toutefois, satisfaire complétement son avidité pour l'engrais, car une fumure trop abondante a pour résultat de la faire développer très-vigoureusement, de diminuer la quantité des têtes, d'augmenter leur volume, et d'amoindrir leur rigidité. Dans les terrains de consistance moyenne et un peu frais, on se contente de 20,000 kilogr. de fumier par hectare ; mais, dans les sols secs et légers, où l'on a moins à craindre un excès de vigueur, on en emploie 30,000 kilogrammes. Ces engrais sont répandus avant le premier labour.

Semaille. — La cardère est presque toujours semée à demeure ; parfois cependant on la sème en pépinière pour la repiquer ensuite. Occupons-nous d'abord du premier procédé.

Culture par le semis à demeure.

Choix des semences. — A l'époque où l'on récolte les têtes de cardère pour les livrer au commerce, les graines ne sont pas assez mûres ; il convient donc de laisser un certain nombre de pieds acquérir leur maturité complète. On choisit les plus beaux et l'on n'en récolte que les plus belles têtes. Lorsqu'elles sont bien sèches, on en sépare la graine par un battage et on la nettoie à l'aide du van. Cette graine ne conserve sa faculté germinative que pendant un an.

Époque convenable. — On peut semer à l'automne, à l'époque de la semaille du blé ; mais, le plus souvent, on ensemence dans les premiers jours d'avril. Quand on adopte la première époque, les plantes fructifient dès l'année suivante, et la récolte n'est chargée que d'une année de loyer de la terre ; si l'on sème au printemps, la cardère ne monte que l'année d'après, et supporte alors un double loyer, mais le produit est ordinairement plus abondant, et comme il est plus précoce, il mûrit mieux. Néanmoins le semis d'automne doit être préféré dans le Midi, où la végétation est plus rapide.

Mode de semaille. — Les soins d'entretien que demande la culture de la cardère forcent à la semer en lignes. Celles-ci sont espacées de $0^m,45$ à $0^m,55$, selon le degré de fertilité du sol. On ouvre, avec un rayonneur, de petits sillons peu profonds, on y répand la graine, soit à la main, soit au semoir à brouette, et l'on recouvre par un coup de herse renversée. On emploie environ 10 kilogrammes par hectare.

Lorsqu'on sème la cardère dans le blé, ce qui a toujours lieu à l'automne, on fait d'abord la semaille du blé, on le recouvre, puis on trace immédiatement les sillons destinés à recevoir les graines de cardère.

Culture par repiquage.

On sème la pépinière en avril, sur un sol bien préparé, et, en septembre, on repique les jeunes plants en lignes. On choisit pour ce travail un temps un peu humide, ou qui précède la pluie.

Quoique ce mode soit encore peu usité, il présente cet avantage important que la récolte n'occupe le sol que pendant une année au lieu de deux, comme cela arrive pour le semis à demeure.

Toutefois, comme la plante souffrirait beaucoup si la sécheresse l'attaquait au moment du repiquage, cette opération offrira plus de chances de réussite dans le Nord que dans le Midi, à moins qu'on ne puisse, dans cette dernière région, employer l'irrigation par infiltration.

Entretien. — La cardère, semée au printemps, réclame les soins suivants : aussitôt que les jeunes plantes ont développé deux feuilles on pratique un premier binage, et un sarclage avec la houe à main. Quinze jours ou trois semaines après, on donne un nouveau binage, mais avec la houe à cheval, puis on éclaircit les plantes trop rapprochées en laissant entre elles un espace d'environ $0^{m},30$. Vers le mois de septembre, on regarnit par repiquage les places vides, et, avant les premières gelées de l'hiver, on pratique, avec la houe à main, un léger buttage pour mettre les plantes à l'abri du froid. On obtient le même résultat en les couvrant d'une légère couche de fumier long.

Lorsque la cardère est semée, à l'automne, sur un terrain nu, ou bien lorsque l'on a choisi le repiquage, on donne un seul binage avant l'hiver ; ou seulement, dans le dernier cas, on pratique un léger buttage.

Que la cardère soit semée à l'automne ou au printemps, on lui applique ordinairement un seul binage à la seconde année, lorsque le sol commence à être sali par les plantes nuisibles.

La tête centrale des cardères devance ordinairement, par son développement, les parties latérales, et acquiert des dimensions trop considérables qui nuisent à ses qualités et à l'accroissement suffisant des têtes latérales. Aussi la supprime-t-on presque toujours au moment où elle commence à paraître. On donne à cette opération le nom d'*ecimage*. Il en résulte que les têtes latérales se développent en plus grand nombre et qu'elles offrent un volume moyen presque égal, et plus recherché par le commerce. Dans les terres fraîches et riches, où les plantes poussent trop vigoureusement, on supprime encore les deux ou trois têtes les plus rapprochées du sommet. Enfin, lorsque la vigueur des plantes atteint des limites extrêmes, on les coupe à la faux vers la moitié de leur hauteur. Mais ces deux dernières opérations ne peuvent être tentées que dans le Midi, où l'on peut compter sur une température suffisante, pour déterminer la production de nouvelles têtes.

Maladies et insectes nuisibles. — Plusieurs maladies attaquent la cardère. Lorsque le sol est gras et humide ou que la saison est pluvieuse, la plante devient blanche et les feuilles se dessèchent. Cette affection est due à la présence d'un cryptogame parasite. On doit enlever immédiatement les pieds malades.

Une espèce d'orobanche s'établit aussi sur les racines et épuise la plante; on doit encore arracher tous les pieds attaqués.

Certaines larves d'insectes rongent le cœur de la rosette des feuilles pendant la première année de végétation. D'autres attaquent les têtes, au début de leur formation, celles-ci se flétrissent, noircissent ou deviennent difformes. Il convient de retrancher immédiatement les têtes qui ont éprouvé ces accidents et de les brûler.

Récolte. — La cardère doit être récoltée lorsque les graines placées au sommet des têtes commencent à brunir, et que la dernière couronne des fleurs placées à la base va tomber. Si l'on attendait davantage, les crochets des têtes perdraient de leur élasticité et deviendraient cassants. En outre, un brouillard, une pluie les noircirait, et leur ôterait toute valeur commerciale.

Les signes de maturité ne se manifestent pas à la fois sur toutes les têtes d'une même plante; la récolte doit donc être successive. On détache les têtes de la tige par un coup sec d'une petite serpe (fig. 916) en laissant au pédoncule une longueur de 0m,14 à 0m,15, indispensable pour fixer le chardon aux cadres des cardes. La récolte est portée dans des greniers bien secs et bien aérés, où elle achève de se dessécher. Il importe que cette dessiccation se fasse à l'ombre ; un soleil ardent rendrait les crochets trop cassants. Les chardons sont répandus sur le plancher en couche peu épaisse, et on les retourne une fois par jour avec des fourches de bois, en évitant les mouvements violents pour ne pas briser les crochets. Au bout de quelques jours, on les empile les uns sur les autres, la queue en dedans, de façon à en former une sorte de hérisson qui ne craigne pas l'approche des rats. Lors de cette mise en tas, on met au rebut les têtes mal conformées, trop grosses ou trop petites, celles qui manquent de queue, et on enlève les fleurs desséchées qui pourraient encore adhérer aux têtes et y déterminer des taches en attirant l'humidité.

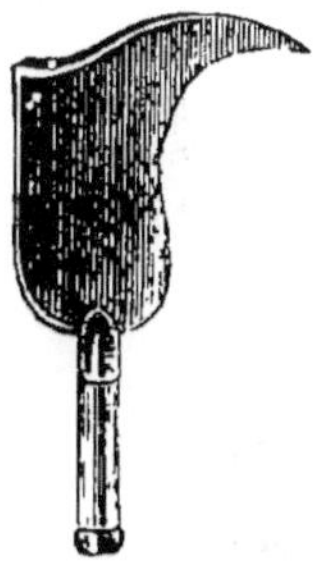

Fig. 916. *Serpe pour la récolte de la cardère.*

Pour avoir toute leur valeur, les têtes doivent offrir une longueur d'au moins 0m,03 et ne pas excéder 0m,07. On exige qu'elles soient cylindriques, que leurs crochets soient recourbés et élastiques ; enfin leur couleur doit être d'un jaune roux sans aucune teinte de noir. Avant de les livrer au commerce, on les assortit par grosseur, puis on en fait des ballots qui contiennent deux cents poignées de cinquante têtes.

Rendement. — Le produit habituel de chaque pied de cardère est ordinairement de 5 têtes, et s'élève, dans les années favorables et dans les bons terrains, à 7 ou 9, ce qui donne, par hectare, de 150,000 à 300,000 têtes, ou un poids de 500 à 1,000 kilogr. ; on peut donc admettre que le produit moyen de l'hectare s'élève à 700 kil. de têtes sèches par hectare.

COMPTE DE CULTURE D'UN HECTARE DE CARDÈRE SEMÉE A DEMEURE, SEULE, AU PRINTEMPS.

DÉPENSE.

Un labour à 0m,30 de profondeur avant l'hiver	22f »
Un hersage	2 60
Un roulage	2 »
Un hersage	2 60
Un labour superficiel	14 »
Un hersage	2 60
Rayonnage du sol avec le rayonneur, pour semer	2 60
10 kil. de semences, à 1 fr. le kil	10 »
Répandre la semence à la main	3 »
La recouvrir avec la herse renversée	2 60
Un binage et sarclage avec la houe à main	20 »
Un binage avec la houe à cheval	6 »
Eclaircir les plantes et regarnir les vides	10 »
Un buttage avec la houe à main	25 »
Un binage au printemps avec la houe à cheval	6 »
Écimage	5 »
Récolte	50 »
30,000 kil. de fumier, à 10 fr. les 1,000 kil., y compris les frais de transport et d'épandage, 300 fr. Les deux cinquièmes de cette somme à la charge de la cardère	120 »
Intérêt pendant deux ans, à 5 pour 100, du prix de la fumure non absorbée	18 »
Loyer de la terre pendant deux ans	140 »
Frais généraux d'exploitation, 20 fr. par an	40 »
Intérêt pendant dix-huit mois, à 5 pour 100, des frais ci-dessus.	38 40
Total	550f 40

PRODUIT.

700 kil. de têtes sèches, à 100 fr. les 100 kil	700 »

BALANCE.

Produit	700f »
Dépense	550 40
Bénéfice net	149f 60

Environ 27 pour 100 du capital employé.

DE LA CHICORÉE A CAFÉ.

La *chicorée sauvage* (*cichorium intybus*, L.) (fig. 917 à 919) dont nous nous sommes déjà occupés comme fourrage, est aussi une plante économique que l'on cultive comme succédanée du café. Sa racine sèche, torréfiée et moulue, donne une poudre qui est bien loin de posséder le parfum et les propriétés nourrissantes et excitantes du café, mais qui fournit une infusion d'un brun foncé, douée d'amertume et qui, jointe au lait, suffit aux populations peu aisées de la Suisse, de l'Allemagne et de l'Angleterre. En France, où

Fig. 917. *Chicorée sauvage.*

Fig. 918. *Fleur de la chicorée sauvage.*

Fig. 919. *Graine de la chicorée sauvage.*

l'on consomme aussi une quantité notable de cette poudre, c'est surtout en mélange avec le café qu'on en fait usage.

La fabrication d'un café factice au moyen de la racine de chicorée torréfiée paraît être originaire de la Hollande; elle est pratiquée dans ce pays depuis plus d'un siècle; elle est restée secrète jusqu'en 1801. A cette époque, MM. d'Orban, de Liége, et Giraux (ou Gibaud) importèrent le procédé de fabrication, M. d'Orban à Liége, alors chef-lieu du département de l'Ourthe, et M. Giraux à Onnaing, commune du département du Nord, à six kilomètres de Valenciennes. Plus tard, en 1814, lorsque la

Belgique fut séparée de la France, M. d'Orban créa une nouvelle fabrique aux environs de Valenciennes.

La fabrication du café chicorée resta d'abord stationnaire et de peu d'importance ; mais, depuis quarante ans, elle a pris du développement, et est devenue l'objet d'un commerce très-important. Jusque vers ces dernières années, elle était concentrée dans le département du Nord, et surtout dans l'arrondissement de Valenciennes ; depuis, des fabriques se sont élevées dans diverses localités, notamment à Arras, Cambrai, Lille, Paris, Senlis, dans la Normandie, la Bretagne, en Angleterre. Ce dernier pays prend en France, depuis quinze ans, des quantités considérables de *chicorée touraillée* ou *cossette*. Rien qu'en France, on consomme annuellement plus de six millions de kilogr. de chicorée en poudre.

La culture de la chicorée, pour la conversion de sa racine en café, est devenue une source de prospérité pour quelques communes du département du Nord.

Variétés. — La chicorée cultivée pour en fabriquer le café n'appartient pas à la variété adoptée pour fourrage. Elle est moins amère ; sa racine est plus grosse; sa tige et ses feuilles inférieures sont velues, plus grandes, plus épaisses; les dernières manquent de découpures.

Composition chimique. — La racine de chicorée contient une matière extractive amère, une matière sucrée, de l'albumine, de l'inuline, des sels, entre autres, du nitrate de potasse. Les feuilles ont une composition analogue, sauf qu'elles ne renferment pas de cette substance amyliforme qu'on a distinguée sous le nom d'*inuline*.

Climat et sol. — La chicorée à café peut donner de bons produits dans tous les climats de la France. Elle est assez peu délicate sur la nature du sol. Il faut pourtant que celui-ci soit profond, de consistance moyenne, et contienne une certaine proportion d'éléments calcaires.

La chicorée, par le mode de culture qu'elle reçoit, est une récolte nettoyante ; c'est donc ordinairement après les céréales, et surtout après l'orge qu'on la place dans la rotation.

Préparation du sol. Engrais. — Comme les racines pivotantes de la chicorée s'enfoncent jusqu'à la profondeur de $0^m,40$, il faut que le sol soit ameubli, à $0^m,45$ au moins par un labour de défoncement. Ce travail est exécuté avant l'hiver. Au printemps, on fait fonctionner le scarificateur, la herse et le rouleau pour achever de diviser le sol.

D'après les observations faites dans le département du Nord, la chicorée à café, loin d'épuiser le sol, lui rend, par ses débris de feuilles et de tiges, plus de principes fertilisants qu'elle n'en puise ; c'est donc une récolte améliorante. Il convient, toutefois, pour que la plante présente un degré de vigueur suffisant, que la terre soit riche de l'équivalent d'environ 20,000 kilogrammes de fumier. Mais il importe aussi que ces engrais n'aient pas été récemment appliqués, surtout s'il s'agit de fumier frais ; autrement le produit contracterait un mauvais goût, et les racines, développées trop rapidement, seraient trop aqueuses. Le chaulage produit d'excellents effets, lorsque le terrain n'est pas assez riche en principes calcaires.

Semaille et entretien. — Le semis est fait à la volée; on le pratique au printemps, lorsque la température moyenne s'est élevée à 12°, et l'on recouvre la semence par un hersage suivi d'un roulage. On emploie environ 5 kilogr. de graines par hectare.

Quinze jours environ après la semaille, la germination commence. Dès qu'on distingue suffisamment les plantes, on pratique un premier binage et sarclage, avec une petite houe à main à manche court et à lame large de 0m,30. On éclaircit aussi les plantes en laissant entre elles un intervalle de 0m,20.

Un mois après, on donne un second binage plus profond que le premier, et l'on éclaircit encore en laissant entre les plantes un intervalle de 0m,30 ; enfin, lorsque les plantes couvrent chacune un espace de 0m,10 de diamètre, on exécute un troisième binage qui achève le nettoiement du sol.

Récolte et préparation. — Du 1er octobre au 30 novembre, aussitôt que l'abaissement de température ne permet plus d'espérer que les racines grossiront encore, on fauche les feuilles et les tiges pour les donner aux bestiaux, et on les fait pâturer sur place. Cette nourriture est substantielle, mais si elle est donnée seule, le lait des animaux qui en font usage prend une saveur désagréable. On arrache ensuite les racines au louchet, on les porte immédiatement à proximité des habitations des cultivateurs, où elles sont placées en tas, et recouvertes de paille pour les préserver des gelées et surtout du froid des nuits.

Les racines récoltées sont coupées d'abord longitudinalement, puis transversalement, à la longueur de 5 à 10 centimètres; on porte ces fragments dans des *tourailles* chauffées au moyen d'un charbon dur, espèce d'anthracite qui ne produit pas de fumée.

Là elles sont placées sur la plate-forme de la touraille, en couches de 40 centimètres environ, et remuées très-souvent afin qu'elles ne brûlent pas, et que la dessiccation ait lieu promptement. On fait quatre opérations en vingt-quatre heures. Les racines ainsi desséchées sont connues sous le nom de *cossettes* ; elles sont conservées dans des greniers ; mais, en général, les cultivateurs les vendent presque immédiatement aux courtiers ou aux fabricants de café indigène ; les prix varient selon l'état de la récolte, les besoins du commerce, etc.

Le fabricant de café-chicorée torréfie ces cossettes, au fur et à mesure de ses besoins, dans de *grands brûloirs à café* placés sous des hottes de cheminées tirant bien ; ces brûloirs sont mis en mouvement par des machines à vapeur ou par un manége. La torréfaction terminée, il ajoute 2 pour 100 de beurre, pour lustrer les cossettes et leur donner l'aspect du café brûlé ; puis, après quelques tours de brûloir, il déverse les racines dans des vases en tôle, et, quand elles sont refroidies, il les écrase au moyen de meules verticales en pierre ou de cylindres de fonte taillée. Il passe ensuite la poudre grossière dans des bluttoirs en toile métallique à mailles plus ou moins larges, plus il distribue le produit en paquets de 125, 250 et 500 grammes, qu'il étiquette et revêt de son nom.

Rendement. — Un hectare donne, en moyenne, 4,500 kilogrammes de cossettes sèches, plus le même poids en fourrage sec, dont le prix égale environ le quart de celui du bon foin de prairie.

COMPTE DE CULTURE D'UN HECTARE DE CHICORÉE A CAFÉ.

DÉPENSE.

Un labour de défoncement avant l'hiver, à 0m,45 de profondeur.	115f	»
Un trait de scarificateur au printemps	6	»
Un roulage	2	»
Un hersage	2	60
5 kil. de semences, à 2 fr. le kil	10	»
Répandre la semence à la volée	1	»
Recouvrir à la herse	2	60
Un roulage	2	»
Biner, sarcler et éclaircir les plantes à la houe à main	30	»
Un second binage à la houe à main	20	»
Un troisième binage à la houe à main	20	»
Faucher les tiges et les feuilles	10	»
Arracher les racines à la bêche	50	»
Transport, nettoyage, préparation et séchage des racines	50	»
Loyer de la terre	70	»
Frais généraux d'exploitation	20	»
Intérêt pendant un an, à 5 pour 100, des frais ci-dessus	20	55
Total	431f	75

PRODUIT.

4,500 kil. de racines sèches, à 15 fr. les 100 kil.	675f »
L'équivalent, en fourrage vert, de 4,500 kil. de fourrage sec, à 18 fr. les 1,000 kil.	81 »
Total.	756f »

BALANCE.

Produit	756f »
Dépense.	431 75
Bénéfice net	325f75

Environ 75 pour 100 du capital employé.

DE LA MOUTARDE NOIRE.

La *moutarde noire* ou *sénevé* (*sinapisme nigra*, L.) (fig. 920 à 922), est une plante annuelle de la famille des *crucifères* qui croît spontanément dans toutes les contrées de la France; elle est surtout cultivée pour ses graines, qui renferment une huile volatile d'une saveur piquante. Ces graines servent à faire ce condiment connu sous le nom de *moutarde*, et la *farine de moutarde*, si fréquemment employée en médecine pour composer ce qu'on appelle des *sinapismes*.

Fig. 920. *Moutarde noire.*

Fig. 921. *Fleur de la moutarde noire.*

Fig. 922. *Fruit de la moutarde noire.*

Composition chimique. — Les graines seules ont été analysées. On sait qu'elles sont riches en huile grasse et douce, mais moins cependant que celles de la moutarde blanche.

D'après M. Moride, elles contiennent :

Eau	5,20
Huile douce	27,36
Matières organiques	63,02
Phosphates	3,32
Carbonate de chaux, silice et autres substances minérales.	1,10
	100,00

Les matières organiques consistent en albumine végétale, gomme, sucre, matière colorante jaune, matière nacrée grasse, matière verte particulière, acides citrique, malique et myronique, enfin sinapisme.

M. James a trouvé dans les cendres des graines, sur 100 parties :

Potasse	12,66
Soude	4,89
Chaux	17,34
Magnésie	14,38
Peroxyde de fer	1,12
Acide phosphorique	37,39
— sulfurique	7,17
Chlorure de sodium	2,27
Silice	2,78
	100,00

Climat et sol. — C'est surtout en Picardie et aux environs de Strasbourg que cette culture s'est répandue.

La moutarde noire a besoin d'un sol meuble, substantiel et qui conserve de la fraîcheur en été. Elle occupe, dans les assolements, la même place que les plantes oléagineuses d'été.

Préparation du sol et engrais. — Il lui faut un sol bien ameubli par un labour ordinaire avant l'hiver, un hersage énergique au printemps, puis un labour superficiel, suivi d'un hersage, au moment de l'ensemencement.

La moutarde noire est, comme toutes les crucifères cultivées pour leurs semences, très-épuisante pour le sol ; son absorption de fumure est égale à celle du colza.

Semaille et entretien. — La semaille est faite vers la fin de mars ; on répand la graine à la volée, ou mieux, en rayons placés à $0^m,45$ les uns des autres ; on recouvre avec la herse, et l'on roule. Pour les semis à la volée, on sème 6 kilogr. par hectare ; pour les semis en lignes, on en répand seulement 4.

Lorsque les plantes ont développé quatre feuilles, on pratique un premier binage avec la houe à la main, on détruit en même temps les plantes nuisibles et l'on commence à éclaircir les pieds trop rapprochés. Un mois après, on donne un second binage, mais avec la houe à cheval, si le semis a été fait en lignes, et l'on éclaircit une dernière fois les plantes en les plaçant à $0^m,25$ les unes des autres sur les lignes.

Récolte. — La maturité des siliques de la moutarde noire n'a lieu que successivement, et comme elles s'entr'ouvent et laissent échapper leurs graines aussitôt qu'elles sont mûres, on s'expose à perdre la plus grande partie du produit, si l'on attend que les dernières soient assez avancées pour commencer la récolte. Il faut donc l'effectuer aussitôt que les tiges commencent à jaunir. On emploie, du reste, pour cette opération, les procédés décrits pour la récolte des plantes crucifères oléagineuses.

Rendement. — Le rendement moyen de la moutarde noire est d'environ 14 hectolitres de semences par hectare.

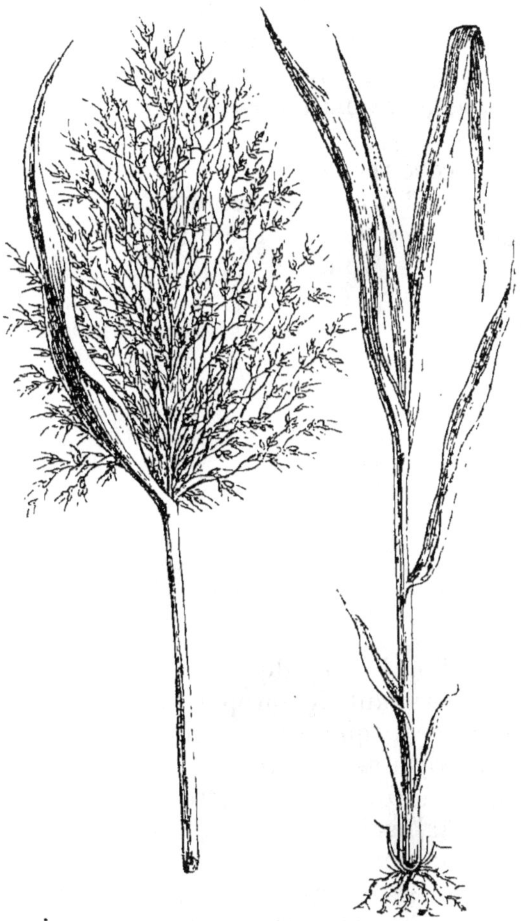

Fig. 923. *Sorgho sucré.*

SORGHO SUCRÉ.

Le *sorgho sucré*, *canne à sucre de la Chine*, *gros mil*, *millet de Cafrerie*, *pain des anges* (fig. 923), (*holcus saccharatus*, Lin., *sorghum saccharatum*, Wil., *andropogon saccharatus*, Kunth) est originaire de l'Indo-Chine et des Indes orientales ; on le trouve aussi en Arabie. Connu depuis longtemps en Europe, il y fut de nouveau popularisé par suite des graines que M. de Montigny, consul à Shangaï (Chine), envoya en France en 1851.

C'est une plante annuelle qui a la plus grande analogie avec le *sorgho à balai* (t. I, p. 654). Il en diffère cependant, entre autres caractères, par ses graines d'un beau noir luisant, par ses tiges, hautes de 2^m,50 à 3 mètres, qui renferment dans leur tissu médullaire une notable quantité du sucre cristallisable. Aussi est-ce surtout comme plante saccharifère qu'on a songé à introduire le sorgho dans nos cultures, quoiqu'il puisse être considéré aussi comme plante fourragère, car ses feuilles vertes et même ses tiges constituent un très-bon fourrage, dont les bestiaux sont friands. Ses graines servent à la nourriture des volailles, des lapins, des porcs, etc., et contiennent de plus, dans les enveloppes ou *glumes*, des matières colorantes utilisables dans l'industrie.

Sa culture en grand est encore récente, et l'on n'est pas complétement éclairé sur tous les soins qu'elle réclame. Nous allons néanmoins résumer ici ce que l'on a pu observer jusqu'à présent.

Composition chimique. — Voici, d'après l'analyse de M. Barral, la composition chimique du sorgho sucré récolté dans le département du Tarn. Cette analyse a porté sur la partie moyenne de la tige :

Eau	63,88
Sucre cristallisable et incristallisable	18,64
Matières azotées	1,06
Matières résineuses, grasses et colorantes	0,50
Ligneux	15,41
Sels solubles dans l'eau (sulfates et chlorures)	0,27
Sels insolubles (de chaux et d'oxyde de fer)	0,23
Silice	0,01
	100,00

Suivant M. Hétet, de Toulon, la tige de sorgho contient 80 pour 100 d'un jus sucré renfermant des proportions variables de sucre : la quantité peut aller jusqu'à 10 et même 15 pour 100 ; mais on peut considérer la moyenne comme étant de 7 pour 100. Ces variations tiennent à la culture, à l'exposition, au climat, au terrain. Ce sucre est cristallisable ; on peut l'extraire directement ou le transformer en alcool de très-bon goût et en vinaigre. On peut encore, avec le jus mis à fermenter dans des conditions convenables, obtenir une boisson assez agréable.

Climat. — Le sorgho sucré appartient à la région du maïs. Au nord de ce climat, les graines ne mûrissent pas ; or, on a reconnu que c'est au moment de la maturité des graines que le sucre est le plus abondant dans les tiges.

Sol. — Le sorgho demande une terre de consistance moyenne, un peu fraîche, renfermant dans sa composition élémentaire une suffisante quantité de calcaire favorable au développement du principe sucré. Les plus belles récoltes du sorgho que nous ayons observées dans le Midi ont été obtenues dans les terres d'alluvion argilo-calcairo-siliceuses pouvant être arrosées.

Place dans la rotation. — Le mode de culture de cette plante ayant la plus grande analogie avec celui du maïs, et ses effets sur la fertilité du sol paraissant aussi être les mêmes, il conviendra sans doute de lui faire occuper la même place dans la succession des récoltes.

Engrais. — Cette espèce de sorgho doit être considérée comme aussi épuisante pour le sol que le sorgho à balai dont nous avons parlé au chapitre des céréales. Elle exige donc un sol richement fumé. Mais si les engrais employés sont très-azotés, il en résultera pour cette plante, comme pour la betterave et la canne à sucre, que les substances albuminoïdes seront augmentées au détriment du principe sucré. Le sang sec, la poudrette, les fumiers très-décomposés, les engrais végétaux sont les matières à employer de préférence.

Culture. — Le sol destiné à recevoir cette récolte est préparé comme pour le maïs et le sorgho à balai.

Le semis est fait à l'époque à laquelle on ensemence le maïs et les haricots. On trace sur le sol, parfaitement ameubli, des sillons peu profonds, dans le sens de la longueur à $0^m,40$ les uns des autres, puis on en trace d'autres en travers et à la même distance. Ce travail s'exécute avec un rayonneur. On répand ensuite deux graines à chacun des points d'intersection de ces lignes, et on les recouvre avec un râteau, de $0^m,04$ à $0^m,06$ de terre. On emploie ainsi environ 1 kilogr. 50 de graines à l'hectare.

Cette récolte doit recevoir, pendant sa végétation, un nombre de binages suffisants pour que le sol soit toujours ameubli et exempt de mauvaises herbes. Lorsque les plantes ont atteint environ 1 mètre de hauteur, il convient de leur appliquer un buttage destiné à les maintenir contre la violence des vents, et aussi pour les préserver de la sécheresse.

Si celle-ci devient intense, il conviendra de pratiquer quelques arrosements par infiltration, et non par immersion. Ces arrosements devront être peu nombreux, autrement on nuirait au développement du principe sucré.

Récolte. — Au point de vue de la production du sucre, le sorgho doit être récolté lors de la maturité des graines, vers la fin de septembre sous le climat de l'olivier, car c'est à cette époque que le sucre est en plus grande quantité. Il n'y a donc aucun avantage à décapiter les tiges, ainsi qu'on le fait pour le maïs.

Rendement. — D'après M. Hétet, un pied de sorgho fournit en moyenne :

Tige sans feuilles ni graines	250 gr.
Feuilles vertes	70
Graines	10

Un hectare peut fournir 120,000 pieds, ce qui donne :

Tiges	30,000 kil.
Feuilles	8,400
Graines	7,200

30,000 kilogr. de tiges peuvent donner en moyenne 2,100 kilog. de sucre et 1,000 kilog. d'alcool de très-bon goût. Ces résultats laissent entrevoir un bel avenir pour la fabrication du sucre ou de l'alcool avec le sorgho. Les *bagasses* peuvent être données aux bêtes à cornes comme aliment.

Un des avantages du sorgho, considéré comme plante saccharifère, c'est qu'il peut être desséché facilement, et, dans cet état, se conserver indéfiniment sans que le sucre s'altère. On peut donc le mettre en réserve, le transporter au loin et le travailler toute l'année, ce qui ne peut avoir lieu avec la betterave. D'après M. Leplay, la fabrication du sucre avec le sorgho desséché est beaucoup plus simple qu'avec la plante verte.

PLANTES POTAGÈRES DE GRANDE CULTURE.

La consommation de certaines plantes potagères est devenue tellement considérable qu'on les a introduites dans la grande culture, surtout dans le voisinage des centres importants de population. Les principes sont :

Artichaut.	Oignon.	Courge.
Asperge.	Ail.	Concombre.
Choux.	Poireau.	Melon.

DE L'ARTICHAUT.

L'*artichaut* (*cynara scolymus*, L.) (fig. 924 à 926) est une plante vivace originaire de la Barbarie et du midi de l'Europe ; elle appartient à la grande famille des *composées*. Ce sont, en quelque sorte, ses boutons à fleur qui servent à l'alimentation, car on ne consomme que le réceptacle et les onglets des involucres. Les fleurs ont la propriété de faire coaguler le lait sans lui communiquer aucune saveur étrangère.

Variétés. — Parmi les variétés les plus cultivées, nous indiquerons les suivantes :

Artichaut gros vert ou *de Laon* (fig. 927). — Capitule très-gros

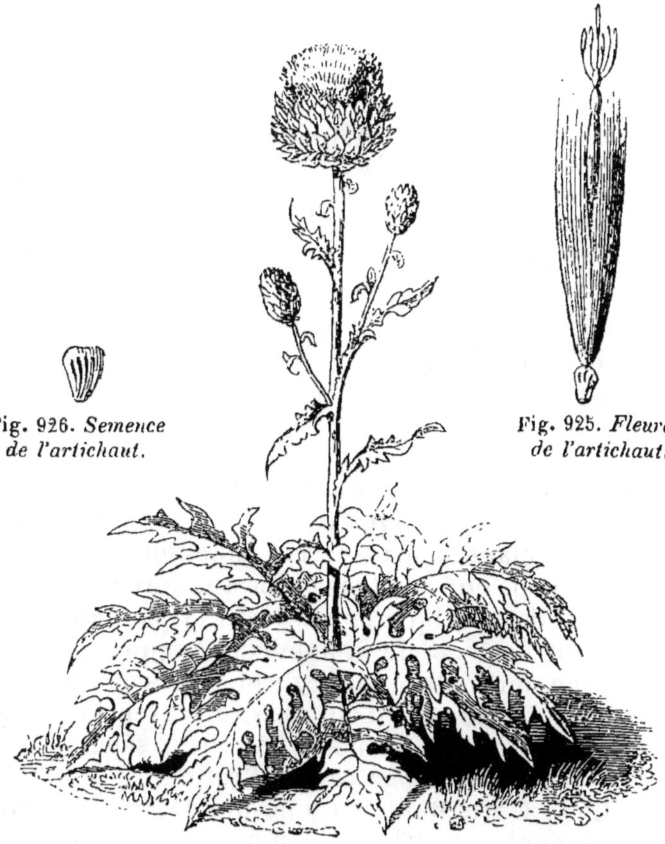

Fig. 926. *Semence de l'artichaut.*

Fig. 924. *Artichaut.*

Fig. 925. *Fleuron de l'artichaut.*

et très-élargi; paillettes du réceptacle ou *foin* très-abondant ; réceptacle charnu, très-développé ; folioles de l'involucre écartées. Variété très-rustique et très-productive.

Artichaut gros camus de Bretagne, ou *de Roscoff* (fig. 928). — Tête large, aplatie ; folioles de l'involucre resserrées. Variété précoce, mais plus sensible au froid que la précédente.

Artichaut gros camus violet. — Folioles de l'involucre violettes à leur extrémité supérieure, et terminées en pointe. Variété moins volumineuse que les précédentes.

Artichaut rouge fin. — Tête volumineuse; chair très-tendre; réceptacle presque sans foin. Cette variété produit pendant toute l'année, mais elle est très-sensible au froid, ce qui l'éloigne des cultures du Nord.

Climat et sol. — L'artichaut peut être cultivé sous tous les climats de la France, à condition de choisir des variétés d'autant plus rustiques qu'on se rapproche davantage du Nord, et de garantir les plantes de l'intensité des gelées. Les sols qui lui conviennent le mieux sont ceux de consistance moyenne, substantiels, profonds et qui conservent de la fraîcheur en été. L'artichaut souffre beaucoup de la sécheresse dans les terrains légers, et il pourrit facilement en hiver, dans ceux qui retiennent une trop grande dose d'humidité.

Fig. 927. *Artichaut gros vert.*

Fig. 928. *Artichaut gros camus de Bretagne.*

Préparation du sol. — L'artichaut enfonce profondément ses racines, il lui faut donc un terrain ameubli jusqu'à $0^{m},40$ au moins. A cet effet, on le fait succéder à une récolte de racines fourragères; mais, quelque temps avant la plantation, on pratique un labour de $0^{m},25$ de profondeur, auquel on fait succéder un hersage, un roulage et un second hersage. Si cette culture a lieu dans le Midi, et qu'on puisse disposer de l'irrigation, on partage le terrain en planches étroites, séparées par des rigoles destinées à l'arrosage par infiltration.

Engrais. — L'artichaut est une plante très-épuisante; il exige donc un sol très-richement fumé; en supposant que le terrain sur lequel on établit la plantation contienne déjà l'équivalent de 40,300 kil. en vieil engrais, il faudra en ajouter une égale quantité. Cette fumure est enterrée par le labour dont nous avons parlé. On fume ensuite chaque année, au printemps, à raison de 18,000 kilogrammes par hectare.

Plantation. — L'artichaut se multiplie de graines, mais la lenteur de cette opération fait qu'elle n'est employée qu'exceptionnellement, et qu'on se sert presque toujours des drageons ou *œilletons* qui se développent au pied des anciennes plantes.

Choix et préparation des œilletons. — Au moment de la plantation, on découvre le pied des anciennes plantes et l'on en retire presque tous les œilletons qui s'y trouvent; ils sont au nombre de 6 à 12, et il suffit d'en laisser deux ou trois pour assurer la nouvelle production de l'année. Ces œilletons doivent être détachés du pied mère, de façon à leur conserver un talon, c'est-à-dire une portion de la souche mère.

Époque de la plantation. — On peut planter les artichauts au mois d'avril et au mois d'octobre. En choisissant la première époque, on obtient des plantes extrêmement vigoureuses dès l'année suivante, qui donnent des produits très-beaux et très-abondants, mais on est obligé de pratiquer de fréquents arrosements pour faciliter la reprise, et le produit de l'année même est presque insignifiant. La plantation d'automne donne des produits assez précoces dès le printemps suivant, et l'on n'est pas obligé d'arroser pour assurer la reprise, mais les froids font des vides assez notables qu'il faut remplir en avril; puis les produits de l'année subséquente sont moins beaux et moins nombreux. Il convient donc de choisir l'une ou l'autre de ces saisons, selon le climat et le sol; le printemps, pour le nord de la France et pour les terrains frais; l'automne, pour le Midi et les sols légers, exposés à la sécheresse.

Mode de plantation. — Les jeunes sujets sont plantés en lignes, afin que les façons d'entretien puissent être données en grande partie avec les instruments attelés. Les lignes sont espacées à $0^m,80$ les unes des autres, et on laisse le même intervalle entre les plants sur les lignes. Celles-ci sont tracées par deux coups de rayonneur donnés en long et en travers du champ, et dont les produits d'intersection indiquent la place où le plantoir doit fonctionner. Au pied de chaque plant, on forme une petite cuvette qui facilite les arrosements, à moins qu'il ne s'agisse d'une plantation d'automne, ou que les arrosements n'aient lieu par infiltration.

Entretien. — Immédiatement après la plantation du printemps, on arrose, et l'on répète cette opération aussi souvent qu'il le faut pour maintenir la terre constamment fraîche, jusqu'au moment où le développement de nouvelles feuilles annonce la reprise des jeunes plants.

Dans le Nord, dès que cette reprise s'est manifestée, jusqu'au moment où les tiges commencent à monter, les artichauts ne réclament que des binages qui maintiennent le sol ameubli et détruisent les mauvaises herbes; mais dans le Midi, il faut, en outre, irriguer tous les huit jours; aussitôt que les tiges montent, il convient de veiller à ce que la terre reste fraîche.

A l'approche des premiers froids, on coupe les grandes feuilles à $0^m,16$ du sol, et l'on amasse la terre autour des plants, mais sans en mettre sur le cœur. Quand les gelées commencent à se faire sentir, on couvre chaque pied avec des feuilles ou de la litière sèches. Ce buttage et cette couverture doivent être faits par un temps bien sec. Il convient aussi d'enlever les feuilles ou la paille toutes les fois qu'il ne gèle pas; autrement, les plantes seraient exposées à pourrir. Dans le Midi, où les froids sont beaucoup moins rigoureux, on se contente du buttage.

Au printemps, aussitôt que les gelées ne sont plus à craindre, on enlève la couverture, on supprime le buttage, on fume et l'on pratique un bon labour. Puis, lorsque les nouvelles feuilles ont atteint une longueur de $0^m,20$ à $0^m,30$, on déchausse chaque pied et l'on détache tous les œilletons, moins les deux ou trois plus beaux que l'on conserve pour la nouvelle production. On recommence alors la série d'opérations indiquées pour la première année.

Récolte. — La récolte des artichauts a lieu au printemps et à l'automne; mais comme les têtes n'arrivent pas en même temps au degré de développement convenable, cette récolte est toujours successive.

Pour la récolte du printemps, on coupe chaque tête principale aussitôt qu'elle a acquis une grosseur suffisante, et les têtes secondaires lorsqu'elles ont atteint seulement la moitié de leur grosseur; car, si on les laissait croître davantage, elles épuiseraient la plante, et celle-ci ne donnerait plus que de chétifs produits à l'automne. Aussitôt qu'une tige est dépouillée de ses têtes, il importe de la couper le plus près possible de terre.

Il en est de la récolte d'automne comme de celle du printemps. Mais, comme il arrive souvent, dans le Nord, qu'une partie des têtes est surprise par les premiers froids avant d'avoir acquis un développement suffisant, ce cas échéant, on coupe les tiges près de terre et on les place sous un hangar, enfoncées verticalement et à $0^m,25$ de profondeur, dans du sable frais où les artichauts continuent de grossir, et se conservent frais pendant cinquante à soixante jours.

Durée. — Les artichauts étant vivaces, leur durée pourrait être indéfinie; mais l'expérience a démontré que, vers la quatrième ou la cinquième année, leurs produits deviennent moins beaux et moins abondants; il faut donc les rajeunir par une nouvelle plantation, et c'est ordinairement la fin de la troisième année que l'on choisit pour faire cette opération.

Lorsque le plant d'artichauts doit être arraché à l'automne, on laisse prendre aux têtes latérales tout leur développement, au lieu de les couper à moitié grosseur, comme nous l'avons indiqué plus haut. Si le défrichement ne doit avoir lieu qu'au printemps suivant, on supprime sur chaque pied, au mois d'octobre, la moitié environ des œilletons parmi les plus faibles; les autres profitent seuls des derniers beaux jours, et l'on a ainsi de plus beaux plants pour la nouvelle plantation.

Rendement. — Les artichauts donnent, en moyenne, sept têtes par pied, une grosse, deux moyennes, et quatre petites, ce qui fait, pour les 15,000 pieds que contient au moins chaque hectare, 105,000 têtes, ou, pour trois ans, 315,000 dont le prix moyen peut être porté à 4 fr. 50 c. le 100.

COMPTE DE CULTURE D'UN HECTARE D'ARTICHAUTS PLANTÉS AU PRINTEMPS ET CONSERVÉS PENDANT TROIS ANS.

DÉPENSE.

Première année.

Un labour à $0^m,25$ de profondeur	22f »
Un hersage au printemps	2 60
Un roulage	2 »
Un hersage	2 60
Rayonner le terrain pour la plantation	5 20
15,625 plants, à 16 fr. le 1,000	250 »
Plantation	15 »
5 arrosages à l'arrosoir répétés pendant vingt jours, à 20 fr. l'un	100 »
Trois binages à la houe à cheval, à 6 fr. l'un	18 »
5 arrosages au moment où les plantes montent	100 »
Récolte	10 »
Un buttage à la main	20 »
Paille ou feuilles pour abris	100 »
96,000 kil. de fumier, à 10 fr. les 1,000 kil., y compris les frais de transport et de répartition, 960 fr. La moitié de cette somme à la charge des artichauts	480 »
Intérêt pendant un an, à 5 pour 100, du prix de la fumure non absorbée	24 »
Loyer de la terre	70 »
Frais généraux d'exploitation	20 »
Total	1,241f 40

Deuxième année.

Intérêt pendant un an, à 5 pour 100, des frais de la première année	62f 07
Enlever les couvertures et étendre la terre du buttage	30 »
Donner un labour à bras d'homme	150 »
Enlever les œilletons superflus	100 »
Trois binages à la houe à cheval, à 6 fr. l'un	18 »
Cinq arrosages, à 20 fr. l'un	100 »
Récolte	15 »
Un buttage à la main	20 »
A reporter	495f 07

Report...........	495f 07
Paille ou feuilles pour abris.....................	100 »
18,000 kil. de fumier, à 10 fr. les 1,000 kil., y compris les frais de transport et de répartition.....................	180 »
Intérêt pendant un an, à 5 pour 100, du prix de la fumure non absorbée l'année précédente.....................	24 »
Loyer de la terre.....................	70 »
Frais généraux d'exploitation.....................	20 »
Total...........	889f 07

Troisième année.

Intérêt pendant un an, à 5 pour 100, des frais des deux premières années.....................	106f 52
Frais de culture comme ceux de la seconde année..........	827 »
Intérêt pendant un an, à 5 pour 100, des frais ci-dessus.....	46 68
Total................	980f 20

PRODUIT.

Produit moyen des trois années, 300,000 têtes, à 4 fr. 50 le 100.....................	13,500f »

BALANCE.

Produit.....................		13,500f »
Dépense	Première année... 1,241 40 Deuxième année... 889 07 Troisième année.. 980 20	3,110 67
	Bénéfice net...........	10,389f 33

Environ 334 pour 100 du capital employé.

DE L'ASPERGE.

L'*asperge* (*asparagus officinalis*, L.) (fig. 929 à 932) est une plante dioïque, à racines vivaces, qui appartient à la famille des *asparaginées*. Originaire du midi de la France et de l'Europe, elle est cultivée pour ses jeunes tiges qui offrent un excellent aliment. C'est surtout aux environs de Paris, d'Orléans, d'Amiens, de Nancy, de Marchiennes qu'on rencontre les cultures d'asperges les plus étendues.

Variétés. — Toutes les variétés d'asperges peuvent être rapportées aux deux suivantes : l'*asperge commune* ou *asperge verte*, puis la *grosse violette* ou *de Hollande* dont la tête est violacée ou rougeâtre : c'est à cette dernière qu'appartiennent les asperges si renommées de Hollande, de Strasbourg, de Besançon, de Gravelines, de Marchiennes, etc.

Composition chimique. — D'après Dulong d'Astafort et Robiquet, les racines et les jeunes pousses d'asperges contiennent les substances suivantes :

Racines.	Jeunes pousses.
Fibre ligneuse ou cellulose.	Fibre ligneuse ou cellulose.
Albumine végétale.	Albumine végétale.
Gomme.	Chlorophylle.
Résine.	Résine visqueuse de saveur âcre.
Matière sucrée.	Cire végétale.
Matière extractive amère.	Matière douce (*mannite*).
Malates acides de potasse et de chaux.	Matière cristallisable azotée (*asparagine*).
Acétates et phosphates de potasse et de chaux.	Substance amyliforme.
Chlorures de potassium et de calcium.	Matière extractive amère.
Petite quantité d'oxyde de fer.	Acide acétique libre.
	Phosphates de potasse et de chaux.
	Sel double de chaux et d'ammoniaque.

M. Schlienkamp a trouvé dans les asperges fraîches, sur 100 parties, 93,60 d'eau et 6,40 de matières solides, fournissant 0,426 de cendres.

100 parties de cendres renferment :

Potasse	19,28
Soude	1,92
Chaux	13,32
Magnésie	5,35
Peroxyde de fer	4,31
Protoxyde de manganèse	1,17
Chlorure de potassium	6,73
Acide phosphorique	15,45
— silicique	10,58
— sulfurique	6,27
— carbonique	8,81
Charbon	2,16
Sable	3,45
	98,80

L'asperge est donc une plante riche en potasse et en acide phosphorique.

Climat et sol. — L'asperge se développe bien dans tous les climats de la France; mais il lui faut un terrain de consistance moyenne, plutôt léger que compacte, riche, substantiel, profond, bien égoutté, et non graveleux.

Préparation du sol et fumure. — Le sol destiné à la culture des asperges doit être défoncé à la profondeur d'au moins $0^{m},65$. On partage le terrain dans le sens de sa longueur en planches larges de $1^{m},40$, séparées par des intervalles de 1 mètre. A l'automne, on vide les planches jusqu'à profondeur de $0^{m},65$ et l'on dépose la terre sur les intervalles, sous forme d'ados. Lorsque le moment de la plantation est arrivé, on répand au fond de chaque planche une couche de fumier à moitié consommé, bien comprimé et épaisse de $0^{m},32$, puis une couche de terre, parfaitement ameublie, de $0^m,05$ d'épaisseur et prise sur les intervalles qui séparent les planches.

Plantation. — Les asperges sont semées à demeure, ou semées en pépinière et transplantées ensuite. Mais, comme on ne peut en recueillir les premiers produits que quatre ou cinq ans après le semis, on préfère semer en pépinière, ou planter de jeunes plants que l'on se procure facilement dans le commerce, sous le nom de *griffes*.

Pépinières. Vers le mois de novembre, on récolte les baies qui se sont produites sur les tiges les plus belles, et que l'on a réservées parmi les plus précoces lors de la coupe des asperges. On a ainsi plus de chances d'obtenir des races hâtives. Les graines sont séparées de la pulpe qui les entoure, au moyen de la macération dans l'eau et de lavages, puis bien séchées; en cet état, elles se conservent plusieurs années, sans perdre leur faculté germinative.

Fig. 929. *Asperge.*

Fig. 930. *Fleur de l'asperge.*

Fig. 931. *Fruit de l'asperge.*

Fig. 932. *Jeune griffe d'asperge.*

En mars et avril, on sème en lignes distantes de $0^m,16$, en ayant soin de placer les graines à $0^m,08$ les unes des autres, puis on recouvre par une petite couche de terreau. Jusqu'à la fin de la seconde année, époque à laquelle les jeunes asperges sont plantées à demeure, ce semis n'exige d'autres soins que quelques sarclages et binages.

Mise en terre. — On pourrait retarder la mise en terre des griffes jusqu'à la troisième année; mais on romprait alors un certain nombre de racines en les déplantant; aussi préfère-t-on généralement des griffes de deux ans.

La transplantation se fait en septembre dans le Midi, et en février ou mars dans le Nord. Après avoir disposé des planches larges de $1^m,40$, on les divise, dans le sens de leur longueur, par trois lignes, dont l'une est au milieu, et les deux autres à $0^m,25$ des deux bords, puis on prépare, sur ces lignes, la place que devra occuper chaque griffe. Cette disposition doit avoir la forme d'un échiquier et laisser un espace de $0^m,50$ entre chaque plante. Dans chacun des trous ouverts pour la plantation, on dépose une bonne poignée de terre bien amendée et disposée en cône, et c'est au sommet de ce cône qu'on place chaque griffe, en ayant soin de bien étendre les racines; après quoi on les entoure d'une poignée de terre pour les soustraire à l'action de l'air. Lorsqu'une planche est garnie, on achève de couvrir les jeunes plants par une couche de terre bien ameublie et qui dépasse le sommet des griffes de $0^m,06$ environ. On plante ainsi 27,000 griffes par hectare. Il importe beaucoup que ces diverses opérations soient conduites de façon que les jeunes griffes soient mises en terre à mesure qu'on les enlève de la pépinière.

Entretien. — Pendant la première année, quelques binages ameublissent la surface du sol et détruisent les plantes nuisibles; puis, à la fin de l'automne, on coupe les tiges sèches.

Au printemps de la seconde année, on pratique un binage profond, et l'on charge la planche d'une couche de fumier un peu consommé, de $0^m,05$ d'épaisseur, et recouverte elle-même par une petite couche de terre de $0^m,04$, bien ameublie et prise sur les intervalles qui séparent les planches. Pendant l'été, on pratique de nouveaux binages, puis, à l'automne, on coupe de nouveau les tiges sèches.

Pendant la troisième année et les suivantes, les soins sont les mêmes, si ce n'est qu'on donne deux labours : l'un à l'automne, après avoir enlevé les tiges sèches, l'autre au printemps, avant de fumer et de recharger les planches. Ces façons sont pratiquées avec la fourche ou trident, afin de ne pas altérer les racines.

Outre ces soins, il est encore nécessaire, dans le Midi, de pratiquer plusieurs arrosements pendant les grandes chaleurs de l'été.

Récolte. — La récolte ne commence qu'au troisième printemps qui suit la plantation, encore pendant cette première année ne doit-on couper que les plus grosses tiges, afin de permettre aux plantes de compléter leur développement. A partir de la quatrième année, on récolte toutes les asperges de chaque pied, jusque vers la fin de juin, et on laisse se développer librement les tiges qui paraissent ensuite, pour ne pas épuiser le plant. La récolte se fait, autant que possible, le soir ou le matin avant le lever du soleil. Généralement on coupe le plus près possible de la racine, avec un long couteau ; mais on s'expose ainsi à détruire un certain nombre des asperges qui commencent à se former ; aussi est-il préférable de les déchausser, de les saisir le plus bas possible avec les doigts, et de les détacher de la racine en les tirant, en même temps qu'on leur imprime un brusque mouvement de torsion.

Durée. — Une bonne plantation d'asperges peut donner d'abondants produits pendant dix, quinze, vingt ans ; mais sa durée moyenne est de quatorze ans.

Le terrain qui a nourri des asperges ne peut plus en porter qu'après un laps de temps à peu près égal à celui de leur durée sur ce terrain ; mais, comme l'intervalle laissé entre chaque planche n'a pas été soumis à leur influence, on peut consacrer de nouveau le même champ à cette culture, à condition de placer la nouvelle plantation sur les surfaces primitivement occupées par les intervalles.

Rendement. — On conçoit que le rendement des asperges doive varier suivant l'espèce cultivée, le mode de culture et surtout la quantité d'engrais qui leur a été consacrée ; néanmoins on peut compter chaque année sur un produit moyen de 18 jets par griffes, dont il faut laisser un cinquième à la fin de la saison ; c'est donc une récolte de 15 asperges par griffe ; or, l'hectare se composant de 27,000 griffes, on obtient donc, chaque année, environ 405,000 asperges.

Outre cette récolte, le terrain consacré aux asperges donne encore d'autres produits, car la bande de terre qui sépare chaque planche peut être consacrée à la culture des haricots, lentilles, pommes de terre, betteraves, etc. Aux environs de Paris et d'Orléans, on la garnit de vigne que l'on plante sur l'un des côtés et qu'on provigne successivement à mesure que les asperges approchent du terme de leur durée. Ces produits accessoires payent leurs frais de culture, et déchargent d'autant le compte de culture des asperges.

COMPTE DE CULTURE D'UN HECTARE D'ASPERGES DE QUATORZE ANS DE DURÉE.

DÉPENSE.

Première année.

Creuser les planches à $0^m,65$ de profondeur	300f »
Couvrir le fumier d'une couche de terre de $0^m,65$ d'épaisseur.	24 »
27,000 griffes de deux ans, à 13 fr. le 1,000	351 »
Plantation	200 »
Trois binages, à 15 fr. l'un	45 »
168,000 kil. de fumier, à 10 fr. les 1,000 kil., y compris les frais de transport et de répartition	1,680 »
Loyer de la terre pour les trois cinquièmes de la surface seulement	42 »
Frais généraux d'exploitation	20 »
Total	2,662f »

Deuxième année.

Intérêt pendant un an, à 5 pour 100, des frais de la première année	133f 10
Un binage profond au printemps	20 »
18,000 kil. de fumier, à 10 fr. les 1,000 kil., y compris les frais de transport et de répartition	180 »
Recouvrir le fumier d'une couche de terre de $0^m,04$	24 »
Trois binages à 15 fr. l'un	45 »
Loyer de la terre pour les trois cinquièmes de la surface seulement	42 »
Frais généraux d'exploitation	20 »
Total	464f 10

Total des frais de création. { 2,662 » / 464 10 } 3,126 10

Troisième année. — Première année de produit.

Intérêt pendant un an, à 5 pour 100, des frais de création	156f 30
Un douzième de ces frais pour amortir le capital	260 50
Un labour à la fourche au printemps	50 »
18,000 kil. de fumier, à 10 fr. les 1,000 kil., y compris les frais de transport et d'épandage	180 »
Recouvrir le fumier d'une couche de terre	24 »
Trois binages à 15 fr. l'un	45 »
Un labour à la fourche à l'automne	50 »
Récolte et bottelage	70 »
Loyer de la terre	42 »
Frais généraux d'exploitation	20 »
Intérêt pendant un an, à 5 pour 100, des frais ci-dessus	44 89
Total	942f 69

Les frais pour chacune des onze années suivantes sont les mêmes, à cette différence près que l'intérêt du capital de création diminue chaque année d'un douzième.

PRODUIT ANNUEL.

4,000 bottes d'asperges, à 60 c. l'une..........................	2,400f »

BALANCE.

Produit annuel..	2,400f »
Dépense annuelle..	942 69
Bénéfice net............	1,457f 31

Environ 154 pour 100 du capital employé annuellement à cette culture.

DU CHOU.

A l'article des *plantes fourragères*, nous nous sommes déjà occupés des choux pommés; mais ces choux sont aussi cultivés sur de vastes surfaces pour la nourriture de l'homme. Les variétés consacrées à cet usage et qui entrent dans la grande culture sont surtout les deux suivantes :

Le *chou cabus* ou *chou quintal d'Allemagne* ou *d'Alsace* (fig. 933).

Fig. 933. *Chou cabus.*

Cette variété est particulièrement employée pour la préparation de la choucroute. On en connaît une sous-variété rouge, très-estimée en Belgique et en Hollande.

Le *chou de Milan* (fig. 934), distingué du précédent par ses dimensions moins considérables et par ses feuilles frisées et cloquées. On en connaît plusieurs sous-variétés sous les noms de *chou Panvalier* ou *de Touraine*, *chou des Vertus*.

Tout ce que nous avons dit de la culture des choux comme plantes fourragères, s'applique à ceux qui sont spécialement

Fig. 934. *Chou de Milan*.

cultivés pour la nourriture de l'homme. Nous ajouterons que si ces plantes ne donnent de très-abondants produits que dans les terres de consistance moyenne, riches et substantielles, on peut cependant en obtenir encore des produits passables dans les sols sableux, à condition de les pourvoir d'engrais abondants. Les choux cabus peuvent être semés en pépinière, de très-bonne heure, au printemps, pour être repiqués de la fin de mai au commencement de juillet, et récoltés à la fin de l'automne; c'est le mode adopté pour ceux qui sont destinés à la nourriture des bestiaux. Ceux qui doivent fournir nos marchés sont semés à la fin de l'été; on les repique depuis le mois d'octobre jusqu'en février, et on les récolte dans le courant de l'été suivant. Quant aux choux de Milan, toujours semés au printemps, repiqués en mai et juin, ils sont consommés pendant l'hiver suivant, au fur et à mesure des besoins, car ils ne redoutent pas les gelées.

Tout récemment, un chimiste allemand, M. de Schlienkamp, a fait l'analyse des cendres du chou de Bruxelles. Voici ce qu'il y a trouvé dans 100 parties :

Potasse	14,05
Chaux	21,32
Magnésie	12,42
Peroxyde de fer	2,35
Chlorure de sodium	7,09
A reporter	57,23

Report......	57,23
Acide phosphorique........	19,69
— silicique........	5,42
— carbonique........	9,73
Charbon........	3,47
Sable........	2,83
	98,37

Les cendres des autres espèces de choux doivent peu différer de celles-ci. On voit par là combien les engrais riches en sels alcalins, en calcaire, en phosphates, conviennent à ces plantes.

DE L'OIGNON.

L'*oignon* (*allium cepa*, L.) (fig. 935 à 937) est une plante vivace de la famille des *liliacées*, originaire de l'Afrique et des parties

Fig. 936. *Fleur de l'oignon.*

Fig. 937. *Fruit de l'oignon.*

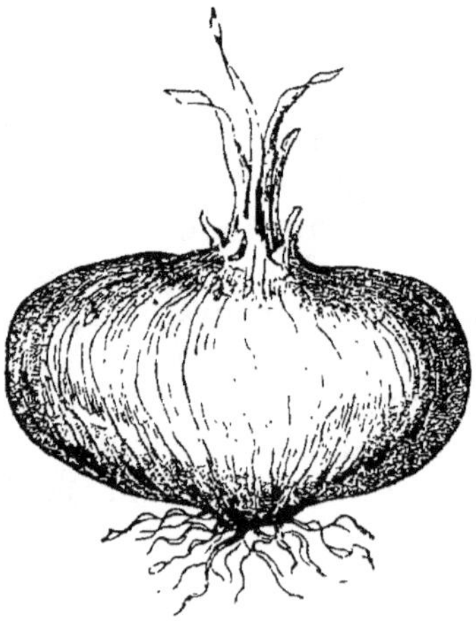

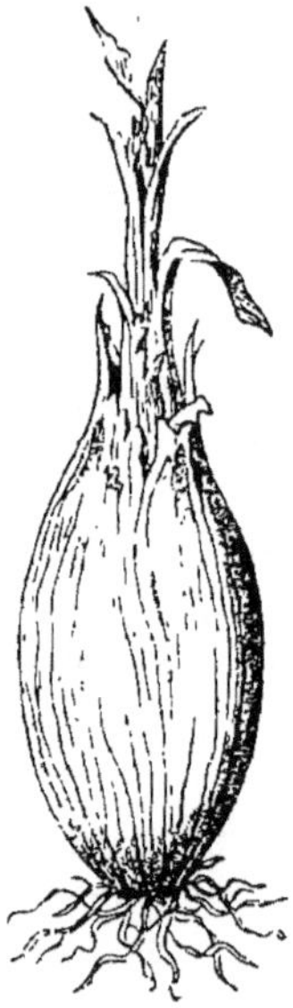

Fig. 935. *Oignon commun.* Fig 938. *Oignon d'Espagne.* Fig. 939. *Oignon poire.*

les plus chaudes de l'Europe. C'est une des plantes alimentaires les plus anciennement cultivées. Ses propriétés stimulantes la rendent plus particulièrement propre au régime alimentaire des populations du Midi, et c'est aussi sous ce climat que sa culture a pris la plus grande extension.

Variétés. — L'oignon a produit plusieurs variétés ; les suivantes conviennent à la grande culture :

L'*oignon commun* (fig. 935), rouge foncé, rouge pâle ou jaune, large, aplati, de saveur forte ; c'est une des variétés les plus recherchées ; elle se conserve bien.

L'*oignon d'Espagne* (fig. 938), de couleur soufrée, large, à saveur douce, à chair tendre. C'est celui qu'on consomme cru, mais il ne se conserve pas longtemps.

L'*oignon poire* (fig. 939), de forme oblongue, rouge, à saveur forte ; c'est celui qui se garde le mieux et qui, pour cette raison, est principalement recherché dans le Midi pour former les provisions d'hiver.

L'*oignon d'Égypte* ou *bulbifère* ou *rocambole*. Chacune de ses fleurs contient un ou plusieurs petits bulbes qui servent à sa reproduction. Sa chair est un peu grossière ; il se conserve peu de temps, mais c'est un des plus rustiques dans le Midi.

Composition chimique. — On n'a encore analysé que le bulbe de l'oignon, et encore l'analyse fort ancienne, due à Fourcroy et Vauquelin, laisse-t-elle beaucoup à désirer, au moins sous le rapport agricole. Ces chimistes y ont trouvé :

Une huile volatile âcre et odorante contenant du soufre,
Une grande quantité de sucre incristallisable,
Beaucoup de gomme,
Une matière azotée se rapprochant du gluten des céréales,
De la cellulose,
Des acides phosphorique et acétique libres,
Du phosphate et du citrate de chaux.

D'après M. Horsford, l'oignon, à l'état normal, contient 93,78 pour 100 d'eau et 6,22 de matière solide dans laquelle il y a 1,18 d'azote. Dans l'oignon desséché complétement, la proportion d'azote s'élève à 7,53 pour 100. Cette plante nécessite par conséquent d'abondants fumiers ou engrais animaux.

Climat et sol. — L'oignon réussit sous tous les climats de la France ; mais c'est dans le Centre, et surtout dans le Midi, qu'il donne ses plus beaux produits. Il perd d'ailleurs, dans les contrées chaudes une grande partie de cette âcreté qui provoque les larmes et rend son goût peu agréable lorsqu'il est mangé cru.

L'oignon aime les terrains de consistance moyenne, frais et substantiels. Dans les terres compactes, son produit est moins abondant et il contient une très-forte proportion d'huile essentielle. Dans les sols secs et légers, il exige des arrosements sans lesquels ses bulbes ne prennent qu'un faible développement.

Place dans la rotation. — Il faut à l'oignon une terre propre, bien ameublie et très-riche en vieil engrais. Sa place est donc après les racines fourragères abondamment fumées. Toutes les récoltes peuvent lui succéder; il peut également se succéder à lui-même pendant un nombre d'années indéfini.

Préparation du sol. — Deux labours sont nécessaires: le premier, profond de $0^m,25$, avant l'hiver, suivi au printemps d'un hersage énergique, d'un roulage et d'un second hersage; le second labour, superficiel, au moment du semis ou du repiquage et suivi d'un hersage.

Engrais. — L'oignon est une récolte assez épuisante; il absorbe dans le sol environ 150 kilogr. de fumier pour 100 kilogr. d'oignons récoltés. Il redoute les fumures récentes, surtout les engrais peu décomposés; si donc on ne peut le placer à la suite d'une récolte qui ait laissé la terre assez riche, il faudra répandre la fumure avant l'hiver et n'employer que des engrais bien consommés.

L'oignon est reproduit soit par semis à demeure, soit par semis en pépinière et repiquage.

Semis à demeure.

Pour récolter soi-même la graine d'oignon, on choisit les bulbes les plus beaux, et on les plante dès qu'ils commencent à entrer en végétation, vers la fin de l'hiver, dans un sol bien préparé et anciennement fumé; on les couvre ensuite d'une couche de litière pour les défendre contre les froids tardifs. Lorsque la graine approche de sa maturité, il est bon de soutenir les tiges avec un tuteur, pour éviter qu'elles ne soient rompues par les vents et que la graine ne soit perdue. Cette graine, laissée dans ses capsules, peut conserver sa faculté germinative pendant trois ans; mais il est bon de ne pas attendre, pour s'en servir, qu'elle ait plus de deux ans.

En janvier, dans le Midi, et en mars, dans le Nord, on partage le sol, bien ameubli et débarrassé des pierres, en planches larges de $1^m,40$, séparées par des sentiers de $0^m,40$; on roule la surface, on y répand la semence à la volée, on enterre celle-ci avec le râteau, puis on roule de nouveau.

On emploie environ 10 kilogr. de semences par hectare.

Quand les jeunes plants se distinguent bien, on les éclaircit en laissant entre eux la distance de 0m,10 ; on répète les sarclages et les binages à la houe à main lorsque les mauvaises herbes paraissent ou que la surface du sol se durcit, et l'on arrose le terrain s'il est trop sec. Si, à l'automne, les oignons tardent trop à *tourner*, c'est-à-dire à former complétement leur bulbe, on couche leurs fanes et l'on hâte ainsi le résultat.

Semis en pépinière.

Deux procédés sont employés : les jeunes plants ou des bulbes recueillis très-petits et séchés pour être replantés au printemps suivant.

Culture au moyen de la transplantation des jeunes plants. — On choisit un terrain meuble, susceptible d'être arrosé ; on le prépare comme pour le semis à demeure et on le fume plus copieusement encore. On y fait entrer l'eau de manière à l'imbiber profondément, et quand la surface est ressuyée, on donne une légère façon à la houe, puis on y sème l'oignon, dans la dernière quinzaine d'août, à raison de 60 grammes de graines par mètre carré. Si la température descend un peu au-dessous de 6°, il faut couvrir les plates-bandes d'un paillis.

Quelques sarclages pour enlever les plantes nuisibles sont, avec les irrigations, les seules précautions à prendre. Vers la fin de janvier, on repique les jeunes plants au plantoir, en les disposant en carré à 0m,10 les uns des autres, si ce sont des oignons pyriformes, et à une distance double si ce sont des oignons plats. Dans le premier cas, on emploie 1,000,000 de plants par hectare, et, dans le second, 500,000 seulement. Chaque jeune plant est repiqué de façon qu'il ne soit pas plus enterré qu'il ne l'était dans la pépinière, et que la terre environnante soit bien affermie.

Lorsque la terre est suffisamment ameublie, on peut hâter l'opération en ouvrant un sillon avec la charrue ; on le garnit de plants disposés à la distance voulue et l'on recouvre ceux-ci par un nouveau trait de charrue. On fait ensuite passer le rouleau pour plomber le terrain, et il ne reste plus qu'à donner les soins d'entretien indiqués pour le semis à demeure, moins toutefois l'éclaircie des plants trop rapprochés. Mais cette transplantation ne peut convenir que dans le Midi, parce que c'est là seulement que les jeunes plants peuvent passer l'hiver sans être détruits par les gelées et qu'on peut en obtenir d'assez précoces pour repiquer en février et en mars. Dans le Nord, on opère de la manière suivante :

Culture au moyen de la plantation des bulbes. — En mars, on sème en pépinière environ 12 kilogr, de graines par are et l'on n'arrose le semis qu'une fois; de plus, on n'éclaircit pas les jeunes plants; ainsi resserrés, les bulbes restent très-petits. Dès qu'ils ont acquis la grosseur de petites noisettes, on les arrache, on les fait sécher au soleil, et on les conserve pour les planter en février ou mars de l'année suivante aux distances indiquées pour les plants repiqués.

Si l'on cultive l'oignon d'Égypte ou rocambole, les bulbilles qui naissent au sommet de la tige peuvent être employées comme les précédentes. L'oignon cultivé par bulbille demande les mêmes soins d'entretien que les plants repiqués.

Récolte et conservation. — A l'automne, lorsque les fanes jaunissent et se flétrissent, on arrache l'oignon et on le laisse sur le sol pendant plusieurs jours pour qu'il se dessèche le plus complétement possible; après quoi, on profite du premier beau temps pour le rentrer. Quant au mode de conservation, il est bien simple: on mêle eux fanes quelques brins de paille, on forme du tout une tresse, et l'on suspend la botte dans un grenier bien sec quoique assez frais pour que les bulbes ne germent pas.

Rendement. — Le rendement moyen est d'environ 40,000 kilogr. de bulbes par hectare.

COMPTE DE CULTURE D'UN HECTARE D'OIGNONS REPIQUÉS AU PLANTOIR.

DÉPENSE.

Un labour à 0m,25 de profondeur	22f »
Un hersage	2 60
Un roulage	2 »
Un roulage	2 60
Un labour superficiel	14 »
Un hersage	2 60
750,000 plants, à 1 fr. 50 le 1,000	1,125 »
Plantation au plantoir	250 »
Un sarclage à la main	15 »
Deux binages à la houe à main, à 30 fr. l'un	60 »
Arrachage des oignons	60 »
Transport et emmagasinage	200 »
80,000 kil. de fumier, à 10 fr. les 1,000 kil., y compris les frais de transport et d'épandage, 800 fr. Les trois quarts de cette somme à la charge de l'oignon	600 »
Intérêt pendant un an, à 5 pour 100, du prix de la fumure non absorbée	10 »
Loyer de la terre	70 »
Frais généraux d'exploitation	20 »
Intérêt pendant un an, à 5 pour 100, des frais ci-dessus	122 79
Total	2,578f 59

PRODUIT.

40,000 kil. d'oignons, à 10 fr. les 100 kil.	4,000f »

BALANCE.

Produit	4,000f »
Dépense	2,578 59
Bénéfice net	1,421f 41

Environ 55 pour 100 du capital employé.

DE L'AIL.

L'*ail* (*allium sativum*) (fig. 940 et 941) est aussi une espèce vivace de la famille des *liliacées*. Originaire de la Sicile, il est cultivé depuis la plus haute antiquité.

Fig. 940. *Ail.*

Cette plante a peu d'importance dans le nord de la France, où la consommation en est faible ; mais elle constitue dans nos départements du Midi, en Espagne et en Italie, une partie essentielle de la nourriture du peuple. En France, c'est surtout dans les dunes du Poitou et les terrains sablonneux des bords de la Durance qu'elle est cultivée sur de grandes surfaces.

L'ail demande un sol plus léger que celui qui convient à l'oignon ; les sables frais lui sont particulièrement favorables. Comme il donne très-peu de semences, on le multiplie par les nombreux caïeux qui entourent son bulbe principal. En février ou mars, les caïeux sont plantés à $0^m,12$ les uns des autres en tous sens, dans un sol préparé comme pour l'oignon, et reçoivent un ou deux binages jusqu'au moment de la récolte. Comme ceux de l'oignon, les bulles de l'ail sont réunis en tresses et suspendus dans des greniers secs et aérés.

Fig. 941. *Bulbilles de la tête de l'ail.*

Le rendement moyen est d'environ 22,000 tresses par hectare, lesquelles sont vendues au prix moyen de 10 francs le 100.

COMPTE DE CULTURE D'UN HECTARE D'AIL.

DÉPENSE.

Préparation du sol comme pour l'oignon..................	45f 80
Caïeux	400 »
Toutes les autres dépenses comme pour l'oignon, moins le sarclage..	1,270 »
Intérêt pendant un an, à 5 pour 100, des frais ci-dessus.....	85 79
Total...............	1,801f 59

PRODUIT.

22,000 tresses de 24 bulbes chacune, à 12 fr. les 100 tresses.	2,640f »

BALANCE.

Produit..	2,640f »
Dépense..	1,801 59
Bénéfice net...........	838f 41

Environ 46,50 pour 100 du capital employé.

DU POIREAU.

Le *poireau* ou *porreau* (*allium porrum*, L.) (fig. 942) est une plante bisannuelle de la famille des *liliacées*, qui croît spontanément dans les Alpes, et que l'on n'a soumise à la culture que depuis 1562.

La partie inférieure de ses feuilles, douée d'une saveur analogue à celle des espèces précédentes, sert de condiment dans les potages. La consommation des poireaux est devenue telle que leur culture a envahi les champs voisins des grands centres de population.

Tout ce que nous avons dit de l'oignon, sous le rapport du climat, de la nature et de la préparation du sol, s'applique au poireau.

On le cultive toujours au moyen du semis en pépinière et de la transplantation. Voici comment on procède.

Pépinière. — On s'occupe d'abord d'avoir de bonnes semences ; à cet effet, on réserve parmi les plus belles plantes un certain nombre de porte-graines, et, au printemps, on les transplante à 0m,30 en tous sens, dans un sol meuble, frais, fertile, mais anciennement fumé. Quelques jours avant la parfaite maturité des graines, on cueille les têtes, et on les conserve au sec, sans les égrener, jusqu'au moment des semailles. Au delà de deux ans, les graines ne germent plus.

Le sol de la pépinière est préparé comme pour l'oignon. En

février ou mars, on sème en lignes distantes de $0^m,08$, et l'on donne les mêmes soins qu'à la pépinière d'oignon.

Fig. 942. *Poireau.*

Plantation. — Vers la fin d'avril, lorsque les poireaux ont une grosseur suffisante, on les repique à $0^m,10$ en tous sens, après avoir raccourci les racines et le sommet des feuilles.

Il convient de choisir un temps humide et couvert, et de laisser les racines exposées le moins possible à l'air. Si le terrain est sec, on arrose aussitôt après la plantation. Quelques sarclages et binages sont les seuls soins d'entretien.

Rendement. — On peut obtenir, en moyenne, sur un hectare, 800,000 poireaux qui, divisés en bottes de 25, donnent 32,000 bottes du prix de 8 fr. les 100 bottes.

COMPTE DE CULTURE D'UN HECTARE DE POIREAUX.

DÉPENSE.

Préparation du sol comme pour l'oignon	45f »
1,000,000 de jeunes plants	120 »
Préparation et plantation	300 »
Les autres frais comme pour l'oignon	1,035 »
Intérêt pendant un an, à 5 pour 100, des frais ci-dessus	75 04
Total	1,575f 04

PRODUIT.

32,000 bottes de poireaux de 25 chacune, à 8 fr. les 100 bottes.	2,560f »

BALANCE.

Produit	2,560f »
Dépense	1,575 84
Bénéfice net	984f 16

Environ 62,50 du capital employé.

DES COURGES.

Les *courges* sont des plantes annuelles, monoïques, appartenant à la famille des *cucurbitacées*, et originaires des Indes orientales. Introduites en Europe au seizième siècle, elles sont cultivées pour leurs fruits, qui constituent pour l'homme un agréable aliment.

Certaines variétés, les plus rustiques, sont consacrées, en hiver, à la nourriture des bestiaux. On les coupe en morceaux et on y mêle un tiers de nourriture sèche. On considère que 500 kilogr. de courges équivalent à 100 kilogr. de foin. Les porcs en sont très-avides, mais on dit qu'il faut en retirer les semences quand on les donne aux vaches, car elles diminueraient la sécrétion de leur lait

Fig. 943. *Potiron.*

C'est surtout en Hongrie, en Italie et en France, dans les départements voisins du Jura, ainsi que dans l'Anjou et le Maine, que les courges sont cultivées en plein champ, soit pour la nourriture de l'homme, soit pour celle des animaux.

A Zambor et dans d'autres localités de la Hongrie, on a exploité, il y a quelques années, la citrouille pour en retirer le sucre qui s'y trouve, et qui est analogue à celui de la canne et de la betterave. On en extrait de 4 à 4 1/2 pour 100. Un hectare de terre produit, en poids, plus de citrouilles que de betteraves, de sorte que le sucre revient à meilleur marché avec les premières.

Espèces et variétés. — Les quatre suivantes sont les plus propres à la grande culture :

Le *potiron* (*cucurbita pepo*, L. (fig. 943 à 946). Feuilles sans

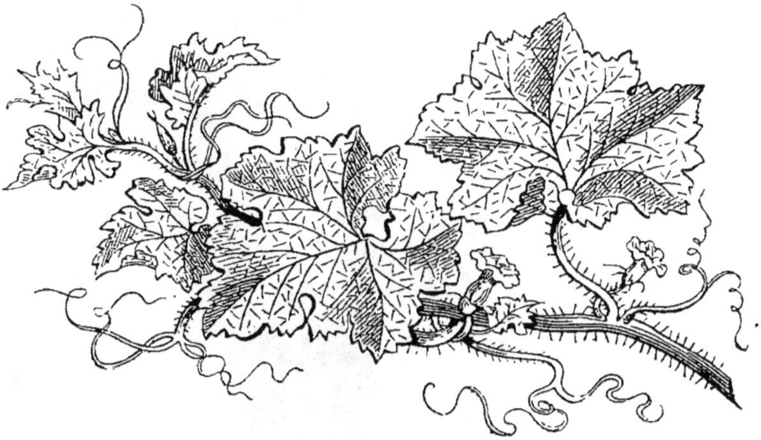

Fig. 944. *Tige du potiron.*

taches, se tenant dans une direction presque verticale ; fleurs à odeur de miel ; fruits parvenant souvent au poids de 100 kilogr. Cette espèce a produit un grand nombre de variétés différentes par leur forme, la couleur et la qualité de leurs fruits.

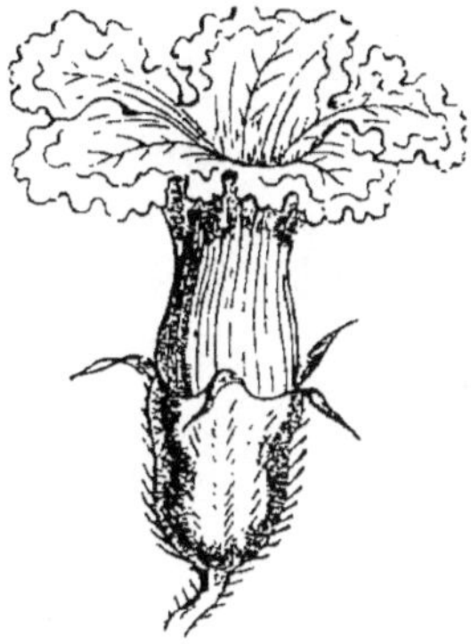

Fig. 945. *Fleur femelle du potiron.*

Fig. 946. *Fleur mâle du potiron.*

Citrouille de Touraine ou *palourde* (*cucurbita citrillus*, L.) (fig. 947). Variété très-féconde ; fruit légèrement oblong, à écorce vert pâle jaspé de rouge ou de blanc ; chair rose un peu jaunâtre ; graines larges, aplaties, un peu rudes au toucher, à bourrelet très-prononcé sur les bords. Feuilles très-grandes, profondément lobées, d'un vert foncé avec quelques taches blanches aux angles des nervures quand elles sont jeunes.

Le *giraumont* (*cucurbita citrullus*) (fig. 948). Autre variété à feuilles plus découpées, point relevées, maculees ; fleurs à odeur d'amande, fruits généralement plus petits, plus précoces, à chair plus ferme et plus sucrée. Cette espèce présente aussi un grand nombre de variétés dont beaucoup se rapprochent, par leur forme, de la *courge des Patagons* (fig. 949), qui est une des meilleures.

Fig. 947. *Citrouille de Touraine.*

Le *potiron mou* ou *potiron musqué* (*curcubita moscatus*). Feuilles maculées ; folioles du calice très-développées ; fleurs peu odorantes ; chair ferme, sucrée, à odeur de violette ; fruits tardifs. C'est l'une des espèces les plus estimées dans le Midi ; mais

Fig. 948. *Giraumont turban.*

elle mûrit mal en pleine terre au delà de la région des oliviers.

Composition chimique. — L'un de nous, M. J. Girardin, a analysé comparativement cinq variétés de courges, à savoir : le *potiron commun*, le *potiron pain du pauvre*, l'*artichaut de Jérusalem*, le *giraumont turban* et la *courge sucrine du Brésil*. Tous ces

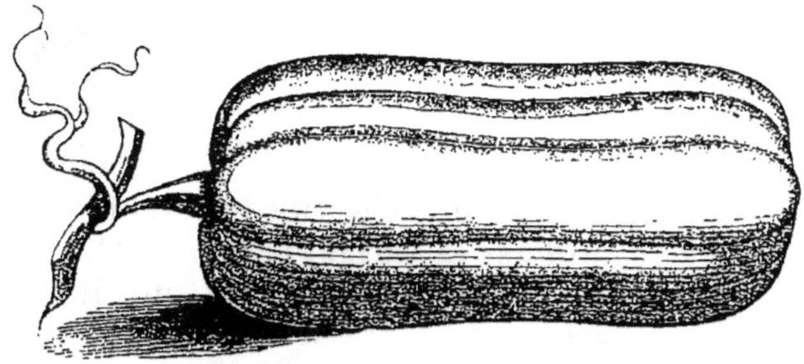

Fig. 949. *Courge des Patagons.*

fruits ne diffèrent les uns des autres que par les rapports différents de leurs principes constituants. Voici les résultats obtenus :

1. L'eau, la matière organique sèche et les sels minéraux, sont dans les proportions suivantes :

	Potiron commun.	Potiron pain du pauvre.	Artichaut de Jérusalem.	Giraumont turban.	Sucrine du Brésil.
Eau	94,178	79,670	85,80	92,94	93,400
Matière organique	3,372	16,473	8,42	2,93	3,172
Sels minéraux	2,450	3,857	5,78	4,13	3,428
	100,000	100,000	100,00	100,00	100,000

2. La matière organique, dans chaque sorte de courge, est ainsi représentée :

	Potiron commun.	Potiron pain du pauvre.	Artichaut de Jérusalem.	Giraumont turban.	Sucrine du Brésil.
Sucre analogue au sucre de canne	0,273	2,500	0,149	0,692	0,330
Albumine et caséine	0,163	1,363	0,413	0,140	0,190
Matières grasses et colorantes	traces	0,008	0,007	0,006	0,002
Gomme, fécule, principe aromatique, acide libre, tissu ligneux	2,936	12,602	7,851	2,092	2,650
	3,372	16,473	8,420	2,930	3,172

Les sels minéraux sont composés ainsi qu'il suit : parmi les sels solubles, carbonate et sulfate de potasse, chlorures de potassium et de magnésium ; parmi les sels insolubles : phosphates et carbonates de chaux et de magnésie, silice, alumine, peroxyde de fer. — C'est le carbonate de potasse qui domine dans les cendres ; viennent ensuite les phosphates terreux.

L'azote se trouve dans les proportions suivantes :

	Azote dans 100 de matière sèche.	Azote dans 100 de matière humide.
Potiron commun	0,466	0,0271
Potiron pain du pauvre	1,073	0,2181
Artichaut de Jérusalem	0,469	0,0661
Giraumont turban	0,320	0,0224
Courge sucrine du Brésil	0,466	0,0307

De ces analyses, il résulte que c'est incontestablement le *potiron pain du pauvre*, qui est la variété la plus riche en substances alimentaires, à poids égal. Viennent ensuite dans un ordre décroissant : l'*artichaut de Jérusalem*, la *sucrine du Brésil*, le *potiron commun* et enfin le *giraumont turban*.

Climat et sol. — Les courges, considérées comme plantes de grande culture, appartiennent surtout au Midi. Leur culture ne peut guère dépasser la région du maïs. Toutefois, en semant les graines sur couches, on peut étendre la culture en grand des variétés les plus précoces jusque sous le climat de Paris.

Les courges veulent des terrains légers et frais en été. Si cette dernière qualité manque, il devient indispensable de recourir à l'irrigation, car aucune autre plante ne redoute autant la sécheresse.

Préparation du sol et engrais. — Il suffit, pour préparer le sol, de lui appliquer, avant l'hiver, un labour de $0^m,20$ de profondeur. On herse au printemps, puis, au moment de l'ensemencement, on donne un labour superficiel suivi d'un second hersage.

L'expérience a démontré qu'une fumure d'environ 30,000 kilogr. de fumier par hectare, est nécessaire pour obtenir de beaux produits. Mais, c'est seulement pendant sa jeunesse que la courge tire du sol une partie notable de ses éléments nutritifs ; plus tard, l'atmosphère les lui fournit, et ses tiges et ses feuilles, abandonnées sur le sol après la récolte, rendent à la terre plus de principes utiles qu'elles n'en ont absorbé au début de la végétation. C'est donc, en résumé, une plante plutôt améliorante qu'épuisante.

Semaille. — Les cultivateurs peuvent récolter eux-mêmes les semences de courges ; il suffit de conserver les plus beaux fruits dans ce but. Mais, comme les diverses variétés s'entrefécondent avec la plus grande facilité, il importe de n'extraire les semences que des fruits qui ont mûri loin d'autres variétés appartenant à la même espèce. Autrement, l'on n'obtiendra que des produits dégénérés.

Cette remarque s'applique également aux autres espèces de cucurbitacées, dont nous parlerons ci-après.

Lorsqu'on sème des graines de la récolte précédente, on obtient une germination plus rapide et une végétation plus vigoureuse; mais les plantes se mettent moins facilement à fruit; aussi sera-t-il plus convenable de se servir de graines plus âgées ; celles-ci conservent d'ailleurs leurs facultés germinatives pendant un grand nombre d'années. Il suffit de s'assurer qu'elles restent bien pleines et de les faire tremper dans de l'eau tiède, 24 heures avant de les semer.

On pratique la semaille lorsque la température moyenne s'est élevée à + 12°. Avant ce moment, les jeunes plantes pourraient être atteintes par les gelées tardives.

Quand le moment est venu, on trace avec un rayonneur des sillons légers, et distants les uns des autres de $1^m,60$. D'autres sillons, offrant entre eux le même intervalle, sont tracés perpendiculairement aux premiers. A chaque point d'intersection, on ouvre, avec la houe, une petite fosse de $0^m,50$ de diamètre, et de $0^m,40$ de profondeur, et l'on y place une couche de $0^m,30$ de bon fumier consommé et bien tassé, ou son équivalent en engrais pulvérulents, suffisamment humectés. Cet engrais est immédiatement recouvert par une couche de terre meuble de $0^m,01$, sur laquelle on place trois semences en triangle, espacées de $0^m,05$ l'une de l'autre, et que l'on charge de $0^m,05$ à $0^m,06$ de terre mélangée de terreau. La germination s'effectue ordinairement au bout de huit jours.

Entretien. — Lorsque les trois semences sont bien germées, on ne conserve que la plus belle. A mesure que la tige centrale s'élève, les feuilles naissent et une branche latérale se développe à leur aisselle. Il en naît ainsi jusqu'à quatre des quatre premières feuilles caulinaires. On pince alors le sommet de la tige centrale, au-dessus de la quatrième feuille, et on laisse développer les quatre branches jusqu'à ce que les premiers fruits aient atteint la grosseur d'un œuf. A ce moment, on retranche deux des branches, en conservant de préférence celles qui portent les plus beaux fruits, puis on coupe l'extrémité de chacune de ces deux branches conservées au-dessus de la deuxième feuille qui précède le fruit. On visite ensuite la plantation de temps en temps, pour supprimer les nouveaux bourgeons. Deux beaux fruits par plante suffisent pour assurer une pleine récolte.

Rarement on est obligé de donner plus d'un sarclage et un binage, car les feuilles couvrent bientôt toute la surface du sol. L'irrigation est indispensable dans les terrains qui ne conservent pas assez de fraîcheur pendant l'été ; mais ces arrosements doivent être suspendus dès que les fruits approchent de leur maturité, sous peine de compromettre leur qualité et le succès de leur conversation.

Récolte. — Lorsque les feuilles se dessèchent, et qu'un coup frappé sur le fruit rend un son creux, sa maturité est arrivée ; on le détache alors de sa tige, en lui laissant tout son pédoncule, et on le laisse exposé au soleil pendant quelques jours; après quoi, on le rentre dans un endroit sec, frais, mais à l'abri de la gelée.

Rendement. — On peut obtenir, en moyenne, 60,000 kilogr. de courges par hectare.

COMPTE DE CULTURE D'UN HECTARE DE COURGES DANS UN TERRAIN FRAIS.

DÉPENSE.

Un labour ordinaire	22f »
Un hersage	2 60
Un labour superficiel	14 »
Un hersage	2 60
Rayonner le terrain	2 60
Faire les fosses, y placer le fumier et le recouvrir	20
Ensemencement	5 »
Couvrir les semences	10 »
Un binage et éclaircissement du plant	30 »
Taille et autres soins	30
Récolte et transport	20 »
Intérêt pendant un an, à 5 pour 100, de 300 fr., prix de 30,000 kil. de fumier non absorbé	15 »
Loyer de la terre	70
Frais généraux d'exploitation	20
Intérêt pendant un an, à 5 pour 100, des frais ci-dessus	13 19
Total	276f 99

PRODUIT.

60,000 kil. de courges équivalent à 12,000 kil. de foin sec, à 71 fr. 50 les 10,000 kil	858f »

BALANCE.

Produit	858f »
Dépense	276 99
Bénéfice net	581f 01

Cette culture donnerait donc un intérêt de 210 pour 100 du capital employé, s'il est bien vrai que 500 kil. de courges équivalent à 100 kil. de foin sec. Mais l'intérêt du capital employé serait encore bien plus élevé, si ce produit était considéré seulement au point de vue de la nourriture de l'homme, car le prix du marché est beaucoup plus considérable que celui qui résulte de la comparaison de cette récolte avec le foin.

DU CONCOMBRE.

Le *concombre* (*cucumis sativus*, L.) est une plante annuelle qui appartient aussi à la famille des cucurbitacées, et qui est originaire de l'Orient. Dans le midi de la France, on fait une grande consommation de son fruit, et sa culture a lieu en plein champ. Dans les contrées moins favorisées par le climat, il réclame des soins tels qu'on est obligé de le reléguer dans les jardins.

Composition chimique. — D'après M. Zenneck, le fruit du concombre contient sur 100 parties :

Eau	89,5
Matière sèche	10,5
	100,0

La matière sèche est composée de :

Fibrine végétale	15,91
Acide pectique	1,69
Amidon	13,20
Matière colorante jaune	0,88
Sucre	48,30
Substances minérales solubles	9,11
— — insolubles	6,72
Perte	4,19
	100,00

Culture. — Dans la région des oliviers, on sème les concombres sur couches, vers la fin d'avril. Lorsque les jeunes plants ont développé trois feuilles, on les lève en mottes et on les met dans un terrain disposé comme pour les courges, avec cette différence qu'on laisse un intervalle de 1 mètre seulement entre chaque fosse. On arrose les jeunes plants, puis on les abrite du soleil pendant deux ou trois jours avec un léger paillis. Lorsqu'ils ont commencé à se développer de nouveau, on pince la tige centrale pour en obtenir deux branches latérales. Celles-ci sont elles-mêmes pincées pour les faire bifurquer, et ainsi de suite, jusqu'à ce qu'on ait huit branches principales.

On entoure alors les jeunes sujets de branches sèches ramifiées, pour que les tiges s'y attachent et ne rampent pas sur le sol. Dès qu'un certain nombre de fruits sont bien noués, l'on pince l'extrémité des branches, et l'on supprime les moins beaux fruits, de façon à n'en laisser sur chaque plante que dix ou douze. Vers le mois de mai, on bine, on butte, et l'on maintient le sol frais au moyen d'arrosages.

DES MELONS.

Le *melon* (*cucumis melo*, L.) est une cucurbitacée annuelle, originaire des parties tropicales de l'Asie. Les fruits offrent une chair succulente, douce et sucrée.

Variétés. — Le melon présente de nombreuses variétés ; les suivantes sont les plus répandues dans la grande culture :

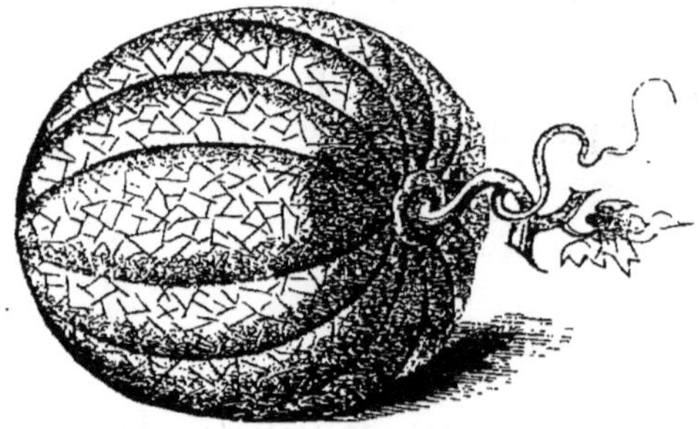

Fig. 950. *Melon maraîcher.*

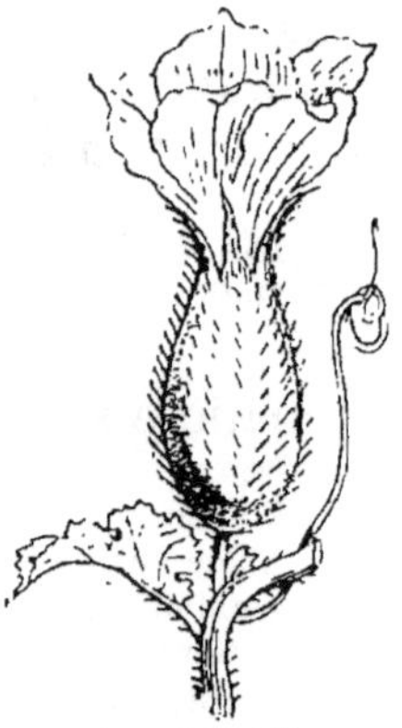

Fig. 951. *Fleur femelle du melon.*

Fig. 952. *Fleur mâle du melon.*

1° Le *melon brodé*. Peau brodée ou réticulée ; cultivé en Europe depuis un temps immémorial. On en connaît plusieurs sous-variétés :

Le *melon maraicher* (fig. 950 à 953) c'est le plus commun ; celui qui donne le produit le plus abondant, mais sa chair blanchâtre n'a qu'une saveur médiocre.

Le *sucrin*; autre sous-variété, à chair verte, sucrée, parfumée, d'excellente qualité.

Le *melon d'Honfleur* (fig. 954), sorte de melon brodé qu'on distingue des précédents par sa chair jaune et ses dimensions souvent colossales ; généralement meilleur que le maraîcher, mais beaucoup moins fin que le sucrin.

2° *Le melon cantaloup* (fig. 955). Cette seconde variété se distingue par sa peau verruqueuse. Apportée d'Arménie en Italie, vers le quinzième siècle, elle pénétra en France en 1495. On en cultive plusieurs sous-variétés, parmi lesquelles le *cantaloup Prescott*, à fond blanc, est la plus répandue dans la grande culture.

3° Le *melon à peau unie*. Peau de couleur verte ou panachée ;

Fig. 953. *Tige du melon.*

chair de saveur très-sucrée, mais un peu fade. Il est dépourvu

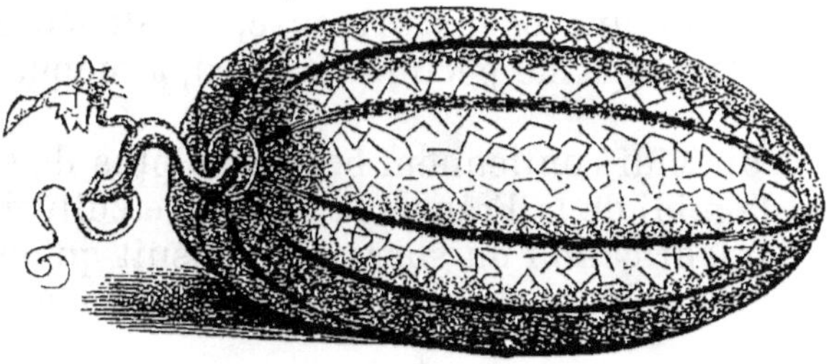

Fig. 954. *Melon d'Honfleur.*

d'odeur. Les sous-variétés suivantes sont les plus répandues : *Melon d'hiver à chair verte ; melon de Malte à chair rouge ; melon de Malte à chair blanche*, dont les fruits peuvent se conserver pendant une partie de l'hiver, mais qui ne peuvent être cultivés en plein champ que dans la région des oliviers.

Fig. 955. *Melon cantaloup.*

Composition chimique. — On doit à M. Payen l'analyse du melon cantaloup.

Dans un melon de cette variété, cultivé sous le climat de Paris, et pesant 1,361 grammes et demi, il a trouvé :

Substance charnue.	Suc à 5°..........	625	... 633	638,0
	Suc dans la pulpe.	8		
	Pulpe fibreuse lavée et séchée.	5		
Parties internes...	Jus autour des pepins........	95		118,5
	Pepins frais.	21		
	Fibres ligneuses............	2,5		
Côtes..				605,0
				1361,5

Il est assez digne de remarque que la substance charnue du melon ne contienne que 1/638 ou 0,0078, ou moins d'un centième de matière solide non dissoute dans le jus.

Le suc du melon contient les substances suivantes : eau, albumine, mucilage, sucre identique à celui de la canne (0,015 du poids de la substance charnue), sucre incristallisable, dû sans doute à une altération du précédent, acide libre, matière grasse saponifiable, matière azotée très-facilement altérable et susceptible de développer une odeur urineuse, substance colorante, principe aromatique, acide pectique (traces), amidon, quelques sels.

Les melons du Midi contiennent beaucoup plus de sucre. Or, comme dans le midi de la France, la betterave cultivée ne convient pas à la fabrication du sucre, il s'ensuit qu'on pourrait avec avantage, sans doute, la remplacer par le melon et les citrouilles.

Climat et sol. — Le melon demande une température élevée et une atmosphère humide. On ne peut le cultiver en pleine terre que dans la région du maïs ; cependant en semant les graines sur couche, pour les transplanter en pleine terre, on étend sa culture jusque sous le climat de Paris, à condition de choisir les variétés les plus rustiques. Quant au terrain, il doit être abrité du nord, découvert au midi, frais ou susceptible d'être arrosé à volonté.

Culture. — Les melons réclament à peu près le même mode de culture que les courges. On leur fait subir aussi la taille qui, pour n'être pas aussi minutieuse que celle qu'on pratique dans les jardins, à cause des grandes surfaces sur lesquelles on opère, n'en demande pas moins assez de soins.

On coupe la tige primitive au-dessus des deux premières feuilles, et deux nouvelles branches naissent bientôt de l'aisselle de celles-ci. Ces deux branches sont elles-mêmes taillées au-dessus de la quatrième feuille, lorsqu'elles sont longues de $0^m,33$. On obtient ainsi six ou huit branches sur chaque pied, lesquelles sont aussi taillées au-dessus de la troisième feuille lorsqu'elles ont atteint une longueur de $0^m,33$. C'est seulement sur les nouvelles branches qui naîtront de cette troisième taille qu'on réservera les fruits. On en choisit d'abord un seul, le plus beau, le mieux conformé, et l'on coupe tous les autres. La branche qui le porte est coupée au-dessus de la deuxième feuille située au delà du fruit, et toutes les autres sont taillées vers la base, au-dessus de leur deuxième feuille.

Lorsque le fruit réservé a atteint à peu près sa grosseur, on en choisit un second parmi ceux qui sont nouvellement noués sur les autres branches, et l'on supprime également les autres ; on ne réserve ainsi que deux fruits par pied de melon. Toutes les autres branches sont coupées au-dessus de la première feuille à mesure qu'elles naissent.

Récolte. — Les melons mûrissent successivement. On les récolte quelques jours avant leur maturité complète. Ce moment est indiqué, pour les melons d'été, par un changement subit de couleur, par le parfum qu'ils commencent à exhaler, par le pédoncule qui se cerne, par l'ombilic qui se ramollit.

Quant aux melons d'hiver, ils sont toujours récoltés bien avant leur maturité, et l'on reconnaît qu'ils sont propres à la consommation quand leur écorce se ramollit.

Rendement. — Sous le climat de Paris, le rendement moyen d'un hectare de melons cultivés, semés sur couche et transplantés en pleine terre, s'élève à 10,000 fruits, du poids moyen de 4 kilogr. chacun.

Dans le Midi, le rendement est plus élevé en poids, mais les prix de vente sont moindres. Les résultats économiques sont donc à peu près les mêmes.

FRAIS DE CULTURE D'UN HECTARE DE MELONS SEMÉS A DEMEURE DANS LE MIDI.

Produit, 50,000 kil. de melons, au prix moyen de 6 cent. le kil.	3,000f »
Frais de culture comme pour les courges	276 99
Bénéfice net	2,723f 01

Environ 984 pour 100 du capital employé.

DES ASSOLEMENTS.

Les études que nous venons de terminer nous ont fait connaître les exigences des diverses espèces de plantes agricoles sous le rapport du climat, de la nature du sol et du mode de culture ; nous avons également déterminé le bénéfice produit par chaque sorte de récolte dans les circonstances qui lui sont favorables. Il semble donc qu'il suffirait maintenant de rechercher, parmi les espèces qui s'accommodent des mêmes circonstances locales, celles qui donnent le plus de profit, et de s'attacher exclusivement à leur culture en les faisant se succéder à elles-mêmes, sans interruption, sur le même terrain. Mais des difficultés insurmontables s'opposent à ce qu'il en soit ainsi.

Admettons, en effet, que l'on soumette le blé à cette succession non interrompue ; comment produira-t-on les engrais nécessaires pour restituer au sol les principes nutritifs que lui enlève, chaque année, une récolte dont la plus grande partie est consommée en dehors du domaine. D'un autre côté, certaines plantes nuisibles, qui croissent avec le blé, et qui mûrissent avant lui, répandent dans le sol une si grande quantité de leurs graines que la terre serait bientôt envahie par cette végétation parasite. Enfin, dans les climats où la récolte du blé est retardée jusqu'à la fin d'août, il devient impossible de préparer le sol en temps convenable pour recevoir le nouvel ensemencement qui doit avoir lieu en octobre et même en septembre.

Des obstacles semblables et d'autres encore que nous examinerons plus loin se présentant pour la culture continue des diverses plantes agricoles, il a donc fallu songer à laisser, entre le retour de la même espèce de récolte sur le même terrain, un certain laps de temps, pendant lequel on a cultivé des plantes peu épuisantes et propres à la nourriture des bestiaux producteurs d'engrais.

Cette même interruption a permis de détruire les plantes nuisibles, soit au moyen de la jachère, c'est-à-dire en appliquant à la terre, complétement nue, de nombreuses façons d'été, soit en la chargeant d'une récolte qui étouffe ces plantes ou qui exige, en été, de nombreux binages. Enfin on a pu choisir, pour cultiver pendant chaque interruption, des espèces qui permissent de préparer le sol en temps convenable pour la récolte suivante. C'est de la nécessité de cette succession de récoltes différentes que sont nés les assolements.

Nous entendons, avec M. Gasparin, par *cours de culture* la succession des plantes qu'on cultive sur le même terrain pendant une période d'années, au bout de laquelle on reprend la même succession de plantes, et dans le même ordre. Ainsi le cours de culture triennal est celui-ci :

Première année........................	Jachère.
Deuxième année........................	Blé d'hiver.
Troisième année........................	Céréale de printemps.

Nous entendons par *assolement* la division des terres arables d'un domaine en parties égales entre elles, et au nombre des années qui forment le cours de culture, de manière que, dans la première année, par exemple, la première partie soit en jachère, la deuxième en blé, la troisième en avoine, et que, se succédant les unes aux autres chaque année, le cours de culture se perpétue, et présente toujours la même étendue pour chacune des récoltes. Ainsi, le cours de culture ci-dessus suppose le tableau suivant de la rotation combinée avec l'assolement :

	SOLES		
	N° 1.	N° 2.	N° 3.
Première année.................	Jachère.	Blé.	Avoine.
Deuxième année.................	Blé.	Avoine.	Jachère.
Troisième année.................	Avoine.	Jachère.	Blé.

Après l'expiration de ces trois années, chaque partie de terrain, que l'on appelle *sole*, a passé par les trois états : jachère, blé, avoine, et l'on a terminé ce que l'on nomme une *rotation* ; on reprend, pour les quatrième, cinquième et sixième années, l'ordre que l'on a suivi pour les trois premières, et l'on a ainsi une seconde rotation.

THÉORIE DES ASSOLEMENTS.

La nécessité de l'alternance de diverses sortes de récoltes sur le même terrain était parfaitement connue des anciens ; ces pratiques, conservées sur quelques points privilégiés pendant les siècles de barbarie qui succédèrent à la décadence romaine, se répandirent de nouveau en Europe, et arrivèrent progressivement au point de perfection où nous les voyons aujourd'hui. Mais, jusqu'à ces derniers temps, on n'avait pu expliquer d'une manière satisfaisante un grand nombre de causes qui, outre celles dont nous avons déjà parlé, rendent indispensable l'alternance des récoltes. Ce n'est que depuis la fin du dernier siècle que les progrès de la chimie et de la physiologie végétale sont venus jeter quelques lumières sur cette importante question. Examinons successivement les principes qui servent de base à la théorie des assolements. Nous poserons ensuite les lois qui en découlent.

Antipathie supposée des plantes. — Nous avons fréquemment signalé l'insuccès de certaines récoltes lorsqu'on les faisait succéder immédiatement à elles-mêmes ou à certaines autres espèces de plantes. Ainsi nous avons remarqué qu'en général les produits du blé, du lin, du trèfle, de la luzerne diminuaient dans une forte proportion, quelque soin qu'on prît de fumer convenablement le sol. Nous avons vu que le froment ne donne souvent que de chétifs produits après les pommes de terre et la betterave ; mais cette antipathie n'est réellement qu'apparente, et ne tient pas à la nature des plantes elles-mêmes, mais à l'état dans lequel elles laissent le sol qui les a nourries et qui ne convient plus aux besoins des récoltes qu'on y cultive après elles. Il suffirait donc de replacer le sol dans des conditions convenables pour faire disparaître les antipathies. Ainsi, le dépérissement du blé se succédant à lui-même s'explique facilement par l'abondance toujours croissante des plantes nuisibles et par la préparation imparfaite du sol résultant de l'époque tardive de la récolte, au moins dans le Nord.

La luzerne, le lin, le trèfle se succèdent difficilement à eux-mêmes, parce que leurs racines, pivotantes et peu ramifiées, vont épuiser les couches du sol à une profondeur telle que celles-ci ne peuvent reprendre toute leur fertilité qu'après un certain nombre d'années. Les pommes de terre, les betteraves sont un mauvais précédent pour le froment, à cause de la récolte tardive de ces racines, qui ne permet pas de semer à une époque convenable, et aussi parce que la terre, profondément ameublie, se tasse pendant l'hiver, et déchausse le blé.

D'autres causes, telles que les insectes nuisibles, les champignons et autres plantes parasites qui se multiplient à l'infini dans le sol, si l'on continue d'y cultiver la plante dont ils se nourrissent, viennent encore expliquer la diminution des récoltes qu'on maintient sur le même terrain pendant plusieurs années.

Dissemblance des éléments nutritifs, suivant les espèces de récoltes. — On a aussi tenté d'expliquer la mauvaise réussite de certaines récoltes succédant à d'autres, par la propriété qu'auraient les racines des plantes d'absorber dans le sol des substances spéciales, et d'en délaisser d'autres. D'où il résulterait que certaines espèces épuiseraient promptement la terre des matières qui lui sont propres, tandis que celle-ci resterait fertile pour les plantes qui se nourrissent de principes demeurés intacts. Cette théorie, posée d'une manière aussi absolue, est inexacte ; car on sait positivement que les racines absorbent indistinctement toutes les matières dissoutes dans l'eau, même celles qui leur sont nuisibles. Ce qu'il y a de vrai, c'est que la proportion des principes absorbés n'est pas la même pour les diverses espèces de plantes. On le démontre facilement, soit en faisant végéter des plantes différentes sur un terrain de même nature, et en analysant ensuite chacune des parties où elles se sont nourries, soit en faisant l'analyse de ces plantes elles-mêmes.

Ces faits doivent tenir une place importante dans la théorie des assolements. En effet, si nous prenons comme exemple la pomme de terre, nous voyons, par l'analyse, qu'elle absorde une plus forte proportion de potasse que n'en contient habituellement le fumier, et que, quoique le sol reste chargé de principes azotés, elle ne vivra plus que difficilement si l'on y continue sa culture sans ajouter une certaine quantité de potasse aux engrais qu'on lui donnera. Au contraire, le blé absorbe moins de potasse et une plus forte proportion des autres principes de fertilité ; il conviendrait donc de faire succéder la pomme de terre au blé pour que toutes les parties de l'engrais fussent également utilisées.

Épuisement du sol. — Les plantes vivent aux dépens du sol par leurs racines, et de l'atmosphère par leurs feuilles ; mais les fonctions absorbantes de ces deux organes n'agissent pas avec la même intensité dans toutes les espèces. Il en résulte que les plantes qui absorbent plus puissamment par les feuilles que par les racines doivent être moins épuisantes pour le sol que celles chez lesquelles l'inverse a lieu. Voilà pourquoi les céréales, qui vivent plus par leurs racines que par leurs feuilles, épuisent plus le sol que les légumineuses, qui puisent dans l'atmosphère une grande partie de leurs éléments nutritifs.

L'épuisement du sol par la même espèce est d'autant moins considérable, qu'on recueille les produits sans enlever les racines ; car celles-ci, laissées dans la terre, compensent une partie de la fumure consommée par la plante. Si le trèfle était arraché au lieu d'être fauché, il deviendrait peut-être une récolte épuisante, tandis qu'il rend par ses racines plus qu'il n'a enlevé.

Une autre cause d'influence est due à l'état de végétation des plantes lorsqu'on les récolte. Ainsi, la même espèce sera d'autant plus épuisante, qu'on attendra, pour la couper, l'époque de la maturité de ses graines. Ces dernières absorbent, en mûrissant, une très-grande quantité des principes nutritifs tenus en réserve dans les tissus de la racine et du collet de la plante, et ces organes, ainsi épuisés, ne rendent plus au sol qu'une faible partie des éléments utiles qu'ils contenaient auparavant. Cela est si vrai, que l'orge, le seigle, très-épuisants lorsqu'on les laisse mûrir avec leurs graines, le deviennent très-peu lorsqu'on les cultive comme fourrage vert, et qu'on les coupe avant leur floraison. Le même effet a lieu pour les fourrages légumineux.

Enfin, une dernière cause, à la fois la plus influente et la plus évidente, vient de ce que, en général, les plantes puisent d'autant plus dans le sol, que leur produit en poids est plus considérable. Aussi cette action est quelquefois si grande, que certaines récoltes qui, en raison de l'une des causes précédentes, seraient peu épuisantes, le deviennent au plus haut degré par son concours. C'est ainsi que la betterave, qui peut être considérée comme bien moins épuisante que le blé, l'est beaucoup plus en réalité parce qu'elle donne, par hectare, 50,000 kilogr. de racines et de feuilles, tandis que le froment ne fournit que 6,000 kilogr. de grains et de paille.

Ce qui précède démontre combien il est intéressant que le cultivateur se rende un compte exact de la perte d'engrais éprouvée par la terre, après chaque récolte. Car c'est ainsi seulement qu'il pourra faire un choix judicieux parmi les récoltes qui doivent se succéder, de manière qu'elles soient toujours aussi abondantes que possible.

Étendue relative de chaque sorte de récolte. — De la nécessité de réparer sans cesse les pertes d'engrais éprouvées par le sol, résulte cette autre nécessité de se procurer les engrais nécessaires. Ceux-ci peuvent être pris soit en dehors de l'exploitation, soit dans l'exploitation même ; ce dernier cas, et c'est le plus général, exige la présence d'un certain nombre de bestiaux nourris convenablement. D'où il résulte qu'une suffisante étendue des terres de l'exploitation doit être consacrée aux fourrages destinés à cette alimentation. Quant à l'étendue de ces terres, relativement à celles consacrées aux autres cultures, elle doit être telle qu'on puisse y récolter assez de paille et de fourrages pour la litière et la nourriture des bestiaux entretenus.

Or, l'expérience a démontré qu'il faut une surface de 1 hectare pour l'entretien d'une tête de gros bétail, et que le fumier produit par chaque tête suffit à la fumure annuelle de 2 hectares. Il en résulte donc que l'on doit consacrer, au moins, la moitié de toutes les terres arables de l'exploitation à la nourriture des bestiaux, sous peine de voir le rendement des récoltes diminuer progressivement faute d'engrais suffisants.

Ainsi, en supposant que les terres arables d'une exploitation comprennent une étendue de 60 hectares, et que les circonstances locales permettent d'y introduire la culture des espèces suivantes, on établira ainsi l'assolement :

PREMIÈRE SOLE DE 15 HECTARES.		DEUXIÈME SOLE DE 15 HECTARES.	TROISIÈME SOLE DE 15 HECTARES.	QUATRIÈME SOLE DE 15 HECTARES.
Betteraves .... Pommes de terre.. Carottes .... Choux-navets...... Féverolles	binés et fumés.	Avoine.	Trèfle. Pois. Vesce.	Froment.

Ce qui fait 30 hectares pour la nourriture des bestiaux et 30 hectares en céréales.

Destruction des plantes nuisibles. — Nous avons déjà fait remarquer que le blé, étant semé à la volée et ne recevant que peu ou pas de façons pendant qu'il occupe le sol, favorise beaucoup la multiplication des plantes nuisibles, et que sa culture, continuée pendant plusieurs années sur le même terrain, finit par ne plus donner que de chétifs produits. Toutes les plantes qui exigent le même mode de culture offrent le même inconvénient. On les a nommées, à cause de cela, récoltes *salissantes*.

On a nommé, au contraire, récoltes *nettoyantes* celles qui, pendant leur végétation, sont souvent binées ou buttées, et permettent ainsi de détruire les plantes nuisibles à mesure qu'elles se développent : telles sont la betterave, la pomme de terre, la carotte, etc., qui, par suite des soins spéciaux qu'on leur applique, ont reçu le nom de *plantes* ou *récoltes sarclées*.

D'autres plantes produisent un résultat semblable, mais en étouffant les plantes nuisibles, lorsque celles-ci ont atteint un certain développement. Tels sont les pois, les vesces, etc. : on leur a donné le nom de récoltes *étouffantes*. Toutefois leur action est moins efficace que celle des plantes sarclées, car, d'une part, elles ne détruisent que les plantes annuelles dont les graines germent en même temps que les leurs, et conservent dans le sol une portion de ces graines, qui saliront la récolte suivante ; et, d'autre part, elles n'étouffent pas les plantes vivaces à racines traçantes, et celles-ci reçoivent, au contraire, une nouvelle force par les coupes successives. Certains terrains, même, en sont tellement infestés que l'action des récoltes nettoyantes reste inefficace. Dans ce cas, on est obligé de recourir passagèrement à la jachère, et l'on en profite pour donner au sol de nombreuses façons d'été.

Nécessité d'ameublir le sol. — L'obligation de donner à la terre un degré d'ameublissement convenable pour chaque récolte annuelle influe aussi sur le choix des plantes qui doivent composer le cours de culture, et sur l'ordre de leur succession. Si l'on veut faire succéder une récolte d'hiver à une autre récolte tardive, du blé à des betteraves, par exemple, on est exposé à n'avoir plus, à cette époque, assez de beaux jours pour préparer convenablement la terre. Cette difficulté sera d'autant plus grave que l'on se rapprochera du Nord. Dans ce cas, il sera donc plus convenable de faire succéder aux récoltes tardives des ensemencements de printemps.

Il existe certains terrains dont la ténacité est telle qu'il devient difficile de leur donner le degré d'ameublissement convenable, si l'on n'emploie pas pour cela la jachère ; c'est le cas de quelques terrains du Midi, non susceptibles d'être irrigués, et qui acquièrent une dureté extraordinaire si l'on ne maintient pas leur surface parfaitement ameublie, pendant la saison chaude, par des façons souvent répétées.

Forces disponibles pour les cultures. — Chaque exploitation met à la disposition du cultivateur une certaine quantité de force en bras d'hommes et en attelages. Il peut, il est vrai, dépasser accidentellement le maximum de ces forces, quand les bras supplémentaires sont à bon marché, mais il est toujours d'une grande importance pour lui de se rendre parfaitement compte du nombre de journées de travail d'hommes ou d'animaux qu'exigera, dans chaque saison de l'année, l'application d'un assolement, afin de le rendre compatible avec la somme de forces dont il pourra disposer. Autrement il s'exposerait à des pertes ruineuses, résultant, par exemple, de récoltes qu'il ne pourrait rentrer faute des bras nécessaires.

Il importe aussi d'adopter un assolement qui permette de répartir à peu près également les divers travaux de culture entre toutes les saisons de l'année. Les bras et les attelages ne restant jamais inoccupés, il en résultera une économie de main-d'œuvre.

Quotité du capital d'exploitation. — A côté de l'influence des forces disponibles, vient se placer celle du capital dont le cultivateur peut disposer. Nous avons vu, pour l'étude de la culture spéciale de chaque sorte de plantes, qu'elles sont loin d'exiger les mêmes avances soit en engrais, soit en main-d'œuvre. Lors donc qu'on ne disposera que d'un capital peu étendu, il faudra composer le cours de culture par des récoltes qui donneront peut-être un bénéfice net moins élevé, mais qui exigeront moins d'avances. Ou bien encore, on introduira la jachère dans l'assolement, de façon à appliquer chaque année le capital à une moins grande surface ; ce sera certainement le moyen d'en obtenir un bénéfice net plus élevé.

Parfois on possède certains genres d'avances et l'on manque des autres ; ainsi l'on peut avoir des bras en abondance et peu d'engrais : on choisira alors les récoltes qui, comme le safran, demandent beaucoup de soins annuels et très-peu d'engrais. D'autres fois l'engrais surabonde et les bras manquent ; on adopte alors la récolte qui, comme le chanvre, consomme beaucoup de fumure et exige peu de main-d'œuvre.

Réalisation des produits. — Il ne suffit pas d'obtenir des produits, il faut encore la possibilité de s'en défaire à un prix convenable. Si l'exploitation est placée près d'un centre de consommation, avec lequel les communications soient faciles, on choisit tout naturellement les plantes industrielles, qui donnent, en général, un bénéfice net plus élevé, ou l'on cultive des racines alimentaires pour l'homme ; mais si l'exploitation est située loin des centres de consommation, le mieux est de faire consommer ses produits sur le domaine, et de se livrer à l'engraissement des bestiaux, en donnant beaucoup d'extension aux plantes fourragères.

Influence du sol et du climat. — Ces deux considérations dominent certainement toutes les autres, au point de vue du choix des récoltes qui doivent entrer dans un assolement. Car nous savons d'abord que toutes les plantes qui font l'objet de la grande culture sont loin de s'accommoder de tous les terrains, et qu'ensuite un certain nombre de récoltes exigent le climat du Midi ou le ciel brumeux de l'Ouest.

Nous savons aussi que cette influence du sol se fait sentir non-seulement d'une ferme à l'autre, mais parfois dans la même exploitation. Il devient alors indispensable de régler un cours de culture spécial pour chacune de ces parties et d'introduire des assolements différents dans le même faire-valoir.

Quant au climat, son influence ne se borne pas à dicter le choix des récoltes qui doivent composer le cours de culture ; il décide encore de la possibilité des récoltes intercalaires, c'est-à-dire de celles qu'on peut obtenir, dans la même année, à la suite d'une récolte principale. Dans le Midi, on peut user fréquemment de ces sortes de récoltes, au moins sur les terrains susceptibles d'être arrosés. Ainsi, la récolte du blé pouvant avoir lieu dès la fin de juin, il devient facile de la faire suivre par une récolte intercalaire. Dans le Nord, au contraire, cette même céréale ne pouvant être coupée qu'à la fin d'août, la culture des récoltes intercalaires devient beaucoup moins facile, et elle ne peut porter, dans tous les cas, sur les mêmes espèces.

LOIS DÉRIVANT DES PRINCIPES PRÉCÉDENTS.

1° A une récolte spéciale, il convient d'en faire succéder une d'une espèce différente. On évite ainsi les inconvénients de la multiplication des plantes nuisibles, de l'épuisement des couches profondes du sol, de la reproduction toujours croissante de certains insectes.

2° A une récolte absorbant de préférence certains principes nutritifs, on doit faire succéder une plante particulièrement avide des éléments négligés par la récolte précédente.

3° La fumure doit être appliquée pendant le cours de culture, et la succession des récoltes doit être réglée de telle façon, que la terre offre toujours le maximum de fertilité qui convient à chaque espèce, sans cependant que ce maximum soit dépassé, surtout pour les récoltes à grains.

4° Livrer aux récoltes fourragères la moitié de toutes les terres arables de l'exploitation, et n'apporter d'exception à cette règle que dans le cas où l'on pourra se procurer des engrais à un prix avantageux. Augmenter, au contraire, la proportion des fourrages sur les terres nouvellement mises en culture ou complétement épuisées par un assolement vicieux.

5° Faire succéder les récoltes nettoyantes, soit sarclées, soit étouffantes, aux récoltes salissantes.

6° Choisir une succession de récoltes qui donne, après l'enlèvement de chacune d'elles, un laps de temps suffisant pour préparer convenablement le sol à recevoir un nouvel ensemencement.

7° Adopter un assolement tel, que les récoltes n'exigent qu'une somme de travaux en rapport avec les forces dont on peut disposer pendant chaque saison de l'année. Faire en sorte que le cours de culture répartisse, entre les diverses saisons de l'année, la somme des travaux.

8° Proportionner les avances à la quotité du capital d'exploitation dont on peut disposer, et rester plutôt au-dessous de la limite que de la dépasser.

9° Ne composer le cours de culture que de récoltes dont on devra trouver un placement avantageux, soit qu'on les vende en nature, soit qu'on les transforme en viande, en laine ou autres matières.

10° Enfin, ne composer l'assolement que de plantes qui s'accommodent parfaitement du climat et de la nature du sol.

QUELQUES FORMULES D'ASSOLEMENT.

Les lois qui régissent les assolements démontrent combien sont nombreuses les circonstances qui doivent faire varier le choix des récoltes, leur succession et leur étendue relative. Il est donc impossible de donner une formule d'assolement pour toutes les circonstances diverses qui peuvent se présenter dans la pratique; aussi nous contenterons-nous d'exposer, comme exemple, les formules suivantes, choisies pour les situations les plus différentes, et considérées comme les meilleurs types par les auteurs qui ont écrit sur cette matière.

1° *Assolements anglais, d'après John Sinclair.*

SUIVIS A HUNTINGDON.

1° Vesces (fourrages).
2° Blé.
3° Trèfle.
4° Féverolles.
5° Blé.

1° Betteraves, Pommes de terre, Carottes — fumées et binées.
2° Avoine.
3° Trèfle
4° Blé.

SUFFOLK.

1° Navets.
2° Orge.
3° Fèves.
4° Blé.
5° Orge.
6° Trèfle.
7° Blé.

ÉDIMBOURG.

1° Vesces.
Navets intermédiaires.
2° Blé de printemps.

2° *Assolements allemands.*

WURTEMBERG (FORÊT NOIRE).

1° Choux fumés.
2° Seigle.
3° Lin (tiges).
4° Seigle fumé.
5° Pommes de terre.
6° Avoine.
7° Trèfle.
8°, 9°, 10° Prairies.

MECKLEMBOURG.

1° Jachère.
2° Blé.
3° Blé de printemps.
4° Jachère.
5° Blé
6° Blé de printemps.
7°, 8°, 9° Trèfle.

3° *Assolements belges, d'après Schwerz.*

1° Pavot.
2° Blé.
3° Fèves.
4° Blé.
5° Tabac.
6° Blé.
7° Trèfle.
8° Blé.

1° Navets.
2° Avoine.
3° Trèfle.
4° Blé.
Navets intercalaires.
5° Lin.
6° Blé.
7° Seigle.
Navets intercalaires.
8° Pommes de terre.
9° Blé.
10° Gesse et seigle.
Navets intercalaires.

4° *Assolements italiens (terres arrosées).*

LODI.

1° Lin (tiges).
2° Blé.
Millet intercalaire.
3° Blé.
Maïs quarantain intercalaire.
4°, 5°, 6° Prairies.

PAVIE.

1° Maïs.
2° Trèfle.
3°, 4°, 5° Riz.
6° Blé.

VICENCE (TERRAIN SEC).

1° Maïs.
2° Blé.
3° Trèfle.
4° Blé.

5° *Assolements français.*

GRIGNON.

1° Pommes de terre.
2° Blé de printemps.
3° Trèfle.
4° Froment.
5° Fèves.
6° Colza.
7° Blé.
8° Fourrages divers.

GRAND-JOUAN.

1° Choux.
2° Sarrasin.
3° Froment.
4° Avoine d'hiver.
5° Trèfle et ray-grass.
6° Pâturages.

TROISIÈME PARTIE

NOTIONS SOMMAIRES

D'ÉCONOMIE AGRICOLE

Sous ce titre, nous comprenons l'ensemble des principes qui indiquent la marche à suivre pour tirer le meilleur parti possible du sol. L'agriculture est une industrie au même titre que l'exploitation des mines, la manutention et les transformations des fibres organiques en tissus; et, comme toute industrie, la culture ne peut être exercée avec quelque chance de réussite qu'autant qu'on se soumet à l'observation de certaines règles qui éclairent, dirigent et rectifient les observations et les données de la pratique manuelle.

Sans doute, il est possible de faire produire à la terre de belles récoltes sans avoir les plus simples notions d'économie rurale, ou, pour mieux dire, sans s'être livré d'une manière spéciale à l'étude de la science économique. On voit, il est vrai, chaque jour de simples paysans cultiver avec succès; mais, qu'on ne s'y trompe pas, il leur a fallu, pour réussir, bien plus de temps, d'efforts et de dépenses que s'ils eussent appris d'abord les principes pour les appliquer ensuite à la pratique. Et d'ailleurs, tel praticien qui réussit admirablement sur un terrain donné, dans des conditions particulières dont une longue observation l'a rendu maître, serait fort inhabile et tout désorienté sur un sol nouveau, dans une localité et un climat différents de ceux où il opérait; presque toujours, n'ayant que l'empirisme pour guide, il voudrait appliquer ses habitudes traditionnelles à des circonstances qui exigeraient des méthodes qu'il ignore, et, après bien des tâtonnements, des essais hasardeux, des déceptions, il échouerait complétement, parce que l'élément scientifique lui aurait fait défaut.

Il est peu d'industries qui nécessitent autant de connaissances variées que l'agriculture, en dehors même de la pratique culturale proprement dite. La connaissance de la nature et des qualités des sols ; celle des plantes utiles à faire naître ; l'art de se procurer et de mettre en œuvre les divers agents qui peuvent améliorer et enrichir la terre ; le choix et le fonctionnement des instruments et machines de travail ; l'élève et l'engraissement des animaux domestiques dont chaque espèce doit être bien connue dans son organisation, ses habitudes, ses besoins ; la valeur comparée des aliments ; la conservation des produits ; la disposition à donner aux bâtiments ; l'ordre de succession des récoltes, lesquelles doivent varier suivant les sols, les pays, l'absence ou la facilité des débouchés ; la connaissance de la comptabilité, indispensable pour s'éclairer sur les avantages ou les inconvénients des systèmes de culture suivis : voilà, certes, des questions nombreuses qui montrent que l'art agricole est beaucoup plus compliqué qu'on ne le suppose généralement. Mais il y a encore quelque chose au-dessus de chacune de ces connaissances considérées isolément ; c'est le talent de les mettre en harmonie et de les faire marcher d'accord vers un même but, c'est-à-dire vers le profit. Tout ceci fait comprendre que, sans une instruction spéciale, il est très-difficile de conduire à bien une entreprise agricole quelconque.

Le célèbre Marshall l'a dit avec raison : « L'agriculture, même en la restreignant à l'art de gouverner les terres d'une ferme, lorsqu'on l'envisage dans toutes ses branches, et dans leur plus grande étendue, n'est pas seulement le plus important et le plus difficile de tous les arts économiques, mais aussi de tous les arts et de toutes les sciences qui sont dans le domaine de l'homme. »

La nature de cet ouvrage ne nous permet pas d'entrer dans tous les développements que comporterait l'exposé complet des principes de la science agricole. Nous nous bornerons à des réflexions générales, qui suffiront pour mettre en évidence ce que nous tenons surtout à démontrer aux jeunes gens et aux propriétaires qui voudraient entrer dans la carrière agricole, que l'agriculture n'est point un art grossier, reposant uniquement sur une pratique manuelle et routinière, mais une science ayant ses règles et ses doctrines, obligeant par conséquent ceux qui veulent s'y livrer à des études suivies.

1. *Organisation d'un domaine.*

Un domaine rural ne peut indemniser son propriétaire de ses dépenses et de son travail qu'autant qu'il satisfait à certaines conditions particulières, et qu'il est soumis à une direction rationnelle et sans cesse agissante.

Conditions particulières. — Les conditions particulières sont les suivantes : sol varié et de bonne qualité ; agglomération des pièces composant le domaine ; terres qui ne soient pas sujettes aux inondations ou aux débordements des rivières ; eaux de bonne nature et assez abondantes pour la consommation du ménage, l'abreuvement des bestiaux, l'arrosement des prés et le service du jardin potager ; débouchés suffisants pour l'écoulement des produits ; communications faciles pour les transports ; contrée aisée et assez peuplée pour fournir de bons aides et des ouvriers à des prix raisonnables ; enfin, population morale et laborieuse.

Examinons à part quelques-unes de ces conditions.

Nature du sol. — Autant que possible, il faut choisir un sol de bonne qualité, profond, d'une culture facile et qui ne soit pas épuisé. Il y a toujours plus d'avantages à opérer sur une terre riche, même d'un prix très-élevé, que sur une mauvaise terre non susceptible d'être approfondie et par conséquent améliorée, quel que soit le bas prix de la location. Toutefois, pour celui qui achète ou pour celui qui a un bail de longue durée, mieux vaut encore une terre moyenne ou même réputée mauvaise, pourvu qu'elle offre la possibilité d'être améliorée par une bonne culture et des opérations bien entendues.

Il est désirable que les terres d'un domaine ne soient pas toutes assises sur la même nature de sol, et qu'il y en ait de légères et de fortes, de sèches et de fraîches ; car on est ainsi, quelles que soient les circonstances atmosphériques, certain d'avoir des récoltes ; on peut aussi varier davantage les genres de produits et donner des façons, avoir du travail pour toutes les saisons.

Agglomération des diverses parties du domaine. — On ne saurait apporter trop de soins à posséder des terres réunies en un seul tenant, ou du moins peu distantes des bâtiments d'exploitation. Des champs éloignés ou des pièces trop petites font perdre beaucoup de temps aux attelages, et augmentent singulièrement les frais de culture. Il faut surtout éviter de prendre des terres qui soient enclavées, car il est presque impossible de les améliorer, et il surgit presque toujours une foule de désagréments et même de procès par ces passages continuels des uns sur les autres.

La position la plus favorable est celle où les bâtiments sont placés au centre des terres de l'exploitation.

Facilité des débouchés. — Plus les débouchés sont faciles et nombreux, plus les produits se placent avantageusement. Dans tous les cas, il faut préférer le genre de production dont le débit est le plus assuré et le plus constant.

Voies de communication. — On doit choisir les localités situées à peu de distance des marchés importants, ou du moins percées de routes, de canaux ou de rivières navigables qui facilitent le transport des produits.

Lorsque les voies de communication sont rares ou en mauvais état, on doit s'attacher à produire, non des matières encombrantes comme les grains, mais des denrées d'un transport plus commode et moins onéreux, telles que viande, fromages, laines, et se livrer de préférence à l'élève du bétail, qui peut s'expédier au loin sans de grands frais.

On ne songe pas assez que le mauvais état des chemins qui entourent une exploitation élève considérablement les dépenses, en forçant d'augmenter les attelages, en nécessitant le renouvellement ou la réparation plus fréquente des instruments, en faisant perdre plus de temps aux domestiques; aussi Mathieu de Dombasle disait-il qu'il y a toujours économie pour le cultivateur à réparer lui-même ses chemins, quand même il supporterait seul une dépense qui devrait profiter à d'autres qu'à lui.

Étendue du domaine. — Dans le choix d'un domaine à exploiter, il faut surtout tenir compte de son étendue, car elle doit être en rapport exact avec la somme des capitaux dont on dispose.

Il y a des fermes petites, moyennes et grandes. C'est le mode de culture, la somme des produits et la position du cultivateur ou de celui qui veut faire valoir qui déterminent l'importance de l'exploitation.

Une petite ferme est celle où l'exploitant est obligé de travailler manuellement avec sa famille, sans le secours d'ouvriers étrangers ou au moins avec un petit nombre. On ne peut y viser qu'à la production des denrées de débit journalier, telles que fruits, légumes, plantes tinctoriales et médicinales, chardons à foulon, safran, plants d'arbres utiles à l'arboriculture. Cette petite culture s'exerce surtout dans les contrées très-peuplées et aux environs des villes.

Une ferme moyenne est celle dont le chef doit employer une partie de son temps à surveiller et à diriger les ouvriers; c'est une ferme d'au moins une charrue, et par conséquent comprenant de vingt à trente hectares en moyenne. C'est là la condition la plus générale des cultivateurs en France.

Une grande ferme est celle où toutes les opérations sont exécutées par les animaux ou les machines dont l'homme n'a que la conduite et la direction; l'exploitant ne peut pas toujours suffire seul à la surveillance des travaux; il lui faut alors des employés, des sous-maîtres, des chefs d'attelage; c'est une ferme d'au moins trois charrues; c'est la grande culture qui fournit toutes les céréales, les chevaux et les bêtes ovines. Comparée à la petite et à la moyenne propriété, elle économise et régularise l'emploi du temps et des forces; elle favorise le perfectionnement de toutes les branches de l'agriculture; elle se prête facilement aux combinaisons des assolements, aux spéculations sur les bestiaux; elle peut se procurer les engrais du dehors et parer plus facilement aux pertes provenant des mauvaises récoltes. Elle produit des profits plus considérables; mais elle exige de la part du maître plus d'avances, d'énergie, de sagesse dans la direction, une plus grande connaissance des principes de la science économique.

Direction générale des travaux. — Dans une exploitation agricole, le travail n'est pas assujetti à une marche uniforme comme dans une fabrique; on ne saurait donc déterminer cet emploi d'une manière rigoureuse, mais il faut toujours satisfaire aux conditions suivantes:

1° Éviter d'entreprendre plus de travaux qu'on n'a de force à y consacrer;

2° Appliquer à chaque opération le nombre de bras nécessaires, mais ne jamais prodiguer la main-d'œuvre;

3° Faire marcher les différents travaux suivant leur importance, et réserver pour des temps de loisir ceux qu'on peut ajourner sans inconvénient;

4° Ne jamais remettre au lendemain ceux qu'on pourrait exécuter à propos. Le temps perdu ne se recouvre plus, et ce qui doit être fait l'est toujours mieux aujourd'hui que demain;

5° Disposer la succession des opérations de manière qu'il n'y ait pas de temps mal employé, tant par les hommes que par les animaux de travail.

Voyons actuellement comment un bon cultivateur peut remplir ces diverses obligations.

I. Capital d'exploitation. — On ne peut réussir, en agriculture, ainsi que dans tout autre genre d'industrie, qu'autant qu'on possède un capital suffisant pour faire largement face à tous les besoins prévus et imprévus.

Ce capital se divise en *capital mobilier* ou *engagé* et en *capital roulant* ou *de circulation*.

Le premier comprend la valeur des bêtes de travail et de rente, des instruments et machines, des divers objets nécessaires au logement des domestiques, des ustensiles de ménage, des objets relatifs aux harnachements des animaux et à l'ameublement des écuries, étables, bergeries, etc.

Le second comprend les fonds nécessaires à l'entretien des objets immobiliers et mobiliers, aux améliorations foncières, aux achats de semences et autres matières premières, au salaire des ouvriers, aux dépenses du ménage, aux dépenses imprévues et au fonds de réserve.

Une faute que l'on commet trop souvent, c'est de se mettre à la tête d'une entreprise agricole sans avoir des capitaux en rapport avec son étendue et son importance. Il en résulte que, même avec de l'ordre, de l'activité, de l'intelligence et du savoir, on éprouve des embarras continuels, on fait des pertes considérables parce qu'on se trouve obligé de vendre à vil prix ou d'acheter dans de mauvaises conditions, et l'on finit par échouer, alors qu'on aurait fait d'excellentes affaires sur un domaine beaucoup plus restreint. Tout devient une occasion de perte pour celui qui n'a pas un capital suffisant dont il puisse disposer librement à chaque instant. D'ailleurs il faut pouvoir supporter sans trop de gêne les désastres qui surviennent par la grêle, les épizooties, l'avilissement subit du prix des laines et des bestiaux ; il faut pouvoir attendre des temps opportuns pour le placement de ses produits.

« Compter sur les bénéfices, dit Mathieu de Dombasle, pour compléter un capital insuffisant, est le calcul le plus erroné ; car le capital est la condition la plus indispensable à la création de ce bénéfice. Il n'est personne qui ne sache que, lorsqu'on veut apporter des modifications importantes au système de culture auquel était soumis un domaine, on doit se résigner à la nécessité d'éprouver beaucoup de non-valeurs dans les premières années d'exploitation ; d'ailleurs, dans les débuts d'une entreprise agricole, on doit s'attendre à des non-valeurs d'un autre genre, parce que l'homme même le plus expérimenté commettra certainement, dans un domaine qu'il ne connaît pas encore, des fautes qui diminuent du moins les bénéfices qu'il eût pu faire. Dans ces circonstances, commencer avec un capital qui serait insuffisant pour la marche d'une entreprise dans son cours régulier d'activité, est une faute que l'on payera presque toujours par une chute éclatante ou par la lente agonie de quelques années de stériles efforts[1]. »

Le capital nécessaire à une exploitation varie, suivant les lieux, le prix de loyer de la terre, celui des bestiaux, des instruments, des grains, de la nourriture et des gages des domestiques, et autres dépenses, très-différentes suivant les localités.

Pour évaluer la quotité du capital nécessaire, on peut prendre pour base soit la *rente* ou le *loyer* du domaine, soit l'étendue superficielle du fonds à exploiter.

Dans le premier cas, il faut que le minimum de ce capital soit dix fois environ plus élevé que le prix de location de l'hectare, quand ce prix est de 30 francs et au-dessous, neuf fois plus élevé quand il est de 30 à 40 francs, huit fois de 40 à 50 francs, et sept fois de 60 à 100 francs.

Si donc l'on prend pour base un domaine de cent hectares, on trouve que les chiffres suivants représentent le capital nécessaire pour chaque prix de location :

Prix de location annuelle.	Capital d'exploitation nécessaire.
3.000 fr.	30,000 fr.
4,000	36,000
5,000	40,000
6,000	45,000
7,000	50,000
8,000	56,000
9,000	63,000
10,000	70,000

Dans une ferme de 200 ou 300 hectares, le capital serait, pour chaque cent d'hectares, augmenté de la moitié seulement de chaque évaluation, c'est-à-dire que pour 200 hectares à 30 fr., le capital devrait être de 45,000 fr., ou de 60,000 fr. pour 300 hectares. Il serait de 54,000 fr. pour une ferme de 200 hectares à 40 fr., de 72,000 fr. si elle en avait 300, et ainsi pour les autres.

Cette appréciation de calcul est basée sur ce qu'en général le prix des bestiaux, les gages des domestiques et les autres dépenses agricoles sont en rapport avec le prix de rente ou de location des terres.

Mathieu de Dombasle regarde comme beaucoup plus raisonnable l'évaluation du capital d'après l'étendue superficielle du

[1] *Annales de Roville*, t. VIII, p. 66.

domaine. En prenant une moyenne en France, entre les diverses circonstances qui peuvent élever ou abaisser le chiffre de ce capital d'exploitation, il pense que pour un domaine de 200 hectares on peut admettre qu'un chiffre de 60,000 fr. ou 300 fr. par hectare sera suffisant, dans la plupart des cas, pour l'introduction immédiate d'un système de culture alterne ; il est très-peu de circonstances où il soit prudent de former cette entreprise avec un capital inférieur. Pour une exploitation moitié moindre, c'est-à-dire de 100 hectares, il porte le capital à 400 fr. par hectare, soit 40,000 fr. L'accroissement serait de même progressif, à mesure que l'étendue du faire-valoir diminuerait.

Malheureusement, dans la plus grande partie de la France les cultivateurs ne possèdent pas le quart de ce capital relatif. C'est là ce qui explique le peu de progrès de l'agriculture dans certaines contrées, et la misère de la population rurale. Un vieil adage dit : *Agricultures pauvres, pauvre agriculture.* Il y a donc toujours insigne folie à entreprendre une exploitation avec un capital insuffisant. Columelle a exprimé cette pensée d'une manière très-naïve en disant : *Le champ doit être plus faible que le laboureur, car s'il est plus fort, le maître sera écrasé.*

II. **Constructions rurales** [1]. — La bonne disposition des bâtiments d'une exploitation rurale influe plus qu'on ne le croit sur les résultats. L'usage le plus général, on peut même dire presque universel en France, est de former, avec les bâtiments d'habitation et de service, une enceinte dans laquelle sont contenus les fumiers, ainsi que les puits, les fontaines, les citernes, ou la mare destinée à y fournir de l'eau.

Cette disposition est, selon nous, la meilleure qu'on puisse indiquer. La maison d'habitation, placée au centre ou au milieu d'un des côtés de cette cour, permet au propriétaire, fermier ou colon, d'avoir continuellement sous les yeux ses domestiques et ouvriers. Ceux-ci ont peu de distance à parcourir pour se rendre d'un bâtiment à un autre ; le transport des fourrages de la grange et du grenier aux étables, écuries et bergeries est plus prompt ; les fumiers réunis au centre de ce carré sont plus faciles à amalgamer, à manipuler ; rien de ce qui émane des animaux ne se trouve disséminé ; ces mêmes animaux ne s'épuisent point en marches inutiles, en courses qui les exposent à se blesser.

---

[1] Nous devons ce chapitre à l'obligeance de M. Curmer, ancien président de la Société centrale d'agriculture de la Seine-Inférieure, et l'un des hommes les plus compétents en pareille matière.

La crainte des incendies a bien pu, en d'autres temps, faire adopter l'usage des bâtiments isolés, mais aujourd'hui que les assurances sont passées dans les habitudes générales, ce motif a bien moins d'importance.

Dans la haute Normandie, le plateau cauchois présente un genre particulier d'arrangement. Les bâtiments y sont placés sur les différents points de vastes vergers. Cette disposition existe aussi dans d'autres contrées, mais rarement elle présente un aspect séduisant comme dans la principale plaine du département de la Seine-Inférieure, où des masses considérables d'arbres de haut jet entourent de vastes cours plantées de pommiers et de quelques autres arbres à fruits. La maison d'habitation est à coup sûr plus agréablement placée au centre de ces vergers que sur l'un des côtés d'une cour remplie de paille et de fumier ; le bétail, s'il est exposé à quelques fatigues, y puise de la force et de l'agilité ; les greniers risquent moins d'être incendiés, mais tout cela n'empêche pas la première disposition de rester préférable, au point de vue agricole et économique.

Lorsqu'il est question de faire de nouvelles constructions, on ne saurait trop insister sur ce point véritablement essentiel, assez souvent oublié par les bâtisseurs, que la largeur d'un édifice augmente dans une immense proportion les ressources qu'on peut en attendre. Prenons pour exemple une grange mesurant intérieurement $27^{m},60$ de longueur. Si on lui donne $4^{m},60$ de largeur, on aura $64^{m},40$ de pourtour à l'intérieur, ou $126^{m},96$ de superficie. Que l'on donne à cette grange $9^{m},20$ de largeur, au lieu de $4^{m},60$, sur la même longueur intérieure, on aura à construire $9^{m},20$ de pourtour de mur ou un septième en plus, et la superficie destinée à recevoir les gerbes sera doublée ; de $126^{m},96$ elle s'élèvera à $253^{m},92$. Si, dans le premier cas, on peut loger 4900 gerbes, dans le second il y aura place pour 9800. L'augmentation de dépense en charpente et en couverture sera aussi largement dépassée par les avantages à obtenir, la hauteur des combles offrant de grandes ressources pour placer des gerbes ou des bottes de fourrage.

Si l'on applique la même comparaison à deux bergeries, l'augmentation du pourtour des $9^{m},20$ donnera six compartiments de $9^{m},20$ chacun, au lieu de trois, c'est-à-dire le double de place, tout en permettant de disposer les portes de manière à ne rien prendre sur l'emplacement destiné à recevoir les crèches et les râteliers.

Nous n'avons pas adopté pour base de nos comparaisons des

grandeurs inusités. On voit beaucoup de bâtiments d'exploitation de 4 mètres de largeur intérieure, et si nous les avions pris comme objets de comparaison, la différence aurait été plus sensible que celle signalée. La largeur de 4m,60 que nous avons choisie comme minimum, est celle que l'on rencontre communément ; celle de 9m,20 est beaucoup trop rare. Il est facile de l'obtenir, même avec le système de construction en usage de temps immémorial, avec des poutres de cette dimension, ou en les composant de deux parties et les soutenant par un point d'appui.

L'art de bâtir a d'ailleurs fait des progrès qui permettraient de donner aux bâtiments des largeurs supérieures à 9m,20, si le besoin en était reconnu.

Une autre attention qu'il faut avoir en construisant un bâtiment, c'est de l'élever au-dessus du sol; qu'il doive servir à recevoir les hommes, les animaux ou les produits végétaux, il y a tout avantage à lui donner cette élévation, qui entretient la santé des êtres animés, et empêche la détérioration des grains et des fourrages.

L'élévation des écuries et étables permettra de recueillir plus facilement les urines et les excréments liquides des bestiaux ; il sera aussi moins dispendieux de les enlever.

Une écurie doit se calculer à raison de 1m,30 de longueur de râtelier par cheval de trait, et de 4m,20 pour la largeur de l'écurie, si les râteliers sont sur un seul rang, ou de 8 mètres s'ils sont sur deux, y compris, dans les deux cas, l'espace nécessaire pour passer derrière les chevaux. Dans les étables, il faut 1m,50 pour un bœuf, 1 mètre pour une vache, 64 centimètres pour un veau au râtelier, sur 4 mètres de largeur, pour l'étable simple, et 6m,50 pour l'étable double. On calcule sur 0m,40 par mouton au râtelier, et 4m,60 à 5 mètres d'un râtelier à l'autre, y compris les râteliers et crèches. La nécessité de donner beaucoup d'air à une bergerie ne doit jamais être perdue de vue.

Pour ce qui est des poulaillers et étables à porcs, nous nous bornerons à dire qu'il faut une grande circulation d'air pour que ces animaux prospèrent et donnent de bons produits.

La méthode qui consiste à réserver un espace derrière les crèches et râteliers des étables, pour y apporter les différentes rations sans déranger les animaux, constitue une augmentation de dépense que l'on peut éviter ; toutefois, elle peut avoir de très-bons résultats, lorsqu'on se livre à l'engraissement de la race bovine.

On sent généralement aujourd'hui la nécessité de remplacer,

par des solives recouvertes de planches, de pavés ou de terre, les perches sur lesquelles on dépose encore les fourrages dans un grand nombre de fermes. Le danger d'incendier les bâtiments, lorsqu'on est obligé d'y entrer avec de la lumière ; la santé des animaux qui les habitent, des hommes qui les fréquentent, compromise par la poussière qui y règne continuellement, la détérioration des fourrages par les émanations animales, doivent faire à jamais proscrire cette défectueuse méthode.

Avec les anciens procédés de l'agriculture, on se dispensait, sans de très-graves inconvénients, des constructions souterraines; aujourd'hui, elles sont devenues de première nécessité. Les laiteries d'abord demandent à être placées plus ou moins au-dessous du sol. Sans cette précaution, le beurre ne peut plus se vendre qu'à des prix misérables, et les populations repoussent celui qu'elles acceptaient autrefois, faute de mieux.

Lorsqu'on n'avait à s'occuper que de la conservation des boissons, les celliers suffisaient, une légère gelée n'étant point à craindre pour les liqueurs plus ou moins alcooliques. Mais les pommes de terre, les betteraves et les carottes, qui figurent maintenant si utilement dans les assolements, sont perdues lorsqu'elles ont à supporter une température au-dessous de zéro.

On peut, il est vrai, suppléer à des caves par des silos; mais il y a avantage et économie, lorsqu'on élève un bâtiment rural, à le faire servir de couverture au meilleur de tous les silos, c'est-à-dire une bonne cave.

Une nécessité non moins grande, et dont on tenait trop peu de compte autrefois, c'est celle des greniers à conserver le blé et autres grains. Un praticien intelligent ne prendrait point aujourd'hui à bail une ferme privée de cet accessoire.

Il nous reste à parler de la nature des couvertures qui nous paraît préférable [1].

Sous la zone septentrionale de la France, doit-on préférer l'ardoise, la paille ou la tuile? Une sorte d'enquête faite entre les cultivateurs les plus distingués de l'ancienne Normandie, en 1842, nous permet de donner ici l'avis de ces hommes expérimentés.

La couverture en tuile fut à peu près généralement repoussée; on fit ressortir les inconvénients de combles très-élevés

---

[1] Nous prévenons que, nous occupant plus particulièrement des constructions rurales sous le climat de Paris et dans le nord de la France, une réserve doit être faite en ce qui touche les constructions dans nos provinces plus méridionales.

en charpente massive, nécessités par le poids considérable de la tuile; on lui reprocha encore de permettre difficilement l'emploi des gouttières, si nécessaires pour la conservation et la direction des eaux pluviales; on mit en avant la détérioration des récoltes par la neige, qui, dans une grande partie de la France, est poussée par les vents d'hiver à travers les interstices que laisse ce genre de couverture.

La tuile plate, plus ou moins grande, étant seule en usage dans la Normandie, il ne put être question des autres modèles, mais il est impossible de ne pas reconnaître que, pour le nord de la France au moins, toutes les tuiles présentent à peu près les mêmes inconvénients; si, creuses ou plates et garnies de mortier, elles laissent moins redouter l'envahissement de la neige, c'est en augmentant considérablement le poids, autre inconvénient non moins grand.

Les avantages de la couverture en paille ne furent pas niés dans l'enquête de 1842, mais il fut reconnu que, pour les récoltes rentrées dans des temps humides, on était heureux d'avoir des granges et des greniers couverts en ardoise. La perte de litière, lorsque la paille est employée en couverture et n'est rendue qu'en partie à la terre après avoir pourri vingt ans sur un toit, ne fut pas regardée comme indifférente; mais l'impossibilité d'appliquer à ces sortes de couverture des gouttières fut considérée comme le motif le plus puissant de les abandonner; les dangers d'incendie, ou au moins l'augmentation de la prime d'assurance furent encore invoqués. D'un autre côté, les avantages pour la conservation des grains et fourrages furent, non pas précisément contestés, mais on réclama contre leur importance, et surtout dans ce qu'ils avaient d'exclusif.

La majorité des agriculteurs présents à cette discussion se prononça en faveur de la couverture en ardoise, qui a pourtant contre elle de se réparer assez difficilement, de ne pas toujours résister suffisamment à une forte grêle, mais qui permet de ne pas perdre une goutte de l'eau du ciel, et qui, de plus, est légère et diminue considérablement la dépense des charpentes des toits.

III. **Agents de la culture.** *Personnel.* — On ne saurait apporter trop d'attention à n'avoir dans une exploitation rurale que le nombre d'agents strictement nécessaire au bien du service, car plus on a de serviteurs, moins bien on est servi.

On peut fixer approximativement le nombre des travailleurs indispensables aux besoins de la culture, en dressant, par journée ou par heure, le tableau des opérations à effectuer dans l'année, et en divisant cette quantité par celle des journées ou des heures de travail que chaque homme fournit dans l'espace d'un an. Quant aux aides nécessaires aux autres travaux de la ferme, tels que les soins du ménage, le service des animaux, le nombre en est plus arbitraire ; on le détermine d'après l'expérience et les usages locaux.

Les agents de culture forment deux catégories : les domestiques à demeure et à gages, et les ouvriers extérieurs ou journaliers. Les premiers travaillent généralement mieux que les seconds, mais ils sont plus embarrassants et leur travail est plus cher ; aussi n'en doit-on avoir que pour les opérations qui durent toute l'année et qui exigent une pratique habile ou une exécution consciencieuse. Toutefois, le choix entre les uns et les autres est en grande partie déterminé par le climat, le système de culture, le plus ou moins de population, les qualités et les habitudes de celle-ci.

Les serviteurs à demeure et à gages sont habituellement les laboureurs ou charretiers, les bergers, les vachers, les valets et filles de cour. Nous n'avons pas à nous occuper de la manière dont on se les procure, ni des gages qu'on leur alloue, attendu que rien n'est plus variable suivant les localités.

Rien n'est plus important que le choix d'un bon charretier-laboureur, car c'est de lui que dépendent en grande partie la santé des bêtes de trait, l'économie des fourrages, la multiplication des engrais, les bonnes façons données à la terre et conséquemment la réussite des récoltes. Il doit être exercé à toutes les opérations de la culture, connaître l'âge, les qualités, les défauts des animaux, savoir les panser, les traiter avec douceur et patience, et leur donner les premiers soins en cas d'accident ou de maladie. Les bons laboureurs sont rares, et il faut en changer le moins possible. On compte deux hommes par charrue, lorsqu'on attelle plus de trois chevaux ; mais, dans ce cas, l'un des deux aides est un jeune garçon qui dirige l'attelage.

Le berger est encore un des serviteurs dont les fonctions sont des plus importantes, car elles exigent non-seulement une vigilance exacte et des soins constants, mais encore de l'expérience et des connaissances diverses. *Tant vaut le berger, tant vaut le troupeau*, dit un ancien proverbe. — Un berger conduit deux cents à quatre cents bêtes, mais il a besoin d'un aide lors de l'agnelage. — C'est une mauvaise chose que de permettre au berger, en place de gages, d'entretenir dans le troupeau qu'il conduit un certain nombre de bêtes pour son propre compte : *mouton de berger*, dit le proverbe, *ne meurt jamais*. — Mieux vaut une augmentation de gages qu'une participation aux produits.

Le travail des valets de cour ne produit pas, en général, une valeur supérieure ni même égale au prix que coûte leur entretien. Il n'en est pas de même des servantes qui sont chargées de la laiterie, des porcs, de la basse-cour et des travaux du ménage. Une servante active peut soigner dix vaches, quelques porcs et la basse-cour. Les femmes font toujours proportionnellement plus d'ouvrage que les hommes; elles sont plus soigneuses, plus faciles à diriger, et rapportent constamment plus qu'elles ne coûtent.

Les ouvriers extérieurs ou les journaliers sont employés à la tâche ou à la journée. Le premier mode est le plus économique, parce que l'ouvrage est exécuté plus rapidement; toutefois le travail à la journée l'emporte sous le rapport de la qualité, quand il est bien surveillé. Il faut n'employer le travail à la tâche que pour les opérations longues et importantes, et quand on peut en apprécier suffisamment la bonne ou mauvaise exécution. Habituellement le salaire des gens de journée s'acquitte en argent. Dans quelques cas, on paye en denrées, ce qui est souvent plus commode pour le fermier et met le prix du travail plus en rapport avec la valeur du produit. Il est rarement avantageux de nourrir les manouvriers, car la réduction sur le salaire ne compense pas les frais de nourriture.

Ce qu'il faut rechercher dans tous les serviteurs, c'est la probité, les bonnes mœurs, le dévouement, l'intelligence, le zèle pour le travail, la docilité, l'ordre et l'adresse. Mais aussi il faut savoir les diriger avec fermeté et précision, les traiter avec douceur et justice, leur montrer de la confiance, leur laisser une certaine liberté d'action, veiller à leur nourriture, à leur santé, en un mot se montrer à leur égard paternel, équitable et humain. Il ne faut pas oublier que *les bons maîtres font les bons serviteurs.*

Il importe beaucoup, dit Mathieu de Dombasle, que les mêmes individus soient employés constamment au même genre d'opérations, soit comme chefs, soit comme subordonnés. C'est là une condition que l'on remplit beaucoup plus facilement dans les grandes exploitations que dans les petites, et il en résulte un immense avantage pour les premières. En effet, non-seulement les hommes exécutent mieux et en moins de temps ce qu'ils sont accoutumés à faire; mais rien ne dispose plus efficacement tous les individus à prendre intérêt aux opérations qu'ils pratiquent, que cette application exclusive, d'où résulte pour eux l'idée que le succès est leur ouvrage. D'un autre côté tous les hommes ne sont pas également propres à tous les genres d'opérations, et le maître ne peut trop s'attacher à reconnaître à quoi chacun a le plus d'aptitude par ses dispositions naturelles ou par ses habitudes, afin de placer chaque individu au poste où il peut se rendre le plus utile.

Ce qui n'est pas moins important, c'est qu'il n'y ait qu'une seule direction, que les ordres ne se croisent pas et que chacun soit responsable de la tâche dont il a été chargé. L'unité de pouvoir et l'unité de responsabilité sont les deux conditions qui doivent faire la base de toute organisation et qui assurent la bonne exécution des travaux. Toutefois, pour obtenir un concours dévoué des agents qu'on emploie, il faut gagner leur confiance en leur montrant qu'on est digne, par son savoir et son expérience, de les commander. Ce qui a surtout fait échouer les entreprises agricoles tentées par des personnes étrangères aux pratiques de l'agriculture, c'est le défaut d'entente entre le maître et ses serviteurs, occasionné par l'ignorance du premier et le mauvais vouloir, le dégoût des seconds pour des opérations mal conçues, intempestives ou tout à fait contraires aux plus simples règles de la science agricole ou aux données de l'expérience. Pour bien commander, il faut être en état d'exécuter soi-même avec succès.

IV. **Animaux de l'exploitation.** — La prospérité de toute entreprise agricole dépend du nombre d'animaux qui y sont nourris ; ils rendent à la terre, par les fumiers, ce qu'ils lui ont emprunté pour leur nourriture, et par les produits divers qu'ils fournissent, tels que lait, beurre, fromage, laine, chair, cuir, etc., ils payent avec usure les soins du cultivateur. Les bestiaux sont la véritable richesse de l'agriculture, et le malaise général de celle-ci en France vient en grande partie de ce qu'on méconnaît cette vérité.

Animaux de rente. — On doit faire une distinction entre le *bétail de rente* et le *bétail de trait* ou *de travail.* Le premier comprend les animaux qu'on entretient pour consommer les fourrages, fournir les articles de vente et produire l'engrais nécessaire à la fertilisation du sol. Plus on peut nourrir et engraisser d'animaux de cette espèce, plus on tire de profit du domaine, puisque, outre les bénéfices qu'ils donnent par leurs produits divers, ils fournissent des engrais abondants, ce qui met par suite en état d'obtenir de plus abondantes récoltes. Il faut toutefois régler la quantité du bétail à entretenir d'après la quantité de fourrages ou de matières alimentaires de toute sorte dont on peut disposer, sans quoi l'on n'aurait pas assez de nourriture et de litière, et les animaux, mal pansés et maigrement nourris, coûteraient beaucoup plus qu'ils ne rapporteraient.

Nous n'avons pas à indiquer ici, d'une manière spéciale, tout ce qui a trait au mode de nourriture et d'engraissement des animaux, à la valeur comparative des diverses substances alimentaires, ce sujet devant être traité dans un autre ouvrage. Nous nous bornerons à dire, en termes généraux, qu'il faut régler avec soin la nourriture, l'approprier aux âges et aux espèces, la varier selon les saisons et l'état du bétail, et la proportionner suivant le parti qu'on veut en tirer ; ainsi, nourrir copieusement les animaux destinés à la boucherie, tenir seulement les autres en bon état sans les engraisser ; donner des fourrages verts ou des racines aux vaches laitières, des fourrages secs et des grains aux chevaux, aux bœufs de trait, aux béliers destinés à la monte, ainsi qu'aux brebis portières. Dans cette distribution des aliments, on doit s'attacher non-seulement à conserver la santé et la vigueur des animaux, mais encore à obtenir d'eux la plus grande quantité de produits qu'ils puissent donner avec le moins de sacrifices possible. La surveillance du maître à cet égard ne doit jamais se relâcher, car les moindres abus introduits dans le service des écuries, des étables et des bergeries peuvent occasionner des pertes énormes.

Si la nature du sol ne permet pas de produire assez de fourrages et de racines alimentaires pour entretenir convenablement le bétail, il faut réduire la quantité des terres emblavées et laisser en pacage celles qui ne pourraient être convenablement fumées, jusqu'au moment où, les ayant améliorées, on pourra y faire croître des grains et des fourrages ; c'est là surtout le motif des longs assolements, dans lesquels on a proposé d'introduire, sur les terres les moins fécondes, des genêts ou des ajoncs, qui y resteront pendant six ou huit ans, et même des bois de pins, qui pourront y être conservés davantage, soit comme pacage, soit comme produit vénal.

Dans les exploitations où la culture des terres arables est la principale branche d'industrie, et où, par conséquent, les pâturages sont assez restreints, on peut entretenir une tête de gros bétail d'un poids moyen ou l'équivalent en autres bestiaux par 175 ares. Sur un sol de bonne qualité, au moyen de la stabulation permanente, et avec un bon système de culture alterne, on peut facilement charger chaque hectare d'une tête de gros bétail et même plus. Lorsqu'il faut plus de 2 hectares pour suffire à l'entretien d'une tête, c'est que le sol est pauvre, ou l'assolement mauvais, ou la direction inhabile.

Animaux de travail. — On ne doit avoir en bêtes de travail que la quantité strictement nécessaire pour exécuter convenablement les travaux; il y a donc tout avantage à remplacer les instruments lourds et de fort tirage par des instruments perfectionnés, qui fonctionnent avec moitié moins de force; on obtient ainsi une économie considérable en bêtes de trait et en garçons d'écurie.

Rien de plus important que de savoir organiser convenablement le service des attelages, car la bonne réussite d'une exploitation dépend aussi de leur composition et de leur direction. Leur entretien est si coûteux qu'il faut ne jamais les laisser oisifs.

Dans l'origine des choses, les bœufs seuls étaient employés aux travaux des champs. Encore aujourd'hui, dans les trois quarts de la France, ce sont eux qui servent comme bêtes de trait; ce n'est que dans nos provinces du Nord qu'on les a remplacés par des chevaux, les fermiers de ces provinces trouvant qu'il y a plus d'avantage à les élever comme bêtes de rente. En effet, depuis que, par l'amélioration de la race bovine, on a donné à toutes les races une plus grande propension à l'engraissement, les bœufs sont devenus en même temps moins robustes et moins propres aux travaux de la culture. Toutefois, leur emploi, même dans les exploitations les plus riches et où les fourrages sont abondants, offre une grande économie sur celui des chevaux, dans la nourriture, les frais d'attelage et de harnais, le ferrage, la plus longue durée de tous les instruments et voitures, et la moindre dépréciation.

Voici le tableau comparatif des dépenses qu'entraînent quatre bœufs et quatre chevaux [1] :

Nature des dépenses.	Pour 4 bœufs.	Pour 4 chevaux.	Différence en plus pour les chevaux. Différence d'intérêts par an.
Capital d'acquisition	1,600 fr.	2,000 fr.	20 fr.
Dépréciation annuelle	80	160	80
Nourriture...............	1,168	1,825	657
Harnais..................	48	300	252
Entretien des harnais.....	12	96	84
Ferrage..................	48	96	48
Chaînes, traits et crochets.	»	30	30
	2,956	4,507	1,171

En ajoutant à cette différence de 1171 fr. la somme qui représente la plus grande détérioration des instruments et des voitures

[1] Mabire fils. — Sur l'état de l'Agriculture dans l'arrondissement de Neufchâtel en 1845, comparée à la culture ancienne. (*Annuaire de l'Association normande*, 12e année, 1846, p. 562.)

par les chevaux, somme qu'on ne peut porter à moins de 50 fr. par an, on voit que l'exploitation par le bœuf se trouve en bénéfice de 1221 fr. pour quatre têtes, soit par paire 610 fr. 50 cent.

Dans ce calcul on n'a pas fait entrer cette considération, que si l'on revendait les bœufs comme on revend ordinairement les chevaux, le chiffre de 80 fr., posé à leur compte de dépréciation, disparaîtrait tout à fait. Il n'y est pas non plus question des accidents sans nombre auxquels le cheval est exposé, accidents tout à fait nuls chez les bœufs; l'économie est donc au moins de 50 fr. par paire.

Il est bien évident que le travail des bœufs est moins cher que celui des chevaux; celui des vaches l'est moins encore; mais celles-ci ne peuvent être employées dans les terres fortes et avec les gros et lourds instruments de l'ancienne agriculture. C'est surtout dans les fermes au-dessous de 30 hectares qu'il y a grand avantage à remplacer les chevaux par des bœufs et même des vaches. Le fumier est, après le travail, le seul profit qu'on tire des chevaux; tandis qu'avec les bœufs ou les vaches on a, avec plus d'engrais et de travail, les bénéfices que donnent le lait et la revente des animaux engraissés après plusieurs années de séjour dans la ferme.

Quels que soient, au reste, les animaux qu'on emploie, il est nécessaire de ne pas leur faire exécuter des travaux au-dessus de leurs forces, et surtout il faut bien les nourrir. Plus la terre est forte, plus le nombre des attelages doit être considérable. Ce nombre doit être également plus élevé lorsque les animaux sont de petite taille, que les instruments sont mauvais, et que les champs et marchés sont plus éloignés. Les bœufs faisant un quart ou un cinquième moins de travail que les chevaux, doivent être en plus grand nombre que ceux-ci, et les vaches, ne devant faire qu'une attelée par jour, doivent être en nombre double des bœufs.

V. Mobilier agricole. — Le mobilier agricole comprend les instruments nécessaires pour travailler la terre, effectuer les récoltes, battre et nettoyer les grains, préparer la nourriture des bestiaux; les machines de transport; les ustensiles de la laiterie, du cellier, de la cave; les effets d'équipement des bêtes de travail; les nombreux objets de ménage, etc., enfin tout ce qui sert aux hommes et aux animaux, tant pour leur usage individuel que pour le service de l'exploitation.

La nature et l'importance du mobilier d'un établissement rural varient à l'infini, suivant l'étendue du domaine, le système de culture adopté, le mode de vente ou d'exploitation des produits, etc. On ne peut donc indiquer la quotité de ce mobilier ; mais ce qu'on ne saurait trop recommander, c'est que, dans toute circonstance, ce mobilier soit suffisant et en assez bon état pour que tous les travaux s'exécutent bien, c'est-à-dire avec le moins de dépense, le plus de célérité et de perfection possible.

Ce sont les instruments propres à la culture qui constituent la partie la plus importante et la plus dispendieuse du mobilier d'une ferme. Il ne faut pas les multiplier au delà des stricts besoins; des instruments dont on fait rarement usage deviennent une source d'embarras et de mécomptes. Les plus simples sont presque toujours les meilleurs; leur manœuvre est plus facile, et ils peuvent être réparés par tous les ouvriers de la campagne. Il faut surtout que leur construction, leur solidité répondent à la situation topographique et à la qualité du sol. On ne doit pas non plus changer légèrement ceux qui sont adoptés généralement dans le pays pour les remplacer par d'autres dont l'expérience n'a pas encore démontré la supériorité. Les jeunes exploitants commettent souvent la faute, dans l'espoir de diminuer les frais de main-d'œuvre, d'acquérir tous les instruments nouveaux qu'on leur présente ; ils augmentent ainsi, d'une manière exagérée, leur capital d'exploitation, et l'expérience ne tarde pas à leur apprendre que l'argent employé ainsi est, la plupart du temps, entièrement perdu. Ce n'est pas à dire, cependant, qu'il faille rejeter sans examen toute innovation, mais l'introduction doit en être faite avec la plus grande circonspection, et celui qui voudra la tenter devra s'attendre à de bien nombreuses difficultés. Nous ne pouvons mieux faire que de citer les judicieuses réflexions de Mathieu de Dombasle :

« Lorsqu'un cultivateur, dit-il, est habitué à mettre lui-même la main à l'œuvre et à conduire ses instruments, il ne doit éprouver aucune difficulté pour introduire dans son exploitation ceux dont il a reconnu les avantages. Il fera lui-même les essais nécessaires, et lorsqu'il maniera bien un instrument vraiment bon et utile, il pourra compter sur la docilité et la bonne volonté de ses ouvriers auxquels il le confiera ensuite.

« Dans les exploitations où les travaux annuels sont exclusivement réservés à des hommes à gages, cela exige plus de circonspection ; si une fois on a laissé s'introduire parmi les ouvriers l'opinion *que tel instrument ne vaut rien*, *que cela n'est bon que dans les livres*, *que cela ne peut convenir qu'à une autre qualité de terre*, etc., on éprouvera ensuite des difficultés que la persévérance et la volonté la plus ferme ne pourront peut-être surmonter. Des préventions semblables naissent facilement dans l'esprit des ouvriers, et l'on ne doit jamais oublier que la force de l'autorité ne peut rien pour les détruire. Si l'on met brusquement entre leurs mains un instrument, peut-être imparfaitement construit, ou qu'ils ne savent pas *ajuster* ni manier, avec l'ordre de l'employer, on doit s'attendre que, lorsqu'ils ne pourront vaincre les difficultés qu'ils rencontreront dans des essais tentés sans aucun désir de réussir, l'instrument sera réprouvé; et comme ils ne voudront pas se déclarer maladroits, leur amour-propre mettra de très-bonne foi à la charge de l'instrument les obstacles qui n'existent souvent que dans leur inexpérience. C'est précisément cet amour-propre, le plus puissant ressort qui puisse agir sur le cœur de l'homme, qu'il faut, au contraire, appeler à son secours; c'est sur lui qu'on doit fonder l'espoir du succès; mais il faut que ce soit sans affectation et sans laisser apercevoir les moyens qu'on emploie pour le diriger, car l'amour-propre des hommes de cette classe est plus délicat qu'on ne serait tenté de le croire.

Il ne suffit pas d'avoir de bons instruments, il faut encore les entretenir en bon état. Faute de mettre à temps un timon nouveau à la herse, la herse se brise et il en faut une neuve ; il en est ainsi de tout. Il convient de rentrer les instruments sous un hangar ou dans un magasin, lorsqu'ils ne fonctionnent pas ; car l'humidité, la pluie, la sécheresse, les font se déjeter et se rouiller. Il est économique de faire peindre solidement à l'huile les instruments aratoires ; avec un pot de couleur toute broyée, un pinceau et quelques journées d'ouvriers, un cultivateur peut le faire ; il y gagnera chaque année trois fois le prix de sa couleur et du temps de ses ouvriers. La morte saison offre le moyen d'exécuter à loisir toute espèce de réparations. On se plaint souvent d'avoir trop à dépenser, mais deux ou trois francs employés à propos, permettent presque toujours d'en économiser cinq ou six.

Lorsqu'on doit se pourvoir d'un instrument quelconque, il vaut mieux le prendre en fer qu'en bois ; car, alors même qu'il coûte davantage dans le premier cas, il dure plus longtemps. Presque toujours, d'ailleurs, les instruments en fer sont plus légers, moins durs de tirage et plus aisés à conduire que les instruments en bois.

VI. **Engrais.** — Les développements que nous avons donnés, dans le premier volume de cet ouvrage, à la question capitale des engrais, nous dispenseront de nous étendre beaucoup ici sur ce sujet, qui embrasse l'un des points les plus importants de l'économie agricole.

Quel que soit le genre de culture qu'on adopte, c'est la quantité d'engrais qui peut seule amener le sol à fournir d'abondantes récoltes et à conserver sa fertilité. Tout l'art du cultivateur doit donc être appliqué à se procurer le plus possible d'engrais et à ne rien laisser perdre de ce qui peut lui servir à en faire. C'est surtout à la production du fumier qu'il doit viser, car c'est là l'engrais par excellence, celui qui convient le mieux à tous les sols et à tous les genres de récoltes.

Nous l'avons déjà démontré, le meilleur moyen d'avoir, sur une surface déterminée de terrain, la plus grande masse de fumier, c'est d'entretenir un grand nombre de bestiaux à l'étable, en les nourrissant bien et en leur fournissant une litière abondante. Mais, pour satisfaire à ces conditions, il faut adopter un assolement qui permette une culture étendue de prairies artificielles et de racines sarclées ; or, il n'y a que les longs assolements qui conduisent à ces résultats. Nous avons indiqué au chapitre des Assolements la proportion à établir entre l'étendue des récoltes fourragères et celle des plantes épuisantes.

La faute grave que l'on commet généralement en France, c'est de ne pas faire une quantité de fourrages en rapport avec la superficie cultivée ; on donne la plus forte part de la terre aux céréales, aux colzas et autres plantes épuisantes, et le reste aux prairies artificielles et aux herbages. On n'est pas assez pénétré de cette vérité, qu'avec de l'herbe en abondance, on peut nourrir plus de bestiaux ; qu'avec des bestiaux bien nourris on a plus de fumier, et qu'avec plus de fumier on peut avoir, sur une moindre surface, autant et plus de grains à vendre au marché. Les bestiaux sont des machines vivantes à fumier, qu'il faut multiplier le plus possible ; or, pour arriver à ce résultat avec le moins de dépenses, il suffit d'augmenter la surface des prairies sèches et arrosées, de pousser à la culture du trèfle, de la luzerne, du sainfoin, sur le tiers au moins du faire-valoir, si ce n'est sur la moitié même, parce que ces cultures consomment peu ou pas de fumier, et en produisent, au contraire, beaucoup.

Ce qui fait l'infériorité de l'agriculture française, c'est la prédominance des plantes épuisantes sur les plantes fertilisantes ou les fourrages ; le rapport entre ces deux genres de culture est de 19 à 6, souvent même de 25 à 5, tandis qu'en Angleterre, en Hollande, en Belgique, ce rapport est de 1 à 1 ; en Wurtemberg et en Bavière, de 1 à 1/2 ; en Allemagne et dans le Danemark, de 1 à 3 1/2. Chez nous encore, chaque tête de gros bétail ne consomme pas à l'étable plus de 1,000 kilogr. de foin, au lieu de 6000 qui lui seraient nécessaires pour être entretenue en bon état. Or, la plus grande quantité de fumier n'est pas produite par le plus grand nombre de bêtes, mais par la plus grande quantité de fourrage consommé. De là la nécessité de donner une nourriture abondante. Les bêtes ne produisent rien par elles-mêmes ; elles ne peuvent que convertir en fumier le fourrage qu'on leur donne ; une partie de ce fourrage est assimilée par elles pour leur entretien, l'autre rendue sous forme d'excréments. Plus la nourriture est substantielle, plus les excréments contiennent de principes fertilisants. Une bête maigre fait moins de fumier, et il est inférieur en qualité à celui d'une bête grasse. Cette différence est telle, qu'une bête bien traitée peut produire deux fois autant de fumier qu'une autre mal nourrie.

Tout se tient en agriculture ; les fourrages, les bestiaux, les engrais se prêtent de mutuels secours et se reproduisent simultanément ; c'est ainsi que se forment ces premiers anneaux de la chaîne de toutes les améliorations, de tous les progrès agricoles que l'activité et l'intelligence du cultivateur peuvent allonger à l'infini.

Les moutons surtout, dont toutes les déjections s'utilisent si facilement, et presque sans perte, sur les différentes natures de culture, sont, comme l'a dit un praticien compétent, l'âme, le véhicule de toute prospérité en agriculture [1].

Nous avons dit, pages 431 et 450 du tome Ier, les quantités de fumier produites par chaque espèce de fourrages et par chaque tête d'animal ; il sera donc facile à tout cultivateur de connaître, à très-peu de chose près, dès le commencement de l'année, la proportion de fumier dont il pourra disposer. Mais ce qu'il faut qu'il n'oublie pas, c'est la nécessité de fumer toujours copieusement, et par conséquent de ne pas répandre son fumier sur une trop grande surface ; 2 hectares bien fumés en valent 4 pour le rendement et souvent 10 pour le profit ; un champ mal fumé coûte presque toujours plus qu'il ne rapporte.

S'il est bien vrai qu'une exploitation doive tirer de son propre fonds les engrais qui lui sont nécessaires, il des cas où il y a profit à en faire venir du dehors ; c'est surtout au début d'une entreprise, car tout retard dans la fertilisation complète du domaine serait plus onéreux, en réalité, que l'excédant de dépenses occasionné par le prix des engrais étrangers. Il y a, d'ailleurs,

---

[1] Bourgeois, *Mémoires de la Société impériale et centrale d'agriculture de Paris*, 1848-1849. IIe partie, p. 530.

dans le commerce des matières autres que le fumier, et qui peuvent rendre de bons services quand on sait les employer avec habileté ; ces engrais, ordinairement pulvérulents et d'un plus petit volume que le fumier d'étable, sont principalement commodes dans les pays où le mauvais état des chemins vicinaux, la situation fortement inclinée des terres, l'éloignement des champs du corps de la ferme, rendent les transports pénibles et dispendieux. Tels sont les tourteaux, le noir des raffineries et le noir animalisé, la poudrette, les chiffons de drap, les débris de peaux, le guano, le sang desséché, la chair de cheval, la poudre d'os, etc.

Dans le voisinage des villes, un cultivateur entendu a mille occasions de se procurer à bon marché une foule de détritus organiques et minéraux qu'il ne doit pas dédaigner, car ils servent à accroître la production des fourrages. Ainsi les charrées, les gravois et plâtras de démolition, les écailles d'huîtres, les boues, les urines, les débris de tanneur, de bourrelier, les chiffons de laine, les os de cuisine, etc., sont autant de matières utiles qu'on peut emporter au retour et presque sans aucun frais. Il ne faut rien laisser perdre de ce qui peut être converti en compost, car l'engrais est à peu près comme l'argent, on n'en a jamais trop.

VII. **Comptabilité agricole.** — L'agriculteur doit toujours pouvoir se rendre un compte exact de ses dépenses, de ses recettes, de ses pertes, de ses bénéfices, et embrasser d'un seul coup d'œil l'ensemble et les détails de son exploitation. Autrement, il marche à l'aventure, il s'expose à être trompé dans ses prévisions, à continuer des méthodes défectueuses et improductives, à devenir victime de la négligence ou de l'infidélité de ses agents, et à perdre enfin, dans un avenir rapproché, les fruits de ses labeurs.

Une comptabilité régulière peut seule lui éviter tous ces dangers. Une ferme, en résumé, n'est autre chose qu'une fabrique où l'on crée des denrées commerciales, grains, viande, laine, beurre, etc. ; il est donc indispensable de pouvoir en tout temps établir le prix de revient de ces produits, afin de savoir si le prix auquel on les vend est suffisamment rémunérateur.

Sans ordre et sans économie, il est impossible de réussir dans la conduite d'une ferme, même avec les meilleurs systèmes de culture, les instruments les plus perfectionnés, l'activité la plus soutenue. Avec moins d'intelligence et de savoir, on peut, au contraire, en s'astreignant à tenir compte jour par jour de toutes ses opérations jusque dans les plus petits détails, arriver à réaliser des bénéfices satisfaisants. Les Hollandais ont dit avec raison *qu'un homme qui tient des comptes réguliers ne peut pas se ruiner*.

En Angleterre, en Allemagne, en Hollande, en Belgique, on est depuis longtemps habitué, même dans les établissements ruraux les plus petits, à noter tout ce qui se passe dans le courant de chaque journée, d'un bout à l'autre de l'année, et c'est là une des causes les plus efficaces de la prospérité agricole de ces pays. En France, au contraire, l'absence de toute écriture est le vice dominant, et ce n'est que dans les très-grandes exploitations, dans les fermes-modèles et dans les fermes-écoles qu'on trouve une comptabilité rigoureuse. Il est bien vrai qu'il n'est pas toujours possible d'introduire, dans les fermes d'une ou de deux charrues, chez la plupart des petits propriétaires exploitant par eux-mêmes, des écritures compliquées; mais rien n'empêche d'adopter quelque méthode plus prompte, plus flexible, plus appropriée aux exigences de la vie champêtre. La meilleure est ordinairement celle que l'on se forme à soi-même, pourvu qu'on l'observe exactement.

Nous n'exposerons pas ici les règles de la comptabilité en partie double; il y a d'excellents ouvrages spéciaux qu'on pourra consulter. Nous indiquerons seulement les livres-registres dont tout cultivateur qui veut voir clair dans ses affaires devrait se servir.

Avant tout, le cultivateur, dès son entrée en ferme, doit procéder à un *inventaire*, c'est-à-dire estimer en argent, article par article, tous les objets consacrés à l'exploitation. Cet inventaire doit s'effectuer chaque année à la même époque.

Les livres nécessaires pour les comptes courants d'une exploitation sont :

1° Un *registre-journal*, sur lequel on inscrit au fur et à mesure tous les travaux, les dépenses, les recettes, les récoltes entrées à la grange ou au grenier, les récoltes vendues ou consommées, les voitures de fumier portées sur les terres, tout ce qui se passe enfin dans une ferme du matin au soir. Un quart d'heure, à la fin de la journée, suffit à toutes ces inscriptions. Ce journal, qui renferme ainsi tous les événements accomplis dans l'intérieur du domaine, sert à recomposer tous les autres;

2° Un *livre de caisse* destiné à enregistrer les recettes et les dépenses en argent. Il présente à tous les instants la véritable position financière, et empêche les pertes et les oublis;

3° Un *registre des débiteurs et des créanciers*, qui rappelle à tout moment les crédits accordés et les engagements auxquels il faut satisfaire ;

4° Un *livre pour les comptes des diverses cultures*, où chaque genre de plantes a son chapitre particulier, qui indique les frais en semences, en travaux d'hommes et d'animaux, les quantités de gerbes ou d'hectolitres récoltés, ce qui entre en grange, en grenier ou en cave, ce qui sort de la ferme pour le marché, ou ce qui est consommé dans l'intérieur. Quand ce livre est bien tenu, il signale les cultures qui donnent des bénéfices, celles qui sont onéreuses, et par la comparaison des matières entrées et sorties, il fait savoir immédiatement ce qui reste en magasin ;

5° Un *registre pour le personnel*, où l'on inscrit les journées de travail de chaque ouvrier, et les payements qui lui ont été faits. Une colonne d'observations, placée en face de chaque nom, permet de mentionner la conduite particulière, les fautes de négligence, les pertes de temps, les marques de zèle et d'intelligence, enfin tout ce qui peut éclairer sur les mérites respectifs des divers agents de l'exploitation ;

6° Un *livre pour les bestiaux*, où l'écurie, la vacherie, la bergerie, la porcherie, la basse-cour, ont chacune leur compte à part. Dans chaque catégorie, on note le nombre des animaux, leur âge, leur valeur, les pertes qui surviennent, les naissances, la consommation en aliments, les dépenses d'attelage, enfin les divers produits obtenus : fumiers, laine, viande, lait, beurre, fromage, etc. ;

7° Enfin un *livre pour les dépenses du ménage*, où l'on enregistre les provisions emmagasinées ou achetées pour la consommation des gens de la ferme : pain, farine, sel, huile, porc salé, vin ou cidre, viande de boucherie, etc.

On conçoit que chacun, suivant les circonstances dans lesquelles il se trouve, peut augmenter, modifier ou restreindre les détails de comptabilité. Ce qu'il faut éviter surtout dans les exploitations de moyenne grandeur, où les livres doivent être tenus par le chef exploitant, c'est la perte de temps et les embarras inutiles. On peut donc à la rigueur se contenter d'un *registre-journal* établi par dépenses et recettes, ou par *doit* et *avoir*.

Dailly, ancien maître de poste de Paris, qui faisait valoir avec le plus grand succès, il y a une trentaine d'années, une exploitation à Trappes, près Versailles, et qui a laissé la réputation d'un des meilleurs agronomes de France, avait adopté, pour simplifier et abréger les écritures, un *livre auxiliaire*, contenant pour chacun des 12 mois un cahier de 18 feuilles ainsi disposé :

Consommation des	Cochons	1re	feuille.
	Vacherie	2e	—
	Basse-cour	3e	—
	Troupeau de brebis	4e	—
	— de jeunes moutons	5e	—
	Écurie	6e	—
Transport du	Fumier de la ville	7e	—
	— de la ferme	8e	—
	— des dépôts	9e	—
Journaliers	1re quinzaine	10e	—
	Suite	11e	—
	2e quinzaine	12e	—
	Suite	13e	—
Ouvrages, tâches et corvées		14e	—
Chargement et déchargement des sacs		15e	—
Bottelage		16e	—
Dépiotement des bergeries		17e	—
Œufs sortis		18e	—

Ce cahier, réglé en travers, contenait autant de lignes qu'il y a de jours dans le mois ; on y inscrivait la consommation journalière ; des colonnes verticales indiquaient les différences de consommations ; leur nombre était subordonné à celui des diverses denrées ; de plus, l'une de ces colonnes servait à fixer le nombre des animaux consommant les denrées. De cette manière, le travail de chaque jour était extrêmement simplifié.

A la fin de chaque mois, on additionnait toutes les colonnes, à l'effet de déterminer la quantité de denrées consommées, et, selon sa convenance, on fixait immédiatement leur prix pour en passer écriture, ou bien on en faisait le report à l'expiration du mois suivant. Ce dernier mode permettait d'ajourner à la fin de l'année le règlement de tous les mouvements intérieurs de l'établissement.

« Ainsi qu'on le voit, dit Dailly en terminant l'exposé de sa méthode, la comptabilité n'est pas chose difficile ; à la vérité, elle exige une sévère investigation de tous les détails ; mais lorsqu'on réfléchit que ces mêmes détails offrent le moyen infaillible de saisir les causes de succès et d'insuccès, et que sans eux toute amélioration est impossible, on ne saurait regretter le temps que l'on consacre à tenir ses livres. En adoptant la comptabilité en partie double, ou celle qui vient d'être exposée précédemment d'une manière simple et claire, on place ses opérations à l'abri de la routine et du hasard. »

II. *Exploitation d'un domaine.*

Il y a plusieurs manières d'exploiter un domaine ; — par soi-même directement ; — par l'intermédiaire d'un régisseur ; — de compte à demi avec un cultivateur praticien ; — par location ou fermage. Examinons sommairement ces divers modes.

I. *Exploitation par le propriétaire.* — Dans ce système, l'exploitant, ne pouvant être présent partout, a besoin de se faire aider par un ou plusieurs agents, maîtres-valets ou maîtres-ouvriers, qui, *chefs de services* temporaires ou permanents, exercent l'autorité sous ses ordres, et président à l'exécution des mesures dont lui seul a l'initiative. Il peut bien exiger d'eux la meilleure exécution possible des mesures qu'il leur confie, mais il ne doit pas leur imputer les suites qu'elles peuvent entraîner et le succès de l'ensemble. Les sujets qui conviendront le mieux à cet emploi seront de simples paysans en qui il aura remarqué de bonnes qualités, et qu'il aura pris soin non-seulement de former à cette destination, mais encore d'attacher à ses intérêts.

C'est surtout dans les pays de petite culture, et dans ceux où l'agriculture est de tous points défectueuse, que l'exploitation directe peut être avantageuse et procurer un accroissement de revenu, car elle imprime plus d'intensité à la culture, et permet au propriétaire-cultivateur de se livrer avec plus de sécurité aux améliorations foncières.

II. *Exploitation par régisseur.* — Lorsque les exploitations sont d'une asssez grande étendue, ou que le propriétaire, ne voulant pas renoncer à la vie du monde, désire cependant conserver une certaine action sur le faire-valoir, il en confie la direction à un régisseur. Le choix de cet agent n'est pas une chose facile en France, car les sujets y sont rares. En Allemagne, au contraire, ils sont fort communs et capables. Là, les propriétaires résident généralement dans leurs terres, et sont très-familiarisés avec les opérations d'une entreprise rurale ; ils se trouvent bien du service des régisseurs, parce qu'ils sont en état d'apprécier leur capacité et de diriger leurs opérations.

Mathieu de Dombasle donne aux propriétaires qui veulent mettre leurs terres en régie d'excellents conseils que nous nous empressons de reproduire. « Le régisseur, dit-il, doit être entièrement sous les ordres du maître, qui étend ou limite, à sa volonté, les pouvoirs qu'il lui confie, relativement à l'exécution des opérations ; mais ensuite il est indispensable que le régisseur exerce une autorité entière sur tout le personnel de l'exploitation, sans que ses ordres puissent jamais être contrariés par ceux que donnerait personnellement le maître, au nom duquel il exerce l'autorité. Par la même raison, le régisseur est seul responsable envers le maître de l'exécution des ordres qu'il en aurait reçus, et le maître, à cet égard, ne doit jamais adresser à d'autres qu'à lui des plaintes ou des reproches. Il se présente, au reste, assez souvent ici un genre d'inconvénient fort grave dans l'exercice du pouvoir. Si le maître est étranger aux pratiques agricoles, il arrivera que le subordonné est supérieur, pour la capacité spéciale, à celui dont il doit recevoir les ordres; et il résulte toujours de là une position fausse dont les fâcheuses conséquences ne tarderont pas à se faire sentir. Le maître lui-même ne pourrait y remédier en rendant le régisseur indépendant de sa propre autorité; car il en résulterait une position encore plus fausse et qui n'a jamais pu se prolonger, lorsqu'on a voulu faire cette tentative. Il n'existe qu'un seul remède à cet inconvénient : c'est que le propriétaire s'applique à acquérir promptement lui-même les connaissances spéciales qui lui sont nécessaires pour diriger le régisseur, du moins en appréciant les conseils que celui-ci pourrait lui donner, relativement à la marche des opérations. Alors seulement il pourra exercer réellement l'autorité en approuvant ou en rejetant avec connaissance de cause les plans et les projets proposés par le régisseur. »

III. *Exploitation de compte à demi ou métayage.* — Dans le Midi, le Centre et l'Ouest de la France, en Suisse et dans plusieurs parties de l'Italie, les propriétaires donnent leurs terres à cultiver à une famille, à la condition d'en partager les produits avec elle. Ce mode de faire valoir est ce qu'on appelle le *métayage*. Voici comment M. de Gasparin le définit : « C'est un contrat par lequel, quand le tenancier n'a pas un capital ou un crédit suffisant pour garantir le payement de la rente et des avances du propriétaire, celui-ci prélève cette rente par parties proportionnelles sur la récolte de chaque année, de manière que la moyenne arithmétique de ces portions annuelles représente la valeur de la rente. »

Ce mode d'exploitation, très-ancien, est le seul qui puisse être suivi dans les localités où la population se partage en propriétaires et en ouvriers, puisqu'il n'exige guère du *métayer* ou *colon partiaire* que ses bras et ceux de sa famille, et du propriétaire qu'une faible avance de fonds. Mais il présente, pour le possesseur du fonds, de graves inconvénients, notamment l'incertitude de la valeur annuelle de la rente, les désagréments d'une surveillance indispensable dans le choix des cultures, dans la récolte et le partage des produits, la difficulté de la vente des denrées, l'étendue et la rapidité des oscillations dans les prix, enfin et surtout l'ignorance, l'inertie, l'opposition aux améliorations de la part du métayer. Ce dernier, en effet, redoute toujours les innovations parce qu'il opère d'après un système éprouvé, qui lui est familier, et qu'il sent qu'une expérience malheureuse pourrait le réduire à la misère. D'un autre côté, le propriétaire n'éprouve pas moins de répugnance à faire de nouvelles avances, lorsqu'il s'aperçoit que les capitaux qu'il doit fournir seul profiteront, en définitive, par moitié à son métayer. Il est donc presque impossible d'introduire des améliorations notables partout où subsiste ce mode imparfait. Aussi le propriétaire du sol doit-il faire tous ses efforts pour passer peu à peu de ce régime à celui des maîtres-valets, de la régie ou du fermage fixe.

IV. *Exploitation par location ou fermage*. — Dans les pays où la classe agricole dispose de capitaux suffisants, où les méthodes de culture sont avancées, où les récoltes ont des chances positives d'une réussite moyenne dans un temps donné, et trouvent des débouchés toujours ouverts, ce mode est préférable aux précédents, surtout pour les vastes domaines. Associant à la richesse du propriétaire le capital et le talent du fermier, laissant en même temps chacun d'eux libre dans sa sphère propre d'activité, donnant de l'unité à l'exploitation, et stimulant le zèle du fermier, soit en lui imposant l'obligation de s'acquitter à des termes fixes, soit en lui laissant entrevoir dans un accroissement de profits la juste récompense de son industrie, ce système rend la culture plus active, plus perfectible qu'elle ne saurait l'être dans le métayage. Il est donc éminemment favorable aux intérêts véritables de l'agriculture. Il est certain que nos départements du Nord et de l'Est, en France, où les terres sont affermées, sont dans une position agricole bien autrement avantageuse que les régions soumises encore au régime du métayage.

On donne le nom de *bail* au contrat qui règle la transmission du droit de jouissance d'un domaine. C'est dans les clauses de ce contrat que se rencontrent tous les intérêts du propriétaire ou *bailleur* et du fermier ou *preneur* ; des sages dispositions arrêtées d'un commun accord dépend la fortune de l'un et de l'autre; il est donc nécessaire qu'elles ne soient pas prises avec légèreté, et que la réflexion la plus grande préside à la rédaction de l'acte qui doit lier les deux parties pendant un temps plus ou moins long. En général, il ne faut introduire dans un bail que les stipulations indispensables, y omettre celles qui font double emploi avec les dispositions du Code civil et les usages locaux ; il faut aussi que le style en soit clair et précis.

Il y avait autrefois bien des sortes de baux ; ceux qui sont généralement adoptés aujourd'hui sont : le *bail à ferme* et le *bail à cheptel*. Nous ne parlerons que de ceux-ci.

Bail à ferme. — C'est celui dans lequel le bailleur cède au preneur ou fermier la jouissance d'un fonds de terre, à la condition que celui-ci en payera une rente annuelle et qu'il emploiera ses capitaux, son habileté et son industrie à cultiver les terres en bon père de famille.

La durée de ce bail varie suivant les pays. Dans le Midi, et avec le système de jachères bisannuelles, les baux sont ordinairement de six ans ; dans nos départements du Nord, ils sont de six ou neuf ans. Ces périodes sont beaucoup trop courtes, et c'est là un des plus graves obstacles aux progrès de l'agriculture. En effet, on ne peut améliorer sans frais et sans risques, et pour tirer de la terre tous les profits qu'elle peut donner, il faut lui faire, pendant plusieurs années, des avances dont on ne recueillera les fruits que longtemps après.

Si donc le fermier n'est pas assuré par son bail d'avoir le temps de rentrer dans ses frais, et de profiter de toutes les améliorations qu'il aura entreprises, il ne se résoudra à aucun sacrifice ; il ne donnera à la terre qu'en proportion de ce qu'il en attend dans une courte période ; il ménagera les engrais, ne tentera aucune culture profonde ; il ne marnera pas ou ne le fera que très-imparfaitement, et, dans les dernières années de son séjour sur le domaine, il épuisera le sol en le faisant produire outre mesure. Avec des baux de six et neuf ans, le fermier ne peut évidemment pas cultiver en bon père de famille. Il est donc de l'intérêt du propriétaire comme de celui du fermier que les baux soient de longue durée, de vingt à vingt-quatre ans par exemple. Le fermier y gagne, par la perspective de pouvoir tranquillement recueillir le fruit de ses travaux et de ses avances ; le propriétaire, par l'amélioration qu'en reçoit le sol et par l'augmentation de valeur de sa propriété.

Le prix du fermage varie essentiellement en raison combinée de la quantité des produits, subordonnée en grande partie à la nature du sol, du prix de vente de ces produits et des frais nécessaires pour les obtenir ; il doit être en rapport exact avec ces différents éléments. Souvent le prix du fermage est exagéré par la concurrence des fermiers entre eux. C'est un très-mauvais système que de louer trop cher, car c'est ôter au preneur une partie de ses moyens d'action, et par conséquent s'exposer à courir les chances d'une mauvaise gestion.

Les propriétaires interdisent quelquefois au fermier la faculté de disposer des pailles et des fourrages. Cette clause, toute dans l'intérêt de la terre, peut devenir très-onéreuse aux environs des grandes villes, où le cultivateur trouve, en général, à vendre ses denrées à un prix avantageux, et où il peut se procurer une grande masse d'engrais. C'est au fermier à juger s'il peut ou non supporter ces charges.

On impose souvent au preneur l'obligation de ne pas *dessoler*, c'est-à-dire de ne pas changer l'ordre des cultures ; on le met ainsi dans l'impossibilité de faire aucune amélioration. C'est là une clause qu'il faut faire disparaître des baux, car elle est contraire aux intérêts des deux parties.

En général, les anciens baux présentent de grands obstacles aux progrès de l'agriculture. Ils contiennent des conditions d'assolement qui, si elles eussent été exécutés strictement depuis un certain nombre d'années, auraient empêché toute espèce de perfectionnement, et qui sont aujourd'hui complétement en opposition avec les principes d'une bonne et judicieuse culture. Certaines stipulations de ces baux sont si peu rationnelles qu'il serait à la fois difficile et dangereux de les faire exécuter.

Pour porter remède à ce fâcheux état de choses, pour préparer, stimuler, faciliter les substitutions des cultures alternes au vicieux assolement triennal actuel, qui s'oppose à l'introduction des nouveaux et nombreux perfectionnements accueillis par tous les bons agriculteurs, la Société centrale d'agriculture de la Seine-Inférieure a rédigé un modèle de bail pour les terres en labour ; nous croyons devoir le reproduire ici, parce qu'il nous semble parfaitement combiné dans toutes ses parties et qu'il peut contribuer à faire disparaître les contestations qui s'élèvent entre les propriétaires et les fermiers. C'est un cadre, au reste, que chacun pourra modifier selon les localités.

MODÈLE DE BAIL.

Cejourd'hui , bail a été fait par M. propriétaire, demeurant à , à N***, cultivateur, demeurant à , présent et acceptant pour douze années consécutives, qui commenceront au jour de Saint-Michel 18 , et finiront à pareil jour de l'année 18 , d'une ferme située en la commune de arrondissement de , aux clauses et conditions suivantes :

ARTICLE PREMIER.

Cette ferme consiste en une cour de la contenance de avec tous ses bâtiments d'exploitation , close de [1] ; et en hectares de terres labourables, , côtes pâtures, joncs-marins, bois taillis, etc., en pièces, savoir [2] :
le tout sans fourniture ni répétition de mesure, quelle que puisse être la différence ; le preneur étant censé les connaître parfaitement.

Le preneur ne pourra élever aucune réclamation vis-à-vis du bailleur, à raison de l'état de culture dans lequel il trouvera les terres lors de son entrée en jouissance.

ARTICLE 2.

Le preneur, à son entrée, fera constater l'état des lieux, sans quoi il sera censé les avoir reçus en bon état de réparations locatives.

ARTICLE 3.

Il devra maintenir les possessions du bailleur telles qu'il les trouvera à son entrée en jouissance, sous peine d'en répondre personnellement, et sera tenu de prévenir immédiatement le bailleur de toute entreprise contre la propriété.

ARTICLE 4.

Il ne pourra réclamer aucune indemnité ni diminution de prix, pour pertes ou cas fortuits de quelque nature que ce soit; tout événement, tant ordinaire qu'extraordinaire, prévu ou imprévu, restant à sa charge.

ARTICLE 5.

Si le bailleur juge à propos de faire assurer les bâtiments de la ferme contre l'incendie, l'assurance aura lieu en nom collectif, et le preneur y contribuera pour moitié.

ARTICLE 6.

Le preneur ne pourra sous-louer, en tout ni en partie, sans le consentement formel et par écrit du bailleur ; il ne pourra faire valoir par personnes interposées.

ARTICLE 7.

Il s'oblige à résider constamment avec sa famille sur la ferme présentement louée ; à la garnir du mobilier et des instruments nécessaires à son exploitation, et s'engage à donner exclusivement tous ses soins à la culture des terres de la ferme. Il ne pourra prendre à bail d'autres terres, qu'à condition qu'elles seront sans bâtiments, et qu'il en engrangera les récoltes dans les bâtiments de la ferme.

[1] Désigner le nombre et la nature des bâtiments, le genre de clôture : murs, haies ou fossés.

[2] Indiquer le nombre et le détail des pièces de terre, leur situation, leurs abornements ; et se servir, autant que possible, des désignations, mesures et numéros du plan cadastral.

ARTICLE 8.

Il prend l'engagement de mettre, à son entrée sur la ferme, et d'y entretenir pendant toute la durée du bail, la quantité de trois quarts de tête de gros bétail par chaque hectare de terre.

Par tête de gros bétail, on entend les chevaux, taureaux, vaches, poulains et génisses d'un an. Seront comptés pour une tête de gros bétail :

Deux poulains ou deux génisses au-dessous d'un an ;

Dix moutons ;

Quinze agneaux ;

Cinq porcs, etc.

Cette clause est de rigueur ; le bailleur aura la faculté d'en vérifier ou faire vérifier l'exécution en tout temps. Si le preneur ne s'y conforme pas strictement, trois mois après procès-verbal constatant le déficit, et sommation de le remplir restée sans effet, le bail pourra être résilié à la seule volonté du bailleur, avec dommages et intérêts qui ne pourront être moindre de six mois de fermage ; et le bailleur pourra reprendre possession par lui ou son nouveau fermier, à la seule charge de rembourser le prix des labours et semences.

ARTICLE 9.

Si, dans le cours des huit premières années, le preneur porte la quantité de ses bestiaux à une *tête* par hectare, il aura droit, sur sa demande, d'obtenir une prolongation de quatre années de jouissance aux mêmes conditions.

Il aura la même faculté pour une seconde période de quatre ans, si à la douzième année de jouissance, il adopte l'assolement quadriennal ; mais alors le prix du bail sera augmenté d'un dixième pour chacune de ces quatre dernières années.

Il sera tenu de faire connaître son intention d'user de cette faculté au plus tard à la Saint-Jean de la huitième année, pour la première période de prolongation, et à la Saint-Jean de la douzième année pour la deuxième période : faute de quoi, il sera censé y avoir renoncé.

Cette faculté de demande en prolongation sera personnelle au preneur, et ne passera pas à ses héritiers ou ayants cause.

ARTICLE 10.

A l'entrée en jouissance du preneur, il sera ouvert un livre appelé *livre de ferme*, fourni, coté et paraphé par le bailleur, et sur leque seront inscrits :

1° Les quantités de bestiaux mises par le preneur sur la ferme, et les augmentations qu'il pourra y faire ;

2° L'indication des opérations agricoles, telles que marnages, fumures, ensemencements, etc., et des pièces de terre sur lesquelles elles auront eu lieu ;

3° Les quantités des couvertures faites à neuf, les réparations des murs et des bâtiments ;

4° Les coupes de bois taillis, s'il y en a, l'ébranchage des arbres de haute futaie, la tonte des haies, etc.

Ce livre demeurera attaché à la ferme, et sera remis par le preneur à son successeur. Le preneur sera tenu de le communiquer à toute réquisition du bailleur, et de lui en délivrer copie certifiée qui fera foi contre lui.

ARTICLE 11.

Le preneur tiendra les terres constamment nettoyées de mauvaises herbes ; il fera écheniller et arracher les chardons avant qu'ils soient en graines.

ARTICLE 12.

Il sera tenu de convertir en fumier les tiges de colza. Le parcage, les terreaux et poulnées appartiendront exclusivement aux terres de la ferme. Il devra, en outre, opérer annuellement le marnage de la ferme par vingt-quatrième, avec mélange de fumier.

ARTICLE 13.

Le preneur tiendra la cour et les clos ou herbages nettoyés de mauvaises herbes, ronces ou épines, qu'il devra arracher et non couper.

Il réparera tous les ans la voie charretière. Il entretiendra les clôtures en bon état. Il repiquera de jeune plant le pied des haies, et les fera serfouir et tondre tous les ans.

ARTICLE 14.

Le preneur sera tenu de faire empailler et garnir d'épines soutenues d'un fil de fer les entes, tant de la cour que des champs. Il fera serfouir les arbres à fruit tous les trois ans, et il fera placer au pied de chaque arbre de la cour, au-dessous de dix ans de plantation, une botte de joncs-marins, ronces ou bruyères. Il les fera nettoyer de bois morts, gourmands, etc.

Il sera responsable des entes qui périraient par suite des atteintes des bestiaux ou des instruments d'agriculture, et les remplacera à ses frais par des entes que le bailleur aura droit de choisir. Il payera, en outre, une indemnité de cinq francs par chaque arbre qui aurait plus de trois ans de plantation.

ARTICLE 15.

Le bailleur se réserve tous les arbres morts ou renversés par les vents, à la charge de les faire remplacer à ses frais. Le preneur aura à son profit les bourrées ou fagots, à charge de faire abattre les arbres morts, de faire façonner les bois de corde et de bûche, et d'en faire le transport à l'endroit de la cour désigné par le bailleur.

ARTICLE 16.

Le preneur aura à son profit l'ébranchage des arbres de haute futaie, lequel ne pourra avoir lieu que jusqu'aux deux tiers de la hauteur de l'arbre, sous peine de dommages et intérêts.

Cet ébranchage sera exécuté par des ouvriers du choix du bailleur, payés par le preneur, et sera divisé par coupes de six ans.

Article 17.

Le bailleur se réserve le droit de bâtir et débâtir, planter et déplanter, sans être tenu à aucune indemnité.

Article 18.

Le preneur sera tenu de faire tous les charriages nécessaires pour le transport des bois et matériaux de toute nature, lors des réparations ou reconstructions des bâtiments de la ferme, sans toutefois pouvoir être obligé à faire découcher ses chevaux.

Il sera également tenu de fournir la boisson aux ouvriers, suivant l'usage.

Article 19.

Le preneur sera tenu de faire toutes les réparations d'entretien, tant aux murs qu'aux couvertures et aux planchers.

Il devra, en outre, confectionner à neuf chaque année, à ses frais, un vingt-quatrième des couvertures en paille, aux endroits qui seront indiqués par le propriétaire. Il fournira, à cet effet, tout ce qui sera nécessaire. La couverture devra avoir au moins 33 centimètres (12 pouces) d'épaisseur. Le couvreur payé par le preneur sera choisi par le bailleur.

Article 20.

Il devra faire lever et poser tous les ans la faisselle du pressoir à cidre, et entretenir en bon état le mécanisme, le tablier et les clefs, ainsi que les cuves qui resteront attachées à l'exploitation.

Article 21.

Dans le cas où le preneur serait en retard d'exécuter ce qui lui est prescrit pour la bonne tenue de la cour, les clôtures, le serfouissage des arbres fruitiers, leur empaillement, les réparations de toute nature, etc., le bailleur, après avertissement consigné au registre de la ferme, aura le droit d'y préposer des ouvriers aux frais du preneur.

Article 22.

Le preneur sera tenu de permettre au fermier qui lui succédera de semer des prairies artificielles dans les avoines de la dernière récolte.

Article 23.

Le preneur, s'il conserve l'assolement triennal, sera tenu de laisser en jachères, à la fin du bail, le neuvième des terres de la ferme, lequel neuvième recevra au moins deux labours avant la Saint-Jean qui précédera sa sortie. Les deux autres neuvièmes pourront être chargés en trèfle ou autres plantes fourragères.

Pendant les trois dernières années du bail, les plantes textiles ne pourront figurer dans la culture que pour un quarantième, et les plantes oléagineuses destinées à porter graines que pour un vingtième des terres de la ferme.

ARTICLE 24.

Le preneur ne pourra enlever de la ferme, pendant le cours du présent bail, aucunes pailles ni fumiers.

ARTICLE 25.

Il ne pourra vendre aucuns fourrages pendant le cours du bail, ni même pendant la dernière année de sa jouissance ; seulement, sur ce qui en restera le jour de sa sortie, une moitié sera cédée au fermier entrant, sur estimation, et l'autre moitié pourra être enlevée par le sortant.

ARTICLE 26.

Les lieux devront être mis en bon état de réparations locatives par le fermier sortant pour le jour de la Saint-Jean qui précédera sa sortie, sinon il y sera préposé des ouvriers à ses frais par le bailleur.

ARTICLE 27.

Ce bail est fait aux clauses et conditions susexprimées, et, en outre, moyennant le prix annuel de   , payables en deux termes égaux, à Pâques et à Saint-Michel, excepté la dernière année, dont le dernier terme sera exigible au jour de Saint-Jean qui précédera la sortie.

ARTICLE 28.

Le payement sera fait au domicile du bailleur en espèces d'or ou d'argent. Les contributions de toute nature, sous quelque dénomination qu'elles soient établies, générales ou locales, seront à la charge du preneur.

ARTICLE 29.

Toutes contestations, sans exception, relatives à l'exécution des clauses du présent bail, même celles qui pourraient s'élever vis-à-vis du fermier entrant lors de la sortie du preneur, seront soumises, en premier ressort, à des arbitres. Chacune des parties désignera son arbitre, et ceux-ci, en cas de désaccord, désigneront un tiers arbitre.

ARTICLE 30.

Dans le cas où le preneur laisserait passer deux termes sans payement, le bail sera résilié de droit, sur la demande du bailleur.

ARTICLE 31.

Le présent bail sera reconnu par-devant notaire, à toute réquisition, aux frais du preneur, qui sera tenu d'en délivrer une grosse exécutoire au bailleur ; et tous frais, droits, doubles droits et amendes seront à la charge du preneur seul.

Fait et signé double, à   , les jour, mois et an que dessus, après lecture.

Bail à cheptel. — C'est le contrat par lequel une partie donne à l'autre des animaux susceptibles de croît ou de profit pour l'agriculture ou le commerce, à l'effet de les garder, nourrir et soigner sous les conditions convenues entre elles.

Il y a plusieurs sortes de cheptels :

1° *Le cheptel simple* ; c'est celui aux termes duquel la tonte et le croît seulement se divisent par moitié entre le bailleur et le preneur. Quant au laitage, au fumier et au travail des animaux, ils appartiennent en entier au preneur. La perte est toujours supportée en commun.

2° *Le cheptel à moitié;* véritable société dans laquelle chacune des parties fournit la moitié des bestiaux qui demeurent en commun pour la perte et pour certains profits, le preneur retenant à lui seul, et nonobstant toute stipulation contraire, le profit du laitage et du travail des bestiaux.

3° *Le cheptel de fer* ou *cheptel de métairie* ; c'est la convention par laquelle le propriétaire d'une métairie la donne à ferme, avec les bestiaux dont elle est garnie, à la condition qu'à l'expiration du bail le colon laissera des bestiaux d'une valeur égale à celle qu'il a reçue. Le preneur, recueillant tous les profits des bestiaux pendant la durée du bail, est tenu même de la perte totale survenue par cas fortuit.

4° *Le cheptel des vaches;* c'est lorsqu'une ou plusieurs vaches sont données à quelqu'un qui se charge de les loger et de les nourrir, sous la condition d'en avoir tous les profits, excepté les veaux qui appartiennent au bailleur, lequel conserve également la propriété des vaches.

Pour le cultivateur, le cheptel a de graves inconvénients, car il paye toujours trop cher la location du troupeau, et c'est le bailleur qui enlève la plus grande part du bénéfice. Mais comme, en définitive, il n'y a pas d'agriculture sans bestiaux, et que dans certains pays les cultivateurs sont trop pauvres pour en acquérir à leurs frais, le cheptel est un moyen naturel d'associer le capitaliste au cultivateur, et il peut contribuer ainsi à la prospérité de l'agriculture. Pour être avantageux à ce dernier, il faudrait qu'il fût fait à de telles conditions, que le profit revenant au bailleur n'excédât pas plus de deux fois l'intérêt ordinaire de l'argent avancé pour l'acquisition du troupeau.

Nous n'avons pas parlé, en traitant des divers modes d'exploitation d'un domaine, de celui qui peut avoir lieu par association, soit de propriétaires, soit d'actionnaires ; c'est que jusqu'ici ce système est encore trop peu connu pour être bien apprécié. Tout ce qu'on peut dire à ce sujet, c'est que si, d'une part, il semble, par la concentration des capitaux, devoir augmenter l'intensité de la culture, de l'autre il doit aussi énerver la puissance en morcelant l'action directrice, la responsabilité et l'intérêt. Du reste, il faut toujours que l'association agisse par l'intermédiaire d'un régisseur agricole. Si ce mode d'exploitation s'introduisait en France, les jeunes élèves sans fortune, sortant des écoles régionales du gouvernement, trouveraient une carrière avantageuse qui, jusqu'à présent, leur fait défaut.

FIN.

TABLE MÉTHODIQUE

DES MATIÈRES CONTENUES DANS LE TOME SECOND.

TROISIÈME PARTIE.

FIN DE LA TABLE MÉTHODIQUE DES MATIÈRES.

CORBEIL. — Typ. et stér. de CRÉTÉ FILS.

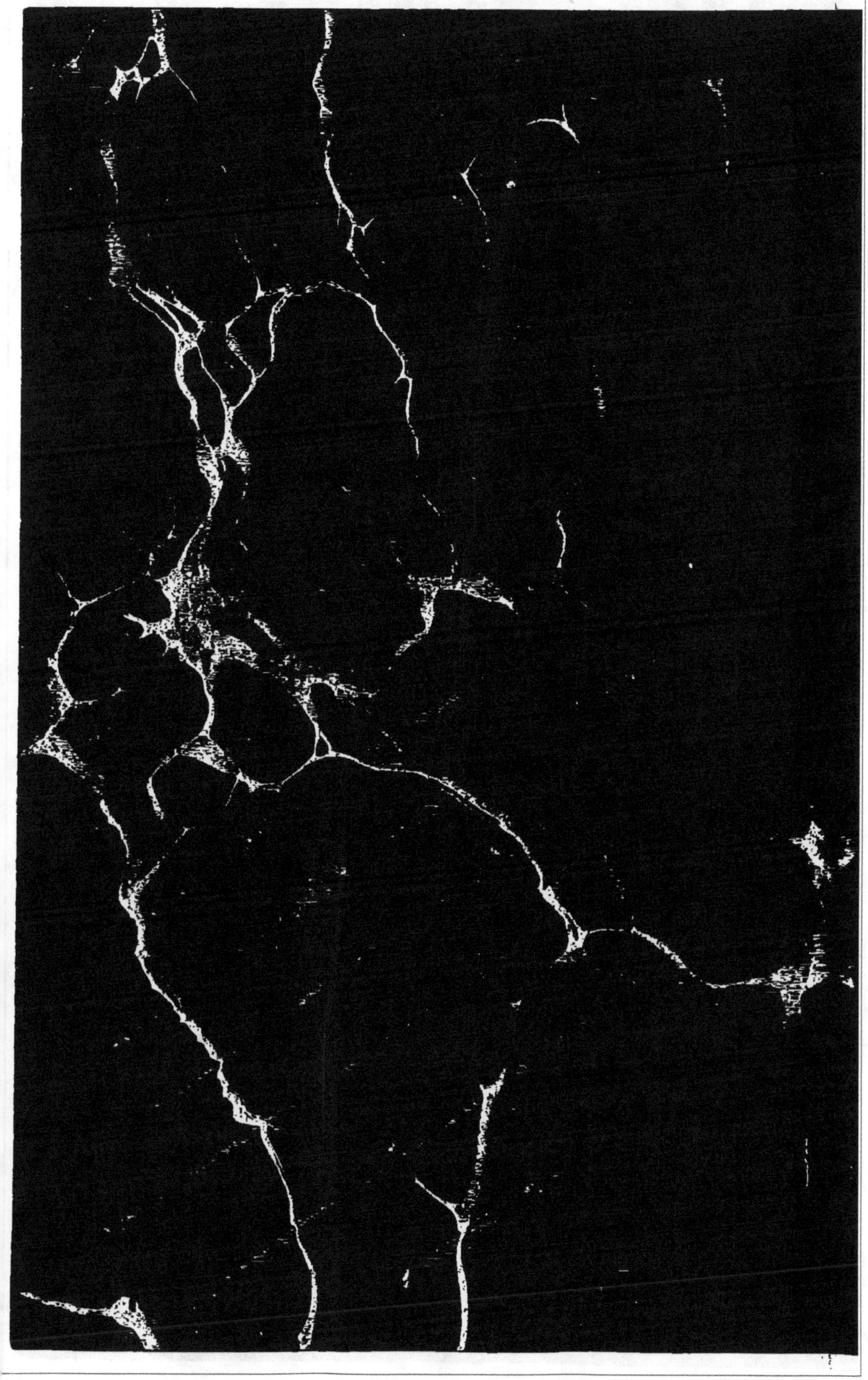

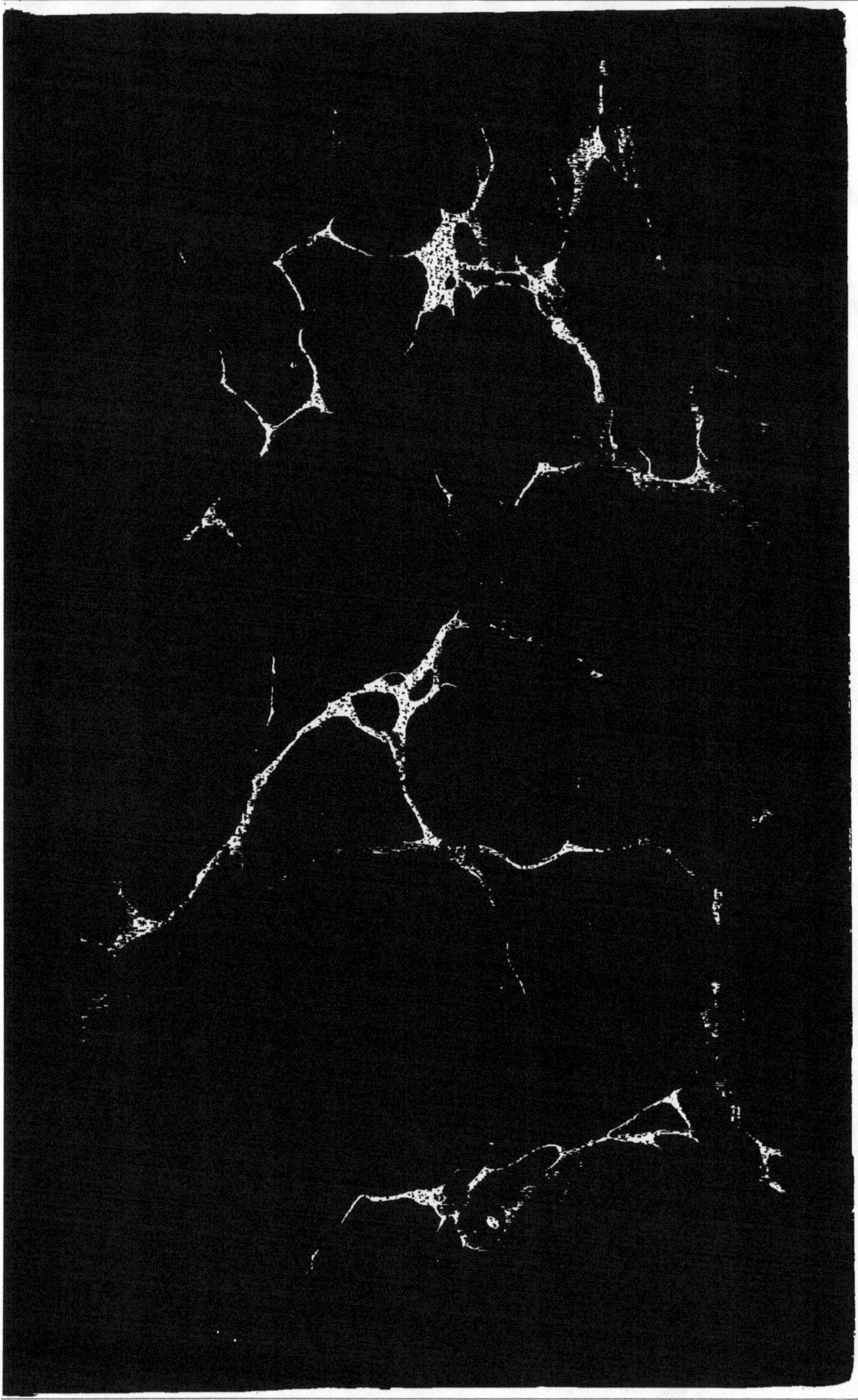

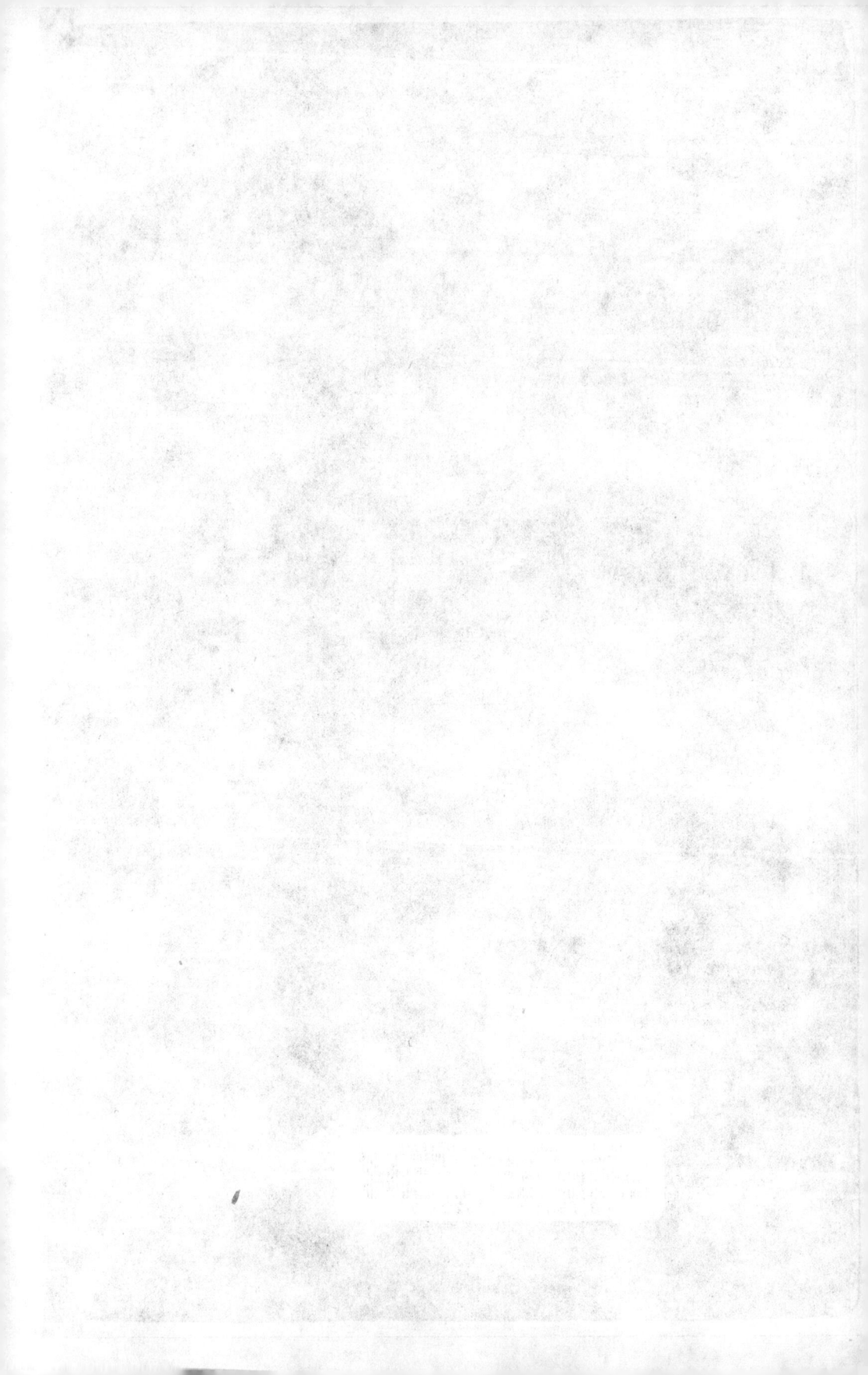

www.ingramcontent.com/pod-product-compliance
Lightning Source LLC
Chambersburg PA
CBHW031447210326
41599CB00016B/2138
* 9 7 8 2 0 1 9 6 0 0 1 5 0 *